一流本科专业一流本科课程建设系列教材

钢结构设计原理

郭吉坦　张蓬勃　编

机 械 工 业 出 版 社

本书以现行《钢结构设计标准》（GB 50017—2017）为依据编写，共分为 8 章：绪论、钢结构的材料、钢结构的连接、轴心受力构件、受弯构件——梁、拉弯和压弯构件、轻钢门式刚架、PKPM 轻钢门式刚架设计实例。本书注重实际应用，结合设计计算，书中给出了多个典型例题，并通过解题分析梳理解题思路。

本书可作为普通高等院校土木工程专业钢结构课程的教材，也可作为土木工程设计和施工技术人员的参考用书。

本书配有教学大纲、授课 PPT、习题参考答案、试题样卷、视频等教学资源，免费提供给选用本书的授课教师，需要者请登录机械工业出版社教育服务网（www.cmpedu.com）注册后下载。

图书在版编目（CIP）数据

钢结构设计原理 / 郭吉坦，张蓬勃编. -- 北京 ：
机械工业出版社，2024.5
一流本科专业一流本科课程建设系列教材
ISBN 978-7-111-75772-6

Ⅰ. ①钢… Ⅱ. ①郭… ②张… Ⅲ. ①钢结构－结构设计－高等学校－教材 Ⅳ. ①TU391.04

中国国家版本馆 CIP 数据核字（2024）第 092535 号

机械工业出版社（北京市百万庄大街22号 邮政编码100037）
策划编辑：李 帅 责任编辑：李 帅 宫晓梅
责任校对：孙明慧 张雨霏 景 飞 封面设计：张 静
责任印制：张 博
固安县铭成印刷有限公司印刷
2025年7月第1版第1次印刷
184mm×260mm・21.25印张・526千字
标准书号：ISBN 978-7-111-75772-6
定价：69.00 元

电话服务
客服电话：010-88361066
010-88379833
010-68326294

网络服务
机 工 官 网：www.cmpbook.com
机 工 官 博：weibo.com/cmp1952
金 书 网：www.golden-book.com
机工教育服务网：www.cmpedu.com

PREFACE

前 言

钢结构是一种典型的结构形式，有明确的工程应用背景，必须遵守规范规定的构造要求。本书根据应用型本科土木工程专业人才培养要求、《钢结构设计标准》（GB 50017—2017）编写，并依据《住房和城乡建设部办公厅关于国家标准〈钢结构设计标准（局部修订条文征求意见稿）〉公开征求意见的通知》，对《钢结构设计标准》（GB 50017—2017）中涉及的相关内容进行了修改。

“钢结构设计原理”是一门理论性较强的技术基础课程。本书编者结合多年教授“钢结构设计原理”课程的经验，依据课程难点所在，在编写中尽量简化复杂公式的论证，注重解决问题与应用。多章节附有典型例题，针对钢结构问题解题步骤多、过程繁杂的情况，每道例题均有“解题分析”模块，通过该模块梳理解题思路，逐步分解问题要点，一些例题之后设有“题后讨论”模块，以便读者深入理解相关知识。本书第 8 章结合前面章节内容详细介绍了基于 PKPM 的轻钢门式刚架设计的全过程。本书配套有教学大纲、授课 PPT、习题参考答案、试题样卷等教学资源，免费提供给选用本书的授课教师，重点难点配有二维码链接授课视频。

本书内容包括钢结构的材料、钢结构的连接、钢结构基本构件及钢结构课程实践四方面。全书共分 8 章：绪论、钢结构的材料、钢结构的连接、轴心受力构件、受弯构件——梁、拉弯和压弯构件、轻钢门式刚架、PKPM 轻钢门式刚架设计实例。第 7 章和第 8 章及授课 PPT、视频、习题参考答案由张蓬勃编写；其他章节由郭吉坦编写；全书由郭吉坦统稿。

本书编写依托于大连交通大学“土木工程国家一流本科专业建设点”、辽宁省一流本科专业（土木工程专业）以及辽宁省普通高等教育本科教学改革研究项目“土木工程一流本科专业建设研究与实践”，结合钢结构教学团队多年教学经验编写而成。大连交通大学对本书的出版提供了经费资助，在此表示衷心感谢。

限于作者水平，书中难免存在不足之处，敬请广大读者批评指正，可通过邮箱 dljtdx_gjg@126.com 与编者联系。

编 者

CONTENTS

目 录

CHAPTER 1

第 1 章 绪论

本章要点：

1. 了解钢结构的特点、应用范围及发展方向。

2. 熟悉承载能力极限状态和正常使用极限状态含义，熟悉荷载标准值及设计值，熟悉概率极限状态设计表达式。

1.1 钢结构概述

钢结构是一种典型的建筑结构形式，是以钢板、钢管、热轧型钢或冷加工成型的型钢通过焊接、铆钉或螺栓连接而成的结构。

1.1.1 钢结构的特点

钢结构是由钢材制成的工程结构，通常由型钢和钢板等制成的梁、桁架、柱、板等构件组成，各部件间可通过焊接连接，也可用螺栓或铆钉连接。钢结构与钢筋混凝土等其他结构相比，由于结构材料性质的不同，在结构形式、构件截面形状、构件计算方法、构件连接方法和构造要求等方面都有显著差别。钢结构具有下列特点：

1）强度高，质量轻。虽然钢材的密度比混凝土的大，但钢材强度要比其高更多，钢材的屈服强度与密度之比在建筑材料中最大，在相同结构体系及荷载条件下，钢结构自重较小。对于跨度较大的屋盖结构，若采用薄壁型钢或空间结构钢架，则结构的自重要远低于钢筋混凝土结构。由于杆件截面小，所占空间少，可降低结构高度，具有更多的有效空间，结构自重轻，便于运输和安装。

2）材质均匀，可靠性高。钢材的内部组织均匀，接近于各向同性的匀质体，符合力学分析的基本假定，采用理论方法分析钢结构计算的结果与其实际工作状态更吻合。此外，钢材由钢厂生产，钢材的组分及冶炼工艺控制严格，构件制作加工等环节精度高，钢材及构件质量稳定，钢结构可靠性高。

3）钢材塑性和韧性好，结构抗震性能强。钢材塑性好，一般情况下结构不会因为偶然或局部超载而突然断裂破坏。材料韧性好，具有良好吸能性和延性，结构承受冲击和动力荷载的适应性较强，具有较强的抗震性能。

4）容易实现工业化制造、现场安装。钢结构构件便于在工厂工业化制造，大批量生产效率高，成品精确度较高，质量易于控制和保证。钢材焊接性能好，对栓孔不敏感，可采用焊接连接或螺栓连接等不同方式。钢材特别适用于装配式结构，采用工厂制造、工地安装的施工方法，可缩短建设周期，改善施工环境，降低污染，提高经济和社会效益。

5）密封性好。钢材组织严密，密封性好不渗漏，宜用于气密性、液密性要求高的常压或高压容器结构，例如大型油库、大直径的输油输气管道。

6）耐火性差。钢材长期经受100℃辐射热，其强度变化不大，具有一定的耐热性，但当温度达到300℃以后，材料性能下降明显；达到600℃时强度几乎消失，钢结构完全失去承载能力。钢结构耐火性差，因此必须根据防火等级要求，采取进行相应的防火保护措施。

7）耐锈蚀性差。钢材易锈蚀，特别是在潮湿并有腐蚀性介质的环境中。钢结构耐锈蚀性较差，必须涂刷油漆或镀锌加以保护，此外还应对钢结构进行定期维护，其维护费用比钢筋混凝土结构维护费用高。

1.1.2 钢结构的应用范围

钢结构应用广泛，常用于各种工程结构中，应用范围大体分类如下：

1. 大跨度空间结构

横向跨越60m以上空间的各类结构可称为大跨度空间结构，如国际性的博览会馆、体育场馆、机场候机楼、车站等公共性建筑均属于大跨度空间结构。随着结构跨度增大，结构自重在全部荷载中所占的比例随之大幅度增加，减轻自重可获得显著的经济效益。对于大跨度结构，钢结构质量轻的优点显得特别突出，常用的大跨度空间结构形式包括折板结构、壳体结构、网架结构、悬索结构等。国家体育场是用钢丝带编织的大型结构，外形结构由门式钢桁架柱组成，主桁架围绕屋盖中间的开口放射形布置，由钢板焊接形成的箱形构件、交叉布置的主桁架与屋面及立面的次结构一起形成了“鸟巢”的特殊建筑造型，不仅为2008年奥运会树立了一座独特的标志性建筑，在世界建筑发展史上也具有开创性意义。再如北京大兴国际机场航站楼、国家大剧院等都是大跨度空间结构的佳作。

2. 高层建筑

高层建筑尤其是超高层建筑，对建筑材料有严格的要求，钢材强度高和钢结构质量轻的特点对高层建筑具有重要意义。相同条件下，强度高则构件截面尺寸小，可提高有效使用面积；质量轻可大大减小构件、基础和地基所承受的荷载，降低基础工程的造价。我国首批建成的超高层建筑高度一般在150~200m，随着设计理论完善、施工技术及建筑新材料发展与应用，高楼大厦如雨后春笋，不断刷新建筑新高度，如上海中心大厦高度达630多米。当今世界上高层建筑中，钢结构和钢-混凝土组合结构占80%以上。

3. 工业建筑

钢结构工业建筑主要包括单层厂房、双层厂房、多层厂房等。钢结构一般用于重型车间的承重骨架，例如冶金工厂的平炉车间和初轧车间、重型机械厂的铸钢车间、造船厂的船体车间、电厂的锅炉框架、飞机制造厂的装配车间，以及其他工厂跨度较大车间的屋架，设有大吨位起重机、结构需承受大的动力荷载等多数重工车间都采用钢结构厂房。

4. 桥梁钢结构

钢桥建造简便、迅速，易于修复，钢结构广泛用于中等跨度和大跨度的桥梁中。著名桥梁专家茅以升设计的钱塘江大桥是我国自行设计、自行建造的第一座现代钢桥，此后建成的武汉长江大桥、南京长江大桥均为钢结构桥梁，其规模和难度都举世闻名。1990年以来，我国桥梁建设进入快速发展阶段，连续刷新桥梁跨度的纪录。2000年以后，随着材料的开发应用及设计水平、制造水平、施工技术水平的提高，铁路桥梁、公路桥梁、市政桥梁、跨海桥梁等钢桥的规模越来越大，建设速度越来越快。如2009年建成的武汉天兴洲长江大桥是超大跨度双塔钢桁梁斜拉公铁两用桥，2015年建成的大连星海湾大桥是海上地锚式悬索跨海大桥，2020年建成的金沙江大桥是世界范围内“三高地区”（高海拔、高差大、高地震烈度）建设的结构复杂、技术难度高的山区峡谷钢桁梁悬索桥。现在建设的钢桥包含了钢结构、钢-混凝土组合结构、钢管混凝土结构及钢骨混凝土结构。我国钢桥，在跨度、规模、施工难度和施工技术等方面都达到了世界领先的水平。

中国创造：
大跨径拱桥技术

5. 高耸结构

高耸结构一般包括塔架和桅杆结构。塔架和桅杆结构是指高度较大的无线电桅杆、微波塔、广播和电视发射塔架、高压输电线路塔架、化工排气塔、石油钻井架、大气监测塔、旅游瞭望塔、火箭发射塔等。高耸结构的特点是高度大，构件的横截面尺寸较小，风荷载和地震常常对其起主要作用，自重对结构的影响较大，因此常采用钢结构。北京气象塔（325m）、中央电视塔（405m）、东方明珠广播电视塔（468m）、广州电视塔（600m）、埃菲尔铁塔（330m）是高耸结构的代表。

6. 水利、海洋工程钢结构

钢结构在水利工程中应用较多，如钢结构水工钢闸门（用来关闭、开启或局部开启水工建筑物中过水孔口的活动结构）、升船机等，其质量轻，能够降低启闭设备的建造成本，并可减小运转所耗费的动力，开启闭合方便。

海洋工程钢结构主要用于资源勘测、采油作业、海上施工、海上运输、海上潜水作业、生活服务、海上抢险救助、海洋调查等。

7. 密闭压力容器和大型管道

石油、化工基地大型储液罐、煤气柜等炉壳要求能承受很大压力的密闭容器，以及温度急剧变化的高炉结构、大直径高压输油管和煤气管道等一般采用钢结构。

8. 轻型钢结构

使用荷载较小或跨度不大的结构称为轻型结构。采用冷弯薄壁型钢或小型钢制成的轻型钢结构，具有自重小、建造快、节省钢材的优点，比普通钢结构节约钢材25%~40%，自重比钢筋混凝土结构减小70%以上。

9. 可拆卸或移动的结构

采用螺栓连接的钢结构，拆卸方便且不损伤构件，如施工用的临时建筑和钢栈桥、流动式展览馆、移动式平台等。尤其对于急需早日交付使用的工程，钢结构更可发挥施工速度快、工期短，钢结构质量轻、便于运输和安装方便的优势。

10. 其他建筑物

钢结构因其轻盈简洁的外观备受景观设计者的青睐。很多雕塑以钢结构作为骨架；很多城市小品和标志物则直接用钢结构做各种造型；货架、展览用的临时设施、大型游乐设施等多采用钢结构。

2022年北京冬奥会钢结构比赛场馆不仅建筑造型别致新颖，而且在新材料、新技术方面有所突破。譬如，首钢滑雪大跳台“雪飞天”（图1-1），是世界上第一个采用钢结构建设的永久性保留和使用的滑雪大跳台场馆，不同部位对钢材性能有着不同的特殊需求，共使用了7种高性能的钢材，其中5种都属于国内首次使用。大跳台的钢结构赛道需要解决反复使用融雪剂对赛道产生严重腐蚀的世界难题。国家雪车雪橇中心“雪游龙”（图1-2），整个赛道垂直落差将近40层楼高，由16个角度、倾斜度各异的弯道组成，其中第11个弯道是独具特色的360°回旋弯道，这种空间三维扭曲的赛道，必须能够承受反复冻融作用，对钢材的强度和韧性都提出了很高的要求。国家跳台滑雪中心“雪如意”（图1-3）、国家速滑馆“冰丝带”（图1-4）等对我国乃至世界钢结构建筑发展都具有里程碑意义。

图1-1 首钢滑雪大跳台“雪飞天”

图1-2 国家雪车雪橇中心“雪游龙”

图1-3 国家跳台滑雪中心“雪如意”

图1-4 国家速滑馆“冰丝带”

1.2 钢结构设计的方法

1.2.1 钢结构设计的基本要求

《建筑结构可靠性设计统一标准》（GB 50068—2018）和《工程结构可靠性设计统一标准》（GB 50153—2008）规定，结构的设计、施工和维护应使结构在规定的设计使用年限内以规定的可靠度满足规定的各项功能要求。建筑结构设计的目的在于使所建造的结构在结构的可靠性与经济性之间选择一种合理的平衡，力求以最经济的途径及适当的可靠度实现各种预定的功能，使结构满足安全性、适用性、耐久性要求。钢结构设计应贯彻执行国家的技术经济政策，做到“技术先进、安全适用、经济合理、保证质量”。

1. 钢结构应满足的功能要求

钢结构应满足的功能要求：①能承受在施工和使用期间可能出现的各种作用；②保持良好的使用性能；③具有足够的耐久性；④当发生火灾时，在规定的时间内可保持足够的承载力；⑤当发生爆炸、撞击等偶然事件时，结构能保持必要的整体稳固性，防止出现结构的连续倒塌。

结构设计时，应采取适当的措施，使结构不出现或少出现可能产生的损坏，例如：①避免、消除或减少结构可能受到的危害；②采用对可能受到的危害反应不敏感的结构类型；③采用当单个构件或结构的有限部分被意外移除或结构出现可接受的局部损坏时，结构的其他部分仍能保存的结构类型；④不宜采用无破坏预兆的结构体系；⑤增强结构的整体稳固性。

2. 钢结构设计应包括的内容

钢结构设计应包括的内容：①结构方案设计，包括结构选型、构件布置；②材料选用及截面选择；③作用及作用效应分析；④结构的极限状态验算；⑤结构、构件及连接的构造；⑥制作、运输、安装、防腐和防火等要求；⑦满足特殊要求结构的专门性能设计。

1.2.2 钢结构设计方法沿革

由于结构承受的荷载、结构材料性能、构件几何参数、施工质量等各种因素都是随机的，具有不确定性，难有一种简单的设计方法完全符合实际情况。随着钢结构应用工程案例增多，理论与试验研究深入，钢结构设计方法在不断地发展与完善，经历容许应力设计法、三系数法、半概率极限状态设计法三个阶段，现已采用第四阶段的概率极限状态设计法。

1. 容许应力设计法

容许应力设计法是一种传统的设计方法，在 20 世纪 50 年代以前被长期广泛采用。该法以线弹性理论为基础，使结构构件的实际应力 σ 小于或等于所给定的容许应力 $[\sigma]$，容许应力则是钢材屈服强度除以一个大于 1.0 的安全系数 k，其表达式为

$$\sigma \leqslant [\sigma] = \frac{f_y}{k} \tag{1-1}$$

式中 f_y——钢材的屈服强度（N/mm^2）。

容许应力设计法的优点是表达简洁，计算比较简单，目前我国在钢结构构件或连接的疲劳强度设计方面仍采用容许应力设计法。该法的缺点是笼统地采用了一个安全系数，使结构中各构件的安全度不尽相同，整个结构的安全度一般取决于安全度最小的构件，现在钢结构设计基本不再采用。

2. 三系数法

三系数法明确地提出了“承载能力极限状态”和“变形极限状态”两种极限状态的概念，在荷载及材料强度的取值方面部分地引入了概率原则。采用三个分项安全系数：①超载系数，考虑各种荷载可能的变动；②材料匀质系数，考虑材料性能的不均匀性；③工作条件系数，考虑结构及构件的工作特点和假定的计算模式与实际情况不完全相符的因素。

三系数法比容许应力设计法在设计概念和计算方法上都有了较大的进步，避免单一安全系数的缺点，在20世纪50年代中期至70年代采用。三系数法也有一定的缺点，如材料匀质系数的概念重复，因为取材料强度标准值低于其平均值时，已考虑了材料的匀质问题，而计算强度时又用强度标准值乘以材料匀质系数，强度标准值不是明确的概率取值。

3. 半概率极限状态设计法

我国试行的第一本自编《钢结构设计规范》（TJ 17—74），设计方法采用的是容许应力设计法的表达形式，虽然仍是单一的安全系数，但却是按承载能力极限状态经多系数分析后综合而得的。引入荷载系数 K_1、材料系数 K_2、调整系数 K_3，对荷载效应标准值 S_k 和承载力标准值 R_k 进行调整，其表达式为

$$K_3 K_1 S_k \leqslant \frac{R_k}{K_2} \tag{1-2}$$

经数理统计方法分析，K_1 变动范围为 1.145~1.305，取其加权平均值，$K_1 = 1.23$。根据对全国有代表性钢厂的钢材强度统计结果，对原3号钢（相当于现Q235钢）采用 $K_2 = 1.143$，对原16Mn钢（相当于现Q345钢）采用 $K_2 = 1.175$。K_3 考虑少数情况的荷载特殊变异及工作条件等的影响，一般情况取为1.0。

若将 R_k 用构件截面的几何特征和钢材屈服强度表示，式（1-2）可表达为

$$S_k \leqslant \frac{R_k}{K_3 K_1 K_2} = \frac{\alpha f_y}{K} = \alpha[\sigma] \tag{1-3}$$

式中 α——构件截面的几何特征；

K——K_1、K_2、K_3 三个系数的乘积。

《钢结构设计规范》（TJ 17—74）采用的容许应力设计法表达形式，表面上对表达式进行了简化，而实质上属于半概率半经验的极限状态设计法，故称半概率极限状态设计法，简称为半概率法。半概率法只估计了超载和强度偏低同时存在的概率，结构的失效概率为二者乘积。但超载和强度偏低可能仅出现一种情况，此时失效概率未能反映，可认为半概率法多估了结构的可靠度，是偏于安全的。限于工程案例偏少，仍采用的是定值法，没有按随机变量来处理各种影响因素。

4. 概率极限状态设计法

概率极限状态设计法是将影响结构功能的诸因素作为随机变量，同时对所设计结构的功能只做出一定的概率保证，认为任何设计都不能保证绝对安全，均存在失效风险，只要其失效概率小到可以接受的程度，便可认为结构是安全的。

《钢结构设计规范》（GBJ 17—88），其设计方法采用概率极限状态设计法。《钢结构设计规范》（GB 50017—2003）采用以概率理论为基础的极限状态设计方法，用分项系数设计表达式进行计算，配合国家标准《建筑结构可靠度设计统一标准》（GB 50068—2001）、《建筑结构荷载规范》（GB 50009—2001）等进行修订，在计算方法上进行一些改进。

现行的《钢结构设计标准》（GB 50017—2017）（以下简称为《钢标》），于2018年7月1日正式实施。《钢标》规定除了疲劳计算和抗震设计外，应采用以概率理论为基础的极限状态设计方法，用分项系数设计表达式进行计算，较《钢结构设计规范》（GB 50017—2003）在内容和设计方法上进行了全面修订，特别是首次引入“直接分析法”和“基于性能的钢结构抗震设计方法”，更便于实际应用。2021年4月，住房和城乡建设部办公厅公布

《住房和城乡建设部标准定额司关于同意开展钢结构设计标准局部修订工作的函》（建司局函标〔2020〕117号），《钢结构设计标准（局部修订条文征求意见稿）》（以下简称《钢标（征求意见稿）》）引入更多高强钢材的应用。

1.2.3 极限状态设计方法

1. 极限状态

整个结构或结构的一部分构件超过某一特定状态就不能满足设计规定的某一功能要求，此特定状态为该功能的极限状态。极限状态分为承载能力极限状态和正常使用极限状态。

（1）承载能力极限状态　指对应于结构或结构构件达到最大承载力或不适于继续承载的变形的状态。承载能力极限状态包括构件或连接的强度破坏、脆性断裂、疲劳破坏，因过度变形而不适用于继续承载，结构或构件丧失稳定，结构转变为机动体系，结构倾覆。

（2）正常使用极限状态　指对应于结构或结构构件达到正常使用的某项规定限值的状态。正常使用极限状态包括影响结构、构件、非结构构件正常使用或外观的变形，影响正常使用的振动，影响正常使用或耐久性的局部损坏。

对结构的各种极限状态均应规定明确的标值或限值。结构设计时应对结构的不同极限状态分别进行计算或验算。当某一极限状态的计算或验算起控制作用时，可仅对该极限状态进行计算或验算。

2. 设计状况

设计状况是表征一定时段内实际情况的一组数据条件，设计应做到在该组条件下结构不超越有关的极限状态。建筑结构设计应区分以下四种设计状况：

（1）持久设计状况　在结构使用过程中一定出现且持续期很长的设计状况，其持续期一般与设计使用年限为同一数量级，适用于结构使用时的正常情况。

（2）短暂设计状况　在结构施工和使用过程中出现概率较大，而与设计使用年限相比，其持续期很短的设计状况，适用于结构出现的临时情况，包括结构施工和维修时的情况等。

（3）地震设计状况　适用于结构遭受地震时的情况。

（4）偶然设计状况　在结构使用过程中出现概率很小且持续期很短的设计状况，适用于结构出现的异常情况，包括结构遭受火灾、爆炸、撞击时的情况等。

钢结构状态设计考虑前三种设计状况。对不同的设计状况，应采用相应的结构体系、可靠度水平、基本变量和作用组合等进行建筑结构可靠性设计。所有设计状况均应进行承载能力极限状态设计。对于持久设计状况，还应进行正常使用极限状态设计，并宜进行耐久性极限状态设计。对于短暂设计状况和地震设计状况可根据需要进行正常使用极限状态设计。

3. 概率极限状态设计法

概率极限状态设计法是不使结构超越某种规定的极限状态的设计方法，采用功能函数 Z 来描述结构的极限状态，即

$$Z=g(X_1,X_2,\cdots,X_n)=g(R,S)=R-S \tag{1-4}$$

式中　$g(\cdot)$——结构的功能函数；

X_i（$i=1, 2, \cdots, n$）——影响结构或构件的基本变量，指结构上的各种作用和材料性能、几何参数等，在进行可靠度分析时，基本变量均应作为随机变量；

R、S——结构构件承载力设计值、结构的作用效应。

这里要明确几个概念：①“作用”是指施加在结构上的集中力或分布力和引起结构外加变形或约束变形的原因，前者为直接作用，也称荷载，后者为间接作用；②“作用效应”是指由作用引起的结构或结构构件的反应；③“抗力”是指结构或构件承受作用效应和环境影响的能力。

结构的功能函数 Z 是随机函数，包括以下三种情况：①$Z>0$，表示结构处于可靠状态；②$Z=0$，表示结构达到极限状态；③$Z<0$，表示结构处于失效状态。

结构的极限状态是结构由可靠转变为失效的临界状态，结构按照极限状态设计时应符合式（1-5）的要求：

$$g(X_1,X_2,\cdots,X_n)\geqslant 0 \text{ 或 } R-S\geqslant 0 \tag{1-5}$$

由于结构构件承载力设计值 R 和结构的作用效应 S 受到许多随机性因素影响而具有不确定性，$Z\geqslant 0$ 不是必然性的事件，因此科学的设计方法是以概率理论为基础来度量结构的可靠性。

结构在规定的时间内、规定的条件下，完成预定功能的能力，称为结构的可靠性。结构具有可靠性的概率，称为结构可靠度。结构可靠度是对结构可靠性的定量描述，以概率表示结构的可靠度为 $p_s=P(Z\geqslant 0)$。结构不能完成预定功能，则称为结构失效。结构不能完成预定功能的概率，称为结构的失效概率，结构的失效概率记为 $p_f=P(Z<0)$。结构可靠度与结构失效概率的关系为

$$p_s=1-p_f \tag{1-6}$$

结构可靠与结构失效是矛盾的两个方面，绝对可靠的结构（失效概率等于零）是不存在的，可靠的结构设计则是使失效概率小到可以接受程度的设计。为了使结构达到安全可靠性与经济性方面的最佳平衡，必须选择一个结构的最优失效概率或目标可靠指标，可靠指标是度量结构可靠度的数值指标，可靠指标为失效概率负的标准正态函数的反函数。

可靠度水平的设置应根据结构构件的安全等级、失效模式和经济因素等确定。一般情况下，钢结构属于延性破坏，总体安全等级为二级，按《建筑结构可靠性设计统一标准》（GB 50068—2018），钢结构各种构件的可靠指标 β 值取为 3.2。

1.2.4 概率极限状态设计表达式

《钢标》规定，除疲劳计算和抗震设计外，应采用以概率理论为基础的极限状态设计方法，用分项系数设计表达式进行计算。

1. 承载能力极限状态

按承载能力极限状态设计钢结构时，应考虑荷载效应的基本组合，必要时还应考虑荷载效应的偶然组合。结构构件、连接及节点的承载能力极限状态，应采用下列设计表达式：

（1）持久设计状况、短暂设计状况　应采用荷载的基本组合为

$$\gamma_0 S\leqslant R \tag{1-7}$$

（2）地震设计状况　应采用荷载的地震组合为

多遇地震

$$S\leqslant R/\gamma_{RE} \tag{1-8}$$

设防地震

$$S\leqslant R_k \tag{1-9}$$

式中 S——承载能力极限状态下作用组合的效应设计值（N/mm^2），对持久或短暂设计状况应按作用的基本组合计算，对地震设计状况应按作用的地震组合计算；

R、R_k——结构构件的承载力设计值和承载力标准值（N/mm^2）；

γ_0——结构重要性系数，对安全等级为一级的结构构件不应小于 1.1，对安全等级为二级的结构构件不应小于 1.0，对安全等级为三级的结构构件不应小于 0.9；

γ_{RE}——承载力抗震调整系数，应按现行国家标准《建筑抗震设计规范（2016 年版）》（GB 50011—2010）的规定取值。

根据结构破坏产生的后果，即危及人的生命、造成经济损失、对社会或环境产生影响等的严重性，建筑结构的安全等级划分为三个等级见表 1-1。

表 1-1 建筑结构的安全等级

安全等级	破坏后果
一级	很严重：对人的生命、经济、社会或环境影响很大
二级	严重：对人的生命、经济、社会或环境影响较大
三级	不严重：对人的生命、经济、社会或环境影响较小

钢结构的安全等级和设计使用年限应符合现行国家标准的规定。一般工业与民用建筑钢结构的安全等级应取为二级，其他特殊建筑钢结构的安全等级应根据具体情况另行确定。建筑物中各类结构构件的安全等级，宜与整个结构的安全等级相同。对其中部分结构构件的安全等级可进行调整，但不得低于三级。

2. 荷载基本组合的效应设计值

建筑结构的荷载分为永久荷载、可变荷载、偶然荷载三类。①永久荷载，在设计使用年限内始终存在且其量值变化与平均值相比可以忽略不计的作用，或其变化是单调的并趋于某个限制的作用，包括结构自重、土压力、预应力等；②可变荷载，在设计使用年限内其量值随时间变化，其量值变化与平均值相比不可以忽略不计的作用，包括楼面活荷载、积灰荷载、起重机荷载、风荷载、雪荷载、温度作用等；③偶然荷载，在设计使用年限内不一定出现，而一旦出现其值很大，且持续期很短的作用，包括爆破力、撞击力等。

（1）基本组合的效应设计值 分为由可变荷载控制和永久荷载控制两种情况。

由可变荷载控制的基本组合的效应设计值为

$$S=\sum_{j=1}^{m}\gamma_{G_j}S_{G_{jk}}+\gamma_{Q_1}\gamma_{L_1}S_{Q_{1k}}+\sum_{i=2}^{n}\gamma_{Q_i}\gamma_{L_i}\psi_{c_i}S_{Q_{ik}} \tag{1-10}$$

由永久荷载控制的基本组合的效应设计值为

$$S=\sum_{j=1}^{m}\gamma_{G_j}S_{G_{jk}}+\sum_{i=1}^{n}\gamma_{Q_i}\gamma_{L_i}\psi_{c_i}S_{Q_{ik}} \tag{1-11}$$

式中 $S_{G_{jk}}$——按第 j 个永久荷载标准值 G_{jk} 计算的荷载效应值（N/mm^2）；

$S_{Q_{ik}}$——按第 i 个可变荷载标准值 Q_{ik} 计算的荷载效应值（N/mm^2），其中 $S_{Q_{1k}}$ 为诸可变荷载效应中起控制作用者；

γ_{G_j}——第 j 个永久荷载的分项系数；

γ_{Q_i}——第 i 个可变荷载的分项系数，其中 γ_{Q_1} 为主导可变荷载 Q_1 的分项系数；

γ_{L_i}——第 i 个可变荷载考虑设计使用年限的调整系数，其中 γ_{L_1} 为主导可变荷载 Q_1 的调整系数；

ψ_{c_i}——第 i 个可变荷载的组合值系数，按不同荷载形式选取，其值不应大于1；

m、n——参与组合的永久荷载数和可变荷载数。

说明一点，基本组合中的效应设计值仅适用于荷载与荷载效应为线性关系；当 $S_{Q_{1k}}$ 无法明确判断时，应轮次以各可变荷载效应作为 $S_{Q_{1k}}$，并选取其中最不利的荷载组合的效应设计值。

（2）荷载分项系数的选取　永久荷载、可变荷载的分项系数取值不同。

1）永久荷载的分项系数 γ_G：当永久荷载效应对结构或构件的承载能力不利时，对由可变荷载效应控制的组合应取为1.2，对由永久荷载效应控制的组合应取为1.35；当永久荷载效应对结构构件的承载能力有利时，不应大于1.0，一般情况下取为1.0。

2）可变荷载的分项系数 γ_Q：对可变荷载标准值大于 4.0kN/m^2 的工业房屋楼面结构的活荷载取为1.3；其他情况，应取为1.4。

3）可变荷载考虑设计使用年限的调整系数 γ_L：楼面和屋面活荷载使用年限的调整系数 γ_L，以设计使用年限50年为基准取为1.0，设计使用年限为100年取为1.1，5年取0.9，其他使用年限的调整系数可按线性内插确定。对于荷载标准值可控的活荷载，γ_L 取为1.0。

3. 正常使用极限状态

正常使用极限状态属于正常使用或耐久性要求的某项规定限值。一般建筑结构根据不同的设计要求，分别采用荷载标准组合、频遇组合和准永久组合，设计表达式为

$$S_d \leqslant C \tag{1-12}$$

式中　S_d——荷载效应的设计值（N/mm^2）；

C——结构或构件达到正常使用要求的规定限值（N/mm^2），如变形、裂缝、振幅、加速度等。

按正常使用极限状态设计钢结构时，只涉及变形验算，仅需考虑荷载效应的标准组合。荷载标准组合效应的表达式为

$$S_d = \sum_{j=1}^{m} S_{G_{jk}} + S_{Q_{1k}} + \sum_{i=2}^{n} \psi_{c_i} S_{Q_{ik}} \tag{1-13}$$

式（1-10）与式（1-13）比较可以看出，正常使用极限状态设计时采用的是荷载标准值。

1.3　钢结构设计的发展方向

目前，我国钢产量已跃居世界第一，钢结构的应用水平处于世界前列，为了适应新形势，钢结构的科研水平和设计技术仍有很大的发展空间。钢结构设计的发展方向有以下几方面：

1. 高效能钢材的研究和应用

高效能钢材的含义包括两个方面：一是，研发生产新型截面形式的型钢，更好地发挥钢材的使用效果，提高钢材的有效承载力；二是，研制强度更高、性能更优的钢材。

H型钢比工字钢的翼缘宽度大，截面面积分配合理，抗弯能力强，侧向刚度大，与工字

钢相比节省钢材，经济性好，便于与其他构件连接；与焊接组合截面构件相比，残余应力小、制作与构造方便，在多高层钢结构中广泛用于梁、柱、支撑等构件。冷弯薄壁型钢是钢板或带钢在室温下弯曲成各种断面形状的成品钢材。冷弯型钢是一种经济的截面轻钢薄壁钢材，具有热轧工艺不能生产的各种特薄、形状合理的截面。相同截面面积下，冷弯薄钢的回转半径比热轧型钢可增大50%~60%，截面惯性矩可增加50%~200%，能合理发挥材料功能，与工字钢、角钢、槽钢相比较，可节省钢材30%~50%，是一种经济截面钢材。近年来，冷弯方钢管、压型钢板、波纹腹板工字钢等应用发展较快，还可开发更多类型的截面型钢。

开发应用高强度牌号的钢材，在相同承载力要求下，可以节省大量钢材。我国钢结构较多采用低碳钢Q235及低合金钢Q345，现在Q390钢、Q420钢、Q460钢和Q345GJ钢越来越多被采用，国家体育场就使用了Q460钢材。研发强度更高的钢材及其合理应用一直是我国重要发展战略，近年来，我国钢材冶炼技术得到了跨越式发展，研发出了一批又一批高性能钢材，Q500钢、Q550钢、Q620钢、Q690钢、Q460GJ钢、Q500GJ钢、Q550GJ钢、Q620GJ钢、Q690GJ钢等得到了广泛应用。我国制订了《高强钢结构设计标准》（JGJ/T 483—2020）。

2. 钢结构设计理论、设计方法的研究和完善

目前已广泛应用计算技术和测试技术对结构构件进行深入计算和测试，为了解结构或构件的实际性能提供了有利条件。计算和测试手段越先进，就越能反映结构和构件的实际工作情况，从而合理使用材料，发挥其经济效益，并保证结构的安全。

不断将新研究的科研成果融入新的国家设计标准，进一步完善设计理论和方法。例如，钢材塑性的充分利用问题经过多年研究，《钢标》采用了利用钢结构塑性进行内力重分配的思路进行设计；在疲劳计算及防脆断设计方面，增加了简便快速验算疲劳强度的方法、抗脆断设计的规定。采用以概率理论为基础的极限状态设计方法，用可靠指标度量结构的可靠度，以分项系数的设计表达式进行计算。改进计算方法方面也是今后重要的研究课题。在其他如结构抗震设计、残余应力对压杆稳定性影响、板件屈曲后强度问题、动力荷载作用结构响应、构件疲劳计算等方面还有待发展完善。

结构优化设计包括确定优化的结构形式和确定优化的截面尺寸。随着计算机的普及和分析软件功能的完善，结构优化设计逐步推广到塔桅结构、空间结构的设计。将强度、稳定性、刚度等一系列设计要求作为约束条件，用计算机优化的截面尺寸，可比以前的标准设计节省钢材5%~10%。

3. 新型结构体系的应用和发展

（1）新的结构形式　新的结构形式有薄壁型钢结构、悬索结构、膜结构、树状结构、开合结构、折叠结构、悬挂结构等。这些结构适用于轻型大跨屋盖结构、高层建筑和高耸结构等，对减少耗钢量有重要意义。空间网格结构对各种平面形式建筑物的适应性很强，以空间体系的空间网格结构代替平面结构可以节约钢材，尤其是当跨度较大时，经济效果尤为显著，在我国发展很快，如国家大剧院、国家游泳中心等采用的均是空间网格结构。

（2）预应力钢结构　在一般钢结构中增加一些高强度钢构件，并对结构施加预应力，是预应力钢结构采用的普遍形式之一。其实质是以高强度钢材代替部分普通钢材，从而达到节约钢材、提高结构效能和经济效益的目的。必须采取施加预应力的施工方法，才能将两种强度不同的钢材用于同一构件中共同承载，充分发挥高强度钢材的作用，如弦支穹顶、张弦梁、预应力桁架、预应力网架等复合结构已经在大型体育场馆和会展中心等很多工程中得到了广泛应用。

（3）钢-混凝土组合结构　钢材具有抗拉强度高的特点，结合混凝土承压能力强的特点，将钢材布置于受拉区而将混凝土布置于受压区，两种不同材料组合可以发挥各自长项，取得最大的经济效果，是一种合理的结构形式。主要形式包括：①压型钢板与混凝土组合板，在压成不同种凹凸肋与槽纹的钢板上浇筑混凝土制成组合板用于楼板等，压型钢板既可作为混凝土的永久性模板，节省大量木模板及其支撑，减少工程量，又可作为楼板的主要承载构件，节省楼板中的部分钢筋用量；②钢梁与钢筋混凝土板组成的组合梁，钢筋混凝土板作为受压翼缘与钢梁组合可提高钢梁的整体稳定性与局部稳定性，降低梁高，节约钢材，已经较多地应用于桥梁结构中，也可推广至荷载较大的平台和楼层结构中；③在钢管中填素混凝土的钢管混凝土构件，在压力作用下，钢管和混凝土之间产生相互作用的紧箍力，使混凝土处于三向受压的应力状态下工作，大大提高了其抗压强度，还改善了塑性，提高了抗震性能；④在薄壁方钢管中填素混凝土的钢管混凝土构件，混凝土对薄壁钢管起支撑作用，提高了构件稳定性，使钢材强度得以充分发挥，这种构件宜用作轴心受压构件，已作为厂房柱、高层建筑框架柱等广泛应用。近年来，住宅钢结构带动钢管混凝土结构大量应用，还应进一步深入研究其工作性能、合理的计算理论及构造和施工等问题。

4. 高层钢结构的研究和应用

进入21世纪，我国相继建成一大批具有代表性的高层钢结构建筑，标志着我国高层钢结构的技术水平已有了长足的进步。这些高层建筑多采用钢结构框架体系，楼层结构很多采用了钢梁、在压型钢板上浇混凝土的组合楼板，施工简便迅速。中央电视台总部大楼主楼为两栋分别为52层234m高和44层194m高，两座塔楼双向内倾斜6°，在163m以上由L形悬臂结构连为一体，其独特的造型和超高的施工难度在国内外均属“高、难、精、尖”的特大型钢结构代表。我国与国外经济发达国家相比，在高层钢结构设计理念、新产品研究开发、钢材品种质量、制作安装的设备及科学管理等方面还有许多待研究的课题。

5. 装配式钢结构的研究与应用

目前我国积极推行装配式建筑发展，框架结构及其他房屋类型的装配式结构发展并不均衡，技术体系尚待完善，有很多待研究课题；在连接件产品设计方面，如考虑单向抗拉力、承受夹心墙板在重力、风力、地震力、温度等作用下传来的复杂力、热胀收缩性能等诸多基础性研究方面还应进一步加强。装配式钢结构在构件的标准化设计等方面与其他类型结构相比更具有优势，更符合工业化生产的一个发展方向，需要探索BIM系统在装配式建筑设计领域的应用与推广，实施全过程的辅助设计与运维管理等。

2016年9月，国务院办公厅发布《国务院办公厅关于大力发展装配式建筑的指导意见》，要求按照适用、经济、安全、绿色、美观的要求，推动建造方式创新，大力发展装配式混凝土建筑和钢结构建筑，不断提高装配式建筑在新建建筑中的比例。《装配式钢结构建筑技术标准》（GB/T 51232—2016）规定，装配式钢结构建筑应将结构系统、外围护系统、设备与管线系统、内装系统集成，并应标准化设计、工厂化生产、装配化施工、一体化装修、信息化管理和智能化应用。发展装配式钢结构建筑是建造方式的重大变革，是推进供给侧结构性改革和新型城镇化发展的重要举措，有利于节约资源、减少施工污染、提升劳动生产效率和质量安全水平，有利于促进建筑业与信息化工业化深度融合、培育新产业新动能、推动化解过剩产能。

1.4　本课程主要内容、特点与学习方法

1.4.1　主要内容及特点

本课程主要包括钢结构的材料、钢结构的连接、钢结构基本构件及轻型门式刚架设计四方面内容。

1. 钢结构的材料

钢结构的材料部分主要了解钢材性能指标、试验方法及影响钢材性能的因素，熟悉钢材塑性破坏、脆性破坏、疲劳破坏三类破坏形式，了解钢材规格及选用原则。

2. 钢结构的连接

钢结构的连接是本课程重点内容之一，包括焊接连接和螺栓连接，焊接连接分对接焊接和角焊缝连接，螺栓连接分普通螺栓连接和高强度螺栓连接。熟悉各种连接方式的构造要求，掌握不同受力状态下的计算模型、计算方法及连接强度验算。

3. 钢结构基本构件

钢结构基本构件也是本课程重点内容之一，涵盖第 4 章的轴心受力构件（柱）、第 5 章的受弯构件（梁）、第 6 章的拉弯和压弯构件。应掌握轴心受力构件和受弯构件的强度、刚度、稳定性等内容，熟悉构件设计的主要步骤及方法，了解拉弯和压弯构件的验算内容及方法。

4. 轻型门式刚架设计

了解轻型房屋结构体系，能够运用力学与钢结构知识，进行结构内力分析、截面设计及节点设计，了解门式刚架施工图绘制及编制设计说明书的方法。结合 PKPM 软件，学习先进设计技术，能够完成“钢结构课程设计”。

“钢结构”是土木工程专业的一门核心课程。钢结构以工程力学和建筑材料等课程为基础，有较严密的理论体系，条理清晰的分析步骤和方法，是理论性较强的技术基础课程；同时钢结构是一种典型的工程结构形式，与工程实践密切结合，有明确的工程应用背景，必须遵守《钢标》等规范规定的构造要求，因此“钢结构”具有专业课程属性。

钢结构的设计思想、设计步骤和计算方法具有普遍性，通过本课程的学习，有助于培养学生分析问题、解决问题的能力，以及处理技术问题的能力和素质，为设计工作奠定良好的基础。

1.4.2　学习方法

1. 掌握基本概念，领会基本理论

钢结构设计与力学分析密切相关，学习本课程时，应将基本概念、基本理论放在重要位置。如焊接连接分对接焊缝与角焊缝两种形式，两种焊缝的分析方法完全不同；螺栓连接中根据螺栓受力不同分为受剪、受拉螺栓连接，验算的内容不同。掌握轴心受力构件、受弯构件、拉弯和压弯构件的受力特征，了解基本构件的强度、刚度、整体稳定性和局部稳定性等

验算的内容及范围。

2. 善于归纳分析，不断加深理解

在分析焊接连接的各种焊缝时，首先应了解分析对象的基本假定条件、受力特点，然后进行适当简化，提炼研究对象的模型；然后对简化模型进行受力分析。计算焊缝承受的内力；再应用相应公式计算各个应力进行验证判断。轴心受力构件、受弯构件、拉弯和压弯构件等基本构件，与材料力学的拉压、弯曲、压杆稳定等内容相关，各种计算公式类似，但钢结构构件截面较复杂，有构造特定要求，一定要清楚钢结构公式中符号含义、参数取值及其应用范围，对各类构件有较深刻理解。

3. 理论联系工程实践，增加识图与结构感性认知

本课程内容都与实际工程相结合，将平面视图表达的构件或结构，形成空间三维思维，明确构件之间的相对位置关系及连接方式。通过工程实践，现场观察实际建筑物或构筑物，对提高识图能力，了解结构构造大有益处。

4. 梳理解题思路，正确使用计量单位

钢结构构件截面比较复杂，强度、刚度、稳定性分析的内容较多，计算公式较难。梳理清楚解题思路便可发现每种类型题目总可划分为结构内力分析、截面几何参数、应力计算与评价等 3~4 个环节，可以将每个环节简化几个步骤。工程实际问题中，所有量一定要用适当的计量单位表达，钢结构分析采用长度和力的单位作为基本量单位，其他量（如力矩）认为是组合单位。若长度以 mm、力以 N 作为单位，则面积以 mm^2、截面模量以 mm^3、惯性矩以 mm^4、力矩以 N · mm 作为单位；若长度以 m 或 cm、力以 kN 作为单位，则各量的单位会相应变化。计算过程中物理量可采用不同的单位，但应力的单位必须是 N/mm^2。计算过程中应注意不同量之间的单位换算，只有合理使用计量单位，才能保证计算结果正确，结论才有实际参考价值。

习 题

1. 简述钢结构的特点。
2. 简述结构应满足哪些功能要求。
3. 简述极限状态、设计状况。
4. 简述在概率极限状态设计表达式中，荷载类型及分项系数的选取方法。

综合训练任务

通过查阅资料，写一篇关于钢结构建筑或钢结构桥梁等某一方面的应用与发展的调研报告。

CHAPTER 2

第 2 章 钢结构的材料

本章要点：

1. 了解钢结构对钢材性能的要求，熟悉钢材的主要力学性能指标及试验原理与方法。

2. 了解影响钢材性能的主要因素。

3. 理解复杂应力状态下的等效应力计算方法及屈服条件。

4. 熟悉塑性破坏、脆性破坏、疲劳破坏的特征。

5. 熟悉钢材牌号的意义、型钢的表示方法及钢材的选用原则。

2.1 钢结构用材的基本要求

钢材种类多、性能差异大，并非所有钢材都适用于钢结构。建筑结构要求在不同环境和条件下，能够承受各种荷载作用，始终保持结构的安全性和耐久性，不发生无先兆的脆性破坏。因此，钢结构使用的钢材应具有良好的承载能力，以保证结构的安全可靠；同时应具有良好的加工性能，便于加工制作和安装。钢结构对钢材的基本要求如下：

1. 较高的强度

钢结构要求钢材具有较高的屈服强度 f_y，在同等荷载作用下，可减小构件的截面尺寸，节约钢材，减轻结构自重；要求具有较高的抗拉强度 f_u，提高构件开孔截面抗拉断能力、抗撕裂能力，提高结构的安全储备。

2. 足够的变形能力

变形能力包括钢材的塑性和韧性。

钢材塑性好，可变形量大，结构在破坏前会产生比较明显的变形，易于被发现；塑性良好的材料可调整局部应力峰值，使应力集中区的应力趋于平缓，提高构件的延性，从而降低脆性破坏的风险。

钢材韧性好，在动力荷载作用下破坏时可吸收比较多的能量，降低脆性破坏的危险程度。对采用塑性设计的结构或地震多发区的结构而言，钢材变形能力的大小具有特别重要的意义。

3. 良好的工艺性能

工艺性能包括冷加工、热加工、可焊性能，以及对裂纹的敏感性。良好的工艺性能不仅要求钢材易于加工成各种形式的结构，同时保证加工对钢材的强度、塑性及韧性不至于产生较大的不利影响。

承重结构的钢材应具有抗拉强度、屈服强度、伸长率的合格保证，焊接结构还应具有冷弯试验的合格保证，承受动力荷载的结构以及重要的受拉或受弯的焊接结构还应具有冲击韧性的合格保证。

2.2 钢材的主要性能

为了保证钢结构在不同的工作环境下承受各种荷载安全可靠、便于加工制作，钢材质量应符合现行国家标准《碳素结构钢》（GB/T 700—2006）、《低合金高强度结构钢》（GB/T 1591—2018）和《建筑结构用钢板》（GB/T 19879—2023）等规定。钢材力学性能包括强度、塑性、韧性等，加工性能包括冷加工、热加工及可焊性能。

2.2.1 强度与塑性

1. 钢材的单向拉伸试验

钢材的强度和塑性是在常温条件下，对用钢材制作成的标准试件（图 2-1a）进行单向均匀拉伸试验测得的。加载速度较慢，认为是静力荷载，直到将试件拉断为止，如图 2-1b 所示。单向拉伸试验简单易行，获得的钢材强度和塑性力学性能指标，对受压或受剪状态也有代表性。

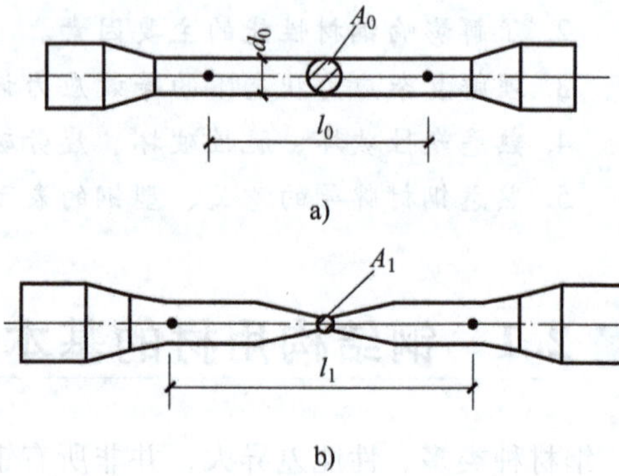

图 2-1 单向拉伸试验的标准试件

a）试验前 b）试验后

图 2-2a 为典型低碳钢的单向均匀拉伸试验的应力-应变曲线，横轴为应变，纵轴为应力。图 2-2b 为应力-应变曲线的局部放大图。低碳钢的拉伸曲线分为四个阶段，具体分析如下：

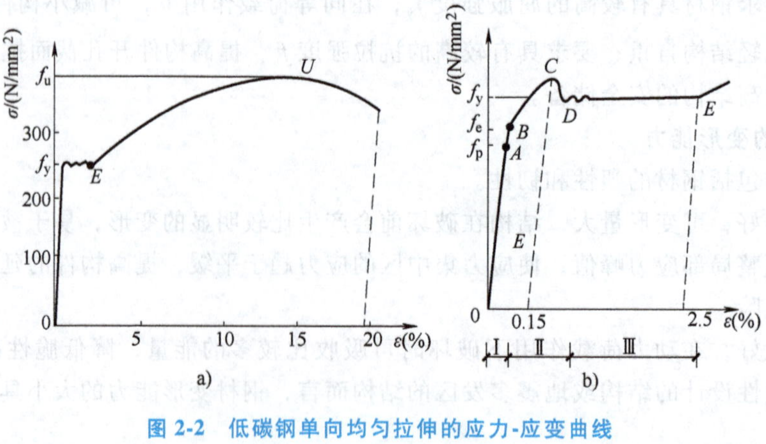

图 2-2 低碳钢单向均匀拉伸的应力-应变曲线

a）总体图 b）局部放大图

(1) 弹性阶段（$0B$ 段）　加载过程中若卸载变形曲线按原路径返回原点，未有残留变形，则为弹性阶段，弹性阶段分线弹性段（$0A$ 段）和非线弹性段（AB 段）两个小段。A 点对应的应力称为钢材的比例极限 f_p，B 点对应的应力称为钢材的弹性极限 f_e。由于 f_e 与 f_p 十分接近，一般不加以区分，认为弹性阶段（$0B$）应力-应变为线性关系，符合胡克定律，应力-应变曲线的斜率即为钢材的弹性模量 E。

(2) 屈服阶段（BC 段）　应力超过弹性极限 f_e 后，应力-应变曲线将出现锯齿形波动现象，钢材开始屈服产生塑性变形，波动高点（C 点）称为上屈服点、波动低点（D 点）称为下屈服点。下屈服点比较稳定，故通常取下屈服点代表钢材的屈服强度 f_y，也称为屈服点。钢材屈服后继续加载，应变持续增大，但应力不再增加，出现平滑段（DE 段），称为钢材的塑性流动阶段或称屈服平台。钢材发生塑性变形后再卸载，应力-应变曲线将不再沿原路线返回原点，而是保留一定量的塑性变形，卸载曲线与比例极限段近似平行。低碳钢在屈服平台终点（E 点）的应变可达 2%~3%。

(3) 强化阶段（EU 段）　经过一段屈服滑移，钢材内部组织经重新调整，又恢复了承载能力，随着应变增加应力有所上升，称为钢材强化阶段。此阶段以塑性变形为主，直至曲线最高点（U 点），该点对应的应力为钢材能承受的最大拉应力，称为钢材的抗拉强度或称极限强度 f_u。

(4) 缩颈阶段　过了最高点（U 点）之后，应力不升反降，试件局部将出现横向收缩现象，称为缩颈，变形剧增，荷载下降，直至断裂。

钢材在屈服强度 f_y 之前应变很小（ε 约为 0.15%）近似为完全弹性体；在 f_y 之后表现为塑性，由于屈服平台很长（流幅 ε 取值范围为 0.15%~2.5%），可忽略应变硬化作用，应力不变，近似为完全塑性体。从而，将钢材视为理想的弹塑性材料，其应力-应变曲线简化为二折线形，如图 2-3 所示。

对于合金钢等高强度钢材，拉伸曲线没有明显屈服点或屈服平台，如图 2-4 所示。规定卸载后试件的残余应变 $\varepsilon=0.2\%$ 所对应的点为其屈服点，称为条件屈服点或名义屈服强度，记为 $f_{0.2}$。

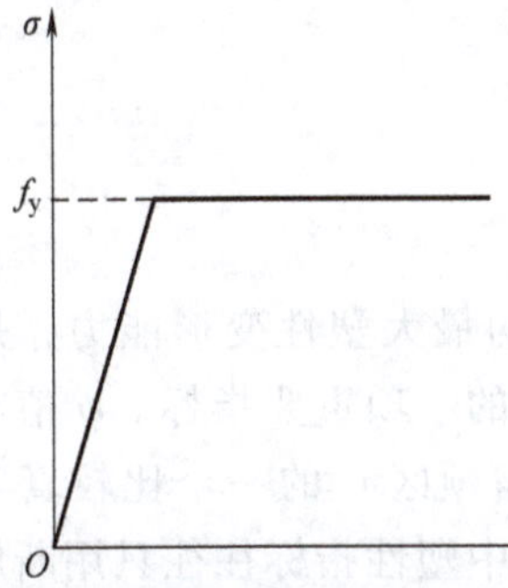

图 2-3　理想弹塑性材料的应力-应变曲线

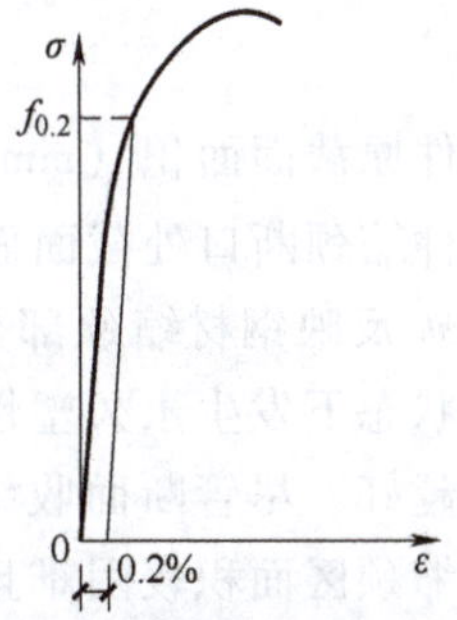

图 2-4　无明显屈服点钢材的应力-应变曲线

2. 强度指标

强度指标是衡量材料承受荷载作用时抵抗破坏的能力度量，钢材强度性能指标有抗拉强度（极限强度）f_u 和屈服强度 f_y 两个，由钢材标准试件单向拉伸试验确定。

1）抗拉强度f_u是钢材破坏前能够承受的最大应力，是衡量钢材经过大变形后的抵抗拉断的性能指标，而且直接反映钢材内部组织的优劣，并与疲劳强度有着比较密切的关系。

2）钢材的屈服强度f_y是结构小变形与大变形的分界点，应力超过屈服点后略有增加，会引起应变急剧增长，导致结构变形达到不能正常使用的状态；即使钢材应力达到屈服点，也还有一定的强度储备，不会立刻破坏。钢材的屈服强度f_y是衡量结构的承载能力和确定强度设计值的重要指标，钢结构强度设计值一般都是以钢材屈服强度f_y为依据确定的。

3）钢材两个强度指标屈服强度f_y与抗拉强度f_u的比值f_y/f_u称为屈强比，反映钢材性能利用的程度，f_u/f_y可看作钢材强度储备的系数。屈强比低说明材料易屈服，塑性较好，但钢材极限强度利用程度低；屈强比高表示材料抗变形能力强，不易发生塑性变形，但钢材强度储备系数（f_u/f_y）小，《钢标》规定塑性设计时屈强比不应大于0.85。

3. 塑性指标

钢材的塑性是钢材在外力作用下产生永久变形时抵抗断裂的能力。对于实际工程结构，特别是在动力荷载作用下的构件，钢材的塑性常常是决定结构是否安全可靠的主要因素之一，钢材的塑性指标甚至比强度指标更为重要。钢材塑性可由断后伸长率δ和断面收缩率ψ两项指标衡量，δ和ψ数值越大，表明钢材变形能力越强，塑性越好。

（1）断后伸长率　断后伸长率δ等于试件拉断后的原标距的塑性变形量（即标距段伸长值）与原标距的比值，以百分数表示，即

$$\delta=\frac{l_1-l_0}{l_0}\times100\% \tag{2-1}$$

式中　l_0——试件原标距长度（mm），如图2-1a所示；

l_1——试件拉断后标距间的长度（mm），如图2-1b所示。

试件的原标距长度l_0取圆试件直径的5倍或10倍长度标定，相应的断后伸长率分别记为δ_5和δ_{10}。由于试件拉断时，其拉伸量主要来自缩颈区的塑性变形，所以，钢材的δ_5大于δ_{10}。

（2）断面收缩率　断面收缩率ψ等于缩颈断口处截面面积的缩减量与原截面面积的比值，以百分数表示，即

$$\psi=\frac{A_0-A_1}{A_0}\times100\% \tag{2-2}$$

式中　A_0——试件原截面面积（mm^2）；

A_1——试件缩颈断口处截面面积（mm^2）。

断面收缩率ψ反映钢材缩颈部分在三向拉应力状态下的最大塑性变形能力，是衡量钢材在该拉伸应力状态下发生永久塑性变形而不致断裂的性质的一项重要指标。ψ值越大，表明钢材塑性性能越好。尽管断面收缩率是衡量钢材塑性（缩颈区）的一个比较真实和稳定的指标，但测量缩颈区面积较困难且误差较大，在钢材标准中塑性指标往往只用断后伸长率δ_5衡量，而不用断面收缩率ψ衡量。

综上，通过单向拉伸试验，可确定钢材的抗拉强度f_u、屈服强度f_y、断后伸长率δ_5三项性能指标。对于一般非承重或由构造决定的构件，只要保证钢材的抗拉强度和断后伸长率满足要求即可；对于承重的结构则必须具有钢材的抗拉强度、断后伸长率、屈服强度三项合格的保证。

2.2.2　冷弯性能

冷弯性能是衡量钢材在常温下冷加工弯曲时产生塑性变形能力和钢材质量的综合指标，由冷弯试验确定。冷弯性能是检验钢材工艺性能的一项指标，在一定程度上也是鉴定可焊性能的一个指标。冷弯试验是比单向拉伸试验更严格的一种试验方法，不仅能反映钢材的冷加工性能，同时可以检查钢材颗粒组织、结晶情况和非金属夹杂物分布等缺陷。

钢结构在制作、安装过程中要进行冷加工，尤其是焊接结构焊后变形的调直等工序，都需要钢材有较好的冷弯性能。非焊接的重要结构（如吊车梁，吊车桁架，有振动设备或有大吨位起重机厂房的屋架、托架，大跨度重型桁架等）以及需要弯曲成型的构件等，也都要求具有冷弯试验合格的保证。

冷弯试验采用规定的弯心直径为 d 的冲头对板材试件加压，使板材弯曲 180°，如图 2-5 所示。弯心直径 d 与试件厚度成一定比例，根据钢材的牌号及板厚，按国家相关标准确定。检查试件表面、侧面，以试件表面不出现裂纹和分层为合格。

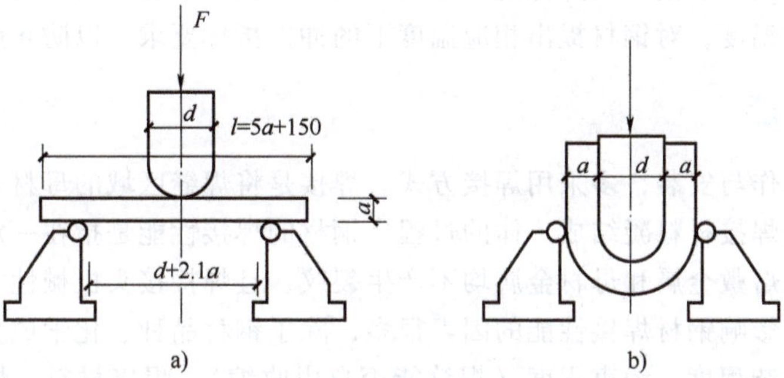

图 2-5　冷弯试验

a）试验前　b）试验后

2.2.3　冲击韧性

冲击韧性表示钢材在冲击荷载作用下抵抗变形和断裂的能力。直接承受动力荷载的钢构件、需验算疲劳强度的钢构件或处于低温工作环境的钢构件应具有冲击韧性合格保证。

钢材的冲击韧性是采用夏比（Charpy）V 型缺口试件，在材料试验机上进行冲击荷载试验使试件断裂来测定，如图 2-6 所示。常用标准试件为长 55mm、截面 10mm×10mm 且中间开有 V 型缺口的试件。试件放在摆锤式冲击试验机上由摆锤击断，以冲断试件所消耗的能量大小来评价钢材冲击韧性的高低。形缺冲击韧性也称冲击吸收能量，用冲击功 A_{kV} 表示，单位为 J（焦耳）。A_{kV} 值越大，钢材的冲击韧性越好。

该试验表明，冲击韧性与钢材的质量、轧制方向、厚度密切相关。顺着轧制方向（纵向）的内部组织较均匀，在这个方向切取的试件冲击韧性值较高，横向切取的试件的冲击韧性值较低，现钢材标准规定按纵向取样。在负温环境下，较大厚度钢材的冲击韧性显著降低，因此，在负温环境下的钢结构应尽量采用较小厚度的钢材。

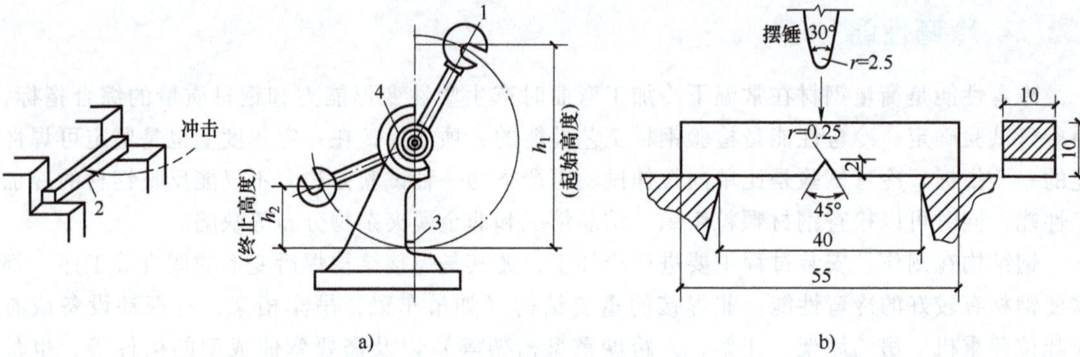

图 2-6 冲击韧性试验及试件缺口形式

a）摆锤式冲击试验机 b）试件

1—摆锤 2—试件 3—V 型缺口 4—刻度盘

钢材的冲击韧性值随温度的降低而降低，按温度分为 20℃、0℃、-20℃、-40℃四个等级，不同牌号和质量等级钢材的降低规律不同。在寒冷地区承受动力荷载作用的重要承重结构，应根据其工作温度，对钢材提出相应温度下的冲击指标要求，以防止脆性破坏。

2.2.4 焊接性能

钢结构构件制作与安装，多采用焊接方式。焊接是将焊缝区域的母材金属经局部加热熔化，然后冷却，与焊接材料凝结成一体的过程。钢材的焊接性能是指在一定的焊接工艺条件下，所施焊的焊缝熔敷金属和母材金属均不产生裂纹，且焊接接头机械性能不低于母材机械性能的一种指标。影响钢材焊接性能的因素很多，除了钢材品种、化学成分及规格等内在因素外，还有节点复杂程度、约束程度（焊缝能否自由收缩）、焊接材料、焊接工艺、焊接的环境温度等外在因素。

钢材化学成分中碳的含量对焊接难度的影响最大，锰、铬等合金元素的影响，采用国际焊接学会推荐的公式将其折算为碳当量（CEV）进行衡量。钢材碳当量 CEV 的计算公式为

$$\mathrm{CEV}(\%)=\left[\mathrm{C}+\frac{\mathrm{Mn}}{6}+\frac{\mathrm{Cr+Mo+V}}{5}+\frac{\mathrm{Ni+Cu}}{15}\right](\%)$$

式中 C——碳的百分含量（%）；

Mn——锰的百分含量（%）；

Cr——铬的百分含量（%）；

Mo——钼的百分含量（%）；

V——钒的百分含量（%）；

Ni——镍的百分含量（%）；

Cu——铜的百分含量（%）。

《钢结构焊接规范》（GB 50661—2011）根据板件厚度（按 $t\leqslant30$mm、30mm$<t\leqslant60$mm、60mm$<t\leqslant100$mm 和 $t>100$mm 划分）、受力状态，以及钢材碳当量 CEV 范围（按 CEV≤0.38%、0.38%<CEV≤0.45%、0.45%<CEV≤0.50%和 CEV>0.50%划分），将钢结构焊接难度分为 A（易）、B（一般）、C（较难）、D（难）四个等级。

建筑钢的焊接性能主要取决于碳当量，在焊接结构中，碳当量宜控制在 0.45%以下。

2.2.5　钢板厚度方向性能

钢板和型钢均需经过多次轧制成型。热轧可将浇铸钢锭时形成的气泡、裂纹等缺陷在高温和压力作用下焊合，击碎钢锭的铸造组织，细化钢材晶粒，从而改善钢材的力学性能，钢材性能改善主要体现在沿轧制方向上。钢材内部的硫化物、氧化物等非金属夹杂物，仍残留在钢材中，经过轧压后被压成薄片状，一般与钢板表面平行分布，使钢材出现分层（夹层）现象，导致钢材沿厚度方向受拉的性能恶化。

钢板的层状撕裂常发生在构件的焊接节点处。焊缝冷却时产生收缩变形，如果钢板很厚或有加劲肋、相邻板件的约束，焊缝的收缩变形受到限制，只能通过被连接的钢板在垂直于板面方向产生很大的应变来适应这种变形，使钢板沿板面垂直方向产生较大的拉应力。由焊缝收缩引起的局部应力可能远远大于设计应力，在强约束的区域更甚，使钢板中可能产生层状撕裂。厚钢板较易产生层状撕裂。因为钢板厚，焊缝尺寸大，焊接应力和变形也越大，且非金属夹杂缺陷越多，《钢标》规定，焊接承重结构时，为防止钢材层状撕裂，采用 Z 向钢。

钢板厚度方向性能常称为 Z 向性能，是对钢板的抗层状撕裂能力的一种量度，厚度方向性能采用厚度方向拉伸试验的断面收缩率来评定。《厚度方向性能钢板》（GB/T 5313—2023）规定了钢板的厚度方向性能级别、试验方法及检验规则。厚度方向性能采用厚度方向拉伸试验的断面收缩率来评定，试件采用圆截面。对于 15~400mm 的镇静钢钢板，根据断面收缩率，按 3 个试件平均值为 15%、25%、35%，将钢板的厚度方向性能级别划分为 Z15、Z25、Z35 三个级别。每个级别对硫含量进行限定，Z 向级别越高，硫含量越低，其抗层状撕裂性能越好。

2.2.6　耐候性能

耐候性能是针对某些专用钢材所具有的附加性能。在自然环境下，普通钢材每 5 年的腐蚀厚度可达 0.1~1mm，若处于腐蚀气体环境，腐蚀更为严重。一般在低碳钢或低合金钢中添加 Cu、P、Cr、Ni 等合金元素制成耐候钢。在大气作用下，耐候钢表面可形成致密的稳定锈层，以阻绝氧气和水的渗入而产生的电化学腐蚀过程，提高抗腐蚀性能。对建筑钢材耐候性能的要求，不需要像不锈钢那么高，只需满足在自然环境下可裸露使用（如输电铁塔等），其耐候性能提高到普通钢材的 6~8 倍。若在耐候钢上再涂刷防腐涂料，则其使用年限将远高于一般钢材。

《钢标》规定，处于外露环境且对耐腐蚀有特殊要求或处于侵蚀性介质环境中的承重结构，可采用 Q235NH、Q355NH 和 Q415NH 牌号的耐候结构钢，其质量应符合现行国家标准《耐候结构钢》（GB/T 4171—2008）的规定。

2.3　影响钢材性能的主要因素

2.3.1　化学成分的影响

钢的基本元素是铁（Fe），其余是碳、硅、锰等有益元素以及在冶炼过程中不易除尽的硫、磷、氧、氮等有害杂质元素。低合金高强度结构钢除上述元素外，还含有用于改善钢材某些性能的合金元素，主要有钒、钛、铌、铝、铬、镍、钼等，其总含量一般低于3%。虽然钢中微量元素的含量不多，但化学成分直接影响钢的颗粒组织和结晶构造，决定了钢材性能。现分述如下：

(1) 碳（C） 在钢中，碳是除铁元素外的最主要元素，其含量直接影响钢材的强度、塑性、韧性和焊接性能等。随着碳含量的增加，钢材的屈服强度和抗拉强度提高，而塑性和冲击韧性尤其是低温冲击韧性下降，冷弯性能、焊接性能和抗锈蚀性能等也明显下降，容易产生脆断。钢结构采用的钢材应控制碳含量，规定其上限值不超过0.17%。

(2) 硅（Si） 硅作为强脱氧剂加入钢中，以制成质量较优的镇静钢。适量的硅可提高钢的强度，而对塑性、冲击韧性、冷弯性能及焊接性能无明显不良影响。碳素结构钢中硅含量一般为0.12%~0.30%，低合金高强度结构钢中硅含量一般为0.20%~0.50%。

(3) 锰（Mn） 锰是一种较弱的脱氧剂。当锰含量不太多时可有效地提高钢材的屈服强度和抗拉强度，降低硫、氧对钢材的热脆影响，改善钢材的热加工性能和冷脆倾向，且对钢材的塑性和冲击韧性无明显影响。锰是我国低合金钢的主要合金元素。随着锰含量的增加，钢材的焊接性能随之降低。标准对各牌号钢规定锰含量上限值，碳素结构钢中锰含量应不大于1.4%，低合金结构钢应不大于1.7%。

(4) 硫（S） 硫是有害元素，属于杂质。硫与铁的化合物硫化铁（FeS）塑性差、易熔化、强度低，当热加工或焊接的温度达到800~1200℃时，可能使钢材出现裂纹，称为热脆现象。硫化铁能形成夹杂物，促使钢材起层，引起应力集中，降低钢材的塑性和冲击韧性。硫又是钢中偏析最严重的杂质之一，导致钢材均质性差，因此应严格控制钢材中硫的含量。

(5) 磷（P） 磷以固溶体的形式溶解于铁素体中，这种固溶体很脆。磷的偏析比硫更严重，形成的富磷区促使钢变脆，严重降低钢的塑性、冲击韧性、冷弯性能和焊接性能，特别是在低温时使钢材变脆，称为冷脆现象，因此应严格控制钢材中磷的含量。

(6) 氧（O）和氮（N） 氧的影响与硫相似，使钢热脆；氮的影响则与磷相似，使钢冷脆。

(7) 合金元素 合金元素可明显提高钢的综合性能，如钒、钛、铌能细化钢的晶粒，适量加入，可提高钢的强度和韧性，使钢保持良好的塑性；铬、镍、钼能发挥微合金沉淀强化作用，尤其是能提高钢的低温韧性；铜能提高钢的耐蚀性能，但降低了焊接性能；铝能很好地细化钢的晶粒，提高钢的强度和低温韧性，故低合金高强度钢的高质量等级（C~E级）均规定铝含量应不小于0.015%。

(8) 镧、铈等稀土（RE）元素 稀土元素可提高钢的抗氧化性，显著改善其他性能。稀土有“工业黄金”之称，是电子、激光、核工业、超导、军工等诸多高科技领域不可或缺的战略资源。我国稀土资源占有量及稀土技术处于国际领先地位。

2.3.2 生产工艺的影响

钢材的生产大体分为炼铁、炼钢、轧制三道工序。炼铁是从铁矿石中得到铁，通过高温还原作用除去矿石中的氧，还原出铁，分离出砂质黏土质等杂质，得到熔融状态下具有足够流动性的铁水，冷却后为生铁。炼钢是将生铁或废钢与石灰石等原料加入炼钢炉炉膛，在高温下经过熔化、氧化、还原等物理化学反应过程除去铁水中多余的碳及硫、磷等杂质元素，从而炼成合乎化学成分要求的各类钢种。炼钢采用不同脱氧方法和脱氧程度，分为沸腾钢、镇静钢。

（1）沸腾钢　采用锰作为脱氧剂，脱氧作用弱，脱氧不充分。沸腾钢冷却速度快，氧、氮等杂质气体不能全部逸出，并易在钢中形成气泡。气泡内的杂质（硫化物和氧化物）可能产生非金属夹杂、裂纹、分层等缺陷，也可能使钢中的化学成分分布不均匀，出现偏析现象，钢材质量较差。

（2）镇静钢　采用硅作为脱氧剂，脱氧作用强，脱氧较充分。硅在脱氧过程中放出很多热量，钢液冷却速度较慢，气体能充分逸出。镇静钢气泡少、晶粒细、组织致密、偏析小、材质均匀、钢材质量好，但成本高。随着冶炼技术的不断发展和脱氧新技术的应用，脱氧越来越充分，目前一般均为镇静钢，甚至是更高性能等级的特殊镇静钢。

化学成分偏析使钢材的塑性、冷弯性能、冲击韧性及焊接性能下降。非金属夹杂中的硫化物使钢材热脆，氧化物严重降低钢材的力学性能和工艺性能。裂纹使钢材的冷弯性能、冲击韧性和抗脆性破坏的能力大大降低。钢材在厚度方向不密合的分层，虽各层间仍相互连接，并不脱离，但严重降低了钢材的冷弯性能。分层的夹缝处易锈蚀，甚至形成裂纹，将大大降低钢材的冲击韧性及抗脆断能力，尤其是在承受垂直于板面的拉力时，易产生层状撕裂。

轧制可改善钢锭的铸造组织，使其晶粒细化，消除冶炼过程中的部分缺陷，尤其是轧制压缩比大的小型钢材，如薄板、小型钢等，其强度、塑性、冲击韧性均优于压缩比小的大型钢材。此外，钢材性能还与轧制方向有关，顺着轧制方向（纵向）较好，横向较差。近年来，我国轧制技术发展迅速，正火状态钢材（钢材牌号带后缀“N”）和热机械轧制状态钢材（钢材牌号带后缀“M”）在钢结构中得到应用，提高了钢结构的性能。

2.3.3　钢材硬化的影响

钢材的硬化分时效硬化、冷作硬化（应变硬化）和应变时效硬化三种情况。

1. 时效硬化

冶炼时溶于铁素体内的少量氮和碳，随着时间的延长将逐渐从固溶体中析出，并形成氮化物和碳化物，散存于铁素体晶粒的滑移面上，对铁素体的塑性变形起着阻碍作用，从而使钢材的强度提高，塑性和韧性下降，这种现象称为时效硬化。时效硬化的过程一般都很长，少则几天，多则几十年。

2. 冷作硬化（应变硬化）

钢材经过一次加载进入塑性阶段发生较大的塑性变形后卸载，再重复加载时，其屈服强度会提高，而塑性和韧性降低，这种现象称为冷作硬化或应变硬化。钢构件在制造时经过冷弯、冲孔、剪切、辊压等冷加工过程，会使钢材产生很大的塑性变形，引起钢材的硬化，会降低钢材的塑性和韧性，增加脆性破坏的风险，对直接承受动力荷载的结构尤其不利。因此，钢结构一般不利用冷作硬化提高强度，对重要结构用材（如起重机工作级别高的吊车梁的受拉翼缘板）还须刨边将冷作硬化的板边刨除，以消除冷作硬化的影响。

3. 应变时效硬化

钢材在产生一定程度塑性变形之后，铁素体中的固溶氮和碳更容易析出，从而使经冷作硬化的钢材又发生时效硬化现象，称为应变时效硬化。这种作用在高温下会快速发展，据此提出人工时效工艺，其方法：先使钢材产生10%左右的塑性变形，卸载后再加热到250℃，保温1h后在空气中冷却。对经过人工时效后的钢材进行冲击试验，测定其冲击韧性，可以判断钢材应变时效硬化倾向，确保结构具有足够的抗脆性破坏能力，一般只对特别重要结构使用的钢材进行人工时效处理。

2.3.4 温度的影响

1. 高温影响

当钢材工作温度升高至约100℃时，钢材的抗拉强度f_u、屈服强度f_y及弹性模量E等指标开始出现变化，较常温状态总体上强度降低，塑性增大，但变化不是很大。当温度升至250℃左右时，f_u有所提高，而塑性和冲击韧性下降，出现脆性破坏特征，表面氧化膜呈现蓝色，称为蓝脆。在蓝脆温度范围内进行热加工，钢材易发生裂纹。当温度超过250℃时，f_y和f_u显著下降，而断后伸长率δ却明显增大，产生徐变现象。当温度达600℃时，强度接近于零。工作温度对钢材性能的影响，如图2-7所示，当钢结构或构件的表面长期受辐射热达150℃以上，或可能受到炽热熔化金属的侵害时，应采用砖或耐热材料做成的隔热层加以防护。

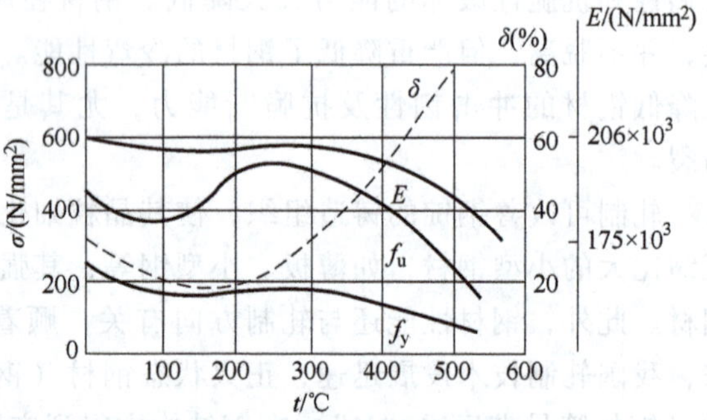

图2-7 温度对钢材性能的影响

2. 低温影响

工作温度下降，钢材的强度将略有提高，而塑性和韧性降低、脆性增大。当温度下降到负温某一范围时，其冲击韧性急剧降低，破坏特征明显地由塑性破坏转变为脆性破坏，出现低温脆断。因此，当设计温度0℃以下低温工作环境的结构，特别是需要验算疲劳强度的构件以及承受静态荷载的重要受拉和受弯焊接构件时，钢材须具有0℃冲击韧性或负温（-20℃或-40℃）冲击韧性的合格保证，以提高抗低温脆断的能力。

2.3.5 应力集中的影响

钢构件中，如果存在孔洞、缺口、凹角或因截面的厚度、宽度变化等而引起截面的突变，则截面应力分布不再均匀，主应力线在绕过孔口等缺陷时曲折、密集，在孔洞边缘或缺口尖端等局部出现高于其他部位的应力峰值，这种现象称为应力集中。在应力集中处，不仅应力大小分布不均匀有突变，而且应力线曲折，与构件受力方向不一致，将产生横向应力σ_x；当构件较厚时，还可能产生厚度方向上应力的σ_z，如图2-8所示，图中σ_a、σ_0分别为按毛截面、净截面计算的平均应力。由于σ_x、σ_z与σ_y同号，构件处于同号的双向或三向应力场的复杂应力状态，从而使钢材沿受力方向的变形受到约束，以致塑性降低而产生脆性破坏。

带有缺口的钢材试件，缺口形状决定了其拉伸应力-应变曲线特性，如图2-9所示，图中1为标准试件，2~4为切口程度不断加大的对比试件。试验结果表明，截面改变尖锐程度越大，试件的应力-应变曲线与标准试件偏离越大，应力集中现象越严重，钢材的塑性降低越严重，发生脆性破坏的危险性越大。垂直切口的试件 4 已无明显屈服点，表现出高强度钢的脆性破坏特征。

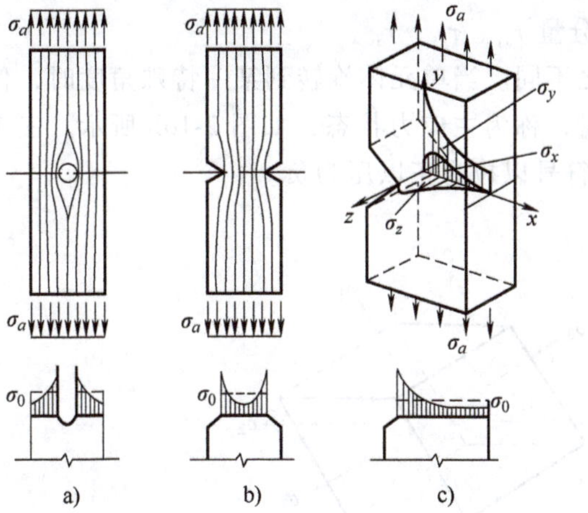

图 2-8 构件在不同情况下的应力集中

a）孔洞处的应力集中 b）缺口处的应力集中 c）凹角处的应力集中

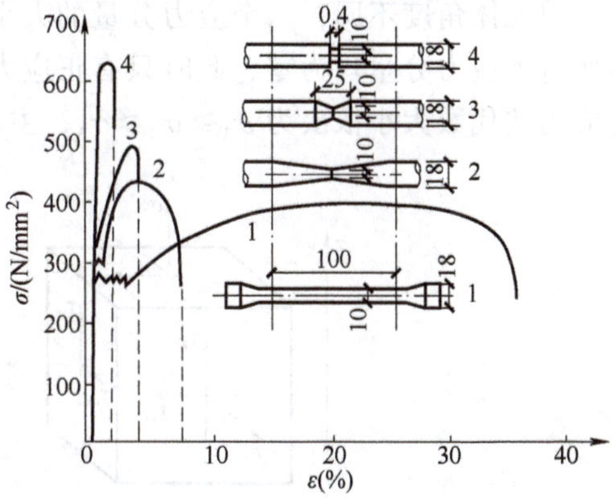

图 2-9 应力集中对钢材性能的影响

1—标准试件 2~4—带切口的对比试件

钢材塑性较好，当内力增大时，高应力区先进入塑性状态，截面应力重新分布，应力不均匀现象会逐渐趋于平缓，不影响截面的极限承载能力。常温下承受静力荷载作用的结构或构件，设计时一般可不考虑应力集中的影响。但对低温下直接承受动力作用的构件，若应力集中严重，加之冷作硬化等不利因素，则是脆性破坏的重要因素，故设计时应采取避免截面急剧改变等构造措施，以降低应力集中程度。

2.4 钢材在复杂应力状态下的工作性能

2.4.1 复杂应力状态的表达方式

当结构构件形状复杂或承受多向荷载作用时，构件中一点的应力分布状态复杂。复杂应力状态用应力分量描述。构件中任意一个点由平行六面体表示，平行六面体的三条棱边分别与 x、y、z 轴平行，边长分别为 dx、dy、dz，平行六面体的表面按其法线与坐标轴平行，分别称为 x 面、y 面、z 面，外法线与坐标轴正向一致为正面，外法线与坐标轴负向一致为负面，该平行六面体常被称为单元体，如图 2-10a 所示。

单元体每个面上有一个正应力分量和两个剪应力分量，要区分应力分量的作用面及其作用方向。正应力分量用 σ 加一个表示面的角码表示，σ_x、σ_y、σ_z 分别表示 x 面、y 面、z 面上的正应力分量；剪应力分量用 τ 与两个角码表示，规定第 1 个角码表示作用面，第 2 个角码表示作用方向，如 τ_{xy} 表示 x 面上与 y 轴平行的剪应力分量。

应力符号根据变形特征定义。为便于记忆，将应力符号表述为：正面上应力方向与坐标轴正向一致的为正；负面上应力方向与坐标轴负向一致的为正。

剪应力分量之间存在一定的互等关系（即剪应力互等定理）为

$$\tau_{xy}=\tau_{yx},\tau_{xz}=\tau_{zx},\tau_{yz}=\tau_{zy}$$

只有三个剪应力分量是独立变量。因此，复杂应力状态下物体内任意一点的应力分量有6个：3个正应力分量 σ_x、σ_y、σ_z 与3个剪应力分量 τ_{xy}、τ_{yz}、τ_{zx}。

单元体角度不同，六个应力分量的大小随之不同。当单元体旋转到某一特殊角度时，使得所有剪应力分量均为零，此时只有正应力分量，称为主应力状态，如图2-10b所示。三个主应力按代数大小依次为 $\sigma_1 \geqslant \sigma_2 \geqslant \sigma_3$，主应力符号以拉为正以压为负。

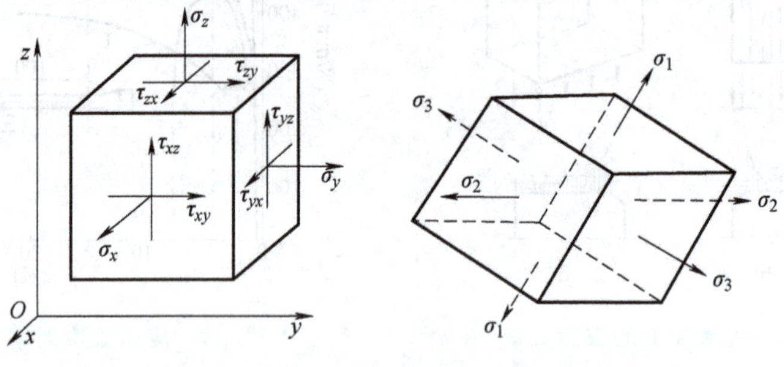

图2-10　复杂应力状态下的应力

a）应力分量　b）主应力

2.4.2　复杂应力状态下的折算应力

钢材在单向应力作用下，是以屈服强度 f_y 作为由弹性工作状态转入塑性工作状态的标志。但当钢材承受复杂应力作用时，不能以单一方向的应力来判断钢材是否屈服，而是按材料力学的第四强度理论又称Mises强度理论用折算应力 σ_{eq} 与钢材的屈服强度 f_y 比较判别，当 $\sigma_{eq} \leqslant f_y$ 时为弹性状态，当 $\sigma_{eq} > f_y$ 时为塑性状态。各种应力状态下的等效应力如下：

1. 复杂应力状态下的折算应力（Mises应力）

根据第四强度理论，以一点应力分量表达的折算应力为

$$\sigma_{eq}=\sqrt{\sigma_x^2+\sigma_y^2+\sigma_z^2-(\sigma_x\sigma_y+\sigma_y\sigma_z+\sigma_z\sigma_x)+3(\tau_{xy}^2+\tau_{yz}^2+\tau_{zx}^2)} \tag{2-3}$$

2. 以主应力表达的折算应力

主应力状态如图2-10b所示，只有三个主应力 σ_1、σ_2、σ_3，所有剪应力分量均为零，则式（2-3）可写为

$$\sigma_{eq}=\sqrt{\frac{1}{2}[(\sigma_1-\sigma_2)^2+(\sigma_2-\sigma_3)^2+(\sigma_3-\sigma_1)^2]} \tag{2-4}$$

如果三个主应力 σ_1、σ_2、σ_3 同号（三向受拉），且大小接近，即使三个主应力都很大，甚至超过 f_y，但它们的差值很小，则根据式（2-4）计算的折算应力 σ_{eq} 也很小。σ_{eq} 小，材料很难进入塑性状态，甚至到破坏时也没有明显的塑性变形，呈现脆性破坏。三向受拉是很危险的受力状态，在设计中应尽量避免出现同向应力状态。当某一向为异号应力，且同号两个应力相差较大时，材料比较容易进入塑性状态，破坏呈塑性特征。

3. 平面应力状态下的折算应力

对于一些特殊构件，荷载作用在第三方向上产生的应力很小可忽略，如平直薄钢板，在板面力作用下厚度方向上的应力可忽略不计，是二维应力状态，称为平面应力状态。平面应力状态与 z 有关的所有应力分量 σ_z、τ_{yz}、τ_{zx} 均为 0，折算应力简化为

$$\sigma_{eq}=\sqrt{\sigma_x^2+\sigma_y^2-\sigma_x\sigma_y+3\tau_{xy}^2} \tag{2-5}$$

当只有正应力 σ 和剪应力 τ 作用（如梁），即 $\sigma_x=\sigma$、$\tau_{xy}=\tau$ 和 $\sigma_y=0$ 时，折算应力为

$$\sigma_{eq}=\sqrt{\sigma^2+3\tau^2} \tag{2-6}$$

4. 纯剪作用时的折算应力

在承受纯剪作用时，只有剪应力 τ，$\sigma=0$，折算应力为

$$\sigma_{eq}=\sqrt{3}\tau \tag{2-7}$$

若 $\sigma_{eq}=f_y$，对应剪切屈服状态，此时剪应力称为剪切屈服强度，记为 f_{vy}，则有

$$f_{vy}=\frac{f_y}{\sqrt{3}}\approx 0.58f_y \tag{2-8}$$

式（2-8）说明剪应力达到 $0.58f_y$ 时，钢材进入剪切屈服状态，钢材的抗剪屈服强度是抗拉屈服强度的 58%。钢结构设计时，钢材的抗剪强度设计值取抗拉强度设计值的 58%。

2.5　钢材的破坏形式

钢材的破坏形式分为塑性破坏、脆性破坏、疲劳破坏三类。

2.5.1　塑性破坏

塑性破坏又称为延性破坏，是由于应力超过屈服强度 f_y 后材料产生明显塑性变形，当应力继续增大，断面出现缩颈，应力达到钢材的极限强度而导致破坏，有持续的变形时间。塑性破坏特征：钢材在断裂破坏前产生很大的塑性变形，断口呈纤维状，色发暗不反光，断口与作用力方向常成 45°，有时能看到滑移的痕迹。从微观力学分析，钢材的塑性破坏实质上是由于剪应力超过晶粒抗剪能力导致的，可通过采用一种标准圆棒试件进行拉伸破坏试验加以验证。

钢材在发生塑性破坏时变形特征明显，容易被发现并可及时采取补救措施，因而不至于引起严重后果。适度的塑性变形能起到调整结构内力分布的作用，使原结构中应力不均匀的部位趋于均匀，从而提高结构的承载能力。

2.5.2　脆性破坏

1. 脆性破坏特征

破坏前钢材变形很小几乎不出现塑性变形且突然发生的破坏称为脆性破坏。脆性破坏特征：在破坏前无明显的变形征兆，名义应力往往比极限强度低很多，其断口平齐，呈有光泽的晶粒状。从微观力学分析，脆性破坏是由于拉应力超过晶粒抗拉能力导致的。

钢材的脆性破坏可采用带凹槽的圆棒试件进行拉伸破坏试验加以验证。试件比标准圆棒试件更粗并在其中部位置车削小凹槽，使凹槽处的净截面面积与标准圆棒截面面积相同，如

图 2-9 中试件所示。由于脆性破坏具有突然性，无法预测，故比塑性破坏更具危险性，危害更大，在钢结构设计、施工与安装中应采取适当措施尽量避免。

2. 影响脆性破坏的因素

钢结构脆性破坏事故往往是多种不利因素综合影响的结果。由于钢材、加工制作、焊接等质量和构造原因，钢材往往存在类似于裂纹型的缺陷，这些缺陷逐渐发展以致裂纹失稳扩展而发生脆性断裂。影响脆性破坏的因素主要有以下几个方面：

1）钢材质量差，钢材的碳、硫、磷、氧、氮等元素含量过高，晶粒较粗，夹杂物等冶金缺陷严重，钢材塑性、韧性差等。

2）结构构造不当，孔洞、缺口、截面改变急剧或布置不当等使应力集中严重。

3）制造安装质量差，焊接、安装工艺不合理，焊缝交错，焊接缺陷多，残余应力严重。

4）结构承受较大动力荷载作用或在较低环境温度下工作等因素都会增加脆性破坏发生的可能性。

3. 防止脆性破坏的措施

从影响脆性破坏的几个方面，分别采取措施防止脆性破坏：①选材上，根据钢结构使用要求，选择合适的钢材，并提出相应指标要求，如动力荷载作用时应保证常温或负温冲击韧性指标；②设计上，要改善构造的形式，调整焊缝位置避免焊缝交错，降低应力集中程度，尽量采用薄钢板；③制作上，提高构件的加工质量和精度，尽量避免和减少焊接及其他工艺引起的残余应力；④使用上，尽量避免突然荷载和结构的损伤等。

2.5.3 疲劳破坏

钢材在连续反复动力荷载的作用下，构件上一点的应力大小随时间变化，虽然应力水平较低，钢材却发生破坏的现象称为钢材的疲劳破坏。疲劳破坏是钢材经过多次循环反复荷载的作用而发生断裂的现象。

1. 疲劳破坏的特征

在连续反复荷载作用下，钢材内部微观裂缝不断扩展，直至断裂的脆性破坏，塑性变形极小，破坏前没有明显破坏预兆；发生疲劳破坏时，结构或构件应力远低于材料的抗拉强度，甚至低于屈服强度，疲劳破坏危害性很大。疲劳破坏的特征如下：

1）疲劳破坏具有突然性，破坏前无明显的宏观塑性变形征兆，属于脆性破坏，但与一般脆性破坏的瞬间不同，疲劳是在名义应力低于屈服强度的低应力循环作用下，经历长期累积损伤过程后突然发生的。疲劳破坏经历三个阶段：裂纹的形成、裂纹的缓慢扩展、迅速破坏。疲劳破坏是有限寿命的破坏，是延时破坏。

2）疲劳破坏的断口与一般脆性断口不同，可分为三个区域：裂纹源、裂纹扩展区和断裂区。疲劳破坏的断口特征：裂纹扩展区表面较光滑，常可见到放射和年轮状花纹，光滑区的形成是因为裂纹多次开合的缘故；当裂纹扩展到一定程度导致截面削弱过甚，以致不足以抵抗破坏而突然断裂形成瞬间断裂区，出现人字纹或晶粒状脆性断口，断口比较粗糙。

3）疲劳破坏对结构构件的缺口、裂纹及组织缺陷等各种缺陷十分敏感。钢材内部应力集中的程度及残余应力的大小是主要内部影响因素，缺陷部位应力集中严重，会加快疲劳破坏的裂纹萌生和扩展。

4）影响钢材疲劳强度的外因包括循环反复荷载引起的应力种类（如拉应力、压应力、剪应力和复杂应力等）、应力循环形式、应力循环次数等。

钢结构或构件的疲劳强度，还与构件形状变化（如截面形状突变、截面削弱、构件表面凹凸不平等）、构件在冷加工过程中的加工硬化（会导致应力集中和韧性降低）有关。钢结构中总会有内在的微小缺陷，焊接构件裂纹的起源常在焊趾处或焊缝中的孔洞、夹渣及欠焊等处，非焊接构件在冲孔、剪切、气割等处也存在微观裂纹，因此钢结构的疲劳破坏实际上只有裂纹缓慢扩展和迅速断裂两个阶段。

《钢标》规定，直接承受动力荷载反复作用的钢结构构件（如吊车梁、吊车桁架等）及其连接，当应力变化的循环次数 $n \geqslant 5\times10^4$ 次时，应进行疲劳计算。

2. 应力幅与容许应力幅

（1）应力幅　在动力荷载作用下，应力随时间变化，连续反复荷载下应力从最大到最小反复一周称为一个循环。将最大拉应力与最小拉应力或压应力的代数差，称为应力幅。应力幅表示应力变化的幅度，应力幅总是正值。为了更合理评价构件的疲劳寿命，对非焊接部位的应力幅进行调整。构件或连接计算部位的正应力幅 $\Delta\sigma$ 定义如下：

焊接部位：

$$\Delta\sigma = \sigma_{max} - \sigma_{min} \tag{2-9}$$

非焊接部位：

$$\Delta\sigma = \sigma_{max} - 0.7\sigma_{min} \tag{2-10}$$

式中　σ_{max}——计算部位应力循环中的最大拉应力（N/mm^2），取正值；

σ_{min}——计算部位应力循环中的最小拉应力或压应力（N/mm^2），拉应力取正值，压应力取负值。

在整个应力循环过程中，应力幅始终保持为常量的应力循环称为常幅应力循环，如图 2-11a、b 所示；应力幅随时间而随机变化的应力循环，则称为变幅应力循环，如图 2-11c 所示。

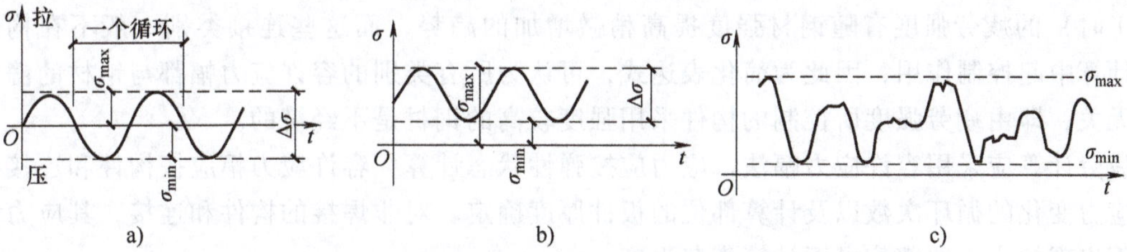

图 2-11　应力循环曲线

a）对称常应力幅　b）非对称常应力幅　c）变应力幅

（2）容许应力幅　影响疲劳破坏的因素多且复杂，应力集中是影响疲劳性能的重要因素，钢材的微小缺陷、孔洞、缺口、凹槽，截面的厚度和宽度是否有变化，焊接结构构件之间连接方式，焊缝形式质量等构造细节，对疲劳强度产生很大影响。

《钢标》在“疲劳计算及防脆断设计”中，将以正应力控制疲劳强度的构件与连接，分 14 种类别，用 Z1 ~ Z14 表示，按正应力幅的疲劳计算；将以剪应力控制疲劳强度的构件与连接，分 3 种类别，用 J1 ~ J3 表示，按剪应力幅的疲劳计算。《钢标》附录，在《钢结构设计规范》（GB 50017—2003）的基础上进行补充完善，根据构件的构造细节和传力方向，分别将非焊接的、纵向传力焊缝的、横向传力焊缝的、非传力焊缝的、钢管截面的、剪应力作用下的六类构件和连接，进行了共 38 项编号归类。对每个项次的构件与连接的构造细节、计算应力幅的位置和方向做了详细描述，并规定每个项次应采用的疲劳计算类别。

容许应力幅与构件和连接类别、结构设计使用寿命有关。构件和连接类别编号越大表示其应力集中程度越高、设计使用寿命越长，则容许应力幅越低。《钢标》分别给出了不同构件与连接类别的疲劳计算参数：应力变化的循环次数 n 为 2×10^6 次的容许正应力幅 $[\Delta\sigma]_{2\times10^6}$、应力变化的循环次数 n 为 5×10^6 次的正应力幅的常幅疲劳极限 $[\Delta\sigma_C]_{5\times10^6}$、应力变化的循环次数 n 为 1×10^8 次的正应力幅的疲劳截止限 $[\Delta\sigma_L]_{1\times10^8}$，以及应力变化的循环次数 n 为 2×10^6 次的容许剪应力幅 $[\Delta\tau]_{2\times10^6}$、应力变化的循环次数 n 为 1×10^8 次的剪应力幅的疲劳截止限 $[\Delta\tau_L]_{1\times10^8}$，可参见《钢标》。疲劳截止限就是循环次数 n 为 1 亿（1×10^8）次的特殊容许应力幅，认为应力幅低于疲劳截止限，结构不会出现累加损伤而发生疲劳破坏，可理解为构件为无限寿命。

3. 常幅疲劳计算

采用应力幅表达式计算疲劳强度是目前国际上公认的方法，因为目前对基于可靠度理论的疲劳极限状态设计方法研究还缺乏基础性研究。

国内外大量的试验研究和理论分析证实：对于焊接钢结构疲劳强度起控制作用的是应力幅 $\Delta\sigma$，且几乎与最大应力、最小应力及应力比这些参量无关。这是由于焊接及其随后的冷却，构成不均匀热循环过程，在焊接结构内部产生自相平衡的内应力，在焊缝附近出现局部的残余拉应力高峰，横截面其余部分则形成残余压应力与之平衡，焊接残余拉应力最高峰值往往可达到钢材的屈服强度。此外，焊接连接部位因为原状截面的改变，总会产生不同程度的应力集中现象。残余应力和应力集中两个因素的同时存在，使疲劳裂纹发生于焊接熔合线的表面缺陷处或焊缝内部缺陷处，然后沿垂直于外力作用方向扩展，直到最后钢材破坏。

试验证明，钢材静力强度不同，对大多数焊接连接类别的疲劳强度并无显著区别，仅少数连接类别（如轧制钢材的主体金属、经切割加工的钢材和对接焊缝经严密检验和细致表面加工时）的疲劳强度有随钢材强度提高稍微增加的趋势，而这些连接类别一般不在构件疲劳计算中起控制作用，因此为简化表达式，可认为所有类别的容许应力幅都与钢材的静力强度无关，即由疲劳强度所控制的构件采用强度较高的钢材是不经济的。

疲劳计算应采用容许应力幅法，应力应按弹性状态计算，容许应力幅应按构件和连接类别、应力变化的循环次数以及计算部位的板件厚度确定。对非焊接的构件和连接，其应力循环中不出现拉应力的部位可不计算疲劳强度。

在结构使用寿命期间，采用荷载标准值计算应力幅，当常幅疲劳的应力幅符合下列公式时，疲劳强度满足要求。

（1）正应力幅的疲劳计算

$$\Delta\sigma\leqslant\gamma_t[\Delta\sigma] \tag{2-11}$$

该式中，$\Delta\sigma$ 按式（2-9）或式（2-10）计算；常幅疲劳的容许正应力幅 $[\Delta\sigma]$，根据结构使用寿命选择：

当 $n<5\times10^6$ 时：

$$[\Delta\sigma]=\left(\frac{C_z}{n}\right)^{1/\beta_z} \tag{2-12}$$

当 $n \geqslant 5\times10^6$ 时：

$$[\Delta\sigma]=[\Delta\sigma_C]_{5\times10^6} \tag{2-13}$$

（2）剪应力幅的疲劳计算

$$\Delta\tau \leqslant [\Delta\tau] \tag{2-14}$$

焊接部位：

$$\Delta\tau=\tau_{max}-\tau_{min} \tag{2-15}$$

非焊接部位：

$$\Delta\tau=\tau_{max}-0.7\tau_{min} \tag{2-16}$$

式中 τ_{max}、τ_{min}——计算部位应力循环中的最大剪应力和最小剪应力（N/mm^2）。

当 $n<1\times10^8$ 时：

$$[\Delta\tau]=\left(\frac{C_J}{n}\right)^{1/\beta_J} \tag{2-17}$$

当 $n \geqslant 1\times10^8$ 时：

$$[\Delta\tau]=[\Delta\tau_L]_{1\times10^8} \tag{2-18}$$

式中 C_z、β_z、C_J、β_J——构件与连接的相关系数，应根据《钢标》附录 K 规定的构件与连接类别采用，按《钢标》中表 16.2.1-1 和表 16.2.1-2 取值。

（3）板厚或直径修正系数　当板厚大于 25mm 或螺栓的公称直径大于 30mm 时，考虑到板件厚度对疲劳计算的不利影响，引进板厚或直径修正系数 γ_t，其余情况 $\gamma_t=1.0$。应按以下规定采用：

1）对于横向角焊缝连接和对接焊缝连接，当连接件厚 t 超过 25mm 时：

$$\gamma_t=\left(\frac{25}{t}\right)^{0.25} \tag{2-19}$$

2）对于螺栓轴向受拉连接，当螺栓的公称直径 d 大于 30mm 时：

$$\gamma_t=\left(\frac{30}{d}\right)^{0.25} \tag{2-20}$$

4. 变幅疲劳计算

在结构使用寿命期间，应力幅是变化的，可采用变幅疲劳的应力幅谱中最大的正应力幅或最大的剪应力幅按疲劳截止限$[\Delta\sigma_L]_{1\times10^8}$或$[\Delta\tau_L]_{1\times10^8}$进行疲劳强度验算。当变幅疲劳的最大的正应力幅计算不能满足要求时，可采用等效应力幅，按 n 为 2×10^6 次容许应力幅$[\Delta\sigma]_{2\times10^6}$或$[\Delta\tau]_{2\times10^6}$为标准进行验算。等效应力幅是指由预期使用期内应力变化的循环总次数的变幅疲劳损伤与应力变化的循环次数为 2×10^6 次常幅疲劳损伤相等而换算得到的应力幅数值，正应力的等效应力幅在应力谱$[\Delta\sigma_C]_{5\times10^6}$ ~ $[\Delta\sigma_L]_{1\times10^8}$范围内应力幅及其频次加权计算，剪应力的等效应力幅在应力谱大于$[\Delta\tau_L]_{1\times10^8}$范围内应力幅及其频次加权计算。

2.6 钢材的牌号、规格及选用

2.6.1 钢材的牌号

钢材的种类繁多，有不同的分类方法。按其用途分为结构钢、工具钢和特殊钢（如不锈钢等)；按脱氧方法分为沸腾钢、镇静钢和特殊镇静钢；按成型方法分为热轧钢、冷轧钢、锻钢、铸钢等；按化学成分分为碳素钢、低合金钢和合金钢等。

1. 碳素结构钢

碳素结构钢的牌号由Q、屈服强度数值、质量等级符号、脱氧方法符号四部分按顺序组成，可表示为

Q+屈服强度数值+质量等级符号+脱氧方法符号

各部分的意义：①Q——钢材屈服强度中“屈”字汉语拼音首字母（大写）；②屈服强度——钢材屈服强度f_y的数值（单位是N/mm^2）；③质量等级——钢材质量等级分四级，分别A、B、C、D级，从前至后质量依次提高；④脱氧方法——沸腾钢（F）、镇静钢（Z）和特殊镇静钢（TZ），脱氧方法符号就是关键字汉语拼音首字母大写，其中Z和TZ在牌号中可省略不写。例如，Q235C表示屈服强度为$235N/mm^2$的C级镇静钢。

《碳素结构钢》（GB/T 700—2006）将碳素结构钢分为五种牌号：Q195、Q215、Q235、Q255及Q275。钢材的质量等级中，A、B级脱氧方法有沸腾钢（F）和镇静钢（Z），C级只有镇静钢（Z），D级只有特殊镇静钢（TZ）。在性能方面，A级只保证f_y，f_u与δ_5，对冲击韧性不做要求，冷弯试验按需方要求而定，碳、锰含量可不作为交货条件；而B、C、D三级，均需保证f_y，f_u，δ_5，180℃冷弯性能及常温或负温（B级+20℃，C级0℃，D级-20℃）冲击韧性指标，化学成分对碳、硫、磷的极限含量要求更严。D级钢应有足够细化晶粒的元素，并在质量证明中注明细化晶粒元素的含量。

2. 低合金高强度结构钢

低合金高强度结构钢是在冶炼碳素结构钢时加入一种或几种适量的合金元素而成的钢，符合《低合金高强度结构钢》（GB/T 1591—2018）要求。低合金高强度钢材牌号也由四部分组成，可表示为

Q+规定的最小屈服强度数值+交货状态代号+质量等级符号

通常将低合金高强度结构钢牌号中前三部分简称为钢级，可表示为

Q+规定的最小屈服强度数值+交货状态代号

交货状态代号有三种：AR或WAR（通常省略）、N、M。

1）AR或WAR——热轧状态交货的钢材，钢材处于未经任何特殊轧制和/或热处理的状态。

2）N——交货状态为正火或正火轧制的钢材。

3）M——热机械轧制的钢材。

低合金高强度钢的质量等级分B、C、D、E、F级五级。如Q355ND，表示屈服强度为$355N/mm^2$、交货状态为正火或正火轧制状态、质量等级为D级的钢材。当需方要求钢板具有厚度方向性能时，则在上述规定的牌号后加上代表厚度方向（Z向）性能级别的符号，如Q355NDZ25。

《低合金高强度结构钢》（GB/T 1591—2018）规定，订购合同中包含本标准编号，产品类型，钢的牌号（钢级+质量等级），尺寸、外形及允许偏差，交货数量，以及所有要求的选择内容等六方面。

3. 其他结构钢

（1）专用结构钢　专用结构钢的钢号是在相应钢号后再加上专业用途代号，如高性能建筑结构用钢—GJ、桥梁用钢—q、压力容器用钢—R、锅炉用钢—g，船舶用钢—C（船舶

用钢分为 A、B、D、E 四级，无 C 级）。如 Q345q（原 16Mnq）表示桥梁用钢、Q345GJ 表示高性能建筑结构用钢。处于外露环境且对耐腐蚀有特殊要求或处于侵蚀性介质环境中的承重结构，可采用 Q235NH、Q355NH 和 Q415NH 牌号的耐候结构钢。

（2）连接用钢　钢结构连接中的铆钉、高强度螺栓、焊条用钢丝等各种连接材料有相关国标规范，采用满足连接使用要求的专门用钢。

2.6.2　钢材的规格

钢结构所用钢材的种类，按市场供应主要有热轧成型的钢板、热轧型钢（图 2-12）以及冷弯成型的薄壁型钢（图 2-13）与压型钢板（图 2-14）等，常用型钢的规格及其截面参数见附录 A。

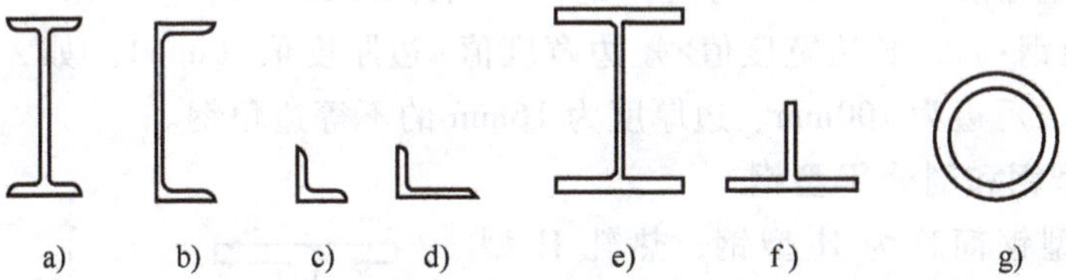

图 2-12　热轧型钢

a）工字钢　b）槽钢　c）等边角钢　d）不等边角钢　e）H 型钢　f）T 型钢　g）钢管

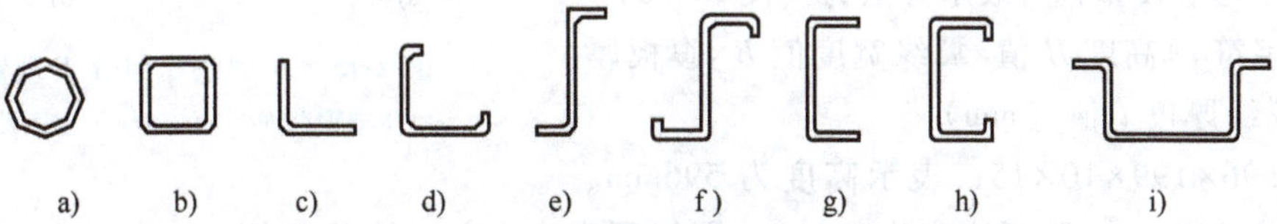

图 2-13　冷弯薄壁型钢

a）焊接薄壁钢管　b）方钢管　c）等边角钢　d）卷边等边角钢　e）Z 形钢　f）卷边 Z 形钢　g）槽钢　h）卷边槽钢　i）向外卷边槽钢

图 2-14　部分压型钢板板型

a）W 形　b）V 形　c）U 形　d）波浪形

1. 钢板

钢板的标注符号是“—（截面代号）宽度×厚度×长度”，单位为 mm，也可用“—宽度×厚度”或“—厚度”来表示。如，钢板“— 360×12×3600”可表示为“— 360×12”或直接用符号“— 12”表示。常用钢板有：①薄钢板，厚度 0. 35～4mm；②厚钢板，厚度 4. 5～60mm；③特厚板，板厚>60mm；④扁钢，厚度 4～60mm，宽度为 12～200mm。

2. 热轧型钢

热轧型钢包括热轧工字钢、槽钢、等边角钢、不等边角钢等（图 2-12a～d）。热轧型钢有不同形状、不同规格，《热轧型钢》（GB/T 706—2016）统一采用型钢截面的形状符号与高度、宽度、厚度的尺寸数值（以 mm 计）组合表示法，具体表示如下：

1）工字钢：I+高度值×腿宽度值×腰厚度值（mm）。如 I 450×150×11.5，表示高度为 450mm、翼缘宽度为 150mm、腹板厚度为 11.5mm 的工字钢。简记为 I45a，即原表示方法（高度厘米数+类别）。

2）槽钢：[+高度值×腿宽度值×腰厚度值（mm）。如[200×75×9，表示高度为 200mm、翼缘宽度为 75mm、腹板厚度为 9mm 的槽钢，简记为[20b。

3）等边角钢：∠+边宽度值×边宽度值×边厚度值（mm）。如∠200×200×20，表示两边长均为 200mm、边厚度为 20mm 的等边角钢，简记为∠200×20。

4）不等边角钢：∠+长边宽度值×短边宽度值×边厚度值（mm）。如∠160×100×16，表示长边为 160mm、短边为 100mm、边厚度为 16mm 的不等边角钢。

3. 热轧 H 型钢和剖分 T 型钢

1）热轧 H 型钢简称为 H 型钢，热轧 H 型钢（图 2-12e）执行《热轧 H 型钢和剖分 T 型钢》（GB/T 11263—2017）。H 型钢分为宽翼缘 H 型钢（HW）、中翼缘 H 型钢（HM）、窄翼缘 H 型钢（HN）、薄壁 H 型钢（HT）四类，H 后为关键词英文首字母。H 型钢可表示方法为（图 2-15a）

H（字符）+高度 H 值×翼缘宽度值 B×腹板厚度 t_1 值×翼缘厚度 t_2 值（mm）

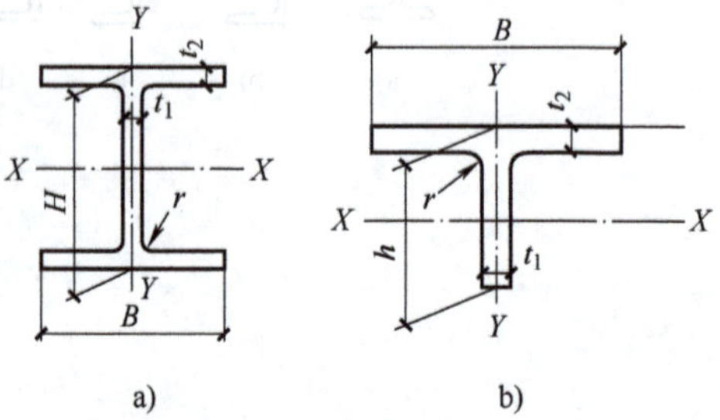

图 2-15 H 型钢和部分 T 型钢

a）H 型钢截面 b）剖分 T 型钢截面

如 H596×199×10×15，表示高度为 596mm、翼缘宽度为 199mm、腹板厚度为 10mm、翼缘厚度为 15mm 的 H 型钢。

2）剖分 T 型钢简称为 T 型钢，可表示（图 2-15b）为

T（字符）+高度 h 值×翼缘宽度值 B×腹板厚度 t_1 值×翼缘厚度 t_2 值（mm）

如 T 207×405×18×28，表示高度为 207mm、翼缘宽度为 405mm、腹板厚度为 18mm、翼缘厚度为 28mm 的 T 型钢。

4. 冷弯型钢

冷弯型钢（图 2-13）是采用薄钢板冷轧制成的，与相同截面面积的热轧型钢相比，其截面抵抗矩大，钢材用量显著减少，执行《冷弯型钢通用技术要求》（GB/T 6725—2017），冷弯型钢的代号由截面特征字或组合字（加点）的汉语拼音首字母表示。

冷弯型钢按产品截面形状分为方管（F）、矩形管（J）、圆管（Y）、异形管（YI）。

冷弯开口型钢简称为开口型钢，根据截面形状代号分别为 JD（等边角钢）、JB（不等边角钢）、CD（等边槽钢）、CB（不等边槽钢）、CN（内卷边槽钢）、CW（外卷边槽钢）、Z（Z 形钢）、ZJ（卷边 Z 形钢）。

压型钢板是冷弯型钢的另一种形式（图 2-14），是用厚度为 0.32～2mm 的镀锌或镀铝锌钢板、彩色涂层钢板冷轧（压）成的各种类型的波形板，执行《建筑用压型钢板》（GB/T 12755—2008）。冷弯型钢和压型钢板分别适用于轻钢结构的承重构件和屋面、墙面构件。

5. 钢管

钢结构中常用的钢管有热轧无缝钢管和焊接钢管两种。用 Φ 外径×壁厚表示，单位为 mm，如 Φ360×6 表示外径为 360mm、壁厚为 6mm 的钢管。

2.6.3 钢材的选用原则与规定

1. 钢材的选用原则

钢结构钢材的选用应遵循技术可靠、经济合理的原则，综合考虑结构的重要性、荷载特征、结构形式、应力状态、连接方法、工作环境、钢材厚度和价格等因素，选用合适的钢材牌号和钢材性能保证项目。

选择钢材时，要确定钢材的牌号，提出应有的性能和化学成分保证项目，是钢结构设计的首要环节，通常综合考虑以下因素：

1）结构的重要性。根据建筑结构设计使用年限及结构破坏产生后果的严重性，建筑物及其构件的安全等级分三级，一级为重要结构、三级为次要结构，一般建筑结构为二级。不同等级要求指标不同，重要结构选择质量等级高、指标要求严格的钢材。

2）荷载的性质。要考虑结构所受荷载的特性，静力荷载或是动力荷载作用，并参考相应指标。

3）连接方法。考虑结构是采用焊接连接还是非焊接连接形式，以便选择符合实际要求的钢材。

4）结构的工作环境。需考虑结构的工作温度及周围环境中是否有腐蚀性介质。

以下是《钢标》中黑体字条款，表示必须执行的条款，是对备选钢材性能指标的总要求：

承重结构所用的钢材应具有屈服强度、抗拉强度、断后伸长率和硫、磷含量的合格保证，对焊接结构尚应具有碳当量的合格保证。焊接承重结构以及重要的非焊接承重结构采用的钢材应具有冷弯试验的合格保证；对直接承受动力荷载或需验算疲劳的构件所用钢材尚应具有冲击韧性的合格保证。

2.《钢标》推荐的钢材牌号及标准

1）钢材宜采用 Q235、Q355、Q390、Q420、Q460、Q345GJ、Q390GJ、Q420GJ 和 Q460GJ 钢，其质量应符合现行国家标准《碳素结构钢》（GB/T 700—2006）、《低合金高强度结构钢》（GB/T 1591—2018）和《建筑结构用钢板》（GB/T 19879—2015）的规定。结构用钢板、热轧工字钢、槽钢、角钢、H 型钢和钢管等型材产品的规格、外形、质量及允许偏差应符合国家现行相关标准的规定。

2）焊接承重结构为防止钢材层状撕裂而采用 Z 向钢时，其质量应符合现行国家标准《厚度方向性能钢板》（GB/T 5313—2010）的规定。

3）处于外露环境且对耐腐蚀有特殊要求或处于侵蚀性介质环境中的承重结构，可采用 Q235NH、Q355NH 和 Q415NH 牌号的耐候结构钢，其质量应符合现行国家标准《耐候结构钢》（GB/T 4171—2008）的规定。

4）非焊接结构用铸钢件的质量应符合现行国家标准《一般工程用铸造碳钢件》（GB/T 11352—2009）的规定，焊接结构用铸钢件的质量应符合现行国家标准《焊接结构用铸钢件》（GB/T 7659—2010）的规定。

5）当采用《钢标》未列出的其他牌号钢材时，宜按照现行国家标准《建筑结构可靠性设计统一标准》（GB 50068—2018）进行统计分析，研究确定其设计指标及适用范围。

近年来，我国钢材冶炼技术得到了跨越式发展，研发出了一批又一批高性能钢材，并得到了广泛应用。国家新标准《高强钢结构设计标准》（JGJ/T 483—2020）规定高强钢结构构件应采用 Q460、Q500、Q550、Q620、Q690、Q460GJ、Q500GJ、Q550GJ、Q620GJ、Q690GJ 钢。

3. 钢材选用规定

1）钢材质量等级的选用应符合以下规定：A 级钢仅可用于结构工作温度高于 0℃ 的不需要验算疲劳强度的结构，且 Q235A 钢不宜用于焊接结构。

需验算疲劳强度的焊接结构用钢材应符合以下规定：①当工作温度高于 0℃ 时其质量等级不应低于 B 级；②当工作温度不高于 0℃ 但高于 -20℃ 时，Q235、Q345、Q355 钢不应低于 C 级，Q390、Q420 及 Q460 钢不应低于 D 级；③当工作温度不高于 -20℃ 时，Q235、Q345 和 Q355 钢不应低于 D 级，Q390、Q420、Q460 钢应选用 E 级。

需验算疲劳强度的非焊接结构，其钢材质量等级要求可较上述焊接结构降低一级但不应低于 B 级。起重机起重量不小于 50t 的中级工作制吊车梁，其质量等级要求应与需要验算疲劳强度的构件相同。

2）工作温度不高于 -20℃ 的受拉构件及承重构件的受拉板材应符合以下规定：所用钢材厚度或直径不宜大于 40mm，质量等级不宜低于 C 级；当钢材厚度或直径不小于 40mm 时，其质量等级不宜低于 D 级；重要承重结构的受拉板材宜满足现行国家标准《建筑结构用钢板》（GB/T 19879—2015）的要求。

3）在 T 形、十字形和角形焊接的连接节点中，当其板件厚度不小于 40mm 且沿板厚方向有较大撕裂拉力作用，包括较大约束拉应力作用时，该部位板件钢材宜具有厚度方向抗撕裂性能，即 Z 向性能的合格保证，其沿板厚方向断面收缩率不小于现行国家标准《厚度方向性能钢板》（GB/T 5313—2010）规定的 Z15 级容许限值。钢板厚度方向承载性能等级应根据节点形式、板厚、熔深、焊缝尺寸、焊接时节点拘束度，以及预热、后热情况等综合确定。

4）采用塑性设计的结构及进行弯矩调幅的构件，所采用的钢材应符合以下规定：屈强比不应大于 0.85；钢材应有明显的屈服台阶，且断后伸长率不应小于 20%。

5）钢管结构中的无加劲直接焊接相贯节点，其管材的屈强比不宜大于 0.8；与受拉构件焊接连接的钢管，当管壁厚度大于 25mm 且沿厚度方向承受较大拉应力时，应采取措施防止层状撕裂。

习 题

1. 简述钢结构对所使用材料的要求。

2. 画出低碳钢单向均匀拉伸的应力-应变曲线并标出关键点，说明由单向拉伸试验可获得哪些性能指标。

3. 简述塑性破坏及脆性破坏的特征、两种破坏形式的区别。

4. 简述影响脆性破坏的主要因素及防止发生脆性破坏的主要措施。

5. 简述应力幅、容许应力幅、疲劳截止限的概念，试画图说明常幅应力循环、变幅应力循环的形式。

6. 简述 Mn、Si、S、P 等化学成分对钢材强度、塑性、韧性的影响。

7. 简述碳素钢、低合金高强度结构钢所分等级及其要求？

8. 简述钢材牌号 Q235B、Q355ND、Q355NDZ25 的含义，并简述钢材需要保证的性能指标。

9. 简述型钢 HW428×407×15×20 的含义。并画图标出各部位的尺寸。

10. 简述钢结构钢材选用的主要原则，选用时需考虑的主要因素。

CHAPTER 3

第 3 章

钢结构的连接

本章要点:

1. 了解钢结构的焊接连接、螺栓连接、铆钉连接的特点。
2. 熟悉对接焊缝构造要求，掌握轴心作用、弯矩和剪力共同作用对接焊缝计算。
3. 掌握角焊缝的构造要求，以及四种典型受力状态的角焊缝设计计算。
4. 熟悉普通螺栓连接的构造要求，掌握受剪、受拉、拉-剪组合三类螺栓的设计计算。
5. 了解高强度螺栓摩擦型和承压型连接的设计计算。

3.1 钢结构连接方法概述

3.1.1 连接的分类及特点

钢结构中，无论是由型钢和/或钢板组成构件，还是由构件通过安装架构成整体结构，均需要通过连接实现。连接的作用是将板材、型钢等组合成构件，或将若干构件组合形成一个整体，共同承担荷载，因此，连接在钢结构中处于重要的枢纽地位。钢结构的连接方法决定着结构的构造与施工方法，影响结构荷载传递方式及使用性能，对工程造价有较大的影响。

钢结构的连接形式主要有焊缝连接和紧固件连接两大类。焊缝连接简称焊接，分对接焊缝连接和角焊缝连接；紧固件连接包括铆钉连接、螺栓连接、锚栓连接等，如图 3-1 所示。轻钢结构紧固件连接有自攻螺钉、钢拉铆钉、射钉等；钢结构与混凝土或基础连接有锚栓连接等。焊接连接、铆钉连接、螺栓连接和轻型钢结构用的紧固件连接示意图

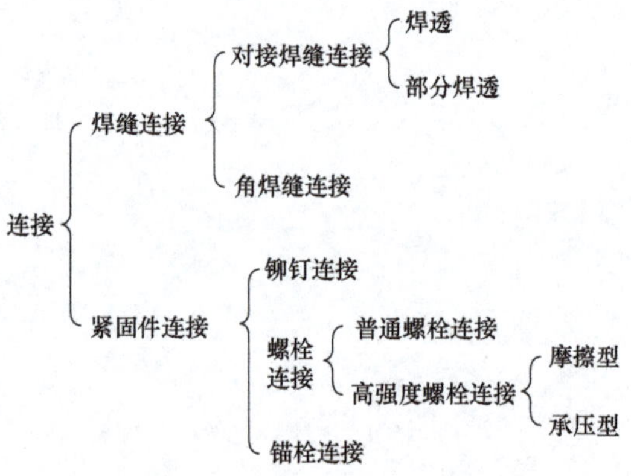

图 3-1 钢结构的连接方法分类

如图 3-2 所示。

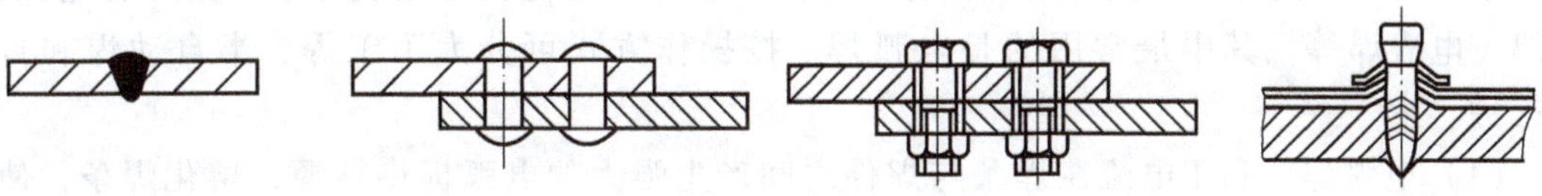

图 3-2 钢结构的连接方式示意图

a）焊缝连接 b）铆钉连接 c）螺栓连接 d）轻钢结构紧固件连接

不同连接方法具有不同特点，表 3-1 简单汇总了几种典型连接方法的主要特点。

表 3-1 几种典型连接方法特点比较

连接方法	优点	缺点
焊缝连接	构造简单，节省材料，对结构或构件几何形体适用性强，易于自动化施工，工效高	焊缝处力学性能有所降低，个别材质不易施焊，存在残余应力和变形等缺陷
铆栓连接	连接牢固不松动，传力可靠，塑性和韧性好，抗动力荷载效果好	构件需要钻孔，制孔精度要求高，铆接工艺较难，工效低
普通螺栓连接	构件可拆卸更换、多次使用，装配拆卸便利，设备简单	易松动，板件搭接钻孔，比焊接费材料，螺栓精度低时不宜受剪
高强度螺栓连接	加工方便，对构件削弱较少，可拆换，塑性与韧性好，能承受动力荷载，抗疲劳性强	安装工艺较复杂，造价略高

钢结构连接设计的原则：钢结构构件的连接应根据施工环境条件和作用力的性质选择其连接方法；钢结构的安装连接应采用传力可靠、制作方便、连接简单、便于调整的构造形式，并应考虑临时定位措施。

普通螺栓连接受力状态下容易产生较大变形，而焊接连接刚度大，两者难以协同工作，承压型高强度螺栓连接与焊缝变形不协调，在同一连接接头中不得考虑普通螺栓或承压型高强度螺栓连接与焊接连接的共同工作受力，因此，同一连接部位中不得采用普通螺栓或承压型高强度螺栓与焊接并用的连接方式。而摩擦型高强度螺栓连接刚度大，受静力荷载作用时可考虑与焊缝协同工作，在改、扩建工程中作为加固补强措施，可采用摩擦型高强度螺栓与焊接承受同一作用力的栓焊并用进行连接，其计算与构造宜符合行业标准《钢结构高强度螺栓连接技术规程》（JGJ 82—2011）的规定。

3.1.2 焊接连接

焊接连接是现代钢结构最主要的连接方法，其优点如下：构造简单，任何形式的构件都可直接相连，用料经济，不削弱截面；制作加工方便，可实现自动化操作，效率高；连接的密闭性好，结构刚度大。缺点主要有：在焊缝附近的热影响区内，钢材的金相组织发生改变，导致局部材质变脆，力学性能有所降低；焊接残余应力和残余变形使受压构件承载力降低；焊接结构对裂纹很敏感，局部裂纹一旦发生，就容易扩展到整体；低温冷脆问题较为突出。

1. 钢结构常用的焊接方法

钢结构采用的焊接方法为熔焊，将焊件接头加热至熔化状态完成焊接。熔焊有电弧焊、气焊、电渣焊等，其中最常用的是电弧焊。按操作方式可分为手工焊、半自动焊和自动焊三种。

（1）电弧焊　利用电流在焊条与焊件之间产生强大的电弧提供热源，熔化焊条，使其与焊件熔化部分结合成焊缝，将两个焊件连成整体，焊接质量比较可靠。电弧焊接既可手工操作，也可机械操作实现自动或半自动埋弧焊。手工施焊设备简单，操作灵活方便，适用于任何空间位置的焊接；但劳动强度大，效率低，焊接质量取决于焊工技术水平与身心状态，质量水平波动较大。机械操作可实现自动或半自动埋弧焊，生产效率高，焊接质量稳定。焊接机器人与人工智能相结合，采用程序控制，实现精准焊接，从而使焊接质量更高、更稳定、适用的焊缝空间位置范围更广泛。

（2）电阻焊　在焊件组合后通过电极施加压力，利用电流通过接头的接触面及邻近区域产生的电阻热进行焊接的工艺方法。该法焊接质量高、辅助工序少、无须添加焊接材料，但只适用于板厚较小构件。常用的有点焊、缝焊和对焊三种，点焊主要用于薄板焊接。

（3）气体保护焊　利用CO_2或其他惰性气体作为保护介质的一种焊接方法，适合于全方位焊接。依靠惰性气体在电弧周围形成局部的保护层，阻止有害气体的侵入。保护气体呈喷射状有助于熔滴的过渡，热量集中，焊件熔深大；焊缝熔化区无熔渣，焊工能看清焊缝成型，焊接速度快，焊缝强度比焊条手工焊高，塑性和抗腐蚀性好。

2. 焊缝的形式

根据连接两个板件焊缝的位置及熔敷金属填充位置不同，焊缝分对接焊缝和角焊缝两种。对接焊缝与角焊缝受力状态不同，设计计算方法不同，应注意区分。

焊接构件的结构形式多种多样，焊接接头主要有对接接头、T形接头、十字接头、角接接头、搭接接头等，按连接件的相对位置可分为平接（或对接）连接、搭接（或错接）连接、双盖板连接、T形（或顶接）连接和L形（或角部）连接等，如图3-3所示。

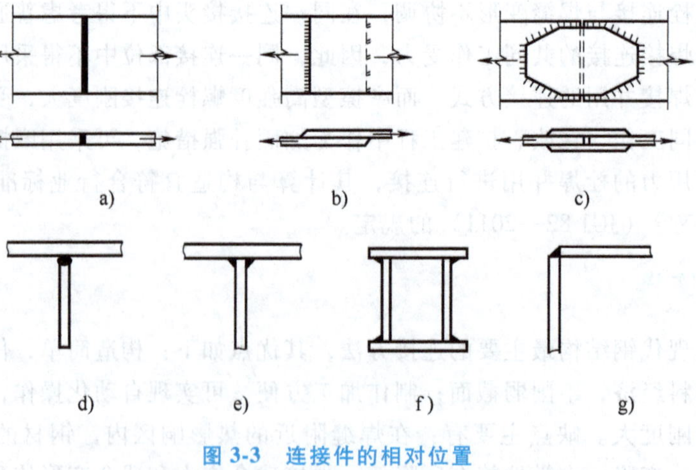

图3-3　连接件的相对位置

a）平接连接　b）搭接连接　c）双盖板连接　d）T形对接焊缝连接　e）T形角焊缝连接　f）角部连接（1）　g）角部连接（2）

平接连接（对接）主要用于钢板厚度相同或接近相同的两构件相互连接（图 3-3a），两个板件平放，焊条熔敷金属填充在两板件预留的空间内，焊缝沿长度方向截面形状与板件截面相同，该类焊缝为对接焊缝。采用平接连接方式，两构件在同一平面内，作用力方向不变，应力均匀平缓，没有明显的应力集中，且用料经济，但焊件边缘需要加工，对被连接两板的间隙和坡口尺寸有严格的要求。

搭接（错接）连接（图 3-3b），连接焊缝在一块板的端部或侧面，焊缝截面与构件截面不同，该类焊缝为角焊缝。搭接连接两个板件不在同一平面内，作用力方向改变，产生附加力矩，应力不均匀，较费材料，但构造简单，焊件边缘不要求加工，施工方便，特别适用于不同厚度构件的连接，目前还广泛应用。为了改善搭接的传力路线，采用双盖板连接（图 3-3c），施工简便，所连接两板的间隙大小无须严格控制，但费料，局部刚度加大，会引起应力突变，为了减少刚度突变，盖板切角呈菱形。

T 形连接（图 3-3d、e）省工省料，常用于制作组合截面。T 形连接可采用对接焊缝（图 3-3d），焊缝处于腹板的端部，焊缝截面与腹板厚相同。采用 T 形角焊缝连接（图 3-3e），焊件间存在缝隙，截面突变，应力集中现象严重，疲劳强度较低，不能用于直接承受动力荷载的结构的连接。对于直接承受动力荷载的结构，应采用图 3-3d 所示的 T 形对接焊缝进行连接。

施焊者视角与焊缝相对位置分为平焊、横焊、立焊及仰焊四种施焊方位，如图 3-4 所示。

1）平焊又称为俯焊（代号 F），钢板平位放置，焊缝轴水平，板材焊缝试件平焊位置，平焊方位操作最容易，焊缝质量易保证。

2）横焊（代号 H），钢板横向立位放置，焊缝轴水平，板材焊缝试件横焊位置，横焊操作条件较差，要求焊工的操作水平较高。

3）立焊（代号 V），钢板 90°立位放置，焊缝轴垂直，板材焊缝试件立焊位置，立焊要求从下向上施焊，熔敷金属流淌，操作较困难。

4）仰焊（代号 O），钢板平位放置，焊缝轴水平，板材焊缝试件仰焊位置，仰焊操作条件最差，施焊最难，不利于熔敷金属填充，焊缝质量不易保证，不能用于重要的受力焊缝，故应尽量避免采用仰焊方位。

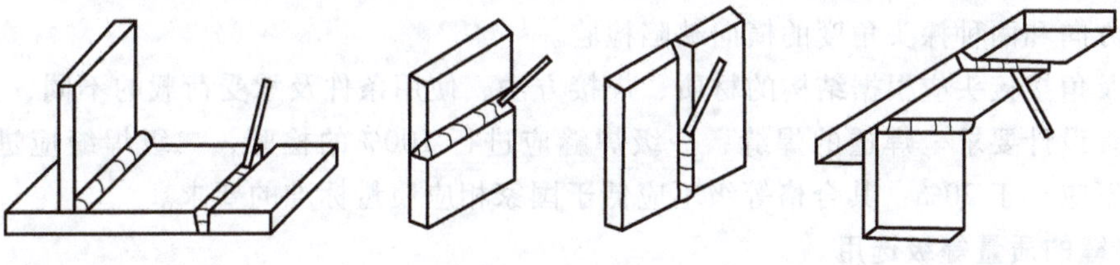

图 3-4 焊缝施焊方位

a）平焊 b）横焊 c）立焊 d）仰焊

3. 焊缝缺陷及焊缝质量检验

焊接过程中，焊缝金属及其附近热影响区钢材表面或内部会产生各种缺陷。焊缝常见的缺陷有裂纹、焊瘤、烧穿、弧坑、气孔、夹渣、咬边、未熔合、未焊透等，如图 3-5 所示。裂纹是焊接连接中最危险的缺陷，产生裂纹的原因很多，如钢材的化学成分不当、焊接工艺条件（如电流、电压、焊速、施焊次序等）选择不合适、焊件表面油污未消除干净等。

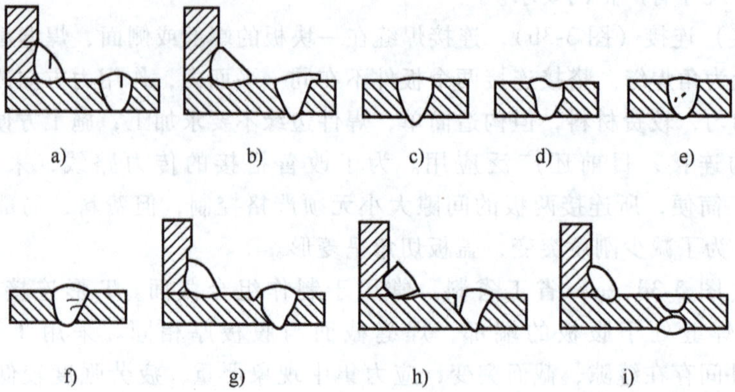

图 3-5 焊缝缺陷

a）裂纹 b）焊瘤 c）烧穿 d）弧坑 e）气孔 f）夹渣 g）咬边 h）未熔合 i）未焊透

焊缝缺陷不仅削弱了焊缝的有效承载面积，更严重的是在缺陷处会引起应力集中，对连接处的强度、冲击韧性及冷弯性能等均有不利影响，因此，必须对焊缝质量进行检验。焊缝质量检验一般采用外观质量检验及超声无损检验两种方法。

1）焊缝的外观质量检验，主要检验焊缝尺寸及焊缝成形质量，从焊缝裂纹、未焊满、根部收缩、电弧擦伤、接头不良、表面气孔、表面夹渣等方面进行检测，分为一级、二级和三级。一级质量要求严格，上述缺陷均不得存在；三级质量要求较低，但也不得存在裂纹。外观质量检验适用于不需疲劳验算结构焊接质量的检验。

2）焊缝的超声无损检验应在外观质量检验合格后进行。根据质量要求，超声检验分为A、B、C 三级。A 级检验的完善程度要求最低，采用一种角度的探头在焊缝的单面单侧进行检验，只对能扫查到的焊缝截面进行探测，一般不要求做横向缺陷的检验；C 级检验的完善程度要求最高，C 级检验至少应采用两种角度探头在焊缝的单面双侧进行检验，同时应做两个扫查方向和两种探头角度的横向缺陷检验。

对接及角接接头应根据结构的材质、焊接方法、使用条件及承受荷载的不同，合理选用检验级别。设计要求全焊透的焊缝：一级焊缝应进行 100% 的检验，二级焊缝应进行抽检，抽检比例不应小于 20%，其合格等级不应低于国家相应质量标准的要求。

4. 焊缝的质量等级选用

焊缝的质量等级应根据结构的重要性、荷载特性、焊缝形式、工作环境以及应力状态等情况选用。

1）在承受动力荷载且需要进行疲劳验算的构件中，要求与母材等强连接的焊缝应焊透，作用力垂直于焊缝长度方向的横向对接焊缝或 T 形对接与角接组合焊缝，受拉时应为一级，受压时不应低于二级；作用力平行于焊缝长度方向的纵向对接焊缝不应低于二级。

2）在工作温度小于或等于-20℃的地区，构件对接焊缝的质量不得低于二级。

3）不需要疲劳验算的构件中，凡要求与母材等强的对接焊缝宜焊透，其质量等级受拉时不应低于二级，受压时不宜低于二级。

5. 焊接材料

选用的焊接材料应与被焊接的母材相匹配，焊接材料熔敷金属的力学性能不应低于相应母材标准的下限值且应满足设计文件要求。对直接承受动力荷载或需要验算疲劳强度的结构，以及低温环境下工作的厚板结构，宜采用低氢型焊条。另外需适应焊接场地、焊接方法、焊接方式。当不同钢种的钢材连接时，宜用与低强度钢材相适应的焊条。钢结构用焊接材料应符合以下规定：

1）手工焊接所用的焊条应符合现行国家标准《非合金钢及细晶粒钢焊条》（GB/T 5117—2012）的规定，所选用的焊条型号应与主体金属力学性能相适应。

2）自动焊或半自动焊用焊丝应符合现行国家标准《熔化焊用钢丝》（GB/T 14957—1994）、《熔化极气体保护电弧焊用非合金及细晶粒钢实心焊丝》（GB/T 8110—2020）及《非合金钢及细晶粒钢药芯焊丝》（GB/T 10045—2018）的规定。

3）埋弧焊用焊丝和焊剂应符合现行国家标准《埋弧焊用非合金钢及细晶粒钢实心焊丝、药芯焊丝和焊丝-焊剂组合分类要求》（GB/T 5293—2018）、《埋弧焊和电渣焊用焊剂》（GB/T 36037—2018）的规定。

根据母材编号不同，《钢结构焊接规范》（GB 50661—2011），推荐选择以下焊接材料：①母材为Q235、Q235GJ、Q235NH等选用E43系列，可选E50系列；②母材为Q355、Q345GJ、Q355NH、Q390等选用E50系列，可选E5515；③母材为Q420、Q460、Q415NH等选用E5515，可选E6015。

3.1.3 螺栓连接

钢结构螺栓连接分为普通螺栓连接和高强度螺栓连接两种。

1. 螺栓等级

螺栓等级包括产品等级、材料性能等级。螺栓产品等级按加工精度划分，分为A、B、C三级，其中，A级和B级为精制螺栓，C级为粗制螺栓。螺栓性能等级依据材料性能划分，分4.6、4.8、5.6、8.8、9.8、10.9级，其中8.8级及以上属于高强度螺栓。螺栓等级数字中，小数点前的数字表示抗拉强度代号，小数点数字表示屈强比，如4.6级螺栓抗拉强度为400N/mm^2，屈强比为0.6。

C级螺栓等级有4.6级和4.8级，螺纹规格为M5~M64。C级螺栓连接，板件一般采用在单个零件上冲孔或不用钻模钻孔，属于Ⅱ类孔。螺栓孔直径比螺栓杆直径大1.5~3mm，C级螺栓与螺栓孔之间的间隙较大，安装方便。C级螺栓宜用于沿螺栓杆轴方向受拉的连接。由于螺栓孔间隙大，受剪时连接的变形较大，受剪连接可用于以下情况：①承受静力荷载或间接承受动力荷载结构中的次要连接；②承受静力荷载的可拆卸结构的连接；③临时固定构件用的安装连接。

A级和B级螺栓等级分为5.6、8.8、9.8、10.9级，螺纹规格为M1.6~M64。A级用于公称直径d为1.6~24mm、长度$l \leqslant 10d$或$l \leqslant 150$mm（按其较小值）的螺栓；B级用于$d>$24mm、$l>10d$或$l>150$mm（按其较小值）的螺栓。A级和B级螺栓连接，要求连接件的螺栓孔表面光滑、尺寸准确，质量要求高（Ⅰ类孔），A 级和 B 级螺栓连接的螺栓杆与螺栓孔壁紧密接触，抗剪性能好，但制作复杂，安装困难，价格较高。

2. 螺栓规格表示方法

建筑钢结构中使用的螺栓常为六角头外螺纹螺栓，通用规格为 M8～M64。螺栓规格表示方法按《紧固件标记方法》（GB/T 1237—2000）执行。螺栓标记方法由名称、国标号、“M”、螺栓的公称直径 d、公称长度 l、材料等级、产品等级表面氧化等八项组合表示，也可缺项，如外螺纹件，以外螺纹直径为公称直径 $d=12$mm，公称长度 $l=80$mm，性能等级为 8.8 级，表面氧化、产品等级为 A 级的六角头螺栓的两种标记法如下：

1）完整标记法——螺栓：GB/T5782-2000 M12×80-8.8-A-O

2）简化标记法——螺栓：GB/T5782 M12×80-8.8（省略国标号、产品等级、表面氧化）

按上述说明，螺栓材料性能等级及规格尺寸可涵盖产品等级，钢结构选用螺栓可简化表示为

“M”+“d×l-性能等级”

3.1.4 铆钉连接

铆钉连接有热铆和冷铆两种方法。建筑结构中一般采用热铆，热铆是将烧红的钉坯插入构件的钉孔中，用铆钉枪或压铆机铆合而成。

铆钉材料应有良好的塑性。连接用铆钉应采用 BL2 或 BL3 号钢制成，其质量应符合现行行业标准。铆钉孔等级分两级：Ⅰ类孔要求质量高，采用钻模钻孔或先冲成较小孔再扩钻；Ⅱ类孔为冲孔或未使用钻模钻孔，制法简单，构件拼装时钉孔不易对齐，质量较差。重要结构连接应采用Ⅰ类孔。

铆钉连接的塑性和冲击韧性较好，传力可靠，质量易于检查；铆钉连接构造复杂，费工费钢，现多被高强度螺栓连接替代，但一些重型和直接承受动力荷载的结构仍然采用。沉头和半沉头铆钉不得用于其杆轴方向受拉的连接。

3.1.5 轻钢结构的紧固件连接

在冷弯薄壁型钢结构中经常采用自攻螺钉（图 3-6a）、钢拉铆钉（图 3-6b）、射钉（图 3-6c）等机械式紧固件连接方式，主要用于压型钢板之间及压型钢板与冷弯型钢等支撑构件之间的连接。

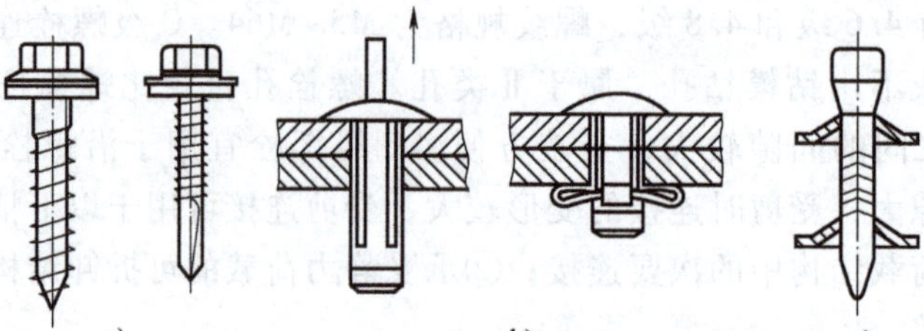

a)　　b)　　c)

图 3-6　轻钢结构的紧固件

a）自攻螺钉　b）钢拉铆钉　c）射钉

3.2　对接焊缝的构造和计算

3.2.1　对接焊缝的构造

为了保证焊缝质量、便于施焊、保证焊透，对接焊缝的焊件常需做成坡口，根据连接件的厚度，采用不同的坡口形状，如图 3-7 所示。

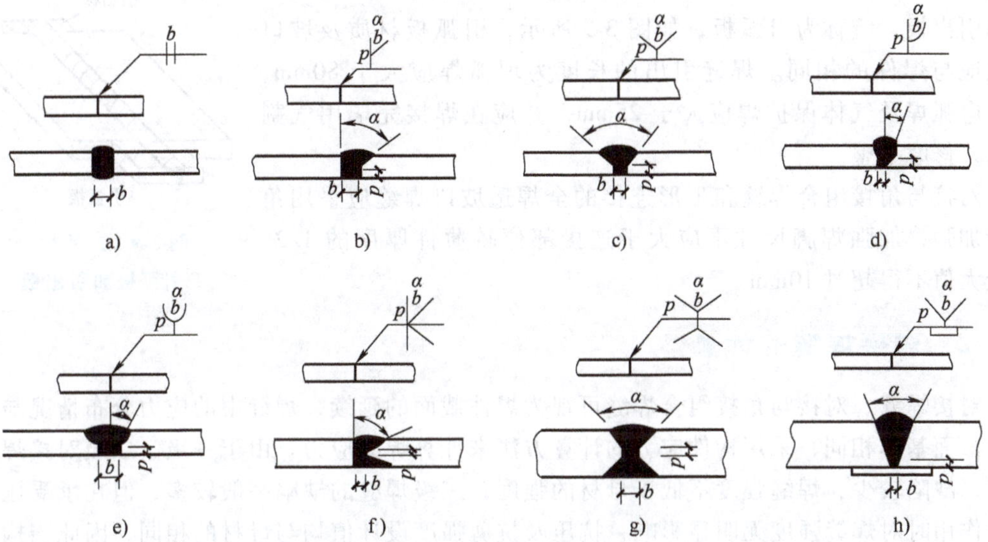

图 3-7　对接焊缝的坡口形式、符号和尺寸标注

a）I 形　b）单边 V 形（代号 L）　c）双边 V 形　d）单边 U 形（代号 J）

e）U 形　f）K 形　g）X 形　h）加垫板

b—坡口根部间隙或部件间隙（mm），焊条电弧焊 b 取 0~3mm、埋弧焊 b 一般取 0；

p—坡口钝边（mm），焊条电弧焊 p 取 0~3mm，埋弧焊 p 取 2~6mm；α—坡口角度（°）。

坡口形式的选择，应结合焊件厚度和施焊条件，以保证焊缝质量、便于施焊和减小焊缝截面面积为原则，按现行国家标准《钢结构焊接规范》（GB 50661—2011）的要求选用。一般当焊件厚度较小（焊条电弧焊 $t \leqslant 6$mm，埋弧焊 $t \leqslant 12$mm）时，可采用 I 形坡口（图 3-7a）；中等厚度焊件（焊条电弧焊 t 为 6~16mm，埋弧焊 t 为 10~20mm），宜采用单边 V 形（代号 L）、双边 V 形或单边 U 形（代号 J）坡口（图 3-7b~d）；较厚焊件（焊条电弧焊 t>16mm，埋弧焊 t>20mm），则宜采用 U 形、K 形或 X 形坡口（图 3-7e~g）。除横焊位置以外，不宜采用 L 形和 J 形坡口。

对接焊缝拼接，当焊件宽度不同或厚度相差 4mm 以上时，应做平缓过渡，其连接处坡度值不宜大于 1∶2.5。变宽度方向从两侧变坡，以保持轴线不变；变厚度其厚度方向保持一侧为平面，在另一侧变坡，如图 3-8 所示。

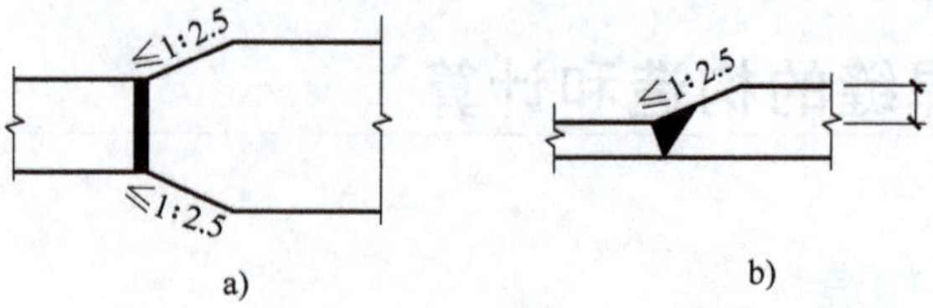

图 3-8　变截面钢板的拼接
a）变宽度　b）变厚度

在对接焊缝的起弧处、落弧处，常出现弧坑等缺陷，会引起应力集中并易产生裂纹，对承受动力荷载的结构尤为不利。对接焊缝在焊缝的两端设置引弧板和引出板，统称为引弧板，如图 3-9 所示，引弧板材质及坡口形式应与焊件的相同。焊缝引出的长度为埋弧焊应大于 80mm，焊条电弧焊及气体保护焊应大于 25mm，并应在焊接完毕用气割切除，修磨平整。

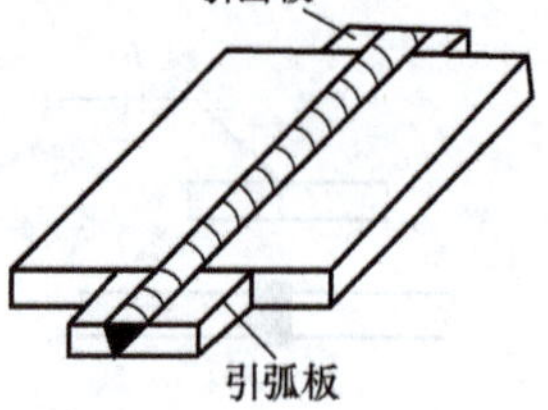

图 3-9　对接焊缝引弧板和引出板

对接与角接组合焊缝和 T 形连接的全焊透坡口焊缝应采用角焊缝加强，加强焊脚尺寸不应大于连接部位较薄件厚度的 1/2，但最大值不得超过 10mm。

3.2.2　对接焊缝的计算

对接焊缝、对接与角接组合焊缝可视为焊件截面的延续，焊缝中的应力分布情况与焊件原有截面基本相同，采用构件应力的计算方法来计算焊缝应力。由于一级、二级对接焊缝质量高、缺陷较少，焊缝强度不低于母材的强度；三级焊缝的缺陷一般较多，但在承受压力或剪力作用时对焊缝强度无明显影响，抗压及抗剪强度设计值均与母材的相同，因此当构件强度满足要求时，一级、二级焊缝以及承受压力或剪力作用时三级焊缝的强度无须验算。由于焊缝缺陷对拉应力敏感，而三级对接焊缝的抗拉强度设计值降低，通常只有母材强度的 85%，因此只需对受拉力作用的三级焊缝进行验算。

对接焊缝主要承受荷载形式有轴心力作用及弯矩和剪力共同作用两种。

1. 轴心力作用的对接焊缝

对接焊缝或对接与角接组合焊缝，受垂直于焊缝的轴心拉力或轴心压力作用时（图 3-10a），其强度应按式（3-1）计算。

$$\sigma=\frac{N}{A_{w}}=\frac{N}{l_{w}h_{e}}\leqslant f_{t}^{w}\text{或}f_{c}^{w} \tag{3-1}$$

式中　N——轴心拉力或轴心压力设计值[⊖]（N）；

l_w——焊缝的计算长度（mm），当采用引弧板时，取焊缝实际长度 $l_w=b$，当未采用引弧板和引出板时，计算每条焊缝长度时应减去 $2t$（t 为焊件的较小厚度），即 $l_w=b-2t$；

h_e——对接焊缝计算厚度（mm），在对接连接节点中取连接件的较小厚度，在 T 形连接节点中取腹板的厚度；

⊖ 本书公式中内力和应力未加说明时均为设计值。

f_t^w、f_c^w——对接焊缝的抗拉、抗压强度设计值（N/mm^2），按表 B-1 选用。

当直焊缝（图 3-10a）不满足式（3-1）要求，且无条件改用一级或二级焊缝时，最经济的措施是采用引弧板以增加焊缝的有效长度。若仍不能满足强度要求，则可采用图 3-10b 所示的斜焊缝。斜焊缝加长了焊缝长度且减小了法向应力，提高了抗拉能力，但较费钢材。当斜焊缝与作用力间的夹角 θ 符合 $\tan\theta = b/a \leqslant 1.5$（$\theta \leqslant 56°$）时，焊缝强度超过母材，可不做计算。

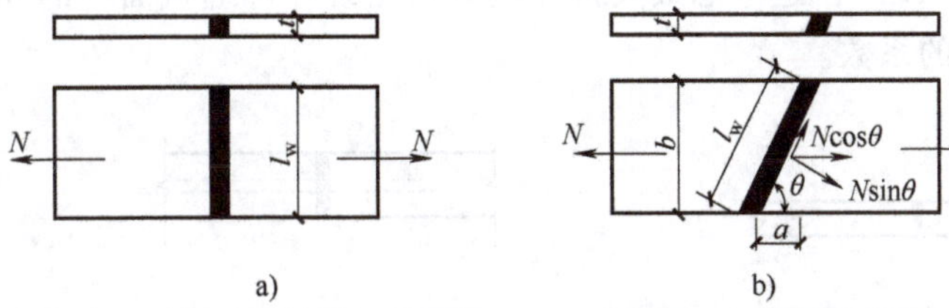

图 3-10 轴心力作用时的对接焊缝

a）直焊缝 b）斜焊缝

2. 弯矩和剪力共同作用的对接焊缝

对接焊缝截面与构件母材截面相同，在弯矩和剪力作用下变形遵循梁弯曲的平面假定，焊缝中的应力分布状态如图 3-11 所示。在对接和 T 形连接中，承受弯矩和剪力共同作用的对接焊缝或对接与角接组合焊缝，焊缝中的最大正应力和剪应力，均应分别符合以下要求。

（1）弯曲应力 弯矩作用在焊缝截面上产生的最大正应力在焊缝截面的边缘处，按式（3-2）验算。

$$\sigma = \frac{M}{W_w} \leqslant f_t^w \text{或} f_c^w \tag{3-2}$$

（2）剪应力 剪力作用在焊缝截面上产生的最大剪应力在焊缝截面的中和轴处，按式（3-3）验算。

$$\tau = \frac{VS_w}{I_w t_w} \leqslant f_v^w \tag{3-3}$$

式中 M、V——焊缝截面的弯矩设计值（N·mm）、剪力设计值（N）；

I_w——焊缝截面惯性矩（mm^4）；

W_w——焊缝截面模量（mm^3），$W_w = 2I_w/h$，h 为焊缝截面高度；

S_w——焊缝截面计算剪应力处以上部分对中和轴的面积矩（mm^3）；

t_w——腹板厚度（mm）；

f_t^w、f_c^w、f_v^w——对接焊缝的抗拉、抗压、抗剪强度设计值（N/mm^2），按表 B-1 选用。

（3）折算应力 对于工字形截面，除应满足式（3-2）和式（3-3）要求外，在腹板与翼缘交界处（图 3-11b 中的 A 点），同时存在较大的弯曲正应力 σ_1 和剪应力 τ_1，该点属于复杂应力状态，应按式（3-4）计算折算应力。

$$\sqrt{\sigma_1^2 + 3\tau_1^2} \leqslant 1.1 f_t^w \tag{3-4}$$

式中 σ_1、τ_1——腹板对接焊缝 A 点处的正应力和剪应力（N/mm^2）。

σ_1、τ_1 按下式计算：

$$\sigma_1=\frac{M}{I_w}\cdot\frac{h_0}{2}=\sigma\frac{h_0}{h}$$

$$\tau_1=\frac{VS_{w1}}{I_w t_w}=\tau\frac{S_{w1}}{S_{max}}$$

式中 S_{w1}——A 点一侧焊缝有效截面对中和轴的面积矩（mm^3）。

式（3-4）中的“1.1”，是考虑最大折算应力只出现在焊缝截面内的局部点，而将焊缝强度设计值适当提高的系数。

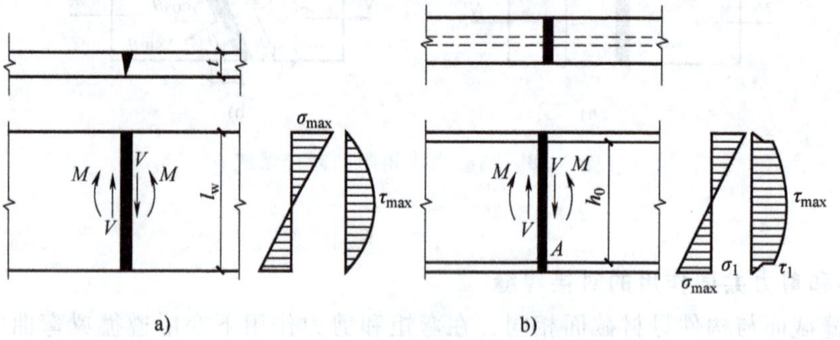

图 3-11　弯矩和剪力共同作用时的对接焊缝应力分布图

a）矩形截面　b）工字形截面

【例 3.1】　试验算图 3-12 所示牛腿与柱连接的对接焊缝的强度。已知集中力 $F=550$kN（设计值），钢材采用 Q235B，焊条为 E43 型，手工焊，施焊时采用引弧板，焊缝质量为三级。

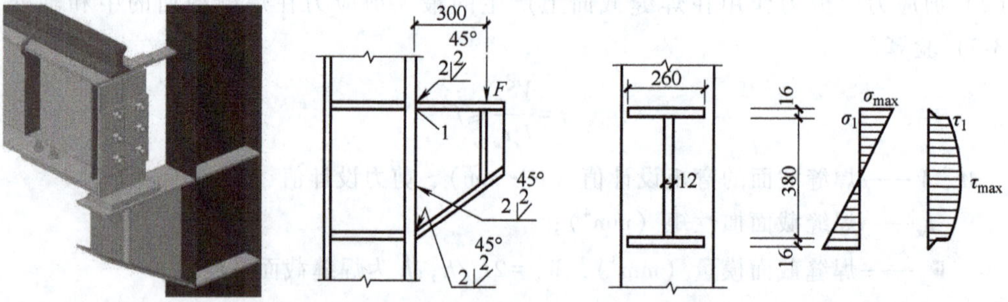

图 3-12　对接焊缝承受剪力和弯矩共同作用

【解题分析】　研究的对象是焊缝，焊缝处在横梁与柱交接面，采用引弧板施焊，对接焊缝截面与构件截面完全相同，为工字形。外力 F 不通过焊缝截面形心，按悬臂梁将 F 向焊缝截面形心简化，得到：剪力 V 和弯矩 M；验算工字形焊缝的强度，包括三个方面，选用式（3-2）~式（3-4）。可能的难点：工字形截面几何参数 I_w，W_w，S_w 的计算，可利用移轴定理 $I_x=I_{x1}+Ad^2$ 分块叠加计算组合截面 I_w。

解：1. 焊缝截面几何参数

因有引弧板，对接焊缝的计算截面与牛腿的截面相同（计算时长度单位取 cm）。

$$I_w=[1.2\times38^3/12+2\times26\times1.6\times(19+0.8)^2]\text{cm}^4=38105\text{cm}^4$$

$$W_w=[I_w/(19+1.6)\text{cm}]=(38105/20.6)\text{cm}^3=1850\text{cm}^3$$

$$S_{w1}=[26\times1.6\times(19+0.8)]\text{cm}^3=823.68\text{cm}^3$$

$$S_w=(S_{w1}+1.2\times19^2/2)\text{cm}^3=1040.28cm^3$$

2. 计算焊缝截面内力

$$V=F=550\text{kN}$$

$$M=Fe=(550\times0.3)\text{kN}\cdot\text{m}=165\text{kN}\cdot\text{m}$$

3. 应力验算

1）最大弯曲正应力，按式（3-2）计算。

$$\sigma=\frac{M}{W_w}=\left(\frac{165\times10^6}{1850\times10^3}\right)\text{N/mm}^2=89.2\text{N/mm}^2<f_t^w=185\text{N/mm}^2$$

2）最大剪应力，按式（3-3）计算。

$$\tau=\frac{VS_w}{I_wt_w}=\left(\frac{550\times1040.28\times10^6}{38105\times10^4\times12}\right)\text{N/mm}^2=125.1\text{N/mm}^2\approx f_v^w=125\text{N/mm}^2$$

当实际应力比设计值大时，若超出的量在5%以内，可认为是安全的。

3）折算应力，上翼缘与腹板交接处 A 点，计算如下：

$$\sigma_1=\sigma_{max}\left(\frac{y_A}{y_{max}}\right)\text{N/mm}^2=\left(89.2\times\frac{19}{19+1.6}\right)\text{N/mm}^2=82.3\text{N/mm}^2$$

$$\tau_1=\frac{VS_{w1}}{I_wt_w}=\tau\frac{S_{w1}}{S_{max}}=\left(125.1\times\frac{823.68}{1040.28}\right)\text{N/mm}^2=99.1\text{N/mm}^2$$

折算应力，按式（3-4）计算。

$$\sqrt{\sigma_1^2+3\tau_1^2}=(\sqrt{82.3^2+3\times99.1^2})\text{N/mm}^2=190.4\text{N/mm}^2<1.1f_t^w=(1.1\times185)\text{N/mm}^2=204\text{N/mm}^2$$

综上，对接焊缝的弯曲正应力、剪应力、折算应力均满足强度要求。

【题后讨论】 关于参数单位：应力的单位为 N/mm^2，如果力的单位为 N、长度单位为 mm，则计算结果单位与压力一致。本例长度单位取 cm，则惯性矩单位为 cm^4、截面模量和面积矩单位为 cm^3，力单位取 kN，应力验算中，计算应力时应进行单位换算。

3.3　角焊缝的构造与计算

3.3.1　角焊缝的构造

1. 角焊缝的形式

角焊缝处于两个连接件构成的角部，按角焊缝的截面形式分为直角角焊缝和斜角角焊缝两类。直角角焊缝的截面形式分为等边直角焊缝（普通型）、不等边直角焊缝（平坦型）和等边凹形直角焊缝（凹面型）三种截面，如图 3-13 所示，图中 h_f 称为角焊缝的焊脚尺寸。钢结构一般采用表面微凸的普通型截面，其两焊脚尺寸比例为 1∶1，近似于等腰直角三角形，力线弯折较多，应力集中严重。对直接承受动力荷载的结构，为了传力平缓，正面角焊缝宜采用两边尺寸比例为 1∶1.5 的平坦型焊脚且长边顺内力方向（图 3-13b），侧面角焊缝则宜采用比例为 1∶1 的凹面型（图 3-13c）。

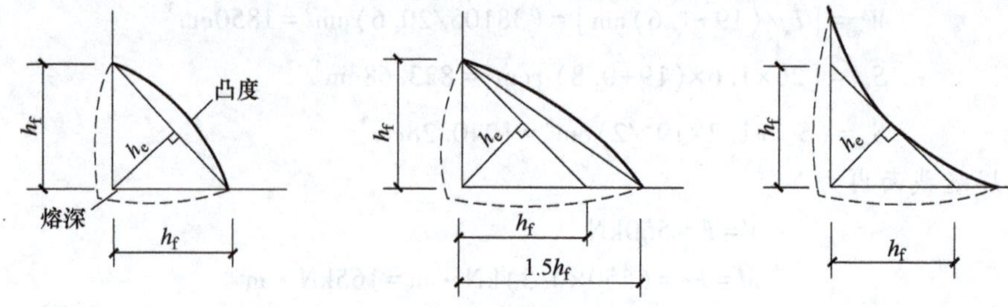

a)　　b)　　c)

图 3-13　直角角焊缝截面

a）等边直角焊缝截面　b）不等边直角焊缝截面　c）等边凹形直角焊缝截面

T 形连接的斜角角焊缝包括凹形锐角焊缝、钝角焊缝、凹形钝角焊缝三种截面，如图 3-14 所示。

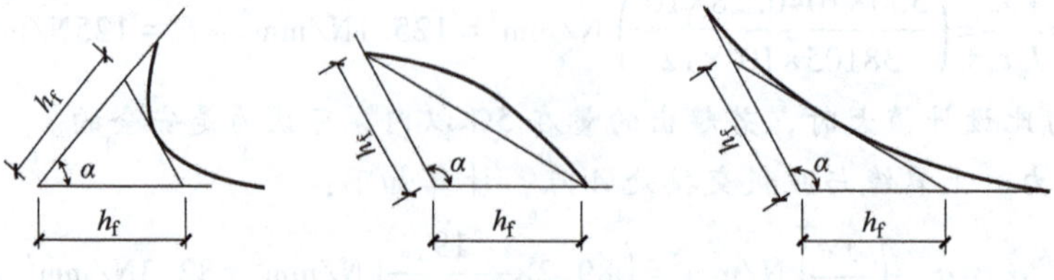

a)　　b)　　c)

图 3-14　T 形连接的斜角角焊缝截面

a）凹形锐角焊缝截面　b）钝角焊缝截面　c）凹形钝角焊缝截面

角焊缝的表示方法包括角焊缝断面及焊缝走向两部分。角焊缝断面应指明焊缝位置及焊脚尺寸，通常由引出线、图形符号和辅助符号三部分组成。引出线由带箭头斜线及横线组成，箭头斜线指向图形上的相应焊缝处，横线的上面或下面用来标注图形符号和焊缝尺寸。若引出线画在焊缝同侧，将表示角焊缝的三角符号和焊缝尺寸标注在横线的上面；若引出线画在焊缝异侧，则将三角符号和焊缝尺寸标注在横线的下面；当构件两侧均施焊时，只在一侧标注，在横线的上下均画三角符号，表 3-2 列出了一些常用焊缝标注方法。

表 3-2　常用角焊缝标注方法

	单面焊缝	单面焊缝	双面焊缝	四面相同	安装焊缝	三面围焊
焊缝形式		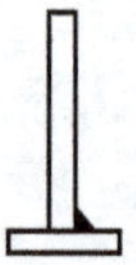	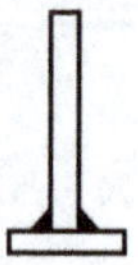			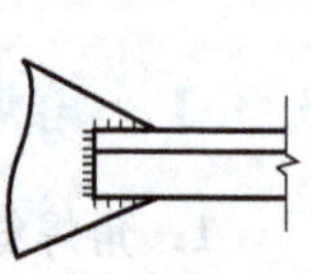
标注方法	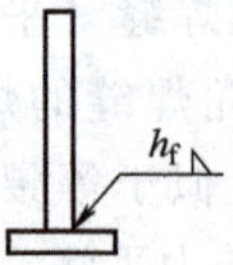	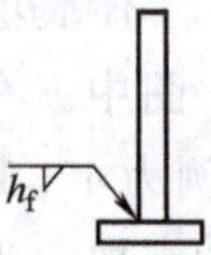	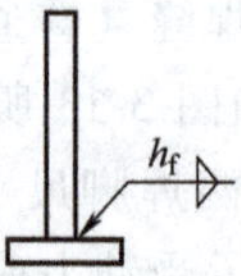	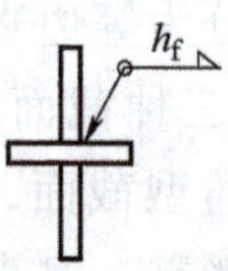	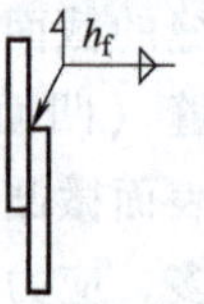	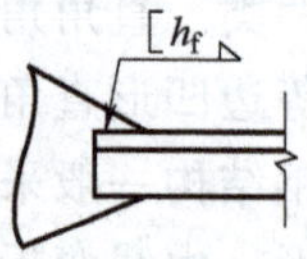

焊缝分布比较复杂，角焊缝走向可在图形上加栅线表示，正面用实线，背面用虚线，安装焊缝采用叉号，如图 3-15 所示，甚至可加注必要的说明，直至表达无歧义。

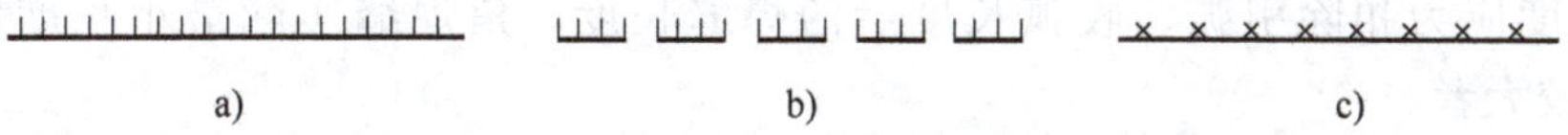

图 3-15 用栅线表示焊缝

a）正面焊缝 b）背面焊缝 c）安装焊缝

2. 角焊缝的构造要求

（1）角焊缝最小焊脚尺寸 h_{fmin} 角焊缝焊脚尺寸大小与焊件厚度有关，当焊件较厚而焊脚尺寸过小时，会因冷却过快而在焊缝内部形成淬硬组织，容易产生裂纹，在低合金高强度钢中这种现象尤为严重，为保证焊缝的承载能力，采用的角焊缝焊脚尺寸不宜太小。《钢标》规定角焊缝的最小焊脚尺寸 h_{fmin} 宜按表 3-3 取值，承受动力荷载时角焊缝焊脚尺寸不宜小于 5mm。

表 3-3 角焊缝最小焊脚尺寸 （单位：mm）

母材厚度 t/mm	$t\leqslant6$	$6<t\leqslant12$	$12<t\leqslant20$	>20
h_{fmin}/mm	3	5	6	8

注：1. 采用不预热的非低氢焊接方法进行焊接时，t 等于焊接连接部位中较厚件厚度，宜采用单道焊缝；采用预热的非低氢焊接方法或低氢焊接方法进行焊接时，t 等于焊接连接部位中较薄件厚度。

2. 焊脚尺寸 h_f 不要求超过焊接连接部位中较薄件厚度的情况除外。

（2）角焊缝最大焊脚尺寸 h_{fmax} 角焊缝焊脚尺寸过大，易使焊件发生烧伤、烧穿等过烧现象，且易使焊件产生较大的焊接残余应力和焊接变形。除钢管结构外，角焊缝的焊脚尺寸不宜大于较薄焊件厚度的 1.2 倍，即角焊缝的最大焊脚尺寸应符合 $h_{fmax}\leqslant1.2t_2$，t_2表示较薄构件的厚度。

位于焊件边缘的角焊缝，焊脚尺寸过大易咬边，搭接焊缝沿母材棱边的最大焊脚尺寸，当板厚小于或等于 6mm 时，应为母材厚度；当板厚大于 6mm 时，应为母材厚度减去 1～2mm，如图 3-16 所示。

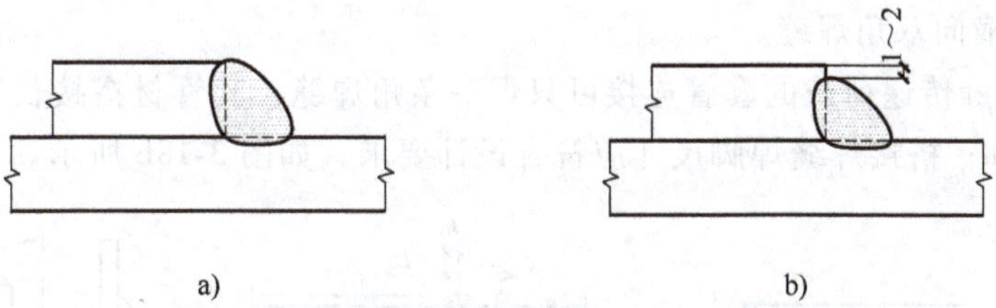

图 3-16 搭接焊缝沿母材棱边的最大焊脚尺寸

a）母材厚度小于或等于 6mm 时 b）母材厚度大于 6mm 时

为了控制焊件的焊接残余应力和焊接变形，焊条电弧焊角焊缝单道最大焊脚尺寸：平焊为 10mm、横焊为 8mm、立焊为 12mm、仰焊为 8mm。

（3）角焊缝最小计算长度 l_{wmin} 当角焊缝焊脚尺寸大而焊缝长度相对过短时，焊件局部受热严重，且焊缝起落弧的弧坑相距太近，加上可能产生的其他缺陷，焊缝传力可靠性降低。因此规定最小焊缝的有效长度，角焊缝的计算长度不宜小于 $8h_f$，且不应小于 40mm，焊缝计算长度应为扣除引弧、收弧长度后的焊缝长度。角焊缝实际最小长度应为 $10h_f$ 或 50mm 中的较大者。

在次要构件或次要焊接连接中，可采用断续角焊缝。断续角焊缝焊段的最小长度不应小于最小计算长度，其净距 a 不应大于 $15t$（对受压构件）或 $30t$（对受拉构件），t 为较薄焊件厚度，如图 3-17 所示。腐蚀环境中不宜采用断续角焊缝。

（4）角焊缝最大计算长度 l_{wmax}　侧面角焊缝沿长度方向的应力分布很不均匀，呈两端大而中间小的形式，且焊缝长度与焊脚尺寸之比越大，其差别越突出。焊缝长度达到一定值时，荷载作用下，中部焊缝应力较小还未充分发挥其承载能力，而两端的焊缝可能因应力过大而出现裂纹。角焊缝的计算长度大于 $60h_f$ 后应力不均匀分布更加突出。考虑到大于 $60h_f$ 的长角焊缝在工程中的应用增多，在计算焊缝强度时可以不考虑超过 $60h_f$ 部分的长度，也可对全长焊缝的承载力进行折减，以考虑长焊缝内力分布不均匀的影响，但有效焊缝计算长度不应超过 $180h_f$。当焊缝计算长度大于 $60h_f$ 时，焊缝的承载力设计值应乘以折减系数 α_f，α_f 的计算公式为

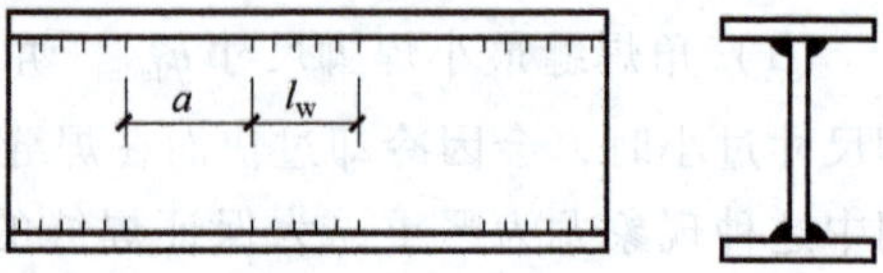

图 3-17　断续角焊缝

$$\alpha_f = 1.5 - \frac{l_w}{120h_f} \quad (\alpha_f \geqslant 0.5)$$

当内力沿侧面角焊缝全长分布时，其计算长度不受此限，如工字形截面柱或梁的翼缘与腹板的连接焊缝等。

（5）角焊缝的其他构造要求

1）采用角焊缝焊接连接，不宜将厚板焊接到较薄板上，如 T 形连接中腹板厚度不宜超过翼缘厚度。

2）搭接连接的角焊缝尺寸及布置应符合以下规定：

① 传递轴向力的部件，受力时会产生附加弯矩（图 3-18a），搭接长度越小，附加弯矩越大，规定搭接连接最小搭接长度应为较薄件厚度的 5 倍（$L \geqslant 5t_{min}$），且不应小于 25mm，并应施焊纵向或横向双角焊缝。

② 用搭接焊缝传递荷载的套管连接可只焊一条角焊缝，其管材搭接长度 $L \geqslant 5(t_1+t_2)$，且不应小于 25mm；搭接焊缝焊脚尺寸应符合设计要求，如图 3-18b 所示。

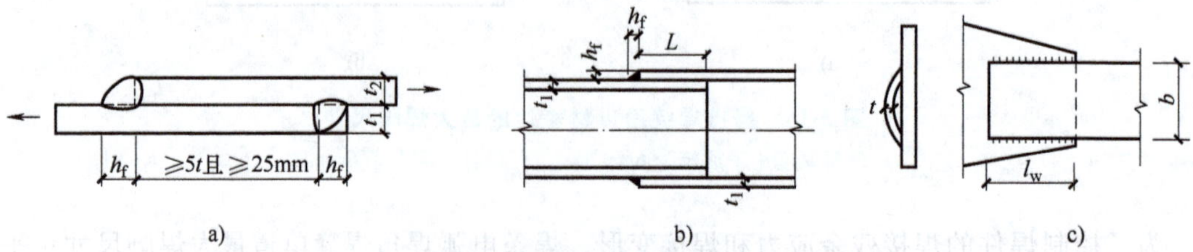

图 3-18　搭接连接角焊缝的要求

a）传力方向最小搭接长度　b）管材套管连接的搭接长度　c）型钢宽度与焊缝长度

③ 构件端部搭接连接的纵向角焊缝长度不应小于两侧焊缝间的垂直间距（$l_w \geqslant b$）；为了避免焊缝收缩时引起板件的拱曲过大，杆件的宽度 b 不应大于较薄件厚度 t 的 16 倍（$b \leqslant 16t$）。当宽度 $b>16t$ 时，应采取加中间塞焊、槽焊等其他措施，如图 3-18c 所示。

3）构件制作焊接节点形式应符合下列规定：型钢与钢板搭接，其搭接位置应符合图 3-19 的要求，即 $C \geqslant 2h_f$；搭接接头上的角焊缝应避免在同一搭接接触面上相交（图 3-20）。

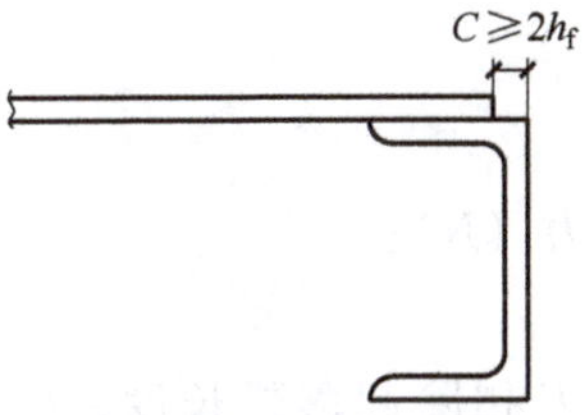

图 3-19 型钢与钢板搭接节点

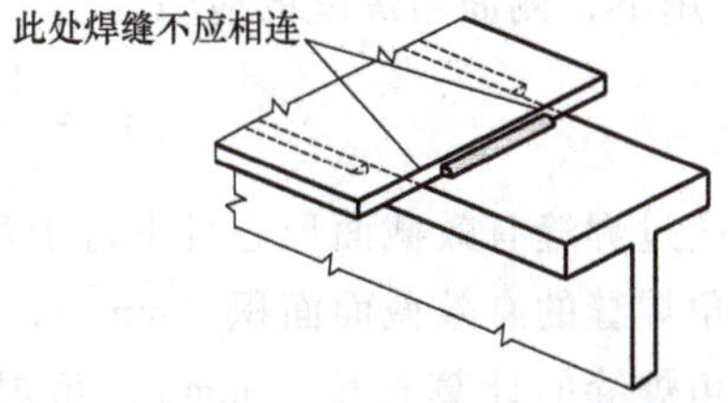

图 3-20 在搭接接触面上避免相交的角焊缝

3.3.2 角焊缝的应力状态及强度验算公式

1. 角焊缝的有效截面

由于角焊缝的应力状态极为复杂，因此建立角焊缝计算公式要靠试验分析。国内外大量试验结果表明，角焊缝破坏常发生在焊根附近，角焊缝的强度与外力方向有直接关系，侧面焊缝的强度最低，正面焊缝的强度最高，斜焊缝强度介于二者之间。

我国对直角角焊缝的大量试验结果表明，正面焊缝的破坏强度是侧面焊缝的 1.35~1.55 倍。焊缝按角焊缝长度方向与外力作用方向的相互关系可分为三类：角焊缝长度轴线与作用力方向平行，称为侧面焊缝；角焊缝长度轴线与作用力方向垂直，称为正面焊缝；角焊缝长度轴线与作用力方向成一定斜角，称为斜向焊缝。

在角焊缝区域，焊接材料与母材融为一体，焊缝与母材边界难以区分，如图 3-21 所示，为简化分析，假设板件保持原形状，按直线分界板件以外部分为焊缝。基于试验，假定焊缝沿 45°方向破坏，忽略凸形余高，则焊缝等边直角三角形（图 3-21 中虚线三角形）最小尺寸为斜边高 h_e。以 45°角度沿角焊缝长度方向将角焊缝剖切，得到的矩形截面称为角焊缝的有效截面，其宽度 h_e 称为直角角焊缝的计算厚度、长度 l_w 为焊缝的计算长度，如图 3-22 所示。《钢结构焊接规范》（GB 50661—2011）规定，角焊缝的有效截面面积应为焊缝计算长度与计算厚度的乘积，对任何方向的荷载，角焊缝上的应力应视为作用在焊缝有效截面上。也就是说，在设计角焊缝或验算角焊缝时，不论荷载作用方式，均以有效截面作为焊缝的承载截面，研究有效截面上应力分布及大小。

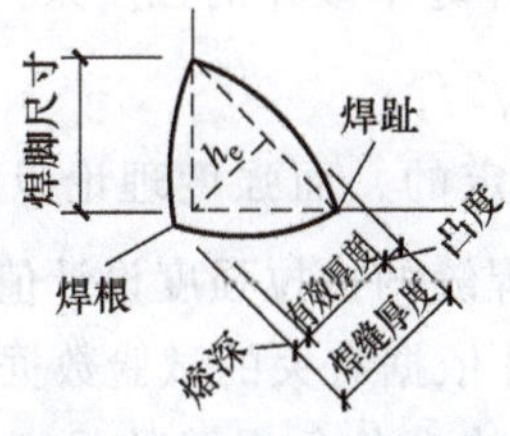

图 3-21 直角角焊缝截面

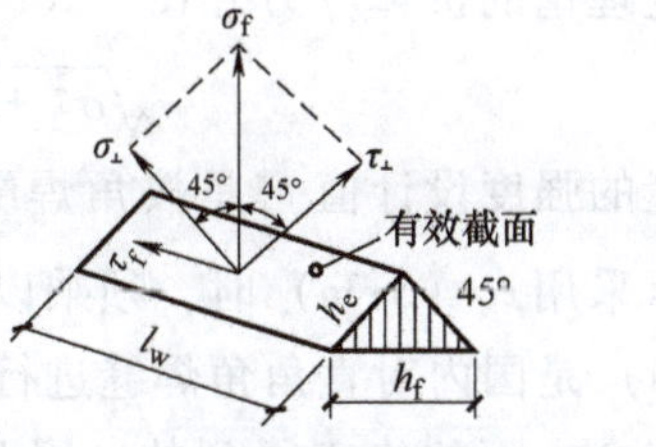

图 3-22 角焊缝有效截面及应力

2. 侧面角焊缝的应力

通过焊缝有效截面形心且与角焊缝轴线平行的外力 V 作用下，在角焊缝的有效截面上产生的应力平行于焊缝长度方向的剪应力，记为 $\tau_{//}$（图 3-22）。剪应力 $\tau_{//}$ 沿焊缝长度方向分布不均匀，两端大、中间小，但侧面角焊缝塑性较好，在适当长度范围内，应力经重新分布可趋于均匀。工程设计应用中，按剪力在有效截面上平均分布计算，因此，在平行于角焊缝轴线力 V 的作用下，侧面角焊缝的应力为

$$\tau_{//}=\frac{V}{A_w}=\frac{V}{h_e l_w} \tag{3-5}$$

式中 V——通过焊缝有效截面形心且平行于角焊缝轴线的力（N）；

A_w——角焊缝的有效截面面积（mm^2），$A_w=h_e l_w$；

l_w——角焊缝的计算长度（mm），角焊缝实际长度 l'_w 扣除起落弧长度，一般取 $l_w=l'_w-2h_f$；

h_e——直角角焊缝的计算厚度（mm）。

3. 正面角焊缝的应力

通过焊缝有效截面形心且与角焊缝的轴线垂直，属于正面角焊缝，在 N 作用下，产生的应力与焊缝轴线垂直，记为 σ_f，在有效截面上，σ_f 仍被假定是平均分布的（图 3-22），则

$$\sigma_f=\frac{N}{A_w}=\frac{N}{h_e l_w} \tag{3-6a}$$

式中 N——通过焊缝有效截面形心且垂直于角焊缝轴线的力（N）。

在角焊缝的有效截面上 σ_f 是倾斜的，不是正应力，也不是剪应力，需要将 σ_f 分解为有效截面上的正应力分量 $\sigma_\perp$（法向方向）和剪应力分量 $\tau_\perp$（在有效截面内），下标“⊥”表示应力方向与焊缝轴线垂直。$\sigma_\perp$ 和 $\tau_\perp$ 大小为

$$\sigma_\perp=\sigma_f\cos 45°=\frac{\sqrt{2}}{2}\sigma_f \tag{3-6b}$$

$$\tau_\perp=\sigma_f\sin 45°=\frac{\sqrt{2}}{2}\sigma_f \tag{3-6c}$$

4. 角焊缝的强度公式

通过焊缝有效截面形心的力作用线与角焊缝轴线平行或垂直是特殊情况，一般情况下，该力作用线与角焊缝轴线处于倾斜状态，但可以将外力沿着角焊缝轴线分解为平行和垂直两个分力，再分别按上述方法计算各分力在角焊缝有效截面上产生的应力。

一般地，角焊缝处于复杂应力状态，角焊缝有效截面上某点有 $\sigma_\perp$、$\tau_\perp$ 和 $\tau_{//}$ 三个应力分量，按强度理论的折算应力公式［式（2-3）］，角焊缝不破坏的强度条件为

$$\sqrt{\sigma_\perp^2+3(\tau_{//}^2+\tau_\perp^2)}\leqslant\sqrt{3}f_f^w \tag{3-7a}$$

因角焊缝的强度设计值 f_f^w 是按角焊缝受剪情况确定的，而强度理论以抗拉强度作为判断依据，所以采用式（3-7a）时，须乘以 $\sqrt{3}$ 换算成角焊缝的抗拉强度设计值。

式（3-7a）是国内对直角角焊缝进行大量试验，并依据有关的试验数据，通过加权回归分析和偏于安全方面的修正得到的，因此对任何方向的直角角焊缝的强度条件均适用，与国外的试验和推荐的计算方法的计算结果是相符的。

将式（3-6b）和式（3-6c）的 $\sigma_{\perp}$、$\tau_{\perp}$ 代入式（3-7a），并将式（3-5）中的 $\tau_{//}$ 改用 τ_f 写法，可得

$$\sqrt{\frac{\sigma_f^2}{1.5}+\tau_f^2}\leqslant f_f^w \tag{3-7b}$$

若令 $\beta_f=1.22$，对式（3-7b）改写，得到在各种力综合作用下，直角角焊缝的强度验算通用计算公式为

$$\sqrt{\left(\frac{\sigma_f}{\beta_f}\right)^2+\tau_f^2}\leqslant f_f^w \tag{3-7c}$$

式中 f_f^w——角焊缝的强度设计值（N/mm^2），按表 B-1 选用；

τ_f——焊缝有效截面上平行于角焊缝轴线方向的剪应力分量（N/mm^2）；

σ_f——垂直于角焊缝轴线方向的名义正应力分量（N/mm^2）；

β_f——正面角焊缝的强度设计值增大系数，对承受静力荷载和间接承受动力荷载的结构，$\beta_f=1.22$，对直接承受动力荷载的结构，$\beta_f=1.0$。

式（3-7c）就是在各种荷载作用下，焊缝有效截面上存在 σ_f、τ_f 共同作用处的角焊缝强度验算公式。其中 τ_f 为沿角焊缝轴线方向的应力，σ_f 为与角焊缝轴线垂直方向的应力，可称为名义正应力，无须分解为 $\sigma_{\perp}$ 和 $\tau_{\perp}$。复杂荷载作用时，将焊缝有效截面上的应力按焊缝轴线及其垂线两个方向分解，本书中，**与角焊缝轴线垂直的应力分量均用 σ_f 表示，与角焊缝轴线平行的应力分量均用 τ_f 表示。**

5. 角焊缝的计算厚度

角焊缝的计算厚度是角焊缝验算的重要参数，一般情况下 $h_e=0.7h_f$。但当两焊件间隙不同时，《钢标》进行了如下细化：当两焊件间隙 $b\leqslant1.5mm$ 时，$h_e=0.7h_f$；当两焊件间隙 $1.5mm<b\leqslant5mm$ 时，$h_e=0.7(h_f-b)$。

3.3.3 角焊缝连接计算

1. 通过焊缝有效截面形心的力作用时的角焊缝计算

当作用力通过角焊缝有效截面的形心时，称为过形心力作用，认为焊缝的应力均匀分布。在应用式（3-7c）计算时，当作用力方向与焊缝轴线即长度方向不同时，可适当调整和简化。

（1）侧焊缝　当作用力方向平行于焊缝轴线时，无垂直焊缝轴线方向受力，$\sigma_f=0$，故式（3-7c）可简化为

$$\tau_f=\frac{V}{h_e l_w}\leqslant f_f^w \tag{3-8}$$

（2）正焊缝　当作用力方向垂直于焊缝轴线时，无平行焊缝轴线方向受力，$\tau_f=0$，故式（3-7c）可简化为

$$\sigma_f=\frac{N}{h_e l_w}\leqslant\beta_f f_f^w \tag{3-9}$$

（3）斜焊缝　当作用力的方向与焊缝轴线成一定角度时，可按以下两种方法计算：

1）分力法。当作用力的方向与焊缝轴线成一定角度时，如图 3-23 所示，先将其分解成两个分力：平行于焊缝轴线的分力 $N_y=N\cos\theta$，垂直于焊缝轴线的分力 $N_x=N\sin\theta$，分别按

式（3-5）和式（3-6a）计算焊缝上的 τ_f 和 σ_f，再根据式（3-7c）判断角焊缝的强度。

2）合力法。将图 3-23 中的斜向焊缝有效截面形心力 N 不分解，τ_f 和 σ_f 是由 N 引起的，与倾斜角 θ 有关。当焊缝轴线与外力作用线间夹角为 θ 时，斜焊缝强度的增大系数 $\beta_{f\theta}$ 可按式（3-10）计算。

$$\beta_{f\theta}=\frac{1}{\sqrt{1-(\sin^2\theta)/3}} \tag{3-10}$$

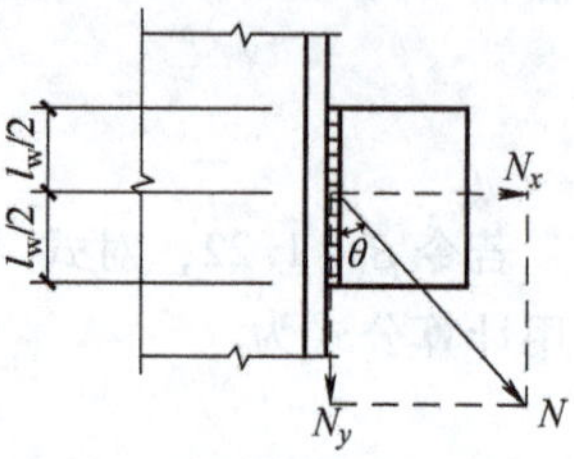

图 3-23　斜向过焊缝有效截面形心力作用

$\beta_{f\theta}$的值介于 1.0～1.22 之间，直接按式（3-11）验算斜焊缝强度。

$$\sigma_{f\theta}=\frac{N}{h_e l_w}\leqslant\beta_{f\theta}f_f^w \tag{3-11}$$

为减小构件刚度突变，双盖板焊接连接常用菱形盖板拼接焊缝，应分段按不同的焊缝类型计算焊缝承载力，但有时为简化计算，可不考虑斜焊缝有利影响，偏安全取 $\beta_{f\theta}=1.0$。

【例 3.2】　图 3-24 所示的双盖板连接，钢材为 Q235B，构件厚度为 12mm，盖板厚度为 8mm，焊条电弧焊角焊缝，焊条为 E43 型，焊脚尺寸 $h_f=6$mm，求该角焊缝连接所能承受的最大静力荷载 N（kN 或 N）。

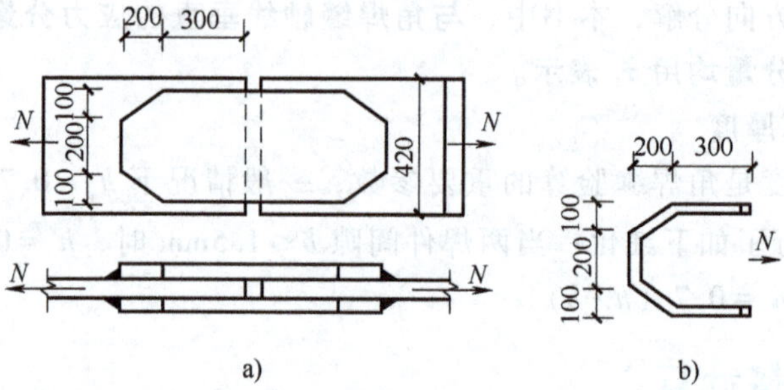

图 3-24　双盖板角焊缝连接

a）构件　b）构件左半部分角焊缝有效截面

【解题分析】　双盖板连接，构件在中间断开，相当于两组连接。取左侧或右侧为研究对象，角焊缝沿着板边施焊，有效截面呈槽形，有效截面中心线可取盖板边线。作用力 N 经过整个有效截面的形心，属于过焊缝有效截面形心力，各段角焊缝分别为正焊缝、侧焊缝、斜焊缝。注意焊缝包括上、下两部分。

解：1. 画出角焊缝的有效截面（图 3-24b）

该焊缝受到过焊缝有效截面形心力作用，包含正焊缝、侧焊缝、斜焊缝三种情况，按板边尺寸计算。板件紧贴，间隙很小，则角焊缝的计算厚度为

$$h_e=0.7h_f=(0.7\times6)\,\text{mm}=4.2\text{mm}$$

查表 B-1，焊条为 E43 型，$f_f^w=160\text{N/mm}^2$。

2. 计算各个焊缝所能承受的最大力

1）正焊缝段承载力，按式（3-9）计算（$\beta_f=1.22$）。

$$N_1=2h_e\beta_f l_w f_f^w=(2\times4.2\times1.22\times200\times160\times10^{-3})\,\text{kN}=327.94\text{kN}$$

2）侧焊缝段承载力，按式（3-8）计算（应扣除一端起落弧长度）。

$$N_2=4h_el_wf_f^w=[4\times4.2\times(300-6)\times160\times10^{-3}]\text{kN}=790.27\text{kN}$$

3）斜焊缝段承载力，先按式（3-10）计算 $\beta_{f\theta}$。

焊缝长度

$$l=(\sqrt{200^2+100^2})\text{mm}=223.6\text{mm}$$

倾斜角度

$$\theta=\arctan\left(\frac{100}{200}\right)=26.57°$$

则

$$\beta_{f\theta}=\frac{1}{\sqrt{1-(\sin^2\theta)/3}}=\frac{1}{\sqrt{1-(\sin^2 26.57°)/3}}=1.035$$

按式（3-11）计算斜焊缝段承载力：

$$N_3=4h_e\beta_{f\theta}l_wf_f^w=(4\times4.2\times1.035\times223.6\times160\times10^{-3})\text{kN}=622.07\text{kN}$$

3. 计算围焊缝所能承受的最大拉力

正焊缝、侧焊缝、斜焊缝三部分承载力之和为

$$N=N_1+N_2+N_3=(327.94+790.27+622.07)\text{kN}=1740.28\text{kN}$$

2. 角钢与节点板连接

钢桁架结构通过节点板采用角焊缝连接弦杆和腹杆等杆件。在节点处角钢与节点板的连接焊缝一般采用两面侧焊，也可用三面围焊，特殊情况下采用L形焊，如图3-25所示。

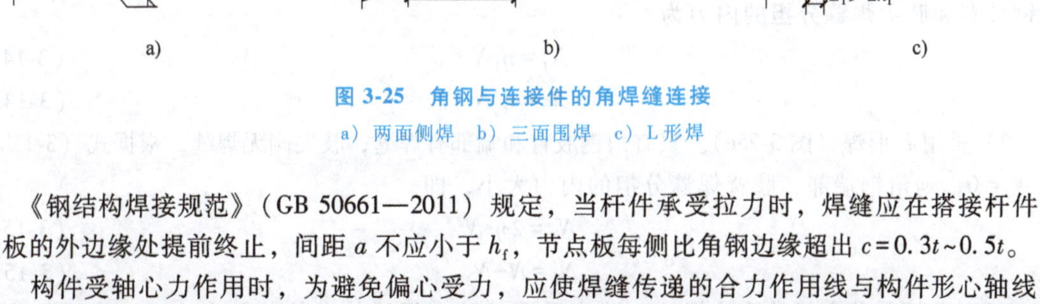

图3-25 角钢与连接件的角焊缝连接

a）两面侧焊 b）三面围焊 c）L形焊

《钢结构焊接规范》（GB 50661—2011）规定，当杆件承受拉力时，焊缝应在搭接杆件节点板的外边缘处提前终止，间距 a 不应小于 h_f，节点板每侧比角钢边缘超出 $c=0.3t\sim0.5t$。

构件受轴心力作用时，为避免偏心受力，应使焊缝传递的合力作用线与构件形心轴线重合。但由于角钢截面不对称，角钢肢背边缘与肢尖边缘至截面形心的距离不等，因此肢背焊缝与肢尖焊缝受力不等。

（1）肢背焊缝与肢尖焊缝的内力分配　根据图3-25所示的三种焊缝形式，分别按以下方法计算：

1）采用三面围焊。以三面围焊的形式进行分析，设角钢肢背、肢尖、角钢端部焊缝分

担的内力分别为 N_1、N_2、N_3，其中 N_1、N_2 作用位置在肢背、肢尖的边缘，N_3 作用点为角钢端部中点，构件承受的轴向力经过角钢截面形心，如图 3-25b 所示。

这是平行力系，只能确定 2 个未知量。可先选取角钢端部正面角焊缝的焊脚尺寸 h_{f3}，并计算其所能承受的最大内力 N_3（设截面为双角钢组成的 T 形截面），即

$$N_3 = 2\times0.7h_{f3}\beta_f bf_f^w \tag{3-12}$$

根据平衡条件 $\Sigma M=0$，可得角钢肢背、肢尖焊缝分担的内力，即

$$N_1 = \eta_1 N - \frac{N_3}{2} \tag{3-13a}$$

$$N_2 = \eta_2 N - \frac{N_3}{2} \tag{3-13b}$$

式中　η_1、η_2——角钢肢背和肢尖焊缝的内力分配系数，$\eta_1=\dfrac{b-Z_0}{b}$，$\eta_2=\dfrac{Z_0}{b}$，其中 b、Z_0 分别为角钢肢宽、重心距，由角钢型钢查得。

由于每种型号角钢的肢宽 b 及重心距 Z_0 不同，为便于应用，角钢肢背和肢尖焊缝的内力分配系数可按表 3-4 的近似值取用。

表 3-4　角钢两侧角焊缝的内力分配系数

角钢类型		等边角钢拼接	不等边角钢长肢拼接	不等边角钢短肢拼接
连接图例		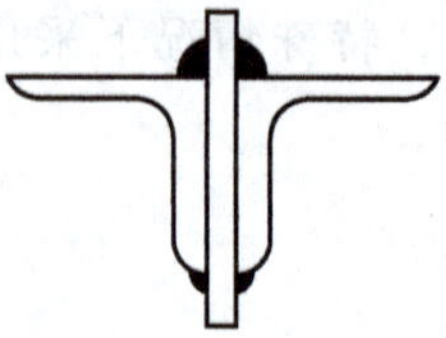		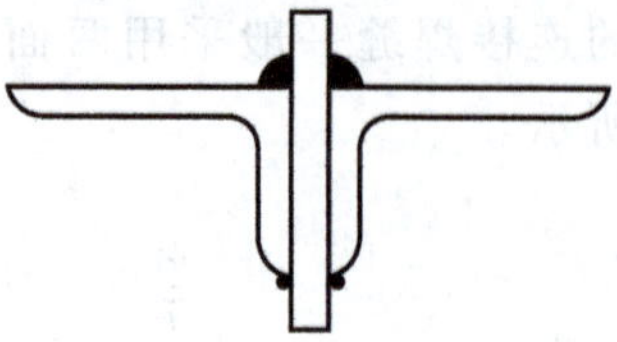
内力分配系数	肢背 η_1	0.7	0.65	0.75
	肢尖 η_2	0.3	0.35	0.25

2）仅采用两面侧焊（图 3-25a）。无正焊缝，式（3-13a）和式（3-13b）中 $N_3=0$，则角钢肢背和肢尖焊缝分担的内力为

$$N_1 = \eta_1 N \tag{3-14a}$$

$$N_2 = \eta_2 N \tag{3-14b}$$

3）采用 L 形焊（图 3-25c）。只有角钢肢背和端部有焊缝，肢尖侧无焊缝，根据式（3-13b），令 $N_2=0$，则角钢端部、肢背焊缝分担的内力大小，即

$$N_3 = 2\eta_2 N \tag{3-15a}$$

$$N_1 = N - N_3 \tag{3-15b}$$

（2）角钢与节点板的连接焊缝　确定肢背、肢尖焊缝传递的荷载大小后，设计焊脚尺寸和焊缝计算长度。

1）焊脚尺寸。确定焊脚尺寸应考虑构造和传力两方面因素。构造上要求端部焊缝的焊脚尺寸 h_{f3} 应与肢尖的焊脚尺寸 h_{f2} 相同，即 $h_{f3}=h_{f2}$，角钢肢背焊脚尺寸 h_{f1} 不应小于肢尖的焊脚尺寸 h_{f2}，采用不同焊脚尺寸时，$h_{f1}\geqslant h_{f2}=h_{f3}$。实际设计时，肢背与肢尖可采用相同的焊

脚尺寸。角钢与连接件间隙很小，角焊缝的计算厚度为 $h_e=0.7h_f$。

对于 L 形焊，肢背的焊脚尺寸按构造确定，但角钢端部的正面角焊缝焊脚尺寸应由端部传力 N_3 确定，根据式（3-15）计算，L 形焊端部的焊脚尺寸应满足式（3-16）。

$$h_{f3} \geqslant \frac{N_3}{2\times 0.7b\beta_f f_f^w} \tag{3-16}$$

2）焊缝的计算长度。确定焊脚尺寸后，可按侧面角焊缝，求出所需的肢背与肢尖焊缝的计算长度。双角钢肢背、肢尖焊缝的计算长度分别为

$$l_{w1} \geqslant \frac{N_1}{2h_{e1} f_f^w} \tag{3-17a}$$

$$l_{w2} \geqslant \frac{N_2}{2h_{e2} f_f^w} \tag{3-17b}$$

焊缝实际长度应取其计算长度加 $2h_f$，并取 5mm 的倍数。采用两侧焊缝、L 形焊缝，均应绕角焊形式，绕角焊缝长度不小于 $2h_f$，但不计入计算。

（3）单面相连的单角钢　工程结构常用双角钢与节点板相连，但有的结构（如缀条式柱中的缀条）采用单面相连的单角钢与板连接，如图 3-26 所示。《钢标》规定，单角钢按轴心受力计算连接角焊缝时，角焊缝强度设计值应乘以 0.85 的折减系数，以考虑偏心的影响。单角钢肢背、肢尖焊缝的计算长度公式应相应调整，分别为

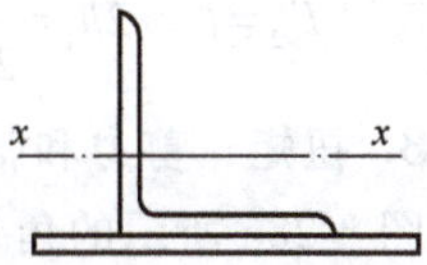

图 3-26　单角钢的连接

$$l_{w1} \geqslant \frac{N_1}{0.85h_{e1} f_f^w} \tag{3-18a}$$

$$l_{w2} \geqslant \frac{N_2}{0.85h_{e2} f_f^w} \tag{3-18b}$$

【例 3.3】　试设计角钢与节点板的连接角焊缝（图 3-27）。轴心力设计值 $N=830\text{kN}$（静力荷载）。角钢为 2∠125×80×10，长肢相连，连接件厚度 $t=12\text{mm}$，钢材 Q235B，焊条电弧焊，焊条为 E43 型。

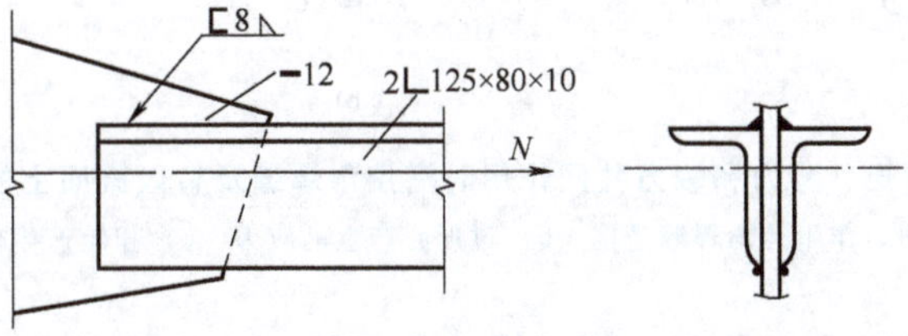

图 3-27　角钢与节点板的角焊缝连接

【解题分析】　先按构造要求确定焊脚尺寸，再计算焊缝长度。采用侧面角焊缝或三面围焊方案均可，本例采用三面围焊方案。

解：1. 按构造确定焊脚尺寸

$h_{fmax}=1.2t_{min}=(1.2\times 10)\text{mm}=12\text{mm}$；查表 3-3，$h_{fmin}=5\text{mm}$；采用三面围焊角焊缝，肢背、肢尖、端部采用相同焊脚尺寸，取 $h_f=8\text{mm}$。

2. 采用三面围焊，各条角焊缝承受的内力

1) 角钢端部正面角焊缝能承受的内力，按式（3-12）计算（$\beta_f=1.22$）。

$$N_3=2\times0.7h_{f3}\beta_f bf_f^w=(2\times0.7\times8\times125\times1.22\times160\times10^{-3})\text{kN}=273\text{kN}$$

2) 肢背和肢尖焊缝分担的内力，按式（3-13a、b）计算，按表 3-4 取内力分配系数（不等边角钢长肢相拼），分别为

$$N_1=\eta_1 N-\frac{N_3}{2}=\left(0.65\times830-\frac{273}{2}\right)\text{kN}=403\text{kN}$$

$$N_2=\eta_2 N-\frac{N_3}{2}=\left(0.35\times830-\frac{273}{2}\right)\text{kN}=154\text{kN}$$

3. 角焊缝实际长度

肢背和肢尖焊缝需要的焊缝计算长度，按式（3-17a、b）计算，角焊缝实际长度为

$$l'_{w1}=l_{w1}+2h_f=\frac{N_1}{2\times0.7h_f f_f^w}+2h_f=\left(\frac{403\times10^3}{2\times0.7\times8\times160}+2\times8\right)\text{mm}=241\text{mm}，取 245\text{mm}$$

$$l'_{w2}=l_{w2}+2h_f=\frac{N_2}{2\times0.7h_f f_f^w}+2h_f=\left(\frac{154\times10^3}{2\times0.7\times8\times160}+2\times8\right)\text{mm}=102\text{mm}，取 105\text{mm}$$

3. 扭矩、剪力和轴力共同作用

图 3-28a 所示的角焊缝连接搭接接头承受斜向拉力 F 作用，由于力 F 不通过焊缝的形心，属于偏心外力作用情况。将力 F 按图示方向分解并向角焊缝有效截面形心 O 简化，得到水平分力 N、竖向分力 V 及扭矩 $T=Ve$，则角焊缝有效截面等效为过形心竖向力 V、水平力 N（图 3-28b）及扭矩 T 共同作用（图 3-28c）。

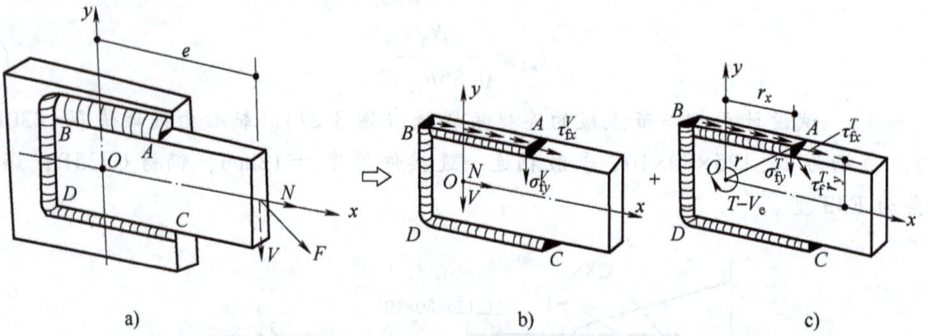

图 3-28 扭矩、剪力和轴力共同作用时搭接角焊缝及有效截面上的应力分布

a）斜向力作用的角焊缝搭接 b）过形心产生的应力 c）扭矩产生的应力

（1）竖向力 V 和水平力 N 作用 经过焊缝截面形心 O 的竖向力 V 和水平力 N，在角焊缝有效截面上产生的应力是平均分布的，应力方向分别与力 V 和 N 平行，但相对于围焊缝各段轴线应力方向却不同：

竖向力 V 作用产生的应力方向均竖直向下，在竖直段 BD 有效截面上应力方向与焊缝轴线平行，在水平段 AB 和 CD 上应力方向与焊缝轴线垂直，如图 3-28b。竖向力 V 作用在 A 点的应力方向与焊缝轴线 AB 垂直，记为

$$\sigma_{fA}^{V}=\frac{V}{h_e\sum l_w} \tag{3-19}$$

同理，水平力 N 在 A 点的应力方向与水平焊缝轴线 AB 平行，记为

$$\tau_{fA}^{N}=\frac{N}{h_e\sum l_w} \tag{3-20}$$

式中　σ_{fA}^{V}——角焊缝有效截面上 A 点由竖向力 V 产生的与焊缝轴线垂直的应力分量（N/mm^2），上标 V 表示引起应力的外力，下标 A 表示位置点；

τ_{fA}^{N}——角焊缝有效截面上 A 点由水平力 N 产生的与焊缝轴线平行的应力分量（N/mm^2），上标 N 表示引起应力的外力，下标 A 表示位置点；

$\sum l_w$——角焊缝中各段焊缝计算长度之和（mm）。

（2）扭矩 T 作用　研究扭矩 T 作用下角焊缝有效截面上产生的应力时，先假定：①被连接件是刚性体不变形，而焊缝是弹性体；②在扭矩作用下，被连接件绕角焊缝有效截面形心 O 微微旋转。

基于两点假设，可得出：焊缝有效截面上任意一点的应力方向始终与该点与形心 O 点的连线垂直，且与扭矩同向，应力大小与该点和 O 点的距离 r 成正比。离焊缝有效截面形心 O 越远，扭矩 T 作用产生的应力值越大，图 3-28 中 A 点和 C 点扭矩产生的应力最大。

根据力的平衡条件，应力对形心 O 点的力矩在有效截面上的积分值等于扭矩 T，由此可得到距焊缝形心 r 处的应力，即

$$\tau_{f}^{T}=\frac{Tr}{I_P}=\frac{Tr}{I_x+I_y} \tag{3-21a}$$

式中　I_p——角焊缝有效截面的极惯性矩（mm^4），$I_p=I_x+I_y$，其中，I_x、I_y 分别为角焊缝有效截面对 x 轴和 y 轴的惯性矩；

r——焊缝有效截面上一点至形心点 O 的距离（mm）$r=\sqrt{r_x^2+r_y^2}$，其中，r_x、r_y 为 r 在 x 轴和 y 轴方向的投影长度。

将式（3-21a）中 τ_f^T 分解为垂直于焊缝轴线的应力 σ_{fA}^T 和平行于焊缝轴线的应力 τ_{fA}^T（图 3-28c）：

$$\sigma_{fA}^{T}=\frac{Tr_x}{I_x+I_y} \tag{3-21b}$$

$$\tau_{fA}^{T}=\frac{Tr_y}{I_x+I_y} \tag{3-21c}$$

在图 3-28 所示的斜向拉力 F 作用下，A 点或 C 点是围焊角焊缝中可能的最危险点。分别画出扭矩 T 及竖向力 V、水平力 N 各自产生的应力分量，最终确定 A 点为最危险点，按焊缝轴线及其方向合并为

$$\sigma_{fA}=\sigma_{fA}^{T}+\sigma_{fA}^{V} \tag{3-21d}$$

$$\tau_{fA}=\tau_{fA}^{T}+\tau_{fA}^{N} \tag{3-21e}$$

根据在各种荷载综合作用下角焊缝强度验算的基本公式，即式（3-7c），A 点焊缝应满足式（3-22）。

$$\sqrt{\left(\frac{\sigma_{fA}^{T}+\sigma_{fA}^{V}}{\beta_f}\right)^2+(\tau_{fA}^{T}+\tau_{fA}^{N})^2}\leqslant f_f^w \tag{3-22}$$

式（3-22）是扭矩、剪力和轴力共同作用时的角焊缝强度验算的实用公式。在应用式（3-22）时，扭矩产生的应力 σ_{fA}^{T}、τ_{fA}^{T} 始终存在，由式（3-21b、c）计算；而竖向力产生的 σ_{fA}^{V} 或水平力产生的 τ_{fA}^{N} 可能缺项，并应注意竖向力、水平力相对于焊缝轴线不同时，式（3-19）、式（3-20）及式（3-21b、c）产生的应力符号应相应改变。

竖向平行角焊缝承受偏心剪力作用的验算

【例 3.4】 如图 3-29 所示，钢板与立柱采用两条角焊缝连接，焊条电弧焊，焊条为 E43 型，焊脚尺寸 $h_f=8\text{mm}$，钢材为 Q235B，承受的静力荷载 $P=150\text{kN}$，试验算该角焊缝的安全性。

【解题分析】 本例是偏心剪力作用下角焊缝验算，将静力荷载 P 在作用点分解为水平力 N 和竖向力 V，分别向焊缝形心简化得到扭矩 T。计算焊缝长度时考虑起落弧影响区长度，危险点应在有效截面面积内距形心最远位置。

解： 画出角焊缝截面，角焊缝的尺寸比板边尺寸大，按板边尺寸计算，标出截面的形心（图 3-29b）。

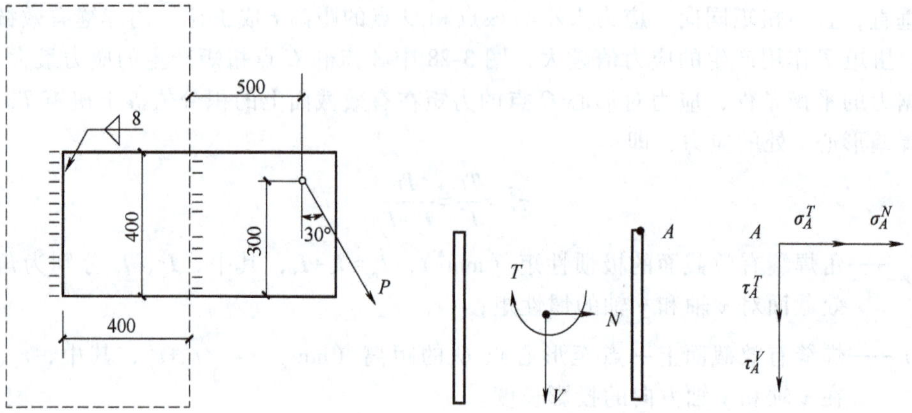

a)　　b)　　c)

图 3-29　两条平行角焊缝承受偏心剪力作用

a）构件简图　b）焊缝有效截面内力　c）危险点应力

1. 外力向形心简化

$$N=P\sin30°=(0.5\times150)\text{kN}=75\text{kN}$$

$$V=P\cos30°=(0.866\times150)\text{kN}=129.9\text{kN}$$

$$T=N\times(300-200)\text{mm}+V\times(500+200)\text{mm}=(75\times100+129.9\times700)\text{kN}\cdot\text{mm}=98430\text{kN}\cdot\text{mm}$$

2. 截面几何参数计算

单侧角焊缝的计算长度为

$$l_w=l'_w-2h_f=(40-2\times0.8)\text{cm}=38.4\text{cm}$$

有效截面面积为

$$A=h_e\sum l_w=(2\times0.7\times0.8\times38.4)\text{cm}^2=43\text{cm}^2$$

惯性矩为

$$I_x=(2\times0.7\times0.8\times38.4^3/12)\text{cm}^4=5285\text{cm}^4$$

$$I_y=(43\times20^2)\text{cm}^4=17200\text{cm}^4$$

$$I_x+I_y=(5285+17200)\text{cm}^4=22485\text{cm}^4$$

3. 应力计算

危险点的判断，A 点为最危险点，画出 A 点的应力分布图（图 3-29c），应力计算如下：

$$\sigma_{fA}^N=\frac{N}{A}=\left(\frac{75\times10^3}{43\times10^2}\right)\text{N/mm}^2=17.44\text{N/mm}^2$$

$$\tau_{fA}^V=\frac{V}{A}=\left(\frac{129.9\times10^3}{43\times10^2}\right)\text{N/mm}^2=30.21\text{N/mm}^2$$

$$\tau_{fA}^T=\frac{T\times\gamma_{Ax}}{I_x+I_y}=\left(\frac{200\times98430\times10^3}{22485\times10^4}\right)\text{N/mm}^2=87.55\text{N/mm}^2$$

$$\sigma_{fA}^T=\frac{T\times\gamma_{Ay}}{I_x+I_y}=\left(\frac{192\times98430\times10^3}{22485\times10^4}\right)\text{N/mm}^2=84.05\text{N/mm}^2$$

4. 焊缝强度判断

承受静力荷载，$\beta_f=1.22$，危险点 A，根据式（3-22）得

$$\sqrt{\left(\frac{\sigma_{fA}^T+\sigma_{fA}^N}{\beta_f}\right)^2+(\tau_{fA}^T+\tau_{fA}^V)^2}=\left[\sqrt{\left(\frac{84.05+17.44}{1.22}\right)^2+(87.55+30.21)^2}\right]\text{N/mm}^2$$

$$=144.18\text{N/mm}^2<f_f^w=160\text{N/mm}^2$$

注意：应力按相同方向组合。综上，角焊缝连接是安全的。

【题后讨论】 本例中应力的符号与式（3-19）、式（3-20）及式（3-21b）、式（3-21c）的表达是否完全相同？为什么？

【例 3.5】 如图 3-30 所示的角焊缝连接搭接接头，采用三面围焊，焊脚尺寸 $h_f=8\text{mm}$，焊条电弧焊，焊条为 E43 型，钢材为 Q235B，承受水平方向拉力 P（kN），偏心量 $e=100\text{mm}$，求该角焊缝连接所能承受静力荷载 P 的最大值。

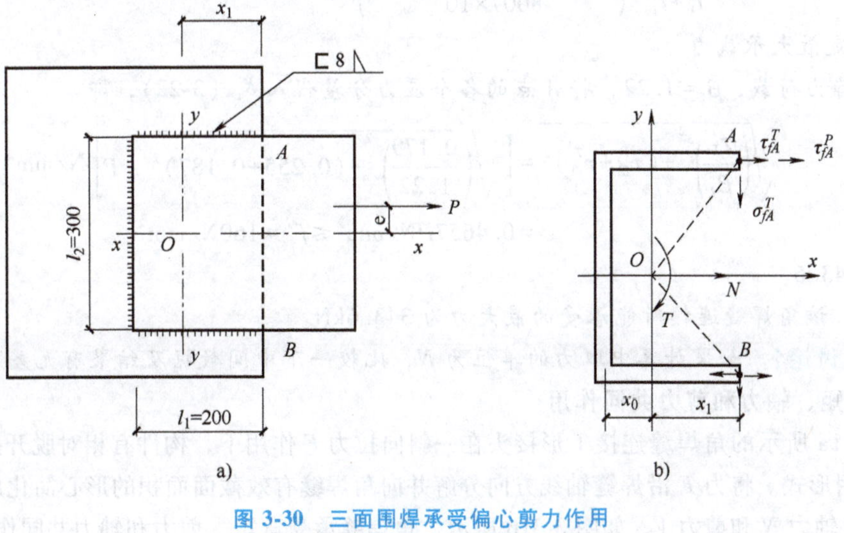

图 3-30 三面围焊承受偏心剪力作用

a）连接接头示意图 b）角点应力图

【解题分析】 本例中应注意两点：①因为采用三面围焊形式，焊缝的有效尺寸比板边大，所以可以近似按板边尺寸计算，不需扣除起落弧影响区长度；②围焊缝有效截面形心不能直观确定，需要计算确定。

解：计算中取力的单位为 kN。焊缝的实际尺寸比板边尺寸大，可以按板边尺寸计算，不减起落弧影响区的长度，画出角焊缝有效截面。

$$h_e = 0.7h_f = (0.7\times8)\,\text{mm} = 5.6\text{mm}$$

1. 计算截面形心及截面对形心的参数

计算围焊缝有效截面的形心，从板边算起，如图 3-30b 所示。

$$x_0 = \left(\frac{2\times200^2/2}{300+2\times200}\right)\text{mm} = 57\text{mm}$$

$$I_x = (0.56\times30^3/12+2\times20\times0.56\times15^2)\,\text{cm}^4 = 6300\text{cm}^4$$

$$I_y = [2\times0.56\times20^3/12+2\times20\times0.56\times(10-5.7)^2+30\times0.56\times5.7^2]\,\text{cm}^4 = 1707\text{cm}^4$$

$$I_p = I_x+I_y = (6300+1707)\,\text{cm}^4 = 8007\text{cm}^4$$

2. 受力分析

将 P 转化到形心，得扭矩 T 为

$$N = P\text{kN}$$

$$T = 100P\text{kN}\cdot\text{mm}$$

3. 应力计算

危险点的判断，画出 A、B 两角点的应力分布图（图 3-30b），确定 A 点为最危险点，各应力分量为

$$\tau_{fA}^N = \frac{N}{A_V} = \left[\frac{P\times10^3}{5.6\times(200\times2+300)}\right]\text{N/mm}^2 = 0.255P\text{N/mm}^2$$

$$\tau_{fA}^T = \frac{T\times150}{I_x+I_y} = \left(\frac{100P\times150\times10^3}{8007\times10^4}\right)\text{N/mm}^2 = 0.187P\text{N/mm}^2$$

$$\sigma_{fA}^T = \frac{T\times x_1}{I_x+I_y} = \left(\frac{100P\times(200-57)\times10^3}{8007\times10^4}\right)\text{N/mm}^2 = 0.179P\text{N/mm}^2$$

4. 确定最大承载力

承受静力荷载，$\beta_f = 1.22$，将 A 点的各个应力分量代入式（3-22），即

$$\sqrt{\left(\frac{\sigma_{fA}^T}{\beta_f}\right)^2+(\tau_{fA}^P+\tau_{fA}^T)^2} = \left[\sqrt{\left(\frac{0.179}{1.22}\right)^2+(0.255+0.187)^2}\cdot P\right]\text{N/mm}^2$$

$$= 0.4657P\text{N/mm}^2 \leqslant f_f^w = 160\text{N/mm}^2$$

求得 $P\leqslant343.6$。

综上，该角焊缝连接所能承受的最大力为 343.6kN。

【题后讨论】 如果计算中取力的单位为 N，比较一下中间数据及结果有无差异。

4. 弯矩、轴力和剪力共同作用

图 3-31a 所示的角焊缝连接 T 形接头在一斜向拉力 F 作用下，构件有相对脱开的趋势，属于弯矩作用形式。将力 F 沿焊缝轴线方向分解并向角焊缝有效截面面积的形心简化后，得到弯矩 $M=Ve$、轴力 N 和剪力 V，如图 3-31b 所示，角焊缝承受弯矩、剪力和轴力共同作用。

（1）弯矩 M 作用产生的应力　研究弯矩 M 作用下在角焊缝有效截面上产生的应力时，先假定：①被连接件是刚性体，焊缝是弹性体；②在弯矩作用下，角焊缝有效截面保持平面弯曲变形。弯矩作用使被连接件之间相对脱开，有效截面上的应力如同梁弯曲应力呈三角形分布（图 3-31b），弯矩产生的应力始终与焊缝轴线垂直。有效截面上边缘点弯曲应力最大，图中焊缝端点 A 为危险点，由 M 产生的垂直于焊缝长度方向的应力 σ_f^M 应满足式（3-23）。

$$\sigma_f^M=\frac{M}{W_{wf}}\leqslant\beta_f f_f^w \tag{3-23}$$

式中　W_{wf}——角焊缝有效截面的截面模量（mm^3）。

（2）轴力 N 产生的应力　轴力 N 产生垂直于焊缝长度方向的应力 σ_f^N（图 3-31c）在角焊缝全部有效截面上平均为

$$\sigma_f^N=\frac{N}{A_w}=\frac{N}{h_e\Sigma l_w} \tag{3-24}$$

式中　A_w——角焊缝有效截面的全面积（mm^2）。

（3）剪力 V 产生的应力　剪力 V 作用由角焊缝有效截面中与剪力平行的面积均匀传递，产生平行于焊缝轴线的剪应力 τ_f^V（图 3-31d）为

$$\tau_f^V=\frac{V}{A_{wf}} \tag{3-25}$$

式中　A_{wf}——有效截面中与外力平行部分的面积（mm^2）。

应注意计算剪应力时与计算正焊缝的面积可能不同。

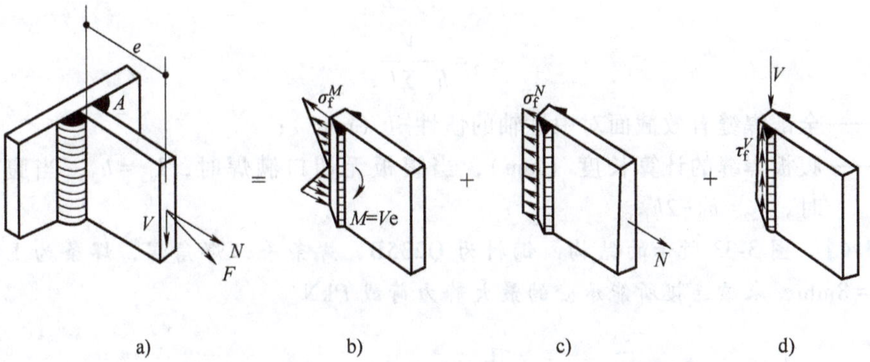

图 3-31　斜向拉力 F 作用的角焊缝连接 T 形接头及应力

a）T 形接头图　b）弯矩产生的应力　c）轴力产生的应力　d）剪力产生的应力

（4）弯矩 M、轴力 N 和剪力 V 共同作用产生的应力　角焊缝有效截面上危险点同时存在弯矩 M、轴力 N 和剪力 V 共同作用产生的应力。根据角焊缝强度验算的基本公式，即式（3-7），图 3-31a 中 A 点焊缝的应力应满足式（3-26）。

$$\sqrt{\left(\frac{\sigma_f^M+\sigma_f^N}{\beta_f}\right)^2+(\tau_f^V)^2}\leqslant f_f^w \tag{3-26}$$

应用式（3-26）时，应根据角焊缝连接具体受力状态确定，如当仅有弯矩和剪力共同作用时，式（3-26）中 $\sigma_f^N=0$；当由于偏心轴力引起的弯矩，无剪力时，$\tau_f^V=0$。计算 σ_f^N、τ_f^V 采用的有效截面面积 A_w 与 A_{wf} 由连接焊缝截面形式决定，有时二者不同。

工字形梁（或牛腿）与钢柱角焊缝连接如图 3-32 所示，翼缘焊缝与腹板焊缝的应力状态不同，弯矩 M 由全部焊缝承担，而剪力只由腹板焊缝承担，应力分布如图 3-32c、d 所示。焊缝有效截面上危险点位置可能有两处：其一为翼缘焊缝有效截面最外纤维处（点 1），该点只有弯矩产生的正应力 σ_f^M，按式（3-23）验算；其二为翼缘焊缝与腹板焊缝交点处（点 2），该点承受弯曲应力和剪应力共同作用，按式（3-26）验算。点 2 处的弯曲应力和剪应力分别为

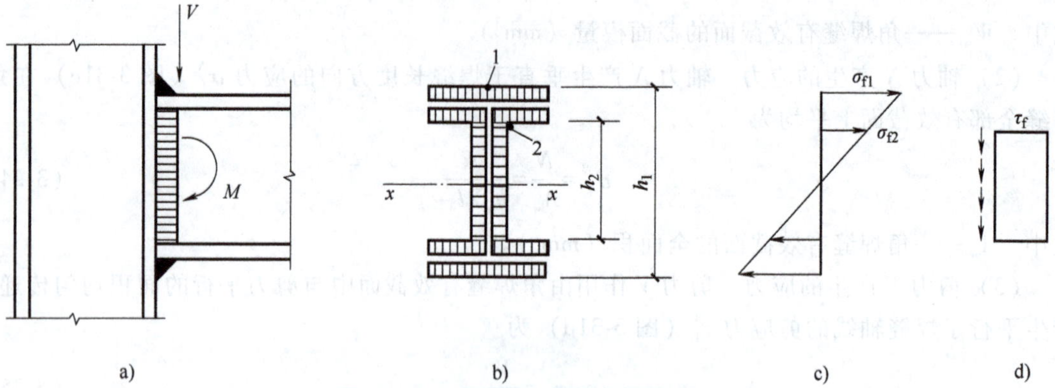

图 3-32　工字形梁与钢柱角焊缝连接

a）结构示意图　b）焊缝有效截面　c）弯曲应力　d）剪应力

$$\sigma_{f2}^M=\frac{M}{I_w}\frac{l_{w2}}{2} \tag{3-27}$$

$$\tau_{f2}^V=\frac{V}{h_{e2}\Sigma l_{w2}} \tag{3-28}$$

式中　I_w——全部焊缝有效截面对中性轴的惯性矩（mm^4）；

l_{w2}——腹板焊缝的计算长度（mm），当腹板无切口满焊时，$l_{w2}=h_2$，当腹板有切口时，$l_{w2}=h_2-2h_{f2}$。

【例 3.6】　图 3-33 所示的结构，钢材为 Q235B，焊条手工焊角焊，焊条为 E43 型，焊脚尺寸 $h_f=8$mm，求该连接所能承受的最大静力荷载 PkN。

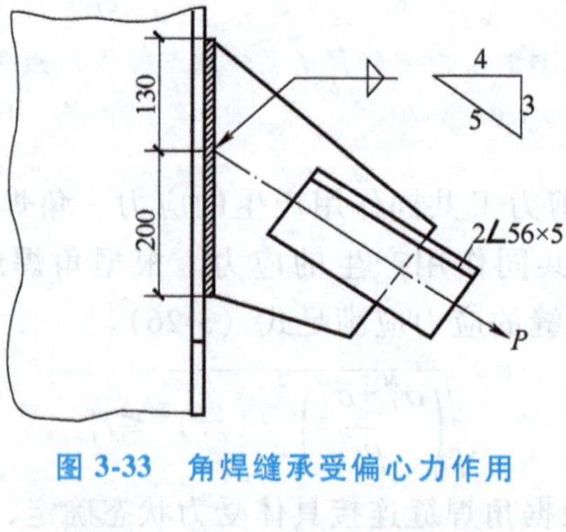

图 3-33　角焊缝承受偏心力作用

【解题分析】　本例直接标出外力与焊缝轴线交点位置，偏心距容易计算，应思考三点：①在交点处将荷载 PkN 分解，只有一个分量产生弯矩，思考一下另个分量的作用方

式；②焊缝两端是否需扣除起落弧影响区长度；③本例中 PkN 静力荷载与动力荷载的差异。

解： 画出焊缝截面图，焊缝受弯矩、轴力、剪力共同作用，设定 P 的单位为 kN。

1. 焊缝有效截面几何参数

$$A = h_e \sum l_w = [2\times0.7\times0.8\times(20+13-2\times0.8)]\text{cm}^2 = 35.17\text{cm}^2$$

$$I_x = \left[2\times\frac{1}{12}\times0.7\times0.8\times(33-1.6)^3\right]\text{cm}^4 = 2889.5\text{cm}^4$$

2. 外力计算

$$V = \frac{3}{5}P = 0.6P\text{kN}$$

$$N = \frac{4}{5}P = 0.8P\text{kN}$$

作用点对截面形心的偏心量 $e = [(200-130)/2]$ mm $= 35$mm，且只有水平方向力产生力矩。

$$M = N\cdot e = (0.8P\times35)\text{kN}\cdot\text{mm} = 28P\text{kN}\cdot\text{mm}$$

3. 焊缝应力计算

$$\sigma_f^N = \frac{N}{A} = \left(\frac{0.8P\times10^3}{35.17\times10^2}\right)\text{N/mm}^2 = 0.2275P\text{N/mm}^2$$

$$\tau_f^V = \frac{V}{A} = \left(\frac{0.6P\times10^3}{35.17\times10^2}\right)\text{N/mm}^2 = 0.1706P\text{N/mm}^2$$

$$\sigma_f^M = \frac{My}{I_x} = \left[\frac{28P\times10^3\times(165-8)}{2889.5\times10^4}\right]\text{N/mm}^2 = 0.1521P\text{N/mm}^2$$

4. 根据焊缝强度条件，确定最大承载力

最危险点为上、下边缘处 A 点，处于弯矩 M、轴力 N 和剪力 V 共同作用，直接按式（3-26）计算承受静力荷载，$\beta_f = 1.22$，则

$$\sqrt{\left(\frac{\sigma_f^N+\sigma_f^M}{\beta_f}\right)^2+\tau_f^2} = \left[\sqrt{\left(\frac{0.2275P+0.1521P}{1.22}\right)^2+(0.1706P)^2}\right]\text{N/mm}^2$$

$$= 0.3548P\text{N/mm}^2 \leqslant f_f^w = 160\text{N/mm}^2$$

解得 $P = 451$。

综上，该连接所能承受的最大静力荷载为 451kN。

【例 3.7】 若【例 3.1】的牛腿与柱连接采用角焊缝连接，如图 3-34 所示。角焊缝沿牛腿周边围焊且在转角处连续施焊（图 3-34b），为避免焊缝相交产生不利影响，将牛腿腹板的上、下角各切去 $r = 15$mm 的弧形缺口。焊条为 E43 型，焊条电弧焊，焊脚尺寸 $h_f = 8$mm，钢材 Q235B，外力设计值 $F = 420$kN，试验算该连接强度是否满足要求。

【解题分析】 角焊缝的有效截面如图 3-34c 所示，考虑在转角处连续施焊，翼缘的角焊缝计算长度可以不扣除起落弧长度。该题属于弯矩、剪力共同作用的角焊缝连接，弯矩由全截面承担，而剪力则只由腹板焊缝承担。危险控制点有两处（图中 A 点和 B 点），注意腹板的上、下角均有切口。

牛腿与柱连接角焊缝的验算

解： 画出焊缝截面图，标出各段焊缝有效截面尺寸（图 3-34c）。

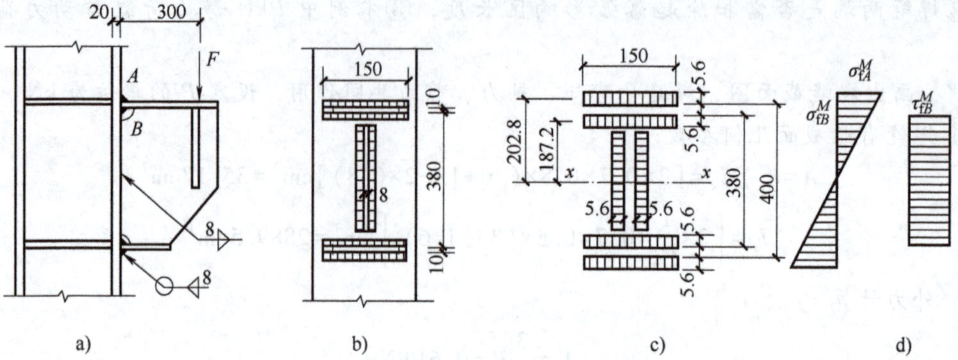

图 3-34 牛腿与柱连接角焊缝

a）构件示意图 b）焊缝布置图 c）有效焊缝截面 d）应力图

1. 焊缝有效截面的几何参数

$$h_e = 0.7h_f = (0.7\times 8)\,\text{mm} = 5.6\text{mm}$$

计算腹板竖向焊缝的长度，两端减起落弧长度，即

$$l_{wf} = (380-2\times 15-2\times 8)\,\text{mm} = 334\text{mm}$$

全部焊缝有效截面对 x 轴的惯性矩为

$$I_x = \left[2\times\frac{1}{12}\times 0.56\times 33.4^3+2\times 0.56\times 15\times(20+0.28)^2+2\times 0.56\times 15\times(19-0.28)^2\right]\text{cm}^4 = 16274\text{cm}^4$$

截面模量为

$$W_x = \frac{I_x}{y_{max}} = \left(\frac{16274}{20+0.56}\right)\text{cm}^3 = 792\text{cm}^3$$

2. 焊缝截面受力计算

$$V = F = 420\text{kN}$$

$$M = F\cdot e = (420\times 300)\,\text{kN}\cdot\text{mm} = 1.26\times 10^5\text{kN}\cdot\text{mm}$$

3. 截面最远危险点（A 点）强度验算

A 点只有由弯矩产生的垂直于焊缝长度方向的应力，按式（3-23）计算，即

$$\sigma_{fA}^M = \frac{M}{W_x} = \left(\frac{1.26\times 10^5\times 10^3}{792\times 10^3}\right)\text{N/mm}^2 = 159.1\text{N/mm}^2 < \beta_f f_f^w = (1.22\times 160)\ \text{N/mm}^2 = 195.2\text{N/mm}^2$$

故，A 点强度满足要求。

4. 截面内部 σ_{fB}^M 和 τ_{fB}^V 共同作用的危险点（B 点）强度验算

可能危险点 B 承受由弯矩和剪力产生的 σ_{fB}^M 和 τ_{fB}^V 的共同作用，σ_{fB}^M 按式（3-27）或比例关系计算，即

$$\sigma_{fB}^M = \left(159.1\times\frac{33.4/2}{20.56}\right)\text{N/mm}^2 = 129.2\text{N/mm}^2$$

截面的剪力 V 由两条竖向焊缝承担，受剪有效截面的面积为

$$A_{wf} = (2\times 5.6\times 334)\,\text{mm}^2 = 3741\text{mm}^2$$

$$\tau_{fB}^V = \frac{F}{A_{wf}} = \left(\frac{420\times 10^3}{3741}\right)\text{N/mm}^2 = 112.3\text{N/mm}^2$$

按式（3-26），承受静力荷载，$\beta_f = 1.22$，则

$$\sqrt{\left(\frac{\sigma_{fB}^{M}}{\beta_f}\right)^2+(\tau_{fB}^{V})^2}=\left(\sqrt{\left(\frac{129.2}{1.22}\right)^2+112.3^2}\right)\text{N/mm}^2=154.4\text{N/mm}^2<f_f^w=160\text{N/mm}^2$$

故，B 点强度满足要求。

3.3.4　几种特殊角焊缝的计算

1. 圆孔及槽孔塞焊

塞焊焊缝、圆孔或槽孔内焊缝在抗剪连接和防止板件屈曲的约束连接中有较多应用，参照角焊缝的抗剪计算方法给出圆形塞焊焊缝、圆孔或槽孔内焊缝的抗剪承载力计算公式。

塞焊是将两张钢板上下排连，用电钻在上层板打孔，用熔化焊的方式将两块板焊透，如图 3-35 所示。塞焊和槽焊焊缝的尺寸、间距、焊缝高度应符合下列规定：

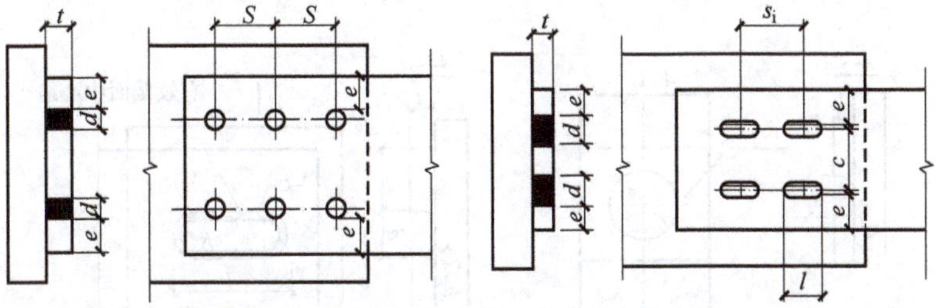

图 3-35　圆孔及槽孔塞焊

a）圆孔塞焊　b）槽孔塞焊

（1）开孔尺寸要求　塞焊孔的最小直径不得小于开孔板厚度加 8mm，最大直径应取最小直径加 3mm 和开孔件厚度的 2.25 倍两值中的较大者。槽孔长度不应超过开孔件厚度的 10 倍，最小及最大槽宽规定应与塞焊孔的最小及最大孔径规定相同。即圆孔直径及槽宽 $d_{min}=t+8\text{mm}$，$d_{max}=\max(d_{min}+3\text{mm},\ 2.25t)$；槽长 $l\leqslant 10t$。

（2）开孔间距要求　塞焊焊缝的最小中心间隔应为孔径的 4 倍，槽焊焊缝的纵向最小间距应为槽孔长度的 2 倍，垂直于槽孔长度方向的两排槽孔的最小间距应为槽孔宽度的 4 倍。承受动力荷载不需要进行疲劳强度验算的构件，采用塞焊、槽焊时，孔或槽的边缘到构件边缘在垂直于应力方向上的间距不应小于此构件厚度的 5 倍，且不应小于孔或槽宽度的 2 倍。即，圆孔间距：$s\geqslant 4d$；槽孔纵向间距：$s_1\geqslant 2l$；槽孔横向间距：$c_1\geqslant 4d$；承受动力荷载时，净边距：$e\geqslant 5t$ 且 $e\geqslant 2d$。

（3）塞焊和槽焊的焊缝高度　当母材厚度不大于 16mm 时，应与母材厚度相同；当母材厚度大于 16mm 时，不应小于母材厚度的一半和 16mm 两值中的较大者。

（4）塞焊的强度验算　塞焊和槽焊的有效截面面积应为贴合面上圆孔或长槽孔的标称面积。塞焊焊缝和槽焊焊缝的尺寸应根据贴合面上承受的剪力计算确定。塞焊按侧面角焊缝公式进行验算，即

$$\tau_f=\frac{V}{A_w}\leqslant f_f^w \tag{3-29}$$

式中　V——一个圆孔或槽孔塞焊承担的剪力设计值（N）；

A_w——圆孔或槽孔的标称面积（mm^2），对于圆孔，$A_w=\pi d^2/4$，对于槽孔，$A_w=ld-(1-\pi/4)d^2\approx ld-0.22d^2$，其中，$d$ 为圆孔或短边直径。

2. 圆孔或槽孔内角焊缝

对于图 3-36 所示的圆孔或槽孔内角焊缝的构造要求，槽焊与塞焊基本相同，内角焊缝的焊脚高不宜大于孔径或槽孔短径的 1/3，即直角槽焊缝的孔径及槽孔短径 $d\geqslant 3h_f$。

圆孔或槽孔内角焊缝的强度验算，按侧面角焊缝的式（3-30）计算。

$$\tau_f=\frac{V}{h_e l_w}\leqslant f_f^w \tag{3-30}$$

式中 l_w——圆孔和槽孔内角焊缝的计算长度（mm）。按内角焊缝的有效截面中心线的长度计算：对于圆孔内的角焊缝（图 3-36a），$l_{w圆}=\pi(d-h_e)$；对于槽孔内的角焊缝（图 3-36b），$l_{w槽}=2l+(\pi-2)d-\pi h_e$，其中，$d$ 为圆孔或短边直径。

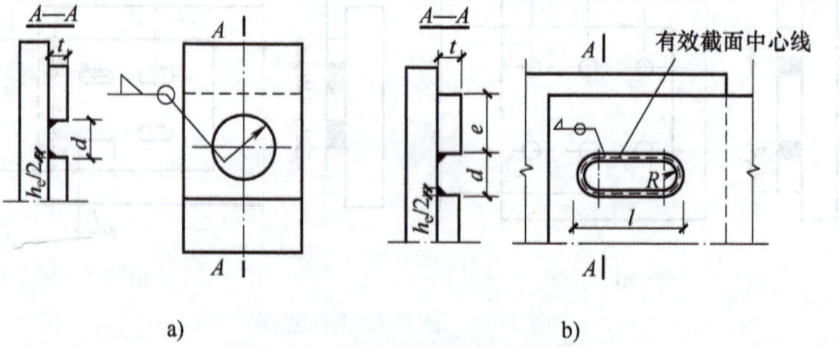

图 3-36　圆孔或槽孔内角焊缝

a）圆孔内的角焊缝　b）槽孔内的角焊缝

3. 斜角角焊缝

两焊脚边的夹角不为 90°的角焊缝为斜角角焊缝（图 3-37）。斜角角焊缝常用于料仓壁板、管形构件的端部 T 形接头连接。斜角角焊缝的计算方法与直角角焊缝相同，由于对斜角角焊缝的研究较少，因此不考虑应力方向，各种情况均取 $\beta_f=1.0$。

《钢标》规定，图 3-37 中两焊脚边夹角范围$60°\leqslant\alpha\leqslant 135°$的 T 形连接的斜角角焊缝计算厚度：①当根部间隙 b 或 b_1 或 $b_2\leqslant 1.5$mm 时，对应侧的计算厚度为$h_{ei}=h_{fi}\cos(\alpha_i/2)$（其中，$i=1, 2$）；②当根部间隙 b 或 b_1 或 $b_2>1.5$mm 且$\leqslant$5mm 时，对应侧的计算厚度为$h_{ei}=(h_{fi}-b_i$ 或 $b/\sin\alpha_i)\cdot\cos(\alpha_i/2)$（其中，$i=1, 2$）。

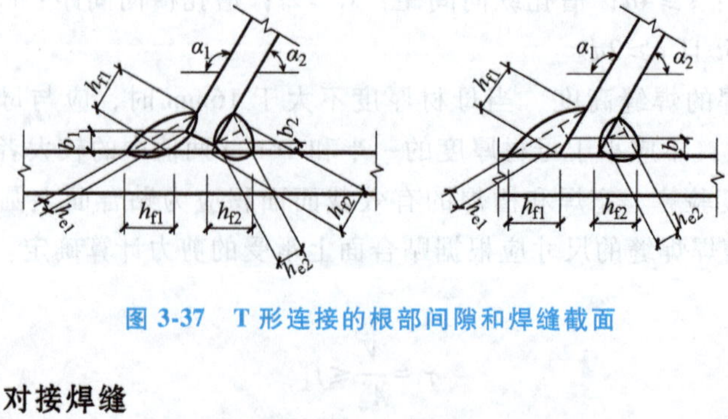

图 3-37　T 形连接的根部间隙和焊缝截面

4. 部分熔透的对接焊缝

部分熔透的对接焊缝常用于外部需要平整的箱形柱和 T 形连接。箱形柱的纵向焊缝通常只承受剪力，采用对接焊缝时往往不需要焊透全厚度。板厚和受力大的 T 形连接，当采用焊缝的焊脚尺寸较大时，可将竖直板开坡口做成带坡口的角焊缝，与普通角焊缝相比，在 h_e 相同的情况下，可以大幅节约焊条。《钢标》规定，承受动力荷载需经疲劳强度验算的连接，当拉应力与焊缝轴线垂直时，严禁采用部分焊透对接焊缝。

部分熔透的对接焊缝包括部分焊透的对接与角接组合焊缝，在焊件之间存在缝隙，焊根处有较大的应力集中，其工作情况与角焊缝类似，采用角焊缝的计算方法。由于熔合线上的焊缝强度比有效截面处降低约 10%，《钢标》规定，当熔合线处焊缝截面边长等于或接近于最短距离 s（即坡口深度）时，抗剪强度设计值应按角焊缝的强度设计值乘以 0.9。在垂直于焊缝长度方向的压力作用下，取 $\beta_f=1.22$，其他情况取 $\beta_f=1.0$。

部分熔透对接焊缝的坡口形式有 V 形、L 形、单边 K 形、U 形和 J 形，如图 3-38 所示。部分熔透对接焊缝的计算厚度应根据焊接方法、坡口形状及尺寸、焊接位置分别对坡口深度予以折减，其计算方法可按现行国家标准执行：

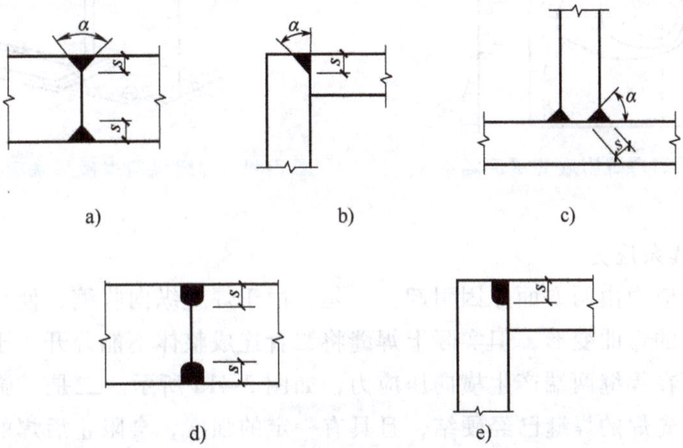

图 3-38　部分焊透的对接焊缝和 T 形对接与角接组合焊缝截面

a) V 形坡口　b) L 形坡口　c) 单边 K 形坡口　d) U 形坡口　e) J 形坡口

1) V 形坡口（图 3-38a）：当 $\alpha \geqslant 60°$时，焊根可以焊满，$h_e=s$；当 $\alpha<60°$时，$h_e=0.75s$。

2) L 形和单边 K 形坡口（图 3-38b、c）：当 $\alpha=45°\pm5°$时，$h_e=s-3\text{mm}$。

3) U 形和 J 形坡口（图 3-38d、e）：$h_e=s$。

其中，s 为坡口深度，即根部至焊缝表面（不考虑余高）的最短距离；α 为 V 形、L 形或单边 K 形坡口角度。

3.4　焊接残余应力和焊接残余变形

3.4.1　焊接残余应力的分类及产生的原因

焊接过程是一个不均匀加热和冷却的过程。焊接残余应力是由焊接加热和冷却过程中不均匀收缩变形引起的结构内部应力，按方向划分有纵向焊接残余应力、横向焊接残余应力和沿焊缝厚度方向的焊接残余应力。

1. 纵向焊接残余应力

施焊过程中焊件上产生不均匀的温度场，焊缝及其附近温度最高可达1600℃，其邻近区域温度则急剧下降，如图3-39所示。不均匀的温度场产生不均匀的膨胀，高温处的钢材膨胀最大，但受到两侧温度较低、膨胀较小的钢材的限制，产生了热状态塑性压缩。焊缝冷却时，被塑性压缩的焊缝区趋向于收缩，但焊缝收缩变形受到两侧钢材的限制，使焊缝区产生纵向拉应力。焊接残余应力是一种在没有外荷载作用下的内应力，在焊件内部会自相平衡，这就必然导致在距焊缝稍远区段内产生压应力。图3-40所示是用三块板焊接的工字形截面的焊接残余应力分布示意图。

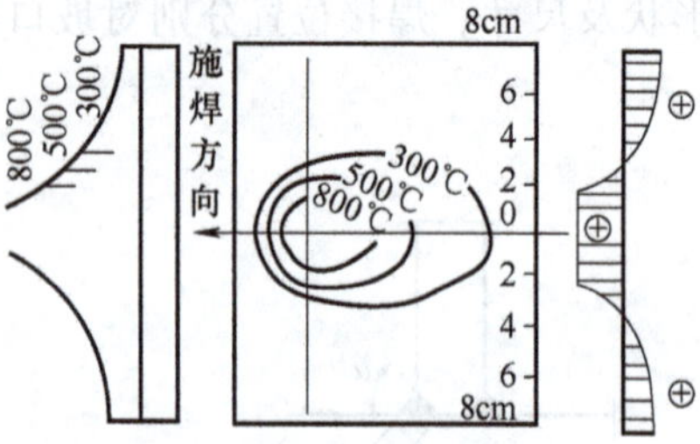

图3-39 焊接时焊缝附近的温度场

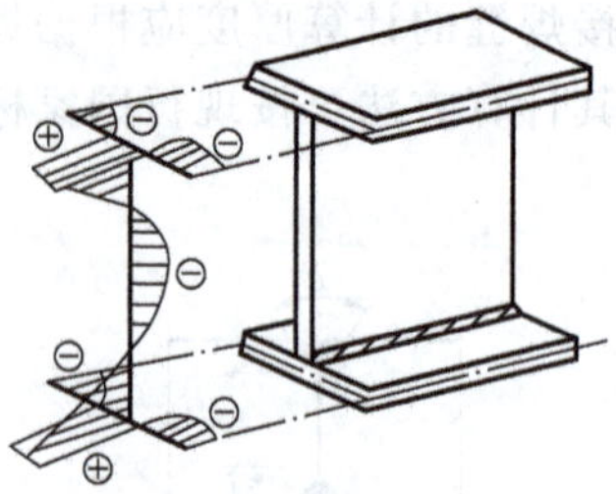

图3-40 焊缝纵向焊接残余应力分布示意图

2. 横向焊接残余应力

横向焊接残余应力由两方面原因引起：一是，由于焊缝纵向收缩，使焊缝两侧钢板向内弯曲趋于形成反向的弯曲变形，但实际上焊缝将二者连成整体不能分开，于是在焊缝中部产生横向拉应力，而在焊缝两端产生横向压应力，如图3-41a所示。二是，施焊过程中，焊缝冷却的时间不同，先焊的焊缝已经硬结，且具有一定的强度，会阻止后焊的焊缝在横向的自由膨胀，使其发生横向的塑性压缩变形。当先焊的部分冷却时，中间焊缝部分逐渐冷却，后焊部分才开始冷却。后焊焊缝的收缩受到已硬结的焊缝限制而产生横向拉应力，同时在先焊的焊缝区域内产生横向压应力，应力自相平衡，横向残余应力分布如图3-41b所示。焊缝的横向焊接残余应力是上述两种原因产生应力的合成，横向焊接残余应力分布比纵向焊接残余应力分布更复杂，施焊方向及先后顺序、焊缝的长度等都会影响温度场的变化，影响横向焊接残余应力的分布状态。

3. 沿焊缝厚度方向的焊接残余应力

厚钢板焊接连接时，焊缝往往需要多道施焊，在厚度方向会产生明显的非均匀温度场。焊缝与钢板接触面及与空气接触面散热较快故先冷却硬结，而内部的焊缝后冷却，后冷却的焊缝收缩变形受到外面已冷却焊缝的阻碍，因而形成中间受拉、四周受压的应力状态（图3-42）。厚焊件的焊缝区存在纵向、横向、沿厚度方向的焊接残余应力，焊缝内部有可能形成三向拉应力场，将大大降低焊缝区域的塑性，对焊缝性能极为不利。

焊件在施焊过程中，如果受到外界约束，焊接变形会减小，但残余应力会因变形受限而更为复杂，可能产生更大的残余应力，因此，不能为了减小焊接变形而在施焊时随意添加约束。

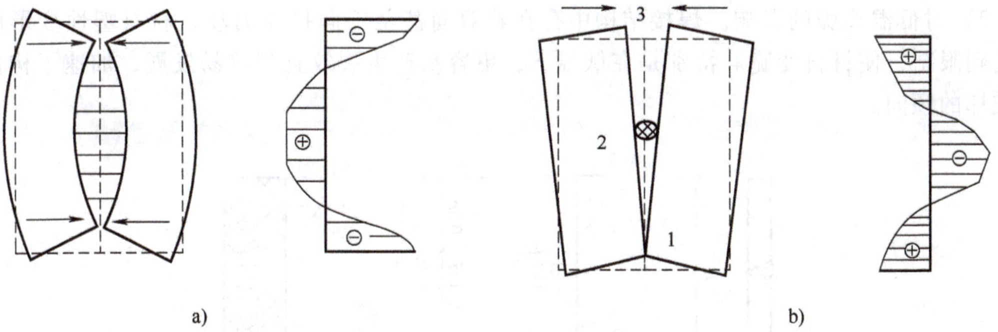

图 3-41　焊缝的横向焊接残余应力分布示意图

a）纵向收缩引起的残余应力　b）横向收缩引起的残余应力

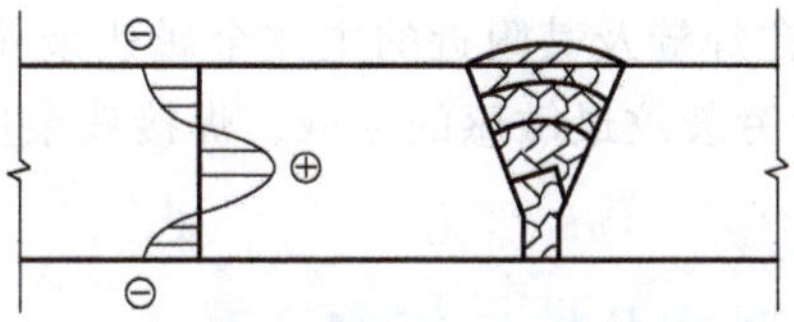

图 3-42　沿焊缝厚度方向的焊接残余应力

3.4.2　焊接残余应力对构件的影响

1. 对结构静力强度的影响

静力荷载作用下，由于钢材具有一定塑性，焊接残余应力不会影响结构强度。当构件有残余应力时，纵向焊接残余应力的分布如图 3-43 所示，板件中部区域（at）为拉应力区，两侧区域（各 $0.5bt$）为压应力区。当施加轴向拉力 N 时，板件中部区域（at）的拉应力已达屈服强度 f_y 进入塑性状态，该区域内的应力不再增大。增加的外力仅由弹性区域（bt）承担，焊缝两侧受压区由原来的受压逐渐变为受拉，最后应力也达到 f_y。达到全截面屈服后，其承载力与无残余应力构件相同。

由于焊接残余应力在焊件内部自相平衡，残余压应力的合力必然等于残余拉应力的合力，有残余拉应力与无残余应力焊件的承载能力相同，残余应力不影响结构的静力强度，当然前提是焊缝具有良好的塑性保证。

2. 对结构刚度的影响

焊接残余应力会降低结构的刚度。对有残余应力的轴向拉杆（图 3-43），截面中部（at）进入塑性区，该区域的刚度趋于 0，拉力由两侧的弹性区承担（宽度 $b<h$，其中 $b=h-a$），在拉力 N 作用下产生的应变 $\varepsilon=N/(btE)>N/(htE)$ 将有所增大，刚度降低。

3. 对结构构件其他方面的影响

1）对压杆稳定的影响。对于轴向受压构件，焊接残余应力使压杆的挠曲刚度减小，抵抗外力增量的弹性区面积和弹性区惯性矩减小，从而降低其稳定承载能力。

2）对低温冷脆的影响。焊接结构中存在着双向甚至三向拉应力场，材料塑性变形的发展受到限制，使材料变脆。特别是在低温下，更容易产生裂纹且裂纹易发展，加速了构件脆性破坏的倾向。

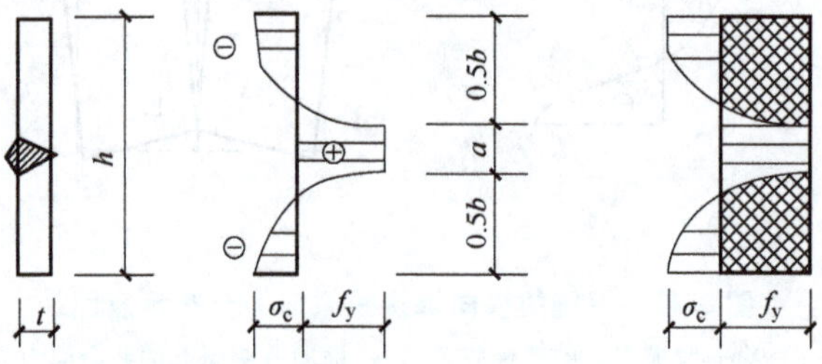

图 3-43　残余应力对静力强度的影响

3）对疲劳强度的影响。在焊缝及其附近的主体金属残余拉应力通常达到了钢材的屈服点，此部位正是形成和发展疲劳裂纹最敏感的区域，焊接残余应力对结构的疲劳强度有明显的不利影响。

3.4.3　焊接残余变形的形式及控制措施

1. 焊接残余变形的形式

焊接残余变形与焊接残余应力相伴而生。焊接过程中，由于焊缝的收缩变形，构件总要产生一些局部的凸起、歪曲、弯曲或扭曲等变形现象，包括纵向收缩、横向收缩、角变形、弯曲变形、扭曲变形和波浪变形等，图 3-44 是焊件的几种典型焊接残余变形。焊接残余变形不仅影响结构的尺寸精度和外观，使施工装配困难，同时导致构件的初弯曲、初扭曲、初偏心等。使构件或结构受力时产生附加的弯矩、扭矩和变形，从而降低其强度和稳定性。焊接变形应满足《钢结构工程施工质量验收规范》（GB 50205—2020）的规定，否则必须予以矫正，以保证构件的承载力和正常使用。

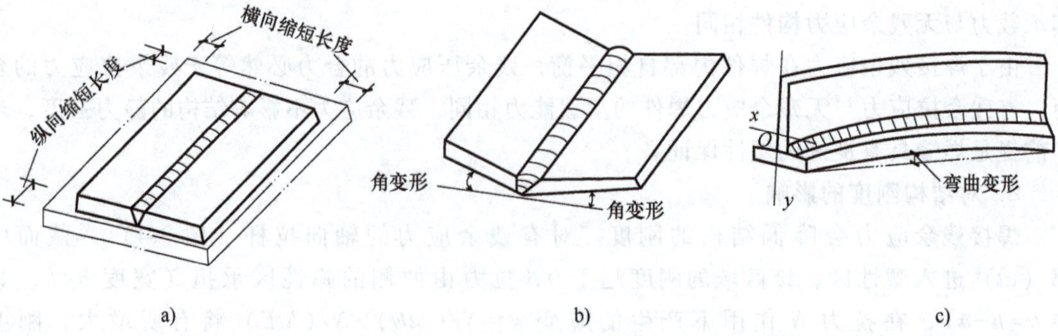

图 3-44　几种典型焊接残余变形示意图

a）纵、横向收缩　b）角变形　c）弯曲变形

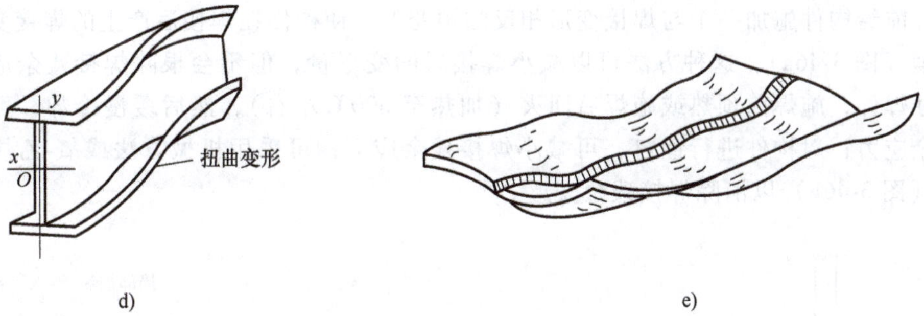

图 3-44 几种典型焊接残余变形示意图（续）

d）扭曲变形 e）波浪变形

2. 减小焊接残余变形和焊接残余应力的措施

焊接残余应力和残余变形是难免的，可通过合理的焊缝设计和焊接工艺措施来减小焊接结构焊接残余变形和残余应力。

（1）焊缝设计方面 在满足构造要求的前提下，要尽量减少焊缝的数量，减小焊缝尺寸，采用适宜的焊脚尺寸和焊缝长度，焊缝尽可能对称布置，连接尽量平滑；避免焊缝过分集中或多方向焊缝相交于一点，以免在相交处形成三向受拉应力状态使材料变脆。为防止多方向焊缝相交，保证主要焊缝连续性少受影响，常采用次要焊缝断开的构造；搭接连接中不应只采用正面角焊缝传力；焊缝应布置在焊工便于施焊的位置。

（2）焊接工艺措施方面 采取合理的焊接次序，如钢板对接时采用分段焊（图 3-45a），厚度方向分层焊（图 3-45b），工字形截面采用对角跳焊（图 3-45c），钢板分块拼焊（图 3-45d）。

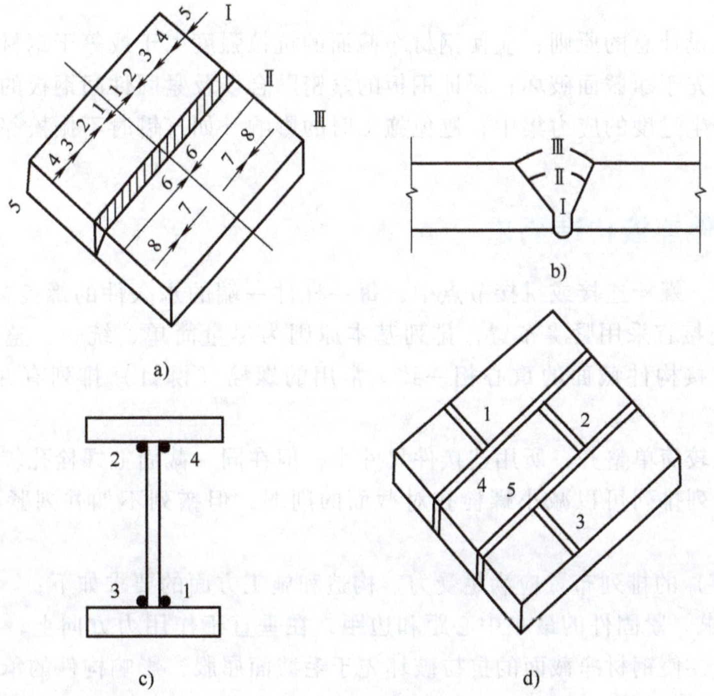

图 3-45 合理的焊接次序

a）分段焊 b）分层焊 c）对角跳焊 d）分块拼焊

施焊前给构件施加一个与焊接变形相反的预变形，使构件在焊接后产生的焊接变形与之刚好抵消（图 3-46a），这种方法可以减小焊接后的变形量，但不会根除焊接残余应力。对于小尺寸焊件，施焊前预热或施焊后回火（加热至 600℃左右），然后缓慢冷却，可以消除焊接残余应力；对构件进行锤打，可减小焊接残余应力；可采用机械方法或氧-乙炔局部加热反弯（图 3-46b）以消除焊接残余变形。

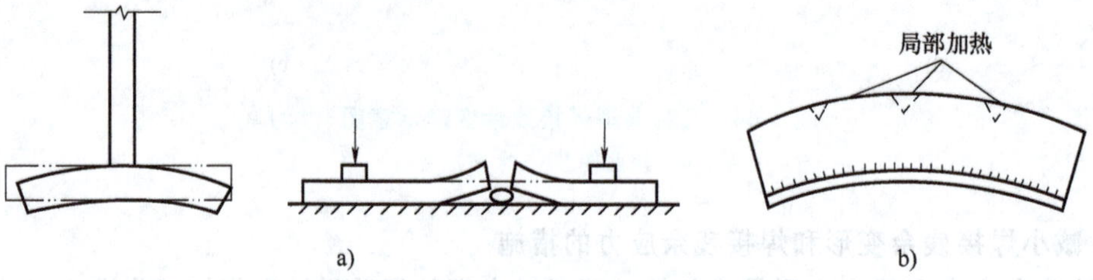

图 3-46　减小焊接残余变形的措施

a）施加预变形　b）局部加热

3.5　普通螺栓及铆钉连接的构造和计算

紧固件是将两个或两个以上构件（或零件）紧固连接成为一个整体时所采用的一类机械零件的总称。钢结构采用的紧固件有普通螺栓、锚栓、铆钉、高强度螺栓以及轻钢紧固件等，其中普通螺栓、锚栓和铆钉在构造及计算方面有很多共性，本节重点介绍普通螺栓和铆钉的连接。

紧固件连接设计总的原则：应使钢材净截面的抗拉强度大于或等于钢材的承压强度；尽量使毛截面屈服先于净截面破坏；保证钢板的紧密贴合以及紧固件间钢板的稳定；避免受力时在孔壁周围产生过度的应力集中；避免施工时的影响，如打铆时不振松邻近的铆钉和便于拧紧螺母等。

3.5.1　紧固件连接构造要求

按构造要求，螺栓连接或拼接节点中，每一杆件一端的永久性的螺栓数不宜少于 2 个。螺栓（铆钉）连接宜采用紧凑布置，排列基本原则为尽量简单、统一、整齐、紧凑，其连接中心宜与被连接构件截面的重心相一致。常用的螺栓（铆钉）排列有并列和错列两种，如图 3-47 所示。

并列排列比较简单整齐，所用连接件尺寸小，但在同一截面上螺栓孔较多，对构件截面的削弱较大。错列排列可以减小螺栓孔对截面的削弱，但错列不如并列紧凑，连接件尺寸较大。

螺栓（铆钉）的排列布置应满足受力、构造和施工方面的要求如下：

1）受力要求。紧固件的最小中心距和边距，在垂直于作用力方向上，当各排螺栓中心距和边距太小时，使钢材净截面的抗拉破坏先于毛截面屈服，影响构件的承载能力。顺内力方向，按母材抗挤压和抗剪切等强度的原则而定。若螺栓的端距过小，则钢材有被剪断或撕裂的可能。

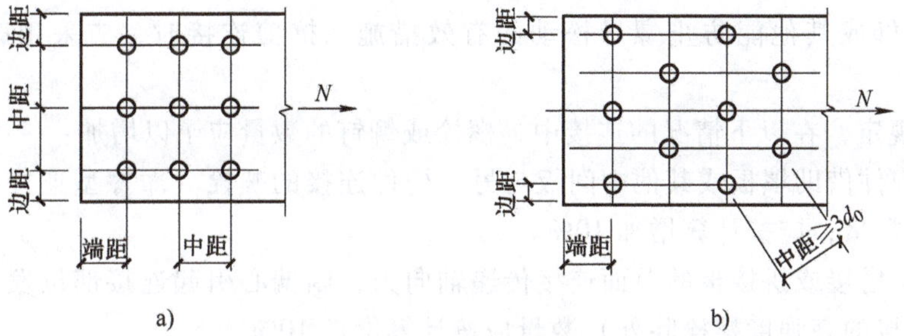

图 3-47　钢板连接节点的螺栓（铆钉）排列

a）并列　b）错列

紧固件最大中心距和边距，顺内力方向取决于钢板的紧密贴合以及紧固件间钢板的稳定。当沿作用力方向螺栓距过大，受压力作用时被连板间易发生张口或鼓曲现象，产生附加力矩引起钢板失稳。

2）构造要求。螺栓布置的中心距和边距取决于钢板间的紧密贴合条件，顺内力方向栓距过大，压力作用时会产生附加力矩降低钢板稳定性；垂直内力方向栓距过大，钢板间不能紧密贴合，潮气侵入缝隙使钢材锈蚀，因此栓距不宜过大。

3）施工要求。连接处应有必要的螺栓施拧空间，便于转动螺栓扳手拧紧螺母，避免或减小施工时的影响，如打铆时不振松邻近的铆钉。

螺栓或铆钉的孔距、边距和端距的最大及最小容许值应符合表 3-5 的规定。

为了便于安装，螺栓的孔径 d_0 比螺栓杆径 d（公称直径）大，间隙小不便于安装，间隙过大对构件截面削弱大，将影响构件的整体质量，《钢标》规定：B 级普通螺栓连接的螺栓孔径 $=d+(0.2\sim0.5\text{mm})$；C 级普通螺栓连接的螺栓孔径 $=d+(1.0\sim1.5\text{mm})$。

表 3-5　螺栓或铆钉的孔距、边距和端距容许值

名称	位置和方向			最大容许距离（取两者的较小值）	最小容许距离
中心间距	外排（垂直内力或顺内力方向）			$8d_0$ 或 $12t$	$3d_0$
	中间排	垂直内力方向		$16d_0$ 或 $24t$	
		顺内力方向	构件受压力	$12d_0$ 或 $18t$	
			构件受拉力	$16d_0$ 或 $24t$	
	沿对角线方向			—	
中心至构件边缘距离	顺内力方向			$4d_0$ 或 $8t$	$2d_0$
	垂直内力方向	剪切或手工气割边			$1.5d_0$
		轧制边、自动气割或锯割边	高强度螺栓		$1.5d_0$
			其他螺栓		$1.2d_0$

注：1. d_0为螺栓孔径，t为外层较薄板件的厚度。

2. 钢板边缘与刚性构件（如角钢、槽钢等）相连的螺栓或铆钉的最大间距，可按中间排数据采用。

3. 计算螺栓孔引起的截面削弱时可取 $d+4\text{mm}$ 和 d_0的较大者。

螺栓连接容易产生松动现象，要求直接承受动力荷载构件的螺栓连接、普通螺栓受拉连接应采用双螺母或其他能防止螺母松动的有效措施。抗剪连接时，应采用摩擦型高强度螺栓。

《钢标》规定，在以下情况的连接中，螺栓或铆钉的数量应予以增加：

1）一个构件借助填板或其他中间板与另一构件连接的螺栓（摩擦型连接的高强度螺栓除外）或铆钉数量，应按计算增加10%。

2）当采用搭接或拼接板的单面连接传递轴向力，因偏心引起连接部位发生弯曲时，螺栓（摩擦型连接的高强度螺栓除外）数量应按计算增加10%。

3）在构件的端部连接中，当利用短角钢连接型钢（角钢或槽钢）的外伸肢以缩短连接长度时，在短角钢两肢中的一肢上，所用的螺栓或铆钉数量应按计算增加50%。

4）当铆钉连接的铆合总厚度超过铆钉孔径的5倍时，总厚度每超过2mm，铆钉数量应按计算增加1%（至少应增加1个铆钉），但铆合总厚度不得超过铆钉孔径的7倍。

3.5.2 普通螺栓连接受剪作用

按受力情况，普通螺栓连接分为三类：螺栓连接只承受剪力作用、螺栓连接只承受拉力作用、螺栓连接承受拉力与剪力共同作用。

1. 受剪螺栓连接的工作性能

螺栓连接受剪力作用是常见的工作状态。用图3-48a所示螺栓连接试件做受剪试验，测量试件上A与B两点之间的相对位移δ，画出相对位移δ与作用力N的关系曲线，如图3-48b所示。该曲线表明，由零载一直加载至螺栓连接破坏的全过程，螺栓连接大体可分以下四个阶段：

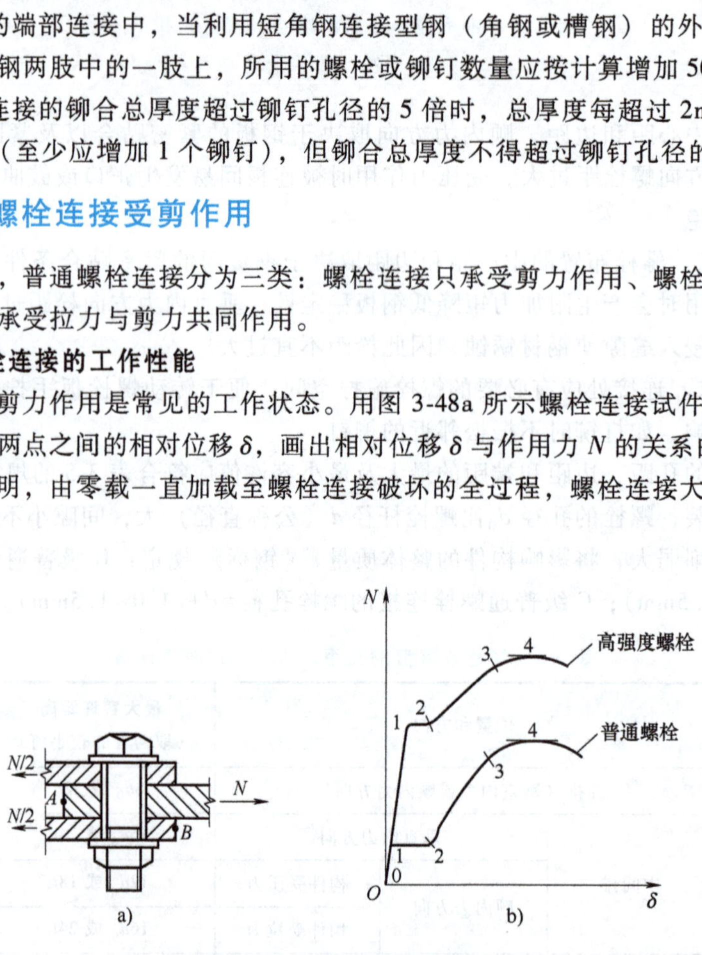

图3-48 单个螺栓受剪试验

a）螺栓连接试件 b）N-δ曲线

（1）摩擦传力阶段 加载初期，荷载较小，依靠构件之间接触面的摩擦力传递荷载，螺栓杆与孔壁之间的间隙不变，螺栓连接处于静摩擦阶段（N-δ曲线上0-1斜直线段）。普通螺栓的预拉力很小，连接件之间的压紧力较小，提供的摩擦阻力很小，计算时不考虑其作用。而高强度螺栓连接的预拉力很大，连接件间产生很大的摩擦阻力，高强度螺栓摩擦型连接就是以最大摩擦力作为其极限承载力的。

（2）滑移阶段 随着荷载增大，当拉力N超过构件间摩擦力的最大值时，板件产生相对滑移，滑移量为螺栓杆与孔壁之间的间隙，直至螺栓与孔壁接触状态（N-δ 曲线上 1-2 水平段）。普通螺栓连接螺栓孔间隙较大，水平滑移平台较长；高强度螺栓连接的螺栓孔质量高，间隙较小，滑移量小。

（3）螺栓与孔壁挤压传力　板件滑移使螺栓杆与板件孔壁接触后，通过板件孔壁与螺栓杆相互挤压传递拉力 N，此时螺栓杆主要承受剪力作用，还有轴向拉力和弯矩作用，而板件孔壁受到挤压。随着挤压力增加，螺栓与板件发生变形，相对位移 δ 开始增加，呈直线上升（N-δ 曲线上 2-3 段），说明螺栓和板件处于弹性状态。

（4）弹塑性阶段　继续加载，N-δ 曲线升势趋缓，出现明显变弯现象（N-δ 曲线上 3-4 段曲线），说明螺栓或板件产生塑性变形，荷载达到最高点（N-δ 曲线上 4 点）后开始下降，直至破坏。最高点所对应的剪力，即为螺栓连接的受剪极限承载力。

2. 受剪螺栓连接的破坏形式

普通螺栓受剪连接达到极限承载力时，可能有以下五种破坏形式：

1）螺栓杆被剪断。当螺栓杆较细而板件较厚时，螺栓杆可能先被剪断（图 3-49a）。

普通螺栓受剪破坏形式

2）连接板件被挤压破坏。当螺栓杆较粗而板件相对较薄时，薄板可能先被挤压发生压溃现象而破坏（图 3-49b）。

3）连接板件被拉断。当螺栓孔对板件的截面削弱过于严重时，板件可能在螺栓孔削弱的净截面处被拉断破坏（图 3-49c）。

4）板件端部被冲剪破坏。当螺栓端距过小，可能出现板件端部被剪切破坏（图 3-49d）。

5）螺栓杆受弯破坏。当螺栓杆太长又相对较细，连接节点板件总厚度较大时，螺栓杆可能发生过大的弯曲变形，影响连接的正常工作（图 3-49e）。

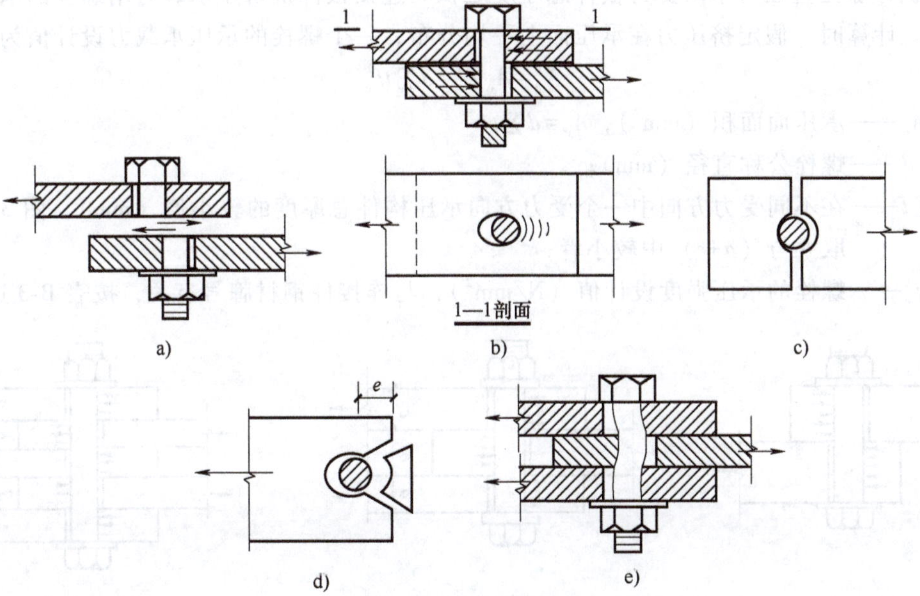

图 3-49　受剪螺栓连接的破坏形式

a）螺栓杆被剪断　b）板件被挤压　c）板件被拉断　d）板件端部被冲剪　e）螺栓杆受弯

在螺栓布置上，端距不小于 $2d_0$（螺栓孔径），可避免板件端部被冲剪破坏；连接件的总厚度小于 $5d$（螺栓杆径），就可防止螺栓受弯破坏，即第 4）和第 5）两种破坏形式只需在构造上采取措施就可避免。第 3）种连接板件被拉断破坏，由板件强度设计来保证。因此，普通螺栓受剪连接设计验算时，只需考虑螺栓杆被剪断和连接板件被挤压破坏两种破坏形式。

3. 单个受剪螺栓的承载力

（1）螺栓的抗剪承载力　螺栓杆被剪断破坏时，发生的位置处于连接板件相对滑移面之间，如图 3-50 所示，被剪断的螺栓截面与连接板件平行，该截面称为螺栓的受剪面，如图 3-51a 所示。如果螺栓连接中有多个相对滑移面，则一个螺栓存在多个受剪面，相对滑移面个数称为螺栓受剪面数目。螺栓受剪面的面积需将所有受剪面同时合并计算。计算螺栓抗剪承载力时，假定剪应力在受剪面 A_v 上是均匀分布的，则一个螺栓的抗剪承载力设计值为

$$N_v^b = A_v f_v^b = n_v \frac{\pi d^2}{4} f_v^b \tag{3-31}$$

式中 n_v——螺栓受剪面数量，单剪面 $n_v=1$，双剪面 $n_v=2$，四面 $n_v=4$ 等（图 3-50）；

d——螺栓公称直径（mm）；

$A_v = n_v \frac{\pi d^2}{4}$——单个螺栓的受剪面面积（$mm^2$）；

f_v^b——螺栓的抗剪强度设计值（N/mm^2），与螺栓等级有关，按表 B-2 选用。

（2）螺栓的承压承载力　连接板件被挤压破坏，发生在连接板件孔壁上与螺杆挤压的区域。由于螺栓与孔壁接触区域大小不确定，挤压应力分布复杂，难以用简单公式表达，为了便于工程应用，将板件的挤压力映射到螺栓的承压面上。所谓承压面，是经过螺栓轴线与外力垂直且在连接一个受力方向上板件全部厚度范围内的垂向剖面，如图 3-51b 所示，承压面的面积为螺栓直径与单向受力板件总厚度之积。连接板件抗挤压承载力用螺栓的承压承载力表达。计算时，假定挤压力在承压面上平均分布，一个螺栓的承压承载力设计值为

$$N_c^b = A_c f_c^b = d \sum t f_c^b \tag{3-32}$$

式中 A_c——承压面面积（mm^2），$A_c = d\sum t$；

d——螺栓公称直径（mm）；

$\sum t$——在不同受力方向中一个受力方向承压构件总厚度的较小值（mm），图 3-50b 中取 b 与（$a+c$）中较小者；

f_c^b——螺栓的承压强度设计值（N/mm^2），与连接件钢材牌号有关，按表 B-3 选用。

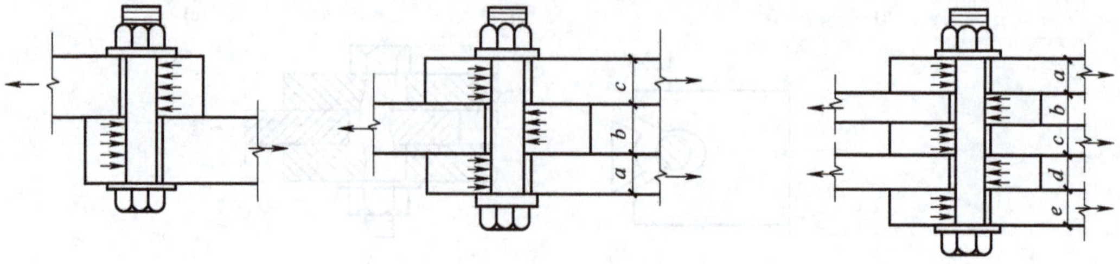

a)　　b)　　c)

图 3-50　受剪螺栓连接的受剪面数目

a）单面剪　b）双面剪　c）四面剪

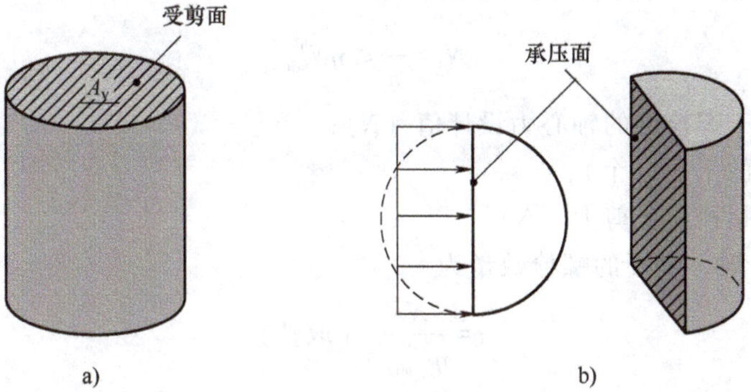

图 3-51 螺栓的受剪面与承压面

a）受剪面 b）承压面

对于受剪力作用的普通螺栓连接，螺栓受到的剪力与板件孔壁受到的挤压力同时发生，且它们的大小相等。因此，螺栓连接究竟先发生哪种形式破坏，取决于 N_v^b 与 N_c^b 的相对大小，但无论以哪种形式破坏都是由于剪力引起的，故以 N_v^b 与 N_c^b 中较小者，即 $N_{min}^b=\min(N_v^b, N_c^b)$ 作为普通螺栓受剪连接设计验算标准。

4. 普通螺栓连接受轴心剪力作用的计算

外力作用线经过螺栓群的中心，使连接件存在相对滑移趋势，属于螺栓连接受轴心剪力作用。在外力作用方向上每个螺栓所承受的力是不均匀的，呈现两端大、中间小的状态，如图 3-52 所示，螺栓沿受力方向的连接长度 l_1 越大，内力分布差异越大。

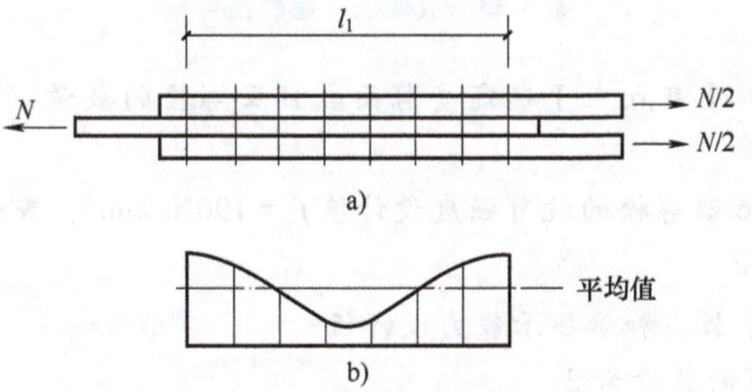

图 3-52 螺栓群受力及剪力分布示意图

a）受力图 b）剪力分布图

为简便，在实际设计验算时，仍按内力平均分配原则计算，将螺栓承载力设计值乘以折减系数，以考虑内力不均匀性的影响。《钢标》规定，在构件连接节点的一端，当螺栓沿轴向受力方向的连接长度 l_1 大于 $15d_0$ 时（d_0 为螺栓孔径），螺栓承载力设计值应乘以折减系数，折减系数为

$$\eta=\begin{cases}1.0 & \text{当 } l_1\leqslant 15d_0 \text{ 时}\\ 1.1-\dfrac{l_1}{150d_0} & \text{当 } 15d_0<l_1<60d_0 \text{ 时}\\ 0.7 & \text{当 } l_1\geqslant 60d_0 \text{ 时}\end{cases}$$

螺栓群受轴心剪力作用安全判断准则，即

$$N_1=\frac{N}{n}\leqslant\eta N_{\min}^{\mathrm{b}} \tag{3-33}$$

式中 N——作用于螺栓群的轴心力设计值（N）；

n——螺栓的个数（个）；

N_1——一个螺栓所受剪力（N）。

螺栓连接设计时，需要的螺栓数量为

$$n=\frac{N}{\eta N_{\min}^{\mathrm{b}}}\quad（取整） \tag{3-34}$$

【例 3.8】 如图 3-53 所示的双盖板普通螺栓连接，板件截面尺寸为—16×340，拼接厚度为 8mm，螺栓 M20-5.6，螺栓孔径 $d_0=20.5\text{mm}$，钢板均用 Q235 钢，试求该连接所能承受的最大轴心拉力 N。

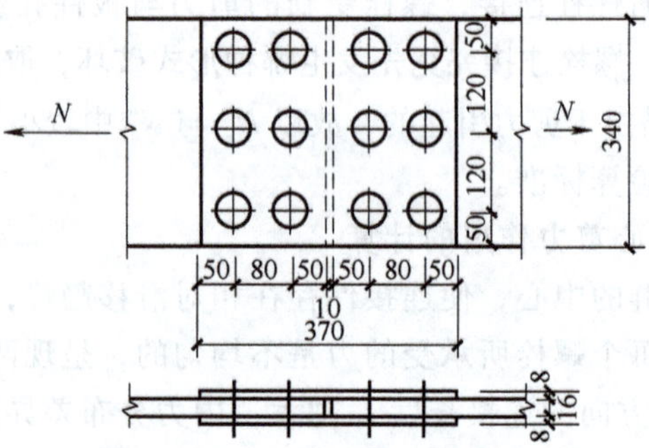

图 3-53 双盖板普通螺栓连接

【解题分析】 本例重点在于确定受剪面数目及螺栓的数量，钢板强度验算将在第 4 章讨论。

解：查表 B-2，5.6 级螺栓的抗剪强度设计值 $f_{\mathrm{v}}^{\mathrm{b}}=190\text{N/mm}^2$，查表 B-3 Q235 钢的承压强度设计值 $f_{\mathrm{c}}^{\mathrm{b}}=405\text{N/mm}^2$

1. 一个螺栓抗剪承载力和承压承载力设计值

双盖板连接，受剪面数量为 2。

$$N_{\mathrm{v}}^{\mathrm{b}}=n_{\mathrm{v}}\frac{\pi d^2}{4}f_{\mathrm{v}}^{\mathrm{b}}=\left(2\times\frac{\pi\times20^2}{4}\times190\times10^{-3}\right)\text{kN}=119.4\text{kN}$$

$$N_{\mathrm{c}}^{\mathrm{b}}=d\sum tf_{\mathrm{c}}^{\mathrm{b}}=(20\times16\times405\times10^{-3})\text{kN}=129.6\text{kN}$$

$$N_{\min}^{\mathrm{b}}=\min(N_{\mathrm{v}}^{\mathrm{b}},N_{\mathrm{c}}^{\mathrm{b}})=N_{\mathrm{v}}^{\mathrm{b}}=119.4\text{kN}$$

2. 普通螺栓连接所能承受的最大力

双盖板连接，只能计算构件一侧的螺栓数量，$n=6$，承受的最大力为

$$N_{\max}=nN_{\min}^{\mathrm{b}}=(6\times119.4)\text{kN}=716.4\text{kN}$$

5. 螺栓群连接受偏心剪力作用的计算

如果外力作用线不通过受剪螺栓群的中心，则螺栓连接受偏心剪力作用，将偏心剪力 F 向螺栓群中心简化为竖向力 V、水平轴力 N 及扭矩 T，如图 3-54 所示。简化后，经过螺栓群中心的水平力 N 和竖向力 V，对每个螺栓的作用平均分配（图 3-54b），即

$$N_{1x}^{N}=\frac{N}{n} \tag{3-35a}$$

$$N_{1y}^{V}=\frac{V}{n} \tag{3-35b}$$

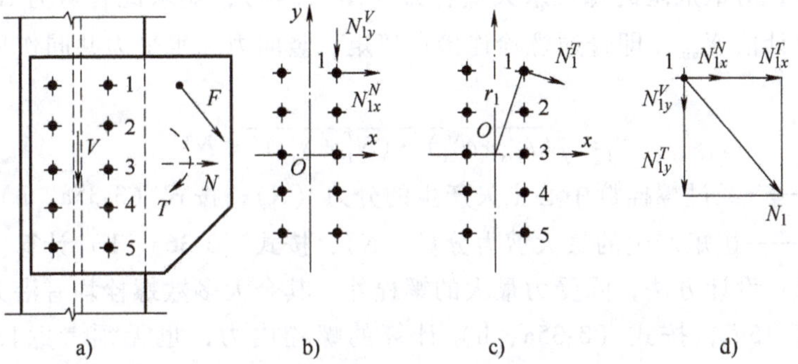

图 3-54 螺栓群受偏心剪力作用

a）螺栓群受力 b）过形心力均匀分布 c）扭矩作用产生的剪力 d）危险点剪力组合

螺栓群在扭矩作用下的受力分析，假定：①被连接构件是刚性，螺栓是弹性的；②被连接件绕螺栓群形心 O 整体微量旋转。

基于上述两点假定，根据变形的协调性，每个螺栓的受力方向与其至螺栓群形心的连线相垂直，力的大小与其至螺栓群形心 O 的距离 r 成正比，则每个螺栓受力大小 N_i^T 与至形心距离 r_i 之比均相等，即

$$\frac{N_1^T}{r_1}=\frac{N_2^T}{r_2}=\cdots=\frac{N_n^T}{r_n}$$

根据力矩平衡条件，即

$$T=N_1^T\cdot r_1+N_2^T\cdot r_2+\cdots+N_n^T\cdot r_n$$

联立上述两式求出至形心 O 最远的 1 号螺栓所受的剪力（图 3-54c）为

$$N_1^T=\frac{Tr_1}{\sum r_i^2}$$

N_1^T 的下标“1”包含两层意义：一是，表示一个螺栓；二是表示在扭矩作用下剪力最大的螺栓。将 N_1^T 沿 x、y 轴分解，并注意 $\sum r_i^2=\sum x_i^2+\sum y_i^2$，则在扭矩作用下承受剪力最大的两个分量分别为

$$N_{1x}^{T}=\frac{Ty_1}{\sum x_i^2+\sum y_i^2} \tag{3-36a}$$

$$N_{1y}^{T}=\frac{Tx_1}{\sum x_i^2+\sum y_i^2} \tag{3-36b}$$

当螺栓布置为一个狭长带，即当 $y_1\geqslant 3x_1$ 时，可近似为

$$\sum x_i^2+\sum y_i^2\approx\sum y_i^2$$

则式（3-36a）和式（3-36b）可简化计算为

$$N_{1x}^{T}=\frac{Ty_1}{\sum y_i^2}$$

$$N_{1y}^{T}=0$$

将扭矩、竖向力和水平力共同作用的螺栓群，针对每种荷载的受力分析，判断最不利受力的最危险螺栓，对最危险的螺栓求矢量合力（图 3-54d），要求此合剪力 N_1 不应大于受剪螺栓的承载力设计值 $N_{\min}^{b}$，即普通螺栓连接在扭矩、竖向力和水平力共同作用的设计计算公式为

$$N_1=\sqrt{(N_{1x}^{T}+N_{1x}^{N})^2+(N_{1y}^{T}+N_{1y}^{V})^2}\leqslant N_{\min}^{b} \tag{3-37}$$

式中 N_{1x}^{N}、N_{1y}^{V}——经过螺栓群中心主矢产生的分力（N），按式（3-35a、b）计算；

N_{1x}^{T}、N_{1y}^{T}——扭矩产生的最大剪力分量（N），按式（3-36a、b）计算。

按式（3-37）设计方法，除受力最大的螺栓外，其余大多数螺栓均有潜力，因此，即使连接长度 l_1 大于 $15d_0$，按式（3-35a、b）计算的螺栓内力，也无须考虑长接头的折减系数 η。

【例 3.9】 如图 3-55 所示，双排普通螺栓 M20-5.6 连接，螺栓孔径 $d_0=20.5\text{mm}$，材料为 Q235 钢，荷载 P 作用点与最下一行螺栓持平、距板边 300mm，若 $P=100\text{kN}$，试验算该螺栓连接强度。

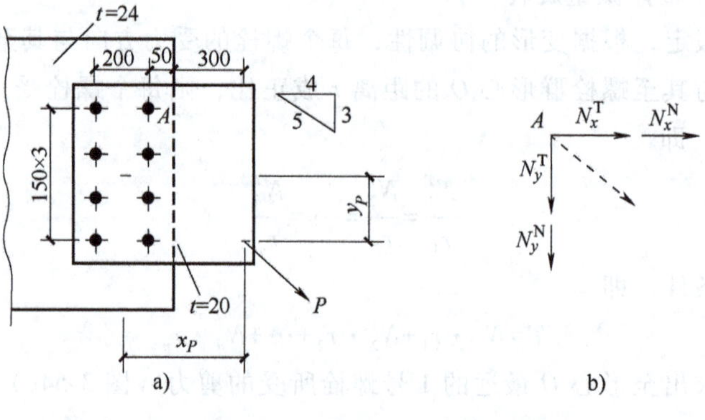

图 3-55 普通螺栓连接承受偏心剪力

a）螺栓连接示意图 b）最危险点 A 点螺栓受力

【解题分析】 该普通螺栓连接受偏心剪力作用，将 P 在其作用点处分解为水平分量 N 和竖向分量 V，再将 N 和 V 分别向螺栓群中心简化，提醒：该点 N 与 V 对螺栓群中心的力矩方向相反。

普通螺栓连接承受偏心剪力作用的验算

解：该问题属于螺栓群受偏心剪力作用。

查表 B-2，5.6 级螺栓的抗剪强度设计值 $f_v^b=190\text{N/mm}^2$，查表 B-3 承压强度设计值 $f_c^b=405\text{N/mm}^2$。

1. 一个螺栓抗剪和承压承载力设计值

$$N_v^b=n_v\frac{\pi d^2}{4}f_v^b=\left(1\times\frac{\pi\times20^2}{4}\times190\times10^{-3}\right)\text{kN}=59.7\text{kN}$$

$$N_c^b=d\sum tf_c^b=(20\times20\times405\times10^{-3})\text{kN}=162.0\text{kN}$$

$$N_{min}^{b}=\min(N_{v}^{b},N_{c}^{b})=N_{v}^{b}=59.7\text{kN}$$

2. 外力向螺栓群中心简化

将 P 沿水平和竖向分解，即

$$N=\frac{4}{5}P=\left(\frac{4}{5}\times100\right)\text{kN}=80\text{kN}$$

$$V=\frac{3}{5}P=\left(\frac{3}{5}\times100\right)\text{kN}=60\text{kN}$$

扭矩：

$$T=Vx_P-Ny_P=[60\times(30+5+10)-80\times22.5]\text{kN}\cdot\text{cm}=900\text{kN}\cdot\text{cm}$$

3. 螺栓所受剪力的计算及强度判断

水平力为

$$N_x^N=\frac{N}{n}=\left(\frac{80}{8}\right)\text{kN}=10\text{kN}$$

竖向力为

$$N_y^V=\frac{V}{n}=\left(\frac{60}{8}\right)\text{kN}=7.5\text{kN}$$

$$\sum x_i^2+\sum y_i^2=(8\times10^2+4\times7.5^2+4\times22.5^2)\text{cm}^2=3050\text{cm}^2$$

扭矩作用螺栓的最大剪力：

$$N_x^T=\frac{Ty_1}{\sum x_i^2+\sum y_i^2}=\left(\frac{900\times22.5}{3050}\right)\text{kN}=6.64\text{kN}$$

$$N_y^T=\frac{Tx_1}{\sum x_i^2+\sum y_i^2}=\left(\frac{900\times10}{3050}\right)\text{kN}=2.95\text{kN}$$

最危险点为 A 点，受力图如图 3-55b 所示。

$$\sqrt{(N_x^T+N_x^N)^2+(N_y^T+N_y^V)^2}=[\sqrt{(6.64+10)^2+(2.95+7.5)^2}]\text{kN}$$
$$=19.65\text{kN}<N_{min}^{b}=59.7\text{kN}$$

故，该螺栓群具有足够连接强度。

3.5.3　普通螺栓连接受拉作用

1. 普通螺栓连接受拉作用时的附加撬力

螺栓沿轴线方向受拉时，拉力不能直接作用在螺杆轴线上，而是通过连接板件来传递。如图 3-56 所示的 T 形连接，由于连接件的刚度有限，受拉力作用时，垂直于拉力方向的连接板件会发生较大的弯曲变形，中部突起、两端抵紧另个连接件，从而形成杠杆作用，螺栓有被撬开的趋势，使螺杆中实际所受拉力增大并产生弯曲现象。考虑杠杆作用时，螺栓的实际轴向拉力为

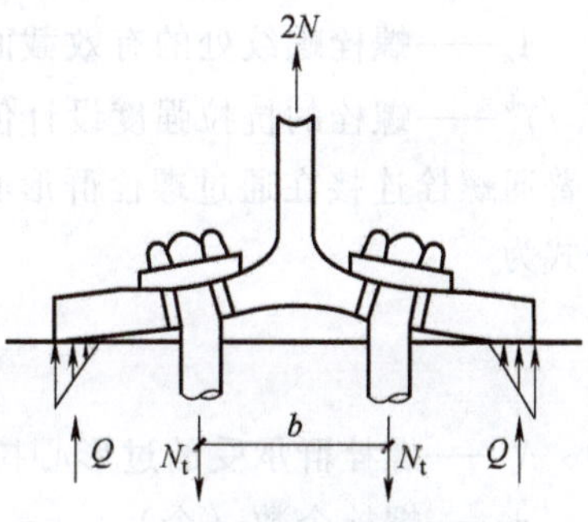

图 3-56　螺栓受拉连接的撬力

$$N_t=N+Q \tag{3-38}$$

式中　N——轴向力（N）；

Q——杠杆对螺栓产生的附加作用力（N），也称为撬力。

撬力 Q 大小与连接件的刚度有关，构件连接处刚度越小，产生的撬力越大；撬力同时与螺栓直径和螺栓所在的位置等因素有关。确定撬力比较复杂，为了简化计算，对普通螺栓连接，采用减小螺栓强度设计值的方法来考虑撬力的不利影响，规定普通螺栓抗拉强度设计值 f_t^b 取同牌号钢材抗拉强度设计值的 80%（即 $f_t^b=0.8f$）。

在构造上采取一些措施加强构件连接角部的刚度，以减小产生的撬力，例如在角钢两肢间设置加劲肋是增大刚度、减小撬力的一种有效办法，如图 3-57 所示。

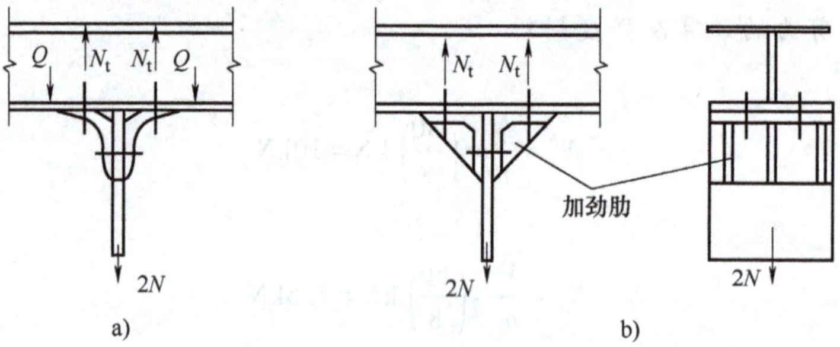

图 3-57　螺栓受拉连接的构造

a）无加劲肋　b）设置加劲肋

2. 单个普通螺栓的抗拉承载力

螺栓连接在拉力作用下，构件的接触面有脱开趋势，螺栓受到沿螺栓杆轴向拉力的作用，螺栓杆将在螺纹处被拉断。

由于螺纹是斜方向的，计算螺栓受拉时的有效截面面积不能采用公称直径或净直径，而是采用有效直径 d_e。螺栓的有效直径按下式计算：

$$d_e=d-\frac{13}{24}\sqrt{3}p \tag{3-39}$$

式中　p——螺距（mm）。

一个螺栓的抗拉承载力设计值为

$$N_t^b=A_e f_t^b \tag{3-40}$$

式中　A_e——螺栓螺纹处的有效截面面积（mm^2），根据有效直径 d_e 计算，或直接查表 C-1；

f_t^b——螺栓的抗拉强度设计值（N/mm^2）。

普通螺栓连接在通过螺栓群形心的拉力作用下，假定所有螺栓受力相等，则螺栓强度验算公式为

$$N_1=\frac{N}{n}\leqslant N_t^b \tag{3-41}$$

式中　N——螺栓群承受的过形心拉力设计值（N）；

n——螺栓个数（个）。

3. 普通螺栓连接受弯矩作用时的计算

如图 3-58 所示底部设置支托板的承受剪力作用的螺栓群连接，支托板限制连接件竖向

位移而抵抗竖向剪力，相当于螺栓群只承受弯矩 M 作用。

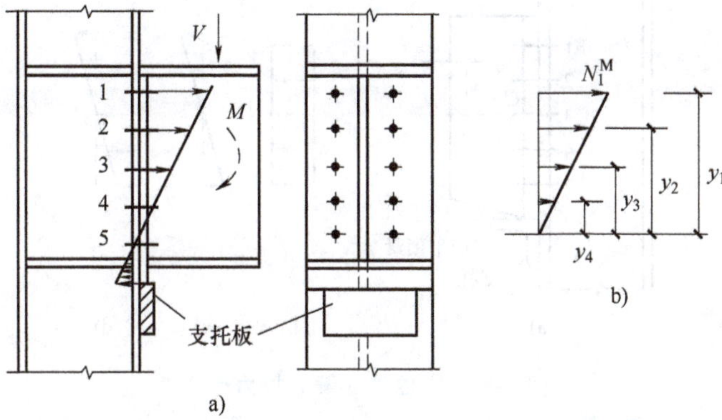

图 3-58 弯矩作用的螺栓连接受力模型及中和轴位置

a）受力模型 b）中和轴位置

普通螺栓连接在弯矩作用下，连接件上部螺栓受拉，使连接件上部产生脱离加大接触面间隙的趋势。由于螺栓轴向只能受拉而不能受压，与螺栓群拉力相平衡的压力产生于连接件下部的接触面上，精确计算中和轴的位置比较复杂。为便于计算，也偏于安全，通常假定中和轴在最下排螺栓孔中心处，如图 3-58b 所示。分析螺栓群承受弯矩作用时的受力状态，采用以下假定：螺栓是弹性的，而被连接构件是刚性；连接件绕最下一行螺栓杆/孔中心整体转动。根据变形的协调性，每行/个螺栓受到的拉力大小与其至最下行螺栓孔中心的距离 y 成正比，即

$$\frac{N_1^M}{y_1}=\frac{N_2^M}{y_2}=\cdots=\frac{N_n^M}{y_n}$$

每行螺栓对最下一行螺栓中心位置的力矩之和与外力矩相等，即

$$M=m(N_1^M y_1+N_2^M y_2+\cdots+N_n^M y_n)$$

联立上述两式，弯矩作用下螺栓的最大拉力为

$$N_1^M=\frac{My_1}{m\sum y_i^2} \tag{3-42}$$

式中 m——螺栓排列的纵向列数（图 3-58 中 $m=2$）；

y_i——第 i 行螺栓到最下一行螺栓中心的距离（mm）。

4. 普通螺栓连接受偏心拉力作用

普通螺栓连接受偏心拉力 F 作用，如图 3-59 所示，一般分析方法是将偏心力 F 向螺栓群中心简化，相当于螺栓连接承受过螺栓群形心拉力 N 和弯矩 $M=Fe$ 的联合作用。过螺栓群形心拉力和弯矩作用下各螺栓的受力如图 3-59b、c 所示，其合成的结果如图 3-59d 所示。但随着偏心量不断加大，弯矩增大，螺栓所受拉力的差异随之加大，其合成的结果（图 3-59d）中最下一行的螺栓是否会出现压力呢？如果出现压力情况，计算结果就不符合实际情况，因为螺栓不能受到轴向压力。普通螺栓连接受偏心拉力作用，根据弯矩作用产生的拉力与过螺栓群形心拉力相对大小，分小偏心受拉和大偏心受拉两种情况：

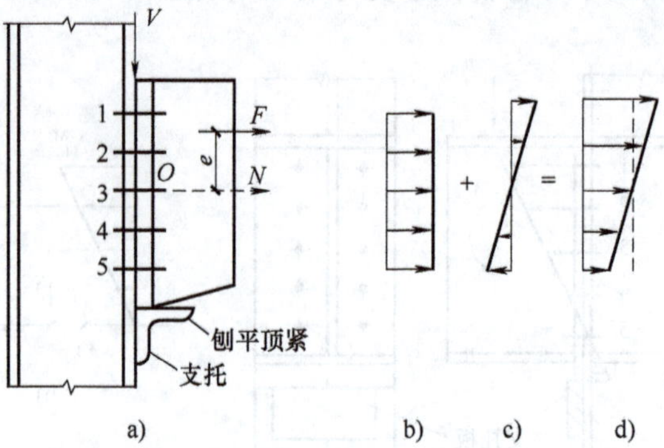

图 3-59　螺栓群受偏心拉力作用

a）构件受力　b）轴心拉力作用　c）弯矩作用　d）组合作用

（1）小偏心模型　以螺栓群形心为中和轴，弯矩作用时一侧螺栓产生拉力，而另一侧螺栓产生压力，如图 3-59c 所示，如果弯矩较小，与过螺栓群形心拉力共同作用组合的结果如图 3-59d 所示，保证最下一行螺栓不出现压力，则螺栓群受偏心拉力作用属于小偏心受拉情况，采用力学叠加原理计算螺栓拉力。

小偏心情况下，即螺栓群中承受最小轴力值不为负数的判断公式为

$$N_{\min}=\frac{N}{n}-\frac{My_1}{m\sum y_i^2}\geqslant 0 \tag{3-43}$$

小偏心情况下［满足式（3-43）］，普通螺栓群连接中，螺栓受到的最大拉力为

$$N_{\max}=\frac{N}{n}+\frac{My_1}{m\sum y_i^2}\leqslant N_t^b \tag{3-44}$$

式中　N——简化后的过螺栓群形心拉力（N）；

M——所有外力对螺栓群中心的弯矩之和（N·mm）；

y_i——第 i 行螺栓至螺栓群中心的距离（mm）。

注意：y_i要从螺栓群的中心位置算起。

按上述小偏心模型计算，弯矩较大时，与过螺栓群形心拉力共同作用组合的结果不满足式（3-43）的条件，此时普通螺栓连接受偏心拉力作用则不属于小偏心情况，小偏心模型轴向拉力与弯矩共同作用叠加的方法不再适用，属于大偏心受力情况，应采用大偏心模型计算。

（2）大偏心模型　大偏心计算模型是以最下一行螺栓中心为螺栓群的弯曲中心，计算所有外力对螺栓群中最下一行螺栓的力矩之和 M'，按弯矩作用螺栓群连接计算，类似于式（3-42），大偏心情况验算公式为

$$N_{\max}=\frac{M'\cdot y_1'}{m\sum y_i'^2}\leqslant N_t^b \tag{3-45}$$

式中　M'——所有外力对螺栓群中最下一行螺栓的力矩之和（N·mm）；

y_i'——第 i 行螺栓到最下一行螺栓中心的距离（mm）。

（3）判断小偏心与大偏心的方法　小偏心与大偏心两种计算模型的本质差异在于，两

种情况的弯曲中心位置不同：小偏心情况，弯曲中心在螺栓群的中心截面，采用过螺栓群形心力与弯矩叠加作用；大偏心情况，弯曲中心在最下一行螺栓的中心，按纯弯矩作用计算。式（3-43）表达的螺栓群中承受最小轴力值 $N_{\min}$ 是判断小偏心或大偏心情况的标准：如果 $N_{\min} \geqslant 0$，则属于小偏心情况，反之，$N_{\min}<0$，则属于大偏心情况，该判断方法适用各种受力状态。

如果普通螺栓连接仅受与螺栓轴线平行的偏心外力作用（图 3-59a），弯矩是由偏心力引起的，即弯矩 $M=Fe$，式（3-43）可简化，按螺栓群有效截面核心距判断，其判断公式为

$$e \leqslant \rho=\frac{m \sum y_i^2}{n \cdot y_1} \tag{3-46}$$

式中　m——螺栓排列的纵向列数；

n——螺栓数量；

ρ——参数。

式（3-46）的 y_i 要从螺栓群的中心截面算起。

如果式（3-46）的关系成立，$e \leqslant \rho$ 则属于小偏心情况；否则 $e>\rho$ 则属于大偏心情况。

【例 3.10】 如图 3-60 所示，双排普通螺栓 M20-4.8 连接，底部设置永久支托，螺栓孔径 $d_0=21$mm，材料为 Q235，如果 $P=120$kN，试验算该螺栓连接安全性。

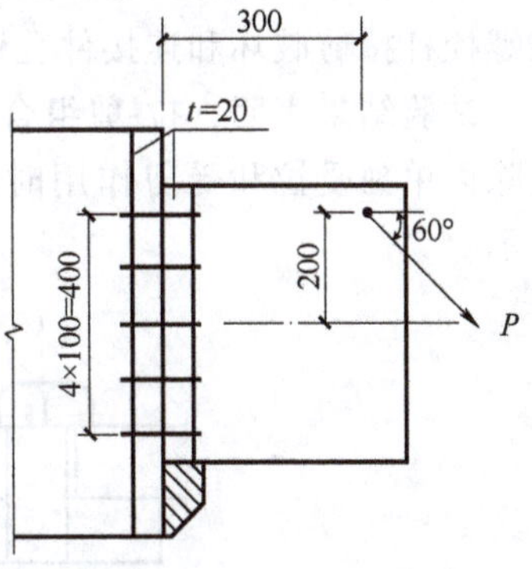

图 3-60　设支托的普通螺栓连接

【解题分析】 底部设置永久支托不考虑竖向力产生的剪切作用，外力 P 是倾斜的，先按小偏心情况，将其分解后再向螺栓群中心简化，两个方向分力均产生力矩，只能采用式（3-43）判断偏心状态。如果属于大偏心情况，则将弯曲中心改为最下一行螺栓杆位置，所有量需重新计算。

解： 因为设置支托，承受竖向荷载，所以该螺栓群受偏心拉力作用。

1. 一个螺栓的抗拉承载力

查表 C-1，M20 螺栓的有效截面面积 A_e 为 245mm²，查表 B-2，$f_t^b=170\text{N/mm}^2$。

$$N_t^b=A_e f_t^b=(245\times170\times10^{-3})\text{kN}=41.65\text{kN}$$

2. 判断小偏心或大偏心

先按小偏心情况计算，即

$$N=P\cos60°=60\text{kN}$$

$$V=P\sin60°=(120\times0.866)\text{kN}=103.9\text{kN}$$

外力对螺栓群中心的弯矩，N 和 V 均有力矩，即

$$M=N\times20\text{cm}+V\times30\text{cm}=4317\text{kN}\cdot\text{cm}$$

$$m\sum y_i^2=[2\times2\times(20^2+10^2)]\text{cm}^2=2000\text{cm}^2$$

螺栓群中承受最小轴力值，按式（3-43）计算，即

$$N_{\min}=\frac{N}{n}-\frac{My_1}{m\sum y_i^2}=\left(\frac{60}{10}-\frac{4317\times20}{2000}\right)\text{kN}=-37.2\text{kN}<0$$

按小偏心计算无效，故应改为大偏心情况计算。

3. 按大偏心情况计算

大偏心情况下，外力对螺栓群最下一行螺栓的弯矩，N、V均有力矩，即

$$M'=N\times40\text{cm}+V\times30\text{cm}=5517\text{kN}\cdot\text{cm}$$

$$m\sum y_i'^2=2\times(40^2+30^2+20^2+10^2)\text{cm}^2=6000\text{cm}^2$$

$$N_{\max}=\frac{M'y_1'}{m\sum y_i'^2}=\left(\frac{5517\times40}{6000}\right)\text{kN}=36.8\text{kN}<N_t^b=41.65\text{kN}$$

故，该普通螺栓连接是安全的。

【题后讨论】 本例有沿螺栓杆轴向拉力的作用，必须先按小偏心情况验算，小偏心模型无效后才能采用大偏心模型。大偏心与小偏心模型中和轴位置不同，虽然N的位置不变，但N的臂长改变了，而V的臂长不变，因此弯矩不同。

3.5.4 普通螺栓连接剪力与拉力共同作用

图3-60所示的承受偏心剪力作用螺栓群连接，底部设置牢固的支托板可承受剪力作用，如果底部未设置支托板或支托板仅用于安装，则支托板不承受剪力，此时螺栓群连接承受弯矩M和剪力V作用。对于一个螺栓而言，同时承受横向剪力和螺杆轴向拉力，属于剪力和拉力共同作用的受力状态，如图3-61a所示。同时承受剪力和拉力作用的普通螺栓连接，存在螺栓杆拉剪破坏和连接件孔壁挤压破坏两种可能。

试验结果表明，拉-剪组合作用下的螺栓杆处于极限承载力时，其所受的拉力和剪力分别除以单独受拉和受剪作用时的承载力，得到拉-剪相关曲线，近似为圆曲线，如图3-61b所示。

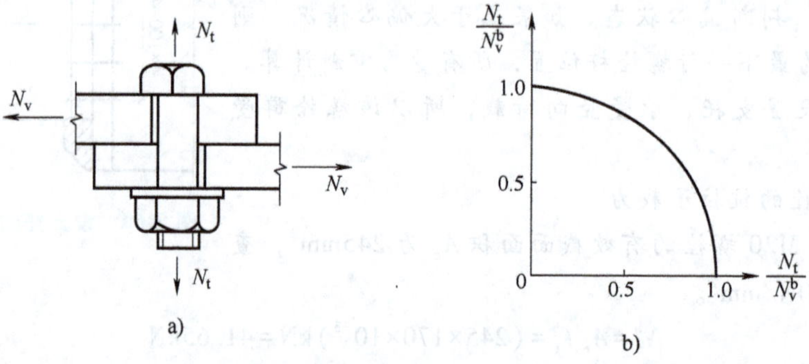

图3-61 拉-剪组合作用的螺栓连接及相关曲线

a）拉-剪组合作用螺栓连接 b）拉力-剪力相关曲线

验算同时承受剪力和螺栓杆轴向拉力作用的螺栓承载力应符合以下要求：

$$\sqrt{\left(\frac{N_v}{N_v^b}\right)^2+\left(\frac{N_t}{N_t^b}\right)^2}\leqslant1.0 \tag{3-47}$$

验算连接件承压承载力的要求，即

$$N_v\leqslant N_c^b \tag{3-48}$$

式中 N_v^b、N_t^b、N_c^b——一个普通螺栓的抗剪、抗拉和承压承载力设计值（N）；

N_v、N_t——某个普通螺栓同时所承受的剪力和拉力（N），N_v 按螺栓群受剪力计算，N_t 则应根据普通螺栓群连接实际的受拉情况，确定最不利的值。

【例 3.11】 图 3-62 所示的梁柱普通螺栓连接，梁端支座板未设支托板，采用 M20-5.6 普通螺栓，螺栓间距及连接件尺寸如图，钢材为 Q235B，静力荷载设计值为 $V=200\text{kN}$，试验算该连接是否安全。

【解题分析】 因梁端支座板未设支托板，螺栓连接承受拉剪组合作用。螺栓承受的拉力由弯矩产生的，无轴向拉力分量，可直接按大偏心计算。

解：该问题属于普通螺栓群连接承受拉-剪组合作用。

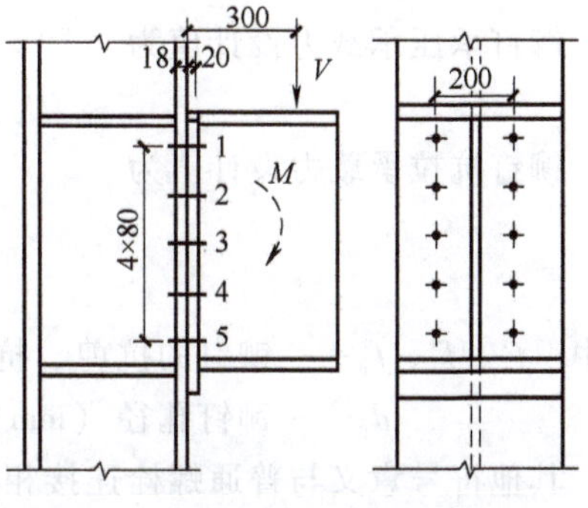

图 3-62 未设支托板的普通螺栓连接

查表 B-2，5.6 级螺栓，$f_v^b=190\text{N/mm}^2$，$f_t^b=210\text{N/mm}^2$；查表 B-3 Q235B，$f_c^b=405\text{N/mm}^2$。

1. 一个螺栓的承载力设计值

$$N_v^b=n_v\frac{\pi d^2}{4}f_v^b=\left(1\times\frac{\pi\times20^2}{4}\times190\times10^{-3}\right)\text{kN}=59.7\text{kN}$$

$$N_t^b=A_e f_t^b=(245\times210\times10^{-3})\text{kN}=51.45\text{kN}$$

$$N_c^b=d\sum tf_c^b=(20\times18\times405\times10^{-3})\text{kN}=145.8\text{kN}$$

2. 外力向螺栓群中心截面简化

$$V=200\text{kN}$$

$$M=(200\times30)\text{kN}\cdot\text{cm}=6000\text{kN}\cdot\text{cm}$$

3. 螺栓受力分析

螺栓群中心剪力作用，即

$$N_v=\frac{V}{n}=\left(\frac{200}{10}\right)\text{kN}=20\text{kN}$$

螺栓群连接中不存在轴向拉力，螺栓群因弯矩作用受拉，采用式（3-45）计算螺栓拉力，即

$$m\sum y_i'^2=[2\times(8^2+16^2+24^2+32^2)]\text{cm}^2=3840\text{cm}^2$$

$$N_t=\frac{M'\cdot y_1'}{m\sum y_i'^2}=\left(\frac{6000\times32}{3840}\right)\text{kN}=50\text{kN}$$

验算“1”螺栓的承载力，即

$$\sqrt{\left(\frac{N_v}{N_v^b}\right)^2+\left(\frac{N_t}{N_t^b}\right)^2}=\sqrt{\left(\frac{20}{59.7}\right)^2+\left(\frac{50}{51.45}\right)^2}=1.028>1.0(\text{不满足要求})$$

承压承载力为

$$N_v=20\text{kN}<N_c^b=145.8\text{kN}(\text{满足要求})$$

故，该螺栓连接不满足螺栓承载力要求。

【题后讨论】 该螺栓连接不满足要求的原因主要是弯矩产生的拉力偏大，有四种解决方案：①将螺栓等级由 5.6 级调整到 8.8 级；②增加螺栓直径，由 M20 调整为 M22；③增加螺栓间距，提高螺栓连接的抗弯矩能力，如将螺距调整到 90mm 即可满足要求（该措施对减小弯矩产生的拉力最有效）；④增加螺栓数量。

针对本例问题，因构件连接空间受限，后两种方案不可行，最有效方案是提高螺栓等级或加大螺栓直径。

3.5.5 铆钉连接

普通螺栓连接，在受剪、受拉、拉-剪组合情况下的分析原则、计算方法、计算公式均适用于铆钉连接，所不同的是，铆钉的承载力设计值均按铆钉孔径计算。

铆钉抗剪承载力设计值为

$$N_v^r = n_v \frac{\pi d_0^2}{4} f_v^r \tag{3-49}$$

铆钉承压承载力设计值为

$$N_c^r = d_0 \sum t f_c^r \tag{3-50}$$

铆钉抗拉承载力设计值为

$$N_t^r = \frac{\pi d_0^2}{4} f_t^r \tag{3-51}$$

式中 f_v^r、f_t^r、f_c^r——铆钉的抗剪、抗拉、承压强度设计值（N/mm^2），按表 B-4 选用；

d_0——铆钉孔径（mm）；

其他符号意义与普通螺栓连接相同。

铆钉连接的强度设计值应按下列规定乘以相应的折减系数，当以下情况同时存在时，其折减系数应连乘：

1）施工条件较差的铆钉连接应乘以系数 0.9。

2）沉头和半沉头铆钉连接应乘以系数 0.8。

3.6 高强度螺栓连接

3.6.1 高强度螺栓的预拉力

高强度螺栓连接按传力特征分为摩擦型连接和承压型连接两类。高强度螺栓摩擦型连接是仅靠板叠间的摩擦阻力传递剪力，并以荷载引起的剪力不超过摩擦阻力这一条件作为设计准则。从单个螺栓受剪的 N-δ 曲线（图 3-48）中，以曲线上的 1 点作为连接受剪承载力的极限，实际上摩擦型连接还有较大的承载潜力，剪切变形小，常用于直接承受动力荷载的结构中。

高强度螺栓承压型连接传递的剪力可超出摩擦阻力，螺栓杆与孔壁挤压传力，以曲线的最高点“4”作为连接承载力极限。承压型连接更加充分地利用了螺栓的承载能力，但剪切变形较大，只适用于承受静力荷载或间接承受动力荷载的结构中。

1. 预拉力的控制方法

为使连接板件间产生足够的摩擦阻力，连接板件间必须存在足够大的法向压紧力，要求高强度螺栓达到规定的预拉力。高强度螺栓分大六角头型和扭剪型两种，两种类型预拉力的控制方法不同，主要有三种方法：

（1）力矩法 安装大六角头高强度螺栓，一般采用指针式扭力（测力）扳手或预置式扭力（定力）扳手，现多使用电动扭矩扳手。力矩法是通过控制拧紧力矩来控制预拉力的，拧紧力矩可由试验确定。为了克服连接件和垫圈等变形，提高施工控制预拉力值的准确度，安装时分初拧和终拧两步，应先按拧紧力矩的 50%初拧，再按 100%拧紧力矩进行终拧。力矩法的优点是较简单、易实施、费用少，但由于连接件和被连接件的表面质量和拧紧速度的差异，测得的预拉力值误差大且分散，一般误差为±25%。

（2）转角法　先用普通扳手进行初拧，使连接板相互紧密贴合；再以初拧位置为起点，按终拧角度，用长扳手或风动扳手旋转螺母，拧至该角度值时，螺栓的拉力即达到施工控制预拉力。

（3）扭剪法　该法用于安装扭剪型高强度螺栓。扭剪型高强度螺栓的头部螺纹段端部有一个承受拧紧反力矩的梅花头和一个能在规定力矩下剪断的断颈槽，如图 3-63 所示。安装时使用特制的电动扳手，将两个套头一个套在螺母六角体上，另一个套在螺栓的梅花头上。当终拧至断颈剪断为止，安装结束，相应的安装力矩即为拧紧力矩。该方法具有安装简便，质量易于保证，可以单面拧紧，对操作人员没有特殊要求等优点，安装后一般不拆卸。

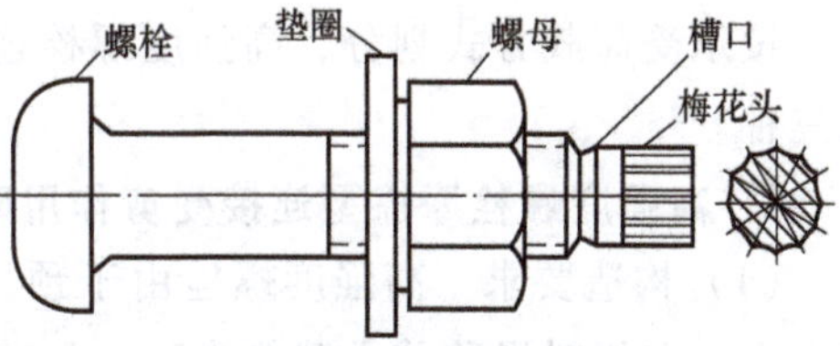

图 3-63　扭剪型高强度螺栓连接

2. 预拉力设计值

高强度螺栓摩擦型连接不论用于受剪螺栓连接、受拉螺栓连接，还是拉-剪组合作用螺栓连接，其受力都是依靠螺栓对板叠强大的法向压力，即预拉力。高强度螺栓承压型连接也要部分地利用这一特性。控制预拉力，即控制螺栓的紧固程度，是保证高强度螺栓连接质量的关键因素。

高强度螺栓的预拉力值，以螺栓经热处理后的最低抗拉强度为准，再考虑必要的系数，由螺栓的有效截面面积经计算确定。考虑的系数包括：①材料的不均匀性，引入一个折减系数 0.9；②螺栓紧固后会有一点松弛而引起预拉力损失，为了补偿螺栓预拉力的松弛，施工时一般超张拉 5%~10%，为此采用一个超张拉系数 0.9；③由于以螺栓的最低抗拉强度为准，为安全起见再引入一个附加安全系数 0.9；④在施拧过程中，螺栓中除拉应力外，还产生剪应力，在正常施工条件下，螺母的螺纹和下支承面涂黄油润滑剂或在供货状态原润滑剂未干的情况下拧紧螺栓，对应力会产生显著影响，根据试验结果其影响系数考虑为 1.2。

由此高强度螺栓的预拉力设计值为

$$P=\frac{0.9\times0.9\times0.9}{1.2}A_e f_u \tag{3-52}$$

式中　A_e——螺栓有效截面面积（mm^2）；

f_u——螺栓材料经过热处理后的最低抗拉强度（N/mm^2），对 8.8 级，取 $f_u=830N/mm^2$，对 10.9 级，取 $f_u=1040N/mm^2$。

根据式（3-52）计算各型号高强度螺栓的预拉力设计值，并取 5kN 的倍数，《钢标》规定的高强度螺栓预拉力设计值，见表 3-6。

表 3-6 一个高强度螺栓的预拉力设计值 P （单位：kN）

螺栓的承载性能等级	螺栓公称直径/mm					
	M16	M20	M22	M24	M27	M30
8.8 级	80	125	150	175	230	280
10.9 级	100	155	190	225	290	355

3.6.2 高强度螺栓摩擦型连接的构造和计算

按承受荷载方式划分，高强度螺栓连接分受剪螺栓连接、受拉螺栓连接和拉-剪螺栓连接三种。

1. 高强度螺栓摩擦型连接受剪作用时的构造和计算

（1）构造要求 高强度螺栓由于预拉力高，被连接板叠的法向压紧力大，板间的摩擦阻力大。在相对滑移前承载能力高，且剪切变形小，耐疲劳。《钢标》规定，直接承受动力荷载构件，受剪连接时应采用摩擦型高强度螺栓。高强度螺栓连接设计均应按表 3-6 施加预拉力。当高强度螺栓连接的环境温度为 100~150℃时，其承载力应降低 10%。

当型钢构件拼接采用高强度螺栓连接时，其拼接件宜采用钢板。高强度螺栓摩擦型连接可采用标准孔、大圆孔和槽孔，孔型尺寸可按表 3-7 采用。采用扩大孔连接时，同一连接面只能在盖板和芯板其中之一的板上采用大圆孔或槽孔，其余仍采用标准孔。高强度螺栓摩擦型连接盖板按大圆孔、槽孔制孔时，应增大垫圈厚度或采用连续型垫板，其孔径与标准垫圈相同，对 M24 及以下的螺栓，厚度不宜小于 8mm；对 M24 以上的螺栓，厚度不宜小于 10mm。

表 3-7 高强度螺栓摩擦型连接的孔型尺寸匹配 （单位：mm）

螺栓公称直径			M12	M16	M20	M22	M24	M27	M30
孔型	标准孔	直径	13.5	17.5	22	24	26	30	33
	大圆孔	直径	16	20	24	28	30	35	38
	槽孔	短向	13.5	17.5	22	24	26	30	33
		长向	22	30	37	40	45	50	55

（2）摩擦型连接单个高强度螺栓的抗剪承载力设计值 高强度螺栓摩擦型连接受剪时以摩擦阻力刚被克服、连接即将产生相对滑移作为承载能力极限状态。一个高强度螺栓的抗剪承载力设计值为

$$N_v^b = 0.9kn_f\mu P \tag{3-53}$$

式中 P——一个高强度螺栓的预拉力设计值（N），按表 3-6 取值；

n_f——传力摩擦面数目；

k——孔型系数，按表 3-8 取值；

μ——摩擦面的抗滑移系数，按表 3-9 取值。

表 3-8　高强度螺栓摩擦型连接的孔型系数 k

孔型	标准孔	大圆孔	内力与槽孔长向垂直时	内力与槽孔长向平行时
孔型系数 k	1.0	0.85	0.7	0.6

摩擦面的抗滑移系数 μ 值主要与摩擦面的粗糙程度即构件接触面的处理方法有关，与构件所用材料的硬度也有一定影响。表 3-9 列出了钢结构用钢材摩擦面的抗滑移系数 μ。

表 3-9　钢材摩擦面的抗滑移系数 μ

连接处构件接触面的处理方法	构件的钢材牌号		
	Q235 钢	Q345 钢、Q355 钢或 Q390 钢	Q420 钢或 Q460 钢
喷硬质石英砂或铸钢棱角砂	0.45	0.45	0.45
抛丸（喷砂）	0.40	0.40	0.40
钢丝刷清除浮锈或未经处理的干净轧制面	0.30	0.35	—

注：1. 钢丝刷除锈方向应与受力方向垂直。
2. 当连接构件采用不同钢材牌号时，μ 按相应较低强度者取值。
3. 采用其他方法处理时，其处理工艺及抗滑移系数值均需经试验确定。

(3) 高强度螺栓摩擦型连接受剪作用时的计算　摩擦型高强度螺栓承受过螺栓群形心剪力作用时，确定危险螺栓及计算受力大小的方法与普通受剪螺栓连接相同，按一个螺栓所承受的最大剪力与式（3-53）计算的高强度螺栓的抗剪承载力设计值比较，判断连接是否安全。摩擦型高强度螺栓连接，螺栓与孔壁不接触，不需要验算承压强度。

2. 高强度螺栓摩擦型连接受拉作用时的计算

经试验与计算分析研究可得出：当螺栓连接承受螺栓杆轴向拉力时，只要螺栓分担的轴向拉力设计值 N_t 不超过其预拉力 P，螺栓的拉力就增加得很少。但当 N_t 大于 P 时，螺栓可能达到材料屈服强度，在卸载后连接产生松弛现象，预拉力降低，影响摩擦型连接的性能。《钢标》规定，高强度螺栓摩擦型连接的抗拉承载力设计值为

$$N_t^b = 0.8P \tag{3-54}$$

高强度螺栓摩擦型连接承受过螺栓群形心力作用、弯矩作用或偏心拉力作用，受力分析方法与普通螺栓相同，只需采用高强度螺栓的抗拉承载力 $N_t^b = 0.8P$ 即可。

3. 高强度螺栓摩擦型连接拉-剪组合作用时的计算

当高强度螺栓摩擦型连接同时承受摩擦面间剪力和螺栓杆轴方向外拉力时，由于沿螺栓杆轴向的拉力 N_t 作用，不但使连接件之间的压紧力由 P 减至（$P-N_t$），而且试验表明，此时摩擦面的抗滑移系数 μ 值也有所降低。沿螺栓杆轴向拉力 N_t 与摩擦面间的剪力 N_v 对高强度螺栓连接互有不利影响。当高强度螺栓摩擦型连接同时承受摩擦面间的剪力和螺栓杆轴方向的拉力时，承载力应符合式（3-55）要求。

$$\frac{N_v}{N_v^b} + \frac{N_t}{N_t^b} \leqslant 1.0 \tag{3-55}$$

式中 N_v、N_t——某个高强度螺栓所承受的剪力和拉力（N）；

N_v^b、N_t^b——一个高强度螺栓的抗剪、抗拉承载力设计值（N），分别由式（3-53）和式（3-54）确定。

由式（3-55）可改写为

$$N_v \leqslant N_v^b\left(1-\frac{N_t}{N_t^b}\right)$$

将 $N_v^b=0.9kn_f\mu P$ 和 $N_t^b=0.8P$ 代入上式可得

$$N_v \leqslant 0.9kn_f\mu P(1-1.25N_t)$$

由此，可以得出高强度螺栓摩擦型连接拉-剪组合作用时，其抗剪承载力设计值为

$$N_v^b=0.9kn_f\mu P(1-1.25N_t) \tag{3-56}$$

式（3-56）表明，螺栓连接拉-剪组合作用时，螺栓受轴向拉力会降低其抗剪承载力。式（3-56）与式（3-55）是等价的，均可用于判断高强度螺栓摩擦型连接拉-剪组合作用时最危险螺栓的强度。

高强度螺栓摩擦型连接承受弯矩或偏心拉力与剪力联合作用，螺栓群中拉力各不相同，即

$$N_{it}=\frac{N}{n}\pm\frac{My_i}{\sum y_i^2} \tag{3-57}$$

式中 n——螺栓数目；

N_{it}——每个螺栓受拉力（N），当 $N_{it}<0$ 时，取 $N_{it}=0$。

距中和轴最远的螺栓受拉力 N_{1t} 最大，当 N_{1t} 达到式（3-55）或式（3-56）上限时，其他螺栓还有潜力。此受力情况下，高强度螺栓摩擦型连接所能承受的最大剪力 V 为

$$V \leqslant \sum_{i=1}^{n} 0.9kn_f\mu P(1-1.25N_{it}) \quad 或 \quad V \leqslant 0.9kn_f\mu\left(nP-1.25\sum_{i=1}^{n}N_{it}\right) \tag{3-58}$$

式（3-58）中 $N_{it}>0$，当 $N_{it}\leqslant 0$ 时，取 $N_{it}=0$。

式（3-58）只考虑了螺栓拉力对抗剪能力的影响，未直接限定螺栓最大拉力 N_{1t}，因此，应同时验算螺栓拉力满足式（3-59）。

$$N_{1t} \leqslant N_t^b \tag{3-59}$$

式（3-58）综合考虑螺栓不同轴力的影响，能反映螺栓连接实际最大承载能力，计算时只考虑螺栓拉力对抗剪承载力的不利影响，未考虑受压区板层间压力增加的有利作用，得到的结果略偏于安全，但冗余度比式（3-55）或式（3-56）小。对于重要结构安全等级要求较高时，建议采用式（3-55）或式（3-56）验算高强度螺栓摩擦型连接拉-剪组合的强度。

【例 3.12】 图 3-64 所示为一受竖向力 F 作用的 T 形接头，采用 M20-8.8 高强度螺栓摩擦型连接，连接处板件为未经处理的干净轧制面，厚度均为 22mm，钢材 Q235，若荷载作用点距柱边 $e=200$mm，试确定该连接所能承受的 FkN 最大值。

【解题分析】 该摩擦型高强度螺栓群承受拉-剪组合作用，剪力为平均分配，弯矩作用的中和轴在螺栓群中心。

解： 该连接为高强度螺栓摩擦型连接同时承受摩擦面间的剪力和螺栓杆轴向拉力情况。

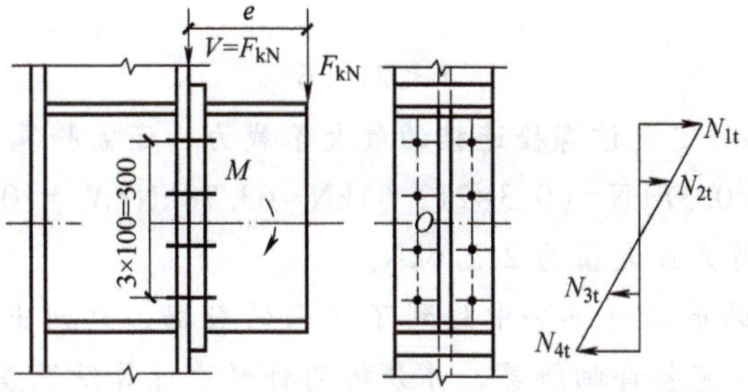

图 3-64　未设支托板件的高强度螺栓摩擦型连接

1. 螺栓承载力

该连接采用标准孔，孔型系数 $k=1.0$；Q235 钢，板件未经处理的干净轧制面，$\mu=0.3$；连接摩擦面数目，$n_f=1$；8.8 级 M20 高强度螺栓预拉力，$P=125\text{kN}$。

高强度螺栓的抗剪承载力为

$$N_v^b=0.9kn_f\mu P=(0.9\times1.0\times1\times0.3\times125)\text{kN}=33.75\text{kN}$$

高强度螺栓的抗拉承载力为

$$N_t^b=0.8P=(0.8\times125)\text{kN}=100\text{kN}$$

2. 螺栓受力分析

高强度螺栓连接承受弯矩作用时，中和轴在螺栓群中心，即

$$V=F\text{kN}$$

$$M=20F\text{kN}\cdot\text{cm}$$

$$m\sum y_i^2=[4\times(15^2+5^2)]\text{cm}^2=1000\text{cm}^2$$

第一行螺栓受力计算，即

$$N_v=\frac{V}{n}=\frac{F\text{kN}}{8}=0.125F\text{kN}$$

$$N_{1t}=\frac{My_1}{m\sum y_i^2}=\left(\frac{20F\times15}{1000}\right)\text{kN}=0.3F\text{kN}$$

3. 确定外力的最大值

同时承受摩擦面间的剪力和螺栓杆轴方向的外拉力时，摩擦型高强螺栓应满足式（3-55），即

$$\frac{N_v}{N_v^b}+\frac{N_t}{N_t^b}=\frac{0.125F}{33.75}+\frac{0.3F}{100}=6.7037\times10^{-3}F\leqslant1.0$$

解得，$F\leqslant149.17$，即该连接所能承受的剪力最大值为 149.17。

本例的第二种解法：按式（3-58）计算。

各行螺栓受的拉力：$N_{1t}=0.3F\text{kN}$，$N_{2t}=0.1F\text{kN}$，其他为压力，取 0。

$$\sum_{i=1}^{n}N_{it}=2\times(0.3F+0.1F)\text{kN}=0.8F$$

代入式（3-58），可得

$$[1+(0.9\times1.0\times1\times0.3)\times1.25\times0.8]F\text{kN}\leqslant0.9\times1.0\times1\times0.3\times8\times125\text{kN}$$

$$1.27F\leqslant270$$

解得

$$F \leqslant 212.6$$

FkN=212.6kN 并不一定是该螺栓连接的最大承载力，还需验算螺栓的抗拉强度：

$$N_{1t}=0.3F\text{kN}=(0.3\times212.6)\text{kN}=63.78\text{kN}<N_t^b=100\text{kN}$$

该连接所能承受的剪力最大值为 212.6kN。

【题后讨论】 本例的第二种解法中用到了前面的数据，只列出了不同的地方，作为练习请采用式（3-58）进行完整详细解答，并分析两种解法计算结果差异的原因。

3.6.3 高强度螺栓承压型连接

高强度螺栓承压型连接预拉力 P 的施拧工艺和设计值取值与高强度螺栓摩擦型连接相同；高强度螺栓承压型连接不应用于直接承受动力荷载的结构，受剪承压型连接在正常使用极限状态下应符合摩擦型连接的设计要求；采用承压型连接时，连接处构件接触面应清除油污及浮锈，仅承受拉力的高强度螺栓连接，不要求对接触面进行抗滑移处理；高强度螺栓承压型连接采用标准圆孔时，其孔径 d_0 可按表 3-7 采用。

1. 高强度螺栓承压型连接受剪作用时的计算

承压型连接受剪作用，连接件产生滑移，螺栓杆和螺栓孔壁挤压参与传力，直至破坏达到承载能力极限状态，受力特性与普通螺栓连接相同。《钢标》规定，承压型连接中，每个高强度螺栓的抗剪承载力设计值的计算方法与普通螺栓相同，但当剪切面在螺纹处时，其抗剪承载力设计值应按螺纹处的有效截面面积进行计算。

2. 高强度螺栓承压型连接受拉作用时的计算

《钢标》规定，在杆轴受拉的连接中，每个高强度螺栓的抗拉承载力设计值的计算方法与普通螺栓相同。抗拉承载力设计值也用式（3-40）计算，该值与摩擦型连接所采用的式（3-54）相当，如 M20-8.8 的抗拉承载力设计值，两式计算结果分别为 98kN 和 100kN。

3. 高强度螺栓承压型连接同时承受剪力和螺栓轴向拉力作用的计算

高强度螺栓承压型连接同时承受剪力和沿螺栓轴向拉力作用时，在后期的受力特性和普通螺栓的相同，按与普通螺栓拉-剪组合相同的公式验算螺栓的强度，即

$$\sqrt{\left(\frac{N_v}{N_v^b}\right)^2+\left(\frac{N_t}{N_t^b}\right)^2} \leqslant 1.0 \tag{3-60}$$

验算承压条件时，将承压承载力设计值除以系数 1.2 予以降低，即

$$N_v \leqslant \frac{N_c^b}{1.2} \tag{3-61}$$

式中 N_v、N_t——某个高强度螺栓所承受的剪力和拉力（N）；

N_v^b、N_t^b、N_c^b——高强度螺栓按普通螺栓计算时的受剪、受拉和承压承载力设计值（N）。

【例 3.13】 将【例 3.12】的连接改用高强度螺栓承压型连接设计，其他条件不变，求 FkN 最大值。

【解题分析】 高强度螺栓承压型连接与摩擦型连接，螺栓的承载力计算方法以及强度判断准则不同。

解： 采用高强度螺栓承压型连接设计时：

8.8 级螺栓的强度设计值，$f_v^b=250\text{N/mm}^2$，$f_t^b=400\text{N/mm}^2$；有效截面面积 $A_e=2.45\text{cm}^2$；Q235 钢，$f_c^b=470\text{N/mm}^2$。

1. 高强度螺栓的承载力

高强度螺栓承压型连接时（方法、公式与普通螺栓相同），

受剪

$$N_v^b=n_v\frac{\pi d^2}{4}f_v^b=\left(1\times\frac{\pi\times20^2}{4}\times250\times10^{-3}\right)\text{kN}=78.54\text{kN}$$

受拉

$$N_t^b=\frac{\pi d_e^2}{4}f_t^b=A_e f_t^b=(245\times400\times10^{-3})\text{kN}=98\text{kN}$$

承压

$$N_c^b=d\sum t\cdot f_c^b=(20\times22\times470\times10^{-3})\text{kN}=206.8\text{kN}$$

2. 承压型连接螺栓承受的最大力

参考【例 3.12】的计算结果：$N_v=0.125F\text{kN}$，$N_{1t}=0.3F\text{kN}$。

1）按承压型连接螺栓强度条件，按式（3-60）可得

$$\sqrt{\left(\frac{N_v}{N_v^b}\right)^2+\left(\frac{N_t}{N_t^b}\right)^2}=\sqrt{\left(\frac{0.125F}{78.54}\right)^2+\left(\frac{0.3F}{98}\right)^2}=3.45\times10^{-3}F\leqslant1.0$$

解得

$$F_{max}=289.8$$

2）按承压强度条件，按式（3-61）可得

$$N_v=0.125F\text{kN}\leqslant\frac{N_c^b}{1.2}=\left(\frac{206.8}{1.2}\right)\text{kN}$$

解得

$$F_{max}=1378$$

综上，取螺栓强度与承压强度确定的较小者，采用高强度螺栓承压型连接设计，剪力最大值为 289.8kN。

【题后讨论】 承压型连接设计（【例 3.13】）与摩擦型连接设计相比（【例 3.12】），连接的承载力如下：①289.8/149.17=1.94，②289.8/212.6=1.36。从两例题计算结果比较可见，按高强度螺栓承压型连接设计有明显的经济效益。当连接承受静力荷载或间接动力荷载时，可优先选用承压型连接，但当承受动力荷载或连接精度要求高时，需采用摩擦型连接。

习题

一、思考题

1. 简述钢结构的主要连接方法及其优缺点。
2. 简述焊缝可能存在的缺陷及焊缝的质量等级。

3. 简述按空间位置即施焊方位划分焊缝的种类及其特点。
4. 简述角焊缝的焊脚尺寸既不应太大，也不应太小的原因。
5. 简述角焊缝长度不应太长或太短的原因。
6. 根据外力与焊缝的相对关系，角焊缝可以分为几类？
7. 简述正面角焊缝与侧面角焊缝在有效面上的应力分布。
8. 讨论角焊缝的有效厚度与焊脚尺寸的关系。
9. 简述角焊缝承受扭矩作用时所做的假定条件。
10. 简述焊接残余应力对结构工作的影响以及减小焊接应力和焊接变形的措施。
11. 简述螺栓排列的基本原则。
12. 试分析比较螺栓的并列和错列的特点。
13. 简述受剪力作用的普通螺栓连接破坏形式，其中哪些通过构造措施即可避免？
14. 画图说明螺栓受剪面与承压面的位置及计算方法，并说明二者的作用差异。
15. 说明图 3-65 中各图受剪面的数目；如果每块板厚相同，求承压面面积。

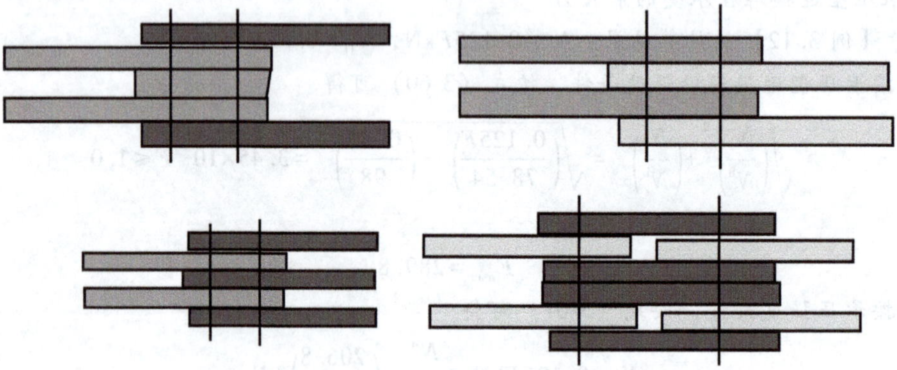

图 3-65　思考题 15 图

16. 简述分析螺栓群承受扭矩作用时，设置的假定条件。
17. 简述螺栓群受偏心拉力作用时，需要区分大小偏心和小偏心拉力的原因及区分大、小偏心情况的方法。
18. 螺栓群承受大、小偏心拉力作用时，均需计算 $m\sum y_i^2$，简述两种情况计算方法的异同。
19. 简述判断螺栓连接是属于受剪、受拉作用，还是拉-剪组合作用的方法。
20. 简述高强度螺栓摩擦型连接与承压型连接的区别。

二、练习题

1. 试验算图 3-66 中对接焊缝①的强度，拉力设计值 $P=150\text{kN}$，材料为 Q235 钢，焊条为 E43 型，焊条电弧焊，焊缝等级三级。

2. 图 3-67 中工字形牛腿与钢柱采用对接焊缝连接，焊条电弧焊，使用引弧板，焊缝等级三级，材料为 Q235B 钢，焊条为 E43 型，荷载设计值 $F=550\text{kN}$，偏心距 $e=300\text{mm}$，试验算该对接焊缝的强度。

3. 如图 3-68 所示，跨度为 6m 的简支梁，均布荷载设计值 $q=60\text{kN/m}$。在距支座 1.5m

处（Ⅰ处），采用全截面对接连接，焊条电弧焊，焊条为 E43 型，用引弧板施焊，钢材为 Q235B 钢，试验算该对接焊缝强度。若焊缝处于梁跨中（Ⅱ）位置，相同的施焊方式，求该梁能够承受的均布荷载最大值。

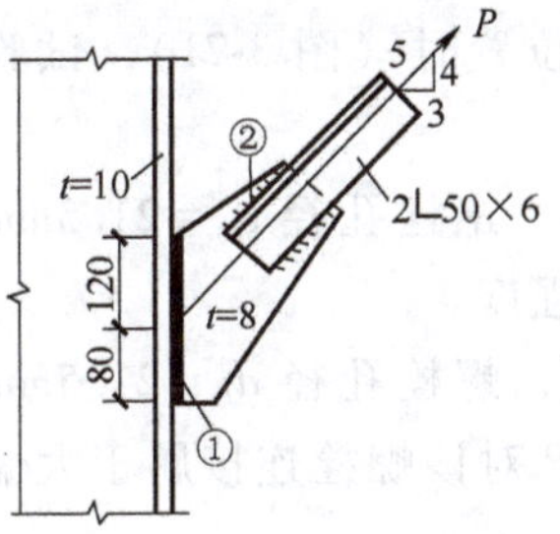

图 3-66　练习题 1、4、7 图

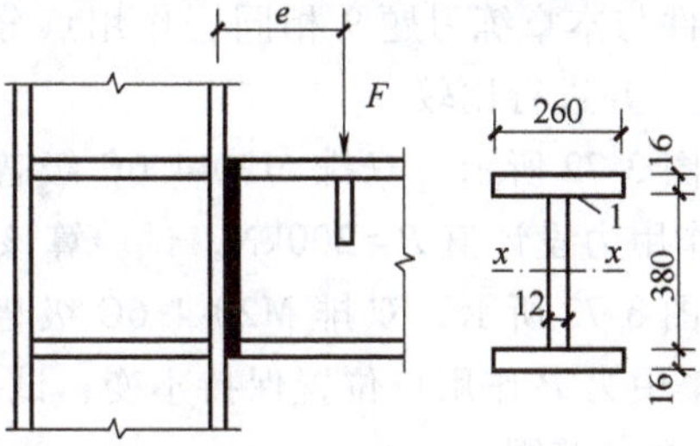

图 3-67　练习题 2、8 图

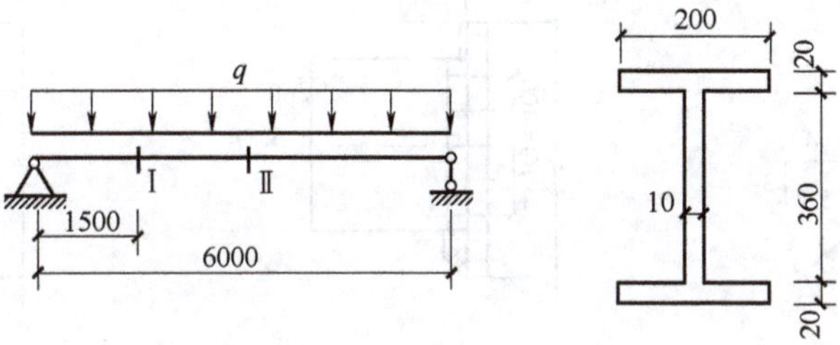

图 3-68　练习题 3 图

4. 试设计图 3-66 所示的角钢与节点板连接的角焊缝②，条件与练习题 1 相同。

5. 如图 3-69 所示，某柱外侧焊接一块侧板，采用两条水平角焊缝焊接，焊条电弧焊，焊条为 E43 型，焊脚尺寸 $h_f = 8$mm，材料为 Q235B 钢，板厚均为 $t = 12$mm，求该连接所能承受的最大静力荷载 PkN。

6. 如图 3-70 所示，某柱外侧焊接一块侧板，采用三面围焊角焊缝，焊条电弧焊，焊条为 E43 型，焊脚尺寸 $h_f = 8$mm，钢材为 Q235B，板厚均为 $t = 12$mm，承受静为荷载 $P = 200$kN，试验算该连接的强度。

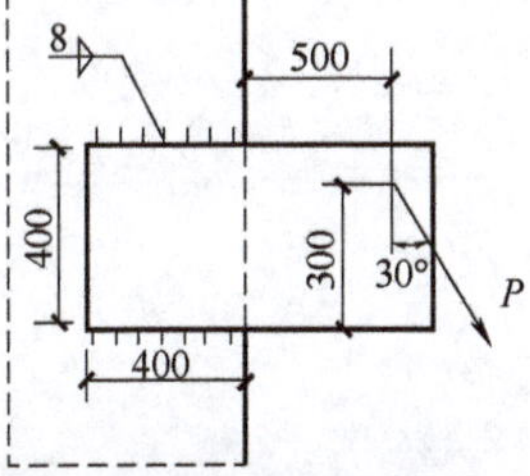

图 3-69　练习题 5 图

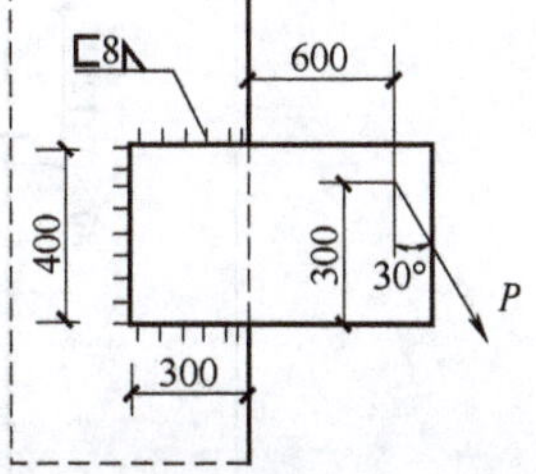

图 3-70　练习题 6 图

7. 图 3-66 中焊缝①为焊脚尺寸 $h_f = 8$mm 的两侧角焊缝，材料为 Q235 钢，焊条为 E43 型，焊条电弧焊，试求该连接所能承受的最大静力荷载 PkN。

8. 图 3-67 中工字形牛腿与钢柱采用角焊缝连接，翼缘上下面及腹板两侧均施焊，焊脚尺寸 $h_f = 8mm$，其他条件与本章练习题 2 相同，试验算该角焊缝连接的强度。

9. 如图 3-71 所示，双排 M20-5.6B 级普通螺栓连接，螺栓孔径 $d_0 = 20.5mm$，材料为 Q355 钢，A 点作用力设计值 $P = 200kN$，试验算该螺栓连接的强度。

10. 条件与本章练习题 9 相同，作用点分别为 B、C 位置时（图 3-71），试验算该螺栓连接的强度，并进行比较。

11. 如图 3-72 所示，双排 M20-4.6C 级普通螺栓连接，螺栓孔径 $d_0 = 21.5mm$，材料为 Q235 钢，作用力设计值 $P = 200kN$，试验算该螺栓连接的强度。

12. 如图 3-73 所示，双排 M20-4.6C 级普通螺栓连接，螺栓孔径 $d_0 = 21.5mm$，材料为 Q235 钢，集中力 P 作用点位置保持不变，试分析集中力 P 对该螺栓连接属于大偏心或小偏心情况的角度 α 范围。

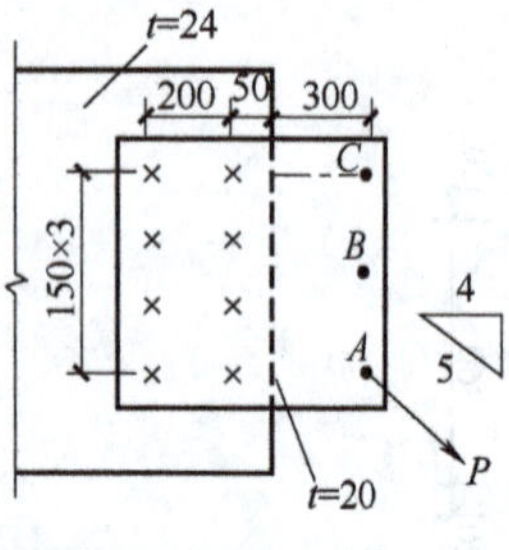

图 3-71　练习题 9、10 图

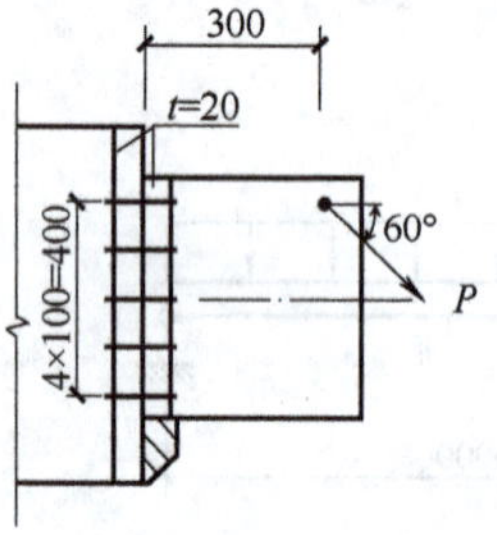

图 3-72　练习题 11、16 图

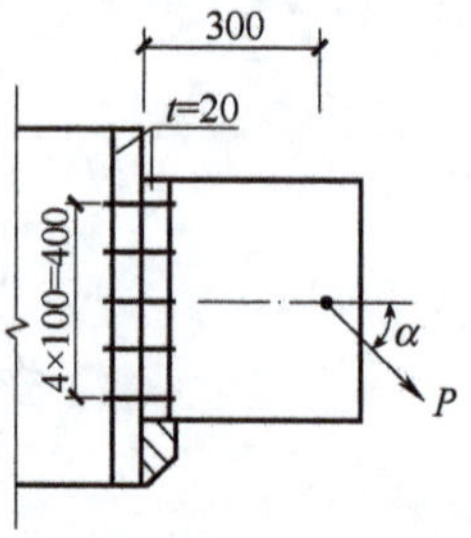

图 3-73　练习题 12 图

13. 如图 3-74 所示，外力 $P = 200kN$，材料为 Q235 钢，上边设有支托，连接 Ⅰ 采用双排 M20-4.6 普通螺栓连接，间距为 100mm，螺栓孔径 $d_0 = 21.5mm$，要求：①试验算螺栓 Ⅰ 的连接强度；②设计角钢与连接件间的螺栓连接 Ⅱ。

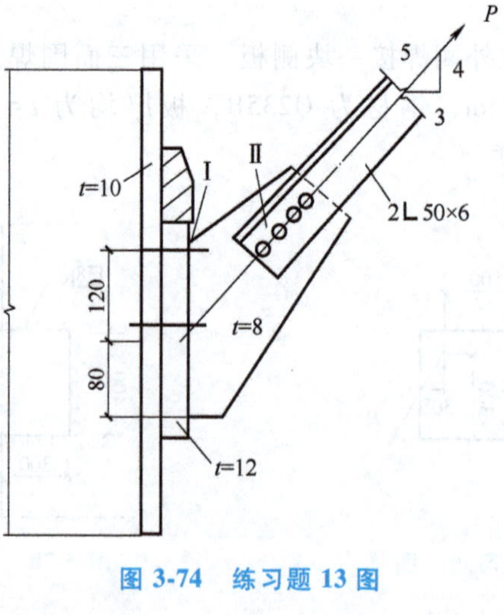

图 3-74　练习题 13 图

14. 一个工字形梁在腹板两侧采用 2∟90×10 角钢与柱侧面相连，梁的底部设有支托，如图 3-75 所示，M20-5.6 级普通螺栓，间距为 3×100mm，螺栓孔径 $d_0 = 20.5mm$，材料为

Q235 钢，若 $P=50\text{kN}$，试分别验算第①组与第②组螺栓连接的安全性。

15. 如图 3-76 所示，双排 M20-5.6B 级普通螺栓连接，螺栓孔径 $d_0=20.5\text{mm}$，材料为 Q235 钢，荷载设计值 $N=450\text{kN}$，试验算该螺栓连接的强度。

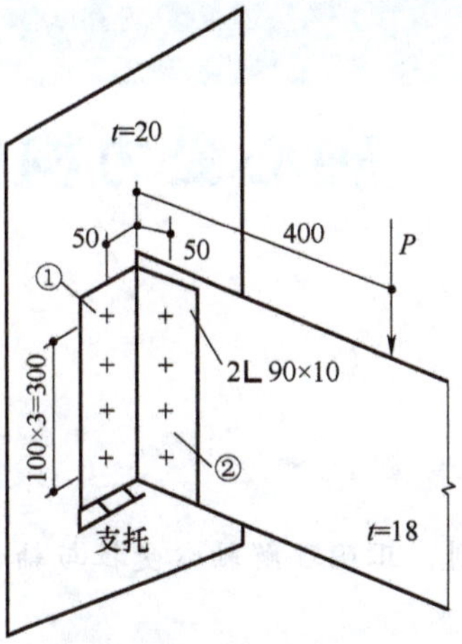

图 3-75　练习题 14 图

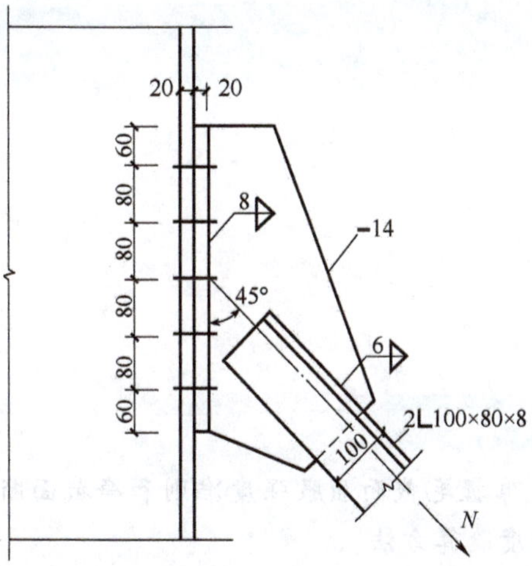

图 3-76　练习题 15、17 图

16. 如图 3-72 所示，双排 M20-8.8 级高强度螺栓摩擦型连接，螺栓孔径 $d_0=20.5\text{mm}$，材料为 Q355 钢，接触面采用喷砂后涂无机富锌漆，试求该螺栓连接承载力 PkN 的最大值。

17. 如图 3-76 所示，双排 M20-8.8 级高强度螺栓连接，螺栓孔径 $d_0=20.5\text{mm}$，材料为 Q355 钢，接触面采用喷砂后涂无机富锌漆，试计算比较摩擦型连接和承压型连接承载力 NkN 的最大值。

CHAPTER 4

第 4 章

轴心受力构件

本章要点：

1. 掌握毛截面屈服强度准则和净截面断裂强度准则，正确理解轴心受拉与轴心受压构件强度验算方法。
2. 掌握构件的长细比计算方法。
3. 掌握轴心受压构件的整体稳定性的计算，熟悉局部稳定性的构造要求。
4. 掌握格构式轴心受压构件的换算长细比，熟悉双肢格构式构件的设计。

4.1 轴心受力构件概述

轴心受力构件是指只承受通过构件截面形心轴线的轴向力作用的构件，当这种轴向力为拉力时，称为轴心受拉构件，简称轴心拉杆；当这种轴向力为压力时，称为轴心受压构件。钢结构中轴心受力构件应用十分广泛，例如桁架、屋架、托架、塔架、网架和网壳等各种类型的平面或空间杆件体系及支撑系统。支承屋盖、楼盖或工作平台的竖向受压构件通常称为柱。

轴心受力构件按截面组成形式，可分为实腹式构件和格构式构件两类。

1. 实腹式截面

实腹式构件具有整体连通的截面，常用的有以下三种截面形式：

（1）热轧型钢截面　采用型钢的轴心受力构件截面有圆管、角钢、T 型钢、槽钢、工字钢、H 型钢等，如图 4-1a 所示。型钢截面具有构造简单、便于制作、便于与其他构件连接、抗剪能力强等特点，但型钢截面两个形心主轴强弱不同：对 x 轴的惯性矩大，抗弯刚度高，故称 x 轴为强轴；对 y 轴的惯性矩小，抗弯刚度较低，故称 y 轴为弱轴。由于受型钢种类和型号限制，以及两个轴性能不同，某些结构中，直接采用型钢截面的构件，难以与受力所需性能完全相对应，不能充分发挥钢材的作用，钢材用量较多。

（2）由型钢或钢板连接而成的组合截面　由型钢或钢板连接而成的组合截面，形状和尺寸可根据受力要求进行截面设计，从而发挥钢材作用，节省钢材，但制作工时长、成本较高。图 4-1b 所示为常用的组合截面，轴心受压柱多采用工字形截面，当轴心压力较大时可将工字形的翼缘钢板换成工字钢，普通桁架的杆件采用两个等边或不等边角钢组成的 T 形截面。

（3）冷弯型钢截面　冷弯型钢截面由钢板冷加工成型，可以最大程度增大截面惯性矩，提高截面的刚度，主要用于轻钢结构，常用卷边和不卷边的角钢或槽钢与方管等，如图 4-1c 所示。

2. 格构式截面

格构式截面由两个或多个肢件与缀件构成，如图 4-1d 所示，其中前三种为双肢截面，后两种分别为四肢和三肢截面，常用的是双肢格构式构件。格构式截面中，通过肢件腹板的主轴称为实轴（用 y 轴表示），经过缀件的主轴称为虚轴（用 x 轴表示）。肢件采用轧制槽钢或工字钢，承担全部轴向力；缀件的作用是将各肢件连成整体，并承受构件绕虚轴弯曲时的剪力。格构式构件容易实现两主轴方向等稳定性，刚度较大，抗扭性能较好，用料较省，主要用于承受轴向压力大的构件。按缀件布置形式不同，格构式构件分缀条式柱和缀板式柱两种。

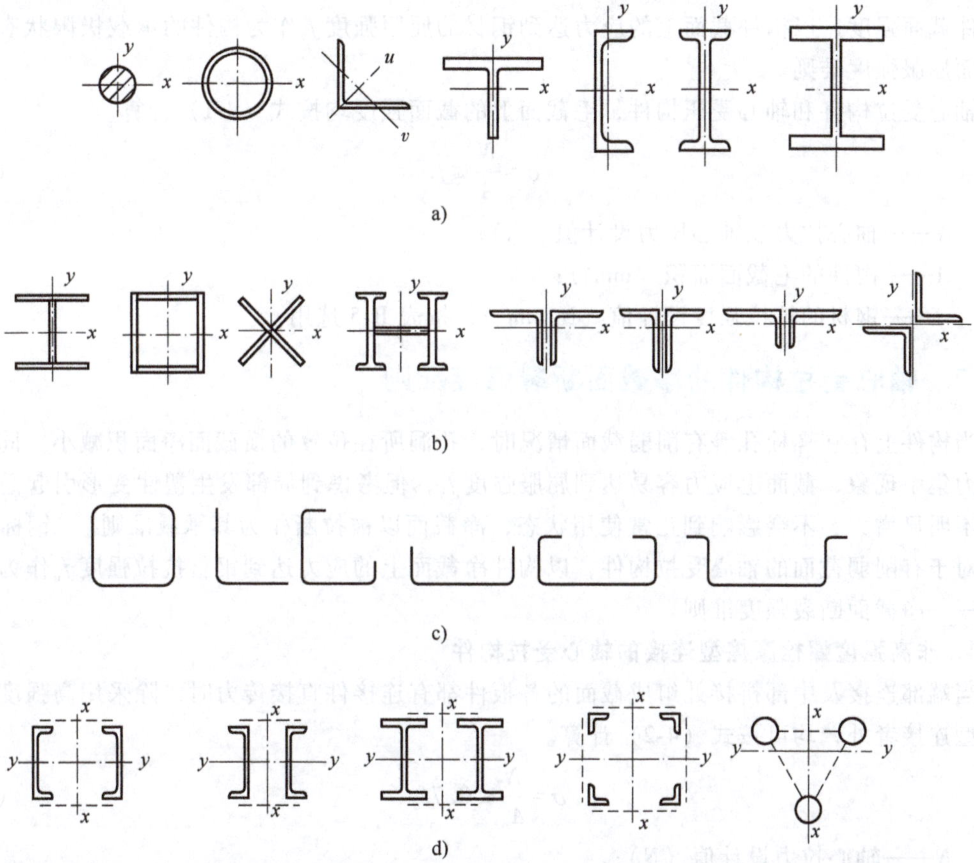

图 4-1　轴心受力构件的截面形式

a）热轧型钢截面　b）组合截面　c）冷弯型钢截面　d）格构式截面

3. 轴心受力构件截面选型的原则

选择截面形式应与构件受力特点和构造要求相适应，在满足强度、刚度、稳定性要求前提下，要用料经济、减少用钢量和用工量，形状简单、便于制作，便于与相邻构件连接。截面应尽量选择宽肢薄壁的形式，以增加截面抗弯刚度，提高受压构件的整体稳定性。

4.2 轴心受力构件的强度

采用连接件拼接截面的轴心受力构件，当端部连接及中部拼接处组成截面的各板件都有连接件直接传力时，螺栓连接构件存在螺栓孔截面削弱，需要进行两方面强度验算：构件毛截面强度和螺栓孔中心线净截面强度。应注意轴心受压构件与轴心受拉构件的净截面强度验算方法不同。

4.2.1 毛截面屈服强度准则

轴心受力构件无螺栓孔等削弱的截面应力是均匀分布的，当应力达到钢材的屈服强度 f_y 时，构件仍能继续承载，但其变形会明显增大，影响正常使用，因此，对于无削弱的轴心受力构件截面强度，以构件截面上的应力达到钢材的屈服强度 f_y 作为构件的承载极限状态——毛截面屈服强度准则。

轴心受拉构件和轴心受压构件，毛截面上的截面强度均按式（4-1）计算。

$$\sigma=\frac{N}{A}\leqslant f \tag{4-1}$$

式中 N——轴心拉力或轴心压力设计值（N）；

A——构件的毛截面面积（mm^2）；

f——钢材的抗拉强度设计值（N/mm^2），按表 B-5 选用。

4.2.2 轴心受拉构件的净截面断裂强度准则

当构件上存在螺栓孔等有削弱截面情况时，孔洞所在位置的横截面净面积减小，同时存在应力集中现象，截面上应力容易达到屈服强度 f_y，但考虑到局部发生塑性变形引起总的变形量不明显增大，不会影响到正常使用状态，净截面以被拉断作为其承载准则。《钢标》规定，对于有削弱截面的轴心受拉构件，以构件净截面上的应力达到钢材抗拉强度 f_u 作为强度极限——净截面断裂强度准则。

1. 非高强度螺栓摩擦型连接的轴心受拉构件

当端部连接及中部拼接处组成截面的各板件都有连接件直接传力时，除采用高强度螺栓摩擦型连接者外，均可按式（4-2）计算。

$$\sigma=\frac{N}{A_n}\leqslant 0.7f_u \tag{4-2}$$

式中 N——轴心拉力设计值（N）；

A_n——构件的净截面面积（mm^2）；

f_u——钢材的抗拉强度最小值（N/mm^2），按表 B-5 选用。

2. 高强度螺栓摩擦型连接的受拉构件

高强度螺栓摩擦型连接净截面强度的计算方法与其他连接方式不同。高强度螺栓摩擦型连接依靠抗滑移方式传递力，抗滑移力大小与高强度螺栓预拉力有关，认为预拉力在螺栓孔周边呈轴对称分布，则抗滑移力也呈轴对称分布，如图 4-2 所示。摩擦型连接传递力，在螺栓孔中心线前已传递螺栓抗剪承载力的 50%，图 4-2 中 I - I 截面的内力为

$$N_{\mathrm{I}}=\left(1-0.5\frac{n_1}{n}\right)N$$

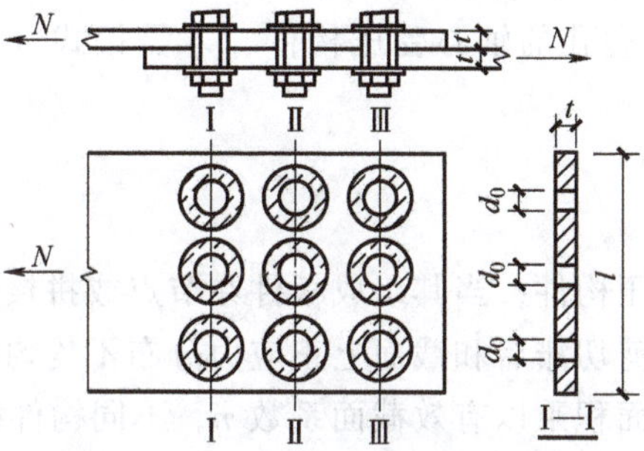

图 4-2　高强度螺栓摩擦型连接抗滑移力分布示意图

高强度螺栓摩擦型连接的构件，第 I 列螺栓轴线截面为最危险截面，净截面强度应按式（4-3）计算。

$$\sigma=\left(1-0.5\frac{n_1}{n}\right)\frac{N}{A_{\mathrm{n}}}\leqslant 0.7f_{\mathrm{u}} \tag{4-3}$$

式中　n——同一传力方向螺栓总数量；

n_1——计算截面（第 I 列螺栓 I - I 处）上的高强度螺栓数量；

A_{n}——计算截面的净截面面积（mm^2）。

3. 沿长度方向有排列较密螺栓的组合构件

当构件为沿长度方向有排列较密螺栓的组合构件时，构件多个截面有孔，为避免变形过大，取最不利的截面按净截面屈服计算强度，即

$$\sigma=\frac{N}{A_{\mathrm{n}}}\leqslant f \tag{4-4}$$

式中　A_{n}——构件的净截面面积（mm^2），当构件多个截面有孔时，取最不利的截面。

4.2.3　轴心受压构件的净截面强度验算

《钢标》规定，轴心受压构件，当端部连接及中部拼接处组成截面的各板件都有连接件直接传力时，根据是否存在虚孔，按下列两种情况验算轴心受压构件的净截面强度：

1）在不存在虚孔情况下截面可视为无削弱，通俗地讲，就是截面的螺栓孔中有螺栓等连接件，该连接件能够直接参与传递轴向压力，截面强度应按毛截面屈服强度准则式（4-1）计算，即

$$\sigma=\frac{N}{A}\leqslant f$$

2）若含有虚孔的轴心受压构件，验算孔心所在截面强度，应按净截面断裂强度准则式（4-2）计算，即

$$\sigma=\frac{N}{A_n}\leqslant 0.7f_u$$

需要说明的是，轴心受压与轴心受拉构件均需按式（4-1）验算毛截面强度。但对于连接件拼接截面（带有螺栓孔截面），净截面强度验算存在一些差异：轴心受拉构件均需按式（4-2）验算；而轴心受压构件孔洞有螺栓填充者，按式（4-1）验算，实质上不必验算净截面强度；只有存在虚孔的轴心受压构件，才需按式（4-2）验算孔心所在的净截面强度。

4.2.4 有效截面系数

轴心受拉构件和轴心受压构件，当其组成板件在节点或拼接处非全部直接传力时，考虑到杆端非全部直接传力造成剪切滞后和截面上正应力分布不均匀的影响，在验算轴心受力构件强度时，应对危险截面的面积乘以有效截面系数 η，不同构件截面形式和连接方式的 η 值应符合表 4-1 的规定。

表 4-1 轴心受力构件节点或拼接处危险截面有效截面系数 η

构件截面形式与图例	角钢	工字形钢、H 形钢	
	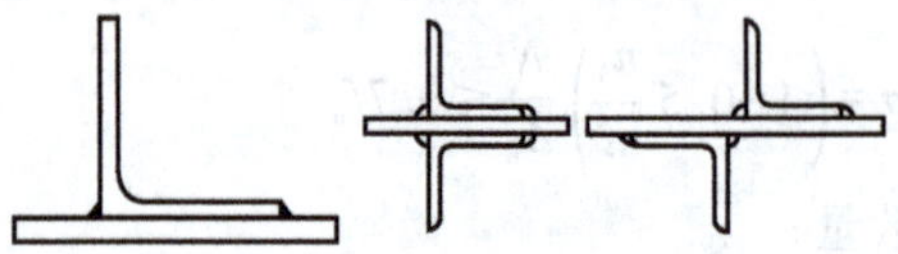	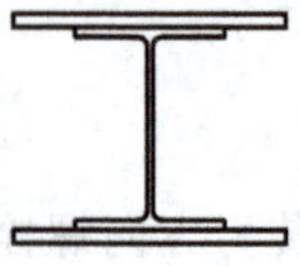	
连接形式	单边连接	翼缘连接	腹板连接
有效截面系数 η	0.85	0.90	0.70

【例 4.1】 图 4-3 所示，双盖板螺栓连接，螺栓为 M20-5.6，螺栓孔径 $d_0=20.5\text{mm}$，材料为 Q235 钢，求该构件所能传递的最大力 N。

【解题分析】 构件的最大承载力由普通螺栓连接和构件强度两方面决定，而构件强度包括毛截面、净截面强度：①双盖板螺栓连接承载力的计算与【例 3.8】相同；②普通螺栓为螺栓杆挤压传递力，螺栓杆与孔接触点完成传力，如图 4-3b 所示，构件与盖板之间力的传递，如图 4-3c 所示。错列螺栓连接构件的净截面强度，需要验算第 1 列孔心直线截面及第 1~2 列孔心的折线截面。

解： 该结构为螺栓群受剪，最大承载力取决于螺栓连接和构件板材两部分的强度。

1. 螺栓连接最大承载力

与【例 3.8】类似，受剪面数量为 2。

$$N_v^b=n_v\frac{\pi d^2}{4}f_v^b=\left(2\times\frac{\pi\times20^2}{4}\times190\times10^{-3}\right)\text{kN}=119.4\text{kN}$$

$$N_c^b=d\sum tf_c^b=(20\times20\times405\times10^{-3})\text{kN}=162\text{kN}$$

$$N_{\min}^b=\min(N_v^b,N_c^b)=N_v^b=119.4\text{kN}$$

螺栓连接所能承受的最大力为

$$N_{\max1}=nN_{\min}^b=(8\times119.4)\text{kN}=955.2\text{kN}$$

2. 构件板件毛截面的承载力

钢板厚度为 20mm，Q235 的抗拉强度设计值 $f=205\text{N/mm}^2$，由式（4-1），毛截面所能承受的最大拉力为

$$N_{\max2}=Af=(400\times20\times205\times10^{-3})\text{kN}=1640\text{kN}$$

3. 构件板件净截面的承载力

错列螺栓连接件要验算直线 1 截面、折线 2 截面的强度。

直线 1 的净长度为

$$l_1=(400-20.5\times3)\text{mm}=338.5\text{mm}$$

折线 2 的净长度为

$$l_2=(40\times2+4\sqrt{80^2+80^2}-20.5\times5)\text{mm}=430\text{mm}$$

因为 $l_1<l_2$，所以板 1 截面净截面面积小，即

$$A_{\text{nmin}}=A_{\text{n1}}=l_1t=(338.5\times20)\text{mm}^2=6770\text{mm}^2$$

在有孔截面，以断裂为承载极限，Q235 钢的抗拉强度 $f_u=370\text{N/mm}^2$。由式（4-2），构件板的最大承载力为

$$N_{\max3}=0.7A_{\text{nmin}}f_u=(0.7\times6770\times370\times10^{-3})\text{kN}=1753\text{kN}$$

连接盖板的截面面积比构件板的大，因此不用验算。

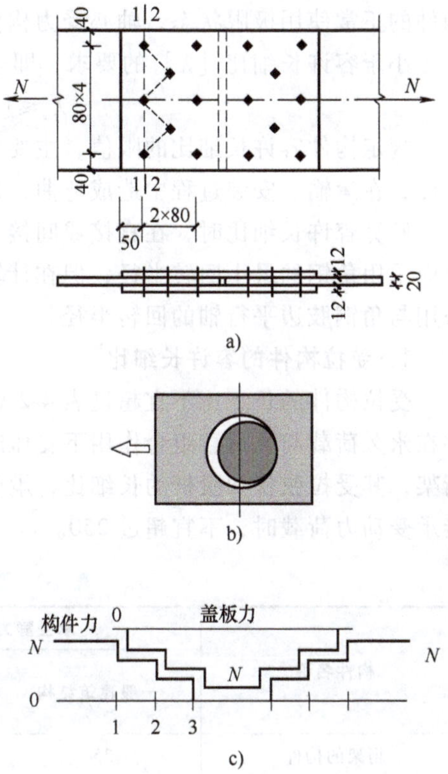

图 4-3 盖板式螺栓连接及力的传递

a）构件 b）螺栓与孔壁挤压 c）力的传递

4. 构件的承载力

构件的承载力应取螺栓连接以及构件板件毛截面、净截面最大承载力三者中最小值，故该构件所能传递的最大力 N 为

$$N_{\max}=\min(995.2\text{kN},1640\text{kN},1753\text{kN})=995.2\text{kN}$$

【题后讨论】 该构件最大承载能力由螺栓连接、构件板件毛截面、净截面三个方面控制，因螺栓连接、净截面属于局部，合理的设计应局部性的承载力要偏高，才能发挥构件的最大承载能力。从计算结果比较分析，净截面合理；螺栓连接设计不合理，螺栓数量偏少，一侧至少再增加螺栓数量［(1640−995.2)/119.4］个=5.4 个（取 6 个），即每侧螺栓数量至少（8+6）个=14 个。

4.3 轴心受力构件的刚度

轴心受力构件的正常使用极限状态，是保证构件产生的变形控制在规定范围之内，这就要求构件应具有一定的刚度。如果轴心受力构件的刚度不足，则在运输和安装过程中容易弯曲，在自重作用下容易产生过大的挠度，动力荷载作用时易产生振动现象。

4.3.1 轴心受力构件的容许长细比

轴心受力构件的刚度用长细比 λ 来衡量，长细比是构件计算长度 l_0 与构件截面回转半

径 i 的比值，即 $\lambda=l_0/i$。长细比小则构件刚度大，反之，长细比大则构件刚度小。为了保证构件的正常使用极限状态，轴心受力构件的刚度条件应同时计算各个方向的长细比，且均应满足小于容许长细比［λ］的要求，即

$$\lambda_x \leqslant [\lambda] \quad 和 \quad \lambda_y \leqslant [\lambda] \tag{4-5}$$

规定构件容许长细比的限值，主要是避免构件柔度太大，在本身自重作用下产生过大的挠度，在运输、安装过程中造成弯曲，以及在动力荷载作用下产生较大振动。

验算容许长细比时，在直接或间接承受动力荷载的结构中，计算单角钢受力构件的长细比应采用角钢的最小回转半径，但在计算交叉点相互连接的交叉杆件平面外的长细比时，可采用与角钢肢边平行轴的回转半径。

1. 受拉构件的容许长细比

受拉构件的长细比不宜超过表 4-2 规定的容许值。容许长细比宜符合以下规定：受拉构件在永久荷载与风荷载组合作用下受压时，其长细比不宜超过 250；跨度大于或等于 60m 的桁架，其受拉弦杆和腹杆的长细比，承受静力荷载或间接承受动力荷载时不宜超过 300，直接承受动力荷载时，不宜超过 250。

表 4-2 受拉构件的长细比容许值

构件名称	承受静力荷载或间接承受动力荷载的结构			直接承受动力荷载的结构
	一般建筑结构	对腹杆提供平面外支点的弦杆	有重级工作制起重机的厂房	
桁架的构件	350	250	250	250
吊车梁或吊车桁架以下的柱间支撑	300	—	200	—
除张紧的圆钢外的其他拉杆、支撑、系杆等	400	—	350	—

2. 受压构件的容许长细比

对于受压构件，长细比更为重要，因为受压构件若刚度不足，容易发生弯曲变形，因变形而增加的附加弯矩产生的影响远比受拉构件严重，使构件稳定承载力大大降低。验算容许长细比时，可不考虑扭转效应。轴心受压构件的容许长细比宜符合以下规定：跨度大于或等于 60m 的桁架，其受压弦杆、端压杆和直接承受动力荷载的受压腹杆的长细比不宜大于 120；轴心受压构件的长细比不宜超过表 4-3 规定的容许值，但当杆件内力设计值不大于承载能力的 50%时，长细比容许值可放宽到 200。

表 4-3 受压构件的长细比容许值

构件名称	容许长细比
轴心受压柱、桁架和天窗架中的压杆	150
柱的缀条、吊车梁或吊车桁架以下的柱间支撑	
支撑	200
用以减小受压构件计算长度的杆件	

4.3.2 构件的计算长度

1. 轴心受压柱

构件计算长度以两端铰接的轴心受力构件几何长度为基础，当构件两端非铰支而是其他支承情况时，按实际支承状态采用相应的计算长度系数予以修正，即 $l_0=\mu l$，其中 l 为构件实际长度，μ 为计算长度系数。计算长度系数 μ 是与构件屈曲模式及两端转动约束条件相关的系数，表 4-4 列出了工程结构中常见各种支承情况的计算长度系数的理论值和建议取值。钢结构构件在两个主轴方向上的连接构造不同，可能会使两个方向上的计算长度也不同，应分别确定。

表 4-4 轴心受压柱的计算长度系数

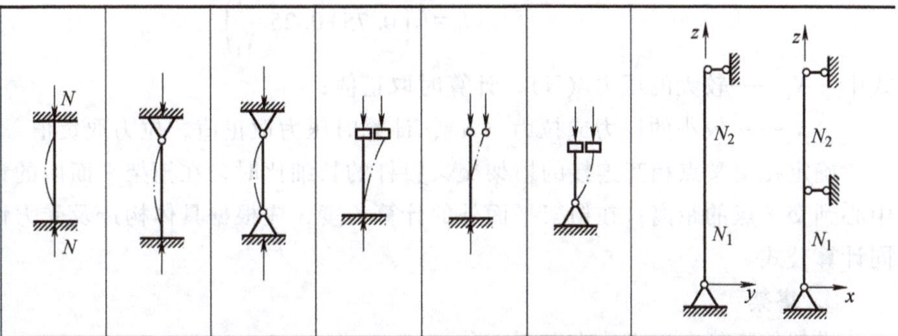

轴心受压的约束形式							
μ 的理论值	0.50	0.70	1.0	1.0	2.0	2.0	$0.75+0.25\dfrac{N_2}{N_1}\geqslant 0.5$
μ 的建议值	0.65	0.80	1.0	1.2	2.1	2.0	
端部条件符号	无转动，无侧移；无转动，自由侧移；自由转动，无侧移；自由转动，自由侧移						说明：$N_1>N_2$；杆件截面无变化；在 zy 平面内计算 μ

注：图中虚线表示柱的屈曲形式。

平板柱脚在柱压力作用下有一定转动刚度，刚度与底板厚度有关，当底板厚度不小于柱翼缘厚度 2 倍时，柱计算长度系数可取 0.8。

当柱分为上下梁段时，考虑两段的相互约束关系，可充分利用材料的潜力，如图 4-4 所示，较长的下段计算长度 $l_0=\mu l$，计算长度系数 μ 为

$$\mu=1-0.3(1-\beta)^{0.7} \tag{4-6}$$

式中 β——较短段与长段的长度之比，$\beta=a/l$。

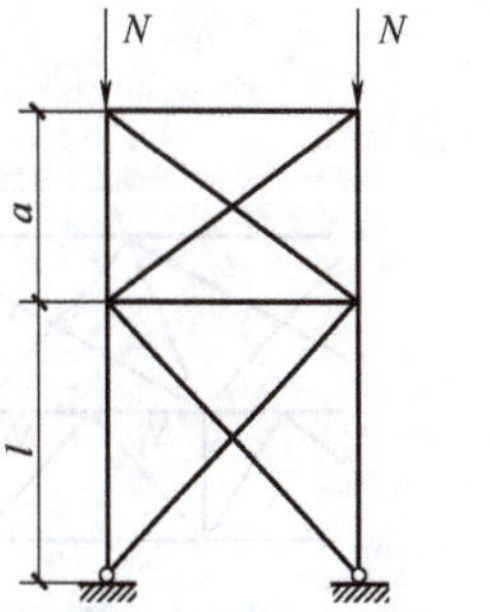

图 4-4 有支撑的上下两段柱

2. 桁架

确定桁架弦杆和单系腹杆的长细比时，其计算长度 l_0 应按表 4-5 取值。斜平面指与桁架平面斜交的平面，适用于构件截面两主轴均不在桁架平面内的单角钢腹杆和双角钢十字形截面腹杆。无节点板的腹杆计算长度在任意平面内均应等于几何长度；桁架再分式腹杆体系的受压主斜杆及 K 型腹杆体系的竖杆等，在桁架平面内的计算长度则取节点中心间距离。

表 4-5 桁架弦杆和单系腹杆的计算长度

序号	弯曲方向	弦杆	腹杆	
			支座斜杆和支座竖杆	其他腹杆
1	桁架平面内	l	l	$0.8l$
2	桁架平面外	l_1	l	l
3	斜平面	—	l	$0.9l$

注：l 为构件的几何长度（节点中心间距离），l_1 为桁架弦杆侧向支承点间的距离。

当桁架弦杆侧向支承点间的距离为节间长度的 2 倍且两节间的弦杆轴心压力不相同时，如图 4-5 所示，则该弦杆在桁架平面外的计算长度（但不应小于 $0.5l_1$）为

$$l_0=l_1\left(0.75+0.25\frac{N_2}{N_1}\right) \tag{4-7}$$

式中 N_1——较大的压力（N），计算时取正值；

N_2——较小的压力或拉力（N），计算时压力取正值，拉力取负值。

确定在交叉点相互连接的桁架交叉腹杆的长细比时，在桁架平面内的计算长度应取节点中心到交叉点的距离；在桁架平面外的计算长度，应根据具体构造及受力情况按规定采用不同计算公式。

3. 塔架

塔架的腹杆布置方式有以下三种：

1）两个相邻侧面腹杆体系的节点完全重合（图 4-6a），主杆绕非对称主轴（即最小轴）屈曲。

2）两个侧面腹杆体系的节点部分重合（图 4-6b），节点部分重合者绕平行轴屈曲并伴随着扭转，主杆计算长度因扭转因素而增大。

3）两个侧面腹杆体系的节点都不重合（图 4-6c），节点全部不重合者同时绕两个主轴弯曲并伴随着扭转，主杆计算长度增大得更多。

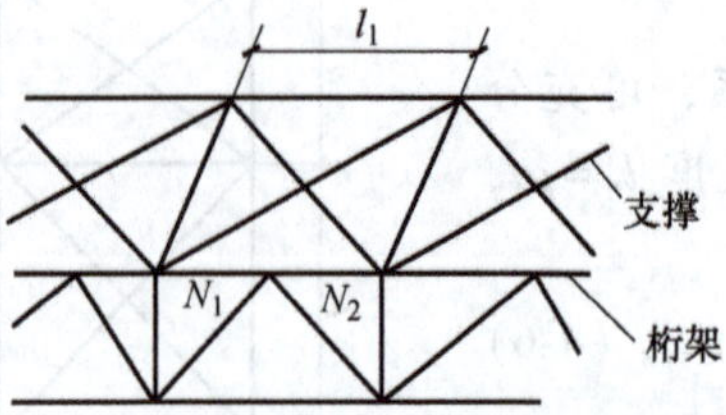

图 4-5 弦杆轴心压力在侧向支承点间有变化的桁架简图

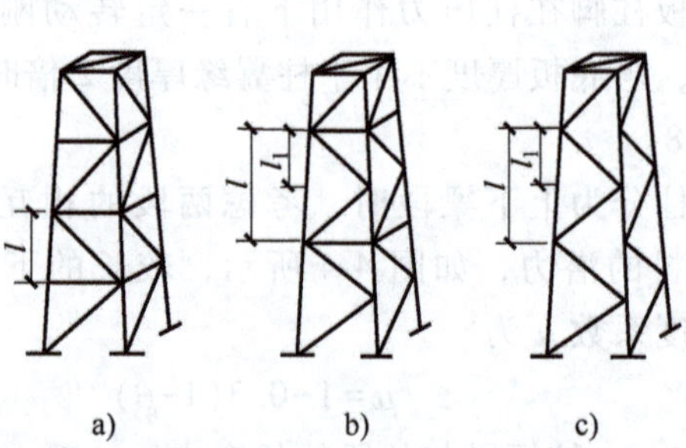

图 4-6 不同腹杆体系的塔架

a）完全重合 b）部分重合 c）都不重合

塔架的单角钢主杆，应按两个侧面腹杆体系的节点分布情况，按表 4-6 所列长细比确定稳定系数。塔架单角钢人字形或 V 形主斜杆，当辅助杆多于两道时，宜连接两相邻侧面的主斜杆以减小其计算长度。当连接有不多于两道辅助杆时，其长细比宜乘以 1.1 的放大系数。

表 4-6　不同腹杆体系塔架的长细比

序号	两侧面的节点分布	长细比	图例
1	节点完全重合	$\lambda = l_0/i_y$	图 4-6a
2	节点部分重合	$\lambda = 1.1l/i_u$	图 4-6b
3	节点都不重合	$\lambda = 1.2l/i_u$	图 4-6c

注：i_y—截面绕非对称主轴的回转半径；l、i_u—较大的节间长度和绕平行轴的回转半径。

4.3.3　实腹式构件的长细比

实腹式构件的长细比应根据其失稳模式确定。

1. 截面形心与剪心重合的构件

1）当计算弯曲屈曲时，应同时计算两个主轴的长细比，即

$$\lambda_x = \frac{l_{0x}}{i_x} \tag{4-8a}$$

$$\lambda_y = \frac{l_{0y}}{i_y} \tag{4-8b}$$

式中　l_{0x}、l_{0y}——构件对 x 轴、y 轴的计算长度；

i_x、i_y——构件对 x 轴、y 轴的回转半径，按式（4-9a）和式（4-9b）计算。

截面的回转半径，由构件截面的毛截面面积 A 及绕主轴的惯性矩 I_x、I_y计算，即

$$i_x = \sqrt{\frac{I_x}{A}} \tag{4-9a}$$

$$i_y = \sqrt{\frac{I_y}{A}} \tag{4-9b}$$

钢构件采用的截面两个主轴惯性矩 I_x与 I_y差异很大，两个主轴方向的回转半径不等。

2）当计算扭转屈曲时，长细比应按式（4-10）计算，双轴对称十字形截面板件宽厚比不超过 $15\varepsilon_k$（ε_k 为钢号修正系数）者，可不计算扭转屈曲。

$$\lambda_z = \sqrt{\frac{I_0}{I_t/25.7+I_\omega/l_\omega^2}} \tag{4-10}$$

式中　I_0、I_t、I_ω——构件毛截面对剪心的极惯性矩（mm^4）、自由扭转常数（mm^4）和扇性惯性矩（mm^6），对十字形截面可近似取 $I_\omega=0$；

l_ω——扭转屈曲的计算长度（mm），两端铰支且端截面可自由翘曲者，取几何长度 l，两端嵌固且端部截面的翘曲完全受到约束者，取 $0.5l$。

2. 截面为单轴对称的构件

计算绕非对称主轴的弯曲屈曲时，长细比应由式（4-8a）和式（4-8b）计算确定；计算绕对称主轴的弯扭屈曲时，应按下式（4-11）换算长细比。

$$\lambda_{yz} = \frac{1}{\sqrt{2}}\left[(\lambda_y^2+\lambda_z^2)+\sqrt{(\lambda_y^2+\lambda_z^2)^2-4\left(1-\frac{y_s^2}{i_0^2}\right)\lambda_y^2\lambda_z^2}\right]^{\frac{1}{2}} \tag{4-11}$$

式中 y_s——截面形心至剪心的距离（mm）；

i_0——截面对剪心的极回转半径（mm），单轴对称截面 $i_0^2=y_s^2+i_x^2+i_y^2$；

λ_z——扭转屈曲换算长细比，由式（4-10）确定。

3. 双角钢组合T形截面构件

图4-7所示不同双角钢组合的T形截面，根据 λ_y、λ_z 相对大小，构件绕对称主轴的换算长细比 λ_{yz} 应按表4-7列出的对应简化公式计算。

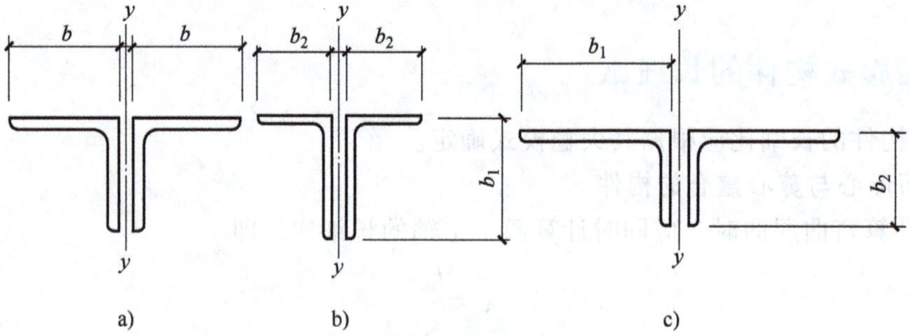

图4-7 双角钢组合T形截面

a）等边双角钢 b）不等边双角钢长肢相拼 c）不等边双角钢短肢相拼

b—等边角钢肢宽度 b_1—不等边角钢长肢宽度 b_2—不等边角钢短肢宽度

表4-7 双角钢组合T形截面构件绕对称主轴的换算长细比

序号	截面形式	图例	当 $\lambda_y \geqslant \lambda_z$ 时	当 $\lambda_y<\lambda_z$ 时	式中的 λ_z
1	等边双角钢	图4-7a	$\lambda_{yz}=\lambda_y\left[1+0.16\left(\frac{\lambda_z}{\lambda_y}\right)^2\right]$	$\lambda_{yz}=\lambda_z\left[1+0.16\left(\frac{\lambda_y}{\lambda_z}\right)^2\right]$	$\lambda_z=3.9\frac{b}{t}$
2	长肢相拼的不等边双角钢	图4-7b	$\lambda_{yz}=\lambda_y\left[1+0.25\left(\frac{\lambda_z}{\lambda_y}\right)^2\right]$	$\lambda_{yz}=\lambda_z\left[1+0.25\left(\frac{\lambda_y}{\lambda_z}\right)^2\right]$	$\lambda_z=5.1\frac{b_2}{t}$
3	短肢相拼的不等边双角钢	图4-7c	$\lambda_{yz}=\lambda_y\left[1+0.06\left(\frac{\lambda_z}{\lambda_y}\right)^2\right]$	$\lambda_{yz}=\lambda_z\left[1+0.06\left(\frac{\lambda_y}{\lambda_z}\right)^2\right]$	$\lambda_z=3.7\frac{b_1}{t}$

从表4-7列出的简化公式可以看出，双角钢组合T形截面构件绕对称主轴的换算长细比 λ_{yz}，是在 λ_y、λ_z 二者中较大者的基础上，考虑较小者的影响。结合图4-7，可见 λ_z 等于角钢中伸展翼缘的宽厚比乘以系数。

4. 单角钢轴心受压构件

等边单角钢轴心受压构件，当绕两主轴弯曲的计算长度相等时，可不计算弯扭屈曲。

不等边单角钢轴心受压构件，如图4-8所示，其换算长细比 λ_{xyz} 根据 λ_y、λ_z 相对大小应按表4-8列出的简化公式计算。

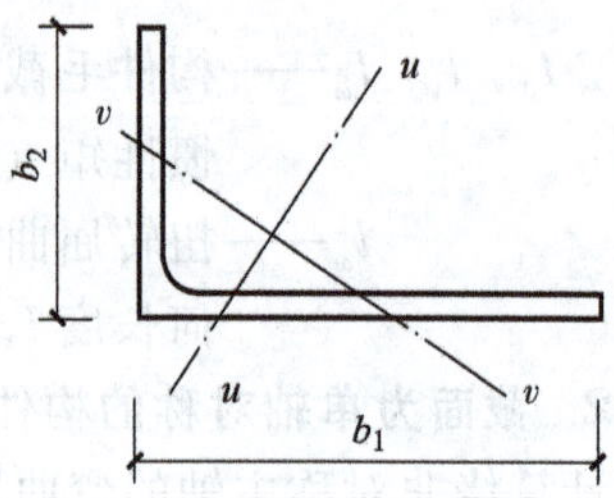

图4-8 不等边单角钢

v 轴—角钢的弱轴

b_1—角钢长肢宽度

b_2—角钢短肢宽度

表 4-8　不等边单角钢轴心受压构件的换算长细比

条件	当 $\lambda_v \geqslant \lambda_z$ 时	当 $\lambda_v < \lambda_z$ 时	式中的 λ_z
计算公式	$\lambda_{xyz}=\lambda_v\left[1+0.25\left(\dfrac{\lambda_z}{\lambda_v}\right)^2\right]$	$\lambda_{xyz}=\lambda_z\left[1+0.25\left(\dfrac{\lambda_v}{\lambda_z}\right)^2\right]$	$\lambda_z=4.21\dfrac{b_1}{t}$

4.4　实腹式轴心受压构件的整体稳定与局部稳定

4.4.1　轴心受压构件整体稳定的概念

1. 失稳的概念及失稳的形式

从强度角度分析，轴心受压构件在轴心压力作用下，只产生轴向压缩变形，不会产生其他变形。现在讨论，图 4-9 所示的承受轴心压力 N 作用的直杆，受到横向干扰力 F 使其产生微小弯曲后，撤掉横向干扰力作用，直杆会发生以下三种不同的现象：

1）当轴心压力 N 较小时，横向干扰力 F 移去后，构件恢复到原来的直线平衡状态（图 4-9a），这种平衡状态是稳定的。

2）当轴心压力 N 大到一定值时，移去横向干扰力 F，构件仍保持微弯状态而不能恢复到原来的直线平衡状态（图 4-9b），这种从直线平衡状态过渡到微弯曲平衡状态称为中性平衡。

3）当轴心压力 N 很大，则弯曲变形急剧增大而使构件丧失承载能力（图 4-9c），这种构件在其刚度较弱方向产生较大变形的状态，称为构件失稳或屈曲。

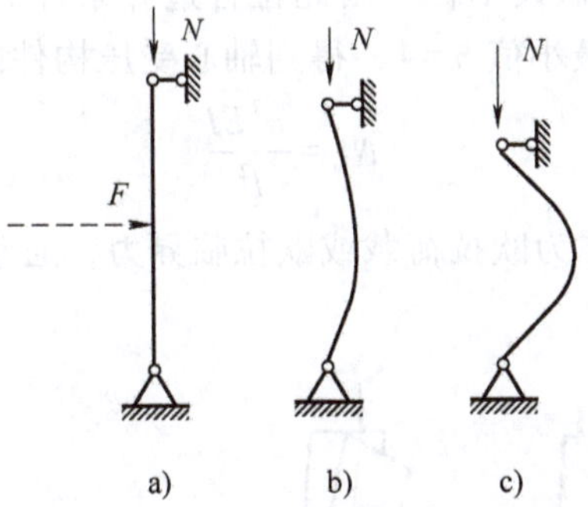

图 4-9　承受轴心压力 N 作用的构件受横向干扰力作用

a）N 较小　b）N 较大　c）N 很大

中性平衡是从稳定平衡过渡到不稳定平衡的临界状态，此时的轴心压力称为临界力，记为 N_{cr}，相应的截面应力称为临界应力，记为 σ_{cr}。临界应力 σ_{cr} 常低于钢材的屈服强度 f_y，构件应力在达到强度极限状态前就会丧失整体稳定，而且结构丧失稳定具有突然性，后果严重。

理想轴心受压构件失稳形式有弯曲屈曲、扭转屈曲、弯扭屈曲三种。

1）弯曲屈曲——只发生弯曲变形，杆件截面只绕一个主轴旋转，杆的纵轴由直线变为曲线，是工字钢和 H 型钢等双对称轴截面最常见

理想轴心受压构件的屈曲形式

的屈曲形式，如图 4-10a 所示。

2）扭转屈曲——失稳时杆件除支承端外的各截面均绕纵轴扭转，双轴对称的十字形截面可能发生扭转失稳，如图 4-10b 所示。

3）弯扭屈曲——单轴对称截面绕对称轴失稳时，杆件发生弯曲变形的同时伴随发生扭转，T 形截面表现为弯扭失稳情况，如图 4-10c 所示。

2. 理想轴心受压杆的弹性弯曲屈曲

弯曲屈曲是最基本最常见的压杆屈曲形式。欧拉公式是求解轴心受压构件临界力最经典的方法，基本假定：杆件为两端铰接的理想直杆；材料为理想的弹性体；轴心压力作用于杆件两端，杆件发生弯曲时，轴心压力的方向不变；临界状态时变形很小，可忽略杆件长度的变化；临界状态时截面保持平面。

图 4-11 所示长度为 l 的两端铰支等截面直杆，承受轴心压力 N 作用，受到某横向干扰力后处于微弯平衡状态。取分离体为研究对象，如图 4-11b 所示，根据力的平衡条件、压杆弯曲变形后的挠度与曲率关系，建立微分方程，即

$$EI\frac{d^2y}{dx^2}+Ny=0$$

二阶线性微分方程的通解为

$$y=A\sin kx+B\cos kx$$

其中，$k^2=N/EI$。

两端铰支的边界条件，当 $x=0$ 和 $x=l$ 时，$y=0$，则要求 $B\cos kx=0$ 和 $A\sin kl=0$。对于 $B\cos kx=0$，因 $\cos k\pi\neq0$，要满足边界条件必须 $B=0$。而在 $A\sin kl=0$ 中，若 $A=0$，则表示构件将保持挺直，与微弯状态的假设不符，因此符合边界条件的微分方程的解为 $\sin kl=0$，即 $kl=n\pi$，$n=1, 2, 3, \cdots$。取最小值 $n=1$，得到轴心受压构件的临界力或称临界荷载，为

$$N_{cr}=\frac{\pi^2EI}{l^2} \tag{4-12}$$

式（4-12）中的荷载 N_{cr} 称为欧拉荷载或欧拉临界力，通常记作 N_E。

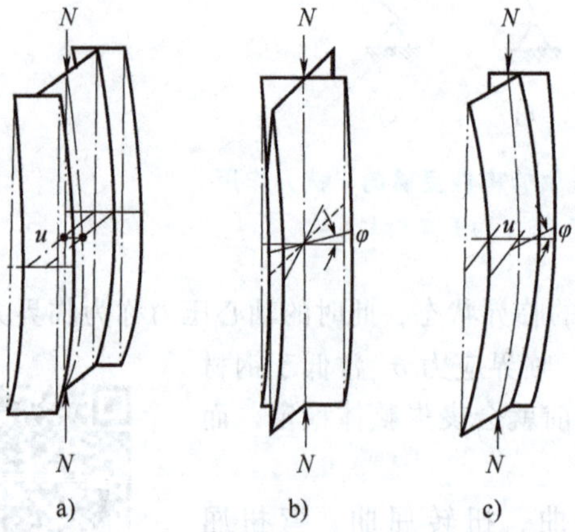

图 4-10 轴心受压构件的屈曲变形

a）弯曲屈曲 b）扭转屈曲 c）弯扭屈曲

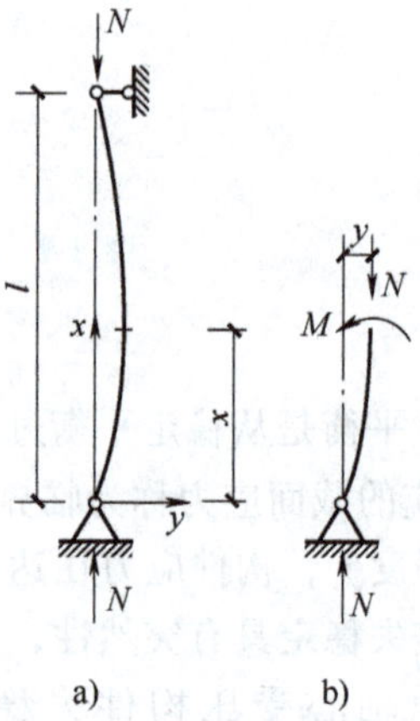

图 4-11 两端铰支轴心压杆的临界状态

当构件两端不是铰支情况时，式（4-12）中的 l 用计算长度 $l_0=\mu l$ 替代，计算长度系数 μ 值按 4.3.2 节取值。框架柱平面内的计算长度见 7.3.4 节，计算长度系数 μ 值见附录 D。

临界荷载对应的应力称为临界应力，临界应力可写为

$$\sigma_{cr}=\frac{\pi^2 EI}{Al_0^2}=\frac{\pi^2 E}{\lambda^2} \tag{4-13}$$

式中　λ——受压构件的长细比。

4.4.2　实际轴心受压构件的整体稳定

1. 轴心受压构件的整体稳定性计算公式

整体稳定是指构件或结构在荷载作用下能整体保持稳定的能力。轴心受压构件的整体稳定性应满足截面上的应力不超过临界应力，《钢标》规定，除可考虑屈曲后强度的实腹式构件外，轴心受压构件的稳定性计算应符合式（4-14）要求。

$$\frac{N}{\varphi Af}\leqslant 1 \tag{4-14}$$

式中　N——轴心压力设计值（N）；

f——钢材抗拉强度设计值（N/mm^2）；

A——截面的毛截面面积（mm^2）；

φ——轴心受压构件的稳定系数，实质上是临界应力 σ_{cr} 与屈服强度 f_y 之比，取截面两主轴稳定系数中的较小者，根据表 E-1、表 E-2 划分的截面类型，再依据构件的长细比（或换算长细比）按表 E-3～表 E-6 选取。

计算构件整体稳定性，采用截面的毛截面面积 A；验算构件屈服强度［式（4-1）］也按截面毛截面面积计算应力，因稳定系数 $\varphi<1$，因此对于需要验算整体稳定性的轴心受压构件无须验算其毛截面强度。

2. 初始缺陷对轴心受压杆件稳定承载力的影响

实际上轴心压杆不可避免地存在不同的初始缺陷，分力学缺陷和几何缺陷两类：力学缺陷包括残余应力、截面各点屈服点不完全一致等；几何缺陷包括初始弯曲、初始偏心等。

(1) 残余应力的影响　在 3.4 节已介绍焊接残余应力是由于构件截面不均匀加热冷却引起的，焊接残余应力分布复杂，但总体上，先冷却区域为残余压应力，后冷却区域为残余拉应力。工字形截面翼缘端部为残余压应力，腹板与翼缘交接区域为残余拉应力。

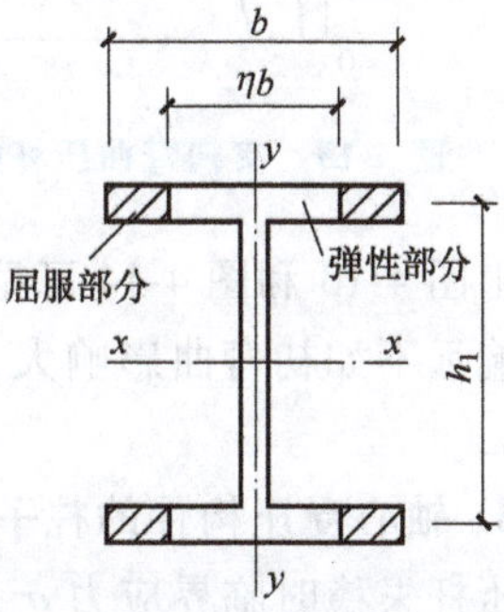

图 4-12　截面弹性区和塑性区

构件受轴心压力作用时，残余压应力区域先进入塑性状态，如图 4-12 中阴影部分为塑性区，塑性区物理模量 E 趋于 0，不能继续有效承载，导致构件承载面积（图中非阴影部分）减小。设工字形截面的翼缘宽度为 b、厚度为 t，上下翼缘中心距为 h_1。如果临界状态时翼缘的弹性区（非阴影部分）宽度表示为 ηb，则 $\eta b<b$。

由式（4-12），轴心受压构件的临界力与截面惯性矩成正比。当截面有屈服域时（扣除阴影）弹性区两个方向的临界力（N'_{crx}、N'_{cry}）与原截面临界力 N_{crx}、N_{cry} 之比，等于截面弹性区两个方向的有效惯性矩（I_{ex}、I_{ey}）与原惯性矩（I_x、I_y）之比，即

$$\frac{N'_{crx}}{N_{crx}}=\frac{I_{ex}}{I_x}=\frac{2\eta bt(h_1/2)^2}{2bt(h_1/2)^2}=\eta$$

$$\frac{N'_{cry}}{N_{cry}}=\frac{I_{ey}}{I_y}=\frac{2t(\eta b)^3/12}{2tb^3/12}=\eta^3$$

因为 $\eta<1$，故 $\eta^3<\eta$，说明残余应力对两个方向的稳定性都存在不利影响，对绕弱轴屈曲时的影响更为严重，表现为“欺弱”现象。

（2）初弯曲的影响　绝对直杆很难加工，实际构件总存在初始微小弯曲，由于存在初弯曲，一经加载杆件就产生挠曲变形，使总挠度随着轴向压力 N 的增加而增加，有初弯曲轴心受压构件的承载力总是低于欧拉临界力。初始挠度越大，同等轴心压力下杆件挠度越大，理论上只有在材料为无限弹性条件下，且挠度趋于无穷大时，轴心压力 N 才可能接近 N_E，如图 4-13 中的虚线所示。实际上，材料不是无限弹性的，在轴心压力与弯矩共同作用下，构件中截面的边缘应力达到屈服点，边缘开始进入塑性状态，随着 N 继续增加，塑性区不断扩大，如图 4-13 中的实线所示。

（3）初偏心的影响　由于杆件尺寸误差、安装偏差等原因，杆端的轴向压力不可避免地会偏离截面的形心，有初偏心轴心受压构件的荷载-挠度曲线如图 4-14 中的实线所示。

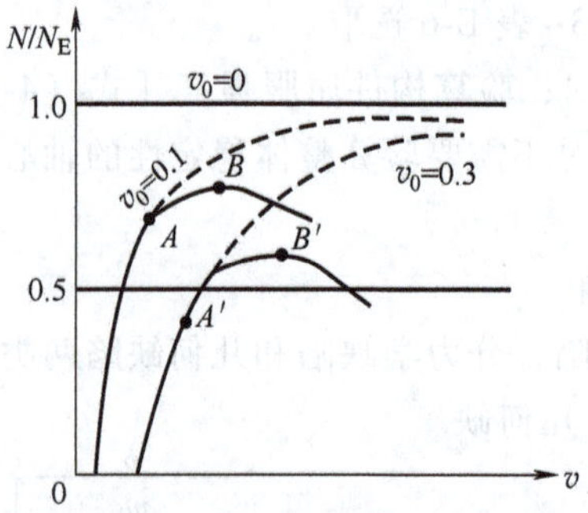

图 4-13　有初弯曲压杆的荷载-挠度曲线

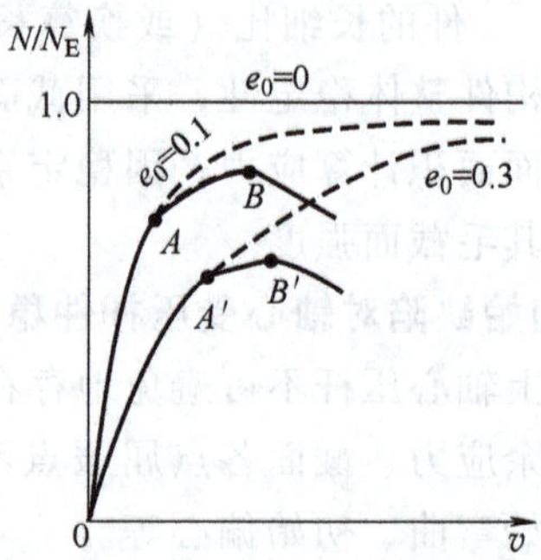

图 4-14　有初偏心压杆的荷载-挠度曲线

由图 4-13 和图 4-14 可见，初偏心压杆稳定的影响与初弯曲影响类似，但初偏心对长杆的影响远不如初弯曲影响大，《钢标》将二者统一考虑，按不同弯曲方向的 $l/1000$ 初弯曲计算。

3. 轴心受压构件的柱子曲线

压杆失稳时临界应力 σ_{cr} 与长细比 λ 之间的关系曲线称为柱子曲线。实际构件的截面形状及初弯曲、残余应力缺陷不同，构件的极限承载力存在很大差异，每个实际构件都有各自的柱子曲线。《钢标》考虑影响最大的残余应力和 $l/1000$ 初弯曲两种缺陷，根据构件截面形状、加工条件和相应的残余应力、不同屈曲方向，按极限承载力理论分析，结合工程实际，将所有柱子曲线进行合并归类，分成 a、b、c、d 四条柱子曲线，如图 4-15 所示，柱子曲线

的横坐标表示轴心受压构件的长细比 λ，纵坐标表示轴心受压构件的稳定系数 φ。若钢材牌号非 Q235，则引入钢号修正系数 ε_k，以换算长细比 $\lambda_0=\lambda/\varepsilon_k$ 为横坐标。钢号修正系数 ε_k 为

$$\varepsilon_k=\sqrt{\frac{235}{f_y}} \tag{4-15}$$

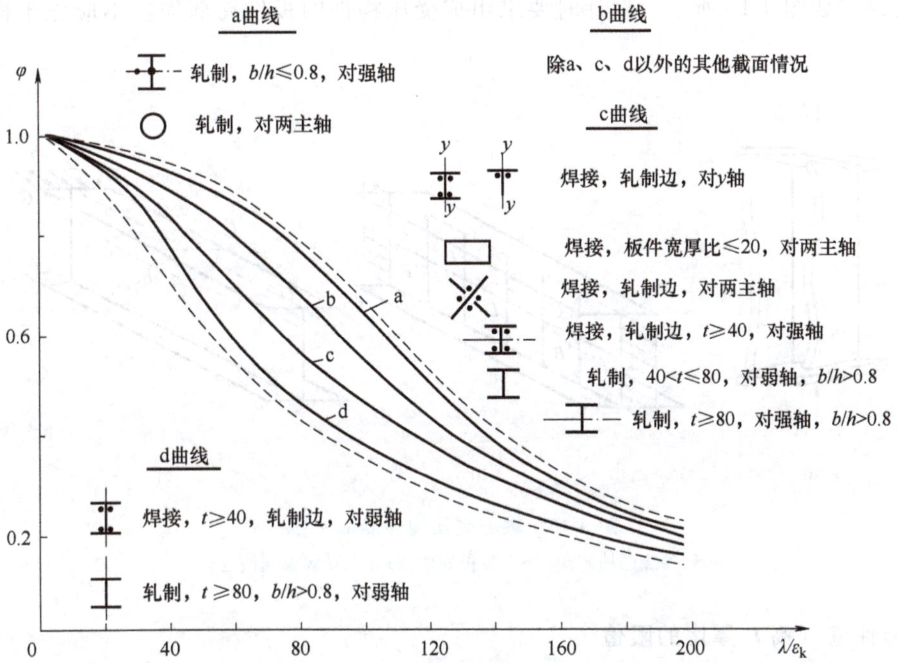

图 4-15 轴心受压构件的柱子曲线

4. 截面类型

根据截面形状和尺寸、残余应力程度分成四类截面，分类见表 E-1 和表 E-2。轧制圆管冷却时基本均匀收缩，截面残余应力小，绕各个轴均属于 a 类；窄翼缘（宽高比 $b/h\leqslant 0.8$）轧制的普通工字钢，翼缘截面上的残余应力以拉应力为主，绕 x 轴弯曲屈曲有利，属于 a 类。一般实腹式截面绕 x 轴、格构式轴心受压构件属于 b 类。对翼缘为轧制或剪切边的工字形截面，其翼缘两端存在较大的残余压应力，绕 y 轴失稳比绕 x 轴失稳的承载能力降低较多，绕 y 轴属于 c 类。

板件厚度超过 40mm，截面残余应力更严重，残余应力不但沿板件宽度方向变化，而且沿厚度方向变化也较大；板的外表面往往存在残余压应力，厚板质量较差也会对稳定承载力带来较大的不利影响。一般板件厚度超过 40mm 的截面比同类型较小厚度的截面降低一类。

热轧型钢的残余应力峰值与钢材强度无关，其不利影响随钢材强度的提高而减弱，因此，《钢标》对屈服强度达到和超过 $345N/mm^2$ 的 $b/h>0.8$ 的 H 型钢和等边角钢的稳定系数 φ 可提高一类采用。

4.4.3 轴心受压构件的局部稳定

1. 组成轴心受压构件板件的屈曲现象

为了提高构件的抗弯刚度，尽量使截面的惯性矩最大化，钢结构构件常采用宽肢薄壁截面，如由板件组成的工字形、T 形截面。当轴心压力达到一定值时，在构件还未达到整体稳定承载力之前，翼缘或腹板有可能先产生凸曲现象而丧失稳定性，这种先行局部屈曲现象称为局部失稳，如图 4-16 所示。设计时要求组成受压构件的板件局部失稳不应先于构件的整体失稳。

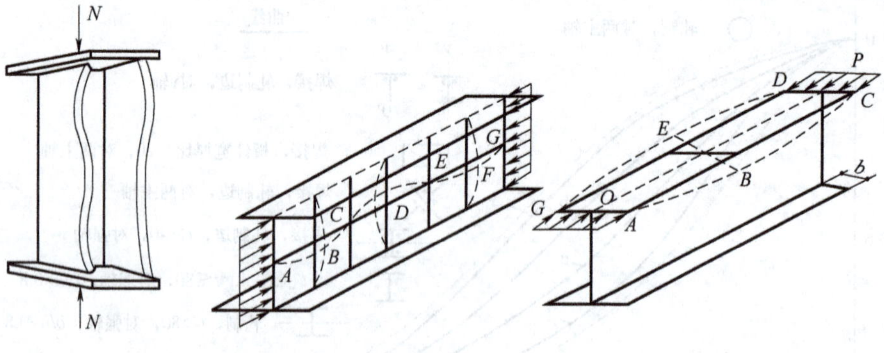

a) b) c)

图 4-16 轴心受压构件局部失稳

a）翼缘凸曲现象 b）腹板屈曲变形 c）翼缘屈曲变形

2. 板件宽（高）厚比的限值

构件发生局部屈曲的主要原因是板件宽肢薄壁，即板件宽厚比大。为了防止实腹式轴心受压构件先于整体失稳而发生板件局部失稳，《钢标》规定了实腹截面受压构件的宽厚比限值（表 4-9）。当轴心受压构件的压力小于稳定承载力，即 $N<\varphi Af$ 时，可将表 4-9 中板件宽厚比限值乘以放大系数 $\alpha=\sqrt{\varphi Af/N}$ 确定。

表 4-9 实腹式轴心受压构件宽厚比限值

序号	截面类型及简图		板件	宽厚比限值	说明
1	H 形截面	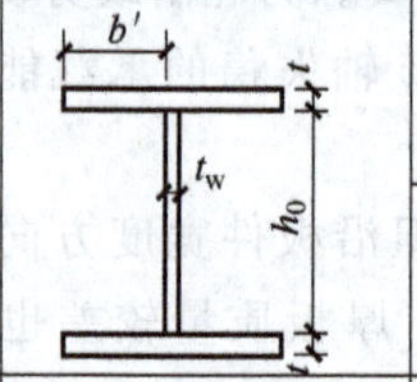	翼缘	$b'/t\leqslant(10+0.1\lambda)\varepsilon_k$	b'—翼缘自由外伸宽度 λ—构件较大的长细比，当 $\lambda<30$ 时，取为 30；当 $\lambda>100$ 时，取为 100
2			腹板	$h_0/t_w\leqslant(25+0.5\lambda)\varepsilon_k$	
3	箱形截面	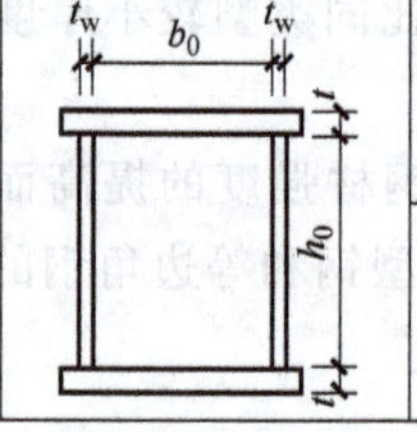	壁板	$b_0/t\leqslant40\varepsilon_k$	b_0—壁板的净宽度。当箱形截面设有纵向加劲肋时，为壁板与加劲肋之间的净宽度
4			腹板	$h_0/t_w\leqslant40\varepsilon_k$	

（续）

序号	截面类型及简图		板件	宽厚比限值	说明
5	T形截面	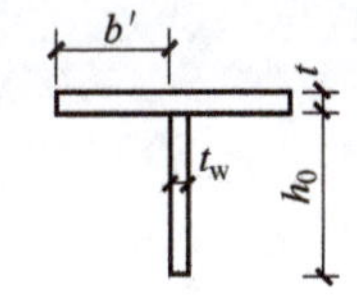	热轧	$h_0/t_w \leqslant (15+0.2\lambda)\varepsilon_k$	焊接件，h_0取腹板高度h_w；热轧件，h_0取腹板平直段长度，简要可取$h_0=h_w-t_1$且不小于h_w-20mm
6			焊接	$h_0/t_w \leqslant (13+0.17\lambda)\varepsilon_k$	
7	等边角钢	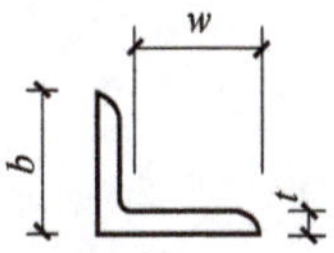	$\lambda \leqslant 80\varepsilon_k$	$w/t \leqslant 15\varepsilon_k$	w、t——角钢的平板宽度和厚度，可取$w=b-2t$，b为角钢肢宽 λ——按角钢绕非对称主轴回转半径计算的长细比
8			$\lambda > 80\varepsilon_k$	$w/t \leqslant 5\varepsilon_k+0.125\lambda$	
9	圆钢管			$D/t \leqslant 100\varepsilon_k^2$	D、t——钢管的外径和壁厚

【例 4.2】　图 4-17 所示轴心受压柱，高度 6m，焊接工字形截面，翼缘为−250×12、腹板−250×8，1—1 截面腹板开一个直径 100mm 的圆孔，翼缘为焰切边，在弱轴中部设有侧向支撑，钢材为 Q355，轴力设计值为 $N=2000$kN，试验算该柱的安全性。

【解题分析】　本例要点：①截面有削弱，需验算净截面强度；②两个方向计算长度不同；③判断截面类型，钢材牌号 Q355，应考虑牌号系数；④整体稳定、局部稳定性验算；⑤截面几何参数计算，绕 x 轴的惯性矩，本例采用两个同轴大截面惯性矩减去虚截面惯性矩，可以采用截面叠加法计算。

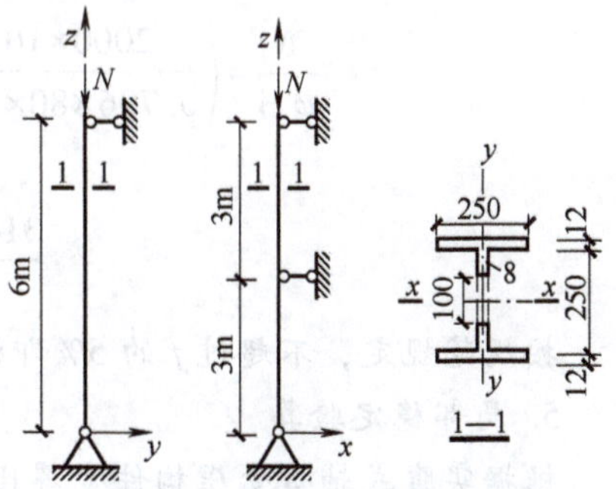

图 4-17　工字形轴心受压柱

解：Q355 钢，厚度≤16mm 时，查表 B-5，$f=305\text{N/mm}^2$，$f_u=470\text{N/mm}^2$。

1. 计算截面几何参数（采用 cm 制）

$$A=(25\times1.2\times2+25\times0.8)\text{cm}^2=80\text{cm}^2$$

$$A_n=A-(10\times0.8)\text{cm}^2=(80-8)\text{cm}^2=72\text{cm}^2$$

$$I_x=\left[\frac{1}{12}\times25\times(25+2\times1.2)^3-\frac{1}{12}\times(25-0.8)\times25^3\right]\text{cm}^4=11345\text{cm}^4$$

$$I_y=\left(2\times\frac{1}{12}\times1.2\times25^3\right)\text{cm}^4=3125\text{cm}^4$$

$$i_x=\sqrt{\frac{I_x}{A}}=\sqrt{\frac{11345}{80}}\text{cm}=11.91\text{cm}$$

$$i_y=\sqrt{\frac{I_y}{A}}=\sqrt{\frac{3125}{80}}\text{cm}=6.25\text{cm}$$

2. 净截面强度

因截面开一圆孔且未有连接件传力，按式（4-2）计算，即

$$\sigma=\frac{N}{A_n}=\left(\frac{2000\times10^3}{72\times10^2}\right)\text{N/mm}^2=277.78\text{N/mm}^2<0.7f_u=(0.7\times470)\text{N/mm}^2=329\text{N/mm}^2$$

故实腹式轴心柱净截面强度满足要求（受压构件以稳定性控制为主，毛截面强度无须验算）。

3. 刚度验算

$$l_{0x}=6\text{m}$$

$$l_{0y}=3\text{m}$$

$$\lambda_x=\frac{l_{0x}}{i_x}=\frac{600}{11.91}=50.4<[\lambda]=150$$

$$\lambda_y=\frac{l_{0y}}{i_y}=\frac{300}{6.25}=48.0<[\lambda]=150$$

故实腹式轴心柱刚度满足要求。

4. 整体稳定验算

工字形截面，翼缘为焰切边，查表 E-1，截面两个方向均属 b 类，可按较大的长细比验算，取 $\lambda_{max}=\lambda_x=50.4$ 计算。Q355 钢号修正系数为

$$\varepsilon_k=\sqrt{235/f_y}=\sqrt{235/355}=0.8136$$

采用换算的长细比，$\lambda_0=\lambda_x/\varepsilon_k=50.4/0.8136=62$，查表 E-4，稳定系数 $\varphi_x=0.796$（b 类）。

$$\frac{N}{\varphi_x A}=\left(\frac{2000\times10^3}{0.796\times80\times10^2}\right)\text{N/mm}^2=314\text{N/mm}^2>f=305\text{N/mm}^2$$

但

$$\frac{314-305}{305}\times100\%=3\%<5\%$$

按规范规定，不超过 f 的 5% 即满足要求，故认为实腹式轴心柱整体稳定性满足要求。

5. 局部稳定验算

根据实腹式轴心受压构件宽厚比限值（表 4-9）可得

工字形截面翼缘

$$\frac{b'}{t}=\frac{(250-8)/2}{12}=10.1<(10+0.1\lambda)\varepsilon_k=(10+0.1\times50.4)\times0.8136=12.2$$

腹板

$$\frac{h_0}{t_w}=\frac{250}{8}=31.25<(25+0.5\lambda)\varepsilon_k=(25+0.5\times50.4)\times0.8136=40.8$$

故，板件宽厚比满足要求。

综上，该柱安全。

【例 4.3】 某实腹式轴心受压构件，计算长度为 $l_{0x}=8\text{m}$，$l_{0y}=5\text{m}$，钢材均为 Q235B。试比较图 4-18 所示的两种等面积焊接工字形截面（焰切边），哪种更合理？

【解题分析】 两种截面面积相等，强度承载力相同。轴心受压构件主要是稳定问题，在满足板件宽厚比前提下，截面回转半径对稳定性的影响为 i 越大，λ 越小，φ 越大，抗失稳能力越强。

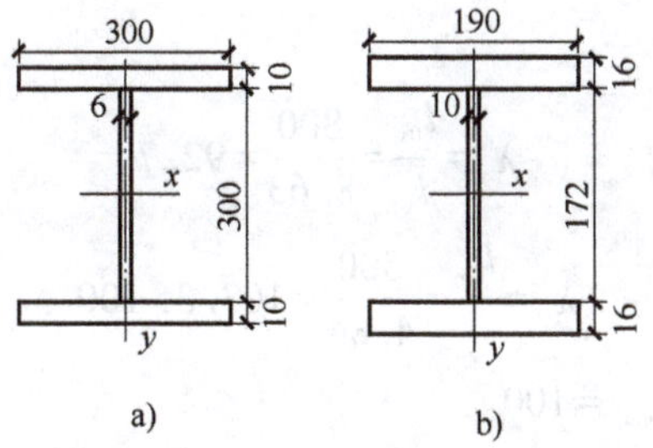

图 4-18　等面积截面比较

a）截面Ⅰ　b）截面Ⅱ

解： 1. 两个截面的回转半径

截面Ⅰ

$$A=(30\times1\times2+30\times0.6)\text{cm}^2=78\text{cm}^2$$

$$I_x=\left[\frac{1}{12}\times30\times(30+2\times1.0)^3-\frac{1}{12}\times(30-0.6)\times30^3\right]\text{cm}^4$$
$$=15770\text{cm}^4$$

$$I_y=\left(2\times\frac{1}{12}\times1.0\times30^3\right)\text{cm}^4=4500\text{cm}^4$$

$$i_x=\sqrt{\frac{I_x}{A}}=\sqrt{\frac{15770}{78}}\text{cm}=14.22\text{cm}$$

$$i_y=\sqrt{\frac{I_y}{A}}=\sqrt{\frac{4500}{78}}\text{cm}=7.60\text{cm}$$

同理计算，截面Ⅱ的面积及回转半径为 $A=78\text{cm}^2$，$i_x=8.63\text{cm}$，$i_y=4.84\text{cm}$。

截面Ⅰ的回转半径大于截面Ⅱ，两种截面的回转半径比较，截面Ⅰ占优势，但还需验算宽厚比。

2. 组合截面实腹式轴心受压柱宽厚比的验算

截面Ⅰ

$$\lambda_x=\frac{l_{0x}}{i_x}=\frac{800}{14.22}=56$$

$$\lambda_y=\frac{l_{0y}}{i_y}=\frac{500}{7.60}=65.8$$

则 $\lambda_{max}=\lambda_y=65.8$。

根据实腹式轴心受压构件宽厚比限值（表 4-9），Q235B，$\varepsilon_k=1$，有

截面Ⅰ

$$\frac{b'}{t}=\frac{(300-6)/2}{10}=14.7<(10+0.1\lambda)\varepsilon_k=10+0.1\times65.8=16.6$$

故，翼缘满足宽厚比限制。

$$\frac{h_0}{t_w}=\frac{300}{6}=50<(25+0.5\lambda)\varepsilon_k=25+0.5\times65.8=57.9$$

腹板满足宽厚比限制。

截面Ⅱ的长细比为

$$\lambda_x=\frac{l_{0x}}{i_x}=\frac{800}{8.63}=92.7$$

$$\lambda_y=\frac{l_{0y}}{i_y}=\frac{500}{4.84}=103.3>100$$

验算板件宽厚比限值时，取 $\lambda_{max}=100$。

截面Ⅱ的最大长细比大于截面Ⅰ的最大长细比，则宽厚比的限值大；而实际截面Ⅱ的板件宽厚比均小于截面Ⅰ，因此截面Ⅱ宽厚比一定满足要求。

鉴于两种截面均满足板件宽厚比限制，截面Ⅰ的回转半径大，截面Ⅰ稳定承载力较高，因此截面Ⅰ较好。

3. 两种组合截面实腹式轴心受压柱的稳定性承载力量化比较

因为板边为焰切割，绕两个主轴均为 b 类。

表 4-10　两种截面稳定性承载力量化比较

截面	面积/cm²	回转半径/cm		长细比			稳定系数	承载力比 $N_Ⅰ/N_Ⅱ$
		i_x	i_y	λ_x	λ_y	λ_{max}	φ_{min}（b 类截面）	
截面Ⅰ	78	14.22	7.60	56	65.8	65.8	0.774	$\frac{N_Ⅰ}{N_Ⅱ}=\frac{\varphi_1}{\varphi_2}=\frac{0.774}{0.535}=\frac{1.45}{1}$
截面Ⅱ	78	8.63	4.84	92.7	103.3	103.3	0.535	

从表 4-10 可见，两种截面面积相等，强度承载力相同；截面回转半径大，则长细比小，稳定系数大，受压构件的稳定承载力高。截面Ⅰ的稳定承载力是截面Ⅱ的 1.45 倍。

【例 4.4】　图 4-19 所示轴心受压柱，柱高 6m，截面为 HW200×200×8×12，钢材为 Q235B，柱顶端作用轴心压力设计值 $P=300\text{kN}$，在柱中部牛腿上作用压力 $2P$，上下端均为铰接，在柱中部 1—1 截面处翼缘上有 4 个栓孔 $d_0=22\text{mm}$，用螺栓固定绕 y 轴弯曲方向的侧向支撑，试验算该柱的安全性。

压力不等的实腹式轴心受压构件安全性验算

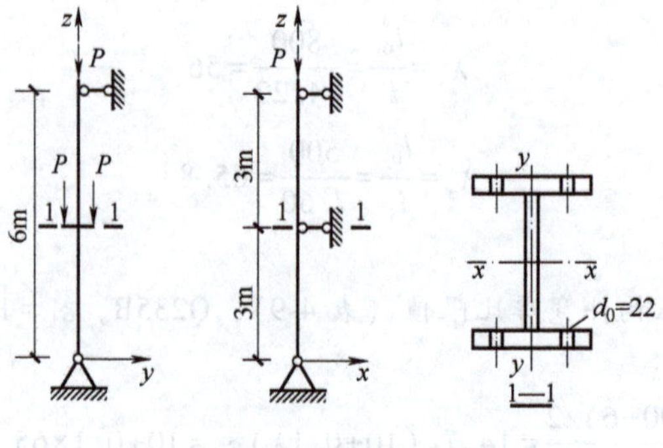

图 4-19　两段压力不等的轴心受压柱

【解题分析】　本例要点：①该柱上下两段轴力大小不同；②在 1—1 截面有孔洞，但有螺栓填充，要考虑是否验算净截面的强度；③两个方向计算长度不同，注意 x 轴的计算长度系数公式；④两个方向截面类型不同。

解： 1. 截面几何特性

查表 A-2，HW200×200×8×12 的毛截面面积 $A=64.28\text{cm}^2$；$I_x=4770\text{cm}^4$，$W_x=477\text{cm}^3$，$i_x=8.61\text{cm}$；$I_y=1600\text{cm}^4$，$W_y=160\text{cm}^3$，$i_y=4.99\text{cm}$。

2. 强度验算

轴心受力构件的强度验算包括毛截面、净截面强度验算，因为轴心受压柱需验算整体稳定性，无须验算毛截面强度；《钢标》规定，轴心受压构件，当有连接件直接传力、无虚孔时，无须验算净截面强度。因此，本例不必进行强度验算。

3. 稳定性验算

绕 x 轴的计算长度系数 $\mu=0.75+0.25\times\dfrac{P}{3P}=0.833$。

$$l_{0x}=(0.833\times600)\text{cm}=499.8\text{cm}$$

$$\lambda_x=\frac{l_{0x}}{i_x}=\frac{499.8}{8.61}=58<[\lambda]=150$$

绕 y 轴，中间设置侧向支撑，$l_{0y}=3\text{m}$。

$$\lambda_y=\frac{l_{0y}}{i_y}=\frac{300}{4.99}=60<[\lambda]=150$$

故，刚度满足要求。

对 x 轴为 b 类截面、对 y 轴为 c 类截面，且 $\lambda_y>\lambda_x$，因此，可按 y 轴验算该柱的整体稳定性，$\lambda_y=60$，$\varphi_y=0.709$（c 类），则

$$\sigma=\frac{N}{A}=\left(\frac{3\times300\times10^3}{64.28\times10^2}\right)\text{N/mm}^2=140.01\text{N/mm}^2<\varphi_y f=0.709\times215\text{N/mm}^2=152.43\text{N/mm}^2$$

综上，整体稳定性满足要求。热轧型钢构件一般不需要验算局部稳定性。

4.5 实腹式轴心受力构件的截面设计

4.5.1 实腹式轴心受拉构件的截面设计

实腹式轴心受拉构件主要是由构件强度控制的，长细比限值较大。型钢实腹式轴心受拉构件截面设计的步骤如下：

1）根据屈服强度条件，计算构件需要的毛截面面积，$A_{req}\geq N/f$。

2）根据受拉构件的计算长度及容许长细比限值，计算构件截面需要的回转半径，$i_{xreq}\geq l_{0x}/[\lambda]$、$i_{yreq}\geq l_{0y}/[\lambda]$。

3）根据需要的毛截面面积 A_{req} 和回转半径 i_{xreq}、i_{yreq} 的数值，在型钢表中选择合适的型钢。

4）截面验算，如果初选的截面面积及回转半径均不小于需要的值，且截面无削弱，一般无须验算，但当存在表 4-1 所列的非全部截面直接传力情况时，应考虑有效截面系数；如果构件截面有削弱，则应由式（4-2）验算构件净截面的强度。

【例 4.5】 某钢屋架的下弦杆采用双角钢相连的 T 形截面，节点板厚度为 12mm，在屋

架平面内的计算长度 $l_{0x}=6\text{m}$，在屋架平面外的计算长度 $l_{0y}=12\text{m}$，构造要求在弦杆端部、中部的每个角钢外伸边上有单排的 2 个栓孔，螺栓孔径为 22mm。若下弦杆承受轴心拉力的设计值 $N=620\text{kN}$，材料为 Q235B 钢，试设计该下弦杆截面。

【解题分析】 轴向受力构件截面有螺栓孔，需验算毛截面和净截面强度；为提高屋架平面外的刚度，宜选用不等边角钢短肢相拼截面。

解： 查表 B-5，Q235 钢，$f=215\text{N/mm}^2$，$f_u=370\text{N/mm}^2$，由表 4-2 查得受拉构件 $[\lambda]=350$。

1. 初选截面

所需毛截面面积为

$$A_{req}\geqslant\frac{N}{f}=\left(\frac{620\times10^3}{215}\times10^{-2}\right)\text{cm}^2=28.84\text{cm}^2$$

截面需要的回转半径为

$$i_{xreq}=\frac{l_{0x}}{[\lambda]}=\left(\frac{600}{350}\right)\text{cm}=1.71\text{cm}$$

$$i_{yreq}=\frac{l_{0y}}{[\lambda]}=\left(\frac{1200}{350}\right)\text{cm}=3.43\text{cm}$$

截面特性分析，屋架平面外需要的回转半径是平面内的 2 倍，采用不等边角钢短边拼接的截面形式满足该要求。根据双角钢所需要的 A 和 i_x、i_y，以及节点板厚度 12mm，有两个较好的方案：

① 2∠100×63×10，$A=(2\times15.5)\text{cm}^2=31\text{cm}^2$，$i_x=1.75\text{cm}$，$i_y=5.1\text{cm}$。

② 2∠125×80×8，$A=(2\times16)\text{cm}^2=32\text{cm}^2$，$i_x=2.29\text{cm}$，$i_y=6.14\text{cm}$。

两个方案比较，方案①，2∠100×63×10 截面面积小，节省钢材；方案②，2∠125×80×8，面积增加 3.2%，回转半径增加较大，提高构件刚度。本例选择方案①，截面布置如图 4-20 所示。

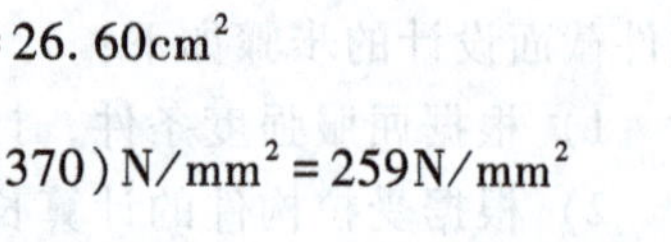

图 4-20 双角钢 T 形受拉构件

2. 验算轴心受拉构件截面强度

因为选择的截面面积比需求的大，故毛截面强度无须验算；但截面有螺栓孔，削弱截面需验算净截面强度，即

$$A_n=A-(2\times2.2\times1.0)\text{cm}^2=(31-4.40)\text{cm}^2=26.60\text{cm}^2$$

$$\sigma=\frac{N}{A_n}=\left(\frac{620\times10^3}{26.6\times10^2}\right)\text{N/mm}^2=233.08\text{N/mm}^2<0.7f_u=(0.7\times370)\text{N/mm}^2=259\text{N/mm}^2$$

3. 验算轴心受拉构件的刚度

双角钢组合 T 形截面构件绕非对称轴 x 的长细比（对 x 轴可不验算）为

$$\lambda_x=\frac{l_{0x}}{i_x}=\frac{600}{1.75}=343<[\lambda]=350$$

双角钢组合 T 形截面构件绕对称轴 y 的换算长细比 λ_{yz}，按表 4-7 计算可得

$$\lambda_y=\frac{l_{0y}}{i_y}=\frac{1200}{5.1}=235>\lambda_z=3.7\frac{b_1}{t}=3.7\times\frac{100}{10}=37$$

$$\lambda_{yz}=\lambda_y\left[1+0.06\left(\frac{\lambda_z}{\lambda_y}\right)^2\right]=235\times\left[1+0.06\times\left(\frac{37}{235}\right)^2\right]=235<[\lambda]=350$$

综上，选用 2∠100×63×10 的下弦杆满足强度和刚度要求。

4.5.2　实腹式轴心受压构件的截面设计

实腹式轴心受压构件主要由整体稳定性控制，重点是稳定系数，但在未确定构件截面尺寸时，回转半径未知，无法确定构件的长细比及稳定系数。型钢实腹式轴心受压构件截面设计的有效做法如下：①先假定一个适当的长细比 λ；②根据 λ 查表确定稳定系数 φ；③计算构件需要的截面面积 A，同时确定两个主轴回转半径 i_x、i_y；④依据 A、i_x、i_y数值，在型钢表中初选最接近的型钢，选择 A 小而 i_x、i_y大的型钢为好；⑤对初选型钢进行相关验算及调整，直到满足各项要求为止。

型钢截面的轴心受压构件，由于两个主轴性能差异较大，不能完全发挥材料作用，用钢量相对大。组合截面构件可根据两个主轴回转半径的不同需要，调整板件尺寸，实现两个方向等稳定性，充分发挥材料作用，从而节省钢材。

组合截面实腹式轴心受压构件设计的主要步骤如下：

1. 初选截面尺寸

1）假定一个适当的长细比 λ，一般在 50～100 之间选择，当轴心压力较大时 λ 取较小值，反之，轴心压力较小时 λ 取较大值。

2）根据 λ 及截面类型，查稳定系数 φ，采用轴心压杆整体稳定性公式计算所需求的截面面积 $A_{req}=N/(\varphi f)$。

3）根据构件的计算长度及假定的长细比 λ，计算需要的回转半径 $i_{xreq}=l_{0x}/\lambda$、$i_{yreq}=l_{0y}/\lambda$。

4）采用截面回转半径与截面尺寸的近似关系（附录 F），计算工字形腹板高度 h、翼板宽度 b 的初步尺寸，板件宽度应取整。

5）根据构造要求，选择腹板和翼缘厚度，初步确定组成截面的板件尺寸。

2. 验算截面

1）计算初选截面的几何参数 A、I_x、I_y、i_x、i_y等。

2）验算实腹式轴心受压构件的强度、刚度、整体稳定性。

3. 调整截面尺寸

若初选截面不满足要求或冗余度过大，则调整板件尺寸，重新验算，直到满足要求且合理。

4. 构造要求

当实腹式轴心受压构件的腹板高厚比大于 80 时，为防止在施工和运输过程中腹板发生扭转变形，提高构件的抗扭刚度，应设置横向加劲肋。加劲肋在腹板两侧成对配置，其间距不得大于 $3h_0$。对大型实腹式轴心受压构件，在受有较大横向力处和每个运送单元的两端，还应设置横隔（图 4-21）。构件较长时应设置中间横隔，横隔的间距不得大于构件截面较大宽度的 9 倍或 8m。

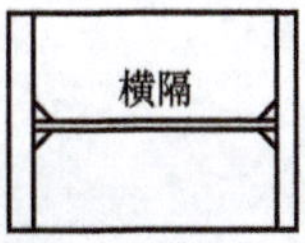

图 4-21　实腹式柱横隔

实腹式轴心受压构件的翼缘与腹板的纵向连接焊缝受力很小，不必计算，可按构造要求确定焊缝尺寸。

为了清晰起见，图 4-22 画出了实腹式轴心受压构件组合截面设计流程图。

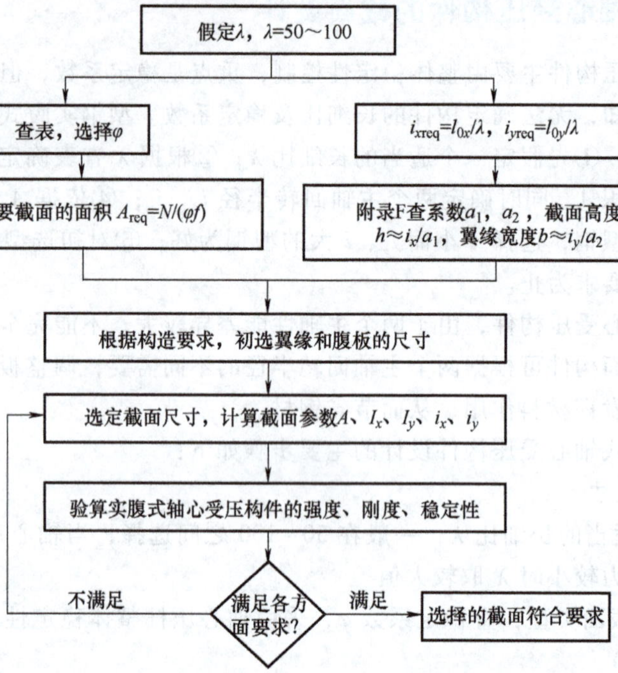

图 4-22　实腹式轴心受压构件组合截面设计流程图

【例 4.6】　某高度为 7m 的实腹式轴心受压柱，上端和下端均为铰支，在柱中点绕其弱轴（y 轴）方向设置一道侧向支撑，如图 4-23 所示，钢材为 Q235B，翼缘为焰切边，若压力设计值为 1200kN，试设计焊接工字形轴心受压柱的截面。

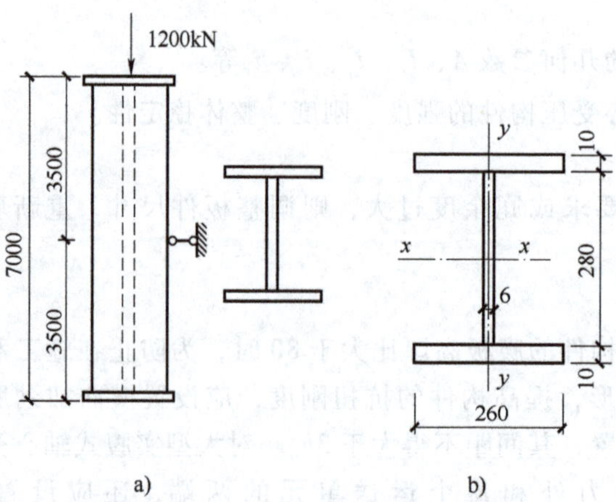

图 4-23　轴心受压柱及工字形组合截面

a）构件　b）组合截面

【解题分析】 采用图 4-22 所示的流程，设计组合截面轴心受压构件时考虑二轴等稳定性原则，在符合板件尺寸规则前提下使两个主轴方向的长细比尽量相等。根据 A、i_x、i_y 的值确定截面尺寸时，用到估算翼缘宽度与腹板高度的两个经验公式，组合截面应验算局部稳定。

解：两个方向的计算长度不同，$l_{0x}=7\text{m}$，$l_{0y}=3.5\text{m}$。

1. 假设长细比 λ 值，计算要求的截面参数

假设 $\lambda=60$，按 b 类截面，查表 E-4 得稳定系数 $\varphi=0.807$。

需求的截面面积为

$$A_{\text{req}} \geqslant \frac{N}{\varphi f}=\left(\frac{1200\times10^3}{0.807\times215}\right)\text{mm}^2=6916\text{mm}^2$$

需求的回转半径为

$$i_x=\frac{l_{0x}}{\lambda}=\left(\frac{7000}{60}\right)\text{mm}=117\text{mm}$$

$$i_y=\frac{l_{0y}}{\lambda}=\left(\frac{3500}{60}\right)\text{mm}=58.3\text{mm}$$

2. 初步确定截面尺寸

查附录 F，工字形截面回转半径与轮廓尺寸近似关系：$i_x=0.43h$，$i_y=0.24b$。

腹板高度为

$$h=\frac{i_x}{0.43}=\left(\frac{117}{0.43}\right)\text{mm}=272\text{mm}$$

翼缘宽度为

$$b=\frac{i_y}{0.24}=\left(\frac{58.3}{0.24}\right)\text{mm}=243\text{mm}$$

初选截面尺寸，腹板：—280×6；翼缘：2—260×10，如图 4-23 所示。

3. 验算组合截面轴心受压柱的整体稳定性

截面几何参数（采用 mm 制）为

$$A=(2\times260\times10+280\times6)\text{mm}^2=6880\text{mm}^2$$

$$I_x=\left[\frac{1}{12}\times6\times280^3+2\times260\times10\times(140+5)^2\right]\text{mm}^4=1.203\times10^8\text{mm}^4$$

$$I_y=\left(2\times\frac{1}{12}\times10\times260^3\right)\text{mm}^4=2.929\times10^7\text{mm}^4$$

$$i_x=\sqrt{\frac{I_x}{A}}=\sqrt{\frac{1.203\times10^8}{6880}}\text{mm}=132.2\text{mm}$$

$$i_y=\sqrt{\frac{I_y}{A}}=\sqrt{\frac{2.929\times10^7}{6880}}\text{mm}=65.2\text{mm}$$

构件长细比

$$\lambda_x=\frac{l_{0x}}{i_x}=\frac{7000}{132.2}=53<[\lambda]=150$$

$$\lambda_y=\frac{l_{0y}}{i_y}=\frac{3500}{65.2}=54<[\lambda]=150$$

刚度满足要求。

翼缘为焰切边，对两轴均为 b 类截面，$\lambda_y>\lambda_x$，按 y 轴验算该柱的稳定性，$\varphi_y=0.838$，则

$$\frac{N}{\varphi_y Af}=\frac{1200\times10^3}{0.838\times6880\times215}=0.968<1.0$$

4. 验算组合截面轴心受压柱的局部稳定性

工字形截面腹板

$$\frac{h_0}{t_w}=\frac{280}{6}=46.67<(25+0.5\lambda)\varepsilon_k=25+0.5\times54=52$$

翼缘

$$\frac{b'}{t}=\left[\frac{(260-6)/2}{10}\right]=12.7<(10+0.1\lambda)\varepsilon_k=10+0.1\times54=15.4$$

故，截面板件宽厚比满足要求。

综上，翼缘为 2—260×10、腹板为—280×6 的焊接工字形截面柱，满足整体稳定性及局部稳定性要求，因截面无削弱，因此无须验算其强度。

【题后讨论】 相同的条件下，采用型钢截面，如工字钢 I56a 或 H 型钢 HW250×250×9×14，试比较用钢量。试试看，有无更合理的型钢截面或设计更经济合理的组合截面。

4.6 格构式轴心受压构件

4.6.1 格构式构件的组成

格构式柱的构件组成

格构式构件由两个或多个分肢与缀件组成。常用的是双肢截面，肢件通常采用槽钢或工字钢承担全部轴向力，缀件将各分肢连成整体，并承受构件绕虚轴弯曲时产生的剪力。

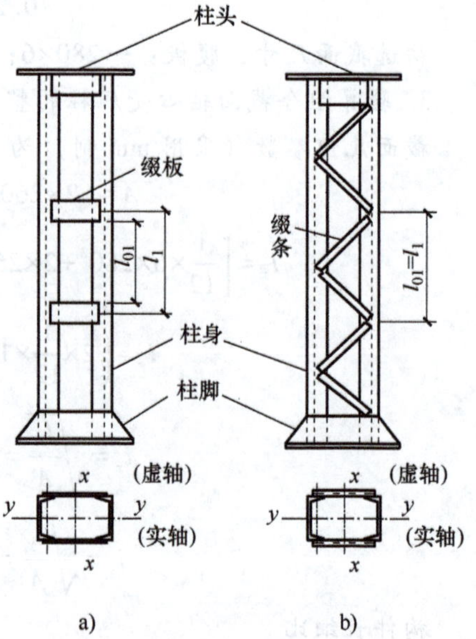

图 4-24 格构式柱的形式

a）缀板式柱 b）缀条式柱

格构式构件截面，材料集中于肢件，远离截面形心，与实腹式构件相比，在用料相同的情况下可显著增大截面惯性矩，从而提高构件的刚度和整体稳定性。同时，肢件的间距调整方便，容易实现在构件两主轴方向上等稳定性设计，更好地发挥钢材作用。

按缀件形式不同，格构式构件分为缀板式和缀条式两种，如图 4-24 所示。双肢格构式截面中，通过分肢腹板的主轴 y 轴叫作实轴，通过缀件的主轴 x 轴叫作虚轴，三肢或四肢（多肢）格构式构件截面

的两个主轴均为虚轴（图 4-1d 中的后两种）。

缀板式构件中（图 4-24a），缀板常采用钢板与分肢翼缘组成刚架体系，当构件绕虚轴弯曲时，承受横向剪力，缀板式构件的刚度略低于缀条式构件，缀板式构件通常用于受拉构件或压力较小的受压构件。缀条式构件中（图 4-24b），缀条常采用单角钢与分肢翼缘组成桁架体系，斜缀条与构件轴线间的夹角应为 40°～70°，缀条式构件横向刚度较大，能承受较大的横向剪力，因此，缀件面宽度较大的格构式柱宜采用缀条柱。

4.6.2　格构式轴心受压构件的整体稳定

格构式轴心受压构件失稳形式多为绕截面主轴的弯曲屈曲，应分别计算绕截面实轴（y 轴）和虚轴（x 轴）的抗弯曲屈曲的能力。

1. 绕实轴的整体稳定

格构式轴心受压构件绕实轴的整体稳定计算方法与实腹式轴心受压构件相同，并按 b 类截面确定稳定系数，即绕实轴 y 的整体稳定性计算公式为

$$\frac{N}{\varphi_y Af}\leqslant 1 \tag{4-16}$$

式中　A——分肢型钢毛面积之和（mm^2）。

2. 绕虚轴的整体稳定

轴心受压构件整体弯曲，沿构件各截面将产生弯矩和剪力，考虑剪切变形影响的欧拉公式为

$$N_{cr}=\frac{\pi^2 EI}{l_0^2}\cdot\frac{1}{1+\dfrac{\pi^2 EI}{l_0^2}\gamma_1} \tag{4-17}$$

式中　γ_1——单位剪力作用下的剪切角。

实腹式截面抗剪刚度大，剪力引起的附加剪切变形很小，构件临界力的降低不到 1%，可以忽略不计。但格构式截面柱，由于肢件之间通过间隔布置的缀件联系，当构件绕虚轴发生弯曲时，缀件的抗剪切变形能力小，剪力产生的剪切变形大，因此构件整体稳定承载力的不利影响必须予以考虑。

根据式（4-17）计算的格构式轴心受压构件绕虚轴的临界应力，仍可采用实腹式轴心受压构件临界应力公式计算，但式（4-13）中的长细比 λ 需用换算长细比 λ_{0x} 替换。换算长细比 λ_{0x} 的表达式为

$$\lambda_{0x}=\sqrt{\lambda_x^2+\pi^2 EA\gamma_1} \tag{4-18}$$

格构式轴心受压构件绕虚轴的整体稳定性分析，关键是换算长细比的计算。缀条式和缀板式、双肢和多肢格构式构件的单位剪力作用下的剪切角 γ_1 计算模型不同，不同格构柱的换算长细比 λ_{0x} 计算公式不同。

（1）双肢缀条柱的换算长细比　双肢缀条柱处于微微弯曲的临界状态，如图 4-25a 所示。取一个节间的缀条平面来分析，从结构上看，是两个平行的平面桁架（图 4-25b），在单位剪力 $V=$

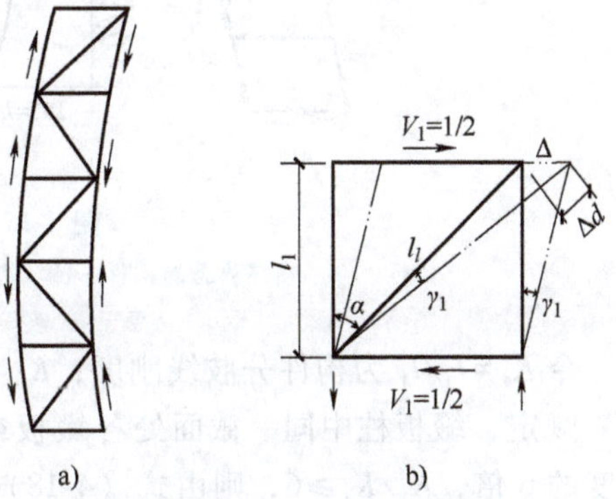

图 4-25　缀条构件的剪切变形

a）临界状态的构件　b）缀条桁架剪力与剪切角

1（单侧桁架 $V_1=1/2$）作用下，平面桁架产生的剪切角为

$$\gamma_1=\frac{1}{EA_{1x}(\sin^2\alpha)\cdot\cos\alpha}$$

一般斜缀条与构件轴线间的夹角 α 为 40°~70°，为简便应用，《钢标》按 $\alpha=45°$ 计算，对于双肢缀条式构件的换算长细比的计算公式为

$$\lambda_{0x}=\sqrt{\lambda_x^2+27\frac{A}{A_{1x}}} \tag{4-19}$$

式中 λ_x——整个格构柱对虚轴的实际长细比，$\lambda_x=l_{0x}/i_x$；

A、A_{1x}——两个分肢的毛截面面积之和、垂直于 x 轴的各斜缀条毛截面面积之和（mm^2）。

（2）双肢缀板柱的换算长细比　双肢缀板柱处于微微弯曲的临界状态，如图 4-26a 所示，缀板在其平面内的刚度大，缀板与分肢之间的连接可看成刚接，双肢缀板柱可视为多层框架体系。对于两个分肢截面相等、各缀板刚度相同且等间距布置的缀板柱，达到临界状态绕虚轴整体弯曲时，框架体系中的所有杆件都呈 S 形弯曲，反弯点分别为两个缀板间分肢的中点及缀板的中点位置，如图 4-26b 所示。

假设在反弯点无弯矩，只有因杆件弯曲而产生的剪力，如图 4-26b 所示。在单位剪力 $V=1$（单侧框架 $V_1=1/2$）作用下，两个缀板间分肢中点处的横向位移 δ，包含缀板弯曲变形引起的位移和分肢本身弯曲变形时的位移两部分。缀板式肢件产生的剪切角为

$$\gamma_1=\frac{\delta}{l_1/2}=\frac{cl_1}{12EI_b}+\frac{l_1^2}{24EI_1}=\frac{l_1^2}{24EI_1}\left(1+2\frac{I_1/l_1}{I_b/c}\right)$$

式中 I_b、I_1——缀板及分肢的截面惯性矩（mm^4）；

c——两分肢的轴线距离（mm）；

l_1——两分肢的缀板间距（mm）。

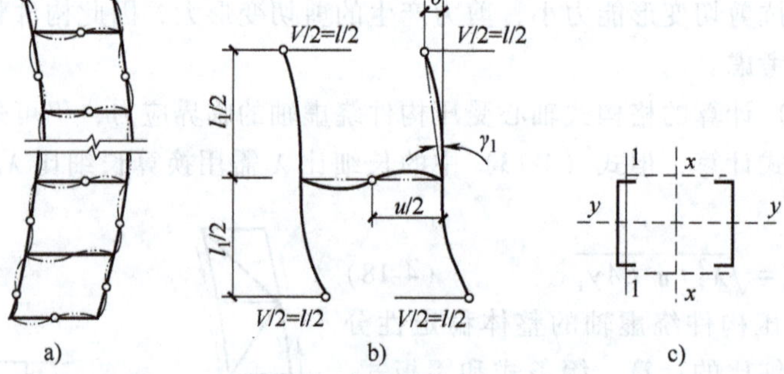

图 4-26　缀板柱的临界状态

a）临界状态的构件　b）缀板柱反弯点剪力及变形　c）缀板柱横截面

令 $K_1=I_1/l_1$ 为构件分肢线刚度，$K_b=\sum I_b/c$ 为在同一截面处各缀板的线刚度之和。《钢标》规定，缀板柱中同一截面处各缀板或型钢横杆的线刚度之和不得小于构件较大分肢线刚度的 6 倍，$K_b/K_1\geqslant6$，则由式（4-18）可得到双肢缀板式构件的换算长细比的计算公式为

$$\lambda_{0x}=\sqrt{\lambda_x^2+\lambda_1^2} \tag{4-20}$$

式中　$\lambda_1=l_1/i_1$——分肢对最小刚度轴 1—1 的长细比。

焊接时，l_1 为相邻两缀板的净距离；螺栓连接时，l_1 为相邻两缀板边缘螺栓的距离。

i_1 为分肢弱轴 1—1 的回转半径（图 4-26c）。

（3）四肢和三肢组合构件的换算长细比　四肢和三肢组合构件两个轴均为虚轴，对各虚轴的换算长细比公式见表 4-11。

表 4-11　四肢和三肢组合构件的换算长细比

截面类型及简图		缀件	绕 x 轴	绕 y 轴
四肢组件	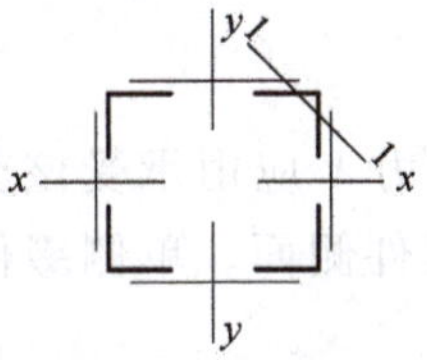	缀条式	$\lambda_{0x}=\sqrt{\lambda_x^2+40\dfrac{A}{A_{1x}}}$	$\lambda_{0y}=\sqrt{\lambda_y^2+40\dfrac{A}{A_{1y}}}$
		缀板式	$\lambda_{0x}=\sqrt{\lambda_x^2+\lambda_1^2}$	$\lambda_{0y}=\sqrt{\lambda_y^2+\lambda_1^2}$
三肢组件	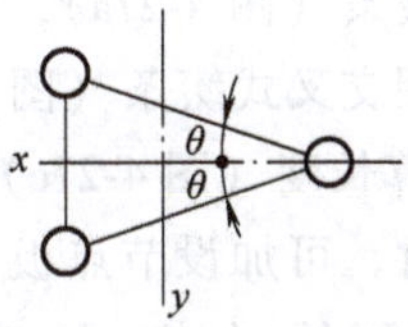	缀条式	$\lambda_{0x}=\sqrt{\lambda_x^2+\dfrac{42A}{A_1(1.5-\cos^2\theta)}}$	$\lambda_{0y}=\sqrt{\lambda_y^2+\dfrac{42A}{A_1\cos^2\theta}}$

确定格构式轴心受压构件绕虚轴的换算长细比 λ_{0x} 后，以 λ_{0x} 按 b 类截面查稳定系数 φ_x，按整体稳定计算公式，计算绕虚轴 x 的整体稳定性，即

$$\frac{N}{\varphi_x Af}\leqslant 1 \tag{4-21}$$

式中　A——全部分肢的毛截面面积之和（mm^2）。

4.6.3　分肢稳定

格构柱的肢件承受全部轴向压力，缀件节点之间的肢件可看作单独的实腹式轴心受压构件，可能绕型钢弱轴（1—1 轴）发生弯曲屈曲，称为格构式构件的分肢失稳。

由于初弯曲等缺陷的影响，在轴向荷载作用下格构式构件可能呈弯曲状态，从而产生附加弯矩和剪力，故各分肢的内力并不相同，分肢强度或稳定计算相当复杂。为了保证各分肢不先于构件整体失去承载能力，便于应用，《钢标》规定分肢的长细比在满足以下条件时可不计算分肢的强度、刚度和稳定性：

缀条柱的分肢长细比满足式（4-22），即

$$\lambda_1\leqslant 0.7\lambda_{max} \tag{4-22}$$

缀板柱的分肢长细比满足式（4-23），即

$$\lambda_1\leqslant 0.5\lambda_{max}\text{ 且 }\lambda_1\leqslant 40\varepsilon_k \tag{4-23}$$

式中　λ_{max}——构件两个方向长细比（对虚轴取换算长细比）的较大值，当 $\lambda_{max}<50$ 时，取 $\lambda_{max}=50$。

4.6.4 缀件的设计

1. 格构式轴心受压构件的剪力

格构式轴心受压构件绕虚轴弯曲屈曲时，轴向力将在垂直于构件轴线方向产生横向剪力，考虑初始缺陷的影响（取初弯曲为 $l/500$），经理论分析，格构式轴心受压构件中可能发生的最大剪力设计值 V 采用实用公式计算，即

$$V=\frac{Af}{85\varepsilon_k} \tag{4-24}$$

式中 A——肢件毛面积之和（mm^2）；

f——钢材的强度设计值（N/mm^2）。

格构式轴心受压构件的剪力 V 可认为沿构件全长不变，剪力 V 应由承受该剪力的缀材面（包括用整体板连接的面）分担。双肢格构式构件有两个缀件侧面，单侧缀件分担的剪力 $V_1=V/2$。

2. 缀条的设计

（1）缀条的布置形式　缀条的布置形式一般宜采用单斜式缀条（图 4-27a），斜缀条与构件轴线间的夹角应为 40°~70°；对于受力很大的受压构件，可采用交叉式缀条（图 4-27b）；当分肢的间距较大时，可在斜缀条之间设置横缀条来减小分肢的计算长度（图 4-27c）。

缀条的轴线与肢件的轴线应尽可能交于一点。设有横缀条时，可加设节点板，节点板与肢件翼缘厚度相同（图 4-27d）。缀条角钢最小尺寸不宜小于∠45×45×4 或∠56×36×4。

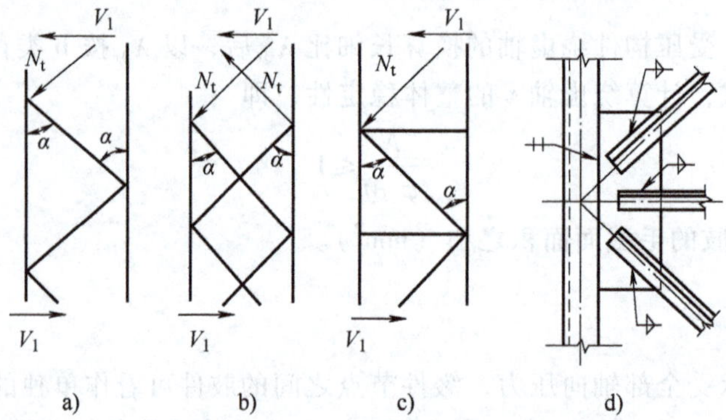

图 4-27　缀条的布置与肢件连接

a）单斜式　b）交叉式　c）设置横缀条　d）设节点板

（2）缀条稳定性验算　格构式构件侧面的缀条和分肢视作平行弦桁架来分析，如图 4-25 所示，每根斜缀条的轴力为

$$N_t=\frac{V_1}{n\cdot\sin\alpha} \tag{4-25}$$

式中 V_1——单侧缀条面所承受的剪力（N），$V_1=V/2$；

n——承受剪力的斜缀条数，单斜式缀条，$n=1$（图 4-27a、c），交叉缀条，$n=2$（图 4-27b）；

α——斜缀条与构件轴线间的夹角（°）。

缀条柱中，一部分斜缀条受拉，另一部分斜缀条受压，设计时应按受压缀条验算截面。缀条一般采用单角钢，与分肢单面连接，受力时存在偏心，属于偏心受压，当按轴心受压构件设计验算稳定性时，应将钢材强度设计值乘以折减系数 η 后进行验算，即

$$\frac{N}{\eta\varphi A_{1t}f}\leqslant 1 \tag{4-26}$$

式中　A_{1t}——一根斜缀条的横截面面积（mm^2）；

φ——根据斜缀条的长细比 $\lambda=l_{0t}/i_t$ 确定的稳定系数；

η——折减系数。

对于等边角钢，$\eta=0.6+0.0015\lambda$，但不大于 1.0；对于短边相连的不等边角钢，$\eta=0.5+0.0025\lambda$，但不大于 1.0；对于长边相连的不等边角钢，$\eta=0.7$。此处 λ 为缀条的长细比，对于中间无联系的单角钢压杆，按最小回转半径计算，当 $\lambda<20$ 时，取 $\lambda=20$。所有缀条都应满足长细比的要求，即 $\lambda\leqslant[\lambda]=150$。

横杆不受力，主要用来减小分肢在缀条平面的计算长度，提高分肢的刚度，一般采用与斜缀条相同截面，不用验算。

（3）缀条与肢件连接焊缝的计算　单面相连的单角钢斜缀条按轴心受力计算连接角焊缝时，考虑偏心的不利影响，角焊缝强度设计值应乘以 0.85 的折减系数，按式（3-18a）、式（3-18b）计算所需焊缝长度。

3. 缀板的设计

（1）缀板受力计算　缀板柱的缀板与两侧分肢构成多层刚架体系，假定各分肢肢段的中点及各缀板的中点为反弯点，取图 4-28 所示隔离体，根据力的平衡条件，可得到每个缀板的剪力 V_{b1} 和缀板与分肢连接处的弯矩 M_{b1} 为

$$V_{b1}=\frac{V_1 l_1}{c} \tag{4-27a}$$

$$M_{b1}=\frac{V_1 l_1}{2} \tag{4-27b}$$

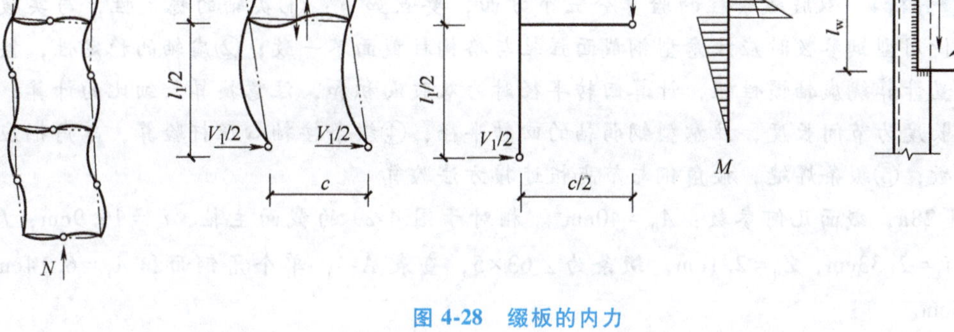

图 4-28　缀板的内力

（2）缀板验算　缀板的尺寸主要由其刚度条件控制。为了保证缀板的刚度，《钢标》规定，在同一截面处各缀板的线刚度之和不得小于构件较大分肢线刚度的6倍，即

$$\sum \frac{I_b}{c} \geqslant 6\frac{I_1}{l_1} \tag{4-28}$$

若取缀板高度 $h_b \geqslant 2c/3$，厚度 $t_b \geqslant c/40$ 及 $t_b \geqslant 6\text{mm}$，可满足上述线刚度比的要求。

对于满足刚度要求的缀板而言，所承受的弯矩 M_{b1} 和剪力 V_{b1} 不大，一般不用验算缀板的弯曲强度和剪切强度。

（3）缀板与分肢连接焊缝计算　缀板与分肢搭接长度一般为20～30mm。可以采用三面围焊或只用缀板端部纵向焊缝与分肢相连的角焊缝，采用式（4-27a、b）计算角焊缝处的弯矩 M_{b1} 和剪力 V_{b1}，再按3.3.3节方法进行焊缝强度验算。

【例4.7】如图4-29所示的双肢缀条柱，计算长度 $l_{0y}=l_{0x}=6\text{m}$，分肢为2[28a，对向布置，肢背外侧距离为300mm，缀条为∠63×5，缀条与肢件之间采用两侧角焊缝，实际长度均为50mm，焊脚尺寸为5mm，材料为Q235钢，焊条为E43型，该柱承受轴心压力1300kN，试验算该缀条柱的安全性。

缀条式格构柱的安全性验算

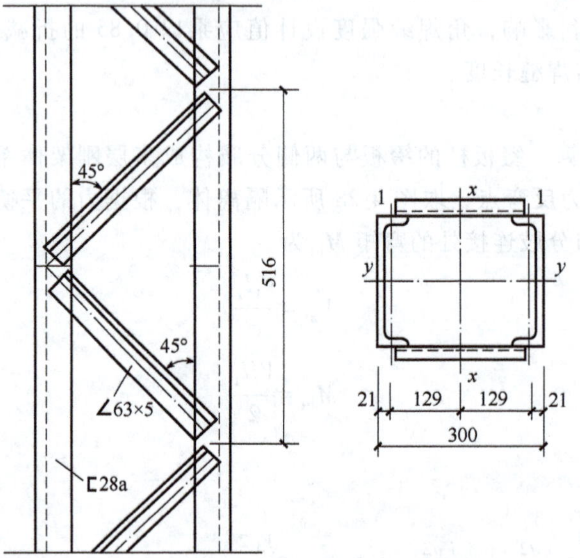

图4-29　双肢缀条柱

【解题分析】双肢缀条柱的验算分五个方面，要点如下：①实轴的稳定性，与实腹式柱相同，使用型钢参数时应注意型钢截面强轴与格构柱截面不一致；②虚轴的稳定性，按型钢形心位置计算绕虚轴惯性矩，计算回转半径时为双肢面积和，注意换算长细比的计算；③分肢计算长度为节间长度，注意型钢弱轴的回转半径；④缀条按轴心压杆验算，单角钢应考虑折减系数；⑤缀条焊缝，按角钢与节点板连接方法验算。

解：[28a，截面几何参数：$A_0=40\text{cm}^2$。相对于图4-29的截面主轴，$i_y=10.9\text{cm}$，$I_1=218\text{cm}^4$，$i_1=2.33\text{cm}$，$Z_0=2.1\text{cm}$。缀条为∠63×5，查表A-4，单个角钢面积 $A_1=6.14\text{cm}^2$，$i_{min}=1.25\text{cm}$。

1. 实轴的稳定性验算

$$\lambda_y=\frac{l_{0y}}{i_y}=\frac{600}{10.9}=55<[\lambda]=150$$

查表 E-4，$\varphi_y=0.833$（b 类截面），验算实轴整体稳定性，即

$$\sigma=\frac{N}{A}=\left(\frac{1300\times10^3}{80\times10^2}\right)\text{N/mm}^2=162.5\text{N/mm}^2<\varphi_y f=(0.833\times215)\text{N/mm}^2=179\text{N/mm}^2$$

因为截面无削弱，故无须验算净截面强度。

2. 虚轴的稳定性验算

$$I_x=2(I_1+A_0d^2)=\{2\times[218+40\times(30/2-2.1)^2]\}\text{cm}^4=13749\text{cm}^4$$

$$i_x=\sqrt{\frac{I_x}{A}}=\sqrt{\frac{13749}{80}}\text{cm}=13.1\text{cm}$$

$$\lambda_x=\frac{l_{0x}}{i_x}=\frac{600}{13.1}=46$$

换算长细比，即

$$\lambda_{0x}=\sqrt{\lambda_x^2+27\frac{A}{A_{1x}}}=\sqrt{46^2+27\times\frac{2\times40}{2\times6.14}}=48$$

查表 E-4 得，$\varphi_x=0.865$（b 类截面）。

验算虚轴整体稳定性，即

$$\sigma=\frac{N}{A}=162.5\text{N/mm}^2<\varphi_x f=(0.865\times215)\text{N/mm}^2=186.0\text{N/mm}^2$$

3. 分肢的稳定性验算

未加横杆，分肢长细比为

$$\lambda_1=\frac{l_1}{i_1}=\frac{51.6}{2.33}=22<0.7\lambda_{\max}=0.7\lambda_y=0.7\times55=38.5$$

故，满足要求。

4. 缀条的验算

缀条柱截面的最大剪力为

$$V_{\max}=\frac{Af}{85\varepsilon_k}=\left(\frac{8000\times215}{85\times1}\right)\text{N}=20235\text{N}$$

缀条按 45°布置，单根斜缀条的内力为

$$N_t=\frac{V_1}{\sin\alpha}=\frac{V_{\max}/2}{\sin45^\circ}=14310\text{N}$$

缀条长度为

$$l_t=\frac{b}{\sin\alpha}=\left(\frac{25.8}{\sin45^\circ}\right)\text{cm}=36.5\text{cm}$$

长细比：

$$\lambda=\frac{l_t}{i_{\min}}=\frac{36.5}{1.25}=29<[\lambda]=150$$

查表 E-4 得，$\varphi=0.939$（b 类截面）。

考虑单个角钢偏心影响，折减系数 $\eta=0.6+0.0015\times29=0.6435$。

验算缀条稳定性，即

$$\sigma=\frac{N_t}{A_{t1}}=\left(\frac{14310}{614}\right)\mathrm{N/mm^2}=23.3\mathrm{N/mm^2}<\eta\varphi f=(0.6435\times0.939\times215)\mathrm{N/mm^2}=130\mathrm{N/mm^2}$$

故，缀条满足稳定性要求。

5. 缀条与肢件间焊缝的验算

缀条与肢件之间采用两侧角焊缝，焊脚尺寸 $h_f=5\mathrm{mm}$，按式（3-14a）和式（3-14b）计算角钢两侧角焊缝传力。

肢背焊缝：

$$N_1=0.7N_t=(0.7\times14310)\mathrm{N}=10017\mathrm{N}$$

肢尖焊缝：

$$N_2=0.3N_t=(0.3\times14310)\mathrm{N}=4293\mathrm{N}$$

单面连接的单角钢按轴心受力计算连接时，角焊缝设计强度乘以折减系数 0.85，角钢肢背、肢尖两侧焊缝强度为

$$\tau_f=\frac{N_1}{h_e(l'_{w1}-2h_f)}=\left[\frac{10017}{0.7\times5\times(50-2\times5)}\right]\mathrm{N/mm^2}=71.55\mathrm{N/mm^2}$$
$$<\eta f_f^w=(0.85\times160)\mathrm{N/mm^2}=136\mathrm{N/mm^2}$$

$$\tau_f=\frac{N_2}{h_e(l'_{w2}-2h_f)}=\left[\frac{4293}{0.7\times5\times(50-2\times5)}\right]\mathrm{N/mm^2}=30.66\mathrm{N/mm^2}$$
$$<\eta f_f^w=(0.85\times160)\mathrm{N/mm^2}=136\mathrm{N/mm^2}$$

综上，该缀条式柱满足安全性的要求。

【例 4.8】 图 4-30 所示为一缀板式柱，轴心压力设计值为 1450kN，柱两端铰接，两个方向计算长度均为 6m，分肢为 2[28a，分肢背面净距为 220mm，缀板宽度为 200mm、厚度为 8mm，缀板间距为 800mm，缀板与分肢间采用焊脚尺寸为 6mm 的围焊缝，钢材为 Q355 钢，焊条为 E50 型，试验算该缀板柱的安全性。

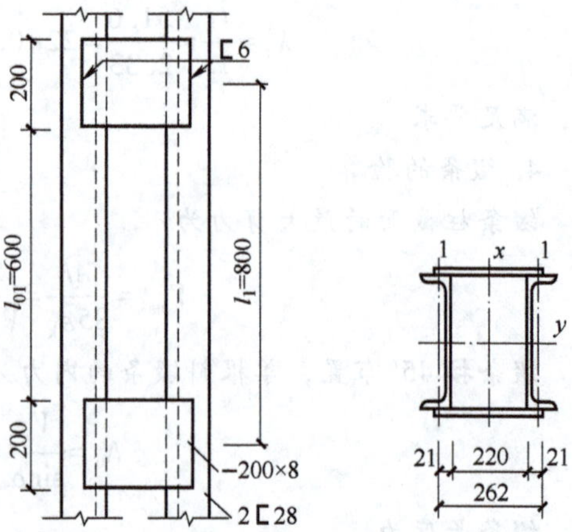

图 4-30 双肢缀板柱

【解题分析】 双肢缀板柱验算分五个方面，各方面要点：①实轴的稳定性，应注意型钢强轴与格构柱截面不一致；②虚轴的稳定性，绕虚轴惯性矩、回转半径计算方法与缀条柱相同，但换算长细比不同；③分肢计算长度为缀板间净距，注意型钢弱轴的回转半径；④缀板主要验算线刚度；⑤缀板承受的弯矩和剪力用于验算缀板焊缝，以扭剪组合作用形式的角焊缝验算。

解：[28a，截面几何参数：$A_0=40\mathrm{cm^2}$。相对于图 4-30 的截面主轴，$i_y=10.9\mathrm{cm}$，$I_1=$

$218cm^4$，$i_1=2.33cm$，$Z_0=2.1cm$。

1. 实轴的稳定性验算

$$\lambda_y=\frac{l_{0y}}{i_y}=\frac{600}{10.9}=55<[\lambda]=150$$

Q355 钢号修正系数为

$$\varepsilon_k=\sqrt{\frac{235}{f_y}}=\sqrt{\frac{235}{355}}=0.8136$$

换算长细比，即

$$\lambda_0=\lambda_y/\varepsilon_k=55/0.8136=68$$

查表 E-4 得，$\varphi_y=0.762$（b 类截面），验算实轴整体稳定性，即

$$\sigma=\frac{N}{A}=\left(\frac{1450\times10^3}{8000}\right)N/mm^2=181.25N/mm^2<\varphi_y f=0.762\times305N/mm^2=232.4N/mm^2$$

因为肢件截面无削弱，故缀板柱无须验算净截面强度。

2. 虚轴的稳定性验算

$$I_x=2(I_1+A_0d^2)=\{2\times[218+40\times(11+2.1)^2]\}cm^4=14165cm^4$$

$$i_x=\sqrt{\frac{I_x}{A}}=\left(\sqrt{\frac{14165}{2\times40}}\right)cm=13.3cm$$

$$\lambda_x=\frac{l_{0x}}{i_x}=\frac{600}{13.3}=45$$

缀板净间距为

$$l_{01}=l_1-h_b=(800-200)mm=600mm$$

分肢长细比为

$$\lambda_1=\frac{l_{01}}{i_1}=\frac{60}{2.33}=26$$

换算长细比，即

$$\lambda_{0x}=\sqrt{\lambda_x^2+\lambda_1^2}=\sqrt{45^2+26^2}=52$$

Q355 钢换算 Q235 钢长细比为

$$\lambda_0=\lambda_{0x}/\varepsilon_k=52/0.8136=64$$

查表 E-4 得，$\varphi_x=0.785$（b 类截面）。

验算虚轴整体稳定性，即

$$\sigma=181.25N/mm^2<\varphi_x f=(0.785\times305)N/mm^2=239.4N/mm^2$$

3. 分肢的稳定性验算

$$\lambda_{max}=\lambda_y=55$$

$$\lambda_1=26<0.5\lambda_{max}=27.5 \text{ 且 } \lambda_1=26<40\varepsilon_k=40\times0.8136=32.5$$

故，满足要求。

4. 缀板的验算

缀板柱截面的最大剪力为

$$V_{max}=\frac{Af}{85\varepsilon_k}=\left(\frac{5860\times305}{85\times0.8136}\right)N=25844N$$

缀板承受的弯矩和剪力分别为

$$M_{b1}=\frac{1}{2}V_1l_1=\left(\frac{1}{2}\times\frac{25844}{2}\times800\right)\text{N}\cdot\text{mm}=5.169\times10^6\text{N}\cdot\text{mm}$$

$$V_{b1}=\frac{V_1l_1}{a}=\left(\frac{25844\times800}{2\times262}\right)\text{N}=39456\text{N}$$

缀板的强度（可以不验算）。

一个缀板，即

$$I_b=\left(\frac{1}{12}\times0.8\times20^3\right)\text{cm}^4=533.33\text{cm}^4$$

$$W_b=\frac{I_b}{h_b/2}=\left(\frac{533.3}{20/2}\right)\text{cm}^3=53.33\text{cm}^3$$

$$\sigma=\frac{M}{W_b}=\left(\frac{517.9\times10^4}{53.33\times10^3}\right)\text{N/mm}^2=97\text{N/mm}^2<f=305\text{N/mm}^2$$

$$\tau=\frac{1.5V_{b1}}{t_bh_b}=\left(\frac{1.5\times39.456\times10^3}{8\times200}\right)\text{N/mm}^2=37\text{N/mm}^2<f_v=175\text{N/mm}^2$$

验算缀板刚度，即

一个缀板的线刚度为

$$I_b/c=(533.33/26.2)\text{cm}^3=20\text{cm}^3$$

$$\frac{\sum(I_b/c)}{I_1/l_1}=\frac{2\times533.33/26.2}{218/80}=14.9>6$$

故，缀板的刚度能够满足在同一截面处各缀板的线刚度之和不小于构件较大分肢线刚度的 6 倍。

5. 缀板与肢件间焊缝的验算

缀板与分肢之间采用围焊缝，由于水平焊缝较短，偏于安全只按缀板端部纵向焊缝计算，焊缝计算长度不减 $2h_f$，$l_w=200\text{mm}$，焊脚尺寸 $h_f=6\text{mm}$。

缀板端部一侧纵向焊缝为

$$A_f=(0.7\times0.6\times20)\text{cm}^2=8.4\text{cm}^2$$

$$W_f=\left(\frac{0.7\times0.6\times20^2}{6}\right)\text{cm}^3=28\text{cm}^3$$

在弯矩和剪力共同作用下焊缝的应力为

$$\sigma_f=\frac{M_{b1}}{W_f}=\left(\frac{5.169\times10^6}{28\times10^3}\right)\text{N/mm}^2=184.6\text{N/mm}^2$$

$$\tau_f=\frac{V_{b1}}{A_f}=\left(\frac{39456}{8.4\times10^2}\right)\text{N/mm}^2=47\text{N/mm}^2$$

$$\sqrt{\left(\frac{\sigma_f}{\beta_f}\right)^2+\tau_f^2}=\left(\sqrt{\left(\frac{184.6}{1.22}\right)^2+47^2}\right)\text{N/mm}^2=158.4\text{N/mm}^2<f_f^w=200\text{N/mm}^2$$

综上，该缀板柱满足安全性的要求。

4.6.5 格构式轴心受压构件的设计

格构式轴心受压构件设计的步骤：首先应确定缀件的形式，中小型构件采用缀板或缀条形式均可，大型构件宜采用缀条形式；双肢格构式构件的截面形式主要有三种，如图4-31所示，对于肢件型钢的选用，轴心压力较小时可采用槽钢，轴心压力很大时采用工字钢或由角钢与钢板组成的槽形截面做肢件；根据等稳定性原则，使其 $\lambda_{0x} \approx \lambda_y$，确定两个肢件的布置距离；按分肢的长细比控制要求，确定缀件布置方案；验算截面及焊缝。

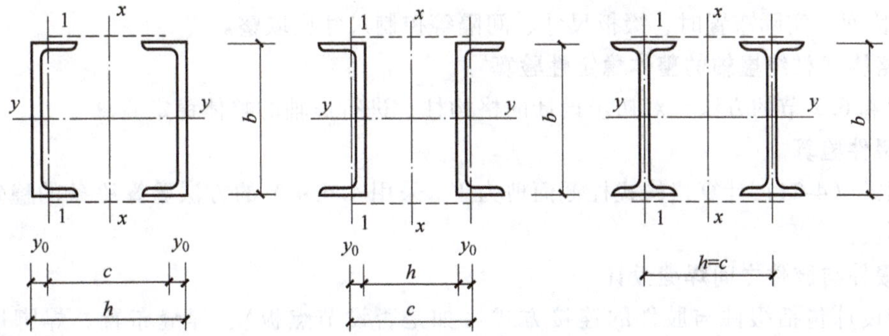

图4-31 双肢格构式构件的截面形式

以常见的双肢格构式轴心受压构件为例，说明其设计的主要流程：

1. 实轴的设计——选择肢件型钢

1）假定长细比 $\lambda = 50 \sim 100$，按b类查表E-4稳定系数 φ，计算两个肢件型钢所需的面积 $A_{req} = N/(\varphi f)$。

2）计算绕构件实轴（型钢强轴）的回转半径 $i_{yreq} = l_{0y}/\lambda$。

3）参考 $A_{req}/2$ 和 i_{yreq} 数值选择肢件所采用的槽钢或工字钢型号，型钢面积可小于 $A_{req}/2$，但回转半径必须大于 i_{yreq}，其值越大越好。

4）验算实轴的整体稳定性，根据计算结果调整型钢型号，尽量经济合理；如果肢件截面有孔洞削弱，还应验算其净截面强度。

2. 虚轴的设计——肢件布置距离

1）依据等稳定性原则，尽量使两个方向的长细比相等，由 $\lambda_{0x} = \lambda_y$ 条件，计算格构式柱绕虚轴所需的实际长细比 λ_{xreq}。

对缀条柱，预先确定的斜缀条截面 A_{1x}（按 $A_{1x} = 0.1A$ 预估角钢型号），由式（4-19）可得

$$\lambda_{xreq} = \sqrt{\lambda_y^2 - 27\frac{A}{A_{1x}}} \tag{4-29}$$

对缀板柱，分肢长细比 λ_1，先按 $0.5\lambda_y$ 与 $40\varepsilon_k$ 二者较大的取值，由式（4-20）可得

$$\lambda_{xreq} = \sqrt{\lambda_y^2 - \lambda_1^2} \tag{4-30}$$

2）根据虚轴实际长细比，求虚轴所需的回转半径 $i_{xreq} = l_{0x}/\lambda_{xreq}$。

3）选用图4-31中的一种截面形式，采用附录F经验公式，计算二肢件间的距离 $h = i_{xreq}/\alpha_2$。要求两个肢件间的净空距离应大于100mm，以便于涂刷构件内表面的油漆，实际距

离应调整为 10mm 的倍数。

3. 缀件布置——按分肢长细比控制

根据分肢长细比要求，缀条柱或缀板柱采用不同缀件布置方案：

1）缀条柱分肢的长细比应满足 $\lambda_1 \leqslant 0.7\lambda_{max}$；缀条角钢不宜小于∠45×45×4 或∠56×36×4，斜缀条与构件轴线间的夹角应为 40°～70°，缀条的轴线与肢件的轴线应尽可能交于一点。

2）缀板柱分肢的长细比应满足 $\lambda_1 \leqslant 0.5\lambda_{max}$，且 $\lambda_1 \leqslant 40\varepsilon_k$；缀板尺寸应保证缀板的线刚度之和不得小于构件较大分肢线刚度的 6 倍；一般缀板宽度 $a \geqslant 2c/3$、厚度 $t \geqslant c/40$ 或 6mm，c 为缀板长度，实际布置时，缀板尺寸、间隔等控制尺寸应取整。

4. 格构式柱绕虚轴的整体稳定性验算

采用 4.6.2 节的方法，对初步设计的格构柱，进行虚轴的整体稳定验算。

5. 缀件验算

采用式（4-24）计算格构式柱截面剪力 V，采用 4.6.4 节的方法验算缀条的稳定性或缀板的线刚度。

6. 缀件与肢件之间焊缝设计

焊缝设计包括缀件与肢件的连接方式（如是否设节点板）、焊缝布置、焊脚尺寸等内容；根据构造要求，确定角焊缝焊脚尺寸；采用 4.6.4 节方法计算焊缝承受荷载大小，按角焊缝的受力状态进行焊缝强度验算。

7. 横隔构造

为了保证格构式构件在运输和吊装过程中具有必要的刚度，防止因碰撞而使构件截面发生歪扭变形，《钢标》规定，格构式柱和大型实腹式柱，在受有较大水平力处和运送单元的端部应设置横隔，横隔的间距不宜大于柱截面长边尺寸的 9 倍且不宜大于 8m。横隔有用钢板做的隔板和角钢交叉制作的隔材两种，如图 4-32 所示。

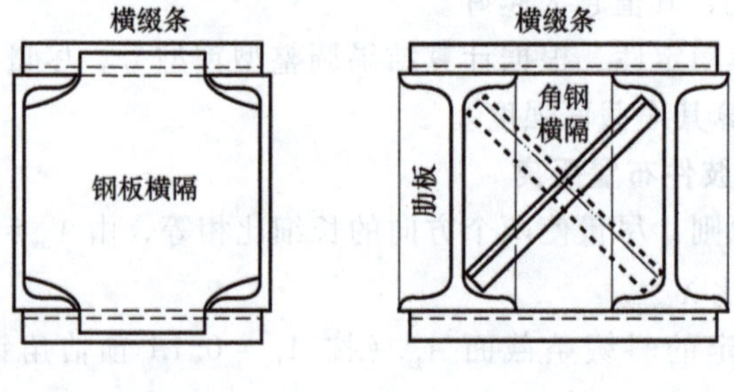

图 4-32　格构式构件的横隔

a）钢板式横隔　b）角钢式横隔

【例 4.9】 试设计缀条式轴心受压柱，已知该柱承受轴心压力设计值为 $N=1400\text{kN}$，计算长度 $l_{0y}=l_{0x}=6\text{m}$，材料为 Q235 钢。

【解题分析】 设计缀条柱，先按实轴的整体稳定要求，选定肢件型钢的型号；再根据等稳定性原则，确定肢件布置间距；最后验算分肢稳定和焊缝设计。

解：1. 对实轴设计，选择肢件型钢的型号

设 $\lambda=80$，查表 E-4 知，$\varphi_y=0.687$（b 类截面）。

需要的面积为

$$A_{req}=\frac{N}{\varphi_y f}=\left(\frac{1400\times10^3}{0.687\times215}\right)mm^2=9478mm^2=94.78cm^2$$

需要的回转半径为

$$i_{y0}=\frac{l_{0y}}{\lambda}=\left(\frac{600}{80}\right)cm=7.5cm$$

根据面积和回转半径选槽钢型号，在槽钢规格表中，没有完全符合上述两方面要求的截面，优选面积稍小而回转半径大的截面，选用 2[28a，截面采用双肢槽钢对向放置，如图 4-33 所示。

查表 A-3，[28a 几何参数：$A_0=40.02cm^2$，$i_x=10.9cm$，$I_y=217.9cm^4$，$i_y=2.33cm$，偏心距 $x_0=2.1cm$，翼缘宽度 $b=82mm$。

对于格构式截面几何参数：$A=2\times40.02=80cm^2$，$i_y=10.9cm$，$I_1=217.9cm^4$，$i_1=2.33cm$。

$$\lambda_y=\frac{l_{0y}}{i_y}=\frac{600}{10.9}=55<[\lambda]=150$$

查表 E-4 得，$\varphi_y=0.833$（b 类截面）。

验算实轴整体稳定性，即

$$\sigma=\frac{N}{A}=\left(\frac{1400\times10^3}{80\times10^2}\right)N/mm^2=175N/mm^2<\varphi_y f=(0.833\times215)N/mm^2=179N/mm^2$$

因为肢件截面无削弱，故缀条式轴心受压柱无须验算强度。

2. 设计虚轴，确定两肢间距

先初选缀条角钢的型号，2 个角钢的面积：$A_1\approx0.1A=0.1\times80cm^2=8cm^2$，选∠50×50×4，查表 A-4，截面参数：$A_{10}=3.90cm^2$，$i_{min}=0.99cm$。

根据等稳定性设计原则，两个轴的长细比相等，即 $\lambda_{0x}=\lambda_y$，得

$$\lambda_x=\sqrt{\lambda_y^2-27\frac{A}{A_{10}}}=\sqrt{55^2-27\times\frac{80}{2\times3.90}}=52.4$$

$$i_x=\frac{l_{0x}}{\lambda_x}=\left(\frac{6000}{52.4}\right)mm=115mm$$

根据经验公式（附录 F），槽钢肢件布置的间距为

$$h=\frac{i_x}{0.44}=\left(\frac{115}{0.44}\right)mm=261mm$$

两个肢件净距离为 261−2×82mm=97mm

为满足两个肢件间的净空距离应大于 100mm 的构造要求，取 $h=280mm$。

3. 虚轴的稳定性验算

单肢槽钢轴线至截面形心的间距为（280/2−21）mm=119mm

$$I_x=2(I_1+A_0d^2)=11765cm^4$$

$$i_x=\sqrt{\frac{I_x}{A}}=\sqrt{\frac{11765}{80}}cm=12.1cm$$

$$\lambda_x=\frac{l_{0x}}{i_x}=\frac{600}{12.1}=50$$

$$\lambda_{0x}=\sqrt{\lambda_x^2+27\frac{A}{A_{1 0}}}=\sqrt{50^2+27\times\frac{80}{2\times 3.90}}=53$$

查表 E-4 得，$\varphi_x=0.842$（b 类截面）。

验算虚轴整体稳定性：

$$\sigma=\frac{N}{A}=\left(\frac{1400\times 10^3}{80\times 10^2}\right)\text{N/mm}^2=175\text{N/mm}^2<\varphi_x f=(0.842\times 215)\text{N/mm}^2=181\text{N/mm}^2$$

4. 缀条的设计

$$V_{\max}=\frac{Af}{85\varepsilon_k}=\left(\frac{80\times 10^2\times 215}{85}\right)\text{N}=20235\text{N}$$

缀条采用选∠50×50×4，按 45°布置。

$$N_t=\frac{V_1}{\sin\alpha}=\frac{V_{\max}}{2\sin 45^\circ}=14310\text{N}$$

缀条长度为

$$l_t=\frac{c}{\sin\alpha}=\left(\frac{240}{\sin 45^\circ}\right)\text{mm}=339\text{mm}$$

长细比为

$$\lambda=\frac{l_t}{i_{\min}}=\frac{33.9}{0.99}\approx 34$$

查表 E-4 得，$\varphi=0.921$（b 类截面）。

考虑单个等边角钢偏心影响，折减系数为

$$\eta=0.6+0.0015\lambda=0.6+0.0015\times 34=0.651$$

则

$$\sigma=\frac{N_t}{A_{1t}}=\left(\frac{14310}{390}\right)\text{N/mm}^2=36.7\text{N/mm}^2<\eta\varphi f=(0.651\times 0.918\times 215)\text{N/mm}^2=128\text{N/mm}^2$$

5. 分肢的稳定性验算

如果不加横杆，节点间距 $l_1=2\times 240\text{mm}=480\text{mm}$，实际取 $l_1=500\text{mm}$。

[28a 绕弱轴的回转半径 $i_1=2.33\text{cm}$，分肢长细比为

$$\lambda_1=\frac{l_1}{i_1}=\frac{50}{2.33}=21.5<0.7\lambda_{\max}=0.7\times 60=42$$

因此不加横杆，分肢长细比也满足要求，设计的缀条柱如图 4-33 所示。

6. 缀条与肢件间焊缝的设计

缀条与肢件之间采用两侧角焊缝，取焊脚尺寸 $h_f=5\text{mm}$，缀条角钢与肢件之间传力。

肢背侧焊缝传力为

$$N_1=0.7N_t=(0.7\times 14310)\text{N}=10017\text{N}$$

肢尖侧焊缝传力为

$$N_2=0.3N_t=(0.3\times 14310)\text{N}=4293\text{N}$$

焊缝长度，单个角钢应用时，角焊缝设计强度乘以系数 0.85，即

$$l_{w1}=\frac{N_1}{0.85\times0.7h_f f_f^w}+2h_f=\left(\frac{10017}{0.85\times0.7\times5\times160}+2\times5\right)mm=31mm$$

$$l_{w2}=\frac{N_2}{0.85\times0.7h_f f_f^w}+2h_f=\left(\frac{4293}{0.85\times0.7\times5\times160}+2\times5\right)mm=19mm$$

确定焊缝长度时还应考虑最小焊缝长度要求（$10h_f$且不小于50mm），焊缝的实际长度取为50mm。

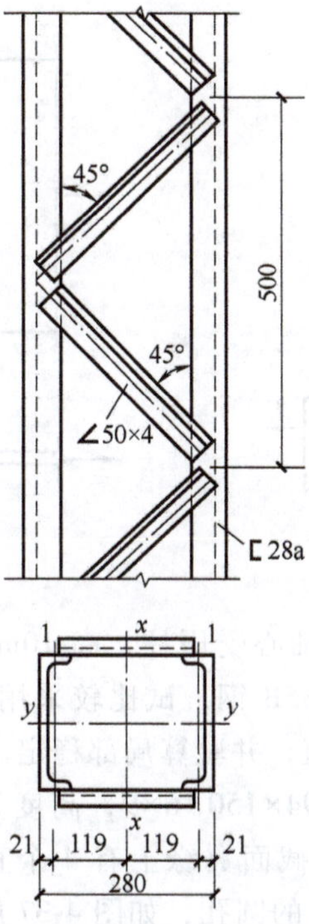

图 4-33　双肢缀条柱及截面布置

习　题

一、思考题

1. 简述轴心受力构件毛截面强度、净截面强度依据的原则。
2. 简述轴心受压构件与轴心受拉构件的强度验算方法的异同。
3. 简述理想轴心受压构件的假定条件，以及理想轴心压杆屈曲的形式。
4. 简述等稳定性设计原则。实腹式轴心受压构件两个方向的长细比相等，是否一定为等稳定性？
5. 简述提高轴心受压构件整体稳定性的措施。
6. 简述面积相同的两种工字形截面柱强度承载力、稳定承载力是否相同。请举例证明。
7. 简述格构式轴心受压柱不能直接采用实际长细比验算虚轴稳定性的原因。
8. 试分析缀条式构件与缀板式构件验算过程的异同点。

二、练习题

1. 某轴心受拉杆件为单角钢∠45×4，采用 M12-5.6 螺栓与其他构件连接，螺栓孔径 13mm，材料为 Q235 钢，如图 4-34 所示，求该杆件能承受的最大拉力 F。

2. 如图 4-35 所示，构件钢板截面为−400×18，盖板为−400×10，钢材为 Q355 钢，采用 M20-8.8 级高强度螺栓连接，螺栓孔径 $d_0=20.5\text{mm}$，接触面采用喷砂后涂无机富锌漆，分别按高强度螺栓摩擦型连接和承压型连接，求该构件所能承受轴心力的最大值。

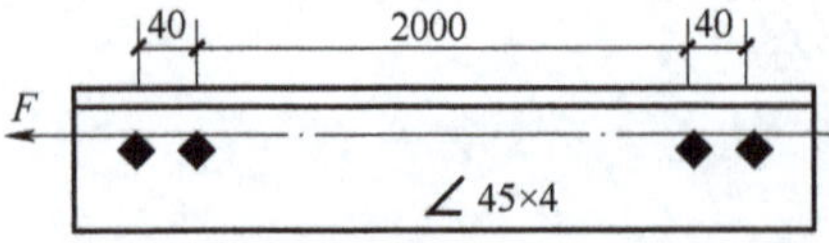

图 4-34　练习题 1 图

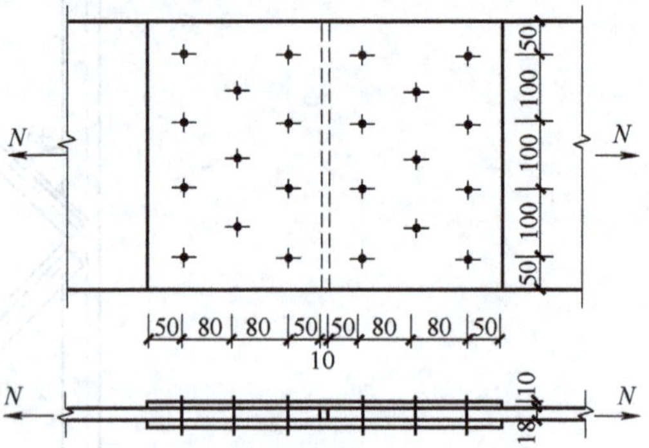

图 4-35　练习题 2 图

3. 两端铰接的焊接工字形截面轴心受压柱，高 10m，在柱中部绕弱轴方向设置一道侧向支撑，翼缘为轧制边，钢材为 Q235B 钢，试比较采用图 4-36 所示两种截面（面积相等）该柱所能承受的最大轴心压力设计值，并验算局部稳定。

4. 某轴心受压柱，截面为 HM194×150×6×9，高度为 6m，两端铰接，弱轴方向中间设置一道侧向支撑，构造要求在 1—1 截面翼缘上有 4 个直径 21mm 的螺栓孔且有螺栓穿过，在 2—2 截面腹板有 1 个直径 120mm 的圆孔，如图 4-37 所示，材料为 Q235 钢，求该柱所能承受的最大轴心压力。

5. 由 2[40a 和钢板 2−10×600 组成箱形钢柱，型钢外侧与钢板平齐，每隔 150mm 用螺栓连接，螺栓孔径为 21mm，柱高 9m，两端铰接，承受轴心压力设计值 3000kN。钢材为 Q355 钢，如图 4-38 所示，试验算该柱的安全性（螺栓连接无须验算）。

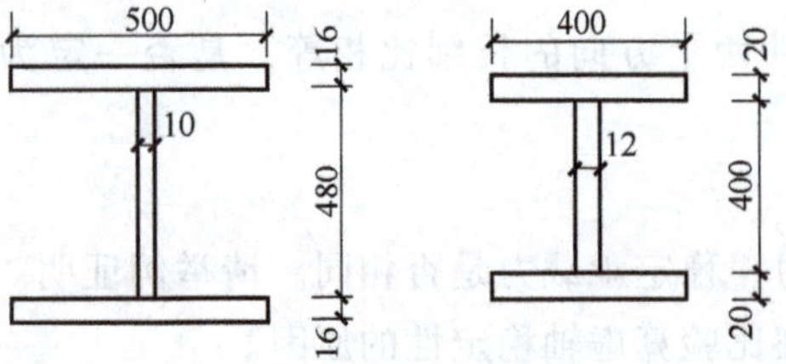

图 4-36　练习题 3 图

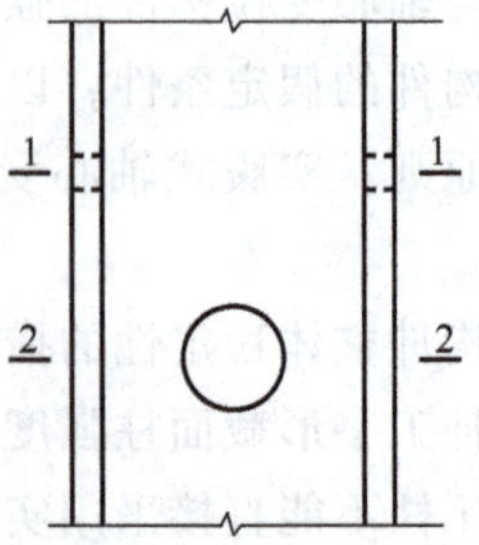

图 4-37　练习题 4 图

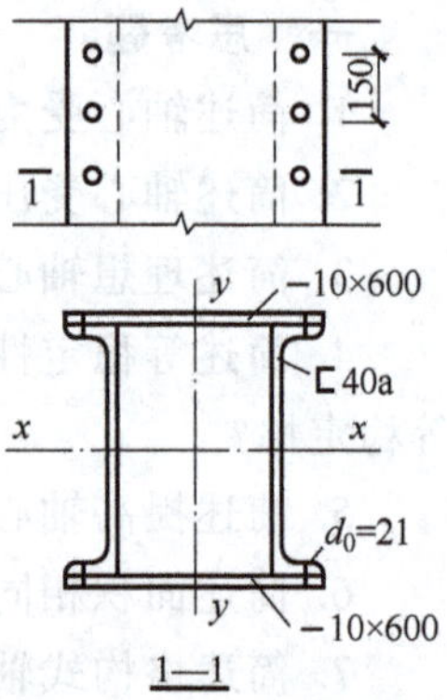

图 4-38　练习题 5 图

6. 某工作平台的支柱承受轴心压力 1000kN，柱的计算长度分别为 $l_{0x}=5.6\text{m}$，$l_{0y}=3.5\text{m}$，钢材自定，试采用不同截面设计该柱：①采用工字钢；②采用 H 型钢；③焊接工字形。并比较用钢量。

7. 某钢屋架的上弦杆承受轴心压力设计值 $N=800\text{kN}$，计算长度 $l_{0x}=1.5\text{m}$，$l_{0y}=3\text{m}$，采用双角钢组成 T 形截面，节点板厚度为 12mm，钢材为 Q235B 钢，试设计该弦杆。

8. 双肢缀条柱（图 4-39），柱高 9m，两端简支，肢件分别采用 2 I 25a 和 2 [32a，肢件布置三种方案，（图 4-39a ~ c），缀条单个角钢∠50×5，缀条与肢件夹角为 45°（图 4-39d），柱顶受轴心压力为 1400kN，钢材为 Q355 钢，试验算缀条柱的安全性。

9. 双肢缀板柱（图 4-39），柱高 7m，两端简支，肢件分别采用 2 I 25a 和 2 [32a，肢件布置三种方案，（图 4-39a ~ c），缀板宽度为 200mm、厚度为 10mm，缀板净距为 700mm（图 4-39e），缀板与肢件间采用角焊缝连接，钢材为 Q355 钢，试求该缀条柱所能承受的最大轴心压力设计值。

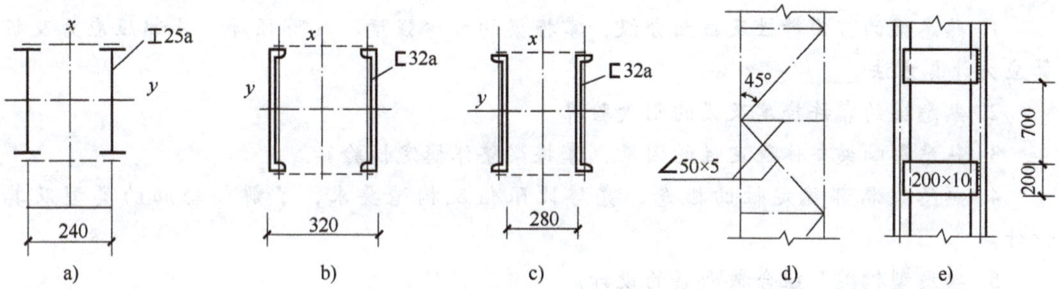

图 4-39　练习题 8、9 图

CHAPTER 5

第 5 章

受弯构件——梁

本章要点：

1. 熟悉梁的弯曲特性及截面分级，掌握梁的抗弯强度、抗剪强度、局部压应力及折算应力计算方法。

2. 熟悉梁的容许挠度及梁的刚度验算。

3. 熟悉影响梁整体稳定性的因素，掌握梁整体稳定性验算。

4. 熟悉梁局部稳定性的概念、宽厚比限值及构造要求，了解加劲肋的类型及其设计。

5. 熟悉型钢梁和组合截面梁的设计。

6. 了解梁的扭转以及考虑腹板屈曲后强度的焊接截面梁设计。

5.1 梁概述

受弯构件是指主要承受横向荷载作用的构件。钢结构中最常用的受弯构件是型钢或钢板组合而成的实腹式构件，通常称为梁，钢梁应用广泛；以杆件为主组成的格构式受弯构件常称为桁架，如钢屋架、桁架桥、网架等属于桁架体系。

钢梁按使用功能可分为工作平台梁、吊车梁、楼盖梁、墙梁、檩条等；按支承状态分为简支梁、连续梁、伸臂梁和框架梁等，其中简支梁制造和安装简便，且支座沉陷或温度变化不产生附加内力，应用最广，但耗钢量较多；按荷载作用情况可分为只在一个主平面内受弯的单向弯曲梁和在两个主平面内受弯的双向弯曲梁，如工作平台梁、楼盖梁等属于单向弯曲梁，而吊车梁、檩条等则属于双向弯曲梁。

钢梁的截面形式分为由热轧型钢制作的型钢梁截面、由钢板组合而成的组合梁截面以及由钢板冷弯成型的冷弯薄壁梁截面，如图 5-1 所示。

热轧型钢梁通常采用的型钢为工字钢、H 型钢和槽钢。工字钢截面（图 5-1a）高而窄，材料较集中于翼缘处，适用于在其腹板平面内受弯的梁，但其侧向刚度低，当侧向支撑间距较大时，往往容易产生侧向变形而导致整体稳定性较差。窄翼缘 H 型钢截面（图 5-1b）分布合理，能较好地适应梁的受力需要，H 型钢翼缘内外平行，与其他构件连接方便，是较理想的梁的截面形式。槽钢截面（图 5-1c）的剪切中心在腹板外侧，如果荷载作用在翼缘上合力经过截面中心，槽钢在弯曲变形的同时还会产生扭转变形，不宜用于单向弯曲情况，用于檩条和墙梁等双向弯曲梁时比较理想，且在构造上便于处理。

型钢梁的特点是构造简单，制造省工，造价相对低，宜优先选用；但当荷载或跨度较大时，型钢受到规格、截面尺寸限制，不能满足要求，必须采用组合截面梁。

组合截面梁最常用的是焊接工字形截面（图 5-1d）或由 T 型钢中间加焊钢板组成的工字形截面（图 5-1e），其构造简单，加工方便，且可根据受力需要调整截面尺寸，节省用钢量。当荷载或跨度较大而梁的高度受限或抗扭性能要求较高时，可采用双腹板式的箱形截面（图 5-1f），箱形截面不易施焊，制作费工费料。当荷载较小、跨度大、要求刚度较大时，可将 H 型钢的腹板沿折线切开，错位焊接组成蜂窝腹板梁，节省钢材，如图 5-2 所示。

轻型屋盖结构，跨度大、荷载小，屋盖的檩条采用冷弯薄壁梁截面（图 5-1g~i），既能减轻屋盖质量、节省钢材，又能提高刚度、增大跨度。

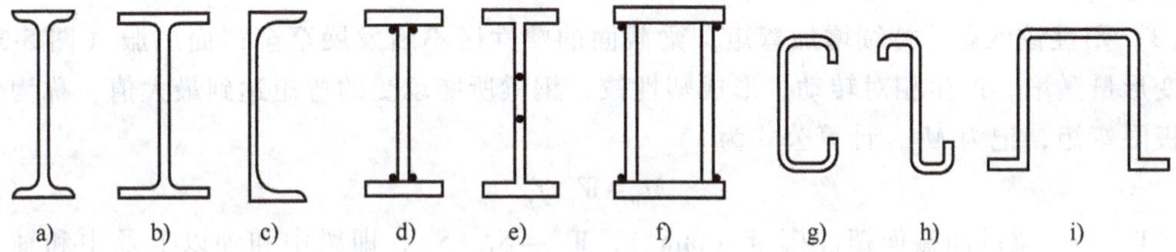

图 5-1　梁的截面形式

a）工字钢截面　b）H 型钢截面　c）槽钢截面　d）焊接工字形截面
e）T 型钢中间加焊钢板组成的工字形截面　f）箱形截面　g）~ i）冷弯薄壁梁截面

钢梁的设计应考虑承载力极限状态和正常使用极限状态两方面。承载力极限状态包括强度、整体稳定、局部稳定的计算；针对长期直接承受反复荷载作用的梁，当应力变化的循环次数大于 5×10^4 次时，还应进行疲劳强度验算。正常使用极限状态，进行梁的刚度即挠度最大值计算。

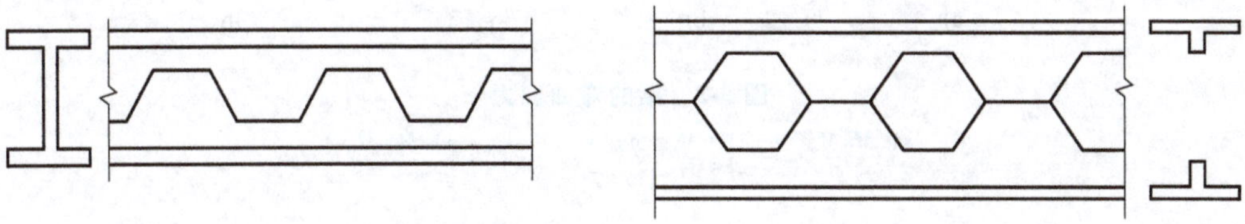

图 5-2　蜂窝腹板梁

5.2　梁的强度

梁在承受弯矩作用时，一般还伴随有剪力作用，有时还有局部压力作用，梁的强度包括抗弯强度、抗剪强度，必要时还有局部承压强度以及多种应力共同作用下的折算应力。

5.2.1 梁的弯曲特性及截面分级

1. 梁的弯曲特性

在弯矩作用下，当弯矩逐渐增加时，钢梁截面弯曲应力的发展可分为以下三个工作阶段：

(1) 弹性工作阶段　在截面边缘纤维应力 $\sigma<f_y$ 之前，梁截面弯曲应力为三角形分布（图 5-3a），梁处于弹性工作阶段。当边缘应力 $\sigma=f_y$ 时，达到梁的弹性工作阶段极限状态（图 5-3b），此时弯矩称为弹性极限弯矩，记为 M_e，其计算公式为

$$M_e=W_n f_y \tag{5-1}$$

式中 W_n——梁净截面模量（mm^3）。

(2) 弹塑性工作阶段　当弯矩超过弹性极限弯矩 M_e 之后，继续增加弯矩，仍假设垂直中和轴的截面保持为平面，即应变仍呈三角形分布。钢材进入塑性状态后，梁边缘应力（等于 f_y）不再增加，梁截面进入塑性区，且塑性区不断扩展，但中间部分仍处于弹性工作状态（图 5-3c）。

(3) 塑性铰状态　持续增加弯矩，梁截面的塑性区不断发展至全截面屈服（图 5-3d），梁的变形量激增，产生相对转动，形成塑性铰，钢梁所能承受的弯矩达到最大值，称为梁的塑性极限弯矩，记为 M_p，计算公式为

$$M_p=W_{pn} f_y \tag{5-2}$$

式中 W_{pn}——梁的净截面塑性模量（mm^3），$W_{pn}=S_{1n}+S_{2n}$，即梁中和轴以上及中和轴以下净截面对中和轴的面积矩之和。

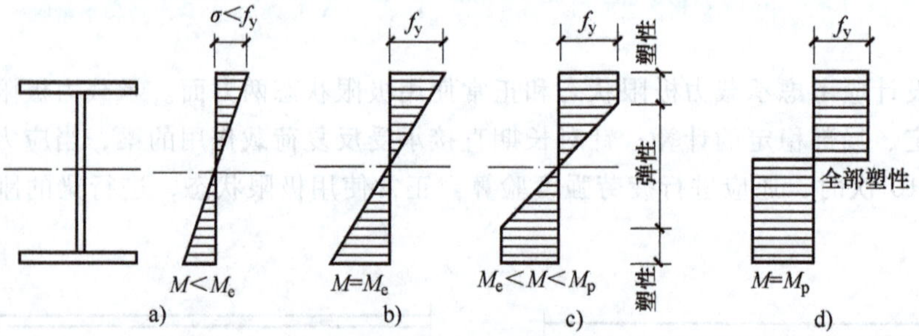

图 5-3　梁的弯曲应力

a) $M<M_e$　b) $M=M_e$　c) $M_e<M<M_p$　d) $M=M_p$

将式（5-2）确定的梁塑性铰弯矩 M_p 与式（5-1）所得的弹性极限弯矩 M_e 相比，引入截面形状系数 γ_F，即

$$\gamma_F=\frac{M_p}{M_e}=\frac{f_y W_{pn}}{f_y W_n}=\frac{W_{pn}}{W_n} \tag{5-3}$$

M_p 与 M_e 的比值 γ_F 只与净截面塑性模量 W_{pn} 及净截面模量 W_n 有关，而与材料的强度无关。γ_F 称为截面形状系数。γ_F 大小与截面的几何形状有关，如矩形截面 $\gamma_F=1.5$，实心圆截面 $\gamma_F=1.7$，圆钢管截面 $\gamma_F=1.27$，对工字形截面的强轴（随翼缘和腹板占总面积比不同而

异）$\gamma_F=1.07\sim1.2$，对工字形截面的弱轴 $\gamma_F=1.5$。

2. 截面板件宽厚比等级

图 5-3d 是一种理想的受弯或压弯构件由弹性状态完全进入塑性状态形成的塑性铰，但实际工字形截面梁，塑性发展程度与截面的特征有关，板件的宽厚比直接决定了钢构件的承载力和受弯构件的塑性转动变形能力，可能使构件在出现塑性铰之前发生破坏。

截面板件宽厚比是指截面板件平直段的宽度与厚度之比，受弯或压弯构件腹板平直段的高度与腹板厚度之比也可称为板件高厚比。根据截面承载力和塑性转动变形能力的不同，国际一般将梁构件截面分为四类，但我国在受弯构件设计中采用截面塑性发展系数 γ_x，《钢标》将截面根据其板件宽厚比分为以下五个等级：

1）S1 级截面：可达全截面塑性，保证塑性铰具有塑性设计要求的转动能力，且在转动过程中承载力不降低，称为一级塑性截面，也称为塑性转动截面。图 5-4 所示的 S1 表示其弯矩-曲率关系，ϕ_{p2} 一般要求达到塑性弯矩 M_p 除以弹性初始刚度得到的曲率 ϕ_p 的 8~15 倍。

2）S2 级截面：可达全截面塑性，但由于局部屈曲，塑性铰转动能力有限，称为二级塑性截面。此时的弯矩-曲率关系为图 5-4 所示的 S2，ϕ_{p_1} 是 ϕ_p 的 2~3 倍。

3）S3 级截面：翼缘全部屈服，腹板可发展不超过 1/4 截面高度的塑性，称为弹塑性截面。作为梁时，其弯矩-曲率关系为图 5-4 所示的 S3。

4）S4 级截面：边缘纤维可达屈服强度，但由于局部屈曲而不能发展塑性，称为弹性截面。作为梁时，其弯矩-曲率关系为图 5-4 所示的 S4。

5）S5 级截面：在边缘纤维达屈服应力前，腹板可能发生局部屈曲，称为薄壁截面。作为梁时，其弯矩-曲率关系为图 5-4 所示的 S5。

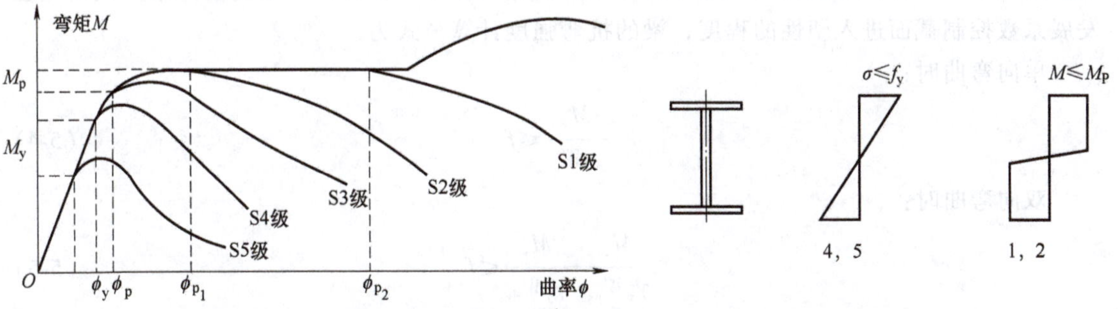

图 5-4 截面的分类及其转动能力

受弯构件的截面板件宽厚比等级及限值列于表 5-1，表中 b'_1 为工字形、H 形截面的翼缘外伸宽度，h_0、t_w、t 分别是翼缘厚度、腹板净高和腹板厚度，如图 5-5 所示。对于焊接截面，b'_1 取腹板边至翼缘边缘的距离；对于轧制型钢截面，翼缘外伸宽度及腹板净高不包括翼缘腹板过渡处圆弧段；对于箱形截面，b_0、t 分别为壁板间的距离和壁板厚度。箱形截面梁及单向受弯的箱形截面柱，其腹板限值可根据工字形截面梁及 H 形截面柱腹板采用。

表 5-1 受弯构件的截面板件宽厚比等级及限值

截面	板件	S1 级	S2 级	S3 级	S4 级	S5 级
工字形、H 形	翼缘 b_1'/t	$9\varepsilon_k$	$11\varepsilon_k$	$13\varepsilon_k$	$15\varepsilon_k$	20
	腹板 h_0/t_w	$65\varepsilon_k$	$72\varepsilon_k$	$93\varepsilon_k$	$124\varepsilon_k$	250
箱形	壁板（腹板）间翼缘 b_0/t	$25\varepsilon_k$	$32\varepsilon_k$	$37\varepsilon_k$	$42\varepsilon_k$	—

注：$\varepsilon_k=\sqrt{235/f_y}$ 为钢材牌号修正系数，其值为 235 与钢材牌号中屈服点数值的比值的二次方根。

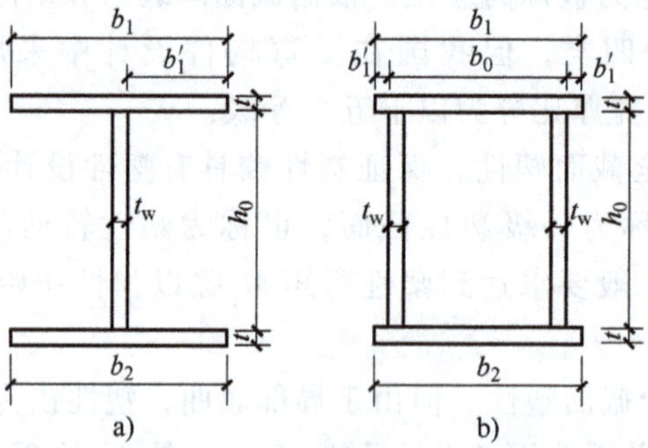

图 5-5 工字形（H 形）和箱形截面

a）工字形（H 形）截面 b）箱形截面

5.2.2 抗弯强度

当梁的外缘应力达到屈服强度时，对应的弯矩称为弹性极限弯矩 M_e，以 M_e 为承载力极限属于弹性设计。从图 5-3 可见，弯矩达到 M_e 后仍具有承载潜力，《钢标》规定允许部分截面进入塑性状态，对塑性承载能力加以利用，称为弹塑性设计。弹塑性设计采用截面塑性发展系数控制截面进入塑性的程度，梁的抗弯强度计算公式为

单向弯曲时：

$$\frac{M_x}{\gamma_x W_{nx}} \leqslant f \tag{5-4}$$

双向弯曲时：

$$\frac{M_x}{\gamma_x W_{nx}}+\frac{M_y}{\gamma_y W_{ny}} \leqslant f \tag{5-5}$$

式中 M_x、M_y——同一截面处绕 x 轴和 y 轴的弯矩设计值（N · mm）；

W_{nx}、W_{ny}——对 x 轴和 y 轴的净截面模量（mm^3）；

γ_x、γ_y——截面塑性发展系数；

f——钢材的抗弯强度设计值（N/mm^2）。

应用梁的抗弯强度计算公式时，应注意以下问题：

1）关于净截面模量 W_{nx}、W_{ny}：当截面板件宽厚比等级为 S1、S2、S3、S4 级时，应取全截面模量；当截面板件宽厚比等级为 S5 级时，应取有效截面模量，均匀受压翼缘有效外伸宽度可取 $15\varepsilon_k$ 倍翼缘厚度，腹板有效截面可按压弯构件规定采用。

2）关于截面塑性发展系数 γ_x、γ_y 宜按以下规定取值，见表 G：对工字形和箱形截面，当截面板件宽厚比等级为 S1、S2、S3 级时，工字形截面 x 轴（强轴）$\gamma_x=1.05$、y 轴（弱轴）$\gamma_y=1.20$，箱形截面 $\gamma_x=\gamma_y=1.05$。当截面板件宽厚比等级为 S4、S5 级时，截面塑性发展系数应取为 1.0。圆钢管 $\gamma_x=\gamma_y=1.15$，实心圆钢 $\gamma_x=\gamma_y=1.2$。

直接承受动力荷载的梁可以考虑塑性发展，但为了可靠起见，对需要计算疲劳强度的梁还是以不考虑截面塑性发展为宜，取 $\gamma_x=\gamma_y=1.0$。

5.2.3　抗剪强度

在主平面内受弯的实腹构件，除考虑腹板屈曲后强度者外，以截面的最大剪应力达钢材的抗剪屈服强度作为抗剪承载能力的极限状态，受剪强度应按式（5-6）计算。

$$\tau=\frac{VS}{I_x t_w}\leqslant f_v \tag{5-6}$$

式中　V——计算截面沿腹板平面作用的剪力（N）；

I_x——毛截面惯性矩（mm^4）；

S——计算剪应力处以上或以下毛截面对中和轴的面积矩（mm^3）；

t_w——腹板厚度（mm）；

f_v——钢材的抗剪强度设计值（N/mm^2）。

工字形和槽形截面上剪应力分布如图 5-6 所示，最大剪应力 τ_{max} 在中和轴处。对工字形截面 $I/S=h/(1.1\sim1.2)$，腹板最大剪应力 $\tau_{max}=(1.1\sim1.2)\overline{\tau}=(1.1\sim1.2)V/(ht_w)$，工字形和槽形截面上剪应力可偏安全地取系数为 1.2 估算 τ_{max}，即取腹板平均剪应力的 1.2 倍：

$$\tau_{max}=1.2\frac{V}{ht_w}\leqslant f_v \tag{5-7}$$

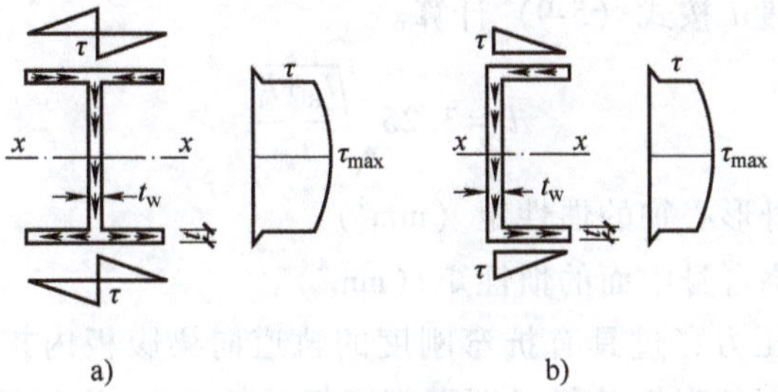

图 5-6　梁截面上剪应力分布

a）工字形截面　b）槽形截面

5.2.4　局部压应力

当梁上翼缘承受沿腹板平面作用的固定集中荷载时，通常会在该处设置加劲肋，如果固定集中荷载处未设支承加劲肋（图 5-7a），或承受移动集中荷载（如吊车轮压）作用（图 5-7b），则会在腹板上边缘局部范围产生局部压应力 σ_c。有时可能达到钢材的抗压屈服点，需要验算局部压应力强度。

局部压应力 σ_c 在轮压正下方的值最大，向两侧扩散逐渐变小，扩散到一定距离后反而出现拉应力，σ_c 沿长度方向上的分布如图 5-7c 所示；腹板高度方向上，σ_c 在腹板与上翼缘交界处最大，向下递减，至下翼缘处减为零，如图 5-7d 所示。

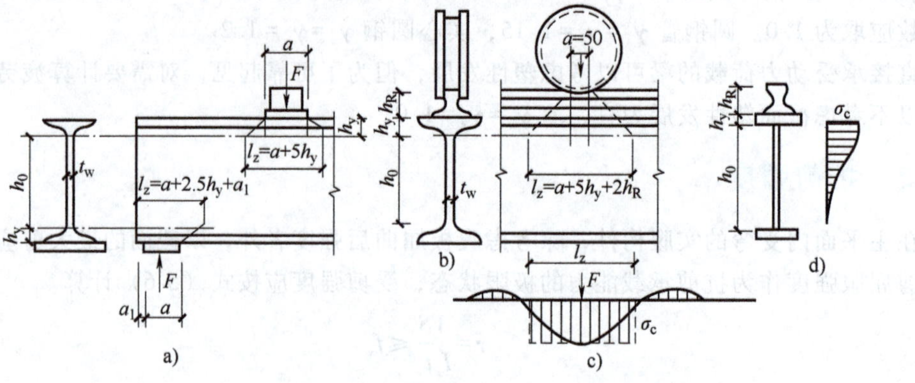

图 5-7　局部承压折算长度及局部压应力分布示意图

a）梁中部和端部集中荷载　b）起重机轮、轨道及梁断面　c）σ_c 纵向分布及折算长度　d）σ_c 垂向分布

局部压应力 σ_c 的分布很复杂，准确计算困难，为了便于应用，假定 σ_c 在腹板上边缘一定长度范围内是均匀分布的。当梁上翼缘承受沿腹板平面作用的集中荷载且该荷载处又未设置支承加劲肋时，腹板计算高度上边缘的局部承压强度应按式（5-8）计算。

$$\sigma_c=\frac{\psi F}{t_w l_z}\leqslant f \tag{5-8}$$

式中　F——集中荷载（N），对动力荷载应考虑动力系数；

ψ——集中荷载增大系数，对重级工作制吊车梁，$\psi=1.35$，对其他梁，$\psi=1.0$；

l_z——集中荷载在腹板计算高度上边缘的假定分布长度（mm）。

局部压应力分布长度 l_z 按式（5-9）计算。

$$l_z=3.25\sqrt[3]{\frac{I_R+I_f}{t_w}} \tag{5-9}$$

式中　I_R——轨道绕自身形心轴的惯性矩（mm^4）；

I_f——梁上翼缘绕自身中面的惯性矩（mm^4）。

轨道上作用轮压，压力穿过具有抗弯刚度的轨道向梁腹板内扩散，轨道的抗弯刚度越大，扩散的范围越大，下部腹板越薄（即下部腹板越软弱），则扩散的范围越大，式（5-9）反映了这一规律。

为了简化计算分布长度 l_z，假设：集中荷载在轨道高度 h_R 范围内按 1∶1 扩散至钢梁上翼缘；在上翼缘高度 h_y 范围内按 1∶2.5 传至腹板顶部，按这种假定计算的局部压应力 σ_c 与理论上的局部压应力最大值接近。局部压应力分布长度 l_z 简化计算公式为

$$l_z=a+5h_y+2h_R \tag{5-10}$$

式中　a——集中荷载沿梁跨度方向的支承长度（mm），对钢轨上的轮压可取 50mm；

h_y——自梁顶面至腹板计算高度上边缘的距离（mm），焊接梁为上翼缘厚度，轧制工字形截面梁是梁顶面到腹板过渡完成点的距离；

h_R——轨道的高度（mm），对梁顶无轨道的梁 $h_R=0$mm。

式（5-10）中的常数 $a=50\text{mm}$，是为了拟合式（5-9）而引进的，不宜理解为轮子和轨道的接触面的长度。真正的接触面长度应在 20~30mm 之间。

在梁的支座处，当不设置支承加劲肋时，也应按式（5-8）验算腹板计算高度边缘的局部压应力强度，但 ψ 取为 1.0。支座集中反力的假定分布长度应根据支座具体尺寸参照式（5-10）计算，如图 5-7a 所示，梁的支座处折算长度为

$$l_z=a+2.5h_y+a_1 \tag{5-11}$$

当局部压应力强度不满足式（5-8）的要求时，在固定集中荷载处（包括支座处），应设置支承加劲肋；对移动集中荷载，则应增加腹板厚度。

5.2.5 折算应力

在组合梁的腹板计算高度边缘处，如图 5-8 中 1 点，同时存在较大的正应力 σ_1、剪应力 τ_1 和局部压应力 σ_c，或同时存在较大的正应力 σ_1 和剪应力 τ_1 时，应按复杂应力状态计算其折算应力为

$$\sqrt{\sigma_1^2+\sigma_c^2-\sigma_1\sigma_c+3\tau_1^2}\leqslant\beta_1 f \tag{5-12}$$

式中 σ_1、τ_1、σ_c——腹板计算高度边缘同一点上的正应力、剪应力和局部压应力（N/mm^2）；

β_1——强度增大系数，当 σ_1 与 σ_c 异号时，取 $\beta_1=1.2$，当 σ_1 与 σ_c 同号或 $\sigma_c=0$ 时，取 $\beta_1=1.1$。

σ_1、τ_1 按式（5-13a、b）计算。

$$\sigma_1=\frac{My_1}{I_{nx}}=\frac{h_0}{h}\sigma \tag{5-13a}$$

$$\tau_1=\frac{VS_{x1}}{I_x t_w}=\frac{S_{x1}}{S_x}\tau_{max} \tag{5-13b}$$

式中 S_{x1}、S_x——1 点以上毛截面和中和轴一侧毛截面对中和轴的面积矩（mm^3）；

I_{nx}、I_x——梁净截面惯性矩、毛截面惯性矩（mm^4）；

y_1——所计算点至梁中和轴的距离（mm）。

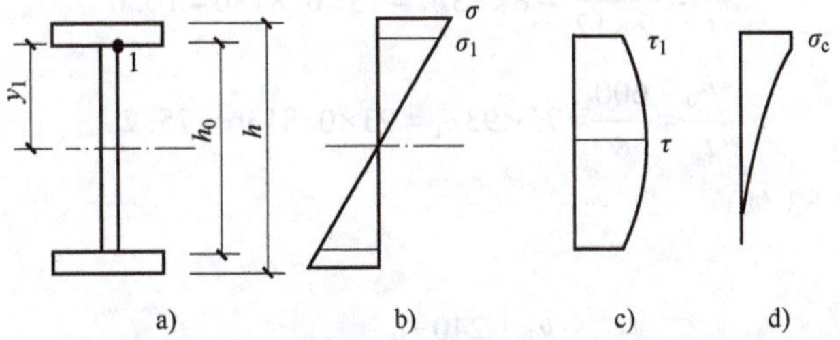

图 5-8 梁截面的 σ、τ、σ_c 分布

a）梁截面 b）弯曲应力 c）剪应力 d）局部压应力

同时存在较大的正应力和剪应力处，指连续梁中部支座处或梁的翼缘截面改变处等。式（5-12）是根据强度理论保证钢材在复杂受力状态下处于弹性状态的条件，考虑到需验算

折算应力的部位只是梁的局部区域，取 $\beta_1>1$，复合应力作用下允许应力少量放大，不应理解为钢材的屈服强度增大，而应理解为允许塑性发展。这是因为最大应力出现在局部个别部位，基本不影响整体性能。

【例 5.1】 图 5-9 所示两种焊接工字形截面的钢梁，只有翼缘尺寸不同，其他条件均相同，材料为 Q355B 钢，试计算两种截面梁各所能承担的弯矩。

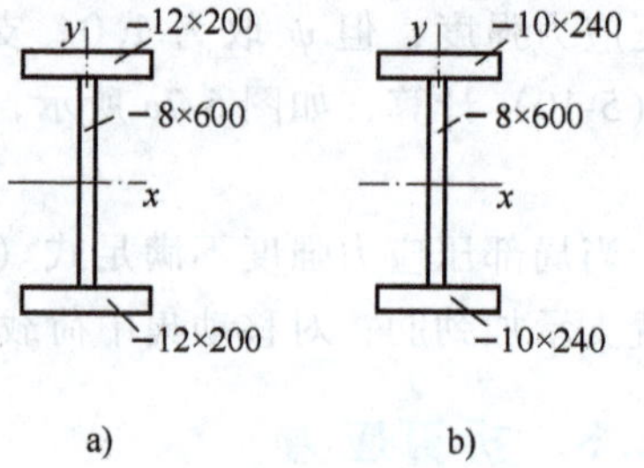

图 5-9 翼缘不同的截面比较

a) 截面Ⅰ b) 截面Ⅱ

【解题分析】 在计算弯曲强度，采用式（5-4）时，考虑塑性发展系数 γ_x 取值，与截面板件宽厚比有关，判断截面板件宽厚比等级，采用了两种方法计算工字形截面惯性矩。

解：1. 计算截面几何参数

截面Ⅰ：采用二矩形相减方法计算惯性矩。

$$I_x=\left[\frac{1}{12}\times20\times(60+2\times1.2)^3-\frac{1}{12}\times(20-0.8)\times60^3\right]\text{cm}^4=59351\text{cm}^4$$

$$W_x=\frac{I_x}{h/2}=\left[\frac{59351}{(60+2\times1.2)/2}\right]\text{cm}^3=1902\text{cm}^3$$

截面Ⅱ：根据移轴定理，采用相加方法计算惯性矩。

$$I_x=\left[\frac{1}{12}\times0.8\times60^3+2\times1.0\times24.0\times\left(\frac{60}{2}+\frac{1.0}{2}\right)^2\right]\text{cm}^4=59052\text{cm}^4$$

$$W_x=\frac{I_x}{h/2}=\left(\frac{2\times59052}{60+2\times1.0}\right)\text{cm}^3=1905\text{cm}^3$$

2. 判断截面等级

计算梁受压翼缘宽厚比，根据表 5-1 判断截面等级。

Q355 钢号修正系数 $\varepsilon_k=\sqrt{\dfrac{235}{f_y}}=\sqrt{\dfrac{235}{355}}=0.8136$

1）截面Ⅰ：

$$\frac{b_1}{t}=\frac{200-8}{2\times12}=8<13\varepsilon_k=13\times0.8136=10.6$$

$$\frac{h_0}{t_w}=\frac{600}{8}=75<93\varepsilon_k=93\times0.8136=75.7$$

故，截面Ⅰ属于 S3 级。

2）截面Ⅱ：

$$\frac{b_1}{t}=\frac{240-8}{2\times10}=11.6$$

$$13\varepsilon_k=13\times0.8136=10.6$$

$$15\varepsilon_k=15\times0.8136=12.2$$

$$13\varepsilon_k<\frac{b_1}{t}=11.6>15\varepsilon_k$$

$$\frac{h_0}{t_w}<93\varepsilon_k$$

故，截面Ⅱ属于 S4 级。

3. 计算梁所能承受的最大弯矩

截面Ⅰ属于 S3 级，$\gamma_x=1.05$。

$$M_{\mathrm{I}}=\gamma_x W_x f=(1.05\times1902\times10^3\times310\times10^{-6})\mathrm{kN\cdot m}=619.1\mathrm{kN\cdot m}$$

截面Ⅱ属于 S4 级，$\gamma_x=1.0$。

$$M_{\mathrm{II}}=\gamma_x W_x f=(1905\times10^3\times310\times10^{-6})\mathrm{kN\cdot m}=590.6\mathrm{kN\cdot m}$$

【题后讨论】　两种截面面积相同的梁，截面Ⅰ属于 S3 级可以考虑塑性发展，而截面Ⅱ属于 S4 级不考虑塑性发展只能采用弹性设计，仅从抗弯承载能力方面比较，截面Ⅰ比截面Ⅱ的承载能力大 5%。但不能据此说明截面Ⅰ较好，还要验算梁的整体稳定性方面，参考【例 5.3】讨论。

5.3　梁的刚度

如果梁产生的变形过大，则可能影响结构的正常使用功能，如吊车梁挠度过大会加剧起重机运行时的振动和冲击，影响运行平稳性等。梁的刚度属于正常使用极限状态，计算时应采用荷载的标准值，不乘荷载分项系数，对动力荷载标准值不乘动力系数。梁的刚度用荷载作用下的挠度衡量，采用梁的挠度 v 或相对挠度 v/l 来表达，梁的刚度按式（5-14）验算。

$$v\leqslant[v]\quad 或\quad \frac{v}{l}\leqslant\frac{[v]}{l}\tag{5-14}$$

式中　v——荷载标准值产生的梁的最大挠度（mm）；

$[v]$——梁的容许挠度值，参照表 H 取值。

等截面简支梁受均布荷载或跨中集中荷载作用时的最大挠度分别为 $v_{\max}=\frac{5}{384}\frac{ql^4}{EI_x}$、$v_{\max}=\frac{1}{48}\frac{Fl^3}{EI_x}$，惯性矩按毛截面计算。其他形式荷载作用下梁的最大挠度可参考材料力学等相关资料计算，也可按以下近似公式验算梁的刚度：

等截面简支梁：

$$\frac{v}{l}\approx\frac{M_k l}{10EI_x}\leqslant\frac{[v]}{l}\tag{5-15}$$

变截面简支梁：

$$\frac{v}{l}\approx\frac{M_k l}{10EI_x}\left(1+\frac{3}{25}\cdot\frac{I_x-I_{x1}}{I_x}\right)\leqslant\frac{[v]}{l}\tag{5-16}$$

式中　M_k——荷载标准值产生的最大弯矩（N·mm）；

I_x、I_{x1}——梁跨中、支座附近的毛截面惯性矩（mm^4）。

5.4　梁的扭转

高而窄的开口薄壁截面的钢梁，侧向抗弯刚度和抗扭刚度较低，当梁的弯矩较大而受压翼缘的侧向支撑间距大时，可能发生侧向弯曲扭转，从而降低梁的抗弯承载力。根据荷载和支承条件不同，梁的扭转分为自由扭转和约束扭转。

5.4.1 弯扭变形与剪切中心

单轴对称截面形式的钢梁，如槽钢、C 形冷弯轻钢等，当荷载作用在单轴对称截面形心位置时，梁发生弯曲变形后，梁的截面不再保持为平面状态，截面会产生翘曲变形。

当梁所承受的横向荷载作用线或力矩作用面经过梁截面上一个特殊点 S 时，梁只产生弯曲变形而不会发生扭转变形，这个特殊点 S 称为剪切中心，如图 5-10 所示。

剪切中心的位置仅与截面形式和尺寸有关，与外荷载无关。双轴对称截面的剪切中心与截面形心重合，如图 5-10a 所示；Z 形截面倾斜一定角度时剪切中心与形心重合，如图 5-10b 所示；而对于非双轴对称截面，剪切中心与形心则不重合，可根据截面内力平衡来确定剪切中心，如图 5-10c ~ g 所示。

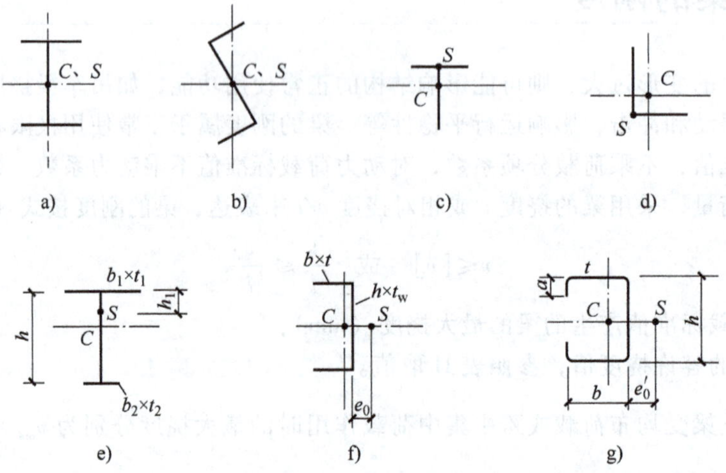

图 5-10 开口薄壁截面的截面形心与剪切中心

a）双轴对称截面 b）Z 形截面 c）~ g）非双轴对称截面

注：图中 C 为截面形心、S 为截面剪切中心。

e）中，$h_1=\dfrac{t_2b_2^3}{t_1b_1^3+t_2b_2^3}\cdot h$；f）中，$e_0=\dfrac{3tb^2}{ht_w+6tb}$；g）中，$e_0'=\dfrac{tb}{I_x}\left(\dfrac{1}{4}bh^2+\dfrac{1}{2}ah^2-\dfrac{2}{3}a^3\right)$

5.4.2 梁的自由扭转

构件扭转时，两端不受任何约束，截面上各点纤维在纵向均可自由伸缩，这种扭转称为自由扭转，如图 5-11 所示。自由扭转时发生翘曲变形，纵向纤维保持直线且长度保持不变，各截面的翘曲变形相同，因此，自由扭转的特点如下：①无正应力；②沿杆件单位长度的扭转角相等；③截面上只有扭转引起的剪应力。

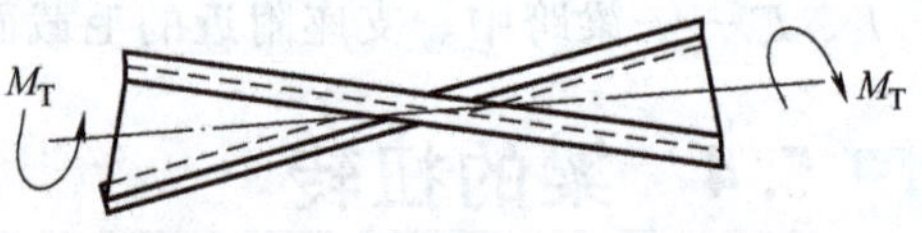

图 5-11 非圆形截面自由扭转

1. 开口薄壁构件

开口薄壁构件自由扭转时，截面上剪应力在板厚范围内形成一个封闭的剪力流，如图 5-12 所示。剪应力方向与板厚中心线平行，剪应力在板件边缘最大，板件中心处为零，在板厚方向上呈线性变化，板件的最大剪应力值为

$$\tau_{\max}=\frac{M_{\mathrm{T}}t}{I_{\mathrm{t}}} \tag{5-17}$$

式中 M_{T}——截面上的扭矩（N · mm）；

I_{t}——截面的扭转常数或扭转惯性矩（mm^4），按式（5-18）计算；

t——各板件中的最大宽度（mm）。

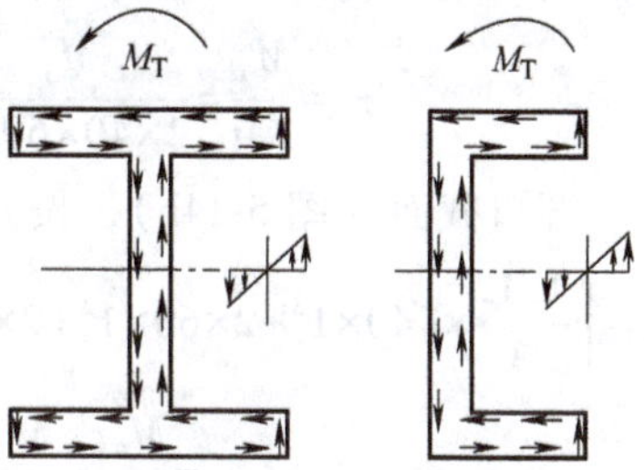

图 5-12 自由扭转时开口薄壁构件的剪力流

工字形、槽形、T 形等开口薄壁截面，截面可视为由若干狭长矩形截面组成，总的扭转常数可近似取诸板件的扭转常数之和。热轧型钢截面，由于其交接处有凸出部分截面，扭转常数有所提高，试验表明，扭转常数可按式（5-18）进行修正。

$$I_{\mathrm{t}}=\frac{k}{3}\sum_{i=1}^{n}b_i t_i^3 \tag{5-18}$$

式中 b_i、t_i——第 i 块板件的长度和宽度（mm）；

n——组成截面的板件总数；

k——修正系数，考虑热轧型钢在板件交接处凸出部分的有利影响，修正系数 k 取值，工字钢 $k=1.25$，T 形钢 $k=1.15$，槽钢 $k=1.12$，角钢 $k=1.0$，焊接组合截面 $k=1.0$。

2. 闭口薄壁构件

闭口薄壁构件自由扭转时，可认为截面上的剪应力沿壁厚方向均匀分布，方向与板件中心线切线方向一致，横截面任意位置处剪应力与板件厚度乘积 τt 为常数，如图 5-13 所示。

等壁厚的闭口截面总扭转力矩由积分计算，即

$$M_{\mathrm{T}}=\oint\rho\tau t\mathrm{d}s$$

式中 ρ——截面形心至微段 ds 中心线的切线方向的垂直距离（mm）。

由于 τt 为常数，沿闭路曲线积分 $\oint\rho\mathrm{d}s$ 为板件中心线所围成面积 A 的 2 倍。闭口截面任一点的剪应力按式（5-19）计算。

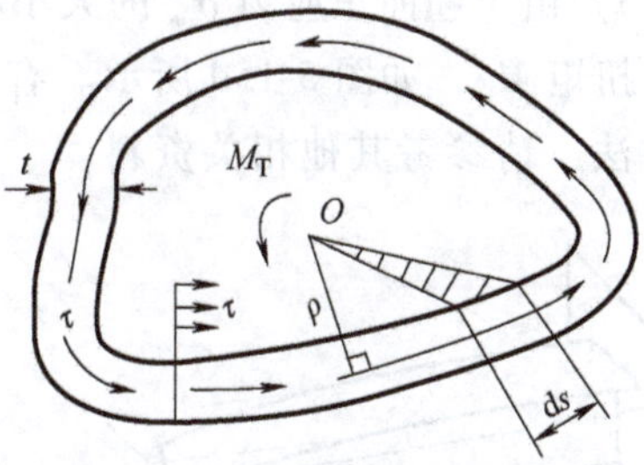

图 5-13 自由扭转时闭口截面的剪力流

$$\tau=\frac{M_{\mathrm{T}}}{2At} \tag{5-19}$$

式中 A——闭口截面板件中心线所围面的面积（mm^2）。

如图 5-14 所示，两个尺寸完全相同的截面，闭口截面与开口截面（间隙宽度为 0）的

剪应力分布形式不同。设高度为600mm，宽度为400mm，厚度为10mm，两种截面的剪应力如下：

闭口截面（图5-14a），按式（5-19）计算，即

$$\tau_1=\frac{M_T}{2At}=\frac{M_T}{2\times40\times60\times1}=\frac{M_T}{4800}$$

开口截面（图5-14b），按式（5-17）计算，即

$$I_t=\left[\frac{1.12}{3}\times(40\times1^3+2\times60\times1^3+2\times20\times1^3)\right]\text{cm}^4=74.7\text{cm}^4$$

$$\tau_2=\frac{M_Tt}{I_t}=\frac{M_T\times1}{74.7}$$

$$\frac{\tau_2}{\tau_1}=\frac{4800}{74.7}=64$$

开口截面（图5-14b）上的剪应力是闭口截面（图5-14a）的64倍，说明在相同扭矩作用下，闭口截面比开口截面的抗扭能力大很多。

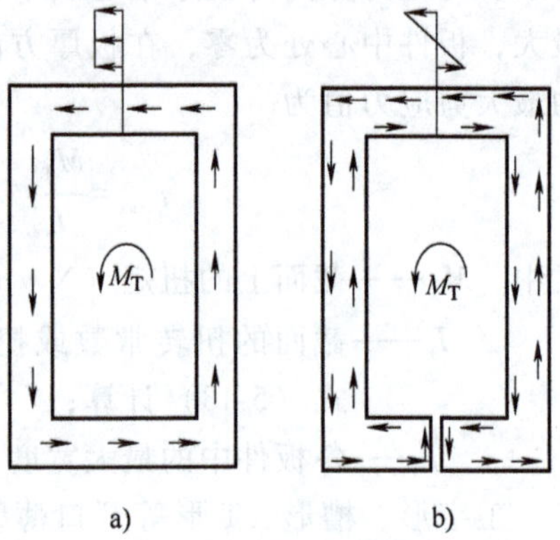

图5-14 闭口截面和开口截面

a）闭口截面 b）开口截面

5.4.3 梁的约束扭转

构件扭转时，支座约束使变形受到限制，截面上纤维在纵向不能自由伸缩，截面上各纵向纤维伸缩量不等，构件纵向必然产生弯曲变形，约束扭转又称为弯曲扭转。图5-15a所示的悬臂工字形截面构件，在扭矩作用下发生扭转，尽管自由端处不受约束，但固定端截面受到约束完全不能翘曲，因此中间各截面受到不同程度的约束。约束扭转的特点如下：

1）各截面翘曲变形不同，相邻截面间的纵向纤维长度因伸长或缩短而产生正应力，该类正应力被称作翘曲正应力或扇形正应力σ_ω，如图5-15b所示。

2）相邻截面间发生转动，产生自由扭转剪应力τ_s，合成为自由扭转扭矩M_s，如图5-15c所示。

3）由于翘曲正应力σ_ω的大小不等，为与其平衡，截面上存在翘曲剪应力τ_ω，合成为翘曲扭矩M_ω，如图5-15d所示。有关翘曲扭矩M_ω、翘曲正应力σ_ω和翘曲剪应力τ_ω的计算方法，请参考其他相关资料。

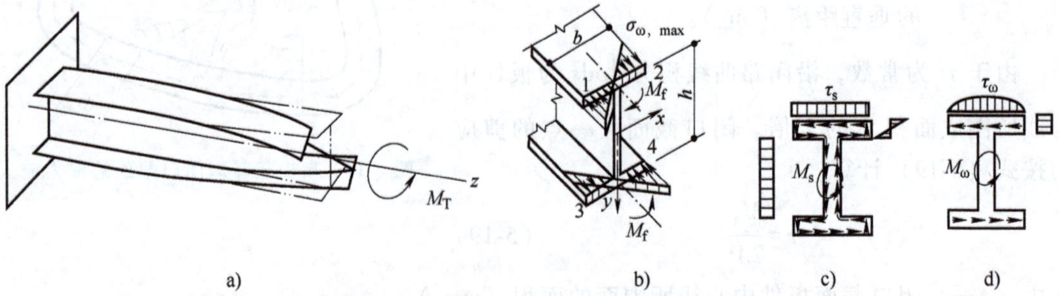

图5-15 工字形截面梁的约束扭转及其截面应力分布

a）悬臂工字形截面构件 b）翘曲正应力 c）扭转剪应力 d）翘曲剪应力

5.5　梁的整体稳定

5.5.1　梁的整体稳定基本概念

为了提高梁的抗弯承载力，节省钢材，钢梁常设计成高而窄的截面形式，但高而窄截面的侧向抗弯刚度及抗扭刚度较小。图 5-16 所示的工字形截面梁，荷载作用在梁的最大刚度主平面内使梁受弯，当荷载产生的弯矩较小时，外界各种因素会使梁产生微小的侧向弯曲和扭转变形，但外界干扰力消失后，梁仍能恢复到原来的弯曲平衡状态，梁的弯曲平衡状态是稳定的。当弯矩增大到一定值，梁突然发生侧向弯曲（绕弱轴的弯曲）和扭转，并丧失继续承载的能力，这种现象称为梁的整体失稳。梁处于稳定平衡状态所能承受的最大弯矩称为临界弯矩，相应的应力称为临界应力。

梁的整体失稳主要是受压翼缘丧失稳定性引起的。在弯矩作用下，梁上翼缘受压而下翼缘受拉，梁犹如受压构件与受拉构件的组合体，对于受压的上翼缘类似于轴心受压杆件，绕较弱轴屈曲。上翼缘板的弱轴为垂直板面方向（平面外），但上翼缘与腹板连接为一体，相当于腹板及受拉的下翼缘对其提供了连续的抗弯和抗剪约束，使其不可能在平面外方向上发生屈曲。而翼缘平面方向约束少，对梁截面而言为弱轴。当外荷载产生的翼缘压力达到一定值时，上翼缘只能绕自身的强轴发生平面内屈曲。受压翼缘产生平面内侧向位移，会带动相连的腹板和下翼缘产生侧向位移，梁截面产生侧向弯曲的同时伴有整个截面扭转变形，梁整体失稳是梁发生了侧向弯扭屈曲，如图 5-16 所示。

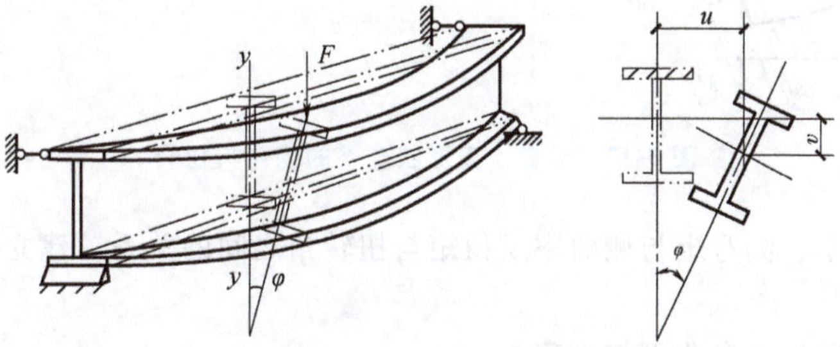

图 5-16　梁的整体失稳现象

从稳定问题分类来看，无初始缺陷的梁的整体稳定问题应属于第一类稳定问题，当弯矩未达到临界弯矩时，梁在弯矩作用平面内发生弯曲；当弯矩达到临界弯矩时，梁突然发生弯矩作用平面外弯曲和扭转。当临界应力低于屈服强度时，属于弹性弯扭失稳，可采用弹性稳定理论分析。

5.5.2　梁整体稳定的基本理论

以两端简支双轴对称工字形截面梁在纯弯矩 M_x 作用下为例，分析梁的临界弯矩，简支是指梁的两端在 Oxz 和 Oyz 平面可自由转动，但梁端不能绕 z 轴扭转，如图 5-17 所示。

为了建立在临界状态下发生微小侧向弯曲和扭转变形后梁的状态平衡微分方程，设立固定坐标系 $Oxyz$ 以及截面发生位移后的相对坐标系 $O'\xi\eta\zeta$。设临界状态时距端点为 z 处的横截

面剪力中心 S 沿 x 轴、y 轴的位移分别为 u 和 v，沿坐标正向为正，截面的扭转角为 φ 以右手螺旋方向旋转为正。双轴对称截面剪力中心 S 与形心 O 重合。在小变形情况下，平面 $O'\xi\zeta$ 和 $O'\eta\zeta$ 的曲率分别与 Oxz 和 Oyz 平面内的曲率相等，各取为 $\mathrm{d}^2u/\mathrm{d}z^2$ 和 $\mathrm{d}^2v/\mathrm{d}z^2$。角度很小，存在近似关系，即

$$\sin\varphi\approx\varphi,\ \cos\varphi\approx1,\ \sin\theta\approx\theta=\mathrm{d}u/\mathrm{d}z,\ \cos\theta\approx1$$

弯矩用双箭头矢量表示，双箭头力矩矢量的方向与力矩的实际旋转方向符合右手规则，弯矩 M_x 在局部坐标 ξ、η、ζ 上的分量分别为

$$\begin{aligned}M_\xi&=M_x\cos\theta\cos\varphi\approx M_x\\M_\eta&=M_x\cos\theta\sin\varphi\approx M_x\varphi\\M_\zeta&=M_x\sin\theta\approx M_x\mathrm{d}u/\mathrm{d}z\end{aligned}\tag{5-20}$$

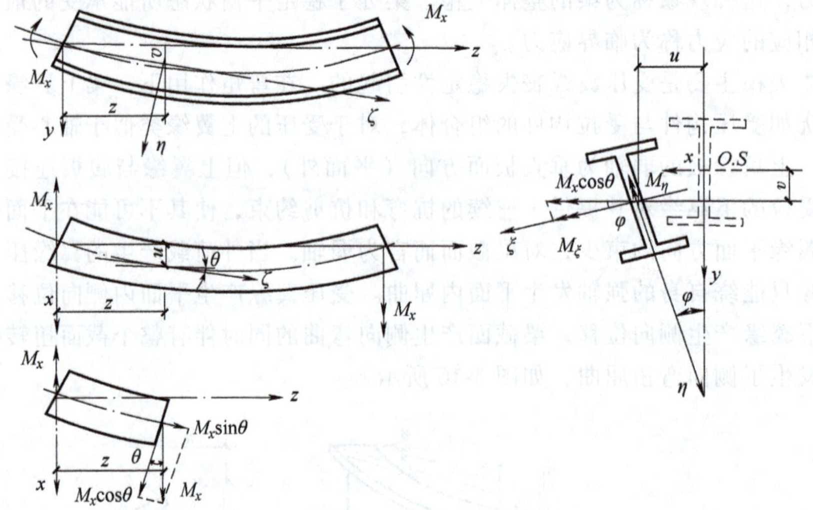

图 5-17　梁在小变形状态下的侧弯与扭转

根据弯矩与曲率、侧弯矩与侧曲率及扭矩与扭转角之间的关系，建立下列三个平衡微分方程。

梁在刚度最大平面内弯曲平衡方程为

$$EI_x\frac{\mathrm{d}^2v}{\mathrm{d}z^2}=-M_\xi=-M_x\tag{5-21}$$

梁的侧向弯曲平衡方程为

$$EI_y\frac{\mathrm{d}^2u}{\mathrm{d}z^2}=-M_\eta=-M_x\varphi\tag{5-22}$$

梁的扭转微分方程为

$$GI_t\frac{\mathrm{d}\varphi}{\mathrm{d}z}-EI_\omega\frac{\mathrm{d}^3\varphi}{\mathrm{d}z^3}=M_\zeta=M_x\frac{\mathrm{d}u}{\mathrm{d}z}\tag{5-23}$$

式（5-21）表示梁竖向弯曲变形与外荷载的微分关系，仅是竖向位移 v 的方程，与梁的整体失稳无关。式（5-22）和式（5-23）中都含有未知量梁的水平位移 u、梁的截面扭转角 φ，均与梁的整体失稳有关，联立这两个方程，消除 u 项，可得

$$EI_{\omega}\frac{d^4\varphi}{dz^4}-GI_t\frac{d^2\varphi}{dz^2}-\frac{M_x{}^2\varphi}{EI_y}=0 \tag{5-24}$$

简支梁的边界条件，梁端扭转角为零、约束扭矩为零，即当 $z=0$ 和 $z=l$ 时：$\varphi=0$，$d^2\varphi/dz^2=0$。简支边界条件时，式（5-24）扭转角 φ 的通解为多阶正弦函数级数，取一阶时，可得双轴对称工字形截面简支梁在纯弯曲时的最小临界弯矩为

$$M_{cr}=\frac{\pi}{l}\sqrt{EI_y\cdot GI_t}\cdot\sqrt{1+\frac{\pi^2EI_{\omega}}{l^2GI_t}} \tag{5-25}$$

式中　EI_y、GI_t、EI_{ω}——截面的侧向抗弯刚度（$N\cdot mm^2$）、抗扭刚度（$N\cdot mm^2$）和翘曲刚度（$N\cdot mm^4$），双轴对称工字形截面 $I_{\omega}\approx h^2I_y/4$；

l——梁的侧向无支撑长度（mm）。

对于集中荷载或均布荷载作用时，沿梁长度弯矩是变化的，临界弯矩的计算复杂，常采用能量法求近似解，可以统一写为

$$M_{cr}=\kappa\frac{\sqrt{EI_y\cdot GI_t}}{l_1} \tag{5-26}$$

式中　κ——梁的弯扭屈曲系数，与荷载形式有关，见表 5-2；

l_1——梁的受压侧翼缘的无支撑长度（mm）。

表 5-2　双对称工字形截面简支梁的弯扭屈曲系数

荷载类型	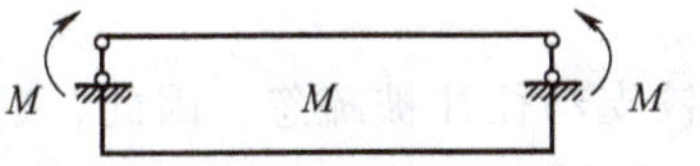 纯弯作用	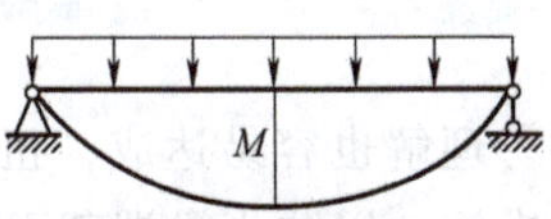 均布荷载作用	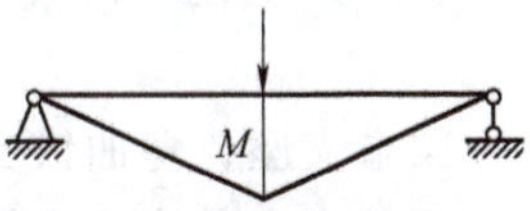 集中荷载作用
κ 值	$\kappa=\pi\sqrt{1+\pi^2\psi}$	$\kappa=1.13\pi\sqrt{1+10\psi}$	$\kappa=1.35\pi\sqrt{1+10.2\psi}$

注：表中 $\psi=\frac{EI_y}{GI_t}\left(\frac{h}{2l_1}\right)^2$。

根据式（5-25）和式（5-26），以及表 5-2，影响梁整体稳定的主要因素如下：

（1）梁的截面参数　梁截面的侧向抗弯刚度 EI_y、抗扭刚度 GI_t 和翘曲刚度 EI_{ω} 越大，则临界弯矩 M_{cr} 越大，其中增大梁的侧向抗弯刚度对提高 M_{cr} 更为明显，增大工字形梁的受压翼缘宽度是提高梁整体稳定性有效的措施之一。

（2）受压翼缘的自由长度　受压翼缘的侧向自由长度 l_1，是受压翼缘侧向支承点间的距离（梁支座处视为有侧向支撑），是影响梁整体稳定性的主要参数。若梁跨中设支承点，则 l_1 减为梁跨度的 1/2，临界弯矩增加一倍，在梁的受压翼缘上增设可靠的侧向支撑，减小 l_1，是提高梁的整体稳定性最有效的措施。

（3）荷载类型　表 5-2 中给出不同类型荷载作用下简支梁的弯扭屈曲系数 κ 值。纯弯状态弯矩图为水平线，所有截面的弯矩都相等，梁全长范围内，受压翼缘均承受很大的压应力，故临界弯矩最小，κ 值最小；跨中集中荷载作用的弯矩图呈三角形，靠近支座段弯矩很小，翼缘压应力小，只有跨中区间弯矩大，高压应力区段短，相当于受压翼缘的计算长度小，抗失稳性强，κ 值最大；均布荷载作用梁的弯矩呈抛物线分布，κ 值介于纯弯作用与跨

中集中荷载作用两种状态之间。

（4）荷载的作用位置　当梁发生微小扭转时，作用在上翼缘的荷载产生的附加力矩与侧弯同向，将加剧扭转变形，从而降低梁的临界荷载，如图 5-18a 所示；如果荷载作用于梁的下翼缘，则将产生与梁侧弯反向力矩，抑制梁的扭转效应，如图 5-18b 所示，因此同等条件下，荷载作用在工字形下翼缘时，梁的整体稳定好。

（5）支撑状况　实际梁结构，在支座处应采取相应的构造措施限制梁的侧向翻转，防止梁端截面的扭转，提高梁的整体稳定性。图 5-19a 所示腹板侧向刚度较小，梁截面易发生侧弯；图 5-19b 在梁受压翼缘上设置侧向支点，图 5-19c 在梁的端部设置加劲肋，梁的抗扭性能均能得到改善。

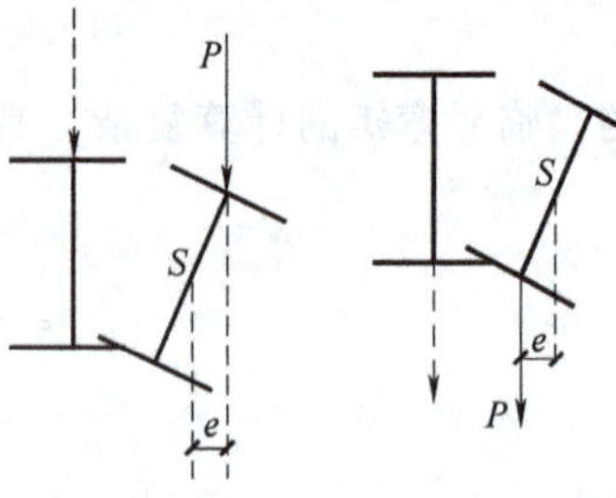

a)　　b)

图 5-18　荷载位置对整体稳定的影响

a）作用在上翼缘　b）作用在下翼缘

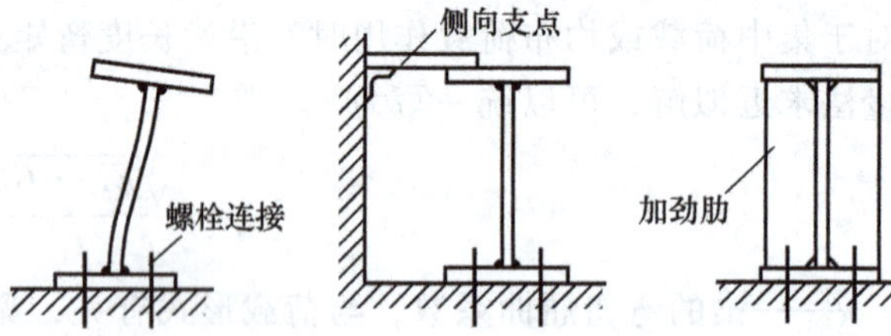

a)　　b)　　c)

图 5-19　钢梁简支端抗扭构造措施示意图

a）侧向无支撑　b）设置侧向支点　c）设置加劲肋

梁端支座，弯曲铰支容易理解也容易达成，扭转铰支却往往被疏忽。因此，《钢标》规定，梁的支座处应采取构造措施，以防止梁端截面发生扭转。

对于仅腹板连接的钢梁，因为钢梁腹板容易变形，抗扭刚度小，并不能保证梁端截面不发生扭转，所以在稳定性计算时，计算长度应放大。当简支梁仅腹板与相邻构件相连，钢梁稳定性计算时侧向支承点距离应取实际距离的 1.2 倍。

为了减小梁侧向计算长度，支撑应设置在受压翼缘，规定：用作减小梁受压翼缘自由长度的侧向支撑，其支撑力应将梁的受压翼缘视为轴心压杆计算。

5.5.3　梁整体稳定的计算方法

1. 梁整体稳定性计算表达式

1）在最大刚度主平面内受弯构件整体稳定性计算公式为

$$\frac{M_x}{\varphi_b W_x} \leqslant f \tag{5-27}$$

式中　M_x——绕强轴 x 作用的最大弯矩设计值（N·mm）；

W_x——按受压最大纤维确定的梁毛截面模量（mm^3），当 S1、S2、S3 或 S4 级截面，取全截面模量；当截面板件宽厚比等级为 S5 级时，应取有效截面模量，均匀受压翼缘有效外伸宽度可取 $15\varepsilon_k$ 倍翼缘厚度，参考《钢标》中考虑屈曲后强度压弯构件规定采用，单轴对称截面时，不应大于塑性截面模量的 95%；

φ_b——梁的整体稳定系数。

2）两个主平面受弯的 H 型钢或工字形截面构件稳定性计算公式为

$$\frac{M_x}{\varphi_b W_x}+\frac{M_y}{\gamma_y W_y}\leqslant f \tag{5-28}$$

式中　M_x、M_y——绕强轴 x 和弱轴 y 作用的最大弯矩设计值（N · mm）；

W_x、W_y——按受压纤维确定的对 x 轴和 y 轴的毛截面模量（mm^3）；

φ_b——按强轴弯曲所确定的梁整体稳定系数；

γ_y——绕弱轴的截面塑性发展系数，并不意味绕弱轴弯曲允许出现塑性，而是用来适当降低第二项的影响。

2. 梁整体稳定系数 φ_b 的计算

等截面焊接工字形和轧制 H 型钢简支梁，承受各种荷载的整体稳定系数 φ_b 计算公式为

$$\varphi_b=\beta_b\frac{4320}{\lambda_y^2}\cdot\frac{Ah}{W_x}\left[\sqrt{1+\left(\frac{\lambda_y t_1}{4.4h}\right)^2}+\eta_b\right]\varepsilon_k^2 \tag{5-29}$$

式中　β_b——梁整体稳定的等效临界弯矩系数，按表 5-3 选用；

λ_y——梁侧向支承点间对截面弱轴 y 的长细比，$\lambda_y=l_1/i_y$，其中，l_1 为梁受压翼缘侧向支承点之间的距离，i_y 为梁毛截面对 y 轴的回转半径；

A——梁的毛截面面积（mm^2）；

h、t_1——梁截面全高（mm）和受压翼缘厚度（mm），等截面铆接（或高强度螺栓连接）简支梁，其受压翼缘厚度 t_1 包括翼缘角钢厚度；

η_b——截面不对称影响系数，与受压翼缘惯性矩占比有关。

为了说明截面不对称影响系数，参照图 5-20，如果工字形截面受压翼缘和受拉翼缘对 y 轴惯性矩分别为 I_1 和 I_2，引入系数 α_b，即

$$\alpha_b=I_1/(I_1+I_2)$$

α_b 实质是受压翼缘侧向惯性矩与整个截面侧向惯性矩的比值。加强受压翼缘时，$\alpha_b>0.5$；加强受拉翼缘时，$\alpha_b<0.5$；双轴对称截面，$\alpha_b=0.5$。截面不对称影响系数取值：双轴对称焊接截面和轧制 H 型钢，$\eta_b=0$，如图 5-20a 所示；加强受压翼缘的单轴对称焊接截面，$\eta_b=0.8(2\alpha_b-1)$，如图 5-20b 所示；加强受拉翼缘的单轴对称焊接截面，$\eta_b=2\alpha_b-1$，如图 5-20c 所示。

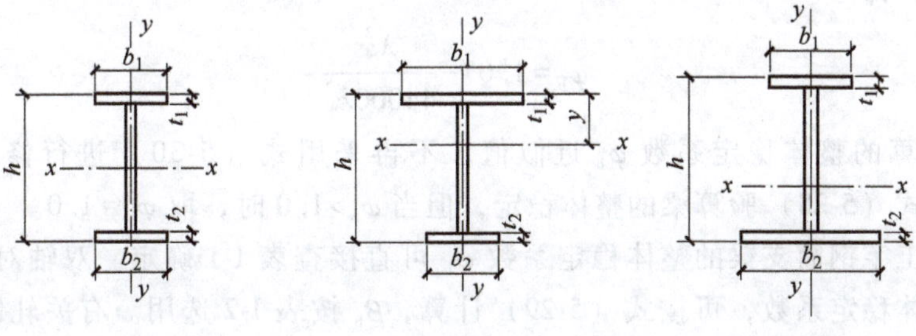

图 5-20　焊接工字形截面

a）双轴对称　b）加强受压翼缘的单轴对称　c）加强受拉翼缘的单轴对称

表 5-3　H 型钢和等截面工字形简支梁的 β_b

项次	侧向支承	荷载		$\xi\leqslant 2.0$	$\xi>2.0$	适用范围
1	跨中无侧向支承	均布荷载作用在	上翼缘	$0.69+0.13\xi$	0.95	图 5-20a、b 截面
2			下翼缘	$1.73-0.20\xi$	1.33	
3		集中荷载作用在	上翼缘	$0.73+0.18\xi$	1.09	
4			下翼缘	$2.23-0.28\xi$	1.67	
5	跨中有一个侧向支承点	均布荷载作用在	上翼缘	1.15		图 5-20a~c 截面
6			下翼缘	1.40		
7		集中荷载作用在截面高度上任意位置		1.75		
8	跨中有不少于两个等距离侧向支承点	任意荷载作用在	上翼缘	1.20		
9			下翼缘	1.40		
10	梁端有弯矩，但跨中无荷载作用			$1.75-1.05\left(\frac{M_2}{M_1}\right)+0.3\left(\frac{M_2}{M_1}\right)^2$，但$\leqslant 2.3$		

注：1. ξ 为参数，$\xi=\frac{l_1t_1}{b_1h}$，其中 l_1、b_1 和 t_1 分别为简支梁受压翼缘的自由长度、宽度和厚度。

2. M_1、M_2 为梁端弯矩，使梁产生同向曲率时，取同号，产生反向曲率时取异号，$|M_1|\geqslant|M_2|$。

3. 表中项次 3、4 和 7 的集中荷载是指一个或者少数几个集中荷载位于跨中附近的情况，对于其他情况的集中荷载，应按表中项次 1、2、5、6 中的数值采用。

4. 表中 8、9 的 β_b，当集中荷载作用在侧向支承点处时，取 $\beta_b=1.20$。

5. 荷载作用在上翼缘指荷载作用点在翼缘表面，方向指向截面形心；荷载作用在下翼缘指荷载作用点在翼缘表面，方向背向截面形心。

6. 对 $\alpha_b>0.8$ 的加强受压工字形截面，以下情况的 β_b 值应乘以相应的系数：项次 1，$\xi\leqslant 1.0$ 时，乘以 0.95；项次 3，$\xi\leqslant 0.5$ 时，乘以 0.90，$0.5<\xi\leqslant 1.0$ 时，乘以 0.95。

当根据式（5-29）计算得到的 $\varphi_b<0.6$ 时，可直接按式（5-27）或式（5-28）验算梁的整体稳定性。若 $\varphi_b>0.6$，则应对 φ_b 按式（5-30）进行修正，用 φ_b' 代替 φ_b。当 $\varphi_b'>1.0$ 时，取 $\varphi_b'=1.0$。

$$\varphi_b'=1.07-\frac{0.282}{\varphi_b}\leqslant 1.0 \tag{5-30}$$

均匀弯曲的受弯构件，当 $\lambda_y\leqslant 120\varepsilon_k$ 时，工字形截面双轴对称，整体稳定系数 φ_b 可按近似公式计算，即

$$\varphi_b=1.07-\frac{\lambda_y^2}{44000\varepsilon_k^2}$$

用上式计算的整体稳定系数 φ_b 近似值，不再采用式（5-30）进行修正，直接代入式（5-27）或式（5-28）验算梁的整体稳定，但当 $\varphi_b>1.0$ 时，取 $\varphi_b=1.0$。

轧制普通工字钢简支梁的整体稳定系数 φ_b 可直接查表 I-1 确定。双轴对称工字形等截面悬臂梁的整体稳定系数，可按式（5-29）计算，β_b 按表 I-2 选用。有关轧制槽钢简支梁、悬臂梁的整体稳定系数 φ_b 近似计算方法，参见附录 I。

3. 可不验算梁整体稳定性的特殊情况

由式（5-30）可见，$\varphi_b\geqslant 4$ 时，$\varphi_b'=1$，说明梁不会发生整体失稳。当采取适当构造措

施，能阻止梁的受压翼缘产生侧向位移，使梁的整体临界弯矩高于或接近于梁的屈服弯矩时，可不须验算梁的整体稳定性。《钢标》规定，符合以下任一情况时，不必验算梁的整体稳定性：

1）当铺板（各种钢筋混凝土板和钢板）密铺在梁的受压翼缘上并与其牢固相连，能阻止梁受压翼缘的侧向位移时。

2）H 型钢或等截面工字形简支梁受压翼缘侧向支承点之间的距离 l_1 与其宽度 b_1 之比不超过表 5-4 所规定的数值时（梁的支座处视为有侧向支承）。

3）对于箱形截面简支梁，当其截面尺寸（图 5-5）满足 $h/b_0 \leqslant 6$，$l_1/b_0 \leqslant 95\varepsilon_k^2$ 时。通常，实际工程中的箱形截面很容易满足该条规定的 h/b_0 和 l_1/b_0 值。

表 5-4　H 型钢或等截面工字形截面简支梁不须计算整体稳定的 l_1/b_1 最大值

钢号	跨中无侧向支承的梁		跨中受压翼缘有侧向支承点的梁，无论荷载作用于何处
	荷载作用在上翼缘	荷载作用在下翼缘	
Q235	13.0	20.0	16.0
Q345	10.5	16.5	13.0
Q390	10.0	15.5	12.5
Q420	9.5	15.0	12.0

注：其他钢号的梁不需计算整体稳定性的 l_1/b_1 最大值，应取 Q235 钢的数值乘以 ε_k。

【例 5.2】　如图 5-21 所示，跨度为 8m 的简支梁，在梁跨中处与次梁连接，连接处设置加劲肋，次梁传递的集中静力荷载 F 的标准值为 80kN、设计值为 100kN，梁截面 HN450×200×9×14，材料为 Q235 钢，梁的容许挠度 1/600，不考虑梁的自重，试验算该梁的强度、刚度和整体稳定性。

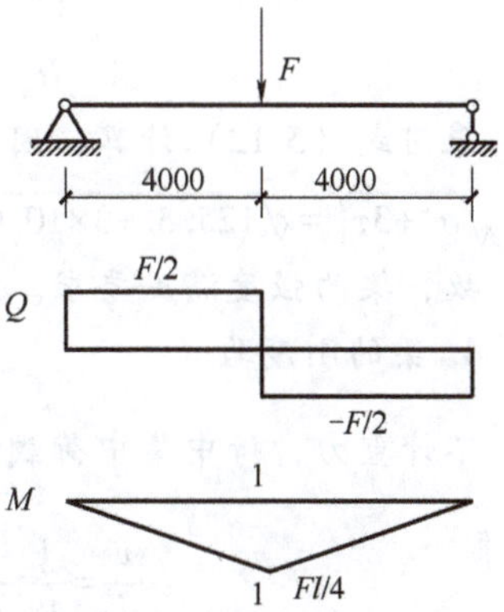

图 5-21　跨中受集中荷载简支梁

【解题分析】　梁的强度和整体稳定性属于承载力极限状态，应采用荷载的设计值；集中荷载作用点设置加劲肋，可不计算局部压应力；型钢梁一般不必验算剪应力，但为了完整练习本例也进行验算；因为弯矩图与剪力图在跨中均有最大值，应验算折算应力；刚度属于正常使用极限状态，采用荷载的标准值计算梁跨中最大挠度。

解：画出梁的计算简图，画出剪力图及弯矩图。

1. 内力计算（应按荷载设计值进行强度验算）

剪力为

$$V=\frac{1}{2}F=\left(\frac{1}{2}\times 100\right)\text{kN}=50\text{kN}$$

弯矩为

$$M=\frac{1}{4}Fl=\left(\frac{1}{4}\times 100\times 8\right)\text{kN}\cdot\text{m}=200\text{kN}\cdot\text{m}$$

集中荷载作用简支梁的安全性验算

2. 截面几何参数计算

查表 A-2 得 HN450×200×9×14 的参数，$A=97.41\text{cm}^2$，$I_x=33700\text{cm}^4$，$W_x=1500\text{cm}^3$，

$i_y=4.38\text{cm}$。

腹板与翼缘交界处的面积矩为

$$S_1=20\times1.4\times(45/2-1.4/2)\text{cm}^3=610.4\text{cm}^3$$

截面面积矩的最大值为

$$S_x=[S_1+(45/2-1.4)^2\times0.9/2]\text{cm}^3=810.7\text{cm}^3$$

3. 梁的强度验算

1）弯曲应力按式（5-4）计算（工字形截面 $\gamma_x=1.05$），即

$$\frac{M}{\gamma_x W_x}=\left(\frac{200\times10^6}{1.05\times1500\times10^3}\right)\text{N/mm}^2=127\text{N/mm}^2<f=215\text{N/mm}^2$$

2）剪应力按式（5-6）计算，即

$$\tau=\frac{VS_x}{It_w}=\left(\frac{50\times810.7\times10^6}{33700\times9\times10^4}\right)\text{N/mm}^2=13.36\text{N/mm}^2<f_v=125\text{N/mm}^2$$

3）局部压应力，因集中荷载作用点是与次梁连接处，设置加劲肋，可不计算局部压应力。

4）折算应力，在梁跨中1—1截面的左右两侧，弯矩和剪力都是最大值。计算该截面腹板与翼缘交界点的折算应力为

$$\sigma_1=\sigma_{max}\times\frac{y_1}{y_{max}}=\left(\frac{200\times10^6}{1500\times10^3}\times\frac{225}{239}\right)\text{N/mm}^2=125.3\text{N/mm}^2$$

$$\tau_1=\frac{VS_1}{It_w}=\left(\frac{50\times610.4\times10^6}{33700\times9\times10^4}\right)\text{N/mm}^2=10.06\text{N/mm}^2$$

采用式（5-12）计算，因 $\sigma_c=0$，取 $\beta_1=1.1$，则

$$\sqrt{\sigma_1^2+3\tau_1^2}=\sqrt{125.3^2+3\times10.06^2}\text{N/mm}^2=126.5\text{N/mm}^2<\beta_1 f=1.1\times215\text{N/mm}^2=236.5\text{ N/mm}^2$$

故，梁的强度满足要求。

4. 梁的刚度验算

不计重力，跨中集中荷载的简支梁，最大挠度 $y_{max}=\dfrac{Fl^3}{48EI}$，按荷载标准值计算，即

$$\frac{v}{l}=\frac{1}{48}\frac{F_k l^2}{EI_x}=\frac{80\times8^2\times10^9}{48\times206\times33700\times10^7}=\frac{1}{651}<\frac{[v]}{l}=\frac{1}{600}$$

故，梁的刚度满足要求。

5. 简支梁的整体稳定性

该梁在跨中与次梁相连，相当于跨中设置支撑，受压翼缘自由长度，$l_1=4\text{m}$。

受压翼缘自由长度与跨度之比 $\dfrac{l_1}{b}=\dfrac{4000}{200}=20>16.0$，需要验算梁的整体稳定性（表5-4），即

$$\lambda_y=\frac{l_1}{i_y}=\frac{400}{4.38}=91.3$$

跨中集中荷载作用，且有1个侧向支撑 $\beta_b=1.75$，双轴对称 $\eta_b=0$。

材料为Q235钢，$\varepsilon_k=1.0$，按式（5-29）计算

$$\varphi_b=1.75\times\frac{4320}{91.3^2}\times\frac{97.41\times10^2\times450}{1500\times10^3}\times\left[\sqrt{1+\left(\frac{91.3\times14}{4.4\times450}\right)^2}+0\right]\times1^2=3.155>0.6$$

须进行换算，由式（5-30）可得

$$\varphi_b' = 1.07 - 0.282/\varphi_b = 1.07 - 0.282/3.155 = 0.981$$

$$\frac{M_x}{\varphi_b' W_x} = \left(\frac{200\times10^6}{0.981\times1500\times10^3}\right)\text{N/mm}^2 = 135.9\text{N/mm}^2 < f = 215\text{N/mm}^2$$

故，梁的整体稳定性满足要求。

【题后讨论】 本例有两处可以采用简化计算方法：

1）采用式（5-7）近似计算腹板的最大剪应力，即

$$\tau_{max} \approx 1.2\frac{V}{ht_w} = \left(1.2\times\frac{50\times10^3}{450\times9}\right)\text{N/mm}^2 = 14.81\text{N/mm}^2 < f_v = 125\text{N/mm}^2$$

翼缘与腹板交点的剪应力，采用腹板全高平均值，即

$$\tau_1 \approx \frac{V}{ht_w} = \left(\frac{50\times10^3}{450\times9}\right)\text{N/mm}^2 = 12.35\text{N/mm}^2$$

近似法计算的剪应力数值比精确值偏大，偏于保守。

2）梁的侧向长细比 $\lambda_y = 91.3 < 120\varepsilon_k$，稳定系数可以用式（5-31）近似计算，即

$$\varphi_b = 1.07 - \frac{\lambda_y^2}{44000\varepsilon_k^2} = 1.07 - \frac{91.3^2}{44000} = 0.881 < 1.0$$

直接采用近似的 φ_b 进行整体稳定性判断，即

$$\frac{M_x}{\varphi_b W_x} = \left(\frac{200\times10^6}{0.881\times1500\times10^3}\right)\text{N/mm}^2 = 151.3\text{N/mm}^2 < f = 215\text{N/mm}^2$$

近似法计算的稳定系数 $\varphi_b(=0.881)$ 较精确计算修正后的 $\varphi_b'(=0.981)$ 偏小，计算梁的整体稳定性时偏于保守，但计算过程简单很多。

【例 5.3】 某工作平台的局部梁格布置如图 5-22 所示，平台上无动力荷载，平台上永久荷载标准值为 4.0kN/m²，可变荷载标准值为 10.0kN/m²，材料为 Q235 钢，次梁简支于主梁上，假定平台板与次梁未牢固连接，容许挠度为 1/800，试验算次梁的安全性。

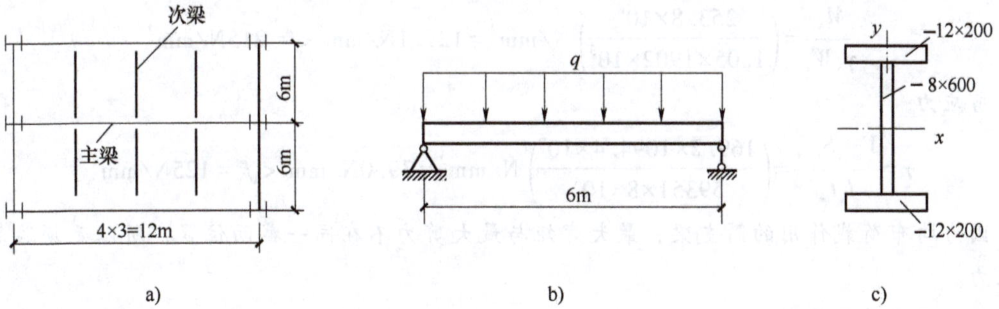

图 5-22　梁格布置、次梁受力简图及截面

a）梁格布置　b）次梁受力简图　c）次梁截面

【解题分析】 梁的安全性包括强度、刚度、整体稳定性、局部稳定性四个方面。本例已知面荷载，还需根据次梁间距计算次梁上的线荷载；已知荷载的标准值，需采用荷载分项系数计算荷载设计值。

解： 1. 荷载及内力计算

由面荷载计算梁上线荷载时乘以次梁间距，次梁上作用的线荷载标准值为

$$q_k = [(4.0+10.0)\times 3]\,\text{kN/m} = 42\text{kN/m}$$

次梁上作用的线荷载设计值（永久荷载的分项系数 $\gamma_G = 1.2$，可变荷载的分项系数 $\gamma_Q = 1.4$）为

$$q = [(1.2\times 4+1.4\times 10)\times 3]\,\text{kN/m} = 56.4\text{kN/m}$$

最大剪力设计值为

$$V_{max} = \frac{1}{2}ql = \left(\frac{1}{2}\times 56.4\times 6\right)\text{kN} = 169.2\text{kN}$$

跨中最大弯矩设计值为

$$M_{max} = \frac{1}{8}ql^2 = \left(\frac{1}{8}\times 56.4\times 6^2\right)\text{kN}\cdot\text{m} = 253.8\text{kN}\cdot\text{m}$$

2. 截面几何参数

$$I_x = \left[\frac{1}{12}\times 20\times(60+2\times 1.2)^3 - \frac{1}{12}\times(20-0.8)\times 60^3\right]\text{cm}^4 = 59351\text{cm}^4$$

$$W_x = \frac{I_x}{h/2} = \left(\frac{2\times 59351}{60+2\times 1.2}\right)\text{cm}^3 = 1902\text{cm}^3$$

$$S_1 = [20\times 1.2\times(60/2+0.6)]\,\text{cm}^3 = 734.4\text{cm}^3$$

$$S_{max} = [734.4+30\times 0.8\times 30/2]\,\text{cm}^3 = 1094.4\text{cm}^3$$

3. 梁的强度验算

工字形截面

$\dfrac{b_1}{t} = \dfrac{200-8}{2\times 12} = 8 < 13\varepsilon_k = 13\times 1 = 13$，属于 S3 级，$\gamma_x = 1.05$。

弯曲应力

$$\frac{M_x}{\gamma_x W_x} = \left(\frac{253.8\times 10^6}{1.05\times 1902\times 10^3}\right)\text{N/mm}^2 = 127.1\text{N/mm}^2 < f = 215\text{N/mm}^2$$

剪应力

$$\tau = \frac{V_{max}S_{max}}{I_x t_w} = \left(\frac{169.2\times 1094.4\times 10^6}{59351\times 8\times 10^4}\right)\text{N/mm}^2 = 39.0\text{N/mm}^2 < f_v = 125\text{N/mm}^2$$

因为均布荷载作用的简支梁，最大弯矩与最大剪力不在同一截面位置，所以无须验算折算应力。

故，强度满足要求。

4. 梁的刚度验算

计算简支梁在均布荷载作用下跨中挠度时（属于正常使用极限状态），采用荷载标准值，即

$$\frac{v}{l} = \frac{5q_k l^3}{384EI_x} = \frac{5}{384}\times\frac{42\times 6^3\times 10^9}{2.06\times 10^5\times 59351\times 10^4} = \frac{1}{1035} < \frac{[v]}{l} = \frac{1}{800}$$

故，梁的刚度满足要求。

5. 梁的整体稳定性验算

平台板与次梁未牢固连接，$l_1/b_1=6000/200=30>13$，需要验算整体稳定性，即

$$A=(2\times20\times1.2+60\times0.8)\text{cm}^2=96\text{cm}^2$$

$$I_y=\left(2\times\frac{1}{12}\times1.2\times20^3\right)\text{cm}^4=1600\text{cm}^4$$

$$i_y=\sqrt{\frac{I_y}{A}}=\sqrt{\frac{1600}{96}}\text{cm}=4.08\text{cm}$$

$$\lambda_y=\frac{l_{0y}}{i_y}=\frac{600}{4.08}=147$$

$$\xi=\frac{l_1t_1}{b_1h}=\frac{600\times1.2}{20\times62.4}=0.577<2.0\text{，查表 5-3 中项次 1。}$$

$$\beta_b=0.69+0.13\xi=0.69+0.13\times0.577=0.765$$

由式（5-29），双对称截面 $\eta_b=0$，可得

$$\varphi_b=0.765\times\frac{4320}{147^2}\times\frac{96\times62.4}{1902}\times\left[\sqrt{1+\left(\frac{147\times1.2}{4.4\times62.4}\right)^2}+0\right]\times1^2=0.573<0.6$$

$$\frac{M_x}{\varphi_bW_x}=\left(\frac{253.8\times10^6}{0.573\times1902\times10^3}\right)\text{N/mm}^2=232.88\text{N/mm}^2>f=215\text{N/mm}^2$$

故，梁的整体稳定性不满足要求。

6. 腹板高厚比

$$\frac{h_0}{t_w}=\frac{600}{8}=75<80\varepsilon_k$$

故，可以不设置加劲肋。

【题后讨论】 本例整体稳定性不能保证，需要对梁增设侧向支撑或者调整梁的截面。若采用【例 5.1】中截面Ⅱ（图 5-9），属于 S4 级，$\gamma_x=1.0$，强度仍满足要求。验算一下梁的整体稳定性是否满足要求，从整体稳定性方面，宽肢薄壁有利于提高侧向刚度，图 5-9 中两个截面面积相等的截面Ⅱ优于截面Ⅰ。

5.6 梁的局部稳定与加劲肋

5.6.1 局部稳定的概念

选用高而薄的腹板与宽而薄的翼缘组合的钢梁截面，能够充分发挥钢材性能，提高梁的抗弯强度、刚度和整体稳定性。但是，当钢板高厚比或宽厚比过大，在弯曲压应力、剪应力或局部压应力作用下，可能出现偏离其平面位置的波状屈曲，如图 5-23 所示，这种现象称为梁的局部失稳。

翼缘或腹板出现局部失稳，屈曲部位的板件退出工作，不仅使梁的有效承载面积减小，还可能使原来对称截面变为非对称截面而发生弯曲扭转现象，这些因素均引起梁的刚度减小，使梁的强度和整体稳定性降低，导致梁提前失稳或发生强度破坏。

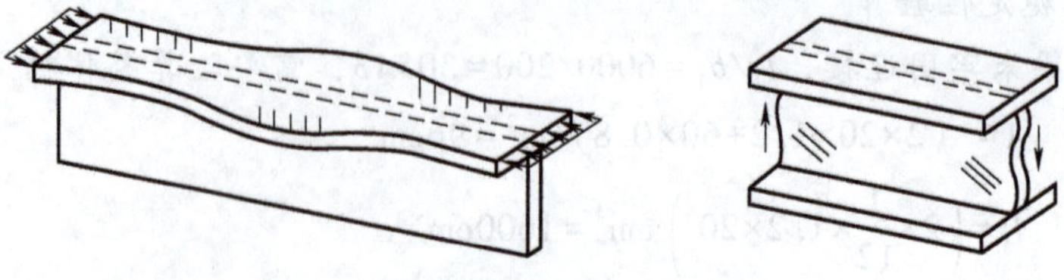

图 5-23　梁翼缘和腹板的失稳变形

梁的局部稳定问题，实质是组成梁的矩形薄板在弯曲应力 σ、剪应力 τ 和/或局部压应力 σ_c 作用下的屈曲问题。根据弹性稳定理论分析，临界应力与其所受应力状态、支承情况、板的长宽比（l/b）有关，与板的宽厚比（b/t）的二次方成反比。因此，提高组成梁板件的各种临界应力最有效措施是减小板件宽厚比。

5.6.2　翼缘的宽厚比限值

根据薄板稳定理论分析，临界应力达到屈服应力时，翼缘的宽厚比限值为

$$\left(\frac{b_1}{t}\right)_y=\sqrt{\frac{K\pi^2 E}{12(1-\nu^2)f_y}} \tag{5-31}$$

式中　K——屈服系数；

E——钢材弹性模量（N/mm^2）；

ν——泊松比。

对于工字形截面，受压翼缘的外伸部分可视为三边简支与一边自由的纵向均匀承受压应力的板，屈服系数 $K=0.43$，采用式（5-31），临界应力达到屈服应力 $f_y=235N/mm^2$ 时，$(b_1/t)_y=18.6$。S1、S2、S3、S4 和 S5 五级分类的界限宽厚比分别是 $(b_1/t)_y$ 的 0.5、0.6、0.7、0.8 和 1.1 倍取整。带有自由边的板件，局部屈曲后可能带来截面刚度中心的变化，从而改变构件的受力，所以即使 S5 级可采用有效截面法计算承载力时，《钢标》仍然对板件宽厚比给予限制。

箱形截面的翼缘为四边简支板，屈服系数 $K=4$，按式（5-31）计算，临界应力达到屈服应力 $f_y=235N/mm^2$ 时，$(b_1/t)_y=56.29$。S1、S2、S3 和 S4 级分类的界限宽厚比分别为 $(b_1/t)_y$ 的 0.5、0.6、0.7 和 0.8 倍并适当调整成整数。对 S5 级，因为两纵向边支承的翼缘有屈曲后强度，所以对板件宽厚比不再做额外限制。受弯构件的截面板件宽厚比等级及限值，见表 5-1。

5.6.3　梁腹板的屈曲形式及加劲肋类型

1. 腹板的局部屈曲形式

钢梁腹板受力复杂，承受弯曲应力 σ、剪应力 τ 和局部压应力 σ_c 的共同作用，应力在各区域的分布和大小不同，发生屈曲的形式也不尽相同。根据各应力相对大小，腹板可能发生以下三种局部屈曲形式：

（1）腹板受剪应力屈曲　当腹板四周只受均布剪应力 τ 作用时，板内的主应力呈 45°斜方向，并在主压应力 σ_2 作用下屈曲，故屈曲时呈大约 45°倾斜的波形凹凸，如图 5-24a 所示。

（2）腹板受弯曲压应力屈曲　梁弯曲时，腹板可假设为纯弯作用的四边简支板，如果腹板过薄，当弯矩达到一定值时，在弯曲压应力作用下，压应力区域的腹板可能屈曲，沿梁的高度方向呈半波状，波峰在压应力区域偏上的位置。沿梁的长度方向呈多个半波的凹凸状，形成多波失稳，纵向的屈曲波数取决于板长，如图 5-24b 所示。

（3）腹板受局部压应力屈曲　集中荷载作用处未设加劲肋或起重机荷载作用情况下，腹板上边缘承受较大局部压应力时，可能产生横向屈曲，在纵向和横向两个方向均出现一个半波，如图 5-24c 所示。

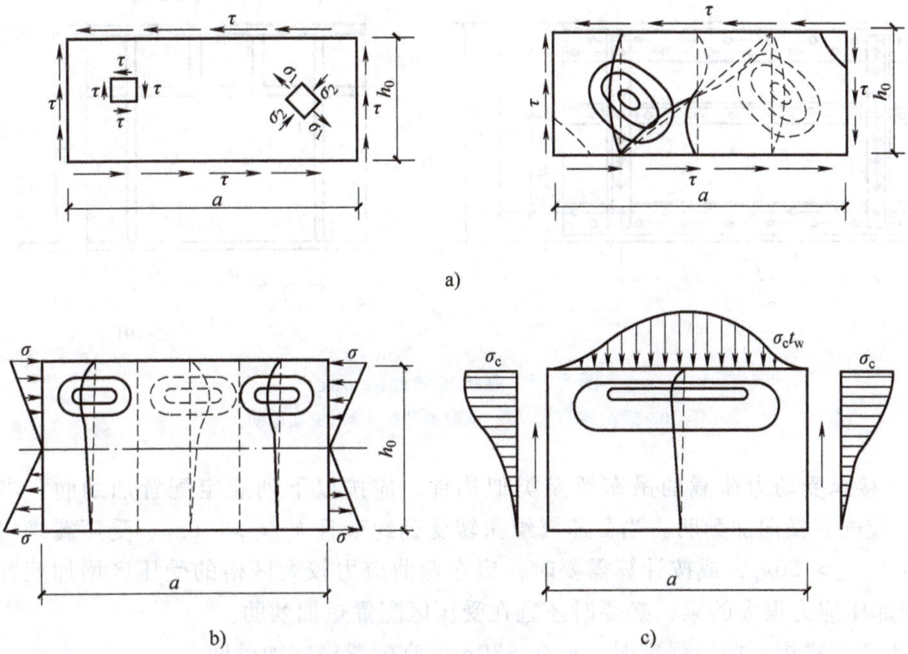

图 5-24　腹板的屈曲形式

a）腹板受剪应力屈曲　b）腹板受弯曲压应力屈曲　c）腹板受局部压应力屈曲

2. 配置加劲肋

腹板面积相对较大，若增加腹板厚度，则用钢量增加较多，而截面惯性矩增加较小，因此，采用增加腹板厚度来提高腹板局部稳定性是不经济的。有效措施是，从构造方面在腹板上设置加劲肋，将腹板分隔成若干小矩形区格，区格四周的翼缘和加劲肋构成支承，能提高腹板的临界应力，从而使其局部稳定得到保证。加劲肋分横向加劲肋、纵向加劲肋和短加劲肋三种，如图 5-25 所示。

需要配置纵向加劲肋的腹板高厚比，不是按硬性规定的限值来确定的而是根据计算需要配置的，但仍给出高厚比的限值，并按梁受压翼缘扭转受到约束与否分为两档，即 $170\varepsilon_k$ 和 $150\varepsilon_k$。在任何情况下高厚比都不应超过 250，以免高厚比过大时产生焊接翘曲。焊接截面梁腹板配置加劲肋应符合以下规定。

1）当 $h_0/t_w \leqslant 80\varepsilon_k$ 时，对有局部压应力的梁，宜按构造配置横向加劲肋；当局部压应力较小时，可不配置加劲肋。

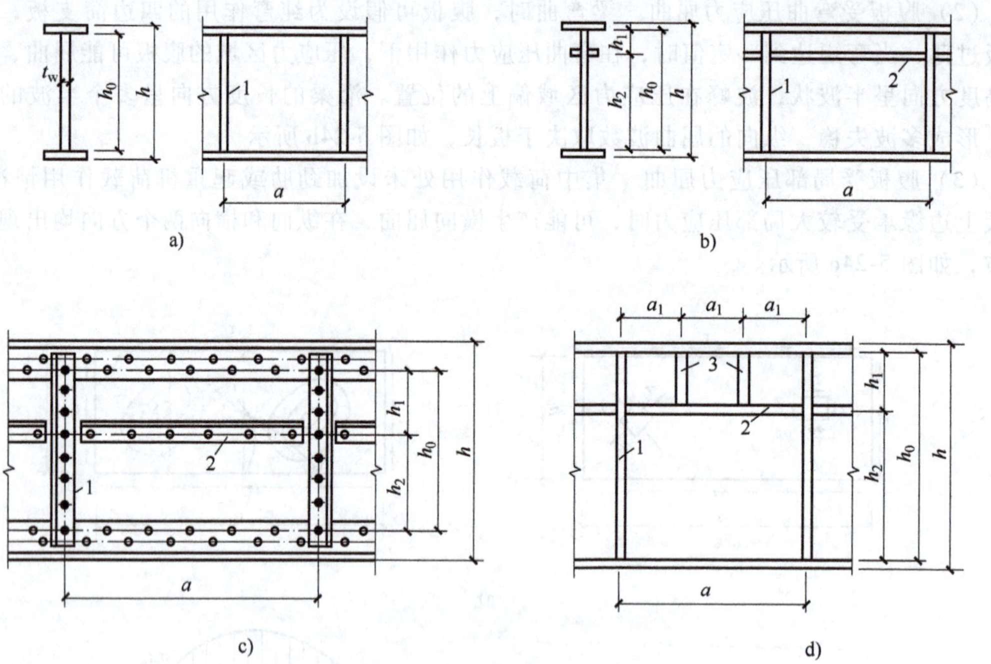

图 5-25 腹板加劲肋的布置

1—横向加劲肋 2—纵向加劲肋 3—短加劲肋

2）直接承受动力荷载的吊车梁及类似构件，应按以下列规定配置加劲肋：当 $h_0/t_w>80\varepsilon_k$ 时，应配置横向加劲肋；当受压翼缘扭转受到约束且 $h_0/t_w>170\varepsilon_k$、受压翼缘扭转未受到约束且 $h_0/t_w>150\varepsilon_k$，或按计算需要时，应在弯曲应力较大区格的受压区增加配置纵向加劲肋。局部压应力很大的梁，必要时还宜在受压区配置短加劲肋。

3）不考虑腹板屈曲后强度时，$h_0/t_w>80\varepsilon_k$，宜配置横向加劲肋。

4）h_0/t_w 不宜超过 250。

5）梁的支座处和上翼缘受有较大固定集中荷载处，宜设置支承加劲肋。

6）腹板的计算高度 h_0应按以下规定采用：对轧制型钢梁，为腹板与上翼缘、下翼缘相接处内弧起点间的距离；对焊接截面梁，为腹板高度；对高强度螺栓连接或铆接梁，为上、下翼缘与腹板连接的高强度螺栓或铆钉线间最近距离（图 5-25）；对单轴对称梁，当确定是否要配置纵向加劲肋时，h_0 应取腹板受压区高度 h_c 的 2 倍。

5.6.4 腹板局部稳定性验算

腹板设置不同形式的加劲肋，腹板被分隔成矩形区格的尺寸及支承条件不同，临界应力状态不同。

1. 仅配置横向加劲肋的腹板

仅配置横向加劲肋的腹板各区格的应力作用分布状态如图 5-26a 所示，腹板局部稳定性验算公式为

$$\left(\frac{\sigma}{\sigma_{cr}}\right)^2+\left(\frac{\tau}{\tau_{cr}}\right)^2+\frac{\sigma_c}{\sigma_{c,cr}}\leqslant 1.0 \tag{5-32}$$

式中　σ——计算腹板区格内，由平均弯矩产生的腹板计算高度边缘的弯曲压应力（N/mm^2）；

τ——计算腹板区格内，由平均剪力产生的腹板平均剪应力（N/mm^2），$\tau = V/(h_w t_w)$，h_w、t_w 为腹板高度和厚度；

σ_c——腹板计算高度边缘的局部压应力（N/mm^2），应按式（5-8）计算，但式中 $\psi = 1.0$；

σ_{cr}、τ_{cr}、$\sigma_{c,cr}$——在 σ、τ、σ_c 单独作用下的临界应力（N/mm^2），根据表 5-5 选项计算。

《钢标》采用国际上通行的正则化宽厚比，规定配置不同加劲肋的腹板在各种应力单独作用下的临界应力计算公式。为了简便起见，表 5-5 汇总了仅配置横向加劲肋时腹板在各种应力单独作用下的临界应力计算公式。配置其他横向加劲肋时，单一应力作用下腹板的临界应力，仍可参考表 5-5 列出的计算公式，只需将正则化宽厚比稍作调整。

表 5-5　仅配置横向加劲肋的腹板在各种应力单独作用下的临界应力计算公式

项次	应力	条件	临界应力计算公式	正则化宽厚比 λ_n
1.1	受弯 σ_{cr}	$\lambda_{n,b} \leqslant 0.85$	$\sigma_{cr} = f$	$\lambda_{n,b}$ 采用式（5-33）或式（5-34）
1.2		$0.85 < \lambda_{n,b} \leqslant 1.25$	$\sigma_{cr} = [1-0.75(\lambda_{n,b}-0.85)]f$	
1.3		$\lambda_{n,b} > 1.25$	$\sigma_{cr} = 1.1f/\lambda_{n,b}^2$	
2.1	受剪 τ_{cr}	$\lambda_{n,s} \leqslant 0.8$	$\tau_{cr} = f_v$	$\lambda_{n,s}$ 采用式（5-35）或式（5-36）
2.2		$0.8 < \lambda_{n,s} \leqslant 1.2$	$\tau_{cr} = [1-0.59(\lambda_{n,s}-0.8)]f_v$	
2.3		$\lambda_{n,s} > 1.2$	$\tau_{cr} = 1.1f_v/\lambda_{n,s}^2$	
3.1	局部受压 $\sigma_{c,cr}$	$\lambda_{n,c} \leqslant 0.9$	$\sigma_{c,cr} = f$	$\lambda_{n,c}$ 采用式（5-37）或式（5-38）
3.2		$0.9 < \lambda_{n,c} \leqslant 1.2$	$\sigma_{c,cr} = [1-0.79(\lambda_{n,c}-0.9)]f$	
3.3		$\lambda_{n,c} > 1.2$	$\sigma_{c,cr} = 1.1f/\lambda_{n,c}^2$	

不同受力状态、不同约束状态，表 5-5 中正则化宽厚比 λ_n 的表达方式不同，应根据实际情况选用：

1）梁腹板受弯计算的正则化宽厚比

当梁受压翼缘扭转受到约束时：

$$\lambda_{n,b} = \frac{2h_c/t_w}{177} \cdot \frac{1}{\varepsilon_k} \tag{5-33}$$

当梁受压翼缘扭转未受到约束时：

$$\lambda_{n,b} = \frac{2h_c/t_w}{138} \cdot \frac{1}{\varepsilon_k} \tag{5-34}$$

式中　h_c——梁腹板弯曲受压区高度，对双轴对称截面 $2h_c = h_0$。

2）梁腹板受剪计算的正则化宽厚比

当 $a/h_0 \leqslant 1$ 时：

$$\lambda_{n,s} = \frac{h_0/t_w}{37\eta\sqrt{4+5.34(h_0/a)^2}} \cdot \frac{1}{\varepsilon_k} \tag{5-35}$$

当 $a/h_0 > 1$ 时：

$$\lambda_{n,s}=\frac{h_0/t_w}{37\eta\sqrt{5.34+4(h_0/a)^2}}\cdot\frac{1}{\varepsilon_k} \tag{5-36}$$

式中　η——系数，简支梁取为 1.11，框架梁梁端最大应力区取为 1。

3）梁腹板局部受压计算的正则化宽厚比

当 $0.5\leqslant a/h_0\leqslant1.5$ 时：

$$\lambda_{n,c}=\frac{h_0/t_w}{28\sqrt{10.9+13.4(1.83-a/h_0)^3}}\cdot\frac{1}{\varepsilon_k} \tag{5-37}$$

当 $1.5<a/h_0\leqslant2.0$ 时：

$$\lambda_{n,c}=\frac{h_0/t_w}{28\sqrt{18.9-5a/h_0}}\cdot\frac{1}{\varepsilon_k} \tag{5-38}$$

2. 同时配置横向加劲肋和纵向加劲肋加强的腹板上段——Ⅰ区格

设置横向和纵向加劲肋的腹板（图 5-25b、c），以纵向加劲肋为界，将腹板分上、下两个板段，二者受力状态不同。受压翼缘与纵向加劲肋之间的上段区格（Ⅰ区格）的应力分布如图 5-26b 所示，其局部稳定性验算公式为

$$\frac{\sigma}{\sigma_{cr1}}+\left(\frac{\sigma_c}{\sigma_{c,cr1}}\right)^2+\left(\frac{\tau}{\tau_{cr1}}\right)^2\leqslant1.0 \tag{5-39}$$

关于 σ_{cr1}、τ_{cr1}、$\sigma_{c,cr1}$，仍可采用表 5-5 所列出的公式，只是相应的正则宽厚比需要修正：

1）受弯 σ_{cr1} 采用 σ_{cr} 计算公式（表 5-5 项次 1.1～1.3），但式（5-33）和式（5-34）中的 $\lambda_{n,b}$ 改用下式的 $\lambda_{n,b1}$ 代替。

当梁受压翼缘扭转受到约束时：

$$\lambda_{n,b1}=\frac{h_1/t_w}{75}\cdot\frac{1}{\varepsilon_k} \tag{5-40}$$

当梁受压翼缘扭转未受到约束时：

$$\lambda_{n,b1}=\frac{h_1/t_w}{64}\cdot\frac{1}{\varepsilon_k} \tag{5-41}$$

式中　h_1——纵向加劲肋至腹板计算高度受压边缘的距离（mm）。

2）受剪 τ_{cr1} 按仅配置横向加劲肋的 τ_{cr} 计算（表 5-5 项次 2.1～2.3），但需将式（5-35）和式（5-36）中的 h_0 改为 h_1。

3）局部压应力 $\sigma_{c,cr1}$ 采用 $\sigma_{c,cr}$ 计算公式（表 5-5 项次 3.1～3.3），但式（5-37）和式（5-38）中的 $\lambda_{n,c}$ 改用 $\lambda_{n,c1}$ 代替。

当梁受压翼缘扭转受到约束时：

$$\lambda_{n,c1}=\frac{h_1/t_w}{56}\cdot\frac{1}{\varepsilon_k} \tag{5-42}$$

当梁受压翼缘扭转未受到约束时：

$$\lambda_{n,c1}=\frac{h_1/t_w}{40}\cdot\frac{1}{\varepsilon_k} \tag{5-43}$$

3. 同时配置横向加劲肋和纵向加劲肋加强的腹板下段——Ⅱ区格

设置横向和纵向加劲肋的腹板（图 5-25b、c），纵向加劲肋与受拉翼缘之间的区格（Ⅱ段）应力分布如图 5-26c 所示，其局部稳定性验算公式为

$$\left(\frac{\sigma_2}{\sigma_{cr2}}\right)^2+\left(\frac{\tau}{\tau_{cr2}}\right)^2+\frac{\sigma_{c2}}{\sigma_{c,cr2}}\leqslant 1.0 \tag{5-44}$$

式中　σ_2——所计算区格内由平均弯矩产生的腹板在纵向加劲肋处的弯曲压应力（N/mm^2）；

σ_{c2}——腹板在纵向加劲肋处的横向压应力（N/mm^2），取 $\sigma_{c2}=0.3\sigma_c$；

Ⅱ区格中 σ_{cr2}、τ_{cr2}、$\sigma_{c,cr2}$，仍可采用表 5-5 所列出的公式，进行以下修正：

1）σ_{cr2}采用 σ_{cr} 计算公式（表 5-5 项次 1.1~1.3），但式（5-33）和式（5-34）中的 $\lambda_{n,b}$ 改用 $\lambda_{n,b2}$代替

$$\lambda_{n,b2}=\frac{h_2/t_w}{194}\cdot\frac{1}{\varepsilon_k} \tag{5-45}$$

式（5-45）中，$h_2=h_0-h_1$（下同）。

2）τ_{cr2}按仅配置横向加劲肋的 τ_{cr} 计算，但需将式（5-35）和式（5-36）中的 h_0改为 h_2。

3）$\sigma_{c,cr2}$采用 $\sigma_{c,cr}$ 计算公式（表 5-5 项次 3.1~3.3）$\lambda_{n,c}$ 中的 h_0 改为 h_2，但当 $a/h_2>2$ 时，取 $a/h_2=2$。

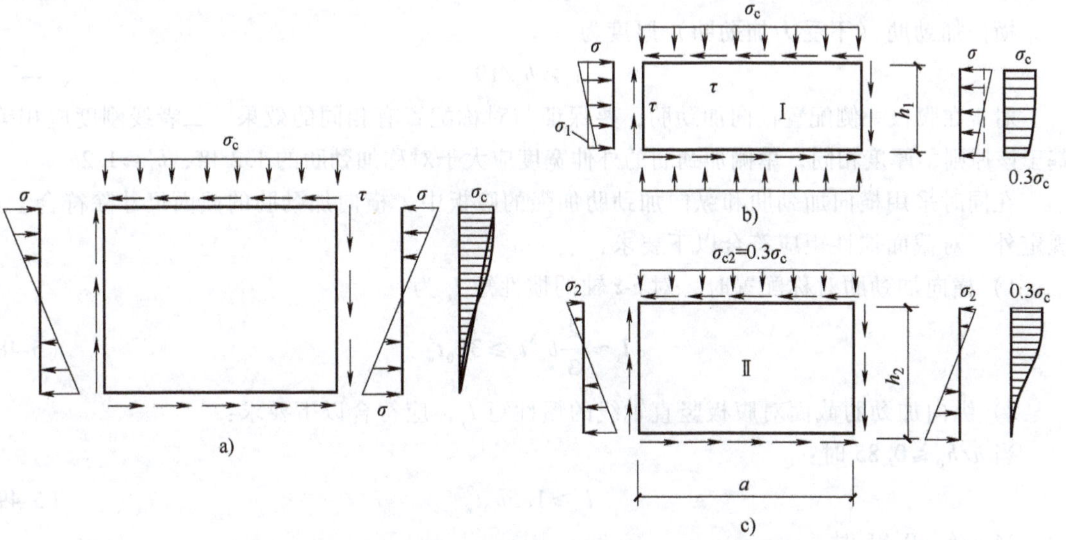

图 5-26　腹板区格应力分布

a）仅配置横向加劲肋的腹板　b）横、纵加劲肋的腹板上段　c）横、纵加劲肋的腹板下段

5.6.5　加劲肋的设计

梁的加劲肋最好在腹板两侧成对配置（图 5-27a），以免使梁整体产生人为的侧向偏心，实在不能两侧成对配置时也可单侧配置（图 5-27b），但支承加劲肋、重级工作制吊车梁的加劲肋不应单侧配置。

横向加劲肋的最小间距应为 $0.5h_0$，最大间距应为 $2h_0$；当 $h_0/t_w \leqslant 100$ 时，无局部压应力的梁最大间距可采用 $2.5h_0$。纵向加劲肋至腹板计算高度受压边缘的距离应为 $h_c/2.5 \sim h_c/2$。

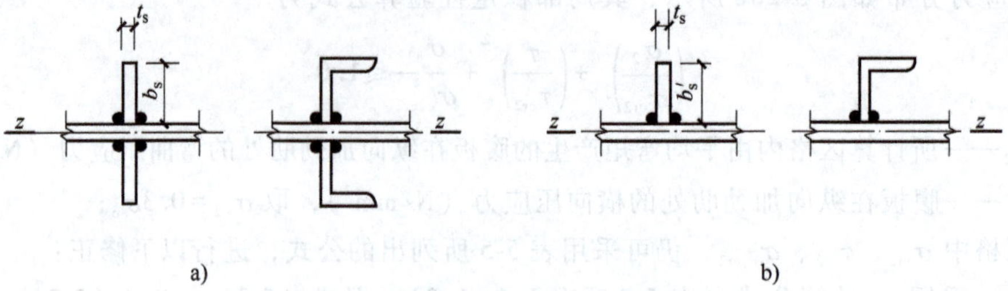

图 5-27　横向加劲肋的配置方式

a）两侧成对配置　b）单侧配置

在腹板两侧成对配置的钢板横向加劲肋的截面尺寸应符合以下公式规定：

横向加劲肋外伸宽度为

$$b_s = \frac{h_0}{30} + 40\text{mm} \tag{5-46}$$

横向加劲肋（承压加劲肋）厚度为

$$t_s \geqslant b_s/15 \tag{5-47a}$$

横向加劲肋（不受力加劲肋）厚度为

$$t_s \geqslant b_s/19 \tag{5-47b}$$

对于在腹板一侧配置横向加劲肋，要保证与对称配置有相同的效果，二者线刚度应相等，基于该原则，厚度相同，单侧加劲肋的外伸宽度应大于对称加劲肋的 1.2 倍，$b'_s \geqslant 1.2b_s$。

在同时采用横向加劲肋和纵向加劲肋加强的腹板中，横向加劲肋的截面尺寸除符合上述规定外，对截面惯性矩应符合以下要求：

1）横向加劲肋对称配置时，对 z-z 轴的惯性矩 I_z 为

$$I_z \approx \frac{2}{3} b_s^3 t_s \geqslant 3h_0 t_w^3 \tag{5-48}$$

2）纵向加劲肋截面对腹板竖直轴线的惯性矩 I_y，应符合以下要求：

当 $a/h_0 \leqslant 0.85$ 时：

$$I_y \geqslant 1.5h_0 t_w^3 \tag{5-49}$$

当 $a/h_0 > 0.85$ 时：

$$I_y \geqslant \left(2.5 - 0.45\frac{a}{h_0}\right)\left(\frac{a}{h_0}\right)^2 h_0 t_w^3 \tag{5-50}$$

3）短加劲肋的最小间距为 $0.75h_1$。根据短加劲肋与横向加劲肋的线刚度相等条件，即 $I_{zs}/h_1 = I_z/h_0$，计算短加劲肋的外伸宽度 $b_{ss} = 0.7b_s$。

规定短加劲肋外伸宽度应取横向加劲肋外伸宽度的 70%~100%，厚度不应小于短加劲肋外伸宽度的 1/15。

用型钢（H 型钢、工字钢、槽钢、肢尖焊于腹板的角钢）做成的加劲肋，其截面惯性矩不得小于相应钢板加劲肋的惯性矩。在腹板两侧对称配置的加劲肋，其截面惯性矩应按梁

腹板中心线为轴线进行计算。在腹板一侧配置的加劲肋，其截面惯性矩应按与加劲肋相连的腹板边缘为轴线进行计算。

为了避免三向焊缝交叉，焊接梁的横向加劲肋与翼缘、腹板相接处应切角，当作为焊接工艺孔时，切角宜采用半径 $R=30\text{mm}$ 的 1/4 圆弧，如图 5-28 所示。梁的支承加劲肋应符合以下规定：

1）应按承受梁支座反力或固定集中荷载的轴心受压构件计算其在腹板平面外的稳定性，此受压构件的截面应包括加劲肋和加劲肋每侧 $c=15h_w\varepsilon_k$ 范围内的腹板面积，计算长度取为 h_0。

2）当梁支承加劲肋的端部为刨平顶紧梁的翼缘或柱面时，应按其所承受的支座反力或固定集中荷载计算其端面承压应力为

$$\sigma_{ce}=\frac{F}{A_{ce}}\leqslant f_{ce} \tag{5-51}$$

式中　F——集中荷载或支座反力（N）；

A_{ce}——端面承压面积（mm^2）；

f_{ce}——钢材端面承压强度设计值（N/mm^2）。

突缘支座突缘加劲肋的伸出长度不得大于其厚度的 2 倍。

3）当端部为焊接时，应按传力情况计算其焊缝应力。支承加劲肋与腹板的连接焊缝，应按传力需要进行计算。

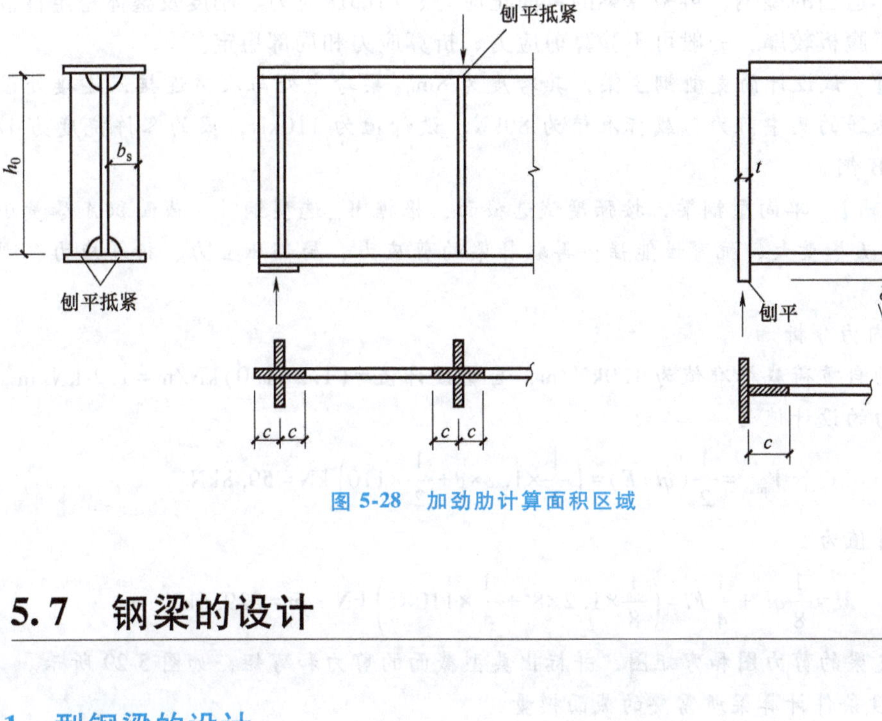

图 5-28　加劲肋计算面积区域

5.7　钢梁的设计

5.7.1　型钢梁的设计

1. 单向弯曲梁的设计步骤

1）确定型钢截面的类型，常采用工字钢和 H 型钢。

2）根据梁上作用的荷载，计算最大弯矩。

3）根据最大弯矩，计算型钢所需的截面模量：当梁的整体稳定有保证时，按抗弯强度确定，由式（5-4）可得 $W_{nx}=\dfrac{M_{max}}{\gamma_x f}$；当需要计算整体稳定性时，按整体稳定来确定，由式（5-27）可得 $W_x=\dfrac{M_{max}}{\varphi_b f}$。

4）从型钢表中，选择合适的型钢型号。

5）进行刚度和整体稳定性验算，型钢梁的抗剪强度和局部稳定性一般不必验算。

6）如果梁的刚度不满足要求，则重新选择腹板更高的型钢。

7）当整体稳定性不满足时，若可通过增设侧向支撑等措施能满足，则不需重选。

2. 双向弯曲梁的设计

屋盖檩条、吊车梁等双向弯曲梁，常用工字钢或槽钢，设计步骤与单向弯曲梁的设计过程基本相同。对于双向弯曲梁，设计时尽量通过构造满足整体稳定性，按抗弯强度条件选择型钢截面。型钢截面模量为

$$W_{nx}=\frac{M_x+\alpha M_y}{\gamma_x f} \tag{5-52}$$

对于小型号的工字钢和H型钢取 $\alpha=6$，槽钢取 $\alpha=5$。设计时应避开在弯矩最不利截面上开螺栓孔，以免削弱截面，使该处梁净截面抵抗矩不降低，保持 $W_{nx}=W_x$。根据计算的截面抵抗矩选择适当的型钢，再验算梁的弯曲正应力、局部压应力、刚度及整体稳定性。对于型钢梁，由于腹板较厚，一般可不验算剪应力、折算应力和局部稳定。

【例5.4】 试设计简支型钢主梁，其跨度为8m，梁跨中处与次梁连接，连接处设置加劲肋，次梁传递的集中静力荷载标准值为80kN、设计值为110kN，梁的容许挠度为1/300，材料为Q235B钢。

【解题分析】 单向型钢梁，按强度试选截面，根据 W_{nx} 选型钢时，截面积 A 尽量小，从而节省钢材，I_x 尽量大、抗弯性能强；再验算梁的剪应力、局部压应力、折算应力、刚度及整体稳定性。

解： 1. 内力分析

初估梁的自重荷载标准值为1.0kN/m，自重设计值 $=(1.2\times1.0)$kN/m $=1.2$ kN/m。

最大剪力的设计值为

$$V_{max}=\frac{1}{2}(ql+F)=\left(\frac{1}{2}\times1.2\times8+\frac{1}{2}\times110\right)\text{kN}=59.8\text{kN}$$

弯矩设计值为

$$M=\frac{1}{8}ql^2+\frac{1}{4}Fl=\left(\frac{1}{8}\times1.2\times8^2+\frac{1}{4}\times110\times8\right)\text{kN}\cdot\text{m}=229.6\text{kN}\cdot\text{m}$$

画出简支梁的剪力图和弯矩图，并标出典型截面的剪力和弯矩，如图5-29所示。

2. 按强度条件计算梁所需要的截面模量

Q235钢，$f=215\text{N/mm}^2$。

$$W_{nx}=\frac{M_{max}}{\gamma_x f}=\left(\frac{229.6\times10^6}{1.05\times215}\right)\text{mm}^3=1.017\times10^6\text{mm}^3=1017\text{cm}^3$$

查型钢表，截面模量在 1017cm^3 附近的有 I40a、HM340×250×9×14 和 HN400×200×8×13。三个备选型钢参数，最佳方案是 HN400×200×8×13：截面积最小，节省了材料，惯性矩最大，抗弯刚度大，侧向回转半径比工字钢的大，稳定性好。

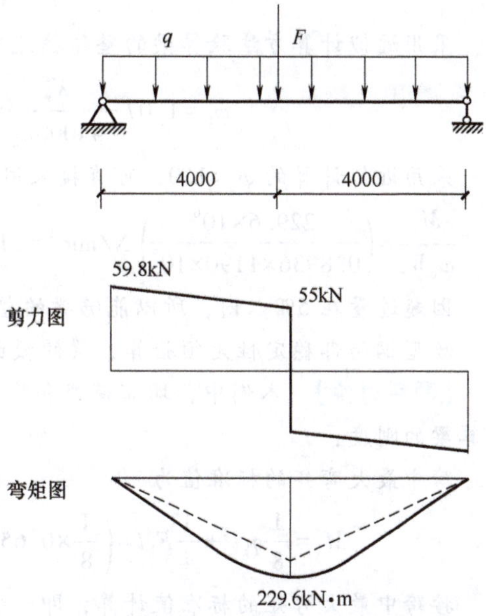

图 5-29 集中荷载与均布荷载作用的简支梁

HN400×200×8×13 参数：$W_x = 1190\text{cm}^3$，$A = 84.12\text{cm}^2$，$I_x = 23700\text{cm}^4$，$i_y = 4.54\text{cm}$，自重为 66kg/m。

自重荷载标准值为

9.8×66N/m = 646.8N/m = 0.65kN/m。

初估自重荷载略大，无须重新计算内力。

3. 折算应力验算

热轧型钢剪应力一般不用验算；梁跨中处与次梁连接处设置加劲肋，不用验算局部压应力；但跨中弯矩与剪力均有最大值，验算腹板与翼缘交界点的折算应力如下：

腹板与翼缘交界处剪应力，可按腹板承受全部剪力近似计算，即

$$\tau_1 = \frac{V}{h_0 t_w} = \left[\frac{55\times10^3}{(400-2\times13)\times8}\right]\text{N/mm}^2 = 18.38\text{N/mm}^2$$

$$\sigma_1 = \frac{My_1}{I_x} = \left[\frac{229.6\times10^6\times(200-13)}{23700\times10^4}\right]\text{N/mm}^2 = 181.16\text{N/mm}^2$$

腹板与翼缘交界点的折算应力为

$$\sqrt{\sigma_1^2+3\tau_1^2} = \sqrt{181.16^2+3\times18.38^2}\ \text{N/mm}^2 = 183.94\text{N/mm}^2 < \beta_1 f = 1.1\times215\text{N/mm}^2 = 236.5\text{N/mm}^2$$

故，强度满足要求。

4. 梁的刚度验算

受均布荷载和跨中集中荷载作用的简支梁，可分别计算两种荷载作用下的跨中挠度，再叠加。

$$\frac{v}{l} = \frac{5}{384}\cdot\frac{q_k l^3}{EI_x} + \frac{1}{48}\cdot\frac{F_k l^2}{EI_x}$$

$$= \frac{5}{384}\times\frac{0.65\times8000^3}{2.06\times10^5\times23700\times10^4} + \frac{1}{48}\times\frac{80\times8000^2\times10^3}{2.06\times10^5\times23700\times10^4}$$

$$= \frac{1}{11267} + \frac{1}{458} = \frac{1}{440} < \frac{[v]}{l} = \frac{1}{300}$$

故，梁的刚度满足要求。

5. 整体稳定性验算

主梁跨中与次梁相连，次梁对主梁起到侧向支撑作用，主梁受压翼缘自由长度 $l_1 = 4\text{m}$。

$$\lambda_y=\frac{l_1}{i_y}=\frac{400}{4.54}=88.1<120\varepsilon_k$$

采用近似计算方法验算梁的整体稳定性，稳定系数为

$$\varphi_b=1.07-\frac{\lambda_y^2}{44000\varepsilon_k^2}=1.07-\frac{88.1^2}{44000}=0.8936<1.0$$

采用近似计算的 $\varphi_b<1.0$，可直接采用式（5-27）进行整体稳定性判断，即

$$\frac{M_x}{\varphi_b W_x}=\left(\frac{229.6\times10^6}{0.8936\times1190\times10^3}\right)\mathrm{N/mm^2}=216\mathrm{N/mm^2}>f=215\mathrm{N/mm^2}$$

因超过量在5%以内，所以能够梁的整体稳定性保证。

故型钢局部稳定性无须验算，梁的截面选用 HN400×200×8×13 满足各项要求。

【题后讨论】 本例中，均布荷载和跨中集中荷载作用的简支梁，可根据近似式（5-15）验算梁的刚度：

跨中最大弯矩的标准值为

$$M_k=\frac{1}{8}q_k l^2+\frac{1}{4}F_k l=\left(\frac{1}{8}\times0.65\times8^2+\frac{1}{4}\times80\times8\right)\mathrm{kN\cdot m}=165.2\mathrm{kN\cdot m}$$

按跨中最大弯矩的标准值计算，即

$$\frac{v}{l}\approx\frac{M_k l}{10EI_x}=\frac{165.2\times10^6\times8000}{10\times2.06\times10^5\times23700\times10^4}=\frac{1}{369}<\frac{[v]}{l}=\frac{1}{300}$$

因本例中均布荷载很小，均布荷载在跨中产生的弯矩占总弯矩的3%左右，综合作用更偏向集中荷载作用形式，所以近似计算挠度值偏大。

5.7.2 组合截面梁的设计

当梁承受的内力大，型钢梁不能满足要求时，通常采用焊接工字形组合截面梁。组合截面梁的设计过程包括初选截面尺寸、验算截面、设计焊缝、加劲肋设计等环节。截面尺寸包含梁的高度、腹板的厚度及翼缘的宽度和厚度；验算截面应包括强度、刚度、整体稳定性和局部稳定性验算；腹板与翼缘之间的焊缝应满足强度要求。

1. 初选截面尺寸

（1）梁的截面高度 梁的截面高度是指梁的底面到铺板顶面之间的高度，如图5-30所示。梁截面高度是最重要参数之一，确定梁高时应考虑建筑高度、刚度和经济性三个方面，梁的高度包括最大高度、最小高度和经济高度。

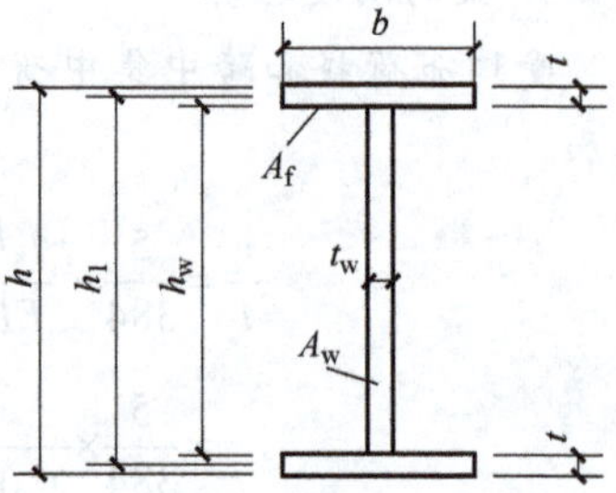

图5-30 组合梁的截面尺寸

1）梁的最大高度 h_{max}。最大高度是指按使用要求所确定的梁的最大高度，由生产工艺和使用空间决定，建筑高度限定了梁的最大高度 h_{max}，也称为建筑限定高度。

2）梁的最小高度 h_{min}。梁的刚度条件是要求梁的挠度必须满足 $v\leqslant[v]$，梁高是梁截面中影响梁挠度最主要的因素之一，梁的最小高度 h_{min} 取决于刚度条件。

根据单向弯曲梁的强度条件，由式（5-4）确定梁所能承受的最大弯矩设计值 M，假定

平均荷载分项系数 $\gamma=1.3$（相当于永久荷载与可变荷载分项系数的平均值），对应的最大弯矩标准值 $M_k=M/1.3$；再根据等截面简支梁跨中挠度近似公式［式（5-15）］，弹性模量 $E=2.06\times10^5\text{N/mm}^2$，对于双轴对称工字形截面，考虑塑性发展系数 $\gamma_x=1.05$，满足容许挠度条件，梁的最小高度 $h_{\min}$ 为

$$h_{\min}=\frac{fl^2}{1.25\times10^6[v]} \tag{5-53}$$

式中 $[v]$——梁的容许挠度（mm）；

l——梁的跨度（mm）。

3）梁的经济高度。所谓梁的经济高度，就是满足强度、刚度、整体稳定性及局部稳定性等一切条件下用钢量最少的梁高。控制梁截面的主要因素是梁的抗弯强度，据此确定的用钢量最少的梁高，通常是梁的经济高度。可参照经验公式估算梁的经济高度 h_e（mm），即

$$h_e=2W_x^{0.4} \tag{5-54}$$

式中 W_x——梁所需要的截面抵抗矩（mm^3）。

设计时所选的梁高 h 应满足 $h_{\min}\leqslant h\leqslant h_{\max}$，且 $h\approx h_e$，先确定腹板高度 h_w，h_w 可取比经济高度略小的数值，并取 h_w 为 50mm 的倍数以符合钢板规格，梁的实际高度为腹板高度 h_w 加上、下翼缘的厚度。

（2）腹板厚度 t_w 腹板厚度应满足抗剪强度、局部稳定性及钢板规格等要求。选用的腹板高厚比不应超过 250，腹板厚度不宜小于 6mm，一般取 $8\text{mm}\leqslant t_w\leqslant 20\text{mm}$，实际采用时应考虑既有板的规格，并取 2mm 的倍数。

1）抗剪强度。工字形截面梁，腹板最大剪应力近似为腹板上平均剪应力的 1.2 倍，满足抗剪强度条件腹板所需的厚度为

$$t_w\geqslant1.2\frac{V_{\max}}{h_wf_v} \tag{5-55}$$

2）经验公式。由抗剪强度条件式（5-55）计算的腹板厚度 t_w 一般偏小，考虑局部稳定和构造因素，t_w 可采用经验公式估算，即

$$t_w\geqslant\frac{\sqrt{h_w}}{3.5} \tag{5-56}$$

其中，h_w 和 t_w 均以 mm 计。

（3）翼缘尺寸 在确定腹板高度及厚度后，根据梁所需的截面模量 W_x，计算翼缘所需的面积 A_f。依据工字形截面梁的惯性矩、截面模量的计算公式，近似取 $h_w\approx h_1\approx h$，则一个翼缘所需的面积为

$$A_f=bt=\frac{W_x}{h}-\frac{t_wh_w}{6} \tag{5-57}$$

翼缘面积 A_f 中包含翼缘宽度 b 和厚度 t 两个待定数，通常按以下原则选择 b 和 t：

1）翼缘宽度过小不易保证梁的整体稳定，翼缘宽度过大会使翼缘内正应力分布不均匀，常取 $b=(1/5\sim1/3)h$。

2）考虑到翼缘的局部稳定，按弹性设计（$\gamma_x=1.0$）要求，$b/t\leqslant30\varepsilon_k$，按弹塑性设计

($\gamma_x=1.05$) 要求，$b/t\leqslant 26\varepsilon_k$。

3) 对于吊车梁，$b\geqslant 300$mm，以便安装轨道。

一般翼缘宽度 b 取 10mm 的倍数，厚度 t 取 2mm 的倍数。

2. 验算截面

针对初选的梁截面，应验算梁的弯曲强度、剪切强度、局部压应力、折算应力、整体稳定性和局部稳定性，其方法与前述的梁验算问题相同，验算截面时应计入梁的自重。当选定的梁高大于 h_{min} 时，可不必验算梁的刚度。

3. 组合梁截面沿长度的改变

梁的弯矩沿梁长是变化的，若梁的截面能随弯矩而改变，则可节省用钢量。变截面梁有改变梁高（图 5-31）、改变梁宽（图 5-32）和改变翼缘厚度三种方式。

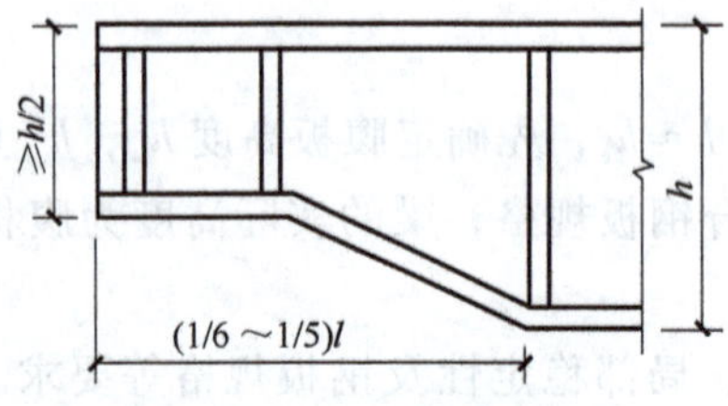

图 5-31　变高度梁

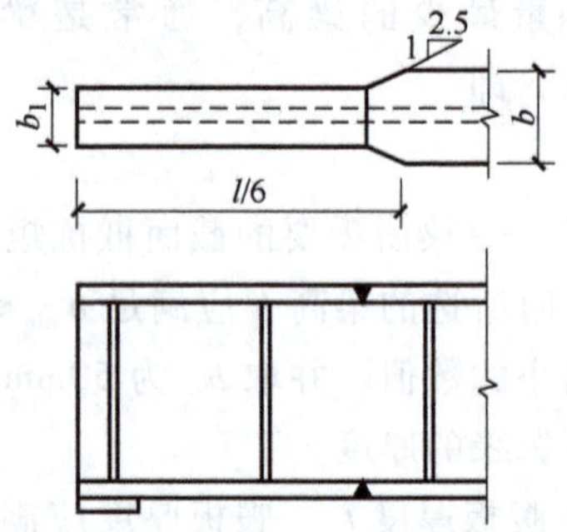

图 5-32　变宽度梁

改变梁高时，上翼缘保持不变，梁的下翼缘随腹板做成折线外形，下翼缘的弯折点一般取在距梁端（1/6~1/5）l 处，如图 5-31 所示，改变梁高弯折处均需设置横向加劲肋。在支座处减小梁高可降低梁的建筑高度，但支座处的高度应满足抗剪强度要求，且不宜小于跨中高度的 1/2。

改变梁宽是改变上翼缘和下翼缘的宽度，承受均布荷载的单层工字形简支梁，最优截面改变处是离支座 1/6 跨度处，应由截面开始改变处的弯矩 M_1，反算出较窄翼缘宽度 b_1。为减少应力集中，改变翼缘宽度过渡处斜角应不大于 1：2.5，如图 5-32 所示。

改变翼缘厚度主要是梁的两端采用单层翼缘，而梁跨中增加一层翼缘，通过切断外层翼缘实现，外层钢板与内层钢板厚度比宜为 0.5~1。改变翼缘厚度操作简单，但梁的顶面不平整，不便于布置铺板。

梁改变一次截面可节省钢材 10%~20%；若再多改变一次，可多节省钢材 3%~4%。梁截面改变两次，经济效益增加不明显，因此梁截面一般只改变一次。跨度较小的梁，变截面节约的钢材不能抵减因构造复杂带来的加工成本，因此一般不采用变截面。

4. 翼缘与腹板间焊缝计算

(1) 纵向剪应力作用　梁弯曲变形时，翼板与腹板之间存在水平剪力，方向与翼缘平行，如图 5-33 所示，由式（5-6)，则单位长度上水平剪力 T_b 为：

$$T_b=\frac{VS_f}{I_x t_w}\times(t_w\times 1)=\frac{VS_f}{I_x} \tag{5-58}$$

式中　V——梁的最大剪力（N）；

I_x——梁毛截面惯性矩（mm^4）；

S_f——一个翼缘对梁截面中和轴的面积矩（mm^3）。

翼板与腹板之间的水平剪力由沿梁长度方向的翼板与腹板间的焊缝承担，当翼缘与腹板采用连续两侧角焊缝连接时，外力方向与焊缝轴线平行，属于侧向焊缝，单位长度角焊缝的剪应力 τ_f 应满足式（5-59）。

$$\tau_f=\frac{VS_f}{2\times0.7h_fI_x}\leqslant f_f^w \tag{5-59}$$

翼缘与腹板间角焊缝的焊脚尺寸应满足式（5-60）。

$$h_f\geqslant\frac{VS_f}{1.4I_xf_f^w} \tag{5-60}$$

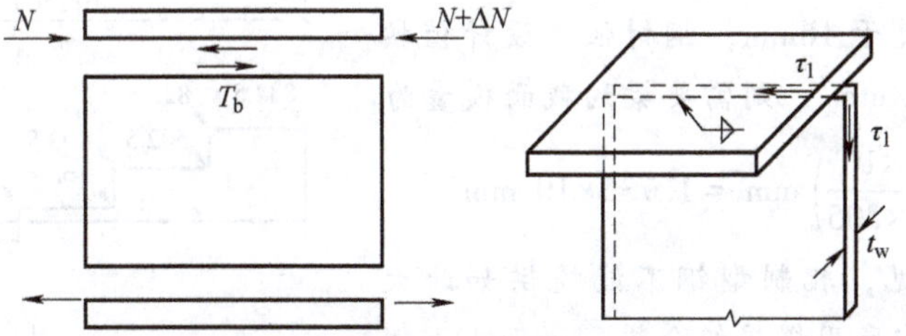

图 5-33　翼板与腹板之间水平方向剪力

（2）横向集中荷载作用　当梁的翼缘承受固定集中荷载而未设置加劲肋或承受有移动集中荷载时，还需计算焊缝因传递集中荷载而产生的局部压应力，如图 5-7 所示。局部压应力采用式（5-8）计算，则角焊缝有效截面由单位长度上局部压力产生的焊缝应力为

$$\sigma_f=\frac{\sigma_ct_w}{2\times0.7h_f}=\frac{\psi F}{1.4h_fl_z} \tag{5-61}$$

式中　F、ψ、l_z——按 5.2.4 节规定取值。

平行于焊缝长度方向的应力［式（5-59）］与垂直于焊缝长度方向的应力［式（5-61）］共同作用下，根据角焊缝强度验算公式（3-7c），采用双面角焊缝连接，工字形梁翼缘与腹板的焊缝连接强度计算应满足式（5-62）。

$$\frac{1}{1.4h_f}\sqrt{\left(\frac{VS_f}{I_x}\right)^2+\left(\frac{\psi F}{\beta_fl_z}\right)^2}\leqslant f_f^w \tag{5-62}$$

对于重级工作制起重机承受较大动力荷载的梁，因角焊缝易产生疲劳破坏，宜采用保证焊透的 T 形对接焊缝，可认为焊缝与腹板等强度而不必计算。

【例 5.5】　图 5-34 所示为一工作平台主梁的设计简图，次梁传递的集中荷载标准值为 $F_k=253kN$，设计值为 $F=323kN$。梁的变形要求 1/400，钢材为 Q235 钢，焊条为 E43 型，试设计该主梁。

【解题分析】　设计主梁时，先根据荷载和跨度进行受力分析，再根据截面模量、刚度条件确定梁的高度，初步设计截面尺寸，然后验算梁的强度、刚度、整体稳定性、局部稳定性，最后设计梁端及次梁交接处加劲肋。

解： 1. 内力分析

设主梁自重荷载标准值 3kN/m，则设计值为 1.2×3kN/m = 3.6kN/m。

支座处最大剪力为

$$V_1 = \frac{1}{2}(nF+ql) = \left[\frac{1}{2}\times(5\times323+3.6\times15)\right]\text{kN} = 834.5\text{kN}$$

梁跨中的最大弯矩为

$$M_x = \left[834.5\times7.5-323\times(5+2.5)-\frac{1}{8}\times3.6\times15^2\right]\text{kN}\cdot\text{m} = 3735\text{kN}\cdot\text{m}$$

为后续计算参考方便，绘制梁的剪力图与弯矩图，如图 5-34b、c 所示，并计算标出每个次梁位置的剪力值及弯矩值。

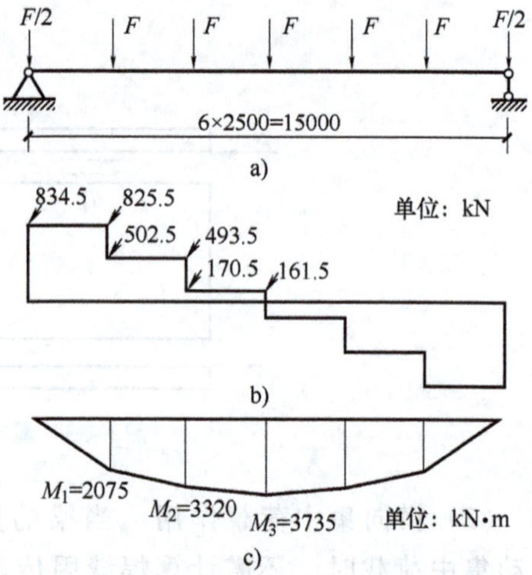

图 5-34 组合截面梁的设计案例简图

a）梁的受力简图 b）剪力图 c）弯矩图

估计翼缘厚度大于 16mm，钢材强度设计值按第二组取值 $f = 205\text{N/mm}^2$，则需要梁的截面模量为

$$W_x \geqslant \frac{M_x}{\gamma_x f} = \left(\frac{3735\times10^6}{1.05\times205}\right)\text{mm}^3 = 1.735\times10^7\text{mm}^3$$

从型钢表中可见，轧制型钢不能提供如此大的截面模量，此梁需采用焊接组合梁。

2. 初选梁的截面

(1) 梁的高度

梁的最小高度，梁的变形要求 1/400，由刚度条件，考虑塑性发展，参考式 (5-53)，即

$$h_{\min} = \frac{fl^2}{1.25\times10^6[v]} = \frac{fl}{1.25\times10^6}\frac{l}{[v]}$$

$$= \left(\frac{205\times15000}{1.25\times10^6}\times400\right)\text{mm} = 984\text{mm}$$

梁的经济高度，参考式 (5-54)，即

$$h_e = 2W_x^{0.4} = 2\times(1.735\times10^7)^{0.4}\text{mm} = 1573\text{mm}$$

在满足最小高度要求前提下，梁的腹板高度略小于经济高度，且符合模数，取梁的腹板高度为

$$h_w \approx h_e = 1500\text{mm}$$

(2) 腹板厚度

按抗剪强度条件式［式 (5-55)］要求的腹板厚度为

$$t_w \geqslant 1.2\frac{V_{\max}}{h_w f_v} = \left(1.2\times\frac{834.5\times10^3}{1500\times125}\right)\text{mm} = 5.3\text{mm}$$

按经验公式［式 (5-56)］计算的腹板厚度为

$$t_w = \sqrt{h_w}/3.5 = (\sqrt{1500}/3.5)\text{mm} = 11\text{mm}$$

不考虑腹板屈曲后强度，取腹板厚度为 10mm。腹板—1500×10。

(3) 翼缘

根据截面模量要求，按式 (5-57)，每个翼缘所需的截面积为

$$A_f=\frac{W_x}{h_w}-\frac{t_w h_w}{6}=\left(\frac{17350\times10^3}{1500}-\frac{10\times1500}{6}\right)mm^2=9067mm^2$$

翼缘宽度为

$$b_f=(1/5\sim1/3)h=(1/5\sim1/3)\times1500mm=300\sim500mm$$

翼缘尽量宽肢薄壁，综合考虑，取翼缘宽度 $b_f=420mm$。

翼缘厚度为

$t_f=A_f/b_f=(9067/420)mm=21.6mm$，取 $t_f=22mm$。

翼缘外伸宽度与厚度之比为

$$\frac{b_1}{t_f}=\frac{420-10}{2\times22}=9.3<13\varepsilon_k=13$$

故，满足局部稳定要求，翼缘— 420×22。

本例采用等截面组合梁，沿梁长度不改变梁的截面。

3. 梁的强度验算

翼缘— 420×22、腹板— 1500×10 的工字形截面几何参数如下：

$$A=(1500\times10+2\times420\times22)mm^2=3.348\times10^4mm^2$$

$$I_x=\frac{1}{12}\times(420\times1544^3-410\times1500^3)mm^4=1.35\times10^{10}mm^4$$

$$W_x=\frac{2I_x}{h}=\left(\frac{2\times1.35\times10^{10}}{1500+2\times22}\right)mm^3=1.75\times10^7mm^3$$

钢材质量密度为 $7850kg/m^3$，梁自重荷载：

$$g_k=(9.8\times7.85\times3.348\times10^{-2})kN/m=2.6kN/m$$

考虑腹板加劲肋等增加的质量，原假设的梁自重 3kN/m 比较合适，无须调整自重荷载。

1）验算抗弯强度

$$\frac{M_x}{\gamma_x W_{nx}}=\left(\frac{3735\times10^6}{1.05\times1.75\times10^7}\right)N/mm^2=203.2N/mm^2<f=205N/mm^2$$

2）验算抗剪强度

$$S=[420\times22\times(1500+22)/2+750\times10\times375]mm^3=9.84\times10^6mm^3$$

$$\tau=\frac{V_{max}S}{I_x t_w}=\left(\frac{834.5\times10^3\times9.84\times10^6}{1.35\times10^{10}\times10}\right)N/mm^2=60.9N/mm^2<f_v=125N/mm^2$$

主梁的支承处以及次梁支承处均配置支承加劲肋，故可不验算局部承压强度。

4. 梁的整体稳定性验算

次梁可视为主梁受压翼缘的侧向支撑，主梁受压翼缘自由长度与宽度之比 $l_1/b_1=2500/420=6.0<16\varepsilon_k$，故不须验算主梁的整体稳定性。

5. 刚度验算

刚度验算属于第二类极限状态，采用荷载的标准值计算梁的最大挠度。

$$R_k=(253\times2.5+3\times15/2)kN=655kN$$

$$M_k=\left[655\times7.5-253\times(5+2.5)-\frac{1}{8}\times3\times15^2\right]kN\cdot m=2930.6kN\cdot m$$

由于梁上有多个集中荷载及均布荷载作用，最大挠度可采用近似的计算公式，即

$$\frac{v}{l} \approx \frac{M_{\mathrm{k}} l}{10 E I_x} = \frac{2930.6 \times 10^6 \times 15000}{10 \times 206 \times 10^3 \times 1.35 \times 10^{10}} = \frac{1}{633} < \frac{[v]}{l} = \frac{1}{400}$$

6. 翼缘与腹板的连接焊缝计算

翼缘与腹板之间采用角焊缝连接，采用式（5-60），按梁的最大剪力确定角焊缝的焊脚尺寸，即

$$S_{\mathrm{f}} = 420 \times 22 \times (750+11)\,\mathrm{mm}^3 = 7.03 \times 10^6\,\mathrm{mm}^3$$

$$h_{\mathrm{f}} \geqslant \frac{V S_{\mathrm{f}}}{1.4 I_x f_{\mathrm{f}}^{\mathrm{w}}} = \left(\frac{834.5 \times 10^3 \times 7.03 \times 10^6}{1.4 \times 1.35 \times 10^{10} \times 160}\right)\mathrm{mm} = 1.94\,\mathrm{mm}$$

上翼缘厚度为 22mm，腹板厚度为 10mm，按构造要求，即 $h_{\mathrm{fmin}} = 8\mathrm{mm}$，$h_{\mathrm{fmax}} = 1.2 t_{\min} = (1.2 \times 10)\ \mathrm{mm} = 12\mathrm{mm}$，取 $h_{\mathrm{f}} = 8\mathrm{mm}$。

7. 腹板的稳定性验算

腹板的高厚比为 1500/10＝150＞80，应设置加劲肋。在次梁连接处设置双侧对称加劲肋，次梁间距 2500mm，横向加劲肋间距满足最小间距应为 $0.5h_0$ 及最大间距应为 $2h_0$ 要求，支座处采用梁端侧面加劲肋，如图 5-35 所示。

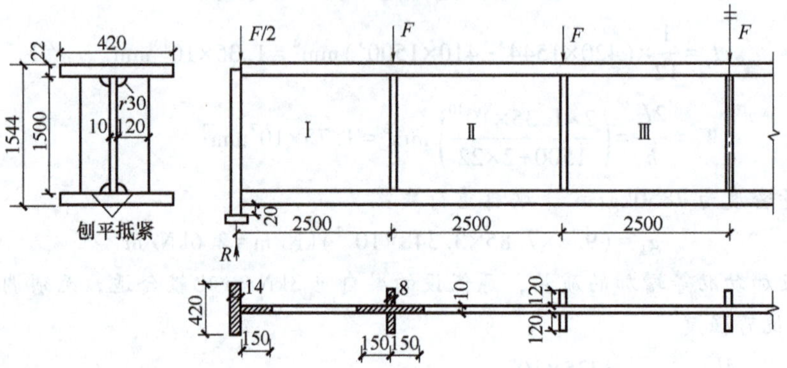

图 5-35　组合截面梁加劲肋设置

验算梁腹板Ⅰ区格的稳定性：

1）梁腹板Ⅰ区格承受的内力及产生的应力。根据图 5-34b、c 所示的剪力图与弯矩图知：

左端截面剪力 $V_{\mathrm{L}} = 834.5\mathrm{kN}$，右端截面剪力 $V_{\mathrm{R}} = 825.5\mathrm{kN}$。平均剪力 $V = (V_{\mathrm{L}} + V_{\mathrm{R}})/2 = [(834.5+825.5)/2]\,\mathrm{kN} = 830\mathrm{kN}$

左端弯矩 $M_{\mathrm{L}} = 0$，右端弯矩 $M_{\mathrm{R}} = 2075\mathrm{kN \cdot m}$。平均弯矩 $M = (M_{\mathrm{L}} + M_{\mathrm{R}})/2 = [(0+2075)/2]\,\mathrm{kN \cdot m} = 1037.5\mathrm{kN \cdot m}$。

腹板计算高度边缘的弯曲压应力为

$$\sigma = \frac{M h_0}{2 I_x} = \left(\frac{1037.5 \times 10^6 \times 1500}{2 \times 1.35 \times 10^{10}}\right)\mathrm{N/mm^2} = 57.64\,\mathrm{N/mm^2}$$

腹板剪应力为

$$\tau = \frac{V}{h_{\mathrm{w}} t_{\mathrm{w}}} = \left(\frac{830 \times 10^3}{1500 \times 10}\right)\mathrm{N/mm^2} = 55.33\,\mathrm{N/mm^2}$$

2）单元应力作用的临界应力。次梁对主梁起到侧向支撑作用，可认为梁受压翼缘扭转

受到约束，根据式（5-33）计算梁腹板受弯正则化宽厚比，Q235 钢，$\varepsilon_k=1$，

$$\lambda_{n,b}=\frac{2h_c/t_w}{177}\frac{1}{\varepsilon_k}=\frac{1500/10}{177}=0.847<0.85$$

查表 5-5 项次 1.1，弯曲的临界应力为

$$\sigma_{cr}=f=205\text{N/mm}^2$$

腹板Ⅰ区格，$a/h_0=2500/1500=1.67>1$，简支梁 $\eta=1.11$。

采用式（5-36），计算受剪正则化宽厚比为

$$\lambda_{n,s}=\frac{h_0/t_w}{37\eta\sqrt{5.34+4(h_0/a)^2}}\frac{1}{\varepsilon_k}=\frac{1500/10}{37\times1.11\times\sqrt{5.34+4\times(1500/2500)^2}}=1.4>1.2$$

查表 5-5 项次 2.3，受剪的临界应力为

$$\tau_{cr}=1.1f_v/\lambda_{n,s}^2=\frac{1.1\times125}{1.4^2}\text{N/mm}^2=70.2\text{N/mm}^2$$

3）腹板的局部稳定性验算。设置加劲肋，可以不计算局部压应力，采用式（5-32），验算梁Ⅰ段腹板的局部稳定性，即

$$\left(\frac{\sigma}{\sigma_{cr}}\right)^2+\left(\frac{\tau}{\tau_{cr}}\right)^2+\frac{\sigma_c}{\sigma_{c,cr}}=\left(\frac{57.64}{205}\right)^2+\left(\frac{55.33}{70.2}\right)^2+0=0.7<1.0$$

梁Ⅰ段腹板局部稳定能够保证。

按类似步骤验算区格Ⅱ、Ⅲ段的局部稳定性，$\sigma_{cr}=f=205\text{N/mm}^2$，$\tau_{cr}=70.2\text{N/mm}^2$，计算结果汇总见表 5-6。

表 5-6　各梁段区格计算汇总表

梁段区格	剪力/kN			弯矩/(kN·m)			应力/(N/mm²)		Δ^2	判断	
	左端	右端	平均	左端	右端	平均	弯曲	剪应力			
Ⅰ	834.5	825.5	830	0	2075	1037.5	57.64	55.33	0.7	<1	满足
Ⅱ	502.5	493.5	498	2075	3320	2697.5	149.86	33.20	0.76	<1	满足
Ⅲ	170.5	161.5	166	3320	3735	3527.5	195.97	11.07	0.94	<1	满足

注：表中 $\Delta^2=\left(\frac{\sigma}{\sigma_{cr}}\right)^2+\left(\frac{\tau}{\tau_{cr}}\right)^2+\frac{\sigma_c}{\sigma_{c,cr}}$。

8. 主梁加劲肋的设计计算

设计对称布置的十字形加劲肋和梁端支座设置的 T 形加劲肋两种。

1）与次梁连接处的十字形加劲肋

① 根据构造要求，在腹板两侧对称配置钢板横向加劲肋。横向加劲肋的截面参数如下。

宽度：$b_s\geq\frac{h_0}{30}+40\text{mm}=\left(\frac{1500}{30}+40\right)\text{mm}=90\text{mm}$，取 $b_s=120\text{mm}$。

厚度：$t_s\geq\frac{b_s}{15}=\left(\frac{120}{15}\right)\text{mm}=8\text{mm}$，取 $t_s=8\text{mm}$。

② 承受次梁集中反力的支承加劲肋，截面验算腹板平面外稳定。加劲肋承受全部次梁传递的集中荷载，按轴心压力作用，验算腹板平面外的稳定如下：

$$c=15t_w\varepsilon_k=(15\times10)\text{mm}=150\text{mm}$$

$$A_s = (2\times150\times10+2\times120\times8)\text{mm}^2 = 4920\text{mm}^2$$

$$I_z = \left(\frac{1}{12}\times8\times250^3\right)\text{mm}^4 = 1.042\times10^7\text{mm}^4$$

$$i_z = \sqrt{\frac{I_z}{A}} = \left(\sqrt{\frac{1.042\times10^7}{4920}}\right)\text{mm} = 46\text{mm}$$

$$\lambda_z = l/i_z = 1500/46 = 33$$

查表 E-4 得，稳定系数 $\varphi_z = 0.925$（b 类截面）。

验算腹板平面外的稳定，即

$$\frac{F}{\varphi_z A_s} = \left(\frac{323\times10^3}{0.925\times4920}\right)\text{N/mm}^2 = 70.97\text{N/mm}^2 < f = 215\text{N/mm}^2$$

③ 加劲肋与腹板的连接焊缝

腹板厚度为 10mm，加劲肋厚度 8mm，按构造要求，$h_{fmin} = 6\text{mm}$，$h_{fmax} = 1.2t_{min} = 1.2\times8\text{mm} = 9.6\text{mm}$，取 $h_f = 6\text{mm}$。

$$\tau_f = \left[\frac{323\times10^3}{4\times0.7\times6\times(1500-2\times30-2\times6)}\right]\text{N/mm}^2 = 13.46\text{N/mm}^2 < f_f^w = 160\text{N/mm}^2$$

故，焊缝满足要求。

2）梁端支座设置的 T 形加劲肋

① 端板宽度与梁翼缘同宽 420mm，厚度为

$$t_s \geqslant \frac{b_s}{15} = \frac{210}{15}\text{mm} = 14\text{mm}$$

取厚度为 14mm，端板为—420×14。

$$c = 15t_w = (15\times10)\text{mm} = 150\text{mm}$$

$$A_s = (420\times14+150\times10)\text{mm}^2 = 7380\text{mm}^2$$

$$I_z = \left(\frac{1}{12}\times14\times420^3\right)\text{mm}^4 = 8.6436\times10^7\text{mm}^4$$

$$i_z = \sqrt{\frac{I_z}{A_s}} = \sqrt{\frac{8.6436\times10^7}{7380}}\text{mm} = 108\text{mm}$$

$$\lambda_z = l/i_z = 1500/108 = 14$$

查表 E-4 得，稳定系数 $\varphi_z = 0.985$（b 类截面）。

② 腹板平面外稳定和端部承压

支座加劲肋承受轴向力包括两部分：其一承受支座反力；其二应加上边部次梁直接传给主梁的支座反力，按中间次梁传力的一半计算（323/2）kN = 161.5kN

验算在腹板平面外稳定，即

$$\frac{N_s'}{\varphi_z A_s} = \left[\frac{(834.5+161.5)\times10^3}{0.985\times7380}\right]\text{N/mm}^2 = 137.0\text{N/mm}^2 < f = 215\text{N/mm}^2$$

验算端部承压，即

$$\sigma_{ce} = \left[\frac{(834.5+161.5)\times10^3}{420\times14}\right]\text{N/mm}^2 = 169.39\text{N/mm}^2 < f_{ce} = 325\text{N/mm}^2$$

故，端板加劲肋满足稳定性及端板承压要求。

③ 端板与腹板的连接焊缝：端板厚度为 14mm，腹板厚度 10mm，按构造要求，$h_{fmin}=6mm$，$h_{fmax}=1.2t_{min}=1.2\times10mm=12mm$，取 $h_f=8mm$。

$$\tau_f=\left[\frac{(834.5+161.5)\times10^3}{2\times0.7\times8\times(1500-2\times30-2\times8)}\right]N/mm^2=62.45N/mm^2<f_f^w=160N/mm^2$$

故，焊缝满足要求。

5.8 考虑腹板屈曲后强度的焊接截面梁设计

上述分析钢梁局部稳定问题时假设是小变形，忽略了板中面由挠曲产生的应力。但是对宽厚比很大的宽薄板而言，挠度相对较大，在腹板中面上的应力形成张力场，对提高梁承载能力具有较显著的有利影响。因此，宽薄板在屈曲后还能继续保持承受更大荷载的能力，称为屈曲后强度。

工字形截面梁考虑腹板屈曲后强度，包括单纯受弯、单纯受剪和弯剪共同作用三种情况。

5.8.1 考虑腹板屈曲后强度梁的抗弯承载力

腹板屈曲后，考虑张力场的作用，梁还可以继续承载，但受压区的应力分布不再是线性的，中和轴位置下移，直到板边缘纤维达到钢材屈服强度 f_y 才达到极限承载力，如图 5-36 所示。考虑腹板屈曲后强度的梁采用大挠度理论分析，在理论分析与试验研究基础上，《钢标》引入考虑腹板受压区有效高度的梁截面模量折减系数，利用有效截面的概念计算梁腹板受弯屈曲后强度。

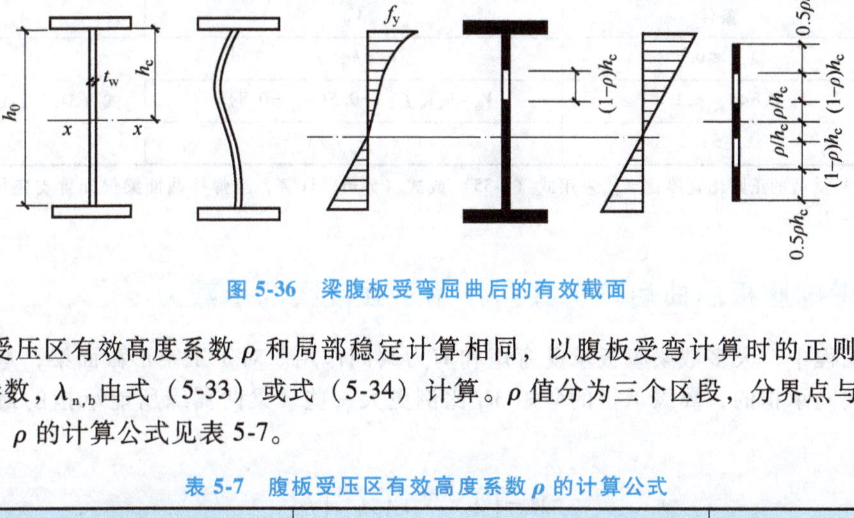

图 5-36 梁腹板受弯屈曲后的有效截面

腹板受压区有效高度系数 ρ 和局部稳定计算相同，以腹板受弯计算时的正则化宽厚比 $\lambda_{n,b}$ 作为参数，$\lambda_{n,b}$ 由式（5-33）或式（5-34）计算。ρ 值分为三个区段，分界点与局部稳定计算相同，ρ 的计算公式见表 5-7。

表 5-7 腹板受压区有效高度系数 ρ 的计算公式

项次	条件	ρ	$\lambda_{n,b}$
1	$\lambda_{n,b}\leq0.85$	$\rho=1.0$	式（5-33）或式（5-34）
2	$0.85<\lambda_{n,b}\leq1.25$	$\rho=1-0.82(\lambda_{n,b}-0.85)$	
3	$\lambda_{n,b}>1.25$	$\rho=\frac{1}{\lambda_{n,b}}\left(1-\frac{0.2}{\lambda_{n,b}}\right)$	

忽略腹板受压屈曲后梁中和轴的变动，并把受压区的ρ、h_c等分在两边，同时受拉区也和受压区一样扣去$(1-\rho)h_c t_w$，如图 5-36 所示，在计算腹板有效截面的惯性矩时不计扣除截面绕自身形心轴的惯性矩，梁的有效截面惯性矩为

$$I_{xe}=\alpha_e I_x \tag{5-63}$$

式中 I_x——按梁截面全部有效算得的绕 x 轴的惯性矩（mm^4）；

α_e——腹板有效高度的折减系数。

梁截面模量考虑腹板有效高度的折减系数为

$$\alpha_e=1-\frac{(1-\rho)h_c^3 t_w}{2I_x} \tag{5-64}$$

式（5-64）虽由双轴对称工字形截面得出，也可用于单轴对称工字形截面。

梁抗弯承载力设计值 M_{eu} 为

$$M_{eu}=\gamma_x \alpha_e W_x f \tag{5-65}$$

式中 γ_x——梁截面塑性发展系数；

W_x——按受拉或受压最大纤维确定的梁毛截面模量（mm^3）。

5.8.2 考虑腹板屈曲后强度梁的抗剪承载力

腹板屈曲后考虑张力场的作用，抗剪承载力有所提高，腹板的极限剪力大于屈曲剪力。梁腹板受剪屈曲后强度计算利用的是拉力场概念。精确确定拉力场剪力值需要算出拉力场宽度，比较复杂，为简化计算，《钢标》采用相当于下限的近似公式，极限剪力计算也以相应的正则化宽厚比 $\lambda_{n,s}$ 为参数。根据 $\lambda_{n,s}$ 的大小，梁的抗剪承载力 V_u 的计算公式见表 5-8。

表 5-8 考虑腹板屈曲后强度的抗剪承载力计算公式

项次	条件	V_u	$\lambda_{n,s}$
1	$\lambda_{n,s}\le 0.8$	$V_u=h_w t_w f_v$	式（5-35）或式（5-36）
2	$0.8<\lambda_{n,s}\le 1.2$	$V_u=h_w t_w f_v[1-0.5(\lambda_{n,s}-0.8)]$	
3	$\lambda_{n,s}>1.2$	$V_u=h_w t_w f_v/\lambda_{n,s}^{1.2}$	

注：梁腹板受剪的正则化宽厚比 $\lambda_{n,s}$ 采用式（5-35）或式（5-36）计算，当焊接截面梁仅配置支座加劲肋时，取 $h_0/a=0$。

5.8.3 考虑腹板屈曲后弯剪共同作用下强度梁的承载力

实际工程中，大多数梁腹板承受弯矩和剪力共同作用。对于工字形截面梁，弯矩是由翼缘和腹板共同承担的，翼缘承担的弯矩 M_f 比例更大一些。梁两翼缘所能承担的最大弯矩设计值 M_f 为

$$M_f=\left(A_{f1}\frac{h_{m1}^2}{h_{m2}}+A_{f2}h_{m2}\right)f \tag{5-66}$$

式中 A_{f1}、h_{m1}，A_{f2}、h_{m2}——较大翼缘和较小翼缘的截面面积及其形心至梁中和轴的距离，双对称截面二者相同。

在横向加劲肋之间的腹板各区段，通常承受弯矩和剪力共同作用，如果腹板仅配置支承加劲肋且较大荷载处还有中间横向加劲肋，同时考虑屈曲后强度的工字形焊接截面梁，验算

梁承受弯矩和剪力共同作用时的承载能力公式为

$$\left(\frac{V}{0.5V_u}-1\right)^2+\frac{M-M_f}{M_{eu}-M_f}\leqslant 1.0 \qquad (5\text{-}67)$$

式中　V_u、M_{eu}——腹板屈曲后梁的抗剪承载力（N）和抗弯承载力（N·mm）；

V、M——同一截面上梁的剪力设计值（N）和弯矩设计值（N·mm）。

当 $V<0.5V_u$ 时，取 $V=0.5V_u$；当 $M<M_f$ 时，取 $M=M_f$。

5.8.4　考虑腹板屈曲后强度的加劲肋设计特点

当仅配置支座加劲肋不能满足式（5-67）的要求时，应在两侧对称配置中间横向加劲肋。中间横向加劲肋和上端受有集中压力的中间支承加劲肋，其外伸宽度、厚度尺寸除应满足式（5-46）、式（5-47a）、式（5-47b）的要求外，还应按轴心受压构件计算其在腹板平面外的稳定性，轴心压力为

$$N_s=V_u-\tau_{cr}h_wt_w+F \qquad (5\text{-}68)$$

式中　τ_{cr}——τ 单独作用下的临界应力（N/mm^2），按表 5-5 条件选择计算式；

V_u——腹板屈曲后梁的抗剪承载力（N），按表 5-8 条件选择计算式；

F——作用于中间支承加劲肋上端的集中压力（N）。

当利用腹板受剪屈曲后强度时，拉力场对横向加劲肋的作用可以分成竖向和水平两个分力。中间加劲肋，可认为两相邻区格的水平力由翼缘承受，这类加劲肋只按轴心压力计算其在腹板平面外的稳定。

对于支座加劲肋，当腹板在支座旁的区格 $\lambda_{n,s}>0.8$ 时，支座加劲肋除承受梁的支座反力外，还应承受拉力场的水平分力 H，应按压弯构件计算其强度和在腹板平面外的稳定。支座加劲肋截面和计算长度应符合 5.6.5 节的规定。H 的作用点在距腹板计算高度上边缘 $h_0/4$ 处，其值应按式（5-69）计算。

$$H=(V_u-\tau_{cr}h_wt_w)\sqrt{1+(a/h_0)^2} \qquad (5\text{-}69)$$

式中　a——对设中间横向加劲肋的梁，取支座端区格的加劲肋间距；对不设中间加劲肋的腹板，取梁支座至跨内剪力为零点的距离（mm）。

当支座加劲肋采用图 5-37 的构造形式时，可按下述简化方法进行计算：加劲肋 1 作为承受支座反力 R 的轴心压杆计算，封头肋板 2 的截面面积不应小于按式（5-70）计算的数值。

$$A_c=\frac{3h_0H}{16ef} \qquad (5\text{-}70)$$

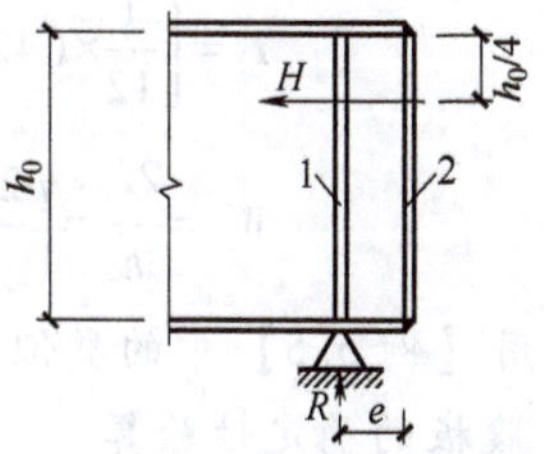

图 5-37　设置封头肋板的梁端构造

1—加劲肋　2—封头肋板

考虑腹板屈曲后强度的梁，腹板高厚比不应大于 250，可按构造需要设置中间横向加劲肋。$a>2.5h_0$ 和不设中间横向加劲肋的腹板，当满足式（5-32）时，可取水平分力 $H=0$。

考虑腹板剪切屈曲后强度的钢梁，当在使用极限状态已经发生剪切屈曲时，宜考虑剪切屈曲导致的钢梁剪切刚度的下降，腹板剪切刚度折减系数可取为 0.7。

【例 5.6】 条件与【例 5.5】完全相同，考虑腹板屈曲后强度，进行组合截面梁的设计。

【解题分析】 考虑腹板屈曲后强度的梁设计步骤与不考虑腹板屈曲后强度的梁设计步骤基本相同，但在腹板稳定性、加劲肋计算方面采用的公式不同；前者腹板的高厚比更大。本例重点介绍二者不同的步骤。

解：因为本例与【例 5.5】荷载相同，内力计算结果（内力图如图 5-34b、c 所示）、所需梁的截面模量、腹板最小高度及经济高度、抗剪强度及经验值计算的腹板厚度均相同，但腹板厚度取值不同。

1. 初选截面及验算

初选截面时，考虑腹板屈曲后强度，取腹板厚度为 8mm，腹板采用—1500×8；根据需要的截面模量，确定翼缘为—420×24；梁的截面尺寸如图 5-38 所示。

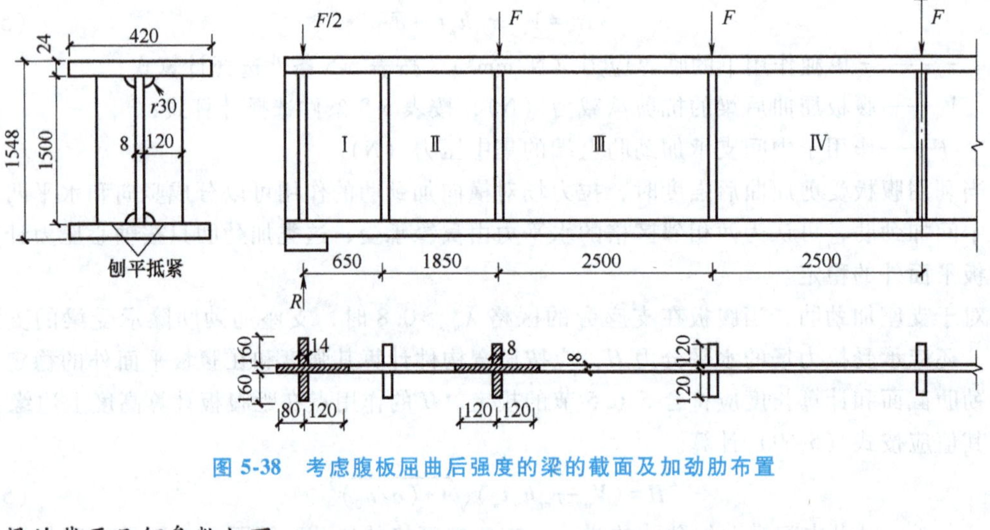

图 5-38 考虑腹板屈曲后强度的梁的截面及加劲肋布置

梁的截面几何参数如下

$$A=(1500\times8+2\times420\times24)\text{mm}^2=32160\text{mm}^2$$

$$I_x=\left[\frac{1}{12}\times(420\times1548^3-412\times1500^3)\right]\text{mm}^4=1.396\times10^{10}\text{mm}^4$$

$$W_x=\frac{2I_x}{h}=\left(\frac{2\times1.396\times10^{10}}{1500+2\times24}\right)\text{mm}^3=1.80\times10^7\text{mm}^3$$

采用【例 5.5】中的类似步骤（3~6 步），验算梁的强度、刚度、焊缝均满足要求。

2. 腹板的稳定性验算

在梁的支座处以及与次梁连接处应设置加劲肋，此外在支座与第一个次梁间增设加劲肋，均为双侧对称布置，但支座加劲肋尺寸不同，如图 5-38 所示。

（1）梁腹板Ⅰ区格

$a/h_0=650/1500=0.43<1$，采用式（5-35），简支梁取 $\eta=1.11$。

$$\lambda_{n,s}=\frac{h_0/t_w}{37\eta\sqrt{4+5.34(h_0/a)^2}}\cdot\frac{1}{\varepsilon_k}=\frac{1500/8}{37\times1.11\times\sqrt{4+5.34\times(1500/650)^2}}=0.80$$

根据表 5-5 项次 2.1，临界应力 $\tau_{cr}=f_v$，说明梁腹板Ⅰ区格不会屈曲，腹板区格 $\lambda_{n,s}\leqslant 0.8$，不需按式（5-69）验算支座加劲肋承受拉力场的水平分力 H。

采用考虑腹板屈曲后强度的方法，验算Ⅱ、Ⅲ、Ⅳ区格腹板的稳定性。

（2）梁腹板Ⅱ区格

1）梁段Ⅱ所承受内力。

左端剪力 $V_{2L}=(834.5-3.6\times0.65)\text{kN}=832.2\text{kN}$，右端剪力 $V_{2R}=825.5\text{kN}$。

左端弯矩 $M_{2L}=\left(834.5\times0.65-\dfrac{1}{2}\times3.6\times0.65^2\right)\text{kN}\cdot\text{m}=542\text{kN}\cdot\text{m}$，右端弯矩 $M_{2R}=2075\text{kN}\cdot\text{m}$。

梁两翼缘所能承担的弯矩设计值为

$M_f=A_f(h_w+t)f=[420\times24\times(1500+24)\times205]\text{N}\cdot\text{mm}=3.149\times10^9\text{N}\cdot\text{mm}=3149\text{kN}\cdot\text{m}$

梁腹板Ⅱ区格中最大弯矩为

$$M_{2max}=M_{2R}=2075\text{kN}\cdot\text{m}<M_f=3149\text{kN}\cdot\text{m}$$

故，可只按梁腹板Ⅱ区格中最大剪力验算。

2）梁的抗剪承载力 V_u。

$a/h_0=1850/1500=1.23>1$，采用式（5-36），简支梁取 $\eta=1.11$。

$$\lambda_{n,s}=\frac{h_0/t_w}{37\eta\sqrt{5.34+4(h_0/a)^2}}\cdot\frac{1}{\varepsilon_k}=\frac{1500/8}{37\times1.11\times\sqrt{5.34+4\times(1500/1850)^2}}=1.62>1.2$$

按表 5-8 中项次 3，梁的抗剪承载力为

$$V_u=h_wt_wf_v/\lambda_s^{1.2}=(1500\times8\times125/1.62^{1.2})\text{N}=8.41\times10^5\text{N}=841\text{kN}$$

梁腹板Ⅱ区格中最大剪力为

$$V_{2max}=V_{2L}=832.2\text{kN}<V_u=841\text{kN}$$

故，梁腹板Ⅱ区格稳定性满足要求。

（3）梁腹板Ⅳ区格

1）梁段Ⅳ所承受内力。

左端剪力 $V_{4L}=170.5\text{kN}$，右端剪力 $V_{4R}=161.5\text{kN}$，平均剪力 $V_4=166\text{kN}$。

左端弯矩 $M_{4L}=3320\text{kN}\cdot\text{m}$，右端弯矩 $M_{4R}=3735\text{kN}\cdot\text{m}$，平均弯矩 $M_4=3527.5\text{kN}\cdot\text{m}$

2）梁的抗剪承载力 V_u。

$a/h_0=2500/1500=1.67>1$，采用式（5-36），简支梁取 $\eta=1.11$。

$$\lambda_{n,s}=\frac{h_0/t_w}{37\eta\sqrt{5.34+4(h_0/a)^2}}\cdot\frac{1}{\varepsilon_k}=\frac{1500/8}{37\times1.11\times\sqrt{5.34+4\times(1500/2500)^2}}=1.75>1.2$$

按表 5-8 中项次 3，梁的抗剪承载力为

$$V_u=h_wt_wf_v/\lambda_{n,s}^{1.2}=(1500\times8\times125/1.75^{1.2})\text{N}=766\times10^3\text{N}$$

3）梁受弯承载力设计值 M_{eu}，因为次梁对主梁翼缘有约束作用，故按式（5-33）计算，即

$$\lambda_{n,b}=\frac{2h_c/t_w}{177}\frac{1}{\varepsilon_k}=\frac{1500/8}{177}=1.06>0.85$$

但 $\lambda_{n,b}<1.25$。按表 5-7 中项次 2，腹板受压区有效高度系数 ρ：

$$\rho=1-0.82(\lambda_{n,b}-0.85)=1-0.82\times(1.06-0.85)=0.828$$

对称截面 $h_c=h_0/2=750\text{mm}$，采用式（5-64），梁截面模量考虑腹板有效高度的折减系数为

$$\alpha_e=1-\frac{(1-\rho)h_c^3t_w}{2I_x}=1-\frac{(1-0.828)\times750^3\times8}{2\times1.396\times10^{10}}=0.98$$

梁受弯承载力设计值 M_{eu}，按式（5-65）计算，即

$$M_{eu}=\gamma_x\alpha_eW_xf=(1.05\times0.98\times1.80\times10^7\times205)\text{N}\cdot\text{mm}=3.797\times10^9\text{N}\cdot\text{mm}$$

4）考虑腹板屈曲后强度的腹板，同时承受弯矩和剪力的稳定性验算。

双对称工字形截面，翼缘承担的弯矩为

$$M_f=A_{f1}(h_w+t)f=[420\times24\times(1500+24)\times205]\text{N}\cdot\text{mm}=3.149\times10^9\text{N}\cdot\text{mm}$$

弯矩最大截面处的剪力为

$$V_4=166\text{kN}<0.5V_u=(0.5\times766)\text{kN}=383\text{kN}$$

取 $V=0.5V_u=382\text{kN}$，则由式（5-67）计算，即

$$\left(\frac{V}{0.5V_u}-1\right)^2+\frac{M-M_f}{M_{eu}-M_f}=\left(\frac{0.5V_u}{0.5V_u}-1\right)^2+\frac{3735-3149}{3797-3149}=0.904<1.0$$

故，考虑梁腹板屈曲后强度，梁段Ⅳ区格腹板稳定性满足要求。

梁段Ⅲ区格腹板稳定性一般不须验算，若验算，可按上述步骤进行计算。

3. 加劲肋的设计计算

（1）主梁中部与次梁连接处的加劲肋

1）根据构造要求，在腹板两侧对称配置钢板横向加劲肋。

宽度：$b_s\geqslant\frac{h_0}{30}+40\text{mm}=\left(\frac{1500}{30}+40\right)\text{mm}=90\text{mm}$，取 $b_s=120\text{mm}$。

厚度：$t_s\geqslant\frac{b_s}{15}=\frac{120}{15}\text{mm}=8\text{mm}$。

加劲肋采用 2—120×8，每侧选取腹板的计算长度为

$$c=15t_w=15\times8\text{mm}=120\text{mm}$$

加劲肋计算面积为

$$A_s=(2\times120\times8+240\times8)\text{mm}^2=3840\text{mm}^2$$

$$I_z=\left(\frac{1}{12}\times8\times250^3\right)\text{mm}^4=1.042\times10^7\text{mm}^4$$

$$i_z=\sqrt{\frac{1.042\times10^7}{3840}}\text{mm}=52.1\text{mm}$$

2）加劲肋承受的轴心压力：

按 a/h_0 大的腹板区格（Ⅳ区格）计算得 $\lambda_{n,s}=1.75>1.2$。

查表 5-5 项次 2.3，即

$$\tau_{cr}=1.1f_v/\lambda_{n,s}^2=(1.1\times125/1.75^2)\text{N/mm}^2=44.9\text{N/mm}^2$$

查表 5-8 项次 3，即

$$V_u = h_w t_w f_v / \lambda_{n,s}^{1.2} = (1500 \times 8 \times 125 / 1.75^{1.2})\,\text{N} = 766.4 \times 10^3\,\text{N} = 766.4\,\text{kN}$$

采用式（5-68），该加劲肋所承受轴心力为

$$N_s = V_u - \tau_{cr} h_w t_w + F = (766.4 - 44.9 \times 1500 \times 8 \times 10^{-3} + 323)\,\text{kN} = 550.6\,\text{kN}$$

3）验算在腹板平面外稳定

$$\lambda_z = l / i_z = 1500/52.1 = 29$$

查表 E-4 得，稳定系数 $\varphi_z = 0.939$（b 类截面）。

$$\frac{N_s}{\varphi_z A_s} = \left(\frac{550.6 \times 10^3}{0.939 \times 3840}\right)\text{N/mm}^2 = 152.7\,\text{N/mm}^2 < f = 215\,\text{N/mm}^2$$

故次梁支座处的加劲肋稳定性满足要求。靠近支座的中间加劲肋采用相同的尺寸，不必验算。

4）加劲肋与腹板间的角焊缝验算

腹板、加劲肋厚度均为 8mm，按构造要求，$h_{fmin} = 6\text{mm}$，$h_{fmax} = 1.2t_{min} = 1.2 \times 8\text{mm} = 9.6\text{mm}$，取 $h_f = 6\text{mm}$。

$$\tau_f = \left[\frac{550.6 \times 10^3}{4 \times 0.7 \times 6 \times (1500 - 2 \times 30 - 2 \times 6)}\right]\text{N/mm}^2 = 22.95\,\text{N/mm}^2 < f_f^w = 160\,\text{N/mm}^2$$

故，焊缝满足要求。

（2）主梁支座处的加劲肋

1）支座处加劲肋构造，采用钢板 2－160×14，

$$c = 15t_w = 15 \times 8\text{mm} = 120\text{mm}$$

$$A_s = [2 \times 160 \times 14 + (120 + 80) \times 8]\,\text{mm}^2 = 6080\,\text{mm}^2$$

$$I_z = \left[\frac{1}{12} \times 14 \times (320 + 8)^3\right]\text{mm}^4 = 4.118 \times 10^7\,\text{mm}^4$$

$$i_z = \sqrt{\frac{I_z}{A}} = \sqrt{\frac{4118 \times 10^4}{6080}}\,\text{mm} = 82.3\text{mm}$$

2）支座加劲肋的验算：除了承受主梁支座反力外，还应加上边部次梁直接传给主梁的支座反力，按中间次梁一半计算 323/2kN = 161.5kN。

验算在腹板平面外稳定，即

$$\lambda_z = l / i_z = 1500/82.3 = 18$$

查表 E-4 得，稳定系数 $\varphi_z = 0.976$（b 类截面）。

$$\frac{N_s'}{\varphi_z A_s} = \left[\frac{(834.5 + 161.5) \times 10^3}{0.976 \times 6080}\right]\text{N/mm}^2 = 167.84\,\text{N/mm}^2 < f = 215\,\text{N/mm}^2$$

验算端部承压，即

$$\sigma_{ce} = \left[\frac{(834.5 + 161.5) \times 10^3}{2 \times (160 - 30) \times 14}\right]\text{N/mm}^2 = 273.63\,\text{N/mm}^2 < f_{ce} = 325\,\text{N/mm}^2$$

故，支座加劲肋满足稳定性及承压要求。

3）支座加劲肋与腹板的连接焊缝

按构造要求，$h_{fmin} = 6\text{mm}$，$h_{fmax} = 1.2t_{min} = 1.2 \times 8\text{mm} = 9.6\text{mm}$，取 $h_f = 8\text{mm}$。

$$\tau_f=\left[\frac{(834.5+161.5)\times10^3}{4\times0.7\times8\times(1500-2\times30-2\times8)}\right]\text{N/mm}^2=31.22\text{N/mm}^2<f_f^w=160\text{N/mm}^2$$

故，焊缝满足要求。

【题后讨论】 考虑腹板屈曲后强度的焊接截面梁设计，腹板厚度可更小，腹板高厚比增大，虽然步骤与【例 5.5】相同，但实质内容有很多不同，主要区别：①构造上，为了防止支座加劲肋承受附加水平力 H 作用，在支座与第 1 个次梁之间增设加劲肋，以减小靠近支座的腹板区格的长高比，保证该区格腹板不会屈曲；②验算上端承受集中压力的中间支承加劲肋（与次梁连接处）时，轴向压力不仅考虑上部集中荷载，还应考虑腹板屈曲后的抗剪承载力；③计算梁受弯承载力设计值时，梁截面模量考虑腹板有效高度的折减，采用腹板受压区有效高度；④同时承受弯矩和剪力的稳定性验算格式不同。

5.9 梁的腹板开孔及构造要求

5.9.1 腹板开孔要求

实际腹板开孔梁多用于敷设设备管线，避免管线从梁下穿过使建筑物层高增加，尤其对高层建筑非常有利。腹板开孔梁常用的孔形为圆形或矩形，梁腹板开洞时孔口的位置及其尺寸应符合规定，并对洞孔进行补强。

（1）腹板开孔梁整体稳定性及局部稳定性要求　腹板开孔梁应满足整体稳定性及局部稳定性要求，并应进行以下计算：

1）实腹及开孔截面处应进行受弯承载力验算。

2）开孔处顶部及底部的 T 形截面或加劲后截面应进行压弯剪、拉弯剪承载力验算。

（2）腹板开孔梁开孔的规定　腹板开孔梁，当孔型为圆形或矩形时，应符合以下规定：

1）圆孔孔口直径不宜大于梁高的 70%，矩形孔口高度不宜大于梁高的 50%，矩形孔口长度不宜大于梁高及 3 倍孔高。

2）相邻圆形孔口边缘间的距离不宜小于梁高的 25%，矩形孔口与相邻孔口的距离不宜小于梁高及矩形孔口长度。

3）开孔处梁上下 T 形截面高度均不宜小于梁高的 15%，矩形孔口上下边缘至梁翼缘外皮的距离不宜小于梁高的 25%。

4）开孔长度（或直径）与 T 形截面高度的比值不宜大于 12。

5）不应在距梁端相当于梁高范围内设孔，抗震设防的结构不应在隅撑与梁柱连接区域范围内设孔。

（3）开孔腹板补强规定　开孔腹板补强宜符合以下规定：

1）当圆形孔直径小于或等于 1/3 梁高时，可不予补强。当大于 1/3 梁高时，可用环形加劲肋（图 5-39a）加强，也可用套管（图 5-39b）或环形补强板（图 5-39c）加强。

2）圆形孔口加劲肋截面不宜小于 100mm×10mm，加劲肋边缘至孔口边缘的距离不宜大于 12mm；当圆形孔口用套管补强时，其厚度不宜小于梁腹板厚度；当用环形补强板加强时，若在梁腹板两侧设置，环形补强板的厚度可稍小于腹板厚度，其宽度可取 75～125mm。

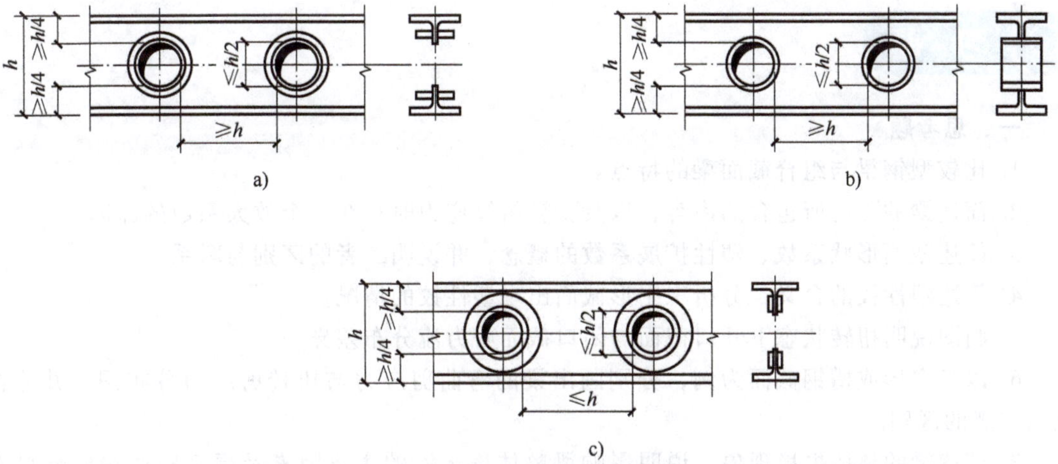

图 5-39 钢梁圆形孔口的补强

a）环形加劲肋加强 b）套管加强 c）环形补强板加强

3）当矩形孔口上下 T 形截面腹板的宽厚比大于 $15\varepsilon_k$ 或计算需要时，应采用纵向加劲肋加强。当矩形孔口长度大于梁高或 500mm 时，纵向加劲肋宜双侧设置，单侧设置时，腹板另一侧的孔边宜设置全高的横向加劲肋。

4）矩形孔口上下边缘的水平纵向加劲肋端部宜伸至孔口边缘以外单面加劲肋宽度的 2.5 倍处，纵向加劲肋与腹板的焊缝尺寸应保证孔边截面处加劲肋应力能够达到屈服强度。

5）当腹板高厚比大于 $70\varepsilon_k$ 且孔长大于 500mm 时，孔边应设置单侧横向加劲肋。

矩形孔口加劲肋截面总宽度不宜小于翼缘宽度的 1/2，厚度不宜小于腹板厚度且不小于 6mm。

5.9.2 梁的构造要求

多层板焊接组成的焊接梁，由于其翼缘板间是通过焊缝连接的，在施焊过程中会产生较大的焊接应力和焊接变形，且受力不均匀，尤其在翼缘变截面处内力线突变，出现应力集中，使梁处于不利的工作状态，因此推荐采用一层翼缘板。当荷载较大，单层翼缘板无法满足强度或焊接性的要求时，可采用双层翼缘板。

焊接梁的翼缘宜采用一层钢板，当采用两层钢板时，外层钢板与内层钢板厚度之比宜为 0.5~1.0。当外层翼缘板不通长设置时，其理论截断点处的外伸长度 l_1 应符合以下规定：

1）端部有正面角焊缝。

当焊脚尺寸 $h_f \geqslant 0.75t$ 时

$$l_1 \geqslant b \tag{5-71}$$

当焊脚尺寸 $h_f < 0.75t$ 时

$$l_1 \geqslant 1.5b \tag{5-72}$$

2）端部无正面角焊缝。

$$l_1 \geqslant 2b \tag{5-73}$$

式中 b、t——外层翼缘板的宽度（mm）和厚度（mm）。

习 题

一、思考题

1. 比较型钢梁与组合截面梁的特点。

2. 简述梁的强度所包含的内容，以及验算折算应力时存在一个放大系数的原因。

3. 简述截面形状系数、塑性扩展系数的概念，并说明二者的区别与联系。

4. 简述塑性铰的含义，分析工字形截面出现塑性铰的情况。

5. 画图说明扭转状态下开口截面与闭口截面剪力流分布差异。

6. 以工字形或槽钢截面为例，分别画出梁的弯曲剪应力与扭转剪应力分布图，并分析比较二者的区别。

7. 简述梁的整体失稳现象，说明影响梁整体稳定性的主要因素及提高整体稳定性最有效的措施。

8. 比较荷载类别及作用位置对梁整体稳定性的影响。

9. 解释梁局部失稳与整体失稳的差异，并阐述提高梁局部稳定性的措施。

10. 简述梁加劲肋的类型，以及组合梁配置加劲肋的原则。

二、练习题

1. 梁跨度为 7.2m 的双轴对称工字形截面简支梁，在跨中上翼缘承受集中荷载 F 作用，荷载标准值为 400kN，设计值为 520kN，跨中设置加劲肋但无侧向支撑，容许挠度为 1/400，如图 5-40 所示，材料为 Q235B 钢，试验算该梁的强度、刚度及整体稳定性（可不计自重）。

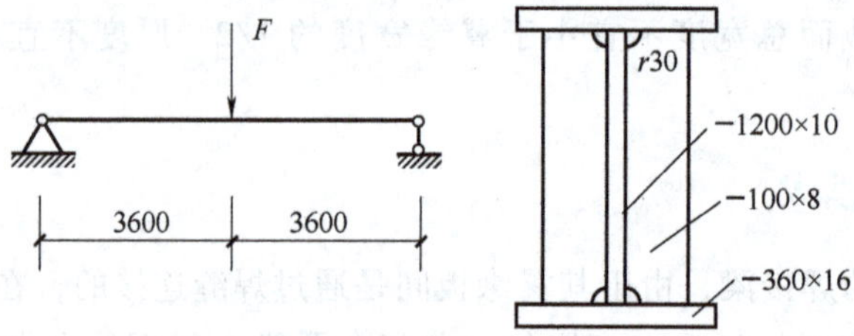

图 5-40　练习题 1、5 图

2. 图 5-41 所示的某焊接截面简支梁，承受两个次梁传递集中荷载 F 作用，标准值为 320kN、设计值为 420kN，与次梁连接处设计加劲肋，主梁自重等均布荷载标准值为 2.8kN/m、设计值为 3.5kN/m，容许挠度为 1/400，钢材为 Q355，试验算该梁的安全性。

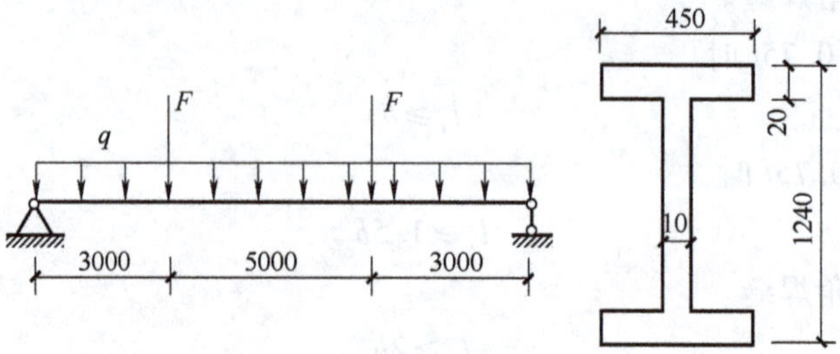

图 5-41　练习题 2 图

3. 如图 5-42 所示的平台梁格，主梁间距为 6m，次梁间距为 3m，次梁上铺设平板，承受均布荷载的恒载（含铺板自重）标准值为 $2kN/m^2$、活荷载标准值为 $7kN/m^2$，钢材为 Q335 钢，若其次梁选用型钢 HN350×175×7×11，分两种情况验算该次梁的安全性：

1）平台铺板与次梁牢固连接。

2）平台铺板与次梁未牢固连接。

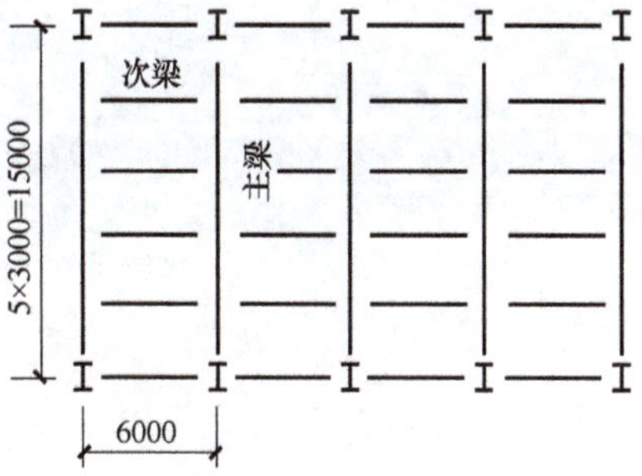

图 5-42　练习题 3、6 图

4. 某跨度为 9m 的简支梁，钢材为 Q355 或 Q235 钢，承受均布荷载作用，从强度和整体稳定性方面综合比选图 5-43 所示的两种截面哪个更合理，并确定所能承受的均布荷载最大设计值。

5. 试验算图 5-40 所示的梁跨中与次梁相连处的加劲肋（钢材为 Q235 钢）。

6. 试设计图 5-42 所示的平台梁格中的主梁，钢材自定。（提示：主梁的计算简图可简化为图 5-44 所示）。

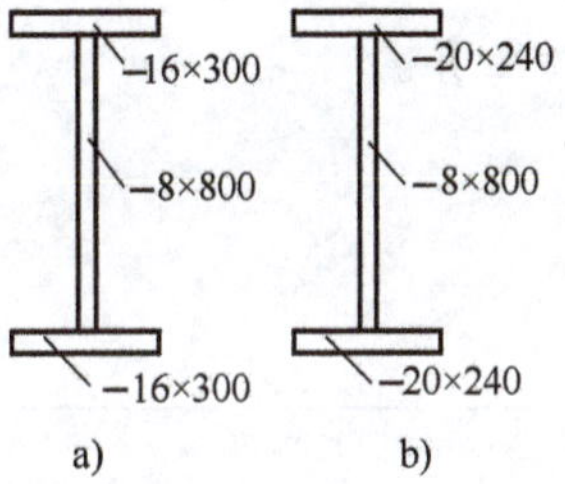

图 5-43　练习题 4 图
a）截面 Ⅰ　b）截面 Ⅱ

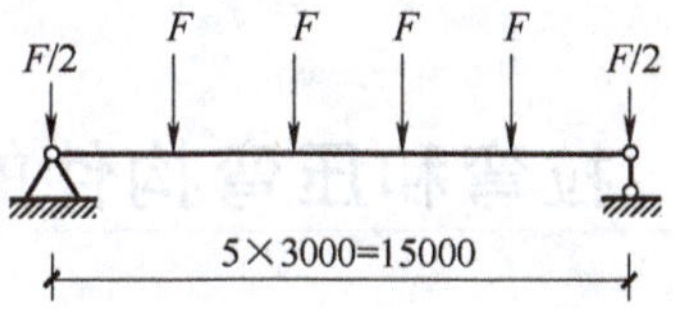

图 5-44　练习题 6 图

CHAPTER 6

第 6 章

拉弯和压弯构件

本章要点：

1. 了解拉弯和压弯构件的特点。
2. 熟悉拉弯和压弯构件强度验算，正确理解强度公式中的正负号使用。
3. 熟悉影响弯矩作用平面内和平面外的整体稳定性验算。
4. 了解格构式压弯构件的稳定性验算。

6.1 拉弯和压弯构件的特点

同时承受轴向拉力（或压力）与弯矩作用的构件称为拉弯（或压弯）构件。钢结构中拉弯和压弯构件是常见构件，如工业厂房框架柱、建筑结构的框架柱及海洋平台的立柱以及有节间荷载作用的桁架弦杆等，这些构件不仅承受轴向力作用，同时还承受弯矩或剪力作用。

弯矩可能由三种因素产生：①轴向力偏离构件截面形心线，即偏心荷载作用，这种由偏心轴向力引起弯矩的构件常被称为偏心受力构件；②构件端部承受弯矩作用；③存在横向荷载作用，图 6-1 所示为三种压弯构件受力特征。当弯矩作用只在截面的一个主轴平面内时称为单向压弯或拉弯构件，在两主轴平面内均存在弯矩作用的构件称为双向压弯或拉弯构件。

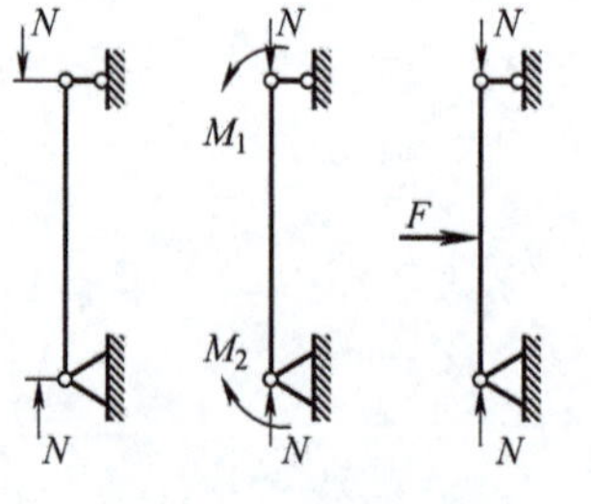

图 6-1　压弯构件受力特征

拉弯和压弯构件的截面形式很多，一般可分型钢截面和组合截面两类，组合截面又分为实腹式构件截面和格构式构件截面两种。当拉弯和压弯构件承受的轴向力较大而弯矩相对较小时，一般采用与轴心受力构件类似的双轴对称截面（图 4-1）；当构件承受弯矩相对较大且弯矩不改变符号或正负弯矩值相差较大时，在受力较大一侧适当加大截面尺寸或采用不同类别型钢构成单轴对称组合截面，可节省钢材。图 6-2 所示为单轴对称截面。如果弯矩相对较大但改变符号，宜采用截面高度较大的双轴对称组合截面。

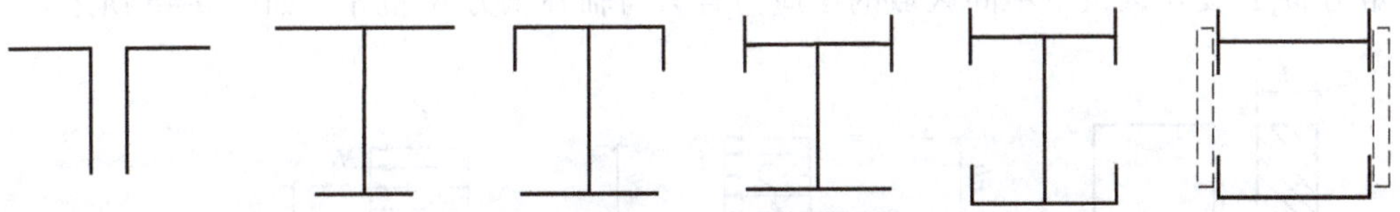

图 6-2　拉弯和压弯构件常用的单轴对称截面

拉弯或压弯构件设计应同时满足承载能力极限状态和正常使用极限状态的要求。拉弯构件需计算强度和刚度；压弯构件除了计算强度和刚度外，还需验算弯矩作用平面内、弯矩作用平面外的整体稳定性及局部稳定性。拉弯构件或压弯构件的刚度就是控制长细比，容许长细比分别与轴心受拉构件或轴心受压构件相同。

6.2　拉弯和压弯构件的强度

拉弯或压弯构件的强度准则是以全截面屈服为承载力极限。由于存在弯矩作用，拉弯或压弯构件截面的应力非均匀分布，下面以矩形截面的压弯构件为例研究其强度准则。

压弯构件截面上的内力可简化为轴心压力 N 和弯矩 M（图 6-3a），随着压力 N 和弯矩 M 大小变化，截面应力不同分布形式如图 6-3 所示。矩形截面压力 N 和弯矩 M 单独产生的应力如图 6-3b 所示；当弯矩 M 相对较小时，二者共同作用的应力分布如图 6-3c 所示；当弯矩 M 相对增大，截面两侧边缘应力差加大，甚至压弯构件两侧翼缘应力出现异号，应力分布如图 6-3d 所示；当 N 与 M 共同作用达到某值，受压力大的一侧边缘层的应力达到屈服点 f_y，而另一侧边缘层的应力仍小于 f_y，应力分布如图 6-3d 所示，属于最大压应力侧边缘屈服应力状态，称为弹性承载力极限；此后，若继续增加 M，受压区边缘塑性逐渐向截面内部发展，进入弹塑性工作阶段，受拉区边缘层的拉应力也达到 f_y，出现两侧边缘均屈服状态，如图 6-3e 所示；直到全截面屈服，形成塑性铰，达到压弯构件的承载力极限，如图 6-3f 所示。

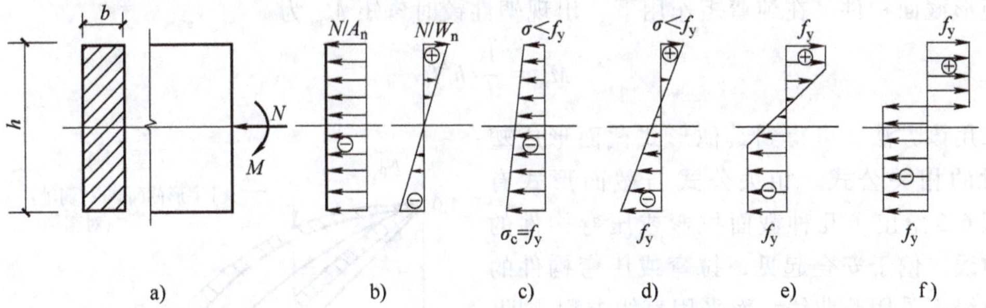

图 6-3　压弯构件截面应力的发展过程

a）构件截面及受力简图　b）矩形截面压力和弯矩产生的应力　c）截面全压的弹性极限状态
d）一侧压另一侧拉的弹性极限状态　e）受压、受拉侧边缘均屈服　f）塑性铰

为了研究压弯构件全截面进入塑性状态时的 N 与 M 之间关系，将图 6-3f 所示的构件形成塑性铰时的应力图进行分块处理（图 6-4）：设压弯构件截面上拉应力区高度与截面高度的比值为 η，则拉应力区的高度为 ηh，拉应力的合力为 N_1；在截面受压区画出与拉应力平衡的压应力区域，其高度也为 ηh，如图 6-4c 所示，受拉区与受压区一对大小相等的力 N_1 形

成力矩为 M_x；受压区余下中间区域的压应力合力与轴心压力 N 相等，如图 6-4d 所示。

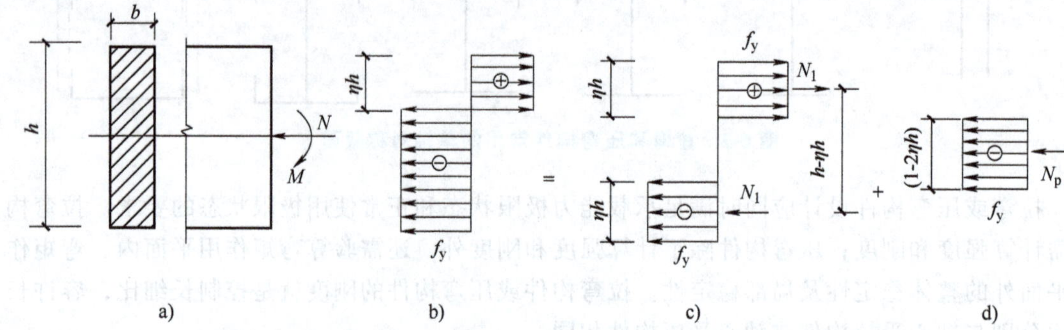

图 6-4　压弯构件截面全塑性应力分布及分块示意图

a）构件截面及受力简图　b）塑性铰　c）受压区与受拉区相等　d）分割余下的受压区

根据图 6-4c、d 所示的应力分布图，容易建立压弯构件全截面进入塑性状态时力的平衡关系，即

$$N=(1-2\eta)hbf_y=N_p(1-2\eta)$$

$$M_x=\eta hbf_y(h-\eta h)=\frac{1}{4}bh^2f_y(4\eta-4\eta^2)=M_p(4\eta-4\eta^2)$$

联立上述二式，消去 η，可得到矩形截面拉弯或压弯构件的弯矩与轴力的相关关系式为

$$\left(\frac{N}{N_p}\right)^2+\frac{M_x}{M_{np}}=1 \tag{6-1}$$

式中　N_p——轴心压力极限值（N）；

M_{np}——纯弯矩作用下截面出现塑性铰时的弯矩（N · mm）。

对于矩形截面的轴心受压构件，应力达到屈服点时，轴心压力极限值为

$$N_p=Af_y=bhf_y \tag{6-2}$$

矩形截面构件，在纯弯矩作用下，出现塑性铰时弯矩 M_{px} 为

$$M_{px}=\frac{1}{4}bh^2f_y \tag{6-3}$$

采用该方法，可得到其他形式截面形成塑性铰时的相关公式。相关公式与截面形式有关，图 6-5 给出了几种截面拉弯或压弯构件的相关曲线。偏于安全起见，拉弯或压弯构件的相关曲线不采用凸曲线，而采用直线方程，即

$$\frac{N}{N_p}+\frac{M_x}{M_{np}}=1 \tag{6-4}$$

拉弯或压弯构件允许截面部分进入塑性状态，单向拉弯或压弯构件的强度计算公式为

$$\frac{N}{A_n}\pm\frac{M_x}{\gamma_x W_{nx}}\leqslant f \tag{6-5}$$

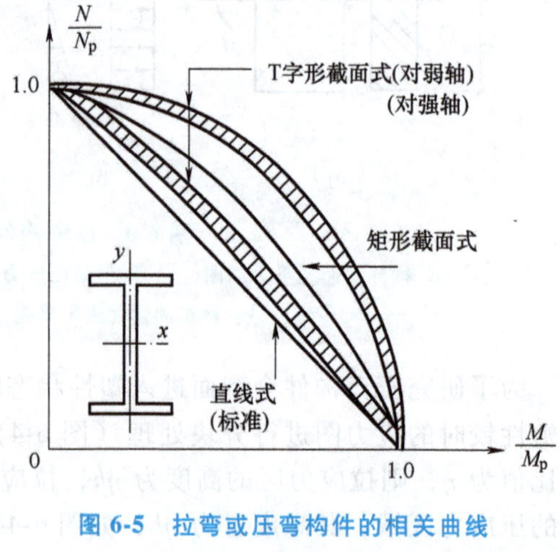

图 6-5　拉弯或压弯构件的相关曲线

除圆管截面外，弯矩作用在两个主平面内

的拉弯或压弯构件的强度计算公式为

$$\frac{N}{A_n} \pm \frac{M_x}{\gamma_x W_{nx}} \pm \frac{M_y}{\gamma_y W_{nx}} \leqslant f \tag{6-6}$$

圆形截面拉弯或压弯构件，在两个主平面内弯矩作用的强度计算公式为

$$\frac{N}{A_n} + \frac{\sqrt{M_x^2 + M_y^2}}{\gamma_m W_n} \leqslant f \tag{6-7}$$

式中　N——同一截面处轴心压力设计值（N）；

M_x、M_y——同一截面处对 x 轴和 y 轴的弯矩设计值（N · mm）；

W_{nx}、W_{ny}——同一截面处对 x 轴和 y 轴的构件净截面模量（mm^3）；

A_n——构件的净截面面积（mm^2）；

γ_x、γ_y——截面塑性发展系数，根据其受压板件的内力分布情况确定其截面板件宽厚比等级，当截面板件宽厚比等级满足 S3 级要求时，按表 G 采用，不满足 S3 级要求时取 1.0，需要验算疲劳强度的拉弯、压弯构件，宜取 1.0；

W_n——构件圆截面的净截面模量（mm^3）；

γ_m——圆形构件的截面塑性发展系数，对于实腹圆形截面取 1.2，当圆管截面板件宽厚比等级满足 S3 级要求时取 1.15，不满足 S3 级要求时取 1.0，需要验算疲劳强度的拉弯、压弯构件，宜取 1.0。

关于式（6-5）和式（6-6）中加减号（±）的说明：对于双对称截面，弯曲应力是对称的，始终取“+”计算；对于单对称截面，弯矩绕非对称轴作用时，弯曲应力不对称，当弯矩较小时，构件两侧边缘应力符号相同，只需取“+”计算，如图 6-6a 所示，当弯矩较大时，构件两侧边缘应力符号不同，如图 6-6b 所示，此时出现两种控制应力状况，应分别按“+”和“-”计算两次，二者均应满足要求。

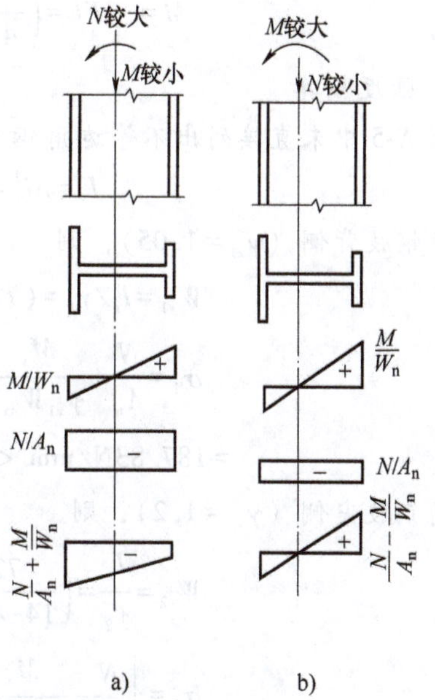

图 6-6　单对称截面压弯构件应力分布

a）两侧应力符号相同　b）两侧应力符号不同

【例 6.1】　如图 6-7 所示 T 形拉弯构件，受轴心拉力设计值 $N = 200kN$，跨中作用一集中荷载，设计值 $F = 30kN$，构件采用 2∟140×90×8，长边相连，角钢间连接板厚度为 8mm，钢材为 Q235，截面无削弱，若不考虑自重，试验算该构件的强度和刚度。

【解题分析】　该构件的截面为单轴对称截面，弯矩作用下角钢肢背与肢尖边缘的应力不等，式（6-5）中“+”和“-”均需采用；同时两侧的截面类型不同，塑性发展系数 γ_{x1}、γ_{x2} 取值不同：查表 A-5 不等边角钢的回转半径时，应注意型钢的主轴方向应与图 6-7 构件截面主轴对应。

解： 查表 A-5，角钢∟140×90×8 的截面几何参数，$A=18\text{cm}^2$，回转半径 $i_x=4.5\text{cm}$，重心距 $y_1=4.5\text{cm}$。

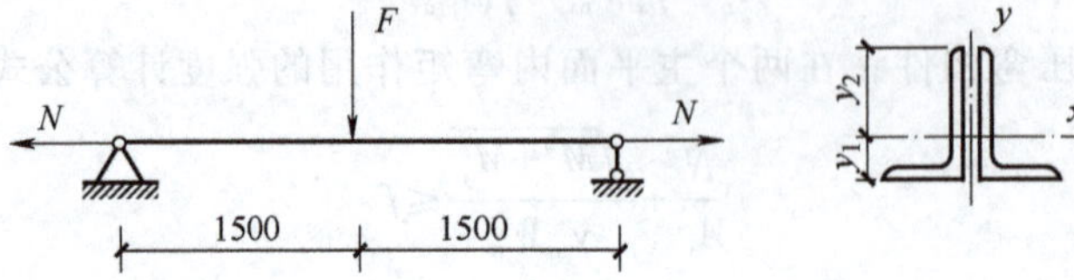

图 6-7 T 形拉弯构件

2∟140×90×8 组合截面的几何计算参数：$A=2\times18\text{cm}^2=36\text{cm}^2$，$i_x=4.5\text{cm}$，对于 y 轴，长边相连且角钢间净距 8mm 时回转半径 $i_y=3.56\text{cm}$。

1. 计算跨中控制截面的内力

轴力为

$$N=200\text{kN}$$

弯矩为

$$M=\frac{1}{4}FL=\left(\frac{1}{4}\times30\times3.0\right)\text{kN}\cdot\text{m}=22.5\text{kN}\cdot\text{m}$$

2. 强度验算

表 A-5 中未直接列出不等边角钢的惯性矩数值，可通过回转半径和截面面积计算，即

$$I_x=Ai_x^2=(36\times4.5^2)\text{cm}^4=729\text{cm}^4$$

角钢肢背侧（$\gamma_{x1}=1.05$），则

$$W_{x1}=I_x/y_1=(729/4.5)\text{cm}^3=162\text{cm}^3$$

$$\sigma_1=\frac{N}{A_n}+\frac{M_x}{\gamma_{x1}W_{nx1}}=\left(\frac{200\times10^3}{36\times10^2}+\frac{22.5\times10^6}{1.05\times162\times10^3}\right)\text{N/mm}^2$$

$$=187.83\text{N/mm}^2<f=215\text{N/mm}^2$$

角钢肢尖侧（$\gamma_{x2}=1.2$），则

$$W_{x2}=\frac{I_x}{y_2}=\left(\frac{729}{14-4.50}\right)\text{cm}^3=76.74\text{cm}^3$$

$$\sigma_2=\left|\frac{N}{A_n}-\frac{M_x}{\gamma_{x2}W_{nx1}}\right|=\left|\frac{200\times10^3}{36\times10^2}-\frac{22.5\times10^6}{1.2\times76.74\times10^3}\right|\text{N/mm}^2$$

$$=188.78\text{N/mm}^2<f=215\text{N/mm}^2$$

故，强度满足要求。

3. 验算刚度

$$\lambda_x=\frac{l_{0x}}{i_x}=\frac{300}{4.5}=66.7<[\lambda]=350$$

$$\lambda_y=\frac{l_{0y}}{i_y}=\frac{300}{3.56}=84.3<[\lambda]=350$$

故，刚度满足要求。

6.3　实腹式压弯构件的稳定

单向实腹式压弯构件的整体失稳分为弯矩作用平面内失稳和弯矩作用平面外失稳。弯矩作用平面内失稳形式为弯曲屈曲，弯矩作用平面外失稳形式为弯扭屈曲。双向压弯构件的整体失稳只有弯扭屈曲一种形式。

6.3.1　弯矩作用平面内的整体稳定计算

压弯构件同时承受轴向压力和弯矩的共同作用时，无论荷载大小，构件都会产生弯曲变形，处于弯曲平衡状态。随着轴向压力增加，构件中点挠度增大的同时产生附加弯矩，附加弯矩又使挠度进一步增大，这种影响称为二阶效应。由于存在二阶效应，压弯构件的挠度与轴向压力呈非线性关系。当轴向压力增至临界值时，横向变形急剧增大，构件丧失稳定性，压弯构件在弯矩作用平面内失稳属于极值失稳，不存在分枝现象，与理想轴心受压构件失稳情况不同。

确定压弯构件弯矩作用平面内极限承载力的方法主要分两大类：一是极限荷载计算法；二是相关公式法。目前各国设计规范中多采用相关公式法，通过理论分析，建立轴力与弯矩的相关公式，并在大量数值计算和试验数据统计分析基础上，对相关公式中的参数进行修正，得到一个半经验半理论公式。

利用边缘屈服准则，建立压弯构件弯矩作用平面内稳定计算的轴力与弯矩的相关公式，考虑压弯构件的二阶效应和构件的综合缺陷，对于实腹式压弯构件应允许利用截面的塑性发展，而得到修正的相关公式。《钢标》规定，弯矩作用在对称轴平面内的实腹式压弯构件，弯矩作用平面内（假设为绕 x 轴）稳定性应按式（6-8）验算。

$$\frac{N}{\varphi_x Af}+\frac{\beta_{mx}M_x}{\gamma_x W_{1x}(1-0.8N/N'_{Ex})f}\leq 1.0 \tag{6-8}$$

式中　N、M_x——所计算构件范围内轴心压力设计值（N）和最大弯矩设计值（N · mm）；

A、W_{1x}——构件毛截面面积（mm^2）和在弯矩作用平面内对受压最大纤维的毛截面模量（mm^3）；

N'_{Ex}——参数（N），$N'_{Ex}=\pi^2EA/(1.1\lambda_x^2)$，为欧拉临界力除以抗力分项系数 1.1；

φ_x——弯矩作用平面内轴心受压构件稳定系数；

γ_x——截面塑性发展系数；

β_{mx}——等效弯矩系数，参考下面规定选取。

对于 T 型钢、T 形双角钢、槽钢等单轴对称截面压弯构件，如图 6-8 所示，当弯矩作用在对称平面内且使翼缘受压时，有可能在无翼缘侧产生较大的拉应力而先屈服。为了控制其塑性发展不至于过大，除按式（6-8）验算其稳定性外，还应按式（6-9）计算。

$$\left|\frac{N}{Af}-\frac{\beta_{mx}M_x}{\gamma_x W_{2x}(1-1.25N/N'_{Ex})f}\right|\leq 1.0 \tag{6-9}$$

式中　W_{2x}——无翼缘端的毛截面模量（mm^3）；

γ_x——相应于 W_{2x} 的塑性发展系数。

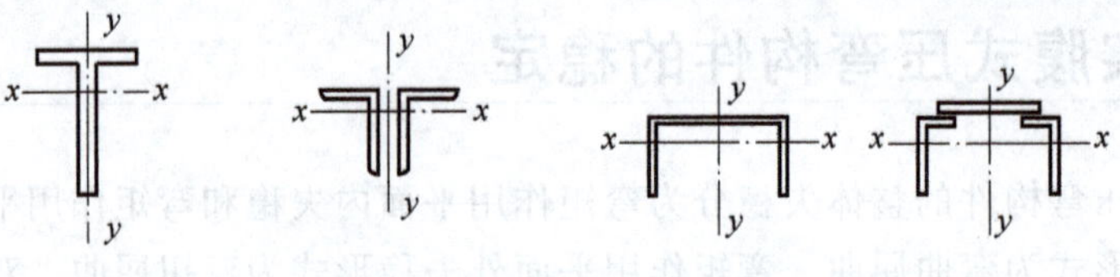

图 6-8 T 形单轴对称构件截面

等效弯矩系数 β_{mx} 取值的规定如下：

1）无侧移框架柱和两端支承的构件。

① 无横向荷载作用时，β_{mx} 应按式（6-10）计算。

$$\beta_{mx}=0.6+0.4\frac{M_2}{M_1} \tag{6-10}$$

式中 M_1、M_2——端弯矩（N·mm），构件无反弯点时取同号，构件有反弯点时取异号，$|M_1|\geqslant|M_2|$。

② 无端弯矩但有横向荷载作用时，β_{mx} 应按以下公式计算。

跨中单个集中荷载时：

$$\beta_{mx}=1-0.36N/N_{cr} \tag{6-11}$$

全跨均布荷载时：

$$\beta_{mx}=1-0.18N/N_{cr} \tag{6-12}$$

式中 N_{cr}——弹性临界力（N），$N_{cr}=\pi^2EI/(\mu l)^2$；

μ——构件的计算长度系数。

③ 端弯矩和横向荷载同时作用时，式（6-8）中 $\beta_{mx}M_x$ 应按式（6-13）计算。

$$\beta_{mx}M_x=\beta_{m1x}M_1+\beta_{mqx}M_{qx} \tag{6-13}$$

式中 M_{qx}——横向荷载产生的最大弯矩设计值（N·mm）；

β_{m1x}——按式（6-10）计算的等效弯矩系数；

β_{mqx}——按式（6-11）或式（6-12）计算的等效弯矩系数。

2）有侧移框架柱和悬臂构件。

① 有横向荷载的柱脚铰接的单层框架柱和多层框架的底层柱，$\beta_{mx}=1.0$。

② 除了上条规定之外的框架柱，β_{mx} 按式（6-11）计算。

③ 自由端作用有弯矩的悬臂柱，β_{mx} 应按式（6-14）计算。

$$\beta_{mx}=1-0.36(1-m)N/N_{cr} \tag{6-14}$$

式中 m——自由端弯矩与固定端弯矩之比，当弯矩图无反弯点时取正号，有反弯点时取负号。

6.3.2 弯矩作用平面外的整体稳定计算

开口薄壁截面压弯构件的抗扭刚度及弯曲作用平面外的抗弯刚度通常较小，当构件在弯矩作用平面外没有足够的支撑以阻止其产生侧向位移和扭转时，构件可能发生弯扭失稳而破坏，这种弯扭屈曲也称为压弯构件弯矩作用平面外的整体失稳。

压弯构件在弯矩作用平面外稳定性计算的相关公式是根据弹性稳定理论导出的，并引入弯矩等效系数和截面调整系数。《钢标》规定，单向压弯构件在弯矩作用平面外整体稳定性

的验算公式为

$$\frac{N}{\varphi_y A f}+\eta\frac{\beta_{tx}M_x}{\varphi_b W_{1x}f}\leqslant 1.0 \tag{6-15}$$

式中　N、M_x——所计算构件范围内轴心压力设计值（N）和最大弯矩设计值（N·mm）；

A、W_{1x}——构件毛截面面积（mm^2）和在弯矩作用平面内对受压最大纤维的毛截面模量（mm^3）；

φ_y——弯矩作用平面外的轴心受压构件稳定系数，按轴心受压确定，单轴对称截面，应取按规定计算折算长细比 λ_{yz} 对应的稳定系数；

η——调整系数，箱形截面 $\eta=0.7$，其他截面 $\eta=1.0$；

β_{tx}——平面外等效弯矩系数，两端支承的构件段取其中央 1/3 范围内的最大弯矩与全段最大弯矩之比，但不小于 0.5，悬臂段取 $\beta_{tx}=1.0$；

φ_b——均匀弯曲的受弯构件整体稳定系数，按附录Ⅰ计算，其中工字形和 T 形截面的非悬臂构件，可按附Ⅰ.4 的规定确定，对闭口截面 $\varphi_b=1.0$。

等效弯矩系数 β_{tx} 取值的规定如下：

1）在弯矩作用平面外有支撑的构件，应根据两相邻支撑间构件段内的荷载和内力情况确定。

① 无横向荷载作用时，β_{tx} 应按式（6-16）计算。

$$\beta_{tx}=0.65+0.35\frac{M_2}{M_1} \tag{6-16}$$

式中　M_1、M_2——端弯矩（N·mm），同式（6-10）规定。

② 端弯矩和横向荷载共同作用情况：使构件产生同向曲率时，取 $\beta_{tx}=1.0$；使构件产生反向曲率时，取 $\beta_{tx}=0.85$。

③ 无端弯矩有横向荷载作用时，取 $\beta_{tx}=1.0$。

2）弯矩作用平面外为悬臂的构件，取 $\beta_{tx}=1.0$。

6.3.3　双向弯曲实腹式压弯构件的整体稳定

弯矩作用在两个主轴平面内的构件为双向弯曲压弯构件。双向弯曲压弯构件的整体失稳常伴随着构件的扭转变形，其稳定承载力与 N、M_x、M_y 三者的比例有关，无法给出解析解，只能采用数值解。

《钢标》规定，双轴对称的实腹式工字形截面和箱形截面的构件，弯矩作用在两个主平面内的双向弯曲压弯构件计算其稳定性公式为

$$\frac{N}{\varphi_x A f}+\frac{\beta_{mx}M_x}{\gamma_x W_x\left(1-0.8\dfrac{N}{N'_{Ex}}\right)f}+\eta\frac{\beta_{ty}M_y}{\varphi_{by}W_y f}\leqslant 1.0 \tag{6-17}$$

$$\frac{N}{\varphi_y A f}+\eta\frac{\beta_{tx}M_x}{\varphi_{bx}W_x f}+\frac{\beta_{my}M_y}{\gamma_y W_y\left(1-0.8\dfrac{N}{N'_{Ey}}\right)f}\leqslant 1.0 \tag{6-18}$$

式中　M_x、M_y——所计算构件段范围内对强轴 x 轴和弱轴 y 轴的最大弯矩设计值（N·mm）；

φ_x、φ_y——对强轴 x 轴和弱轴 y 轴的轴心受压构件的稳定系数；

φ_{bx}、φ_{by}——均匀弯曲的受弯构件整体稳定系数，按附录Ⅰ计算，其中工字形和T形截面的非悬臂构件，φ_{bx}可按附Ⅰ.4规定确定，$\varphi_{by}=1.0$，对闭合截面$\varphi_{bx}=\varphi_{by}=1.0$；

β_{mx}、β_{my}——等效弯矩系数，应按弯矩作用平面内的相关规定采用；

β_{tx}、β_{ty}——等效弯矩系数，应按弯矩作用平面外的相关规定采用；

N'_{Ey}——参数（N），$N'_{Ey}=\pi^2EA/(1.1\lambda_y^2)$。

双向压弯圆管的整体稳定计算，当柱段中没有很大横向力或集中弯矩时，双向压弯圆管的整体稳定计算公式为

$$\frac{N}{\varphi Af}+\frac{\beta_x\beta_y M}{\gamma_m W\left(1-0.8\dfrac{N}{N'_{Ex}}\right)f}\leqslant 1 \tag{6-19}$$

式中 N——所计算构件范围内轴心压力设计值（N）；

φ——轴心受压构件的整体稳定系数，按构件最大长细比取值；

M——所计算双向压弯圆管构件整体稳定时两端合弯矩值较大的值（N·mm），采用的弯矩值按式（6-20）计算；

β_x、β_y——计算双向压弯圆管构件整体稳定时采用的等效弯矩系数，按式（6-21）、式（6-22）计算；

N'_{Ex}——参数（N），$N'_{Ex}=\pi^2EA/(1.1\lambda_x^2)$。

$$M=\max\left(\sqrt{M_{xA}^2+M_{yA}^2},\sqrt{M_{xB}^2+M_{yB}^2}\right) \tag{6-20}$$

$$\beta_x=1-0.35\sqrt{N/N_E}+0.35\sqrt{N/N_E}\,(M_{2x}/M_{1x}) \tag{6-21}$$

$$\beta_y=1-0.35\sqrt{N/N_E}+0.35\sqrt{N/N_E}\,(M_{2y}/M_{1y}) \tag{6-22}$$

式中 M_{xA}、M_{yA}、M_{xB}、M_{yB}——构件A端及B端关于x、y轴的弯矩（N·mm）；

M_{1x}、M_{2x}、M_{1y}、M_{2y}——x、y轴端弯矩（N·mm），构件无反弯点时取同号，构件有反弯点时取异号，$|M_{1x}|\geqslant|M_{2x}|$，$|M_{1y}|\geqslant|M_{2y}|$；

N_E——根据构件最大长细比计算的欧拉力（N），$N_E=\pi^2EA/\lambda^2$。

6.3.4 压弯构件的局部稳定

压弯构件的受压翼缘板主要承受正应力，当考虑截面部分塑性发展时，受压翼缘全部进入塑性区，压弯构件翼缘的应力状态与轴心受压构件或梁的受压翼缘基本相同，在均匀压应力作用下局部失稳形式也一样。为保证压弯构件中板件的局部稳定，实腹压弯构件要求不出现局部失稳，其腹板高厚比、翼缘宽厚比应符合一定的限制。《钢标》规定，实腹压弯构件按S4级截面要求控制腹板高厚比及翼缘宽厚比的限值。为了便于比较，表6-1列出了各种压弯构件的截面板件宽厚比等级及限值。

表6-1 压弯构件（框架柱）的截面板件宽厚比等级及限值

截面	板件	S1级	S2级	S3级	S4级	S5级
H形	翼缘 b_1/t	$9\varepsilon_k$	$11\varepsilon_k$	$13\varepsilon_k$	$15\varepsilon_k$	20
	腹板 h_0/t_w	$(33+13\alpha_0^{1.3})\varepsilon_k$	$(38+13\alpha_0^{1.39})\varepsilon_k$	$(40+18\alpha_0^{1.5})\varepsilon_k$	$(45+25\alpha_0^{1.66})\varepsilon_k$	250

（续）

截面	板件	S1 级	S2 级	S3 级	S4 级	S5 级
箱形	壁板（腹板）间翼缘 b_0/t	$30\varepsilon_k$	$35\varepsilon_k$	$40\varepsilon_k$	$45\varepsilon_k$	—
圆钢管	径厚比 D/t	$50\varepsilon_k^2$	$70\varepsilon_k^2$	$90\varepsilon_k^2$	$100\varepsilon_k^2$	—

注：1. $\varepsilon_k=\sqrt{235/f_y}$ 为钢号修正系数，其值为 235 与钢材牌号中屈服点数值的比值的二次方根。

2. b_1、t 分别为工字形或 H 形截面的翼缘外伸宽度和厚度；h_0、t_w 分别为腹板净高和腹板厚度，对于轧制型截面，翼缘外伸宽度及腹板净高不包括翼缘腹板过渡处圆弧段；对于箱形截面，b_0、t 分别为壁板间的距离和壁板厚度；D、t 分别为圆管截面外径、壁厚。

3. 箱形截面梁及单向受弯的箱形截面柱，其腹板限值可根据工字形截面梁及 H 形截面柱腹板采用。

4. 腹板的宽厚比可通过设置加劲肋减小。

5. 当 S5 级截面的板件宽厚比小于 S4 级经 ε_σ 修正的板件宽厚比时，可视作 S4 级截面。ε_σ 为应力修正因子，$\varepsilon_\sigma=\sqrt{f/\sigma_{max}}$。

表 6-1 中，H 形截面腹板高厚比限值表达式中，α_0 反映应力变化梯度的参数，计算公式为

$$\alpha_0=\frac{\sigma_{max}-\sigma_{min}}{\sigma_{max}} \tag{6-23}$$

式中　σ_{max}——腹板计算高度边缘的最大压应力（N/mm^2）；

σ_{min}——腹板计算高度另一边缘相应的应力（N/mm^2），压应力取正值，拉应力取负值。

工字形和箱形截面压弯构件的腹板高厚比超过表 6-1 规定的 S4 级截面要求时，可考虑利用屈曲后强度，应采用有效截面代替实际截面计算几何参数，计算板件屈曲后强度构件的承载力。所谓有效截面，就是计算板件屈曲后极限强度时，将承受非均匀分布极限应力的板件宽度用均匀分布的屈服应力等效所得的折减宽度；同时应考虑有效截面形心至原截面形心的距离 e 引起的附加弯矩 Ne 的作用，加大了弯曲作用效应。考虑屈曲后强度的压弯构件强度及整体稳定性计算公式，参见《钢标》相关规定。

【例 6.2】　某工字形截面柱，柱高 15m，两端铰支，绕弱轴等间距设置两道侧向支撑，截面无削弱，翼缘焰切边，钢材为 Q235，承受轴心压力的设计值为 900kN，跨中集中荷载设计值为 90kN，如图 6-9 所示，试验算该柱的安全性。

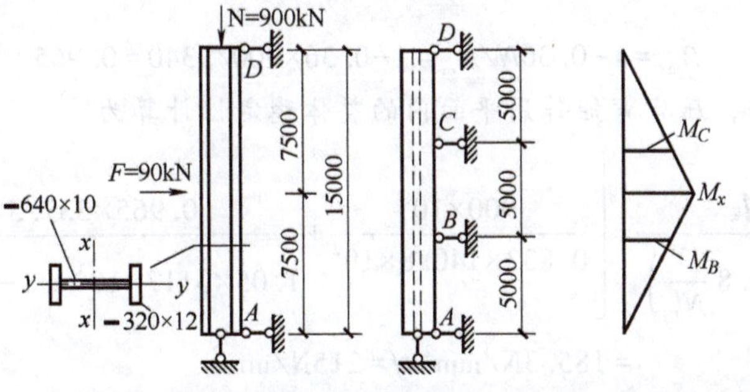

图 6-9　压弯构件

【解题分析】　本例压弯构件的安全性包括强度、平面内和平面外的整体稳定性、局部稳定的验算，注意两个主轴方向计算长度不同。

解：1. 截面的几何特性

$$A=(2\times32\times1.2+64\times1.0)\ cm^2=140.8cm^2$$

$$I_x=\left[\frac{1}{12}\times(32\times66.4^3-31\times64^3)\right]\text{cm}^4=103475\text{cm}^4$$

$$I_y=\left(2\times\frac{1}{12}\times1.2\times32^3\right)\text{cm}^4=6554\text{cm}^4$$

$$W_x=\frac{I_x}{y_1}=\left(\frac{103475}{33.2}\right)\text{cm}^3=3117\text{cm}^3$$

$$i_x=\sqrt{\frac{I_x}{A}}=\left(\sqrt{\frac{103475}{140.8}}\right)\text{cm}=27.11\text{cm}$$

$$i_y=\sqrt{\frac{I_y}{A}}=\left(\sqrt{\frac{6554}{140.8}}\right)\text{cm}=6.82\text{cm}$$

2. 验算强度

构件为双轴对称截面，只需计算轴向力与弯矩产生的应力之和。

$$M_x=\frac{1}{4}Fl=\left(\frac{1}{4}\times90\times15\right)\text{kN}\cdot\text{m}=337.5\text{kN}\cdot\text{m}$$

$$\frac{N}{A_n}+\frac{M_x}{\gamma_x W_{nx}}=\left(\frac{900\times10^3}{140.8\times10^2}+\frac{337.5\times10^6}{1.05\times3117\times10^3}\right)\text{N/mm}^2=167\text{N/mm}^2<f=215\text{N/mm}^2$$

3. 验算弯矩作用平面内的稳定性

$$\lambda_x=\frac{l_x}{i_x}=\frac{1500}{27.11}=55<[\lambda]=150$$

查表E-4得，$\varphi_x=0.833$（b类截面）。

$$N'_{Ex}=\frac{\pi^2EA}{1.1\lambda_x^2}=\left(\frac{\pi^2\times2.06\times10^5\times140.8\times10^2}{1.1\times55^2}\right)\text{N}=8.603\times10^6\text{N}$$

$$N_{cr}=\frac{\pi^2EI}{(\mu l)^2}=\left(\frac{\pi^2\times2.06\times10^5\times103475\times10^4}{(1\times15000)^2}\right)\text{N}=9.34\times10^6\text{N}$$

因为压弯构件无侧移、无端弯矩，但跨中有单个集中荷载作用，根据式（6-11），等效弯矩系数为

$$\beta_{mx}=1-0.36N/N_{cr}=1-0.36\times900/9340=0.965$$

则根据式（6-8），压弯弯矩作用平面内的整体稳定性计算为

$$\frac{N}{\varphi_xA}+\frac{\beta_{mx}M_x}{\gamma_xW_{1x}\left(1-0.8\frac{N}{N'_{Ex}}\right)}=\left[\frac{900\times10^3}{0.833\times140.8\times10^2}+\frac{0.965\times337.5\times10^6}{1.05\times3117\times10^3\times\left(1-0.8\times\frac{900}{8603}\right)}\right]\text{N/mm}^2$$

$$=185.3\text{N/mm}^2<f=215\text{N/mm}^2$$

4. 验算弯矩作用平面外的稳定性

$$\lambda_y=\frac{l_y}{i_y}=\frac{500}{6.82}=73<[\lambda]=150$$

查表E-4得，$\varphi_y=0.732$（b类截面）。

Q235，$\varepsilon_k=1.0$，双轴对称截面，有

$$\varphi_b = 1.07 - \frac{\lambda_y^2}{44000\varepsilon_k} = 1.07 - \frac{73^2}{44000} 0.949$$

由式（6-15），在弯矩作用平面外有支撑的构件，压弯构件无端弯矩有横向荷载作用时，等效弯矩系数 $\beta_{tx}=1.0$，$\eta=1.0$，则压弯构件弯矩作用平面外的整体稳定性计算为

$$\frac{N}{\varphi_y A} + \eta\frac{\beta_{tx}M_x}{\varphi_b W_{1x}} = \left(\frac{900\times10^3}{0.732\times140.8\times10^2} + 1.0\times\frac{1.0\times337.5\times10^6}{0.948\times3117\times10^3}\right)\text{N/mm}^2$$

$$= 201.5\text{N/mm}^2 < f = 215\text{N/mm}^2$$

5. 局部稳定性验算

工字形截面翼缘采用 2—320×12，腹板—640×10。

翼缘自由长度与厚度比：$b_1/t=(320-10)/2/12=12.9<13$，翼缘属于 S3 级。

腹板计算高度边缘的最大压应力与另侧应力为

$$\sigma_{max} = \frac{N}{A_n} + \frac{M_x}{I_{nx}}\cdot\frac{h_0}{2} = \left(\frac{900\times10^3}{140.8\times10^2} + \frac{337.5\times10^6}{103475\times10^4}\times\frac{640}{2}\right)\text{N/mm}^2 = 168.3\text{N/mm}^2\text{（压应力）}$$

$$\sigma_{min} = \frac{N}{A_n} - \frac{M_x}{I_{nx}}\cdot\frac{h_0}{2} = \left(\frac{900\times10^3}{140.8\times10^2} - \frac{337.5\times10^6}{103475\times10^4}\times\frac{640}{2}\right)\text{N/mm}^2 = -40.5\text{N/mm}^2\text{（拉应力）}$$

应力变化梯度的参数为

$$\alpha_0 = \frac{\sigma_{max}-\sigma_{min}}{\sigma_{max}} = \frac{168.3-(-40.5)}{168.3} = 1.24$$

腹板高厚比为

$$\frac{h_0}{t_w} = \frac{640}{10} = 64 < (40+18\alpha_0^{1.5})\varepsilon_k = 40+18\times1.24^{1.5} = 64.85$$

腹板属于 S3 级。该截面属于 S3 级，高于压弯构件要求的 S4 级，局部稳定能够满足要求。

综上，该构件的强度、平面内和平面外的整体稳定性、局部稳定性均满足要求。

6.4 格构式压弯构件的稳定性

厂房的框架柱以及高大独立支柱等高度较大的压弯构件，采用格构式构件可以节省材料。当高度较大且受较大剪力时，常采用缀条式压弯构件，因其截面具有更大的刚度。

常用的格构式压弯构件截面如图 6-10 所示，当压弯构件承受的弯矩不大或正负弯矩的绝对值相差不大时，可用双对称的截面形式，如图 6-10a~c 所示；当正负弯矩的绝对值相差较大时，常采用不对称截面，如图 6-10d~e 所示，并将较大肢件放在受压较大的一侧。

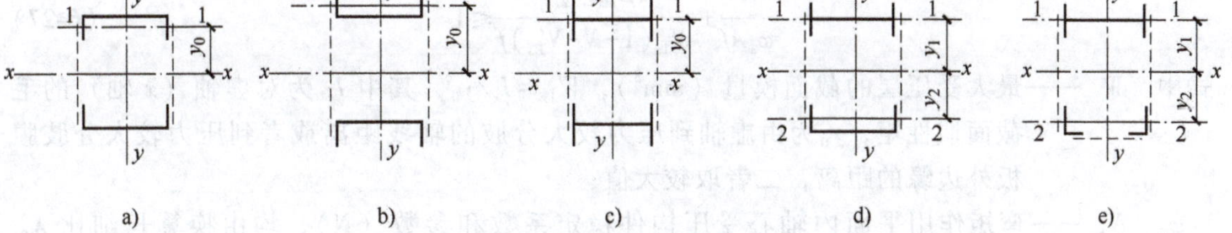

图 6-10　常用的格构式压弯构件截面

6.4.1 弯矩绕实轴作用的格构式压弯构件

弯矩绕实轴作用的格构式压弯构件弯矩作用在与缀材面相垂直的主平面内，如图 6-11 中弯矩绕 y 轴作用，其受力性能与实腹式压弯构件完全相同，采用式（6-8）计算弯矩作用平面内的整体稳定性，与实腹式构件相同。

但在采用式（6-15）计算弯矩作用平面外的整体稳定性时，实质上是格构式构件绕虚轴的稳定性，应按绕虚轴的换算长细比确定稳定系数，且应取 $\varphi_b=1.0$。

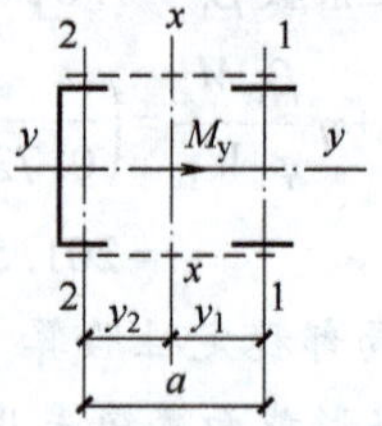

图 6-11　弯矩绕实轴作用的格构式压弯构件截面

分肢的稳定性按实腹式压弯构件计算，分别采用式（6-8）和式（6-15）验算平面内和平面外的稳定性。轴心压力及弯矩按下列原则进行分配。

轴心压力在两个分肢上分配，与分肢轴线至截面形心距离成反比，计算公式为

$$N_1=N\frac{y_2}{a} \tag{6-24a}$$

$$N_2=N\frac{y_1}{a}=N-N_1 \tag{6-24b}$$

弯矩 M_y 分配，与分肢对实轴 y 的惯性矩成正比，与 M_y 作用的主轴平面至分肢轴线距离成反比，弯矩大小分别为

$$M_{y1}=\frac{I_1/y_1}{I_1/y_1+I_2/y_2}\cdot M_y \tag{6-25}$$

$$M_{y2}=\frac{I_2/y_2}{I_1/y_1+I_2/y_2}\cdot M_y=M_y-M_{y1} \tag{6-26}$$

式中　I_1、I_2——分肢 1 和分肢 2 对 y 轴惯性矩（mm^4）；

y_1、y_2——M_y 作用的主轴平面至分肢 1 和分肢 2 轴线的距离（mm），如图 6-11 所示。

6.4.2 弯矩绕虚轴作用的格构式压弯构件

弯矩绕虚轴作用的压弯构件，在弯矩作用平面外的整体稳定性由分肢的稳定给予保证，弯矩作用平面外的整体稳定性可不计算，需要验算弯矩作用平面内的稳定性和分肢的稳定性。

弯矩绕虚轴作用的格构式压弯构件，构件截面中部为空心，不能考虑塑性发展，弯矩作用平面内的稳定性计算公式为

$$\frac{N}{\varphi_x Af}+\frac{\beta_{mx}M_x}{W_{1x}(1-N/N'_{Ex})f}\leqslant 1 \tag{6-27}$$

式中　W_{1x}——最大受压层的截面模量（mm^3），$W_{1x}=I_x/y_0$，其中 I_x 为对虚轴（x 轴）的毛截面惯性矩，y_0为由虚轴到压力较大分肢的轴线距离或者到压力较大分肢腹板外边缘的距离，二者取较大值；

φ_x、N'_{Ex}——弯矩作用平面内轴心受压构件稳定系数和参数（N），均由换算长细比 λ_{0x} 确定。

计算分肢的稳定时，将整个构件视为平行弦桁架，构件的两个分肢看作桁架体系的弦杆，按桁架的弦杆计算分肢的轴心力，如图6-12所示，则两分肢的轴心力为

分肢1：

$$N_1=(N\cdot y_2+M_x)/a \tag{6-28}$$

分肢2：

$$N_2=(N\cdot y_1-M_x)/a=N-N_1 \tag{6-29}$$

式中　a——构件截面两个分肢轴线间距（mm）；

y_1、y_2——两个分肢轴线与截面形心间距（mm）。

缀条式压弯构件分肢稳定按轴心压杆计算。分肢的计算长度：在缀材平面内取缀条体系的节间长度，在缀条平面外取整个构件两侧支承点间的距离。

对于缀板式压弯构件，不仅计算轴心力 N_1 或 N_2，同时还应考虑由剪力引起的局部弯矩，按实腹式压弯构件验算分肢的稳定性。分肢的计算长度：在缀材平面内取缀板间的净距离，在缀材平面外取整个构件两侧支承点间的距离。

格构式压弯构件的缀材计算，按格构式轴心柱的公式计算横向剪力，即 $V=Af/(85\varepsilon_k)$；如果压弯构件存在横向荷载作用，则同时应计算构件的实际剪力。验算压弯构件分肢时，应采用二者较大的剪力值计算，方法与轴心受压格构柱相同。

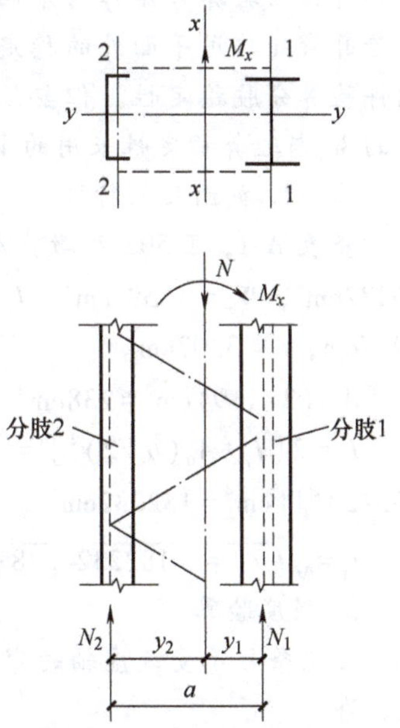

图6-12　弯矩绕虚轴作用时分肢内力计算简图

6.4.3　双向受弯的格构式受压构件

对于弯矩作用在两个主平面内的格构式压弯构件，其稳定性按以下规定计算。

1. 整体稳定

采用边缘屈服准则导出的弯矩绕虚轴作用的格构式压弯构件弯矩作用平面内整体稳定性相衔接的计算公式为

$$\frac{N}{\varphi_x Af}+\frac{\beta_{mx}M_x}{W_{1x}(1-N/N'_{Ex})f}+\frac{\beta_{ty}M_y}{W_{1y}f}\leqslant 1 \tag{6-30}$$

式中　W_{1y}——在 M_y 作用下对较大受压纤维的毛截面模量（mm^3）；

其他符号同式（6-27）。

2. 分肢的稳定计算

双向受弯的格构式受压构件，两个方向弯矩对分肢的作用效应不同。轴心力 N 和绕虚轴的弯矩 M_x 作用，将分肢作为桁架弦杆，按式（6-28）和式（6-29）计算其轴心力。绕实轴作用的弯矩 M_y，则按两分肢的相对刚度分配，按式（6-25）和式（6-26）计算。

在确定分肢轴心力及弯矩之后，以分肢承受轴心力 N_1 与弯矩 M_{y1}（或 N_2 与 M_{y2}）共同作用，按实腹式压弯构件的规定，分别计算两个分肢的稳定性。

【例6.3】　某双肢缀条柱，柱高12m，两端铰接，承受荷载设计值为：轴向压力 $N=2000\text{kN}$，绕虚轴弯矩 $M_x=500\text{kN}\cdot\text{m}$，钢材为Q235。若肢件为2 I 50a，缀条为∠63×63×5，截面尺寸如图6-13所示，试验算该柱的安全性。

【解题分析】 弯矩绕虚轴作用的格构式压弯构件，需验算弯矩作用平面内的稳定性，不需验算弯矩作用平面外的稳定性，按轴心受压构件验算分肢稳定性。但要注意，验算强度采用的 W_x 与验算稳定性采用的 W_{1x} 取值不同。

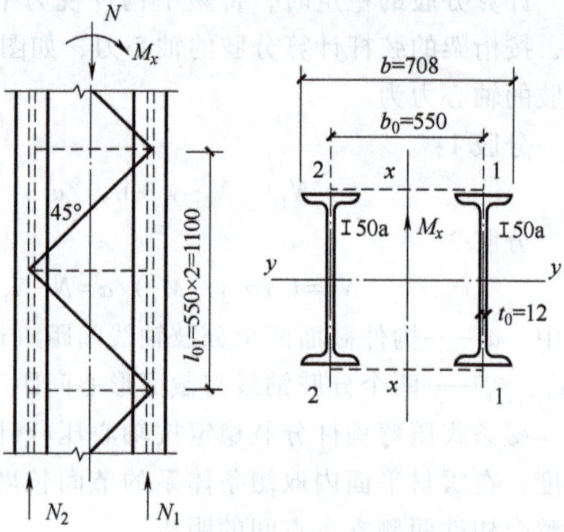

图 6-13 格构式压弯构件

解：1. 截面几何特性

查表 A-1，I 50a 参数：$A_0=119\text{cm}^2$，$I_x=46472\text{cm}^4$，$W_x=1859\ \text{cm}^3$，$I_y=1122\ \text{cm}^4$，$i_x=19.7\text{cm}$，$i_y=3.07\text{cm}$。

$A=(2\times119)\text{cm}^2=238\text{cm}^2$

$I_x=2[I_y+A_0(b_0/2)^2]=\{2\times[1122+119\times(55/2)^2]\}\text{cm}^4=182232\text{cm}^4$

$i_x=\sqrt{I_x/A}=\sqrt{182232/238}\text{cm}=27.67\text{cm}$

2. 强度验算

该缀条柱承受绕虚轴的弯矩作用，塑性发展系数取 $\gamma_x=1.0$，强度验算时，至截面边缘处，即

$$W_x=\frac{I_x}{b/2}=\left(\frac{182232}{70.8/2}\right)\text{cm}^3=5148\text{cm}^3$$

I 50a 翼缘厚为 20mm>16mm，钢材强度取第二组，由式（6-5）计算，即

$$\frac{N}{A_n}+\frac{M_x}{\gamma_x W_{nx}}=\left(\frac{2000\times10^3}{238\times10^2}+\frac{500\times10^6}{1.0\times5148\times10^3}\right)\text{N/mm}^2=181.2\text{N/mm}^2<f=205\text{N/mm}^2$$

故，采用对称截面，无须验算负号，强度满足要求。

3. 弯矩绕虚轴作用时的弯矩平面内整体稳定性

绕虚轴的长细比为

$$\lambda_x=\frac{l_{0x}}{i_x}=\frac{1200}{27.67}=43.37$$

缀条∠63×63×5，查表 A-4 得，截面面积 $A_x=6.14\ \text{cm}^2$。

换算长细比为

$$\lambda_{0x}=\sqrt{\lambda_x^2+27\frac{A}{A_{1x}}}=\sqrt{43.37^2+27\times\frac{238}{2\times6.14}}=49$$

查表 E-4 得，$\varphi_x=0.861$（b 类截面）。

$$N'_{Ex}=\frac{\pi^2EA}{1.1\lambda_{0x}^2}=\left(\frac{\pi^2\times2.06\times10^5\times238\times10^2}{1.1\times49^2}\times10^{-3}\right)\text{kN}=18303\text{kN}$$

偏于安全考虑，等效弯矩系数取 $\beta_{mx}=1.0$，稳定性验算时，至肢件轴心或腹板边缘处，即

$$W_{1x}=\frac{I_x}{b_0/2}=\left(\frac{182232}{55/2}\right)\text{cm}^3=6627\text{cm}^3$$

$$\frac{N}{\varphi_xAf}+\frac{\beta_{mx}M_x}{W_{1x}(1-N/N'_{Ex})f}=\left[\frac{2000\times10^3}{0.861\times238\times10^2}+\frac{1.0\times500\times10^6}{6627\times10^3\times(1-2000/18303)}\right]\text{N/mm}^2$$

$$=182.3\text{N/mm}^2<f=205\text{N/mm}^2$$

故，弯矩绕虚轴作用时的弯矩平面内整体稳定性满足要求。

弯矩绕虚轴作用时，格构式压弯构件弯矩作用平面外整体稳定性可不计算。

4. 分肢稳定性验算

采用等肢的缀条柱，两分肢轴线距截面中心相同，$y_2/a=0.5$，$a=550\text{mm}$，根据式（6-28）和式（6-29），弯矩绕虚轴作用时分肢轴向力为

$$N_1=N\cdot y_2/a+M_x/a=(2000/2+500/0.55)\text{kN}=1909\text{kN}$$

$$N_2=N-N_1=(2000-1909)\text{kN}=91\text{kN}$$

在缀材平面内，分肢的计算长度取缀条体系的节间长度，缀条柱未设横杆时，对分肢 1 轴的计算长度：$l_{01}=2b_0=(2\times550)\ \text{mm}=1100\text{mm}$。

对分肢 1 轴的长细比为

$$\lambda_1=\frac{l_{01}}{i_1}=\frac{110}{3.07}=36$$

查表 E-4 得，稳定系数 $\varphi_1=0.914$（b 类截面）。

在缀条平面外，分肢计算长度取整个构件两侧支承点间的距离，分肢对 y 轴的长细比为

$$\lambda_{y_1}=\frac{l_{0y}}{i_{y_1}}=\frac{1200}{19.7}=61$$

查表 E-4 得，稳定系数 $\varphi_{y1}=0.802$（b 类截面）。

按轴心压杆验算分肢稳定，取较小的稳定系数 $\varphi_{y_1}=0.802$ 进行计算，即

$$\frac{N_1}{\varphi_{y_1}A_0f}=\frac{1909\times10^3}{0.802\times119\times10^2\times205}=0.976<1.0$$

不加横杆，分肢 1 稳定性满足要求；分肢 2 受力较小，无须验算。

5. 缀条验算

截面剪力为

$$V_{\max}=\frac{Af}{85\varepsilon_k}=\left(\frac{238\times10^2\times205}{85\times1}\times10^{-3}\right)\text{kN}=57.4\text{kN}$$

$$V_1=\frac{1}{2}V_{\max}=\left(\frac{1}{2}\times57.4\right)\text{kN}=28.7\text{kN}$$

缀条受力为

$$N_t=\frac{V_1}{\cos\alpha}=\left(\frac{28.7}{\cos45^\circ}\right)\text{kN}=40.6\text{kN}$$

$$\text{缀条长度}\ l_t=\frac{b}{\sin\alpha}=\frac{550}{\sin45^\circ}\text{mm}=778\text{mm}$$

缀条为∠63×63×5，截面积 $A_x=6.14\ \text{cm}^2$，最小回转半径 $i_{\min}=1.25\text{cm}$，缀条长细比为

$$\lambda=\frac{l_t}{i_{\min}}=\frac{77.8}{1.25}=62$$

查表 E-4 得，$\varphi=0.796$（b 类截面）。

考虑单个等边角钢偏心影响，折减系数为

$$\eta=0.6+0.0015\lambda=0.6+0.0015\times62=0.693$$

$$\sigma=\frac{N_t}{A_{t1}}=\left(\frac{40.6\times10^3}{614}\right)\text{N/mm}^2=66.12\text{N/mm}^2<\eta\varphi f=(0.693\times0.797\times215)\text{N/mm}^2=118.7\text{ N/mm}^2$$

综上，缀条稳定性满足要求。

【例 6.4】 某双肢缀条柱，柱高 12m，两端铰接，肢件为 2 I 50a，缀条为∠63×63×5，承受荷载设计值为：轴向压力 $N=2000\text{kN}$，绕实轴弯矩 $M_y=300\text{kN}\cdot\text{m}$，截面如图 6-13 所示（但弯矩方向不同），钢材为 Q235，试验算该柱的安全性。

【解题分析】 本例弯矩绕实轴作用，验算内容包括：①弯矩作用平面内的稳定性；②弯矩作用平面外的稳定性；③分肢稳定性，计算方法均与实腹式压弯构件相同。

解：1. 截面几何特性 V 型钢及截面几何参数特征，大部分详见【例 6.3】计算结果（略）。

$$W_y=W_{1y}=(2\times1859)\text{cm}^3=3718\text{cm}^3$$

$$i_y=19.7\text{cm}$$

2. 强度验算

该缀条柱承受绕实轴的弯矩作用，对实轴的塑性发展系数取 $\gamma_y=1.05$，由式（6-5）计算，即

$$\frac{N}{A_n}+\frac{M_y}{\gamma_y W_{ny}}=\left(\frac{2000\times10^3}{238\times10^2}+\frac{300\times10^6}{1.05\times3718\times10^3}\right)\text{N/mm}^2=160.9\text{N/mm}^2<f=205\text{N/mm}^2$$

强度满足要求。

3. 弯矩绕实轴作用时的弯矩平面内整体稳定性

$$\lambda_y=\frac{l_y}{i_y}=\frac{1200}{19.7}=61<[\lambda]=150$$

查表 E-4 得，$\varphi_y=0.802$（b 类截面）。

$$N'_{Ey}=\frac{\pi^2EA}{1.1\lambda_y^2}=\left(\frac{\pi^2\times2.06\times10^5\times238\times10^2}{1.1\times61^2}\times10^{-3}\right)\text{kN}=11822\text{kN}$$

偏于安全考虑，等效弯矩系数取 $\beta_{my}=1.0$，由式（6-5）计算，即

$$\frac{N}{\varphi_yA}+\frac{\beta_{my}M_y}{\gamma_yW_{1y}\left(1-0.8\frac{N}{N'_{Ey}}\right)}=\left[\frac{2000\times10^3}{0.802\times238\times10^2}+\frac{1.0\times300\times10^6}{1.05\times3718\times10^3\times\left(1-0.8\times\frac{2000}{11822}\right)}\right]\text{N/mm}^2$$

$$=193.67\text{N/mm}^2<f=205\text{N/mm}^2$$

故，实轴稳定性满足要求。

4. 弯矩绕实轴作用时的弯矩作用平面外（绕虚轴）的稳定性

虚轴的换算长细比 $\lambda_{0x}=49$（详见【例 6.3】中的第 3 步），查表 E-4 得，$\varphi_x=0.861$（b 类截面）。

等效弯矩系数 $\beta_{ty}=1.0$，调整系数 $\eta=1.0$，梁的稳定系数 $\varphi_b=1.0$，由式（6-13）计算，即

$$\frac{N}{\varphi_xA}+\eta\frac{\beta_{ty}M_y}{\varphi_bW_{1y}}=\left(\frac{2000\times10^3}{0.861\times238\times10^2}+1.0\times\frac{1.0\times300\times10^6}{1.0\times3718\times10^3}\right)\text{N/mm}^2$$

$$=178.29\text{N/mm}^2<f=205\text{N/mm}^2$$

故，该构件平面外的整体稳定性满足要求。

5. 分肢稳定性验算

采用等肢的缀条柱，弯矩绕实轴作用时，由式（6-24）~式（6-26），两分肢受力状态相同，分肢轴力及弯矩为

$$N_1 = N_2 = N/2 = (2000/2)\,\text{kN} = 1000\text{kN}$$

$$M_{y_1} = M_{y_2} = M_y/2 = (300/2)\,\text{kN}\cdot\text{m} = 150\text{kN}\cdot\text{m}$$

分肢的稳定性按实腹式压弯构件计算。

1）分肢对弯矩作用平面内的稳定性。分肢对实轴 y 的计算长度为整个构件两侧支承点间的距离，即压弯构件高度，分肢长细比与格构柱整体绕实轴相同，且分肢轴向力、弯矩均为整体一半，计算结果与弯矩绕实轴作用时的弯矩平面内整体稳定性相同，无须验算。

2）分肢对弯矩作用平面外的稳定性。不设横杆时，分肢对1—1轴的计算长度为

$$l_{01} = 2b_0 = 2\times 550\text{mm} = 1100\text{mm}$$

分肢对1—1轴的长细比为

$$\lambda_1 = \frac{l_{01}}{i_1} = \frac{110}{3.07} = 36$$

查表E-4得，$\varphi_1 = 0.914$（b类截面）。

等效弯矩系数 $\beta_{t1} = 1.0$，调整系数 $\eta = 1.0$，梁的稳定系数为

$$\varphi_b = 1.07 - \frac{\lambda_1^2}{44000\varepsilon_k^2} = 1.07 - \frac{36^2}{44000} = 1.04 \leqslant 1.0$$

取 $\varphi_b = 1.0$。

由式（6-15）计算，即

$$\frac{N_1}{\varphi_1 A_1} + \eta\frac{\beta_{t1}M_{y_1}}{\varphi_b W_{1y}} = \left(\frac{1000\times 10^3}{0.914\times 119\times 10^2} + 1.0\times\frac{1.0\times 150\times 10^6}{1.0\times 1859\times 10^3}\right)\text{N/mm}^2$$

$$= 172.63\text{N/mm}^2 < f = 205\text{N/mm}^2$$

不设横杆，分肢稳定性也满足要求。

6. 缀条验算

与【例6.3】相同，略。

习　题

一、思考题

1. 简述拉弯或压弯构件中可能产生弯矩的因素。
2. 简述控制拉弯或压弯构件刚度的原则。
3. 试分析单向拉弯或压弯构件的强度计算公式［式（6-5）］中“+”与“-”的用法。
4. 试分析压弯构件在哪些情况下采用单轴对称截面比双轴对称截面节省钢材。
5. 简述弯矩作用平面内失稳和弯矩作用平面外失稳的现象。
6. 简述格构式压弯构件，弯矩绕虚轴作用与绕实轴作用时，分肢稳定性的验算方法的异同。

二、练习题

1. 拉弯构件承受横向均布荷载设计值 $q = 13\text{kN/m}$，轴向拉力设计值 $N = 330\text{kN}$，截面为

Ⅰ22a，无削弱，钢材为 Q235 钢，如图 6-14 所示，试验算该构件的强度和刚度。

2. 压弯构件长 6m，两端铰接，截面采用 HW250×250×9×14 型钢，钢材为 Q345 钢，承受轴心压力的设计值 $N=800\text{kN}$，横向荷载设计值 $F=80\text{kN}$，如图 6-15 所示，试验算其安全性。

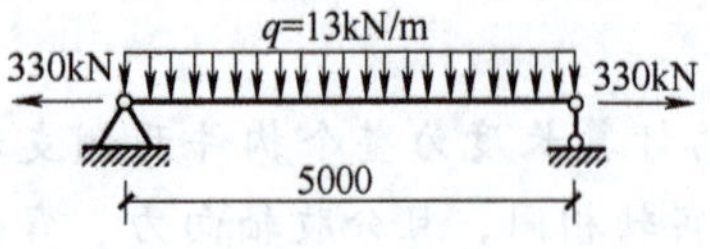

图 6-14 练习题 1 图

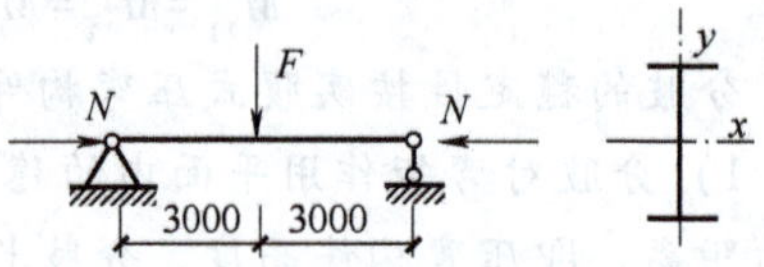

图 6-15 练习题 2 图

3. 简支偏心受压柱，柱高 4m，截面为工字钢Ⅰ22a，钢材为 Q235B 钢，弱轴中间设有侧向支撑，已知偏心力 $P=200\text{kN}$，偏心量 $e=200\text{mm}$，如图 6-16 所示，试验算该柱的安全性。

4. 某缀条式格构柱，柱高 6m，两端铰接，肢件为 2Ⅰ40a，缀条∠56×56×6，钢材为 Q235 钢，承受轴向偏心压力设计值 $N=1500\ \text{kN}$，偏心距 $e=150\text{mm}$，如图 6-17 所示，试验算该柱的安全性。

5. 某偏心受压缀条柱，计算长度为 5.5m，肢件为 2[28a，缀条单角钢∠56×56×5，倾角 45°布置，不设横杆，钢材为 Q235B 钢，承受压力 $P=500\text{kN}$，作用点在两个方向上的偏心量分别为 $e_{y1}=250\text{mm}$，$e_{x2}=100\text{mm}$，如图 6-18 所示，试验算该柱的安全性。

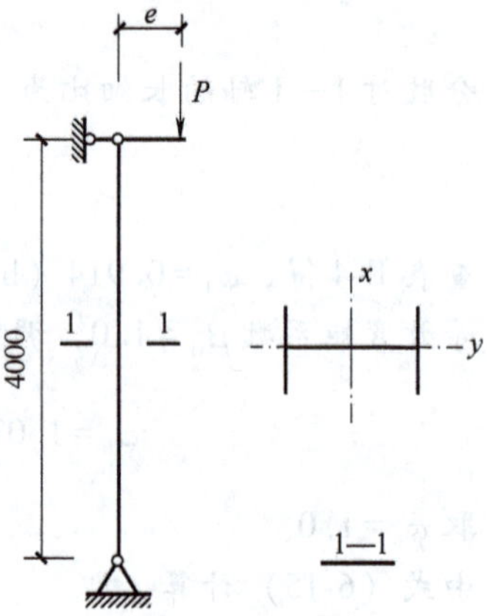

图 6-16 练习题 3 图

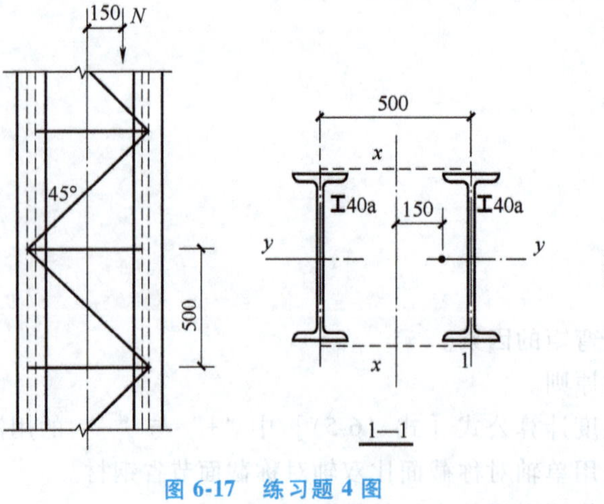

图 6-17 练习题 4 图

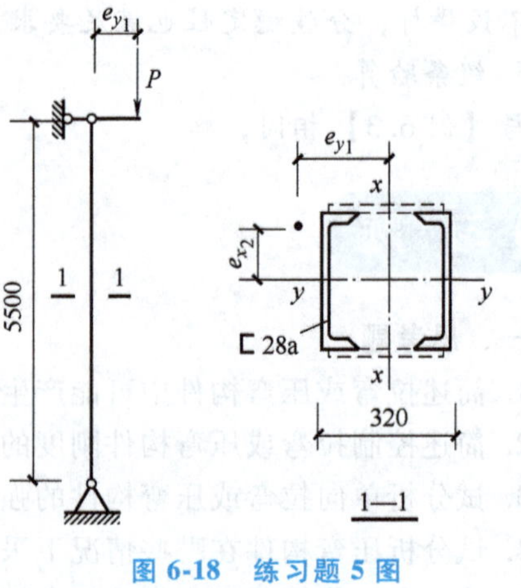

图 6-18 练习题 5 图

CHAPTER 7

第 7 章

轻钢门式刚架

本章要点：

1. 了解轻钢门式刚架结构体系、特点及截面形式，熟悉荷载、荷载组合及内力计算原则。

2. 了解刚架构件的设计步骤和方法，熟悉刚架节点设计。

3. 通过案例设计，学会结构布置及构件编号的方法，能够运用力学知识进行一榀门式刚架内力分析，熟悉截面设计及节点设计，掌握门式刚架编制设计说明书和绘制施工图的方法。

7.1 轻型钢结构概述

轻钢门式刚架是门式刚架轻型房屋钢结构的简称。门式刚架轻型房屋是指承重结构采用等截面或变截面的实腹刚架，围护系统采用轻型钢屋面和轻型外墙的单层房屋，图 7-1 为门式刚架轻型房屋钢结构示意图。其结构体系主要包括以下组成部分：①主结构，如横向刚架、楼面梁、托梁、支撑体系等；②次结构，如檩条、墙梁等；③围护结构，如屋面、墙面等；④辅助结构，如楼梯、平台、栏杆等；⑤基础。

1. 门式刚架的特点

门式刚架是由梁、柱构件组合而成的门形结构，是轻钢房屋结构系统的主要承重骨架。通常采用焊接 H 形或轧制 H 型钢以等截面或变截面的形式连接而成，配合轻型屋面结构、围护结构系统构成轻型房屋结构，主要特点如下：

1）门式刚架采用简单的梁、柱结构，可按弯矩图的变化及施工方便来改变腹板高度、腹板厚度或翼缘尺寸（上下翼缘可用不同截面，相邻单元的翼缘也可采用不同截面），充分做到材尽其用，节省用钢量。

2）采用压型钢板的轻型屋面和围护结构，不采用大型屋面板结构，柱网布置更加灵活，有利于平面空间的布局和利用。

3）刚架构件较轻，可用平板柱脚，并考虑平板柱脚对刚架柱的嵌固作用；支撑可为轻便构件。刚架的侧向刚度用隅撑来保证，隅撑用料少，间距小，因而刚架构件的翼缘宽度也可做得较小，而腹板高厚比可加大，从而进一步节省材料。隅撑是指用于支承斜梁和柱受压翼缘的支撑构件，通常采用单角钢，并用单螺栓连接在斜梁的下翼缘与檩条上。

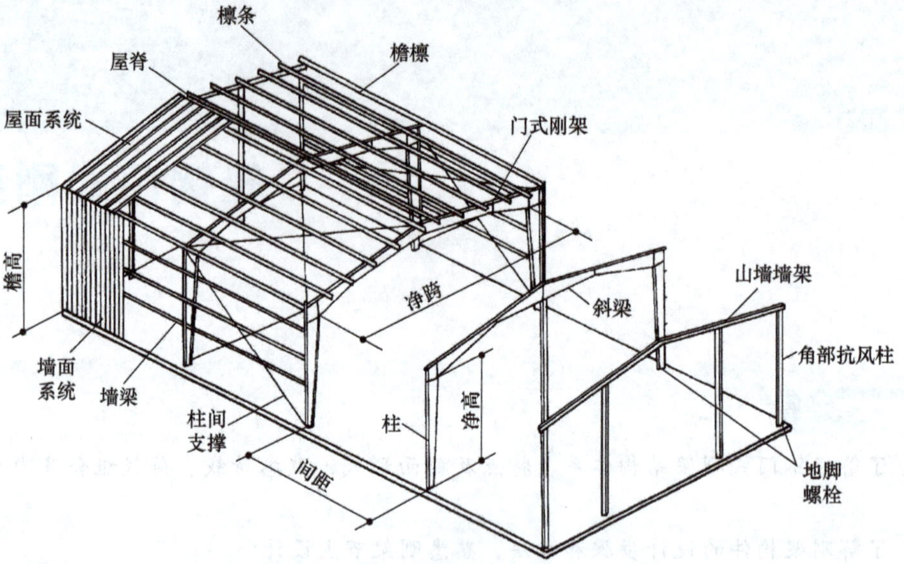

图 7-1　门式刚架轻型房屋钢结构

4）屋面与檐檩、脊檩（中间檩条）和墙面牢固连接，檩条又与刚架牢固连接，因而屋面压型钢板可起到应力蒙皮作用，从而提高刚架结构的整体刚度，有效减小结构的实际位移；加之构件单元之间用端板连接，延性好，自重轻，抗震性能强。

5）结构构件可全部在工厂批量生产，工业化程度高，现场主要采用螺栓连接和焊接连接，提高了生产效率，组装和拆卸方便，易于拆迁和回收利用，利于环保。

6）轻型门式刚架结构体系制作简便，安装快捷，施工周期短，商品化程度高，造价低，造型美观，在建筑市场上具有很强的竞争力。

对于风载较大情况，必须特别注意风载作用下的连接设计与施工。

2. 门式刚架的结构形式

门式刚架的结构形式较多，有不同的分类方法。按刚架形式划分，可分为单跨（图 7-2a）、双跨（图 7-2b）、多跨（图 7-2c）刚架及带挑檐刚架（图 7-2d）、带毗屋刚架（图 7-2e）等形式；按屋面坡数及屋面构造划分，可分为单坡（图 7-2f）、双坡刚架。当设置夹层时，夹层可沿纵向设置（图 7-2g）或在横向端跨设置（图 7-2h）。

按构件形式划分，分为实腹式和格构式两类。实腹式刚架一般采用热轧型钢或钢板焊成的工字形截面，构造简单，外形简洁，便于工业化生产。实腹式按刚架的截面特征划分，可分为 H 形截面、工字形截面、箱形截面及圆形截面等；根据跨度、高度和荷载的大小不同，刚架的梁、柱可以采用等截面和变截面实腹式焊接工字形截面或轧制的 H 形截面，通常大跨度门式刚架采用变截面形式，有利于结构的合理受力和材料的充分利用。格构式刚架刚度大，外形和净空布置灵活，用钢省，但其需要采用角钢或钢管组合连接而成，加工复杂，比较适合大跨度刚架。按刚架的连接方式划分，分为刚接和铰接两种类型。

3. 门式刚架设计一般要求

1）在门式刚架轻型房屋钢结构体系中，屋盖宜采用压型钢板屋面板和冷弯薄壁型钢檩条，主刚架可采用变截面实腹刚架，外墙宜采用压型钢板墙面和冷弯薄壁型钢墙梁。主刚架间的交叉支撑可采用张紧的圆钢、钢索或型钢等。

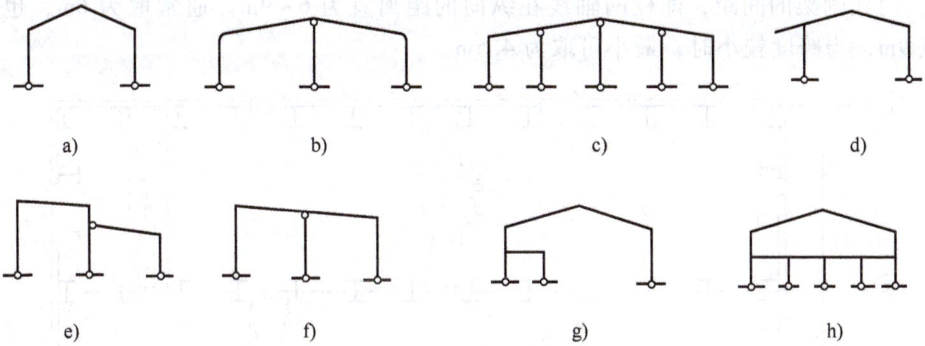

图 7-2 门式刚架的形式示例

a）单跨双坡 b）双跨双坡 c）多跨双坡 d）带挑檐
e）单跨单坡带毗屋 f）双跨单坡 g）纵向带夹层 h）横向端跨带夹层

2）门式刚架可由多个梁、柱单元构件组成，柱宜为单独的单元构件，斜梁可根据运输条件划分为若干个单元。单元构件本身应采用焊接连接，单元构件之间宜通过端板采用高强度螺栓连接。

3）门式刚架的柱脚宜按铰接支承设计，通常为平板支座，设一对或两对地脚螺栓。当用于工业厂房且有 5t 以上桥式起重机时，可将柱脚设计为刚接。

4）根据跨度、高度及荷载不同，门式刚架的梁、柱可采用变截面或等截面实腹焊接工字形截面或轧制 H 形截面。设有桥式起重机时，柱宜采用等截面构件。变截面构件宜做成改变腹板高度的楔形；必要时也可改变腹板厚度。结构构件在制作单元内不宜改变翼缘截面，当必要时，仅可改变翼缘厚度；邻接的制作单元可采用不同的翼缘截面，两单元相邻截面高度宜相等。

5）门式刚架房屋结构，屋面可采用隔热卷材做屋面隔热和保温层，也可采用带隔热层的板材（夹芯板）做屋面，屋面坡度宜取为 1/20～1/8，在雨水较多的地区宜取其中的较大值。

4. 门式刚架轻钢结构的布置

1）门式刚架的跨度。门式刚架的跨度应取横向刚架柱轴线间的距离。门式刚架的单跨跨度宜为 12～48m，当边柱宽度不等时，其外侧应对齐。研究表明，按此规定的刚架构件轴线与按构件实际重心线的计算结果相比，偏于安全。门式刚架轻型房屋的宽度应取房屋侧墙墙梁外皮之间的距离。

2）门式刚架的高度。门式刚架的高度应取室外地面至柱轴线与斜梁轴线交点的高度。高度应根据使用要求的室内净高确定，有起重机的厂房应根据轨顶标高和起重机净空要求确定。

门式刚架轻型房屋的檐口高度应取室外地面至房屋外侧檩条上缘的高度。门式刚架轻型房屋的最大高度应取室外地面至屋盖顶部檩条上缘的高度。

3）门式刚架的柱网布置。柱网布置是指确定门式刚架承重柱在平面上的排列，也就是确定承重柱的纵向和横向定位轴线所形成的网格，如图 7-3 所示。柱的轴线可取通过柱下端（较小端）中心的竖向轴线，斜梁的轴线可取通过变截面梁段最小端中心与斜梁上表面平行的轴线。门式刚架的间距，即柱网轴线在纵向的距离宜为 6~9m。通常取为 6m，也可采用 7.5m 或 9m，当跨度较小时，最小可取为 4.5m。

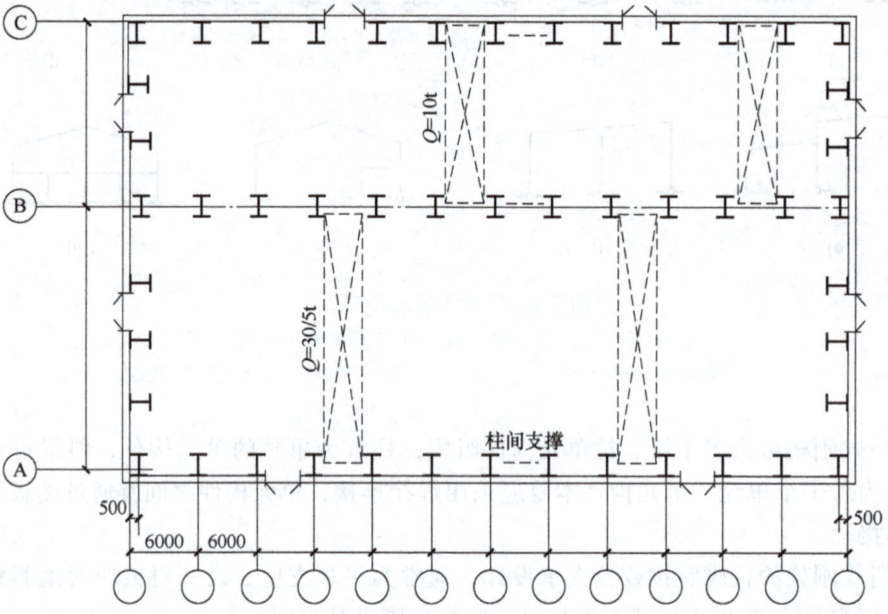

图 7-3　柱网布置图

4）门式刚架的温度区段长度及伸缩缝。门式刚架轻型房屋的长度应取两端山墙墙梁外皮之间的距离。门式刚架轻型房屋钢结构的温度区段长度，纵向温度区段不宜大于 300m，横向温度区段不宜大于 150m。当房屋横向温度区段超过 150m，而在使用上不宜设置纵向伸缩缝时，应充分考虑温度应力对刚架的影响。需要设置伸缩缝时，在搭接檩条的螺栓连接处宜采用长圆孔，该处屋面板在构造上应允许胀缩或设置双柱；吊车梁与柱的连接处宜采用长圆孔。

5）托梁（托架）。在多跨刚架局部抽掉中间柱或边柱处，宜布置托梁或托架。此时应在其两侧（或一侧）布置纵向水平支撑，并向两端各延伸一个开间，以加强整体刚度，并保证托梁（托架）的整体稳定性。

6）檩条与山墙墙架。屋面檩条可采用轧制槽钢、工字钢、H 型钢等，常采用冷弯薄壁 C 形、Z 形钢材。檩条的布置应综合考虑天窗、通风屋脊、采光带、屋面材料及檩条供货规格等因素，屋面压型钢板厚度和檩条间距应按计算确定。山墙可设置由斜梁、抗风柱、墙梁及其支撑组成的山墙墙架，或采用门式刚架。

7）纵向传力体系。轻型房屋的纵向应有明确、可靠的传力体系。当某一柱列纵向刚度和强度较弱时，应通过房屋横向水平支撑，将水平力传递至相邻柱列。

5. 墙架布置

1）门式刚架轻型房屋钢结构侧墙墙梁的布置，应考虑设置门窗、挑檐、遮阳和雨篷等构件及围护材料的要求。

2）门式刚架轻型房屋钢结构的侧墙，当采用压型钢板做围护面时，墙梁宜布置在刚架柱的外侧，其间距应随墙板板型和规格确定，且不应大于计算要求的间距。

3）门式刚架轻型房屋的外墙，当抗震设防烈度在 8 度及以下时，宜采用轻型金属墙板或非嵌砌砌体；当抗震设防烈度为 9 度时，应采用轻型金属墙板或与柱柔性连接的轻质墙板。

6. 门式刚架的适用范围

门式刚架结构代替传统的混凝土和热轧型钢制作的柱、梁、屋面板、檩条等，不仅可减小梁、柱和基础截面尺寸，整体结构质量减轻，而且式样美观，工业化程度高，施工速度快，经济效益显著。随着我国彩钢板产量的增加和 H 型钢的应用，门式刚架结构在轻工业厂房和公共建筑领域得到了广泛应用。

1）门式刚架已大量用于各类工业厂房、仓库、体育场、会议厅、展览中心、影剧场等大型公共建筑以及不同用途的各种活动房屋。

2）门式刚架通常跨度 9~36m，檐口高度不大于 15m，柱距 6m，柱高 4.5~9m，适用于起重机起重量较小的单层工业厂房或公共建筑。设置桥式起重机时，起重量不宜大于 20t；设置悬挂起重机时，起重量不宜大于 3t。

3）门式刚架特别适用于地震区，地基承载力较低、缺少砂石和水泥等材料的地区，以及运输条件较差、施工场地狭小或建设工期较短的工程。

7.2　荷载、荷载组合及内力计算

7.2.1　门式刚架轻型房屋钢结构的荷载

门式刚架轻型房屋钢结构采用的设计荷载应包括：永久荷载、竖向可变荷载、风荷载、温度作用和地震作用。

1. 一般规定

当采用压型钢板轻型屋面时，屋面按水平投影面积计算的竖向活荷载的标准值应取 0.5kN/m^2，对承受荷载水平投影面积大于 60m^2 的刚架构件，屋面竖向均布活荷载的标准值应取不小于 0.3kN/m^2。

设计屋面板和檩条时，还应考虑施工及检修集中荷载，其标准值应取 1.0kN，且作用在结构最不利位置上；当施工有可能超过该检修集中荷载时，应按实际情况采用。

2. 风荷载

门式刚架轻型房屋钢结构计算时，风荷载作用面积应取垂直于风向的最大投影面积，垂直于建筑物表面的单位面积风荷载标准值为

$$w_k = \beta\mu_w\mu_z w_0 \tag{7-1}$$

式中　w_k——风荷载标准值（kN/m^2）；

w_0——基本风压（kN/m^2），按现行《建筑结构荷载规范》（GB 50009—2012）的规定值采用；

μ_z——风压高度变化系数，按现行《建筑结构荷载规范》的规定值采用，当高度小于 10m 时，按 10m 高度处的数值采用；

μ_w——风荷载系数，考虑内、外风压最大组合，按相关规定值采用；

β——系数，计算主刚架时，取 $\beta=1.1$，计算檩条、墙梁、屋面板和墙面板及连接时取 $\beta=1.5$。

计算风荷载时，风荷载系数 μ_w 选取比较复杂，分主刚架的横向风荷载系数、主刚架的纵向风荷载系数、外墙的风荷载系数、双坡/多跨双坡屋面和挑檐的风荷载系数、单坡/锯齿形屋面的风荷载系数等，《门式刚架轻型房屋钢结构技术规范》（GB 51022—2015）（简写为《门式刚架规范》）中进行了详细规定。风荷载分风吸力和风压力，屋面坡度不同，风吸力和风压力的风荷载系数均不同。应根据房屋类型（如封闭式、部分封闭式、敞开式）和屋面坡度及风荷载系数分区，查取风荷载系数 μ_w，图 7-4 为双坡屋面主刚架的横向及纵向风荷载系数分区示意图。

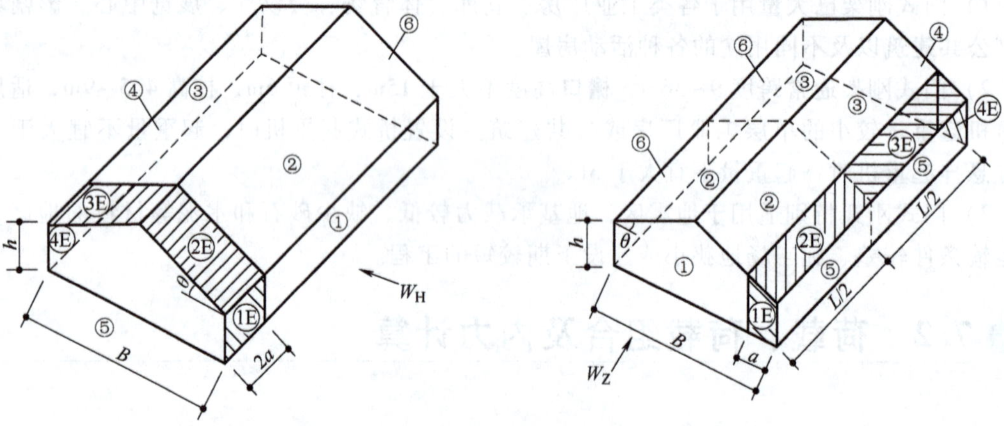

a)　　　　　　　　　　b)

图 7-4　双坡屋面主刚架的风荷载系数分区示意图

a）横向　b）纵向

θ—屋面坡度角，为屋面与水平的夹角　B—房屋宽度　h—屋顶至室外地面的平均高度，双坡屋面可近似取檐口高度，单坡屋面可取跨中高度　a—计算围护结构构件时的房屋边缘带宽度，取房屋最小水平尺寸的 10%或 $0.4h$ 之中较小值，但不得小于房屋最小尺寸的 4%或 1m　W_H—横风向来风　W_Z—纵风向来风。

注：图中带圈符号为分区编号。

3. 雪荷载

门式刚架轻型房屋钢结构屋面水平投影面上的雪荷载标准值为

$$S_k=\mu_r S_0 \tag{7-2}$$

式中　S_k——雪荷载标准值（kN/m^2）；

S_0——基本雪压（kN/m^2），按现行《建筑结构荷载规范》规定的 100 年重现期的雪压采用；

μ_r——屋面积雪分布系数，按《门式刚架规范》中的规定值采用。

4. 地震作用

门式刚架轻型房屋钢结构的抗震设防类别和抗震设防标准，应按现行国家标准《建筑工程抗震设防分类标准》（GB 50223—2008）的规定采用。应按以下原则考虑地震作用：

1）一般情况下，门式刚架轻型房屋钢结构按房屋的两个主轴方向分别计算水平地震作用；质量与刚度分布明显不对称的结构，应计算双向水平地震作用并计入扭转的影响。

2）抗震设防烈度为 8 度和 9 度时，应计算竖向地震作用，可分别取该结构重力荷载代表值的 10%和 20%，设计基本地震加速度为 0.30g 时，可取该结构重力荷载代表值的 15%。计算地震作用时还应考虑墙体对地震作用的影响。

7.2.2　荷载组合和地震作用组合的效应

1. 荷载组合的原则

荷载组合应符合以下原则：

1）屋面均布活荷载不与雪荷载同时考虑，应取两者中的较大值。

2）积灰荷载与雪荷载或屋面均布活荷载中的较大值同时考虑。

3）施工或检修集中荷载不与屋面材料或檩条自重以外的其他荷载同时考虑。

4）风荷载不与地震作用同时考虑。

2. 持久设计状况和短暂设计状况

持久设计状况和短暂设计状况下，当荷载与荷载效应按线性关系考虑时，荷载组合的效应设计值为

$$S_d = \gamma_G S_{Gk} + \psi_Q \gamma_Q S_{Qk} + \psi_w \gamma_w S_{wk} \tag{7-3}$$

式中　S_d——荷载组合的效应设计值（kN/m²）；

S_{Gk}、S_{Qk}、S_{wk}——永久荷载效应标准值（kN/m²）、竖向可变荷载效应标准值（kN/m²）、风荷载效应标准值（kN/m²）；

γ_G——永久荷载的分项系数，根据《建筑结构可靠性设计统一标准》（GB 50068—2018）选用，永久荷载的分项系数取 1.3；

γ_Q、γ_w——竖向可变荷载的分项系数、风荷载的分项系数，《建筑结构可靠性设计统一标准》（GB 50068—2018）规定，均应取 1.5；

ψ_Q、ψ_w——可变荷载组合值系数和风荷载组合值系数，当永久荷载效应起控制作用时应分别取 0.7 和 0，当可变荷载效应起控制作用时应分别取 1.0 和 0.6，或者 0.7 和 1.0。

3. 地震设计状况

地震设计状况下，当作用与作用效应按线性关系考虑时，荷载与地震作用基本组合效应设计值为

$$S_E = \gamma_G S_{GE} + \gamma_{Eh} S_{Ehk} + \gamma_{Ev} S_{Evk} \tag{7-4}$$

式中　S_E——荷载和地震效应组合的效应设计值（kN/m²）；

S_{GE}、S_{Ehk}、S_{Evk}——重力荷载标准值的效应（kN/m²）、水平地震作用标准值的效应（kN/m²）、竖向地震作用标准值的效应（kN/m²）；

γ_G、γ_{Eh}、γ_{Ev}——重力荷载分项系数、水平地震作用分项系数、竖向地震作用分项系数，应按表 7-1 取值。

表 7-1 地震设计状况时荷载和作用的分项系数

参与组合的荷载和作用	γ_G	γ_{Eh}	γ_{Ev}	说明
重力荷载及水平地震作用	1.2	1.3	—	—
重力荷载及竖向地震作用	1.2	—	1.3	抗震设防烈度为 8 度、9 度时考虑
重力荷载、水平地震及竖向地震作用	1.2	1.3	0.5	抗震设防烈度为 8 度、9 度时考虑

注：当重力荷载效应对结构的承载力有利时，表中 γ_G 不应大于 1.0。

7.2.3 门式刚架结构内力计算

1. 计算模型

门式刚架轻型房屋钢结构实际上是一个空间结构，而且屋面板及墙面系统存在应力蒙皮效应，但为了简便计算，进行必要的简化如下：

1）可按平面结构分析内力，不宜考虑应力蒙皮效应。

2）门式刚架应按弹性分析方法计算。

3）确定计算简图时，对等截面对称构件按截面中心线取用，对变截面横梁按梁端最小高度中心线取平行于刚架坡度确定。

当未设置柱间支撑时，柱脚应设计成刚接，柱应按双向受力进行设计计算。

当采用二次弹性分析时，应施加假想水平荷载。假想水平荷载应取竖向荷载设计值的 0.5%，分别施加在竖向荷载作用位置，假想荷载的方向与风荷载或地震作用的方向相同。

2. 控制截面及最不利内力组合

根据对一榀刚架的内力分析，得到各种状况下的荷载效应，如弯矩图、轴力图、剪力图，确定控制截面。控制截面一般为柱顶、柱底、柱阶形变截面处，以及梁端、梁跨中等位置。

（1）刚架梁控制截面的内力　刚架梁控制截面一般应计算以下三种最不利内力组合：

1）最大弯矩及相应剪力（$M_{max}+V$）。

2）最大负弯矩及相应剪力（$M_{min}+V$）。

3）最大剪力及相应弯矩（$V_{max}+M$）。

（2）刚架柱控制截面的内力　刚架柱控制截面一般应计算四种最不利内力组合：

1）最大轴力及弯矩、剪力（$N_{max}+M+V$）。

2）最小轴力及弯矩、剪力（$N_{min}+M+V$）。

3）最大弯矩及相应轴力、剪力（$M_{max}+N+V$）。

4）最大负弯矩及相应轴力、剪力（$M_{min}+N+V$）。

3. 地震作用分析

计算门式刚架地震作用时，其阻尼比取值规定：封闭式房屋可取为 0.05；敞开式房屋可取为 0.035；其余房屋应按外墙面积开孔率插值计算。

单跨房屋、多跨等高房屋可采用基底剪力法进行横向刚架的水平地震作用计算，不等高房屋可按振型分解反应谱法计算。纵向柱列的地震作用采用基底剪力法计算时，应保证每一集中质量处，均能将按高度和质量大小分配的地震力传递到纵向支撑或纵向框架。

4. 温度作用分析

当门式刚架轻型房屋钢结构的横向温度区段大于 150m 或纵向温度区段大于 300m 时，应采取释放温度应力的措施或计算温度作用效应。

计算温度作用效应时，基本气温按现行《建筑结构荷载规范》规定执行，温度作用效应的分项系数宜取 1.4。房屋纵向结构采用全螺栓连接时，可对温度作用效应进行折减，折减系数可取 0.35。

7.3 刚架构件设计

7.3.1 刚架截面

1. 刚架斜梁

门式刚架斜梁根据需要可采用等截面刚架斜梁或变截面刚架斜梁。等截面刚架斜梁通常采用轧制 H 型钢或工字钢；变截面刚架斜梁采用楔形梁、双楔形梁的焊接工字形或 H 形截面，图 7-5 所示的是一种常用的变截面刚架斜梁。

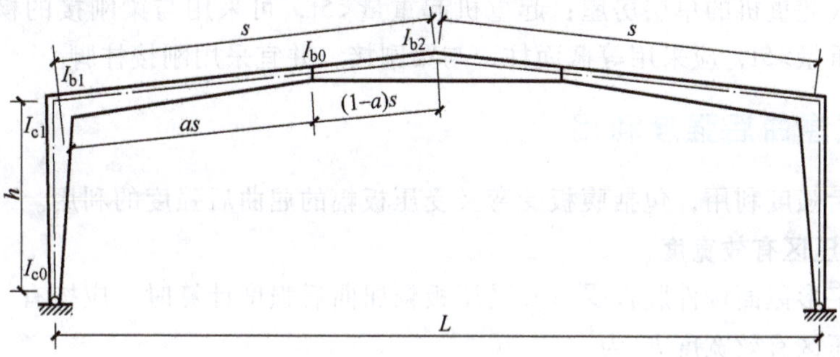

图 7-5 变截面刚架斜梁

L—刚架跨度 h—刚架柱高 s—单坡面长度 a—楔形横梁长度比

I_{b0}、I_{b1}、I_{b2}—梁不同截面惯性矩 I_{c0}、I_{c1}—柱不同截面惯性矩

刚架梁可沿梁长分段变化，其截面高度和腹板厚度、翼缘宽度和厚度、同一运输单元段翼缘不变化宽度、不同单元段连接处梁高度应相等。当翼缘宽度变化明显时，（如相差 30mm 以上），宜用梯形板或三角板使翼缘平缓过渡，过渡梯度小于 1∶4，过渡段长度取翼缘宽度差的 3 倍，以免产生应力集中，如图 7-6 所示。

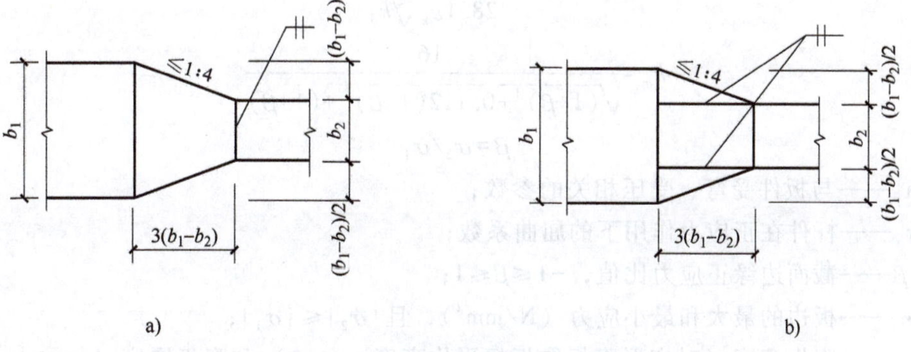

图 7-6 变宽度梁翼缘平缓过渡

a）梯形板过渡 b）三角板过渡

初选截面时，横梁的截面高度与其跨度之比宜为1/45~1/30。加腋梁的梁端加腋长度依据与门式刚架跨度的近似比值选取：无桥式起重机的单跨刚架可取0.2左右，有桥式起重机的单跨刚架取0.25左右。

确定梁端加腋长度时，宜综合考虑：梁端截面的承载力要求及梁端与柱连接处对连接刚度的要求；为利用腹板屈曲后强度，腹板高度变化率不超过60mm/m；梁与柱采用柱顶平接时，考虑运输长度的限制，如火车运输要求构件长度不大于12m。

当刚架的跨度大于或等于15m时，其横梁宜起拱，拱度可取跨度的1/500。

2. 刚架柱

刚架柱的截面高度应根据柱高和起重机情况，并参照横梁的截面高度选用，可与横梁等截面或不等截面。

对于无起重机单层房屋：边柱及与梁刚接的中柱采用楔形柱；摇摆柱（即上、下端铰接的轴心受压构件）及梁刚接的中柱可采用等截面柱，如采用H型钢、圆管、方管、矩形管截面。

对于有桥式起重机的单层房屋：起重机起重量<5t，可采用与梁刚接的楔形柱或等截面柱；起重机起重量>5t，应采用等截面柱，与梁刚接，并宜采用刚接柱脚。

7.3.2 腹板屈曲后强度利用

腹板屈曲后强度利用，包括腹板受弯及受压板幅的屈曲后强度的利用。

1. 腹板受压区有效宽度

当进行工字形截面构件腹板受弯及受压板幅屈曲后强度计算时，应按有效跨度计算截面特性。腹板受压区有效宽度 h_e 为

$$h_e=\rho h_c \tag{7-5}$$

式中 h_c——腹板受压区宽度（mm）；

ρ——有效宽度系数，按式（7-6）计算，当 $\rho>1.0$ 时，取1.0。

有效宽度系数 ρ 为

$$\rho=\frac{1}{(0.243+\lambda_p^{1.25})^{0.9}} \tag{7-6}$$

其中，

$$\lambda_p=\frac{h_w/t_w}{28.1\varepsilon_k\sqrt{k_\sigma}} \tag{7-7}$$

$$k_\sigma=\frac{16}{\sqrt{(1+\beta)^2+0.112(1-\beta)^2}+(1+\beta)} \tag{7-8}$$

$$\beta=\sigma_2/\sigma_1 \tag{7-9}$$

式中 λ_p——与板件受弯、受压相关的参数；

k_σ——杆件在正应力作用下的屈曲系数；

β——截面边缘正应力比值，$-1\leqslant\beta\leqslant1$；

σ_1、σ_2——板边的最大和最小应力（N/mm²），且 $|\sigma_2|\leqslant|\sigma_1|$；

h_w、t_w——腹板高度（对楔形腹板取板幅平均高度）（mm）和腹板厚度（mm）。

腹板受压区有效宽度 h_e 分布在腹板受压区的两端，分布规则与腹板两侧的应力符号有

关，如图 7-7 所示。

当 $\beta\geqslant0$ 时，σ_1 与 σ_2 均为压应力，截面全部受压，$h_c=h_w$，此时为

$$h_{e1}=2h_e/(5-\beta) \tag{7-10a}$$

$$h_{e2}=h_e-h_{e1} \tag{7-10b}$$

当 $\beta<0$ 时，σ_1 与 σ_2 为异号，截面部分受压、部分受拉，$h_c<h_w$，此时为

$$h_{e1}=0.4h_e \tag{7-11a}$$

$$h_{e2}=0.6h_e \tag{7-11b}$$

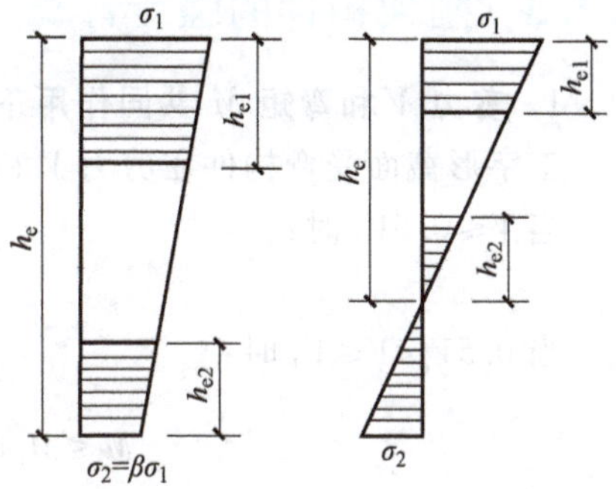

图 7-7 腹板有效宽度的分布

a) $\beta\geqslant0$ 时 b) $\beta<0$ 时

2. 考虑屈曲后强度的受剪板幅受剪承载力设计值

工字形截面构件腹板的受剪板幅，考虑屈曲后强度时，应设置横向加劲肋，板幅的长度与板幅范围内的大端截面高度相比不应大于 3。

对于腹板高度变化的区格考虑屈曲后强度，腹板受剪承载力设计值为

$$V_d=\chi_{tap}\varphi_{ps}h_{w1}t_wf_v\leqslant h_{w0}t_wf_v \tag{7-12}$$

其中，

$$\varphi_{ps}=\frac{1}{(0.51+\lambda_s^{3.2})^{1/2.6}}\leqslant1.0 \tag{7-13}$$

$$\chi_{tap}=1-0.35\alpha^{0.2}\gamma_p^{2/3} \tag{7-14}$$

式中 f_v——钢材抗剪强度设计值（N/mm^2）；

λ_s——与板件受剪有关的参数；

φ_{ps}——腹板屈曲后剪切屈曲稳定系数；

χ_{tap}——腹板屈曲后抗剪强度的楔率折减系数；

γ_p——腹板区格楔率，$\gamma_p=(h_{w1}-h_{w0})/h_{w0}$，其中 h_{w1}、h_{w0} 分别为楔形腹板大端腹板高度（mm）、小端腹板高度（mm）；

t_w——腹板厚度（mm）；

α——区格的长度与高度比，$\alpha=a/h_{w1}$，a 为加劲肋间距。

与板件受剪有关的参数 λ_s 为

$$\lambda_s=\frac{h_{w1}/t_w}{37\varepsilon_k\sqrt{k_\tau}} \tag{7-15}$$

式中 k_τ——受剪板件的屈服系数。

受剪板件的屈服系数 k_τ 取值如下：

1）当 $a/h_{w1}<1$ 时，$k_\tau=4+5.34/(a/h_{w1})^2$。

2）当 $a/h_{w1}\geqslant1$ 时，$k_\tau=\eta_s[5.34+4/(a/h_{w1})^2]$，其中，$\eta_s=1-\omega_1\sqrt{\gamma_p}$，$\omega_1=0.41-0.897\alpha+0.363\alpha^2-0.041\alpha^3$。

3）当不设横向加劲肋时，取 $k_\tau=5.34$。

对于等截面，楔率 $\gamma_p=0$，楔率折减系数 $\chi_{tap}=1$，则等高度腹板的区格，考虑屈曲后强度，其受剪承载力设计值由式（7-12）简化为

$$V_d=\varphi_{ps}h_w t_w f_v \leqslant h_w t_w f_v \tag{7-16}$$

7.3.3 刚架构件的强度计算

1. 剪力 V 和弯矩 M 共同作用下的强度

工字形截面受弯构件在剪力 V 和弯矩 M 共同作用下的强度，应满足以下公式要求：

当 $V\leqslant 0.5V_d$ 时：

$$M\leqslant M_e \tag{7-17}$$

当 $0.5V_d<V\leqslant V_d$ 时：

$$M\leqslant M_f+(M_e-M_f)\left[1-\left(\frac{V}{0.5V_d}-1\right)^2\right] \tag{7-18}$$

当截面为双轴对称时：

$$M_f=A_f(h_w+t_f)f \tag{7-19}$$

式中 M_f——两翼缘所承担的弯矩（N·mm）；

M_e——构件有效截面所承担的弯矩（N·mm），$M_e=W_e f$；

W_e——构件有效截面最大受压纤维的截面模量（mm^3）；

A_f、t_f——翼缘的截面面积（mm^2）和翼缘厚度（mm）；

h_w——计算截面腹板高度（mm）。

2. 剪力 V、弯矩 M 和轴心压力 N 共同作用下的强度

工字形截面受弯构件在剪力 V、弯矩 M 和轴心压力 N 共同作用下的强度，应满足以下公式要求：

当 $V\leqslant 0.5V_d$ 时：

$$\frac{N}{A_e}+\frac{M}{\gamma_x W_e}\leqslant f \tag{7-20}$$

当 $0.5V_d<V\leqslant V_d$ 时：

$$M\leqslant M_f^N+(M_e^N-M_f^N)\left[1-\left(\frac{V}{0.5V_d}-1\right)^2\right] \tag{7-21}$$

$$M_e^N=M_e-\frac{NW_e}{A_e} \tag{7-22}$$

当截面为双轴对称时：

$$M_f^N=A_f(h_w+t)(f-N/A_e) \tag{7-23}$$

式中 M_f^N——兼承压力 N 时两翼缘所承担的弯矩（N·mm）；

A_e——有效截面面积（mm^2）。

7.3.4 刚架构件的稳定性验算

刚架构件的稳定性验算包括：刚架柱在刚架平面内的稳定性及在刚架平面外的稳定性、刚架斜梁稳定性、隅撑支撑梁的稳定性等。

刚架柱是典型的压弯构件，等截面柱分别按式（6-8）和式（6-15）验算平面内和平面外的稳定性。刚架平面外的计算长度由支撑构件布置情况确定，柱在平面外的计算长度取决于支撑体系提供的在平面外支撑点间的距离。但刚架柱平面内的计算长度确定比单根压弯构件复杂，需要根据刚架的整体稳定性分析得到。

1. 刚架柱平面内的计算长度

根据弹性稳定理论分析单层等截面刚架柱在刚架平面内的计算长度时，进行以下假设：

1）刚架只承受作用于节点的竖向荷载，忽略横梁上荷载和水平荷载产生端弯矩的影响。

2）整个刚架同时丧失稳定，即所有框架柱同时达到临界荷载。

3）失稳时横梁两端转角相等。

刚架柱在刚架平面内的可能失稳形式分为有侧移和无侧移两种。基于上述假定，单层单跨刚架的失稳形式如图 7-8 所示。

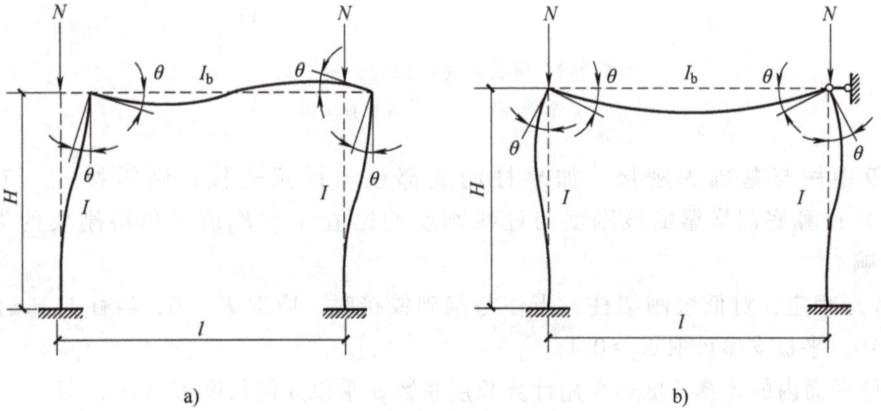

图 7-8　单层单跨刚架的失稳形式

a）有侧移刚架　b）无侧移刚架

一般刚架柱，如不设置支撑架、剪力墙等能防止侧移的有效支撑体系，则刚架失稳时刚架柱顶部在刚架平面内会发生侧移，称为有侧移的刚架。有侧移的刚架失稳时，刚架柱同向侧移、失稳形态相同，横梁两端转角 θ 大小相等但方向相反，横梁与刚架柱间夹角反对称，横梁呈 S 形，如图 7-8a 所示。

顶部设置支撑架或剪力墙等能防止侧移的有效支撑体系，限制刚架柱顶部侧移的刚架，称为无侧移的刚架。无侧移刚架失稳时，横梁两端转角大小相等，方向相反，而刚架柱失稳形态以及梁与柱间夹角均对称，横梁失稳形式呈半正弦曲线，如图 7-8b 所示。

横梁两端转角 θ 大小及横梁对柱的约束作用取决于横梁线刚度与柱线刚度的比值 K_1，即

$$K_1=\frac{I_b/l}{I/H} \tag{7-24}$$

式中　I_b/l——横梁的线刚度（mm^3），I_b 为梁截面惯性矩（mm^4），l 为梁长（mm）；

I/H——刚架柱的线刚度（mm^3），I 为柱截面惯性矩（mm^4），H 为柱高（mm）。

当横梁与柱铰接时，取横梁线刚度为零。

对于单层多跨刚架，其失稳形式如图 7-9 所示。多跨横梁的 K_1 值为与柱相邻的两根横梁线刚度之和与柱线刚度的比值，即

$$K_1=\frac{I_{b1}/l_1+I_{b2}/l_2}{I/H} \tag{7-25}$$

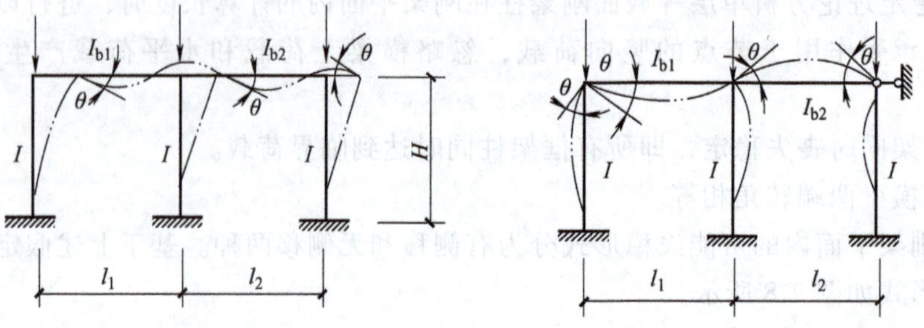

图 7-9 单层多跨刚架的失稳形式

a）有侧移刚架 b）无侧移刚架

图 7-9 中柱与基础为刚接，如果柱的底部也与横梁连接，则需按式（7-24）或式（7-25）计算底部横梁的线刚度与柱线刚度的比值 K_2，K_2值对单层刚架的失稳形式有很大影响。

《钢标》规定，对低层刚架柱，当柱与基础铰接时，应取 $K_2=0$，当柱与基础刚接时，应取 $K_2=10$，平板支座可取 $K_2=0.1$。

刚架柱平面内的计算长度仍采用计算长度系数 μ 乘以几何长度 H 表示，即

$$H_0=\mu H \tag{7-26}$$

式中 μ——刚架柱平面内的计算长度系数根据 K_1 和 K_2 值，查表 D-1 或表 D-2 确定。

有侧移的无支撑刚架失稳时，刚架柱平面内的计算长度系数 μ 均大于 1.0，无侧移的有支撑刚架柱失稳时，μ 均小于 1.0。说明有侧移失稳的刚架的临界力比无侧移失稳的刚架小很多。

2. 变截面刚架梁稳定性的计算公式

变截面刚架构件与等截面刚架构件的稳定性方法不同，《门式刚架规范》详细规定了变截面柱以及变截面刚架梁稳定性的计算公式。

变截面柱的稳定是以柱大端或弯矩最大所在截面进行验算，轴心压力作用引入钢柱小端与大端毛截面面积差异的修正系数。变截面柱在刚架平面内稳定性计算公式为

$$\frac{N_1}{\eta_t\varphi_x A_{e1}}+\frac{\beta_{mx}M_1}{(1-N_1/N_{cr})W_{e1}}\leqslant f \tag{7-27}$$

式中 N_1、M_1——大端的轴心压力设计值（N）和大端的弯矩设计值（N·mm）；

A_{e1}、W_{e1}——大端的有效截面面积（mm^2）和大端的有效截面最大受压纤维的截面模量（mm^3）；

N_{cr}——欧拉临界力（N），$N_{cr}=\pi^2EA_{e1}/\lambda_1^2$，其中，$\lambda_1$ 为按大端计算的考虑计算长度系数的长细比，$\lambda_1=\mu H/i_{x1}$，μ 为计算长度系数，H 为柱高；

φ_x——轴心受压构件稳定系数；

γ_x——截面塑性发展系数；

β_{mx}——等效弯矩系数，有侧移刚架柱 β_{mx} 取为 1.0；

η_t——参数，小端与大端毛截面面积差异的修正系数，当 $\overline{\lambda}_1 \geqslant 1.2$ 时，$\eta_t = 1.0$，当 $\overline{\lambda}_1 < 1.2$ 时，$\eta_t = \dfrac{A_0}{A_1} + \left(1 - \dfrac{A_0}{A_1}\right) \times \dfrac{\overline{\lambda}_1^2}{1.44}$，其中，$\overline{\lambda}_1 = \dfrac{\lambda_1}{\pi}\sqrt{\dfrac{E}{f_y}}$，$A_0$、$A_1$ 为小端与大端的毛截面面积，E 为弹性模量。

变截面柱在刚架平面外稳定性，应分段按式（7-28）计算，当不满足时，应设置侧向支撑或隅撑，并验算每段的平面外稳定性。变截面柱在刚架平面外稳定性计算公式为

$$\frac{N_1}{\eta_{ty}\varphi_y A_{e1} f} + \left(\frac{M_1}{\varphi_b \gamma_x W_{e1} f}\right)^{1.3-0.3k_\sigma} \leqslant 1.0 \tag{7-28}$$

式中 N_1、M_1——所计算构件段大端的轴心压力设计值（N）和大端的弯矩设计值（N · mm）；

φ_y——轴心受压构件弯矩作用平面外的稳定系数；

φ_b——变截面梁的稳定系数；

η_{ty}——参数，当 $\overline{\lambda}_{1y} \geqslant 1.3$ 时，$\eta_{ty} = 1.0$；当 $\overline{\lambda}_{1y} < 1.3$ 时，$\eta_{ty} = \dfrac{A_0}{A_1} + \left(1 - \dfrac{A_0}{A_1}\right) \times \dfrac{\overline{\lambda}_{1y}^2}{1.69}$，其中，$\overline{\lambda}_{1y} = \dfrac{\lambda_{1y}}{\pi}\sqrt{\dfrac{f_y}{E}}$，绕弱轴的长细比 $\lambda_{1y} = L/i_{1y}$，L 为计算段长度，i_{1y} 为大端截面绕弱轴的回转半径；其他符号含义同式（7-27）。

承受线性变化弯矩的楔形变截面梁段稳定性计算公式，考虑了变截面梁楔率、小端截面应力与大端应力比值，弹性屈曲临界弯矩计算，采用截面惯性矩比、变截面等效翘曲惯性矩、变截面等效圣维南扭转常数等。

斜梁设计，应符合以下规定：

1）实腹式刚架斜梁在平面内可按压弯构件计算强度，在平面外应按压弯构件计算稳定性。

2）实腹式刚架斜梁的平面外计算长度，应取侧向支承点间的距离；当斜梁两翼缘侧向支承点间的距离不等时，应取最大受压翼缘侧向支承点间的距离。

3）当实腹式刚架斜梁的下翼缘受压时，支承在屋面斜梁上翼缘的檩条，不能单独作为屋面斜梁的侧向支撑。

等截面构件可视为变截面的特例，仍可按变截面刚架规定计算。但为简便起见，可采用《钢标》中压弯构件稳定性相关公式计算。

7.3.5 加劲肋设置

梁腹板应在中柱连接处、较大集中荷载作用处、翼缘转折处设置横向加劲肋。梁腹板利用屈曲后强度时，其中间加劲肋除承受集中荷载和翼缘转折所产生的压力外，还应承受拉应力场产生的压力。

拉应力场产生的压力为

$$N_s = V - 0.9\varphi_s h_w t_w f_v \tag{7-29}$$

式中 V——梁受剪承载力设计值（N）；

h_w、t_w——腹板的高度（mm）和厚度（mm）；

φ_s——腹板剪切屈曲稳定系数，$\varphi_s=1/\sqrt[3]{0.738+\lambda_s^6}$，且 $\varphi_s\leqslant 1.0$；

λ_s——与板件受剪有关的参数，按式（7-15）计算。

加劲肋验算应按轴心受压构件的方法验算加劲肋稳定性。轴向压力包括三部分：承受集中荷载、翼缘转折所产生的压力及拉应力场产生的压力。截面面积应包括每侧 $15t_w\varepsilon_k$ 宽度范围内腹板面积。计算长度取腹板高度 h_w。

7.4 刚架节点设计

7.4.1 刚架节点形式

工程应用中节点构造形式较多，门式刚架的典型节点主要包括：梁-柱拼接节点、屋脊拼接节点、斜梁长度不足时需要接长的拼接节点、柱脚等。节点设计的原则：节点设计应传力简捷，构造合理，具有必要的延性；应便于焊接，避免应力集中和产生过大的约束应力；应便于加工及安装，容易就位调整。

1. 梁-柱拼接节点

门式刚架横梁与立柱连接节点，可采用端板竖放（图 7-10a）、平放（图 7-10b）和斜放（图 7-10c）三种形式，一般采用端板横放或竖放形式。当节点螺栓较多而不能布置时，可采用端板斜放的连接形式，有利于螺栓布置，加长抗弯连接的力臂。斜梁与刚架柱连接节点的受拉侧，宜采用端板外伸式，与斜梁端板连接的柱的翼缘部位应与端板等厚；斜梁拼接时宜使端板与构件外边缘垂直（图 7-10d），应采用外伸式连接，并使翼缘内外螺栓群中心与翼缘中心重合或接近。为提高连接板局部承载力，连接节点处设置三角形短加劲板，其长边与短边之比宜大于 1.5∶1.0，不满足时可增加板厚。

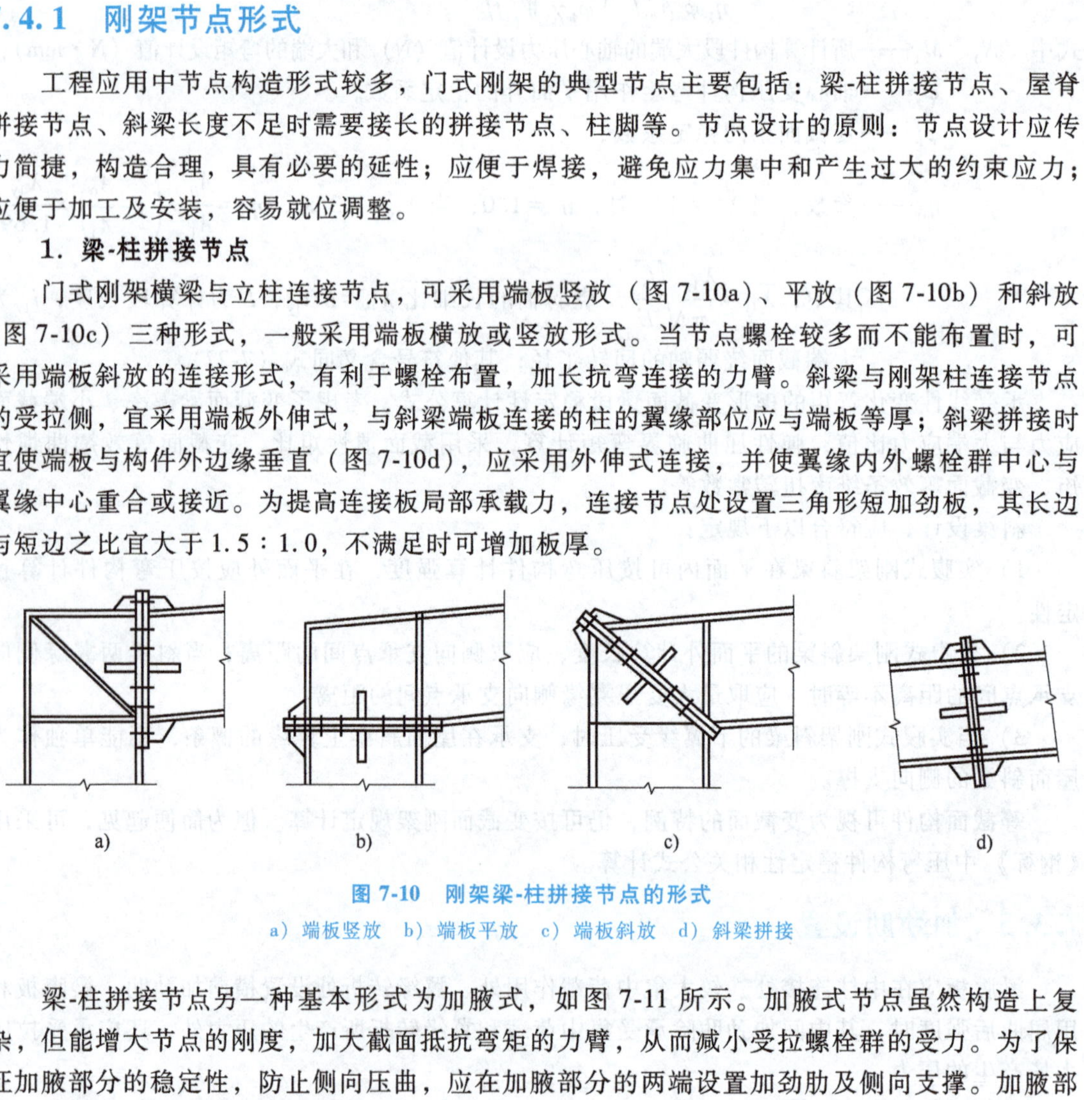

图 7-10 刚架梁-柱拼接节点的形式

a）端板竖放 b）端板平放 c）端板斜放 d）斜梁拼接

梁-柱拼接节点另一种基本形式为加腋式，如图 7-11 所示。加腋式节点虽然构造上复杂，但能增大节点的刚度，加大截面抵抗弯矩的力臂，从而减小受拉螺栓群的受力。为了保证加腋部分的稳定性，防止侧向压曲，应在加腋部分的两端设置加劲肋及侧向支撑。加腋部分下翼缘板的长度不应大于其宽度的 8 倍（$l_c\leqslant 8b$）；下翼缘板的厚度 t_c 与横梁下翼缘厚度 t 的关系为 $t_c\geqslant t/\cos\beta$，当 $\beta\leqslant 10°$时，可取 $t_c=t$。

2. 横梁屋脊拼装节点

横梁屋脊拼装节点通常采用类似于梁-柱节点加腋形式，螺栓连接节点如图 7-12 所示。横梁屋脊拼装节点的加腋主要是螺栓连接的节点构造需要，同时，也可减小刚架的横向水平位移。但由于屋脊节点附近弯矩变化比较缓慢，因此对提高刚架承载能力并不起直接作用。

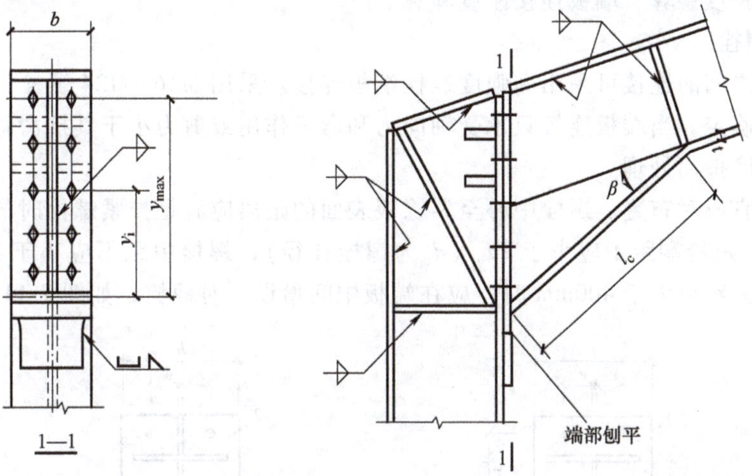

图 7-11　加腋式檐口节点

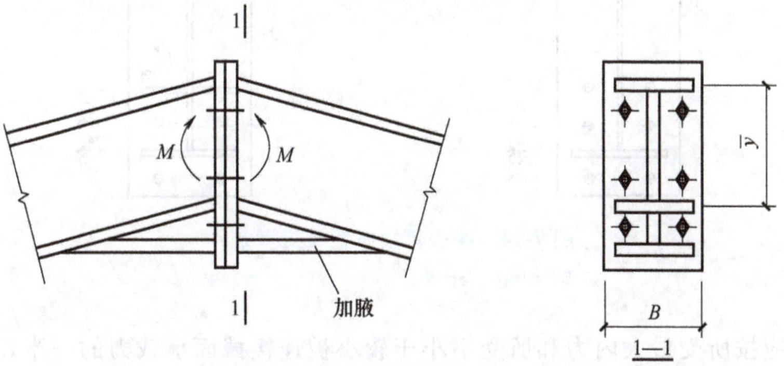

图 7-12　横梁屋脊拼装节点

3. 屋面梁与摇摆柱连接节点

屋面梁与摇摆柱连接节点应设计成铰接节点，采用端板横放的顶接连接方式，如图 7-13 所示。

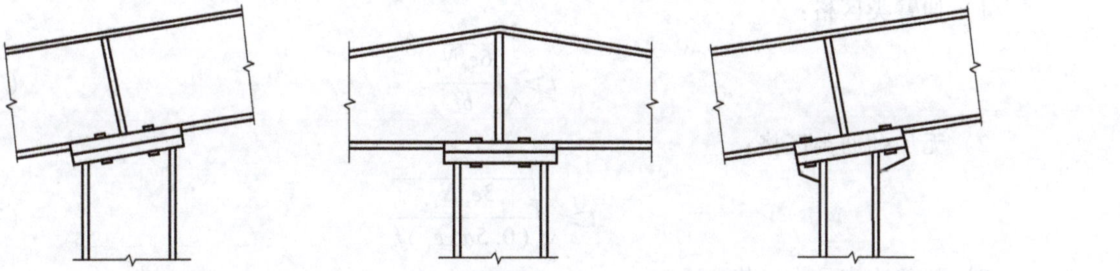

图 7-13　屋面梁与摇摆柱连接节点

7.4.2 刚架节点验算

端板连接节点设计应包括：连接螺栓设计、端板厚度确定、节点域剪应力验算、端板螺栓处构件腹板强度验算、端板连接刚度验算。

1. 连接螺栓

刚架构件之间的连接可采用高强度螺栓端板连接。采用 M16~M24 螺栓，高强度螺栓直径应根据受力确定。当端板连接只承受轴向力和弯矩作用或剪力小于其抗滑移承载力时，端板表面可不做摩擦面处理。

端板螺栓宜成对布置。螺栓中心至翼缘板表面的距离应满足拧紧螺栓时的施工要求，不宜小于 45mm。螺栓端距不应小于 $2d_0$（d_0为螺栓孔径）；螺栓中距不应小于 $3d_0$。当端板上两对螺栓间最大距离大于 400mm 时，应在端板中间增设一对螺栓，如图 7-14 所示。

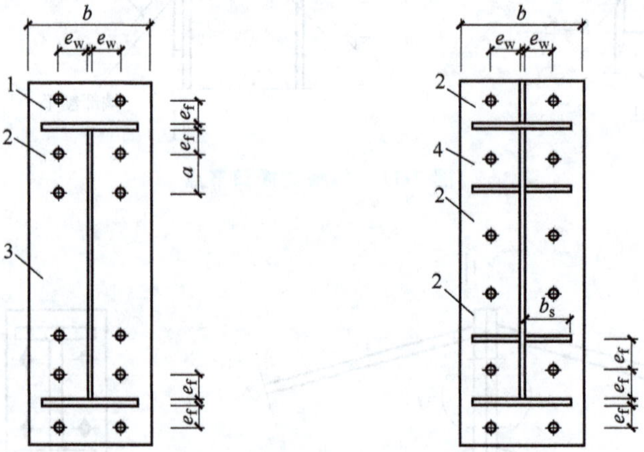

图 7-14　端板螺栓布置及支撑条件

1—伸臂　2—两边　3—无肋　4—三边

端板连接应按所受最大内力和所受不小于较小被连接截面承载力的一半设计，并取二者的较大值。连接螺栓应根据其承受荷载的特点，验算螺栓在拉力、剪力或拉-剪共同作用下的强度。

2. 端板厚度

端板厚度 t 应根据支承条件确定（图 7-14），取其最大值，同时不应小于 16mm 及高强度螺栓直径的 80%。各种支承条件端板的厚度应分别按以下公式计算：

1）伸臂类区格：

$$t \geqslant \sqrt{\frac{6e_f N_t}{bf}} \tag{7-30}$$

2）无加劲肋类区格：

$$t \geqslant \sqrt{\frac{3e_w N_t}{(0.5a+e_w)f}} \tag{7-31}$$

3）两邻边支承类区格。

当邻边外伸时：

$$t \geqslant \sqrt{\frac{6e_f e_w N_t}{[e_w b+2e_f(e_f+e_w)]f}} \tag{7-32}$$

当端板平齐时：

$$t \geqslant \sqrt{\frac{12e_f e_w N_t}{[e_w b+4e_f(e_f+e_w)]f}} \tag{7-33}$$

4）三边支撑类区格：

$$t \geqslant \sqrt{\frac{6e_f e_w N_t}{[e_w(b+2b_s)+4e_f^2]f}} \tag{7-34}$$

式中　N_t——单个高强度螺栓的受拉承载力设计值（N）；

e_w、e_f——螺栓中心至腹板和翼缘板表面的距离（mm）；

b、b_s——端板和加劲肋的宽度（mm）；

a——螺栓间距（mm）；

f——端板钢材的抗拉强度设计值（N/mm^2）。

3. 门式刚架斜梁与柱相交的节点域

门式刚架斜梁与柱相交的节点域如图 7-15a 所示，剪应力的验算公式为

$$\tau=\frac{M}{d_b d_c t_c} \leqslant f_v \tag{7-35}$$

式中　M——节点承受的弯矩（N · mm），对于多跨刚架中柱处应取两侧斜梁弯矩的代数和或柱端弯矩；

d_b——斜梁端部高度或节点域高度（mm）；

d_c、t_c——节点域的宽度（mm）和厚度（mm）；

f_v——节点域钢材的抗剪强度设计值（N/mm^2）。

当不满足式（7-35）要求时，应增加腹板厚度或设置斜向加劲肋，设置斜向加劲肋补强的节点域如图 7-15b 所示。

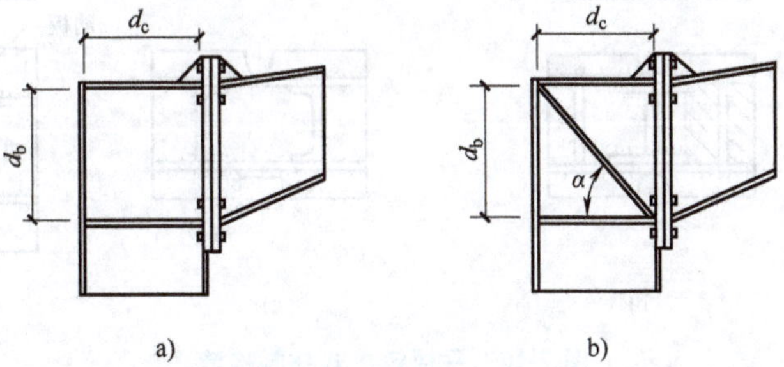

图 7-15　节点域

a）节点域　b）设置斜向加劲肋补强的节点域

根据翼缘内第二排螺栓承受的轴向拉力大小情况，端部螺栓处构件腹板强度的验算公式为

当 $N_{t2} \leqslant 0.4P$ 时：
$$\frac{0.4P}{e_w t_w} \leqslant f \tag{7-36}$$

当 $N_{t2}>0.4P$ 时：

$$\frac{N_{t2}}{e_w t_w}\leqslant f \tag{7-37}$$

式中 N_{t2}——翼缘内第二排单个螺栓的轴向拉力设计值（N）；

P——单个高强度螺栓的预拉力设计值（N）；

e_w——螺栓中心至腹板表面的距离（mm）；

t_w——腹板厚度（mm）；

f——腹板钢材的抗拉强度设计值（N/mm^2）。

7.4.3 柱脚的构造和计算

柱脚的作用是定位和固定柱身，并将柱顶荷载均匀地传递给混凝土基础。柱脚的设计原则是传力均匀，安全可靠，构造简单，便于施工。

1. 柱脚的构造及传力路径

由于基础混凝土的强度远低于钢材的强度，因此基础混凝土承压能力决定了柱脚底板的面积。为了将轴向力均匀可靠地传给基础，柱脚必须具有足够的刚度，才能实现传力和定位的两大功能。

轴心受压柱通常采用铰接式柱脚，图 7-16 是几种常用的平板铰接柱脚构造。小型柱承受压力较小，要求底板面积较小，可直接通过底板将轴向力传递给基础，底板的厚度取 20~40mm，如图 7-16a 所示。大中型柱底板面积较大，底板延伸至柱身之外的尺寸长，应采用靴梁、隔板、肋板等减小底板变形，提高底板的刚度，使轴向力均匀传向基础。当靴梁较长时，加隔板可提高靴梁的侧向刚度，同时将底板分成几个小区格，减小底板区格尺寸，从而减小底板区格承受的最大弯矩，可减小底板的厚度，如图 7-16b~d 所示。

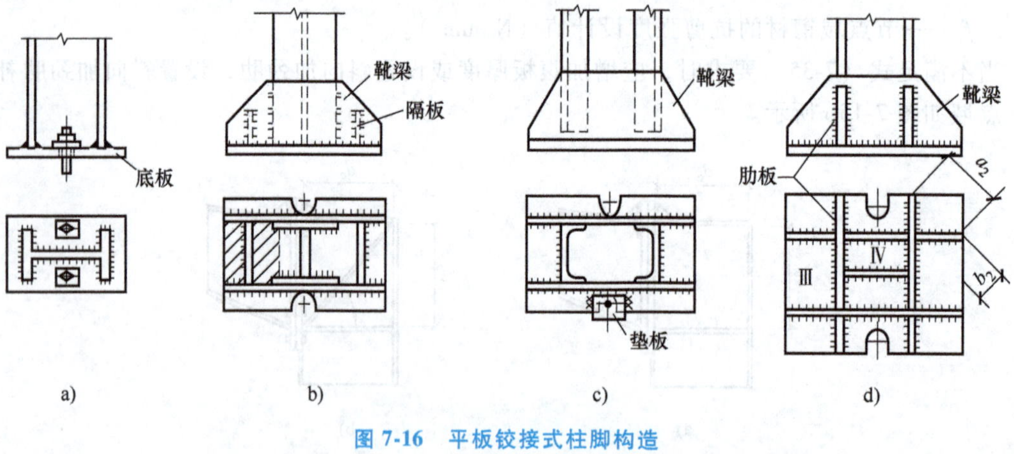

图 7-16 平板铰接式柱脚构造

a）简单式 b）带靴梁隔板式 c）带靴梁格构式 d）带靴梁加劲肋式

门式刚架柱脚宜采用平板式铰接柱脚，也可采用刚性柱脚。柱脚为铰接的刚架，柱顶的横向水平位移较大，钢材用量较多，但柱脚与基础连接处无弯矩作用，受力情况好，柱脚构造简单，所需基础尺寸较小，如图 7-17 所示。刚性柱脚有带加劲肋式和带靴梁式等，刚性柱脚柱顶的横向水平位移较小，可以节约材料，但由于柱脚与基础连接处需要承受较大的弯矩，柱脚构造较复杂，所需基础较大，如图 7-18 所示。两类柱脚受力特点不同，各有优缺点，应合理选用。一般情况下，当荷载较小，对横向水平位移控制不严格时，宜采用铰接柱脚。

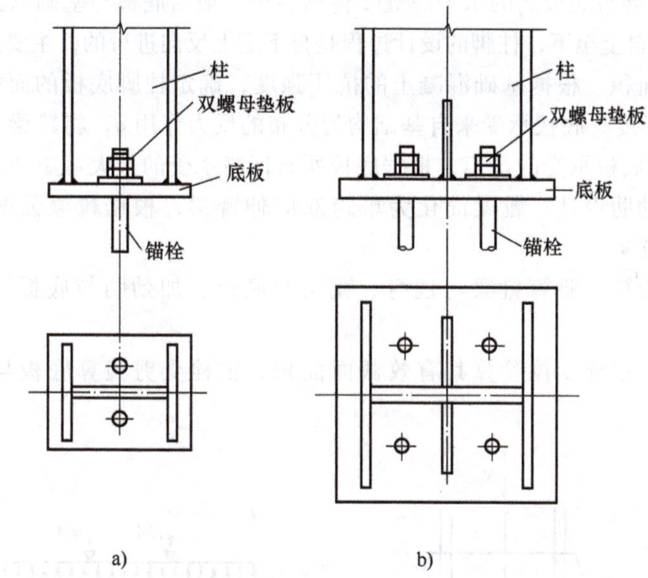

图 7-17　平板铰接柱脚

a）两个锚栓的柱脚　b）四个锚栓的柱脚

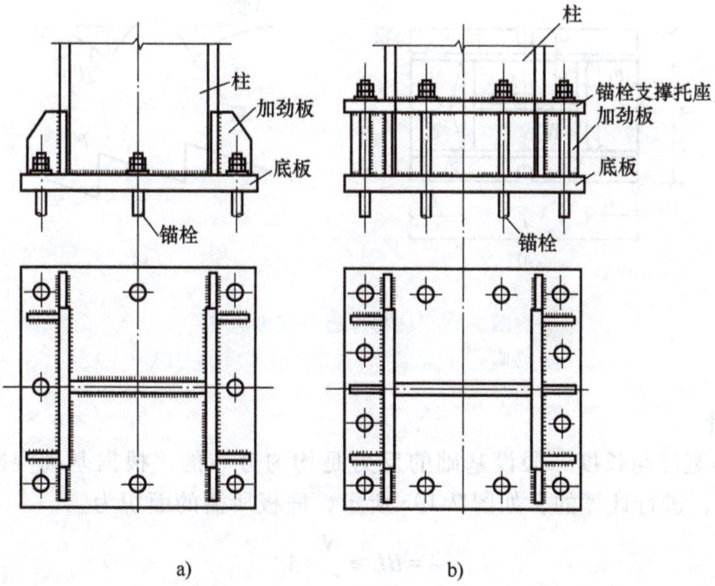

图 7-18　刚性柱脚

a）带加劲肋式　b）带靴梁式

实际工程中，为了便于准确控制柱高及其安装角度，柱端部比靴梁底边稍缩进一定量，这样可放宽对柱子长度的精度要求，便于制作。柱身与底板间应采用最小的构造焊缝焊连，成为底板的支撑边，但不考虑传递柱身内力。

柱脚传力路径：以图 7-19 为例，柱身承受的轴向压力 N 通过靴梁与柱翼缘的竖向焊缝①传给靴梁，再通过靴梁与底板间的水平焊缝②传给底板，最后底板与基础承压传给基础。

柱脚传力路径是自上至下，柱脚的设计过程是自下至上反向进行的，主要设计步骤如下：

（1）确定底板面积　根据基础混凝土的抗压强度，确定柱脚底板的面积。

（2）确定底板厚度　底板承受来自基础均匀分布的反力作用 q，将靴梁、隔板等视为底板的支承，计算各区格底板承受的弯矩，根据底板所有区格承受的最大弯矩确定底板的厚度。

（3）靴梁与加劲肋设计　靴梁简化为单跨双向伸臂梁，根据靴梁强度确定靴梁高度和厚度，验算加劲肋强度。

（4）焊缝强度验算　验算靴梁与柱身、靴梁与底板、加劲肋与底板、加劲肋与靴梁之间的各条焊缝强度。

（5）锚栓验算　锚栓受拉验算其有效截面面积，锚栓受剪验算底板与混凝土基础间的摩擦力。

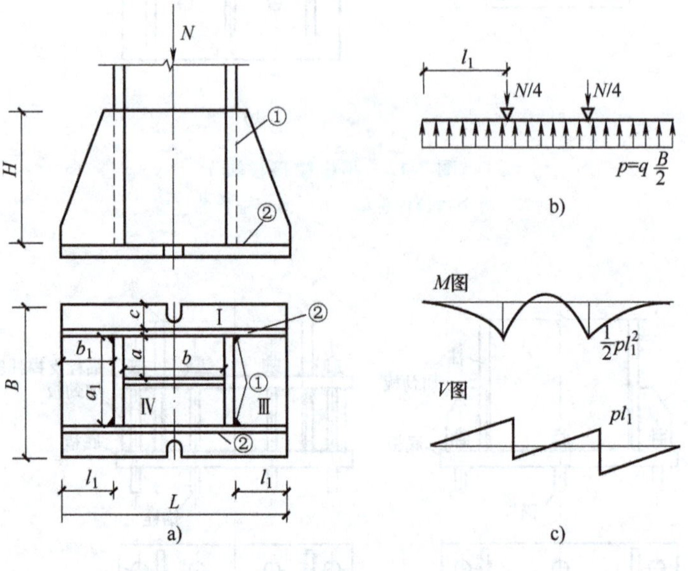

图 7-19　柱脚焊缝及底板区格

a）柱脚　b）靴梁计算简图　c）靴梁内力图

2. 底板设计

（1）底板的宽度与长度　假设基础的反力是均匀分布的，根据基础混凝土的抗压强度确定底板的面积，进行计算的，如图 7-19a 所示，底板所需的面积为

$$A=BL\geqslant\frac{N}{f_{cc}}+A_0 \tag{7-38}$$

式中　N——柱的轴心压力（N）；

f_{cc}——混凝土的抗压强度设计值（N/mm^2），C20、C30 混凝土的 f_{cc} 分别为 $10N/mm^2$ 和 $15N/mm^2$；

B、L——底板的宽度（mm）和长度（mm）；

A_0——安放锚栓处切除部分的面积（mm^2）。

底板宽度 B 由柱脚构造要求确定，其公式为

$$B=a_1+2t+2c$$

式中 a_1——柱截面尺寸（mm）；

t——靴梁厚度（mm），通常取 10~14mm；

c——底板悬伸部分的宽度（mm）。

底板悬伸部分的宽度 c 由锚栓的构造要求确定，取锚栓直径的 3~4 倍，从经济角度考虑，c 应尽可能小。轴心受压柱的锚栓常用直径为 20~24mm。

在底板宽度 B 确定之后，底板长度为

$$L=\frac{A}{B}\geqslant\frac{N}{Bf_{cc}}+\frac{A_0}{B}$$

（2）底板区格弯矩的计算 设置靴梁、隔板、肋板的柱脚，底板可能被分割成四种类型区格：①一边支承的矩形板；②两邻边支承的矩形板；③三边支承的矩形板；④四边支承的矩形板。实际底板分区只包含其中几种，图 7-19a 包括三种。

底板承受混凝土基础的均布反作用力：

$$q=\frac{N}{BL-A_0} \tag{7-39}$$

计算各类区格底板承受的弯矩均为单位宽度上的弯矩。

1）悬臂板（一边支承），图 7-19a 中底板Ⅰ区格，承受的最大弯矩在悬臂板的根部，其大小为

$$M_1=\frac{1}{2}qc^2 \tag{7-40}$$

式中 c——靴梁以外底板的自由长度（mm）。

2）四边支承板，图 7-19a 中底板Ⅳ区格，以短边长度作为计算跨度，并考虑长边的影响，最大弯矩为

$$M_4=\alpha qa^2 \tag{7-41}$$

式中 a——较短边长度（mm）；

α——系数，根据长边 b 与短边 a 之比，由表 7-2 查得。

表 7-2 四边支承的板弯矩系数 α 值

b/a	1.0	1.1	1.2	1.3	1.4	1.5	1.6	1.7	1.8	1.9	2.0	3.0	≥4.0
α	0.048	0.055	0.063	0.069	0.075	0.081	0.086	0.091	0.095	0.099	0.101	0.119	0.125

3）三边支承板，图 7-19a 中底板Ⅲ区格，根据板边长比不同，分以下两种情况：

当 $b_1/a_1\geqslant 0.3$ 时，以自由边长度作为计算跨度 a_1，最大弯矩计算公式为

$$M_3=\beta qa_1^2 \tag{7-42}$$

当 $b_1/a_1<0.3$ 时，按悬臂长度为 b_1 的悬臂梁计算，即

$$M_3=\frac{1}{2}qb_1^2$$

式中 a_1——自由边的长度（mm）；

b_1——垂直于自由边的板宽（mm）；

β——系数，根据板边长比 b_1/a_1 值，由表 7-3 查得。

4）两邻边支承板，如图 7-16d 中底板Ⅱ区格，以相邻支承对角线长度计算，采用三边

支承的板类似的计算公式，即

$$M_2=\beta q a_2^2 \tag{7-43}$$

式中　a_2——相邻支承对角线长度（mm）；

β——系数，根据 b_2/a_2 值，由表 7-3 查得，b_2 为两邻边交点至对角线的距离（mm）。

表 7-3　三边及相邻两边支承的板弯矩系数 β 值

b_1/a_1	0.3	0.4	0.5	0.6	0.7	0.8	0.9	1.0	1.2	≥1.4
β	0.026	0.042	0.058	0.072	0.085	0.092	0.104	0.111	0.120	0.125

（3）底板厚度的确定　按底板区格类别，分别求出各区域板块所承受的弯矩 M_1、M_2、M_3 和 M_4，取最大弯矩值为

$$M_{max}=\{M_1,M_2,M_3,M_4\}$$

单位宽度板条的截面模量 $W_x=t^2/6$，按梁抗弯强度条件，确定底板的厚度为

$$t\geqslant\sqrt{\frac{6M_{max}}{f}} \tag{7-44}$$

合理的区格设计是让 M_1、M_2、M_3 和 M_4 尽可能相等，通过调整底板尺寸和隔板布置来实现。底板的厚度不宜小于 20mm，以保证必要的刚度。

3. 靴梁设计

（1）靴梁的高度　如图 7-19 所示，柱身轴向压力 N 通过柱翼缘与靴梁连接的 4 条角焊缝①传给靴梁，靴梁的高度 H 是由角焊缝①计算长度 l_{w1} 决定的。根据构造要求，选角焊缝①的焊脚尺寸 h_{f1}，属于侧焊缝，由式（3-8），根据 $\tau_f\leqslant f_f^w$，满足角焊缝①的强度要求，图 7-19a 靴梁的高度为

$$H\geqslant\frac{N}{4\times0.7h_{f1}f_f^w}+2h_{f1} \tag{7-45}$$

（2）靴梁强度验算　靴梁宽度由底板尺寸控制，靴梁的厚度一般大于柱腹板厚度而小于翼缘厚度。靴梁可视为简支于柱身焊缝①上的单跨双向伸臂梁，单侧靴梁的计算简图如图 7-19b 所示，有两个向下的支承点。每个靴梁承受 $B/2$ 宽度上的基础反力。靴梁承受的均布线荷载大小为

$$p=q\frac{B}{2}=\frac{NB}{2(BL-A_0)} \tag{7-46}$$

对轴心受压柱脚，靴梁的内力图如图 7-19c 所示，通常在伸臂支座处弯矩、剪力为最大值，若柱身以外靴梁的自由长度为 l_1，则弯矩和剪力的最大值为

$$M=\frac{1}{2}pl_1^2$$

$$V=pl_1$$

靴梁的最大弯曲应力与剪切应力在同一截面的不同位置，分别按式（7-47）和式（7-48）验算。

$$\sigma=\frac{M}{W_x}=\frac{6M}{tH^2}\leqslant f \tag{7-47}$$

$$\tau=1.5\frac{V}{Ht}\leqslant f_v \tag{7-48}$$

若靴梁强度不满足要求，可调整靴梁高度 H 或厚度 t，但靴梁高度 H 不宜超过 $62h_{f1}$。

4. 靴梁与底板连接焊缝②的验算

靴梁与底板向外的两侧均通长施焊，靴梁内侧柱身范围内施焊困难不予计算，如图 7-19a 所示，角焊缝②包含靴梁外侧的 2 条直焊缝（L）和靴梁内侧柱身以外的 4 条短焊缝（l_1），共有 6 段。若按构造要求选取焊脚尺寸为 h_{f2}，则角焊缝②的计算长度为

$$\sum l_{w2}=2L+4l_1-12h_{f2}$$

角焊缝②的轴线与传力方向垂直，属于正焊缝，由式（3-9）验算强度，即

$$\frac{N}{h_{e2}\sum l_{w2}}\leqslant\beta_f f_f^w$$

如果角焊缝②的强度不满足要求，则调整 h_{f2}。

5. 锚栓验算

柱脚处的剪力由底板和基础间的摩擦力平衡。轴心受压柱的锚栓并不传力，只为了固定柱子位置，按构造要求设置，一般宜设在顺主梁方向的底板中心处。在底板上开缺口，便于安装柱子，最后用垫圈和螺母直接固定在底板上。锚栓不能抵抗弯矩的作用，保证柱脚铰接的要求。

柱脚锚栓应采用 Q235 钢或 Q345 钢制作。锚栓的直径不宜小于 24mm，且应采用双螺母。锚栓端部应设置弯钩或锚件，且应符合现行国家标准《混凝土结构设计规范（2015 年版）》（GB 50010—2010）的有关规定。锚栓的最小锚固长度（投影长度）应符合表 7-4 的规定，且不应小于 200mm。

表 7-4　锚栓的最小锚固长度

锚栓钢材	混凝土强度等级					
	C25	C30	C35	C40	C45	≥C45
Q235	20*d*	18*d*	16*d*	15*d*	14*d*	14*d*
Q345	25*d*	23*d*	21*d*	19*d*	18*d*	17*d*

（1）锚栓受拉计算　计算带有柱间支撑的柱脚锚栓在风荷载作用下承受的上拔力时，应计入柱间支撑产生的最大竖向分力，且不考虑活荷载、雪荷载、积灰荷载和附加荷载影响，恒载分项系数应取为 1.0。计算柱脚锚栓的受拉承载力时，应采用螺纹处的有效截面面积。

（2）锚栓受剪计算　带靴梁的锚栓不宜受剪，柱底受剪承载力按底板与混凝土基础间的摩擦力取用，摩擦系数可取为 0.4，计算摩擦力时应考虑屋面风吸力产生的上拔力的影响。

当剪力由不带靴梁的锚栓承担时，应将螺母、垫板与底板焊接，柱底的受剪承载力可按锚栓受剪承载力的 60% 取用。当柱底水平剪力大于受剪承载力时，应设置抗剪键。柱脚底板下的抗剪键通常采用槽钢或角钢，如图 7-20 所示。

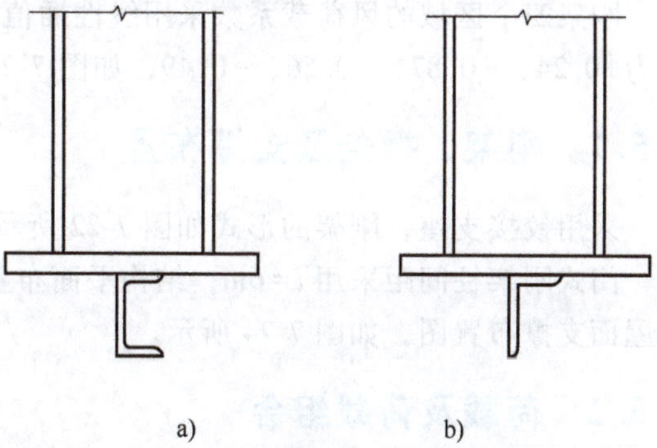

图 7-20　柱脚底板下的抗剪键

a）槽钢式　b）角钢式

7.5 轻型门式刚架设计实例

通过等截面门式刚架设计学习，了解轻型房屋结构体系，学会结构布置及构件编号的方法，运用力学知识完成一榀门式刚架内力分析，熟悉截面设计和节点设计方法，了解门式刚架施工图包含内容，学会使用CAD等绘图软件绘制门式刚架施工图，学习编制设计说明书的方法。

某建筑物的基本概况：

单层单跨双坡门式刚架结构厂房，跨度$L=24$m、柱高$h=6$m（自基础顶面至柱顶）、屋面坡度$i=1/8$，刚架柱距$l=6$m、房屋总长60m。屋面采用W600型压型钢板、保温岩棉以及900板组合屋面，钢柱支承在钢筋混凝土基础之上，混凝土强度等级为C20。地面粗糙度B类，该地区冬季最低气温-10℃。材料为Q235钢，焊条为E43型。

设计资料：

1）屋面材料及自重标准值（沿屋面坡面）。

W600型压型钢板（厚度按1.2mm考虑，延展比为0.6：1）

$$(7.85\times1.2/0.6\times9.8)\text{N/mm}^2=0.15\text{kN/m}^2$$

岩棉（厚度按100mm考虑） $(0.18\times100\times9.8)\text{N/mm}^2=0.18\text{kN/m}^2$

900板（厚度按1mm考虑，延展比为0.9：1）

$$(7.85\times1.0/0.9\times9.8)\text{N/mm}^2=0.09\text{kN/m}^2$$

檩条及支撑（檩条水平间距$a=1.2$m） 0.10kN/m^2

刚架斜梁自重（估计值） 0.15kN/m^2

墙体（包括墙面、墙架，设刚架柱的两侧均有夹芯板）及刚架柱自重标准值，设为：0.40kN/m^2

2）屋面均布活荷载（水平投影面积144m^2） 0.30kN/m^2

3）屋面雪荷载（水平投影面积）：基本雪压$S_0=0.45\text{kN/m}^2$，屋面积雪分布系数$\mu_r=1.0$（$\alpha<25°$）。

4）风荷载：基本风压$W_0=0.409\text{kN/m}^2$，离地面10m及10m以下的风压高度变化系数$\mu_z=1.0$，屋面倾角$\theta=7.125°$，风荷载系数参考《门式刚架规范》选取。$\theta=5°$时和$\theta=10.5°$时，刚架四个区域的风荷载系数采用线性插值方法计算$\theta=7.125°$刚架四个区域的风荷载系数为+0.24、-0.87、-0.56、-0.49，如图7-21所示。

7.5.1 刚架、檩条及支撑布置

采用铰接支座，刚架的形式如图7-22所示。

门式刚架柱间距采用$l=6$m，结构平面布置，如图7-23所示。在第1跨中设置支撑，刚架屋面支撑布置图，如图7-24所示。

7.5.2 荷载及荷载组合

1. 一榀门式刚架承受的荷载

刚架间距$l=6$m。

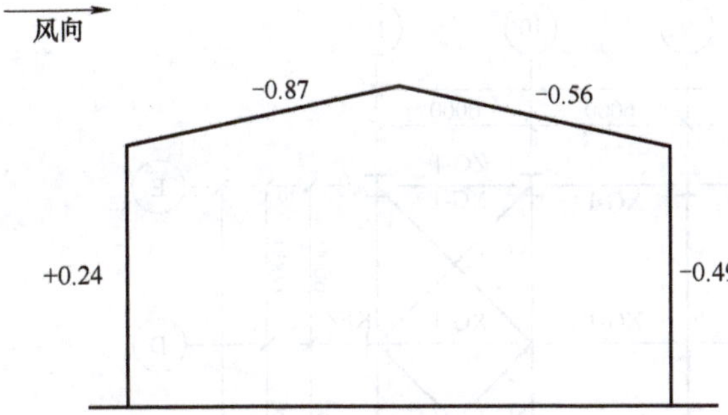

图 7-21 封闭坡屋面风荷载系数

注：图中“+”“-”分别表示风力朝向板面和分开板面

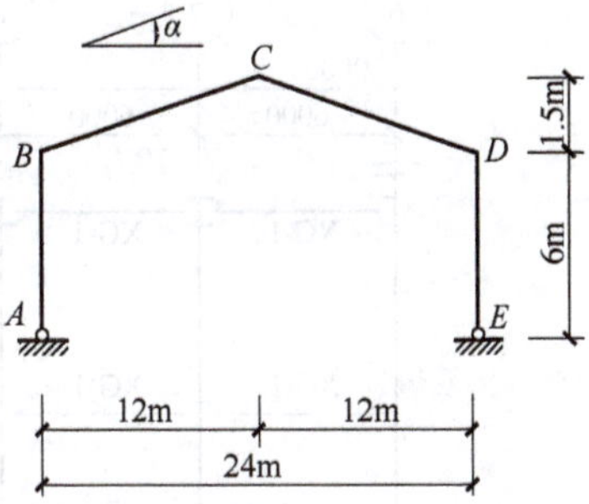

图 7-22 单跨铰接门式刚架图

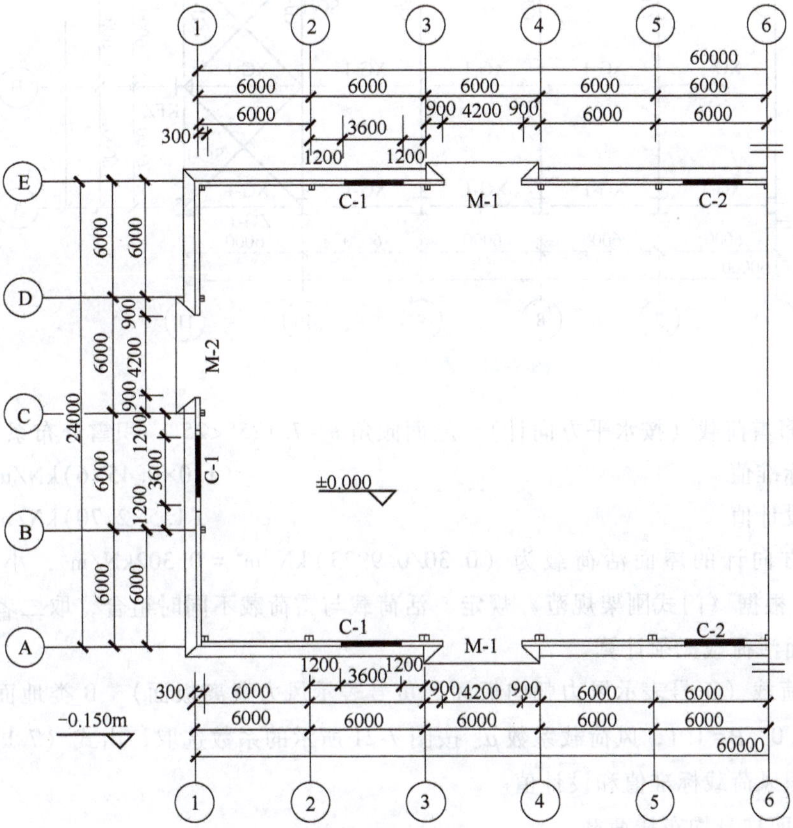

图 7-23 结构平面布置图

(1) 屋面永久荷载 包括屋面板、檩条及支撑、刚架斜梁的自重（按水平方向计）。屋面坡度 $i=1/8$，屋面倾角 $\theta=7.125°$，$\cos\theta=0.9923$。

屋面永久荷载标准值 $[(0.15+0.18+0.09+0.10+0.15)\times6/0.9923]\text{kN/m}=4.05\text{kN/m}$

屋面永久荷载设计值 $(1.3\times4.05)\text{kN/m}=5.27\text{kN/m}$

(2) 墙体等质量（按集中荷载作用于柱身）

墙体荷载标准值 $(0.40\times6\times6)\text{kN}=14.40\text{kN}$

墙体荷载设计值 $(1.3\times14.4)\text{kN}=18.72\text{kN}$

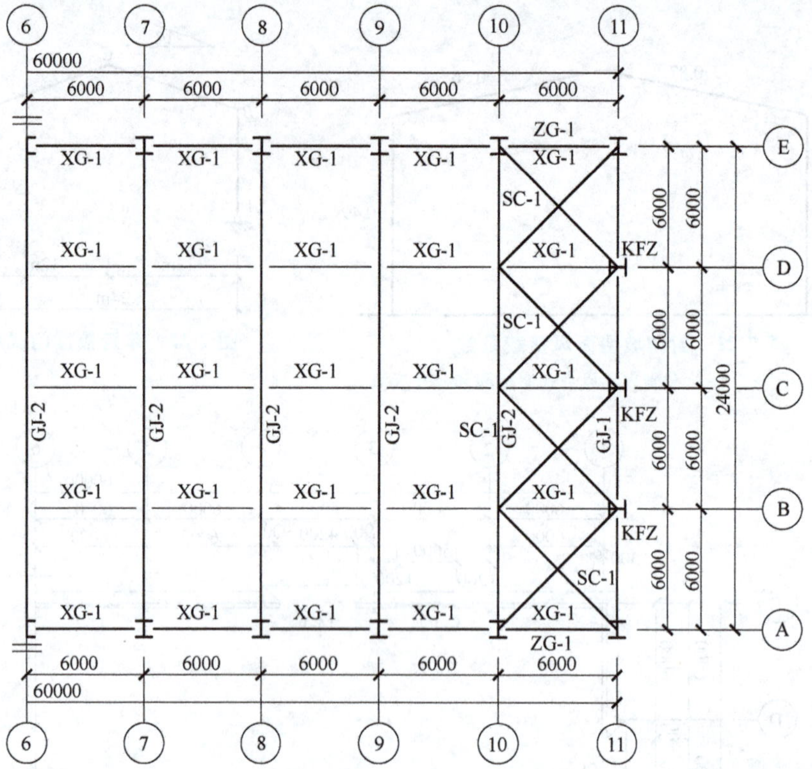

图 7-24 刚架屋面支撑布置图

(3) 屋面雪荷载（按水平方向计） 屋面倾角 $\theta=7.125°<25°$，积雪分布系数 $\mu_r=1.0$。

雪荷载标准值 $(1.0\times0.45\times6)\text{kN/m}=2.70\text{kN/m}$

雪荷载设计值 $(1.5\times2.70)\text{kN/m}=4.05\text{kN/m}$

按水平方向计的屋面活荷载为 $(0.30/0.9923)\text{kN/m}^2=0.302\text{kN/m}^2$，小于基本雪压 0.45kN/m^2，根据《门式刚架规范》规定，活荷载与雪荷载不同时组合，取二者中较大值计算，因此屋面活荷载无须计算。

(4) 风荷载（正号表示风力朝向板面，负号表示风力背离板面） B类地面风压高度变化系数 $\mu_z=1.0$，$\beta=1.1$，风荷载系数 μ_w 按图 7-21 所示的系数选取；由式 (7-1)，计算各表面的单位面积风荷载标准值和设计值。

1) 向风面柱身均布线荷载。

标准值 $(1.1\times0.24\times1.0\times0.409\times6)\text{kN/m}=0.65\text{kN/m}$

设计值 $(1.5\times0.65)\text{kN/m}=0.98\text{kN/m}$

2) 背风面柱身均布线荷载。

标准值 $(-1.1\times0.49\times1.0\times0.409\times6)\text{kN/m}=-1.32\text{kN/m}$

设计值 $[1.5\times(-1.32)]\text{kN/m}=-1.98\text{kN/m}$

3) 向风面屋面均布线荷载（沿竖向和水平方向）。

标准值 $(-1.1\times0.87\times1.0\times0.409\times6)\text{kN/m}=-2.35\text{kN/m}$

设计值 $[1.5\times(-2.35)]\text{kN/m}=-3.53\text{kN/m}$

4）背风面屋面均布线荷载（沿竖向和水平方向）。

标准值 $(-1.1\times0.56\times1\times0.409\times6)\text{kN/m}=-1.51\text{kN/m}$

设计值 $[1.5\times(-1.51)]\text{kN/m}=-2.27\text{kN/m}$

2. 荷载组合

持久设计状况和短暂设计状况，根据《建筑结构可靠性设计统一标准》（GB 50068—2018），永久荷载的分项系数取 1.3，活荷载与风荷载的分项系数取 1.5，分两种工况［详见 7.2.2 节中式（7-3）说明］。

1）工况 1：可变荷载效应起控制作用，取可变荷载组合值系数 $\psi_Q=1.0$ 与风荷载组合值系数 $\psi_w=0.6$，荷载基本组合的效应设计值为

$$S_d=1.3S_{Gk}+1.0\times1.5S_{Qk}+0.6\times1.5S_{wk}=S_G+S_Q+0.6S_w$$

工况 1 中，左斜梁 BC 段竖向荷载为左屋面永久荷载设计值+1.0×雪荷载设计值+0.6×风荷载设计值，即

$$[5.27+1.0\times4.05+0.6\times(-3.53)]\text{kN/m}=7.20\text{kN/m}$$

左斜梁 BC 段水平荷载为 0.6×风荷载设计值，即

$$[0.6\times(-3.53)]\text{kN/m}=-2.12\text{kN/m}(\leftarrow)$$

2）工况 2：可变荷载效应起控制作用，取可变荷载组合值系数 $\psi_Q=0.7$ 与风荷载组合值系数 $\psi_w=1.0$，荷载基本组合的效应设计值为

$$S_d=1.3S_{Gk}+0.7\times1.5S_{Qk}+1.0\times1.5S_{wk}=S_G+0.7S_Q+S_w$$

工况 2 中，左斜梁 BC 段竖向荷载为左屋面永久荷载设计值+0.7×雪荷载设计值+1.0×风荷载设计值，即

$$[5.27+0.7\times4.05+1.0\times(-3.53)]\text{kN/m}=4.58\text{kN/m}$$

左斜梁 BC 段水平荷载为 1.0×竖向风荷载设计值，即

$$[1.0\times(-3.53)]\text{kN/m}=-3.53\text{kN/m}(\leftarrow)$$

同理，将各工况下一榀刚架中各段上作用的线性分布荷载设计值计算结果列于表 7-5。

表 7-5 一榀刚架中各段上作用的线性分布荷载设计值 （单位：kN/m）

工况	向风柱 AB	斜梁 BC		斜梁 CD		背风柱 DE
		竖向	水平	竖向	水平	
工况 1	0.59（→）	7.20	−2.12（←）	7.96	−1.36（→）	−1.19（→）
工况 2	0.98（→）	4.58	−3.53（←）	5.84	−2.27（→）	−1.98（→）

为了更好反映外力分布状态及荷载组合，将表 7-5 中的各段上作用的线荷载大小及合力标注到刚架结构图上，则工况 1 和工况 2 荷载组合的一榀门式刚架受力图如图 7-25 所示。

7.5.3 结构内力计算

结构内力计算时，选有代表性的一榀刚架作为分析对象，如图 7-25 所示，刚架柱脚为铰接，不限制柱脚转动但限制水平和竖向两个方向位移，刚架为一次超静定结构。

采用静力法求解超静定问题，去除刚架中在柱底 E 处多余的水平约束，用未知反力 H

代替其约束作用，使刚架由一次超静定结构变成静定结构。

1. 工况 1（永久荷载+1.0×雪荷载+0.6×风荷载）

工况 1 计算简图如图 7-25a 所示，将一次超静定结构化简为荷载作用下的静定结构（图 7-26a）与赘余力 H 作用下的静定结构（图 7-26b）组合。

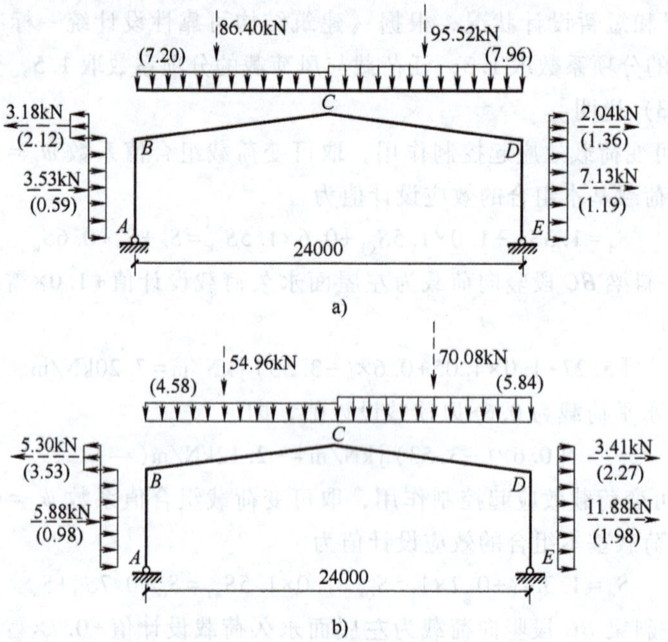

图 7-25　荷载组合简图

a）工况 1（1.0×雪荷载+0.6×风荷载）　b）工况 2（0.7×雪荷载+风荷载）

注：虚线箭头表示合力，单位 kN；括号内的数字表示线荷载，单位 kN/m。

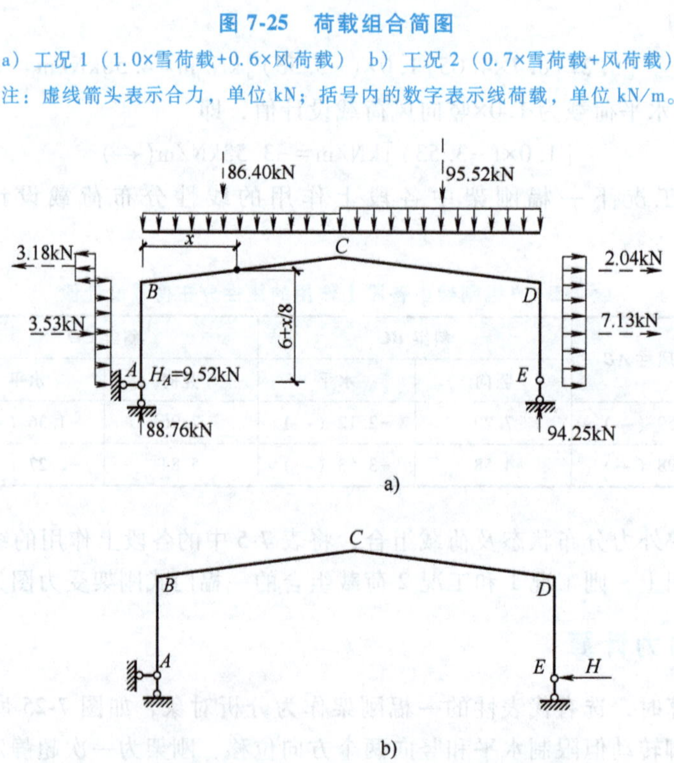

图 7-26　工况 1 超静定结构简化为静定结构模型

a）荷载作用下的计算简图　b）赘余力 H 作用下的计算简图

1）根据图 7-26a 计算荷载作用下产生的内力，根据静力平衡条件，确定支座约束反力。

$\sum X=0$，A 端水平反力为

$$H_A=(3.53-3.18+7.13+2.04)\text{kN}=9.52\text{kN}$$

$\sum M_A=0$，E 端竖向反力为

$$V_E=\{[3.53\times3-3.18\times(6+1.5/2)+86.4\times6+95.52\times18+2.04\times(6+1.5/2)+7.13\times3]/24\}\text{kN}=94.25\text{kN}$$

$\sum Y=0$，A 端竖向反力为

$$V_A=86.4\text{kN}+95.52\text{kN}-V_E=87.67\text{kN}$$

静定刚架各点的弯矩为

$$M_D=(7.13\times3)\text{kN}\cdot\text{m}=21.39\text{kN}\cdot\text{m}$$

$$M_C=(94.25\times12+7.13\times4.5+2.04\times1.5/2-95.52\times12/2)\text{kN}\cdot\text{m}=591.50\text{kN}\cdot\text{m}$$

$$M_B=(9.52\times6-3.53\times3)\text{kN}\cdot\text{m}=46.53\text{kN}\cdot\text{m}$$

2）根据图 7-26b 计算赘余力作用下产生的内力。因支座 E 处赘余力 H 是未知的，所以对静定刚架产生的弯矩可表示为

$$M_D=M_B=-6H\text{m}$$

$$M_C=-7.5H\text{m}$$

3）超静定结构内力分析，将图 7-26a 和图 7-26b 计算的弯矩叠加。为了清晰，将刚架画成一条直线，分别画出两个模型计算的弯矩图，如图 7-27a 所示，图中 M_1 和 M_2 分别为图 7-26a和图 7-26b 计算的弯矩，图中阴影部分为合成弯矩，B、C 和 D 三个关键点的合成弯矩值为

$$M_B=-6H\text{m}+46.53\text{kN}\cdot\text{m}$$

$$M_C=-7.5H\text{m}+591.50\text{kN}\cdot\text{m}$$

$$M_D=-6H\text{m}+21.39\text{kN}\cdot\text{m}$$

由图 7-27a 可见，负弯矩区的塑性铰在节点 D 处，而正弯矩区的塑性铰在斜梁 BC 段或 CD 段上，设在 BC 段上，与 B 点水平距离为 x 处截面塑性铰弯矩表达式：

$$M_p=87.67x+9.52\times\left(6+\frac{x}{8}\right)-3.53\times\left(3+\frac{x}{8}\right)+\frac{1}{2}\times2.12\times\left(\frac{x}{8}\right)^2-\frac{1}{2}\times7.20x^2-\left(6+\frac{x}{8}\right)H^{㊀}$$

$$=-3.59x^2+88.42x+46.53-\left(6+\frac{x}{8}\right)H$$

令 x 截面与 D 点两处塑性弯矩大小相等，因弯矩方向相反，则

$$-3.59x^2+88.42x+46.53-\left(6+\frac{x}{8}\right)H=-(21.42-6H)$$

可得

$$H=\frac{-3.59x^2+88.42x+67.95}{12+x/8}$$

因塑性铰 M_p 与 H(m) 有关，为求 M_p 的最大值，令 $\frac{\text{d}H}{\text{d}x}=0$，即

㊀ 式中数值意义（参见图 7-25a）：87.67 为 A 支座竖向力，9.52 为 A 支座水平力，3.53 为 AB 段风合力，2.12 为 BC 段水平均布力，7.20 为竖向均布荷载；BC 段坡度为 1∶8，$x/8$ 为竖向高度，$(6+x/8)$ 为折算高度；最后一项为支座 E 处赘余力 H 在该处产生的弯矩。

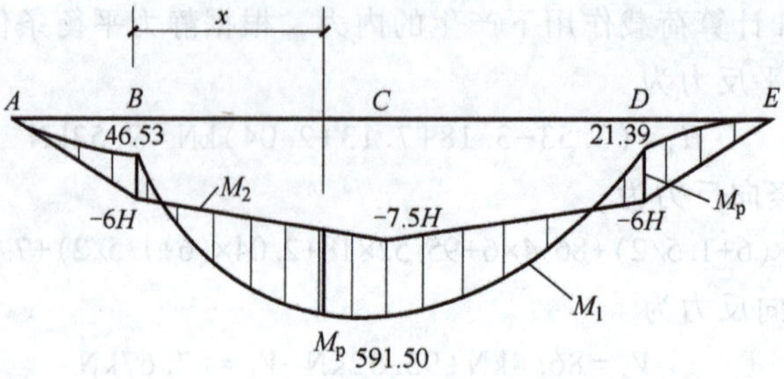

a)

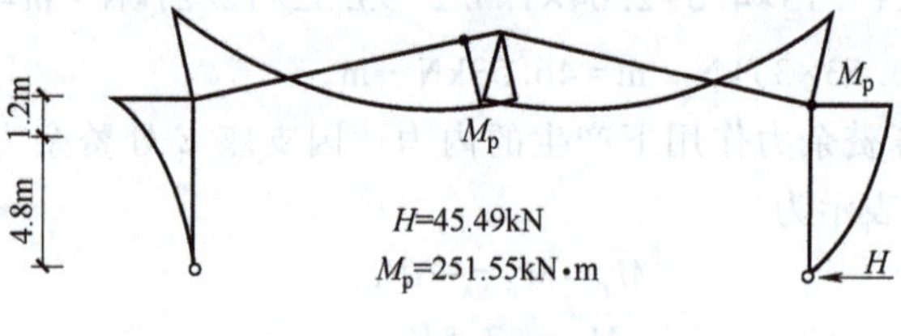

b)

图 7-27　工况 1 内力图

a）弯矩叠加图　b）内力图及破坏塑性铰位置

$$\frac{\mathrm{d}H}{\mathrm{d}x}=\frac{-0.45x^2-85.92x+1052.55}{(12+x/8)^2}=0$$

解得 $x=11.55\mathrm{m}<12\mathrm{m}$，则塑性铰在斜梁 BC 段上。支座 E 处赘余力 H 为

$$H=\frac{-3.59\times11.55^2+88.42\times11.55+67.95}{12+11.55/8}\mathrm{kN}=45.49\mathrm{kN}$$

$$M_P=6H\mathrm{m}-21.39\mathrm{kN}\cdot\mathrm{m}=(6\times45.49-21.39)\mathrm{kN}\cdot\mathrm{m}=251.55\mathrm{kN}\cdot\mathrm{m}$$

工况 1，刚架弯矩图及塑性铰位置如图 7-27b 所示。

2. 工况 2（永久荷载+0.7×雪荷载+风荷载）

采用与工况 1 相同的处理方法，工况 2 的计算简图如图 7-28 所示，支座反力（确定过程，略）的大小标注在图 7-28a 中。

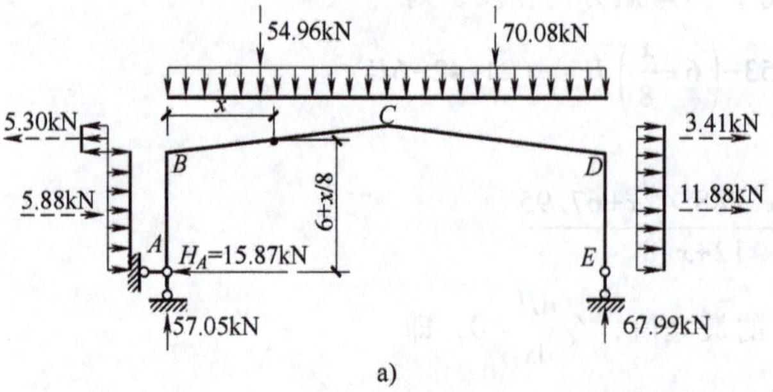

a)

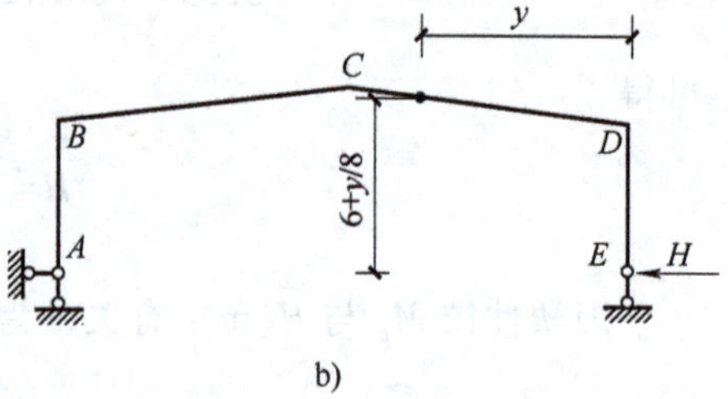

b)

图 7-28　工况 2 超静定结构简化为静定结构模型

a）荷载作用计算简图　b）赘余力 H 作用计算简图

工况 2，静定刚架各点的弯矩为

$$M_D=(11.88\times3)\text{kN}\cdot\text{m}=35.64\text{kN}\cdot\text{m}$$

$$M_C=(67.99\times12+11.88\times4.5+3.41\times1.5/2-70.08\times6)\text{kN}\cdot\text{m}=451.42\text{kN}\cdot\text{m}$$

$$M_B=(15.87\times6-5.88\times3)\text{kN}\cdot\text{m}=77.58\text{kN}\cdot\text{m}$$

支座 E 处赘余水平反力 H 对静定刚架产生的弯矩为

$$M_D=M_B=-6H\text{m}$$

$$M_C=-7.5H\text{m}$$

关键点合成的弯矩为

$$M_B=-6H\text{m}+77.58\text{kN}\cdot\text{m}$$

$$M_C=451.42\text{kN}\cdot\text{m}-7.5H\text{m}$$

$$M_D=-6H\text{m}+35.64\text{kN}\cdot\text{m}$$

正弯矩区的塑性铰可设在 BC 段上，如图 7-28a 所示，按工况 1 相同的方法求出 x 的值；如果设定正弯矩区的塑性铰在 CD 上时选刚架右侧为分析对象较为便捷，设塑性铰截面离 D 点的水平长度为 y，如图 7-28b 所示，塑性铰弯矩表达式为

$$\begin{aligned}M_p&=67.99y+11.88\times\left(3+\frac{y}{8}\right)+\frac{1}{2}\times2.27\times\left(\frac{y}{8}\right)^2-\frac{1}{2}\times5.84y^2-\left(6+\frac{y}{8}\right)H\\&=-2.9y^2+69.48y+35.64-\left(6+\frac{y}{8}\right)H\end{aligned}$$

工况 2 中 D 点弯矩仍比 B 点弯矩大，令 y 截面与 D 点塑性弯矩大小相等，因方向相反，即

$$-2.9y^2+69.48y+36.54-\left(6+\frac{y}{8}\right)H=6H-35.64$$

$$H=\frac{-2.9y^2+69.48y+71.28}{12+y/8}$$

$$\frac{\text{d}H}{\text{d}y}=\frac{-0.36y^2-69.6y+824.85}{(12+y/8)^2}=0$$

解得，$y=11.20\text{m}<12\text{m}$，正弯矩区塑性铰的位置在 CD 段上，如图 7-28b 所示。按工况 1 的方法，解得支座 E 处赘余力 H 为

$$H=36.24\text{kN}$$

$$M_P=6H\text{m}-35.64\text{kN}\cdot\text{m}=181.80\text{kN}\cdot\text{m}$$

工况 2 弯矩组合及破坏塑性铰位置如图 7-29 所示。

7.5.4　构件强度和稳定性验算

1. 试选构件截面

从结构内力分析，工况 1（永久荷载+1.0×雪荷载+0.6×风荷载）是危险工况，需要承受的最大塑性弯矩 $M_p=251.55\text{kN}\cdot\text{m}$，钢柱最大轴压力为 94.25kN，最大剪力为 45.49kN。

刚架的柱和斜梁均选 H 型钢，截面塑性发展系数 $\gamma_x=1.05$。Q235 钢的抗弯强度设计值 $f=215\text{N/mm}^2$。计算需要的弹性截面模量为

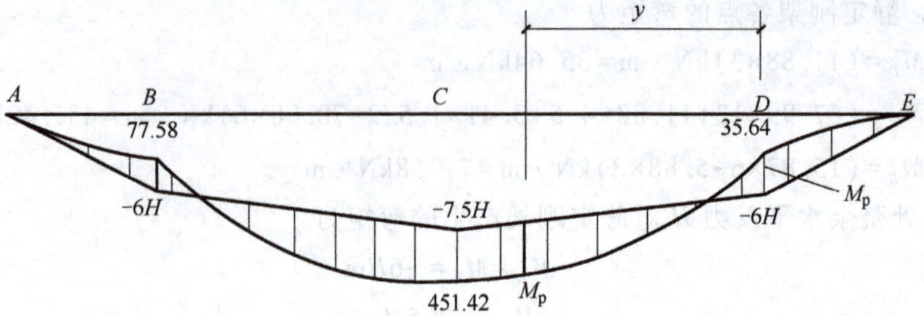

a)

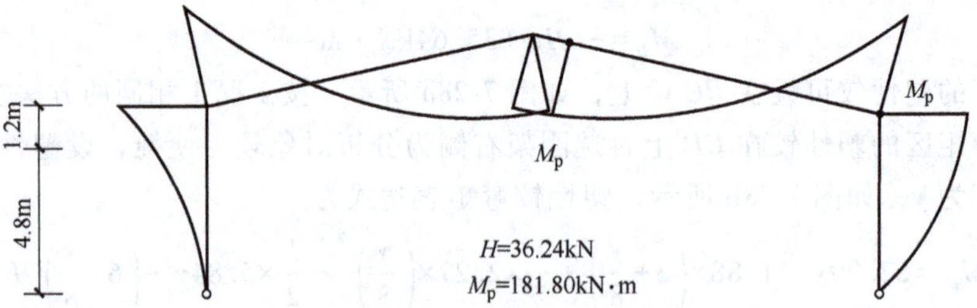

b)

图 7-29　工况 2 内力图

a）弯矩叠加图　b）内力图及破坏塑性铰位置

$$W_x=\frac{M_p}{\gamma_x f}=\frac{251.55\times10^6}{1.05\times215\times10^3}\text{cm}^3=1114\text{cm}^3$$

由热轧 H 型刚表查得合适的截面为 HN400×200×8×13，截面参数：$A=84.12\text{cm}^2$，$I_x=23700\text{cm}^4$，$W_x=1190\text{cm}^3$，$i_x=16.8\text{cm}$，$I_y=1740\text{cm}^4$，$W_y=174\text{cm}^3$，$i_y=4.54\text{cm}$。斜梁与柱采用相同截面。

2. 截面板件的局部稳定性验算

翼缘板外伸宽厚比为

$$\frac{b_1}{t}=\frac{200-8}{2\times13}=7.38<9\varepsilon_k$$

翼缘属于 S1 级截面。

钢柱两侧翼缘的应力为

$$\sigma_1=\frac{N}{A_n}+\frac{M_x}{W_{nx}}=\left(\frac{94.25\times10^3}{84.12\times10^2}+\frac{251.55\times10^6}{1190\times10^3}\right)=222.59\text{ N/mm}^2(\text{压应力})$$

$$\sigma_2=\frac{N}{A_n}-\frac{M_x}{W_{nx}}=\left(\frac{94.25\times10^3}{84.12\times10^2}-\frac{251.55\times10^6}{1190\times10^3}\right)=-200.19\text{N/mm}^2(\text{拉应力})$$

应力变化梯度的参数，按式（6-23）计算，即

$$\alpha_0=\frac{\sigma_{\max}-\sigma_{\min}}{\sigma_{\max}}=\frac{222.59-(-200.19)}{222.59}=1.9$$

腹板的高厚比为

$$\frac{h_0}{t_w}=\frac{400-2\times13}{8}=46.75<(33+13\alpha_0^{1.3})\varepsilon_k=62.94$$

根据表 6-1，刚架柱腹板属于 S1 级截面，因此刚架柱翼板和腹板均满足局部稳定性要求。

3. 刚架柱的强度验算

（1）腹板受压区有效宽度 腹板受压区高度为

$$h_c=\frac{\sigma_{max}}{\sigma_{max}-\sigma_{min}}h_w=\left[\frac{222.59}{222.59+200.19}\times(400-2\times13)\right]mm=196.9mm$$

按式（7-6）~式（7-9）计算，即

$$\beta=\sigma_2/\sigma_1=-200.19/222.59=-0.899<0$$

$$k_\sigma=\frac{16}{\sqrt{(1+\beta)^2+0.112(1-\beta)^2}+(1+\beta)}=21.491$$

$$\lambda_p=\frac{h_w/t_w}{28.1\varepsilon_k\sqrt{k_\sigma}}=\frac{(400-2\times13)/8}{28.1\times1.0\times\sqrt{21.491}}=0.359$$

$$\rho=\frac{1}{(0.243+\lambda_p^{1.25})^{0.9}}=1.8>1.0,取\ \rho=1.0$$

腹板全截面有效，即按式（7-5）计算受压区有效宽度 h_e 为

$$h_e=\rho h_c=1.0\times196.9mm=196.9mm$$

因 $\beta<0$，则

$$h_{e1}=0.4h_e=0.4\times196.9mm=78.8mm$$

$$h_{e2}=0.6h_e=0.6\times196.9mm=118.1mm$$

（2）抗剪强度验算 刚架柱为等截面，楔率 $\gamma_p=0$，楔率折减系数 $\chi_{tap}=1.0$。按不设横向加劲肋时，取 $k_\tau=5.34$。

板件受剪相关参数 λ_s，按式（7-15）计算（$\varepsilon_k=1.0$），即

$$\lambda_s=\frac{h_{w1}/t_w}{37\sqrt{k_\tau}\,\varepsilon_k}=\frac{(400-2\times13)/8}{37\sqrt{5.34}}=0.5468$$

按式（7-13）计算腹板剪切屈曲稳定系数，即

$$\varphi_{ps}=\frac{1}{(0.51+\lambda_s^{3.2})^{1/2.6}}=\frac{1}{(0.51+0.5468^{3.2})^{1/2.6}}=1.18>1.0,取\ \varphi_{ps}=1.0$$

考虑屈曲后强度时，腹板受剪承载力设计值按式（7-16）计算，即

$$V_d=\varphi_{ps}h_w t_w f_v=[1.0\times(400-2\times13)\times8\times125\times10^{-3}]kN=374kN$$

根据计算结果，刚架柱所受最大剪力为 45.49kN。

$$V=45.49kN<V_d=374kN$$

故，刚架柱满足抗剪强度要求。

（3）抗弯强度验算 刚架柱承受剪力 $V=45.49kN$、弯矩 $M=251.55kN\cdot m$ 和轴压力 $N=94.25kN$ 共同作用，因 $V\leqslant0.5V_d$，按式（7-20）验算其强度，即

$$\frac{N}{A_n}+\frac{M_x}{\gamma_x W_{nx}}=\left(\frac{94.25\times10^3}{84.12\times10^2}+\frac{251.55\times10^6}{1.05\times1190\times10^3}\right)N/mm^2=212.52\ N/mm^2<f=215\ N/mm^2$$

故，刚架柱抗弯强度可满足要求。

4. 刚架柱的稳定性验算

（1）弯矩作用平面内的稳定　门式刚架属于有侧移框架，刚架斜梁长度为 $l=(2\sqrt{12^2+1.5^2})\text{m}=24.187\text{m}$，刚架斜梁与柱为相同截面，按式（7-24）计算，即

$$K_1=\frac{I_b/l}{I/H}=\frac{H}{l}=\frac{6}{24.187}=0.25$$

柱底为铰接，拟采用平板支座，$K_2=0.1$。

查表 D-1，在 $K_2=0.1$ 行上，查得 $K_1=0.2$ 时 $\mu=2.56$ 与 $K_1=0.3$ 时 $\mu=2.33$，$K_1=0.25$ 在两者之间线性内插，则刚架柱弯矩作用平面内的 $\mu=2.44$。

$$\lambda_x=\frac{\mu H}{i_x}=\frac{2.44\times600}{16.8}=87<[\lambda]=150$$

$\varphi_x=0.736$（a 类截面，$b/h<0.8$）。

$$N_{Ex}=\frac{\pi^2EA}{\lambda_x^2}=\left(\frac{\pi^2\times2.06\times10^5\times84.12\times10^2}{87^2}\right)\text{N}=2.260\times10^6\text{N}$$

$$N'_{Ex}=\frac{N_{Ex}}{1.1}=2.055\times10^6\text{N}$$

工况 1 中 CD 段横向均布荷载作用产生的弯矩为

$$M_{qx}=\frac{1}{8}ql^2=\left(\frac{1}{8}\times1.19\times6^2\right)\text{kN}\cdot\text{m}=5.355\text{kN}\cdot\text{m}$$

按式（6-12）计算，即

$$\beta_{mqx}=1-0.18N/N_{cr}=1-0.18\times94.25/2260=0.9925$$

铰支座，柱脚不承受弯矩，$M_2=0$，按式（6-10）计算，即

$$\beta_{m1x}=0.6+0.4\frac{M_2}{M_1}=0.6$$

按式（6-13）计算等效弯矩，即

$$\beta_{mx}M_x=\beta_{m1x}M_1+\beta_{mqx}M_{qx}=(0.6\times251.55+0.9925\times5.355)\text{kN}\cdot\text{m}=156.24\text{kN}\cdot\text{m}$$

则按式（6-8）验算压弯构件弯矩作用平面内的整体稳定性，即

$$\frac{N}{\varphi_xA}+\frac{\beta_{mx}M_x}{\gamma_xW_{1x}\left(1-0.8\frac{N}{N'_{Ex}}\right)}=\left[\frac{94.25\times10^3}{0.736\times84.12\times10^2}+\frac{156.24\times10^6}{1.05\times1190\times10^3\times\left(1-0.8\times\frac{94.25}{2055}\right)}\right]\text{N/mm}^2$$

$$=145.0\text{N/mm}^2<f=215\text{N/mm}^2$$

（2）弯矩作用平面外的稳定　檐口 B 点及 D 点设侧向支承点，如果刚架柱弯矩作用平面外不设置支撑，计算长度为 6m，则

$$\lambda_y=\frac{l_y}{i_y}=\frac{600}{4.54}=132<[\lambda]=150$$

$\varphi_y=0.378$（b 类截面）。

双轴对称截面有

$$\varphi_b=1.07-\frac{\lambda_y^2}{44000}\varepsilon_k^2=1.07-\frac{132^2}{44000}=0.674$$

弯矩作用平面外的等效弯矩系数按式（6-16）计算（$M_2=0$），即

$$\beta_{tx}=0.65$$

$\eta=1.0$，按式（6-15）验算压弯构件弯矩作用平面外的整体稳定性，即

$$\frac{N}{\varphi_y A}+\eta\frac{\beta_{tx}M_x}{\varphi_b W_{1x}}=\left(\frac{94.25\times10^3}{0.378\times84.12\times10^2}+1.0\times\frac{0.65\times251.55\times10^6}{0.674\times1190\times10^3}\right)\text{N/mm}^2$$

$$=233.50\text{N/mm}^2>f=215\text{N/mm}^2$$

如果刚架柱侧向不设置支撑，弯矩作用平面外的整体稳定性不满足要求。可采用侧向回转半径更大的截面或者沿外墙方向设置侧向支撑两种方案，减小刚架柱侧向长细比，提高刚架柱侧向稳定性，后者更经济合理。

（3）侧向支承点间距　檐口下 1.2m 处设置刚性支撑的墙梁。刚架柱弯矩图近似呈三角形，求得距柱脚 4.8m 处的弯矩为

$$M_2=251.55\times4.8/6\text{kN}\cdot\text{m}=201.24\text{kN}\cdot\text{m}$$

设置的墙梁将柱的侧向分成两段，对两区段分别验算弯矩作用平面外的整体稳定性。

1）从墙梁支撑点至柱脚 4.8m 区段：

$$\lambda_y=\frac{480}{4.54}=106$$

$\varphi_y=0.517$（b 类截面）。

$$\varphi_b=1.07-\frac{106^2}{44000}\varepsilon_k^2=0.815$$

$$\frac{N}{\varphi_y A}+\eta\frac{\beta_{tx}M_x}{\varphi_b W_{1x}}=\left(\frac{94.25\times10^3}{0.517\times84.12\times10^2}+1.0\times\frac{0.65\times201.24\times10^6}{0.815\times1190\times10^3}\right)\text{N/mm}^2$$

$$=156.6\text{N/mm}^2<f=215\text{N/mm}^2$$

柱脚至墙梁支撑点 4.8m 区段的弯矩作用平面外的整体稳定性满足要求。

2）檐口至墙梁支撑点 1.2m 区段（计算长度$l_1=a=1.20\text{m}$）：

$$\lambda_y=\frac{120}{4.54}=26$$

$\varphi_y=0.950$（b 类截面）。

按式（6-16）计算，即

$$\beta_{tx}=0.65+0.35\frac{M_2}{M_1}=0.65+0.35\times\frac{201.24}{251.55}=0.93$$

$$\varphi_b=1.07-\frac{26^2}{44000}\varepsilon_k^2=1.05>1.0$$

取 $\varphi_b=1.0$。

$$\frac{N}{\varphi_y A}+\eta\frac{\beta_{tx}M_x}{\varphi_b W_{1x}}=\left(\frac{94.25\times10^3}{0.950\times84.12\times10^2}+1.0\times\frac{0.93\times251.55\times10^6}{1.0\times1190\times10^3}\right)\text{N/mm}^2$$

$$=208.42\text{N/mm}^2<f=215\text{N/mm}^2$$

在檐口下 1.2m 处设刚性墙梁支撑合理，能够使刚架柱在弯矩作用平面外的整体稳定性满足要求。

5. 斜梁的强度及稳定性验算

斜梁采用与刚架柱相同截面，斜梁强度与稳定性验算过程与刚架柱相同，此处不再演算，可作为练习题读者自行计算，试试看是否有更合适的截面。

7.5.5 节点设计

1. 梁与柱节点

梁与柱节点采用图 7-30 的形式，采用高强度螺栓摩擦型连接，连接处构件表面喷砂处理。

(1) 螺栓布置与验算　梁与柱节点螺栓群需要承受的弯矩为 251.55kN · m，剪力为 94.25kN。螺栓受力：

$$N_V=\frac{94.25}{8}\text{kN}=11.78\text{kN}$$

$$N_{t1}=\frac{My'_1}{m\sum y_i'^2}=\left[\frac{251.55\times 52\times 10^2}{2\times(13.3^2+38.7^2+52^2)}\right]\text{kN}=149.37\text{kN}$$

根据螺栓所承受的最大拉力，查表 3-6，初选 10.9 级的 M24 螺栓，预拉力设计值 $P=225$kN。

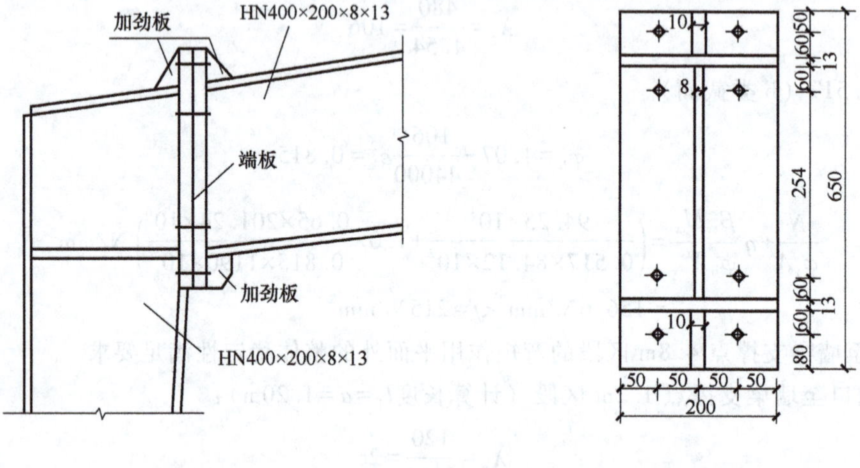

a)　　b)

图 7-30　梁与柱节点及螺栓布置图

a) 节点构造　b) 螺栓布置

该连接采用标准孔，$d_0=26$mm，孔型系数 $k=1.0$；Q235 钢，板件喷砂处理，$\mu=0.4$；$n_f=1$。

$$N_v^b=0.9kn_f\mu P=0.9\times1.0\times1\times0.4\times225\text{kN}=81\text{kN}$$

$$N_t^b=0.8P=0.8\times225\text{kN}=180\text{kN}$$

按式 (3-55) 计算同时承受摩擦面间的剪力和螺栓杆轴向拉力的摩擦型高强度螺栓，即

$$\frac{N_v}{N_v^b}+\frac{N_t}{N_t^b}=\frac{11.78}{81}+\frac{149.37}{180}=0.98<1.0$$

故，10.9 级的 M24 螺栓满足要求。

(2) 端板厚度　第 1 行螺栓位置，属于两邻边支承类区格，按式 (7-32) 计算端板厚度，即

$$t \geqslant \sqrt{\frac{6e_f e_w N_t}{[e_w b+2e_f(e_f+e_w)]f}}=\sqrt{\frac{6\times60\times50\times149.37\times10^3}{[50\times200+2\times60\times(60+50)]\times205}}=23.78\text{mm}$$

第 2~4 行螺栓位置，均属于两邻边支承类区格，且螺栓所承受的拉力小于第 1 行，无须验算。

$$N_{t2}=N_{t1}\times\frac{387}{520}=149.37\times\frac{387}{520}\text{kN}=111.17\text{kN}$$

第 2、3 行螺栓之间区格属于无加劲肋类，由式（7-31）按较大拉力 N_{t2} 计算端板厚度即

$$t \geqslant \sqrt{\frac{3e_w N_t}{(0.5a+e_w)f}}=\sqrt{\frac{3\times50\times111.17\times10^3}{(0.5\times254+50)\times205}}\text{mm}=21.44\text{mm}$$

按几种区格厚度的最大值，取 24mm，符合不应小于 16mm 及高强度螺栓直径 0.8 倍的构造要求。

（3）节点域强度验算　按式（7-35）验算剪应力，如果柱头腹板不增厚，则

$$\tau=\frac{M}{d_b d_c t_c}=\left(\frac{251.55\times10^6}{400\times400\times8}\right)\text{N/mm}^2=196.5\text{N/mm}^2>f_v=125\text{N/mm}^2$$

柱头腹板厚度 8mm 时不满足抗剪强度要求。将柱头腹板增厚至 14mm，即

$$\tau=\left(\frac{251.55\times10^6}{400\times400\times14}\right)\text{N/mm}^2=112.3\text{N/mm}^2<f_v=125\text{N/mm}^2\text{（满足）}$$

（4）斜梁腹板强度验算　翼缘内第 2 排螺栓承受的轴向拉力为

$$N_{t2}=111.17\text{kN}>0.4P=(0.4\times225)\text{kN}=90\text{kN}$$

按式（7-37）验算端部螺栓处构件腹板强度，即

$$\frac{N_{t2}}{e_w t_w}=\left(\frac{111.17\times10^3}{50\times8}\right)\text{N/mm}^2=277.9\text{N/mm}^2>f=215\text{N/mm}^2$$

斜梁端部腹板 8mm 时强度不够，经验算斜梁局部腹板厚度只要不小于 11mm，即可满足要求，采用与柱头腹板同厚度 14mm。

2. 梁与梁屋脊节点

梁与梁屋脊节点采用图 7-31 的形式，端板厚度取 24mm，采用 10.9 级 M24 高强度螺栓摩擦型连接，连接处构件表面喷砂处理。螺栓连接满足强度要求（过程略）。

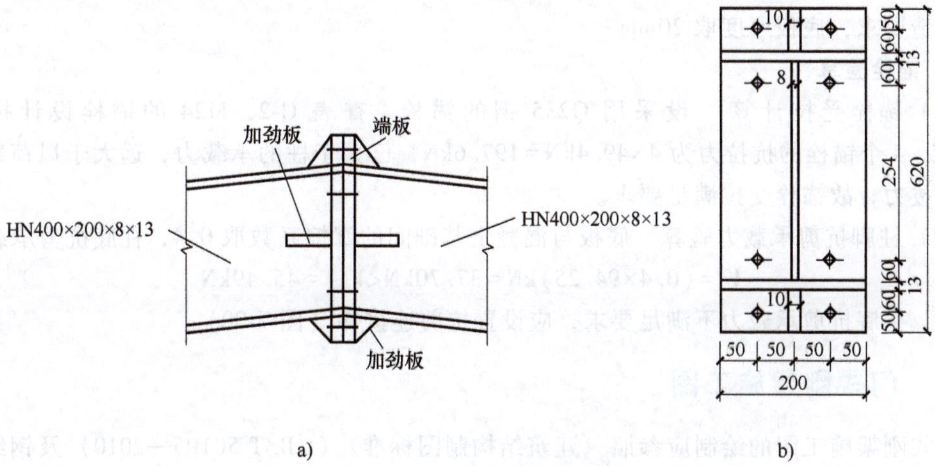

图 7-31　梁与梁屋脊节点

a）节点构造　b）螺栓布置

3. 铰接柱脚节点设计

刚架柱最大轴压力为 94.25kN，最大剪力为 45.49kN。

基础采用 C20 混凝土，$f_{cc}=10\text{N/mm}^2$。

柱脚底板如图 7-32 所示，地脚锚栓采用 Q235 钢，地脚锚栓选用 M24，孔径为 30mm。

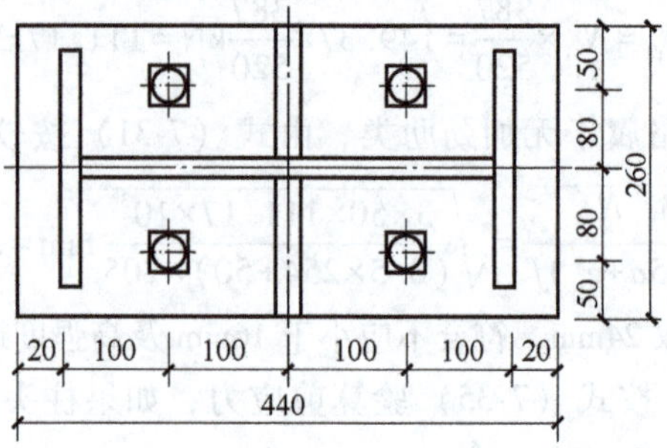

图 7-32 柱脚底板

基础混凝土的应力按式（7-39）计算，即

$$q=\frac{N}{BL-A_0}=\left(\frac{94.25\times10^3}{440\times260-4\times\frac{1}{4}\pi\times30^2}\right)\text{N/mm}^2=0.85\text{N/mm}^2<f_{cc}=10\text{N/mm}^2$$

底板悬臂板（一边支承），承受的最大弯矩在悬臂板的根部，其大小为

$$M_1=\frac{1}{2}qc^2=\left(\frac{1}{2}\times0.84\times20^2\right)\text{N}\cdot\text{mm}=168\text{N}\cdot\text{mm}$$

三边支承板，$b_1/a_1=130/200=0.65$，查表 7-3 可得

$$\beta=(0.072+0.085)/2=0.079$$

$$M_3=\beta qa_1^2=(0.079\times0.84\times200^2)\text{N}\cdot\text{mm}=2654\text{N}\cdot\text{mm}$$

底板厚度按式（7-44）计算，即

$$t\geqslant\sqrt{\frac{6M_{max}}{f}}=\left(\sqrt{\frac{6\times2654}{215}}\right)\text{mm}=8.6\text{mm}$$

根据构造要求，底板厚度取 20mm。

4. 锚栓验算

（1）锚栓受拉计算　设采用 Q235 钢的锚栓，查表 C-2，M24 的锚栓设计拉力为 49.4kN，4 个锚栓的抗拉力为 4×49.4kN=197.6kN，已大于柱的承载力，远大于风荷载作用下的上拔力，故锚栓受拉满足要求。

（2）柱脚抗剪承载力验算　底板与混凝土基础间的摩擦系数取 0.4，柱底抗剪承载力为

$$V_d=(0.4\times94.25)\text{kN}=37.70\text{kN}<V_{max}=45.49\text{kN}$$

故，柱底抗剪承载力不满足要求，应设置抗剪连接件（图 7-20）。

7.5.6 门式刚架施工图

门式刚架施工图的绘制应参照《建筑结构制图标准》（GB/T 50105—2010）及钢结构制图有关规定进行绘制。本实例所设计的门式刚架部分施工图如图 7-33 所示。

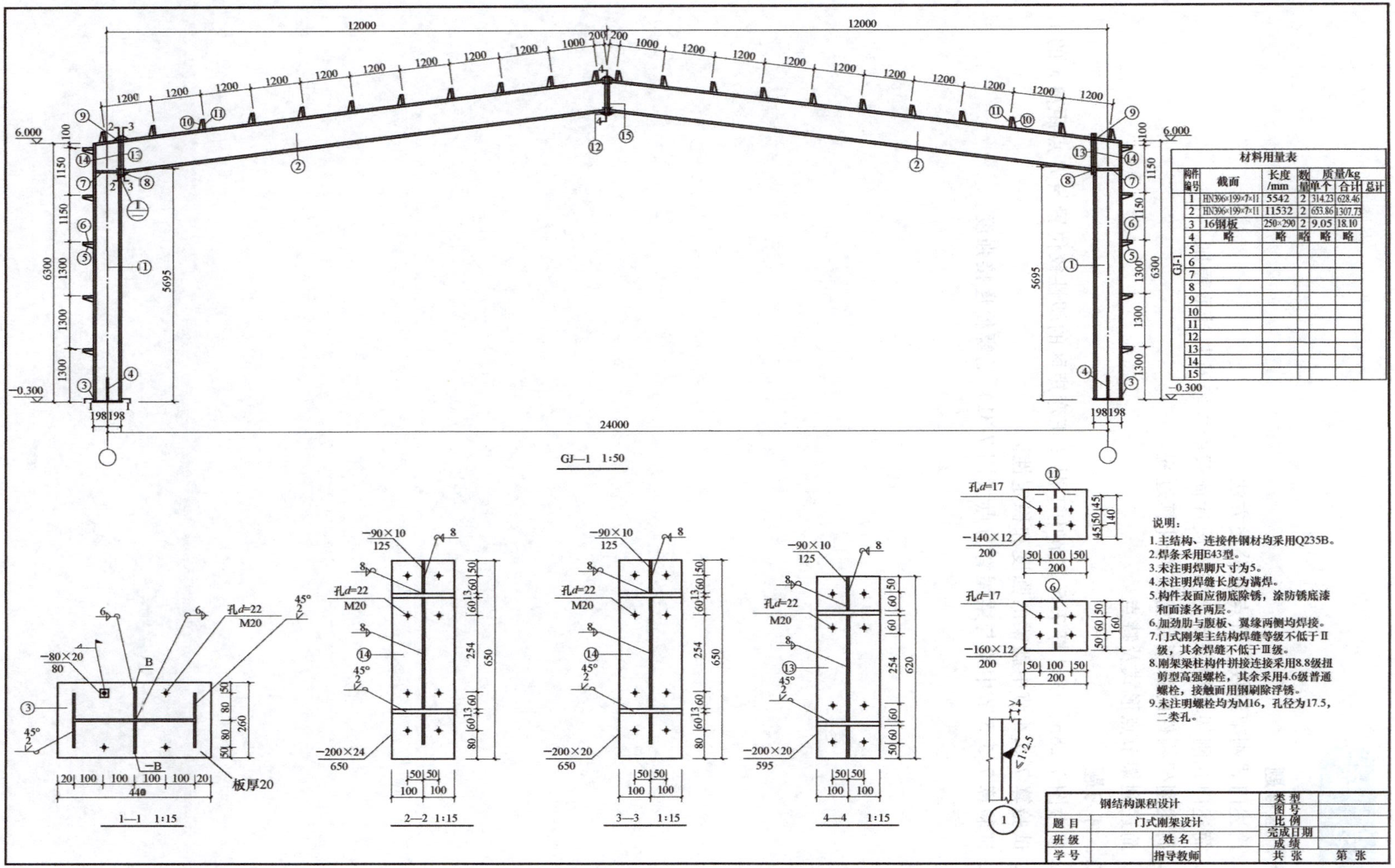

图 7-33 门式刚架施工图

习题

一、思考题

1. 简述门式刚架组成、特点及分类方法。
2. 简述门式刚架轻型房屋钢结构设计荷载的内容及其计取原则。
3. 简述刚架构件的强度和稳定性计算过程。
4. 简述刚架节点形式及特点。

二、练习题

1. 参考图 7-28b，试计算 7.5.3 节中工况 2 正弯矩区的塑性铰位置与 B 点距离 x 的值。
2. 试验算 7.5.4 节中斜梁的强度和稳定性。
3. 试验算 7.5.5 节中梁与梁屋脊节点（图 7-31）的螺栓连接强度。

CHAPTER 8

第 8 章 PKPM 轻钢门式刚架设计实例

本章要点：

1. 熟悉利用 PKPM 结构设计软件进行轻型工业厂房钢结构设计全过程。

2. 学会 PKPM 中钢结构部分（STS）的操作方法，熟悉 STS 二维建模和三维建模二维计算方法。

3. 了解屋面设计、墙面设计的基本过程和要求，掌握一榀刚架的设计计算、结果查验内容及方法。

4. 熟悉施工图的内容与绘制，能够独立完成轻钢门式刚架设计。

8.1 PKPM 轻型钢结构设计概述

PKPM 软件是中国建筑科学研究院经过多年开发的具有独立知识产权的一套 CAD 系统，是成为国内房屋建筑结构设计中应用最广泛的软件之一。PKPM 包含结构、特种结构、建筑、设备、概预算及钢结构等六个主要专业模块，具有数据共享的集成化系统，建模直观明了的人机交互方式，计算数据自动生成，采用最新规范的结构计算和智能化的施工图设计等优点。

PKPM 结构设计软件主界面如图 8-1 所示，主界面最上面列出专业模块，包括：“结构”“砌体”“钢结构”“减隔震”“施工图审查”“鉴定加固”“预应力”“工具工业”“装配式”。单击任意一个专业模块，下拉菜单中都会显示更具体的设计模块，如“钢结构”部分包含“钢结构二维设计”“钢结构厂房三维设计”“钢框架三维设计”“网架网壳管桁架设计”四个模块。

主界面最左列的图标分别是“软件改进说明”“用户手册”“模型打包（PKPM 设计数据存取设置）”“锁码设置”“注册控件”“参数设置”等。“用户手册”提供了钢筋混凝土结构、钢结构、砌体、鉴定加固等结构设计软件的使用指南和使用手册；“模型打包”进行工作路径和备份文件位置相关的设置；“参数设置”对图形控制参数、设计控制信息、材料颜色方案等全局性参数进行设置。

PKPM 中的钢结构部分（STS）是专门应用于钢结构分析与设计的模块。主要包括门式

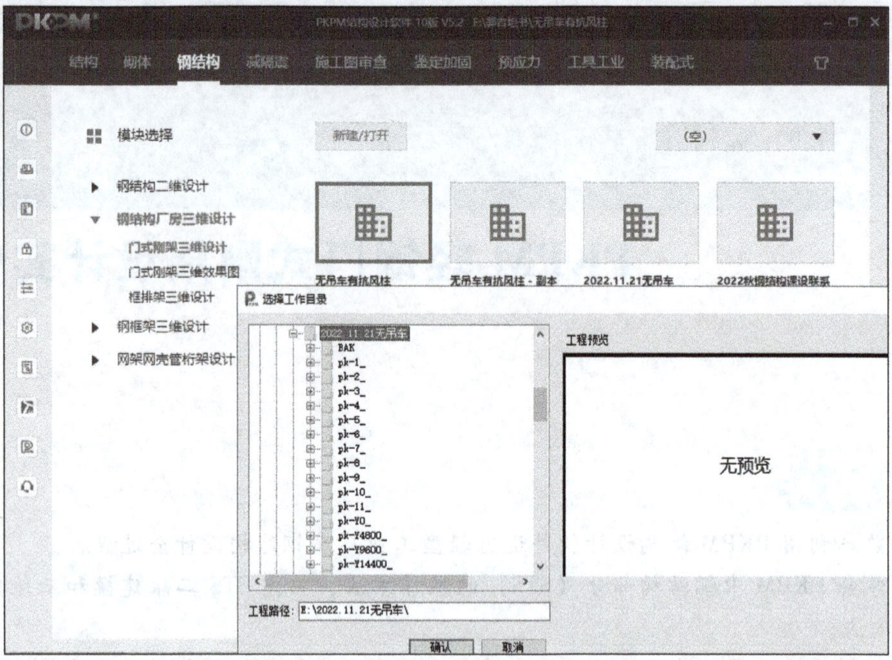

图 8-1 PKPM 结构设计软件主界面

刚架、框架、桁架、支架、框排架、工具箱和空间结构模块，具有钢结构的模型输入、截面优化、结构分析、构件验算、节点设计与施工图绘制等功能，适用于门式刚架、多高层框架、桁架、支架、框排架、空间杆系钢结构（如塔架、网架、空间桁架）等结构类型，并提供专业工具用于檩条、墙梁、隅撑、抗风柱、组合梁、柱间支撑、屋面支撑、吊车梁等基本构件的计算和画图。对要设计的结构类型，一般只需在相应的子菜单中按照菜单顺序进行操作，即可完成建模、计算和施工图绘制的工作。除接力其他分析模块外，基本无须跳转菜单，设计便捷。STS 模块可与 PKPM 其他模块配合进行结构三维分析，实现多高层钢框架、门式刚架等结构的三维建模、整体结构分析与构件设计。

门式刚架、工业厂房排架等结构，荷载传递途径：竖向荷载、横向荷载（横向风荷载、起重机横向水平荷载、横向地震力等）主要由门式刚架或者排架承担，纵向水平荷载（山墙风荷载、起重机纵向刹车力、纵向地震力）主要由纵向支撑所在立面承担。实际结构设计大多采用横向、纵向二维建模计算的方法。

STS 门式刚架可采用两种设计方法：二维建模计算方法直接建立二维模型，进行二维分析、设计、施工图；三维建模二维计算方法是在二维建模计算方法的基础上，扩展计算模型管理和荷载导算，用二维模型来形成三维整体建模，用二维计算来分别完成三维结构的横向、纵向立面计算分析的功能。

三维建模二维计算方法，比传统分别建立横向立面、纵向立面二维模型的结构分析方法更加便捷高效，初学者在建模时更容易形成直观的可视化效果，有助于对结构体系进行全面了解。如图 7-1 所示的由横向立面、纵向立面、屋面支撑系统组成的三维工业厂房，使用 STS 提供的三维建模方法：先定义平面网格轴线，分别建立横向立面和纵向立面，然后通过系杆布置来输入纵向构件（如纵向系杆、屋面支撑等）完成三维模型。建立横向立面和纵向立面模型时，同时已输入了荷载信息和计算参数，二维计算就是对三维模型的各轴线立面依次完成二维平面杆系的计算。横向立面和纵向立面分别考虑应该承担的主要荷载，计算结果不叠加。该方法不同于真正意义的整体建模三维分析计算方法，只适用于横向和纵向均可以采用二维计算的结构，如门式刚架、工业厂房排架结构等。

8.2　PKPM 轻型钢结构轴网及标准榀设定

本章介绍变截面门式刚架设计，其基本参数与 7.5 节实例相同，即单层单跨双坡，跨度 $L=24\text{m}$，柱高 $h=6\text{m}$，刚架柱 $l=6\text{m}$ 房屋总长 60m，屋面坡度 $i=1:8$，屋面恒荷载 0.52kN/m^2（不含斜梁自重），屋面活荷载 0.3kN/m^2，基本雪压 0.45kN/m^2，基本风压 0.409kN/m^2。采用三维建模二维计算方法构建刚架整体三维模型，介绍变截面门式刚架设计的基本操作方法。三维建模二维计算方法主要包括网格输入、设标准榀、荷载及边界条件设定、纵立面编辑、横向立面编辑、屋面设计、墙面设计等步骤。

新建一个钢结构厂房三维设计模型时，选择“钢结构”→“钢结构厂房三维设计”→“新建/打开”，新建文件时需要指定文件路径，通过“新建/打开”按钮创建新文件，并通过“选择工作目录”对话框指定模型文件的保存路径，可自定义生成的文件名，其扩展名为“.jh”。双击新建的文件进入门架三维设计模块，如图 8-1 所示。

建模的第一步是网格输入，生成计算模型的网格线，是后续梁柱布置的基础。在门架三维设计模块的工具栏中选择“模型输入”→“网格设置”→“网格输入”和“设标准榀”，输入厂房尺寸、荷载及地震作用等相关信息，如图 8-2 所示。

1. 网格输入

单击“网格输入”按钮，弹出“厂房总信息及网格编辑”对话框，包含“厂房总信息”“平面网格编辑”“设计信息”三部分。在“厂房总信息”标签中，“钢材钢号”选择“Q235”，在“厂房跨度”“厂房总长度”“厂房刚架榀数”“檐口高度”“屋面坡度”各输入框中输入相应数据，输入的尺寸单位均为 mm。本例未设置起重机，无牛腿；在“荷载信息”栏中分别输入“屋面恒载”“计算刚架活载”“雪荷载”“基本风压”“风压调整系数”相应数据，除特殊情况外，输入的荷载信息均为荷载标准值，荷载单位为 kN/m^2，如图 8-2b所示。在完成后单击“确定”按钮生成如图 8-2a 所示的厂房网格轴线。

“平面网格编辑”标签中显示的初始柱距是根据总信息中输入的厂房总长度和榀数计算的，各柱距相等；当柱距不相等时，用户可在“平面网格编辑”标签中进行交互编辑。厂房总信息中的恒载、活载和风载（荷载均为水平投影面积）信息能够传递到后面的“立面编辑”中的单榀刚架设计，导荷方式软件自动按刚架方向单向导荷。如果在立面编辑时不采用门式刚架快速建模方式，而采用人机交互方式建立二维模型，则这里输入的恒活荷载没有意义，只需要确认风荷载即可。根据《建筑结构荷载规范》（GB 50009—2012），计算檩条用的活荷载取 0.5kN/m^2。

“设计信息”标签中，“地震计算参数”为横向榀和纵向榀地震信息设置初值，各横向榀地震信息还可以在该榀立面编辑时通过参数输入编辑，纵向榀计算时的地震信息就取此处设置的信息，本例地震设防烈度为 7 度（$0.1g$）。“附加信息”是补充画图时生成的设计总说明需要的信息。“支撑、系杆设计参数”能设置屋面交叉支撑、柱间交叉支撑是否按单拉杆件设计，如果勾选，则按单拉杆件设计；不勾选，则按压杆件设计。通过“纵向立面压杆控制长细比”用户可指定纵向系杆的长细比限值，如图 8-2c 所示。

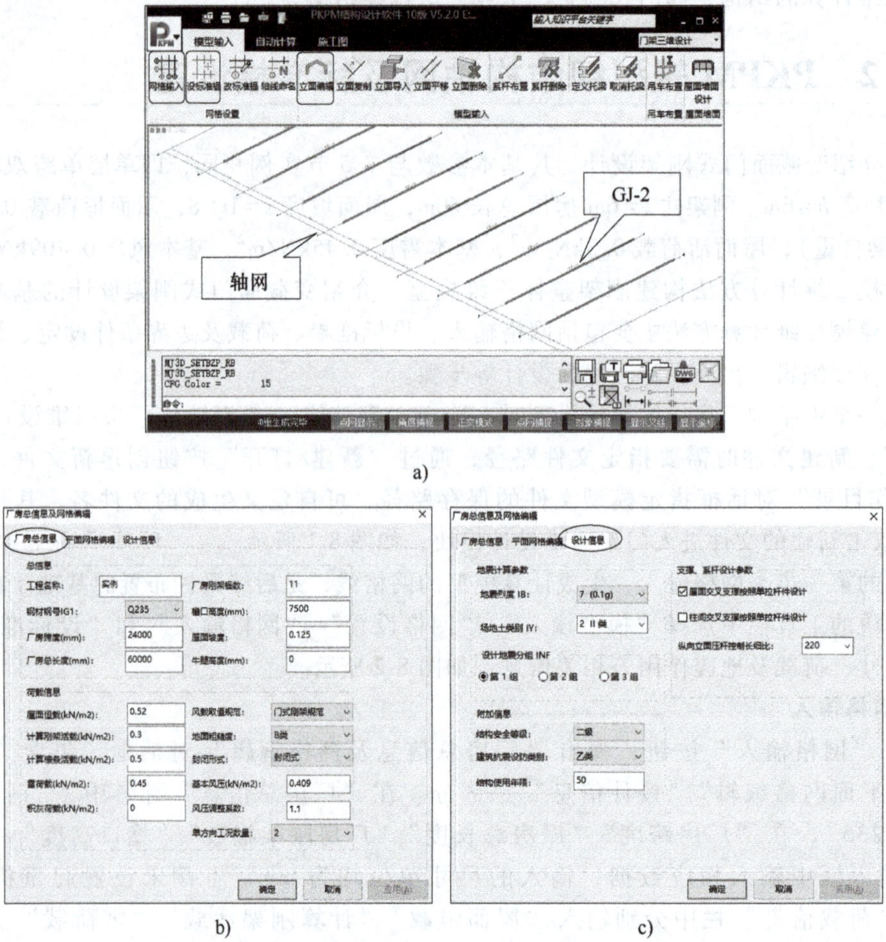

图 8-2　网格轴线与厂房设计信息输入

a）门架三维设计界面　b）“厂房总信息”标签　c）“设计信息”标签

2. 设标准榀

为了在立面编辑设计时减少相同刚架计算次数，将相同的刚架设置为标准榀，一个标准榀只需设计一次，可设置多个标准榀。

结构承受横向水平荷载主要靠每一榀横向布置的门式刚架，分为有抗风柱（边跨）和无抗风柱（中间跨）两种类型。将有抗风柱的第 1 和第 11 轴线定义为第 1 标准榀，代号 GJ-1；无抗风柱的各轴定义为第 2 标准榀，代号 GJ-2。具体操作方法如下：在“模型输入”中单击“设标准榀”按钮，进入标准榀设置状态，用鼠标点选 1 轴和 11 轴线，并将其设置为 GJ-1，将 2～10 轴线设置为相同标准榀 GJ-2，选择完毕后鼠标右击确认，如图 8-2a 所示。

8.3 横向立面编辑

横向立面建模即主刚架二维模型输入（横向立面编辑本质和二维门式刚架模型一致），主要包括：门架参数设定、构件截面选择、荷载输入、边界条件输入、基础布置、截面优化、结构分析及结果查询。

8.3.1 无抗风柱门式刚架立面编辑

采用快速建模方式，主要建模流程包括：门架参数设定、荷载查询及确认、约束布置及基础设置、截面优化、刚架计算及结果查询。

1. 门架参数设定

设置标准榀后，选择“模型输入”→“立面编辑”（图 8-2a），移动十字光标点选任一标准榀 GJ-2，软件跳转到门架二维设计模块，图 8-3 是选择标准榀 GJ-2（中间跨）的二维门式刚架模型结果（新建时没有图中门式刚架示意图）。菜单所示二维设计模块中包括“常用功能”“轴线网格”“构件布置”“荷载布置”“截面优选”等单元。“常用功能”中的“门架”是主刚架的二维模型快捷建模按钮，菜单其他部分可以对主刚架的二维模型进行信息查询、修改、优化、分析，可采用快捷建模方式进行主刚架的二维模型的立面编辑。

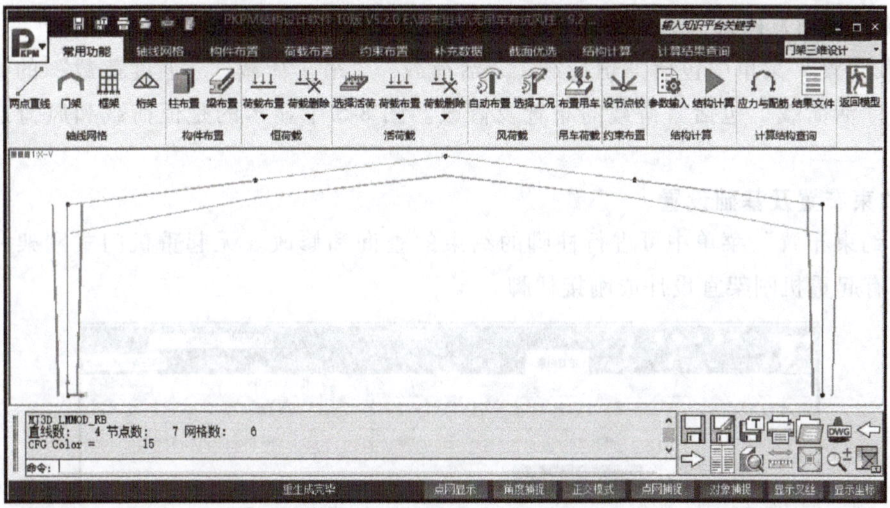

图 8-3 横向刚架布置主菜单

选择“常用功能”→“门架”，打开“门式刚架快速建模”对话框，如图 8-4 所示。在“门式刚架网格输入向导”标签（图 8-4a）内设置“总跨数”为“1”，选择单跨形式为双坡对称，设置“左坡分段数”为“2”，“左坡分段比”为“1：1”；分段数、分段方式、分段比是指该坡存在不同截面的梁的段数，采用变截面梁设计，减少钢材用量。“设计信息设置”标签（图 8-4b）中的参数可以根据设计需求，勾选“自动生成构件截面与铰接信息”“自动生成楼面恒、活荷载”“自动导算风荷载”“指定屋面梁平面外计算长度”复选按钮。

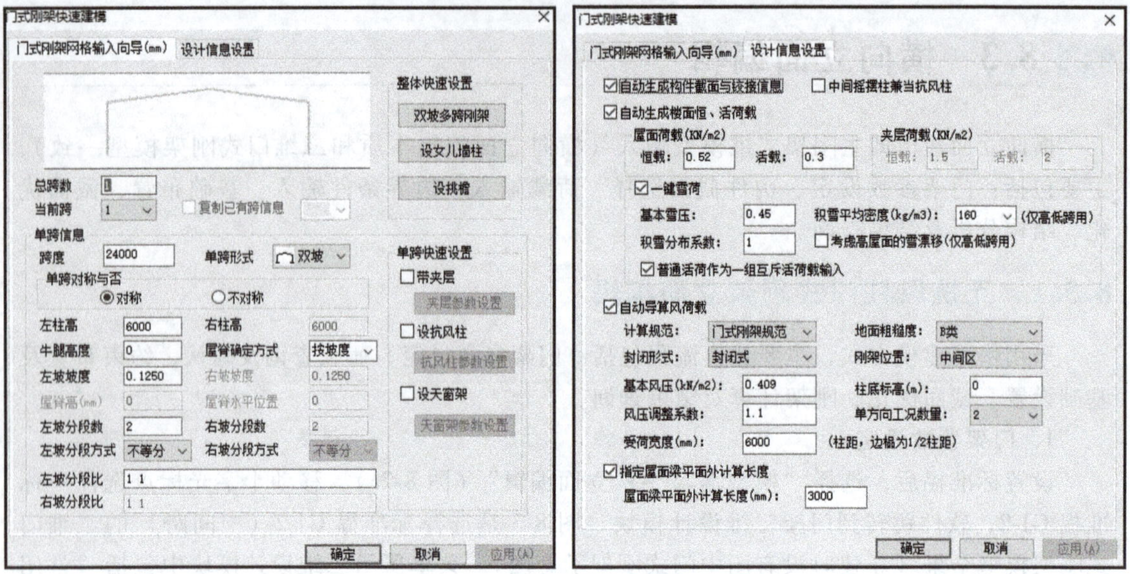

a) b)

图 8-4　门式刚架快速建模参数输入

a）“门式刚架网格输入向导”标签　b）“设计信息设置”标签

2. 荷载查询及确认

“荷载布置”菜单中包括“恒荷载”“活荷载”“吊车荷载”“温度荷载”的查询及修改，其中“活荷载”包括雪荷载的布置及修改。图 8-5 中显示的是恒荷载和风荷载的部分结果。

3. 约束布置及基础设置

在“约束布置”菜单中可进行柱脚的约束的查询和修改。无起重机门式刚架一般柱脚为铰接，有起重机刚架宜设计成刚接柱脚。

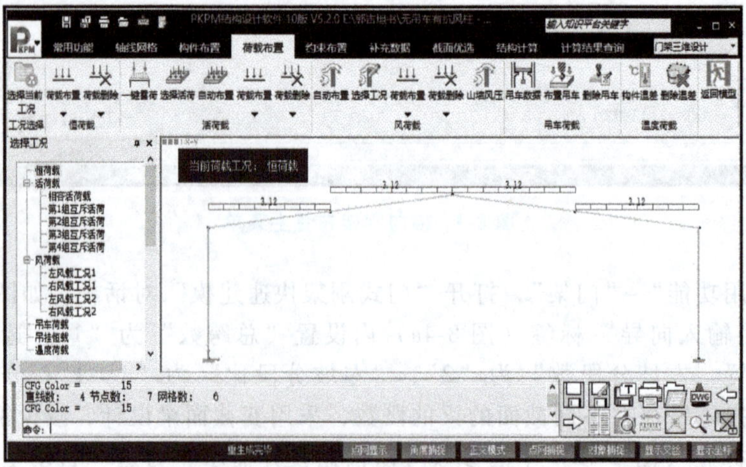

a)

图 8-5　荷载布置结果

a）恒荷载

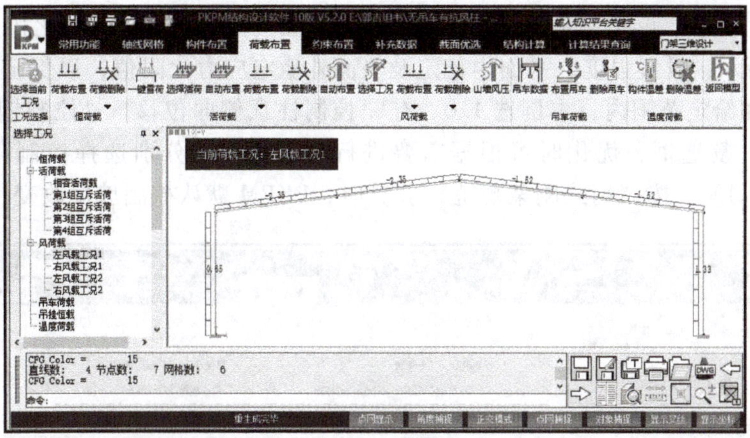

b)

图 8-5　荷载布置结果（续）

b）风荷载

在“补充数据”菜单中布置基础。打开“布置基础”菜单，进入“输入基础计算参数”对话框，如图 8-6 所示，填入基础设计的基本参数，单击“确定”按钮后，用光标点选或者框选需要布置基础的柱脚，完成基础布置，图 8-6 中显示基础示意图是刚架右侧柱脚基础布置完成后的结果放大图（柱脚为铰接）。

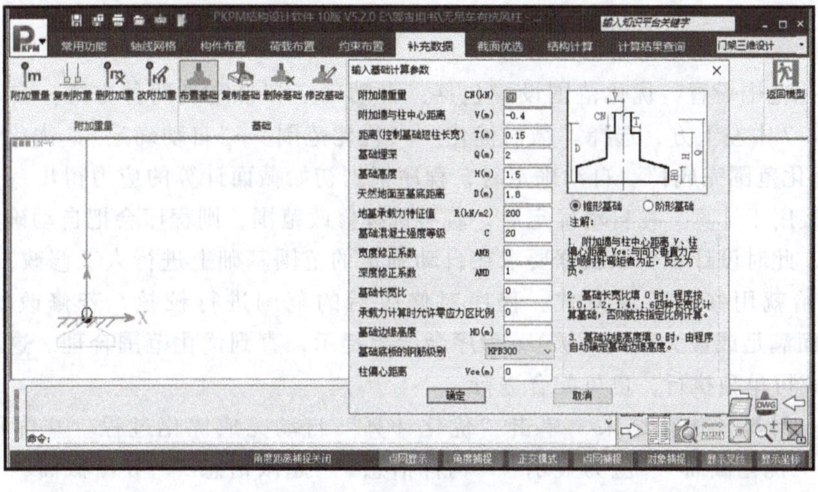

图 8-6　“输入基础计算参数”对话框

4. 截面优化

门式刚架截面优化是 PKPM 为用户提供的在满足规范要求前提下进行优化计算，最后得到用钢量最少的截面优化工具。优化过程能够自动满足的优化目标限制条件有强度、稳定、长细比、柱顶位移、挠跨比、屋面坡度改变率、变截面楔率等控制，优化结果可以自动满足这些限制条件。运用优化工具可提高设计效率，若不想进行截面优化，则可跳过该步，直接利用基础布置后的模型进行二维计算和施工图。“截面优选”包括“优化参数”“优化分组”“优化范围”“优化计算”“优化结果”等功能。

（1）“优化参数”设置　单击“优化参数”按钮，弹出“钢结构优化控制参数”对话框，如图 8-7 所示，设置强度、平面内稳定及平面外稳定应力比限值，以保证优化结果的对应应力比控制在给定范围内，本例选 1.0。有“控制柱顶侧向位移”“控制钢梁挠度”“控制钢柱长细比”复选框，优化时可根据需要进行勾选，本例分别选择控制限值为 1∶60、1∶180、180 和 400。按《门式刚架规范》验算时，PKPM 默认控制坡度改变率小于 1/3。

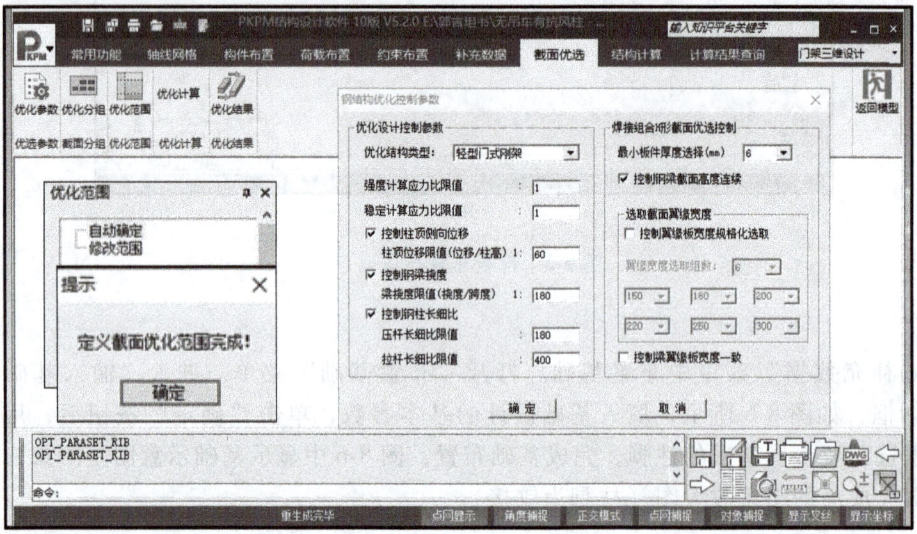

图 8-7　优化参数

（2）优化范围设置　优化范围设置包括：自动确定和自定义两种方式。自动确定优化范围：在图 8-7 中左上方，选择“截面优化”→“优化范围”→“自动确定”，优化结束后提示“定义截面优化范围完成!”。自动确定时，程序根据初始截面计算的应力得出一个截面优化范围，可直接用于计算。在自动确定后，若再选择修改范围，则程序会把自动确定的优化范围显示出来，此时设计者可以根据要求在自动确定的范围基础上进行人工修改，即自定义，也可以一开始就用修改范围方式。程序对修改后的范围进行校核，若修改的范围不合理（最小截面满足或最大截面不够），程序会给出提示，直到优化范围合理。这两种确定优化范围的方式可单独执行，也可配合进行。

（3）优化计算及优化结果　单击“优化计算”自动完成优化过程。“优化结果”有“结果文件”“优化截面”“应力显示”“构件信息”“超限信息”“导出截面”等功能，如图 8-8 所示。

选择“优化结果”→“结果文件”，文本文件中详细记录了优化过程与结果。“应力显示”用于显示优化后模型的强度、稳定验算结果，当验算结果有超出规范限制的（即以红色显示），需返回交互输入修改超限构件截面或修改整个结构模型。“优化截面”则显示优化后的截面尺寸图形，变截面柱由柱脚到柱顶的尺寸为（600～950）mm×260mm×260mm×6mm×10mm，变截面梁由柱端至屋脊两段优化后的尺寸分别为（550～900）mm×260mm×260mm×6mm×10mm 和（550～600）mm×170mm×170mm×6mm×8mm，注意括号里的两个数值分别为变截面柱/梁两端的截面高度，如图 8-9 所示。“导出截面”用于导出优化后的优化结果截面，选取导出后，出现“是否导入优化截面”提示，选择“是”，将按优化后的截面修改门式刚架建模数据，进行结构验算和绘制施工图。

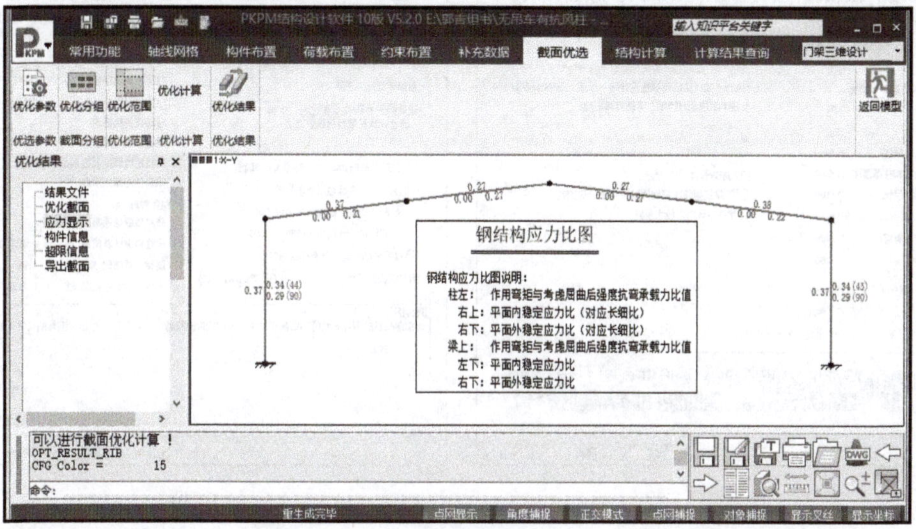

图 8-8　优化结果

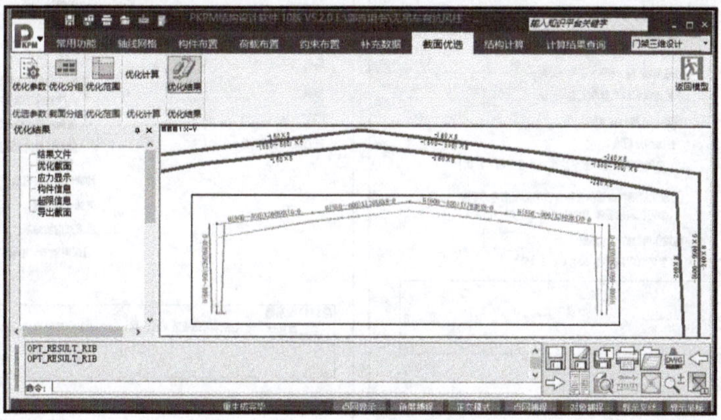

图 8-9　优化截面结果

5. 刚架计算及结果查询

结构整体模型构建完成后，通过“自动计算”模块进行所有构件分析及验算，属于常规思路下的设计流程。为了避免整体建模完成之后再分析设计时，刚架、檩条、支撑等关键构件出现大量不满足设计要求，需返回建模模块修改造成设计效率降低的问题，可以利用各模块内配置的分析设计功能，先进行初步设计，确定构件截面尺寸，有利于提高整体设计效率。

（1）结构计算　刚架计算前必须确认参数输入，单击“参数输入”按钮，打开“钢结构参数输入与修改”对话框，分别对“结构类型参数”“总信息参数”“地震计算参数”“荷载分项及组合系数”相关项目进行设定，如图 8-10 所示。如果未执行“参数输入”，计算时程序则自动将本菜单中的参数取默认值。荷载分项及组合系数根据《建筑结构荷载规范》（GB 50009—2012）取用。单击“结构计算”按钮后，程序即对用户所建模型进行内力分析，杆件强度、稳定验算，结构变形验算等。

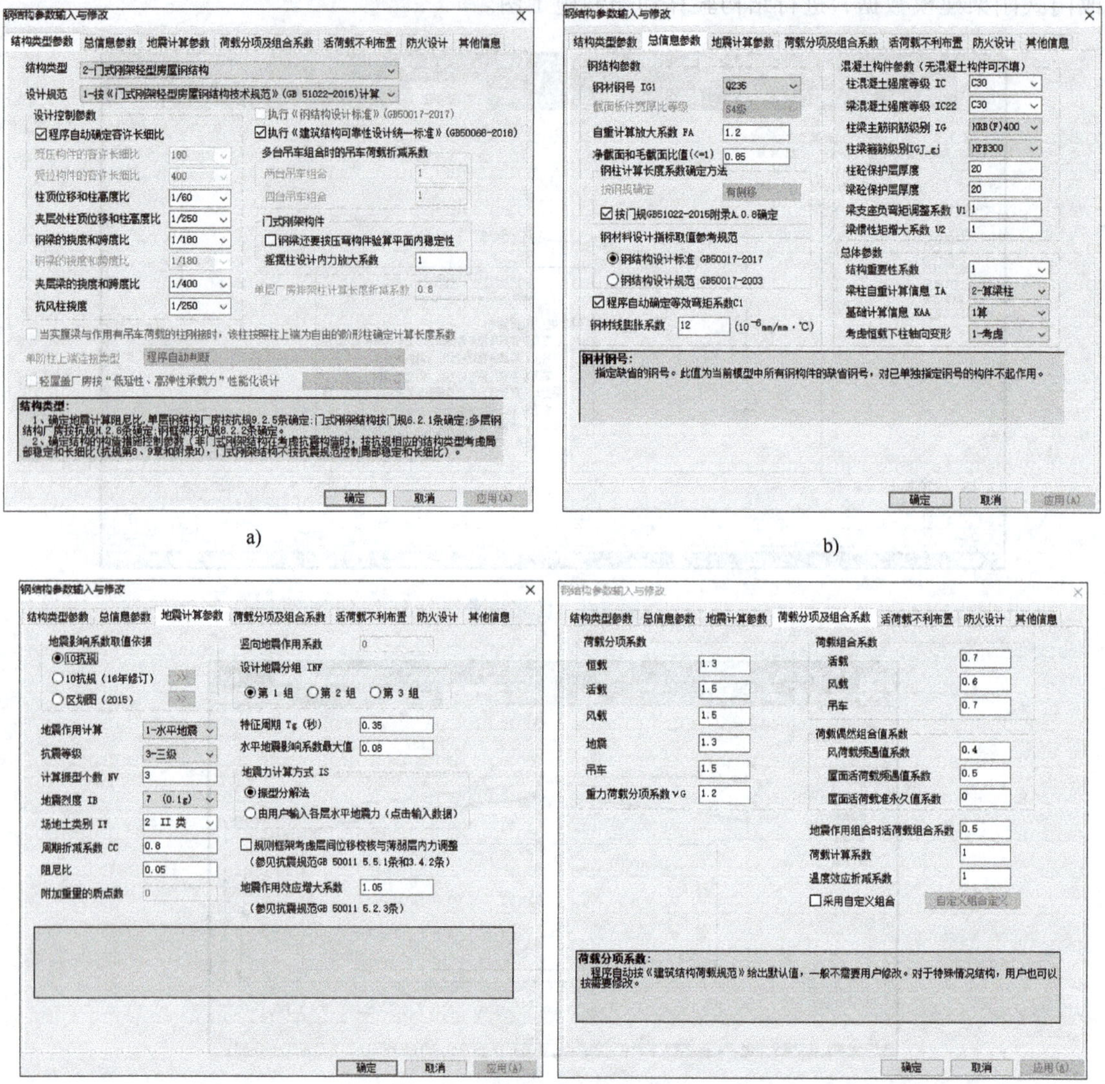

a) b) c) d)

图 8-10 “钢结构参数输入与修改”对话框

a)“结构类型参数”标签 b)“总信息参数”标签 c)“地震计算参数”标签 d)“荷载分项及组合系数”标签

（2）计算结果合理性判断 计算结果查询过程通常分合理性查询、设计与验算结果查询两步完成。

合理性查询过程的目的主要是通过结构位移及内力结果的合理性，确定所建模型的合理性与计算结果的合理性，排除建模过程中可能存在的错误，保证分析模型的正确性。

变形的合理性可以通过“计算结果查询”中的“结构位移图”查看，如图 8-11 所示。依次选择各项荷载作用节点位移图，运用结构力学知识，根据变形的趋势、对称结构在对称荷载下变形特点等判断节点位移的合理性，排除节点连接或杆件约束在建模过程中可能存在的错误或误操作。在地震作用节点位移图中的右侧菜单，选择查看结构振型图，判断各振型是否合理。经核查，本例所建模型在各类荷载作用下的变形均比较合理。

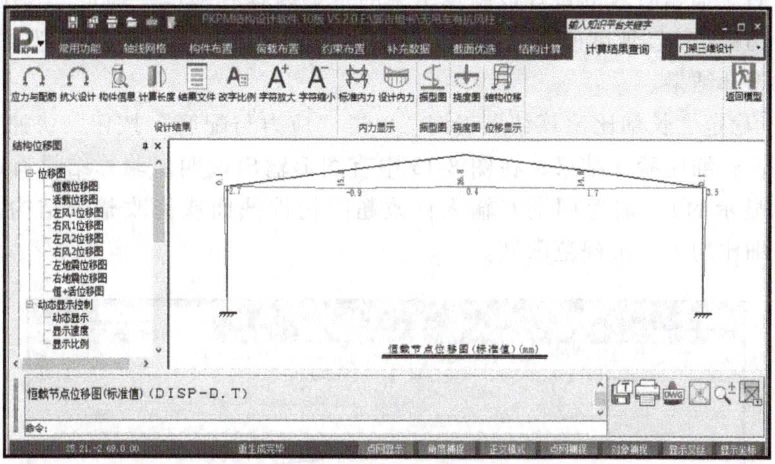

图 8-11　结构节点位移图（恒荷载）

内力分析结果的合理性可以通过单击“标准内力”或“设计内力”按钮来查看，如图 8-12所示。一般先查看各单项荷载标准值作用内力图，通常需要查看的项包括：根据杆端弯矩判断杆端约束情况（铰接、固接）是否设置正确；运用结构力学概念判断所建模型在对应单项工况荷载作用下的内力图是否合理；对于对称结构在对称荷载作用下，还要查看各对称作用单项荷载下的内力图是否对称，如恒载内力图、活载内力图、左风载弯矩图与右风载弯矩图、左地震弯矩图与右地震弯矩图等，如果所有均不对称，说明可能是输入结构模型本身不对称，如果是某项内力图不对称，则有可能是某单项荷载输入有问题。其次是内力包络情况查询，主要是查询在单项内力正确的情况下，组合后的内力包络情况是否合理。对于对称结构在对称荷载作用下，各单项内力对称的情况下，组合后的内力包络情况也应对称。如果查询过程发现了问题，须分析导致问题可能的原因，返回交互建模进行查核，修改模型，重新分析与合理性查询。

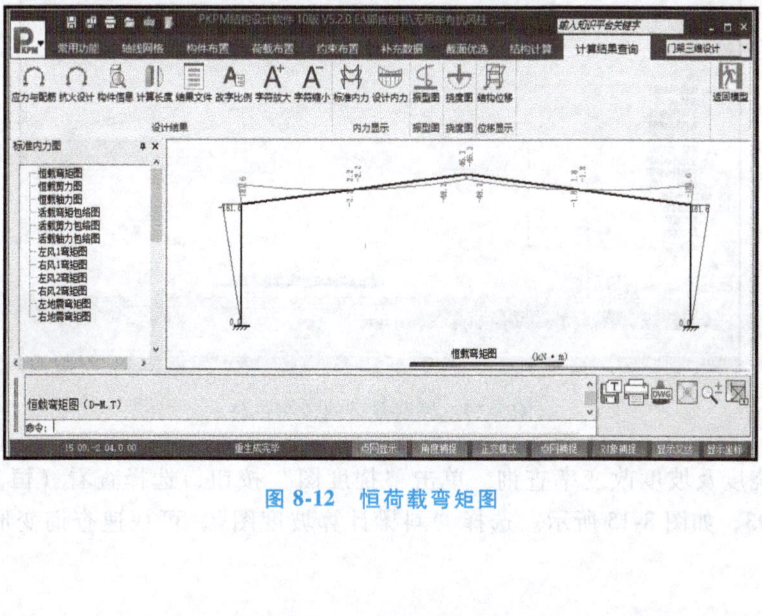

图 8-12　恒荷载弯矩图

(3) 设计与验算结果查询　门式刚架类型结构结果查询在图 8-13 所示“计算结果查询”模块下进行，通常查看的设计或验算结果的主要内容有强度、稳定、长细比验算结果，钢梁的挠度（恒+活）及坡度改变率验算结果，风荷载作用柱顶位移是否超限，计算书、超限信息、基础设计结果。

1）强度、稳定、长细比验算结果查询。单击“应力与配筋”按钮，快速直接图形化查看强度、稳定、长细比验算结果，在图 8-13 中有图形输出说明。验算结果有超出规范限制的（即以红色显示的），需返回交互输入修改超限构件截面或修改整个结构模型。本例强度、稳定、长细比均未超出规范限制。

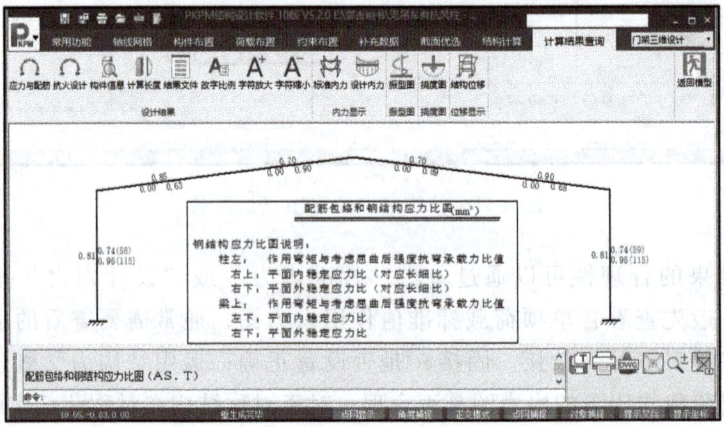

图 8-13　应力比结果

2）风载作用柱顶位移查询。选择“位移图”→“左风 1（2）位移图”和“右风 1（2）位移图”，可快速直接图形化查看风载作用柱顶位移是否超限（如超限会以红色显示），如图 8-14所示。

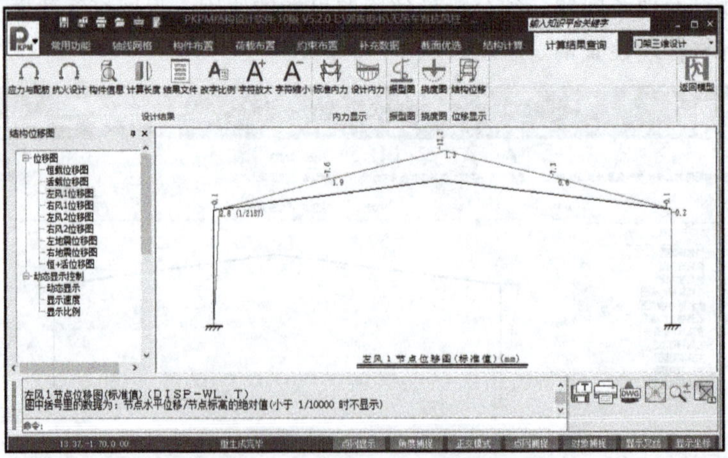

图 8-14　风荷载下的节点位移

3）钢梁挠度及坡度改变率查询。单击“挠度图”按钮，选择查看（恒+活）挠度图，最大挠度 1/493，如图 8-15 所示。选择“斜梁计算坡度图”，可快速查询变形前后的坡度，看斜屋面钢梁的坡度改变率验算结果，最大坡度降低 5%（超限以红色显示），如图 8-16 所示。挠度及坡度改变率均未超出《门式刚架规范》限制。

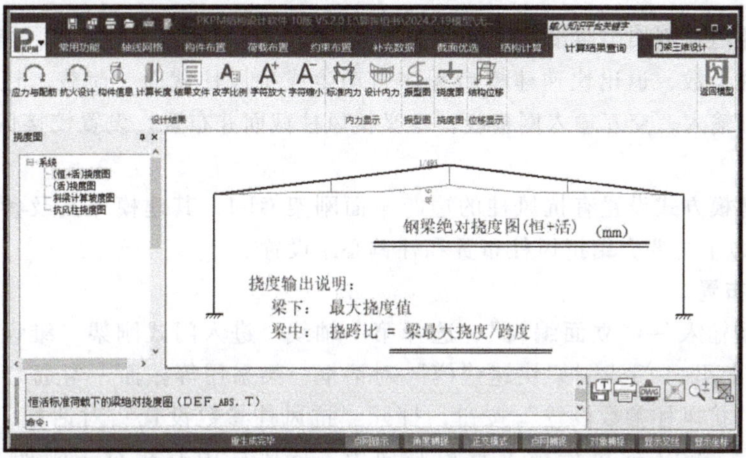

图 8-15 梁的挠度（恒+活）

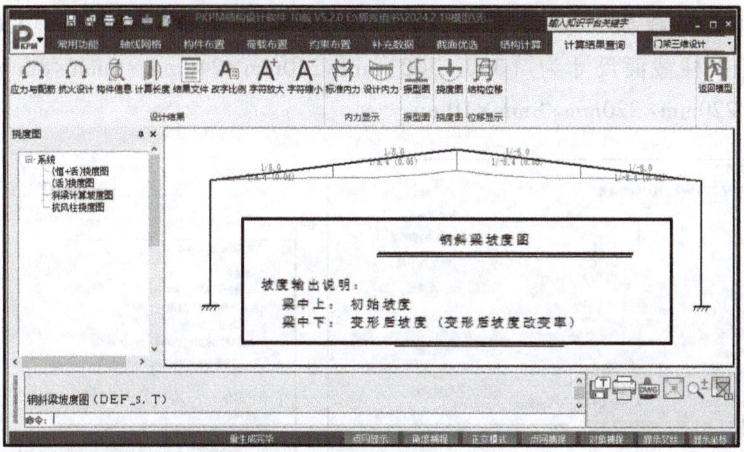

图 8-16 坡度改变率

4）结果文件（计算书）。单击“结果文件”按钮可查看计算结果文件、基础计算文件、计算长度信息、超限信息文件等。“计算结果文件”记录了交互输入的各项参数、结构分析的各项控制信息、各单项内力计算结果、节点位移、内力组合结果、构件的强度稳定验算结果和钢梁挠度等。通过该文件还可查看局部稳定验算结果、按钢结构规范计算有效截面计算结果、格构式截面单肢及缀材验算结果等内容。

选择“基础计算文件输出”，可打开基础计算文件。该文件给出了柱底标准组合、基本组合，为基础设计提供数据，如果布置了独立基础，该文件给出了独立基础的设计结果。文件输出给出了超限信息输出文件，可以快速查看所有超限信息；计算长度信息文件，可查看所采用的构件计算长度信息。

刚架横向基本参数输入完成后，单击图 8-9 右上角“返回模型”按钮返回三维模型（选择存盘退出），在“模型输入”模块中生成中跨平面刚架 GJ-2。

8.3.2 有抗风柱刚架建模

厂房两端的门式刚架中应设置抗风柱，抗风柱输入有两种方式：一是，通过设置快速建模页面中抗风柱参数，退出快速建模后程序自动生成抗风柱截面、荷载、铰接信息等；二是，由用户交互输入，交互输入网格线，定义抗风柱截面并布置，设置铰接信息，布置风荷载等。

采用快速建模方式设置有抗风柱的边跨平面刚架 GJ-1，其建模方式及参数设置与标准榀 GJ-2 相同，以下主要介绍抗风柱布置和柱偏心距设置。

1. 抗风柱布置

选择“模型输入”→“立面编辑”，选择第 1 轴线，进入门式刚架二维设计截面，单击“门架”按钮，打开“门式刚架快速建模”对话框，梁采用等截面，勾选“设抗风柱”复选按钮，单击“抗风柱参数设置”按钮，打开“抗风柱参数设置”对话框，设定抗风柱 3 根，等间距布置，仅传递风荷载不承担竖向力，抗风柱中心相对于刚架平面的偏心为 −70mm，如图 8-17 所示。系统自动生成门式刚架截面、铰接信息和荷载数据，进行荷载、边界条件（抗风柱上下两端铰接）确认，基础布置，截面优化。抗风柱风荷载信息如图 8-18 所示，每根抗风柱的荷载为 3.3kN/m，经过优化，梁截面尺寸为 550mm×220mm×220mm×8mm×10mm，刚架柱截面尺寸为（350～700）mm×240mm×240mm×6mm×8mm，抗风柱截面尺寸为 360mm×220mm×220mm×8mm×10mm。

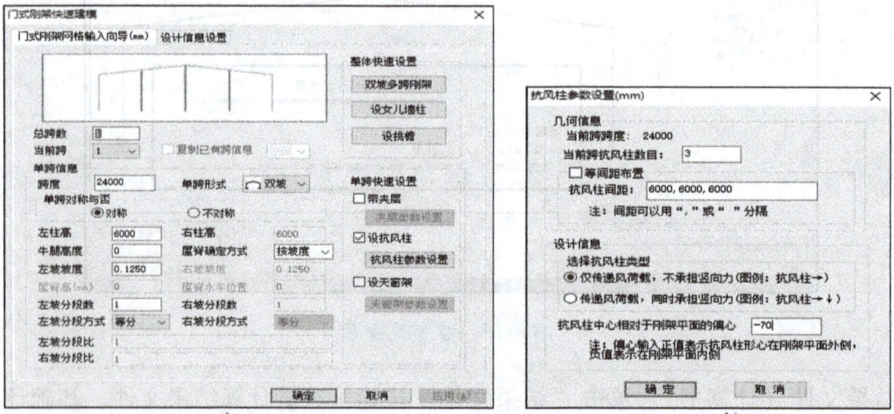

a)　　　　b)

图 8-17 抗风柱设置

a）“门式刚架快速建模”对话框　b）“抗风柱参数设置”对话框

2. 柱偏心距设置

门式刚架类厂房的外墙设计成平面，外形美观，便于施工，由于刚架 GJ-1 和刚架 GJ-2 的柱脚截面高度不同（350～700mm 和 600～950mm），二者相差 250mm，如果两个刚架柱均采用柱截面中心与厂房纵轴线重合布置，则会导致外墙找平困难，因此对端部刚架柱向纵轴线外侧平移，在建模时把刚架 GJ-1 柱截面中心相对于对轴线向外侧平移（600−350）/2mm = 125mm，如图 8-19 所示。在“构件布置”菜单中单击“柱布置”按钮，在打开的“截面定义及布置”对话框中选中柱尺寸截面（350～700）×240×240×6×8，设定偏心距为 125mm，选中左侧柱脚修改偏心距，右侧柱脚的偏心距设定为－125mm（注意正负号代表方向不同）。

重复结构计算和结果检查，构件均满足要求后，单击“返回模型”按钮返回三维模型（选择存盘退出），在“模型输入”模块中生成边跨平面刚架 GJ-1。门式刚架横向立面模型如图 8-20 所示。

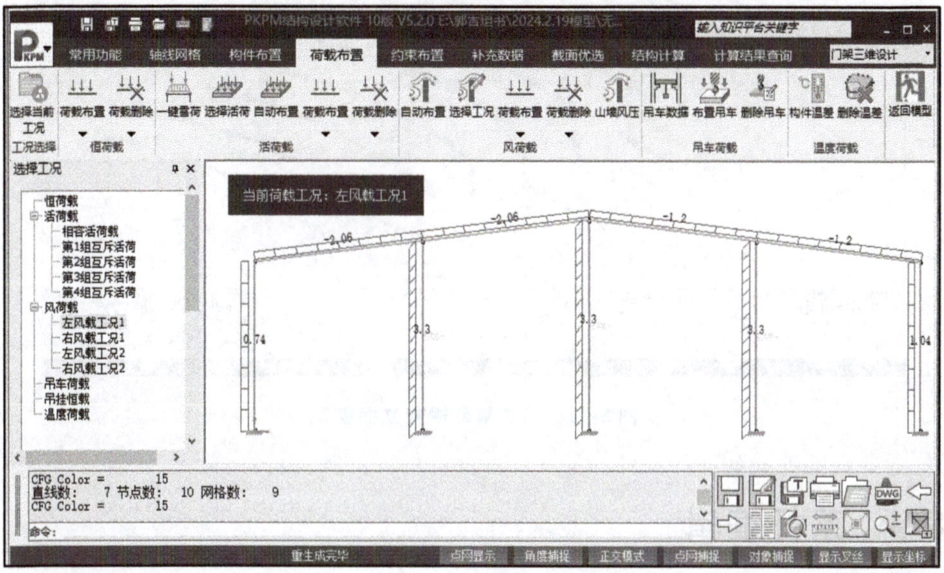

图 8-18　抗风柱风荷载

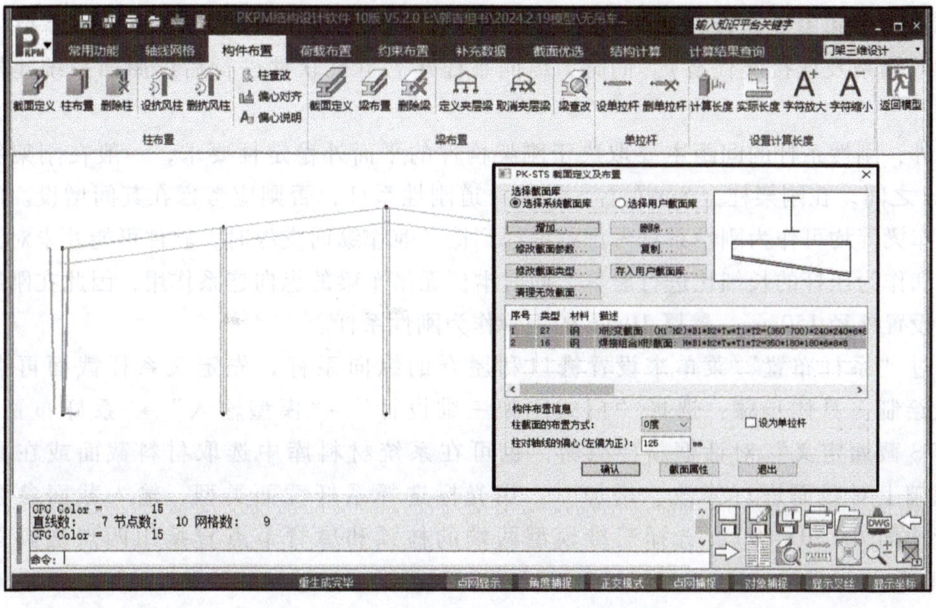

图 8-19　刚架 GJ-1 柱偏心距设置

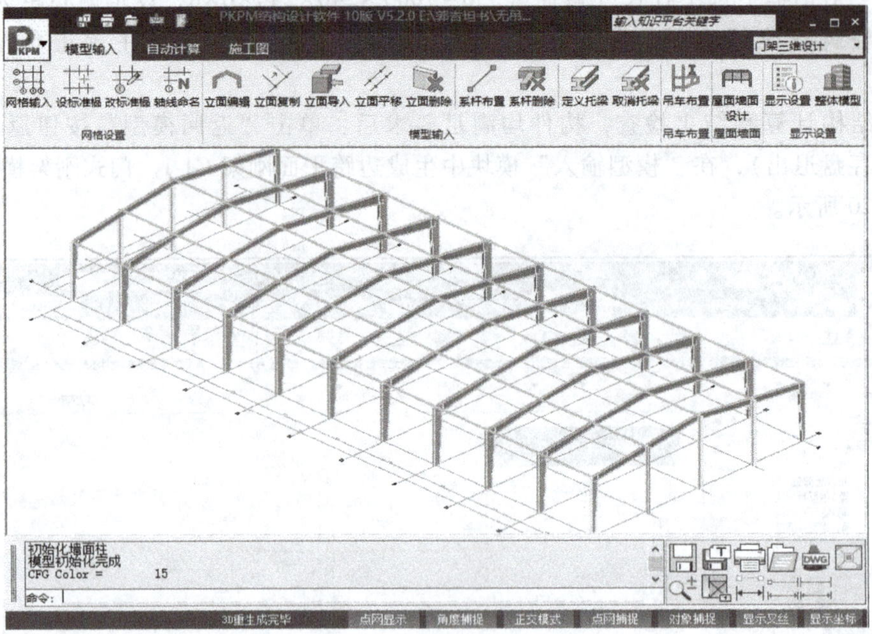

图 8-20 门式刚架横向立面模型

8.4 系杆编辑

纵向刚性系杆是传递纵向水平力的构件之一，主要选用型钢和钢管，与刚架通过螺栓铰接，截面大小一般按压杆稳定性要求或通过受力计算来决定。主要考虑设置在墙面和屋面刚架转角和屋脊连接处（其中屋脊处的刚性系杆可由用于此处屋脊构造需要的刚度较大的双檩条及连接所代替）。同时，纵向系杆建立也是软件进行后续屋面系统建模的前提条件。

另外，刚性系杆的间距主要取决于刚架构件的平面外稳定性要求，一般在刚架斜梁上12~18m 之间，在刚架柱上 8m 左右，设置一道刚性系杆，否则应考虑在其间增设。刚度较大的吊车梁等均可作为刚性系杆考虑。考虑到檩条兼作纵向支撑时，软件可能并未对其轴向承载力和作为压杆的长细比进行验算，同时本例无吊车梁的纵向连系作用，因此在刚架转角和屋脊设置外径 150mm、壁厚 10mm 的钢管作为刚性系杆。

通过“系杆布置”菜单来设置檐口和屋脊的纵向系杆，先定义系杆截面再直接在刚架上绘制。具体步骤：选择“门式刚架三维设计”→“模型输入”→“系杆布置”，在“PK-STS 截面定义”对话框新建截面，也可在系统材料库中选取材料截面或在原有截面的基础上对截面进行修改。增加时，用光标选择系杆截面类型，输入截面参数为空心圆管截面（150×10），选择三维模型两端的柱顶和屋脊节点直接用两点法画图，如图 8-21 所示。

至此，刚架三维模型初步形成。不需要退出主程序，可直接进行下一步屋面及墙面设计。

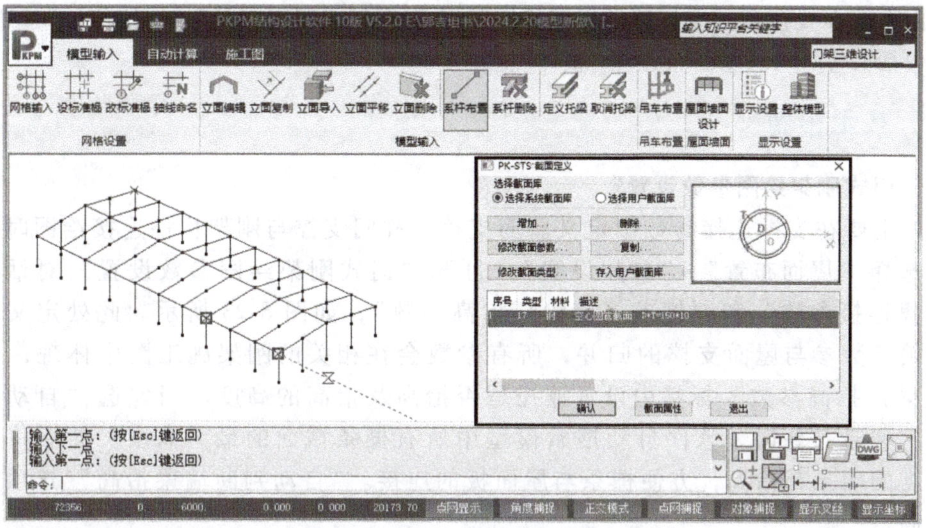

图 8-21　门式刚架纵向系杆布置

8.5　屋面设计

屋面、墙面设计模块执行前，软件根据门架三维建模信息自动分层，自动生成各标准层的几何尺寸和构件信息，最终生成 PMCAD 模型数据。屋面墙面设计是接力 PMCAD 三维模型数据，快速完成屋面、墙面围护构件的交互布置；还可完成檩条、墙梁、支撑、抗风柱等单个构件的计算与画图。

单击图 8-21 中的“屋面墙面设计”按钮，跳转至屋面和墙面设计系统模块。该模块包括“屋面布置”“墙面布置”“屋面构件设计”“墙面构件设计”“抗风柱设计”五部分，软件根据厂房平面自动划分成 20 个房间，并进行编号，如图 8-22 所示。

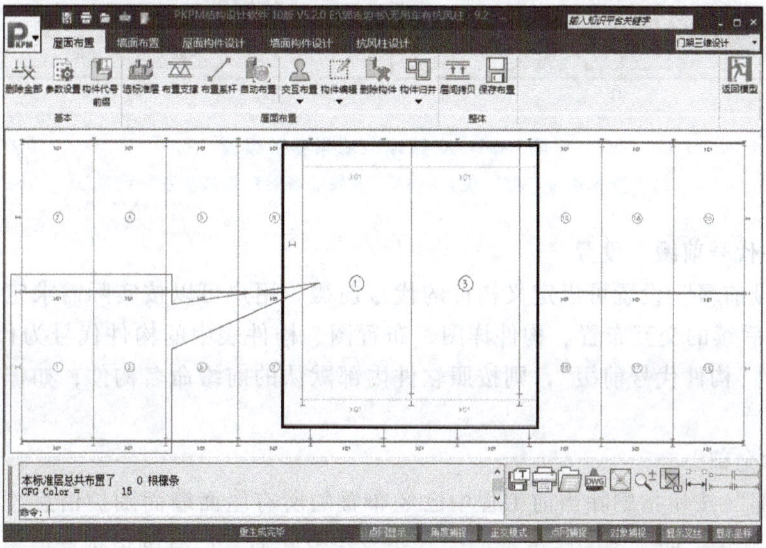

图 8-22　“屋面墙面设计”模块

屋面系统布置包括支撑、檩条、隅撑、拉条等，在“屋面布置”中完成。“屋面布置”中主要包括“基本”“屋面布置”“整体”。

8.5.1 基本设置

1. “门式刚架绘图参数设置”

用户主要在支撑连接参数中定义屋面支撑、柱间支撑与刚架构件连接绘图时的相关参数。选择“屋面布置”→“参数设置”，打开“门式刚架绘图参数设置”对话框，设置“支撑连接参数”和“檩条（墙梁）抬高参数”，如图 8-23 所示。此处定义的屋面支撑相关参数参与屋面支撑的归并，所有参数会在相关的刚架施工图中体现；在“檩条（墙梁）抬高参数”标签中设置檩托是否抬高及抬高的高度。当勾选“自动判断檩条抬高”复选按钮时，软件自动搜索模型中所有檩条截面的最大高度，然后将高度小于此高度的檩条都抬高，方便檩条与屋面板的连接。“自动判断墙梁抬高”选项含义同檩条抬高。

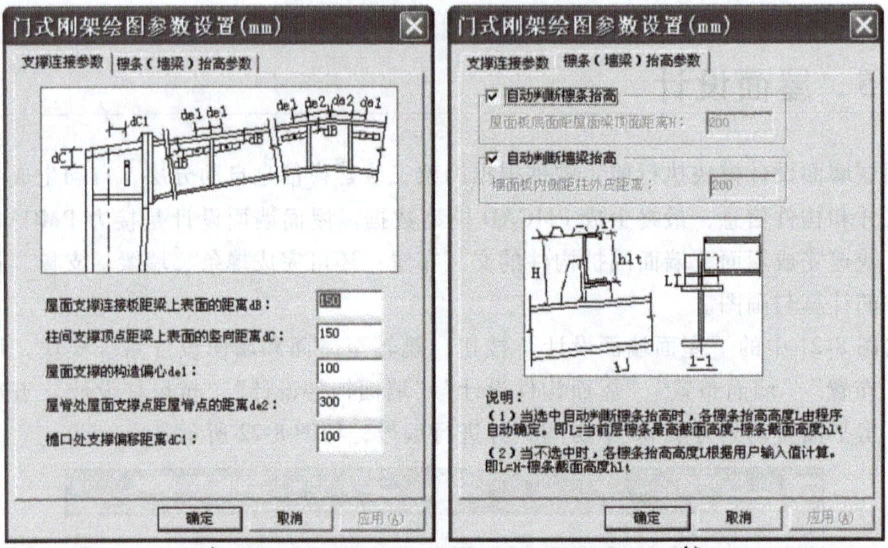

a) b)

图 8-23 支撑檩条墙梁参数设置

a）“支撑连接参数”设置 b）“檩条（墙梁）抬高参数”设置

2. “构件代号前缀”设置

“构件代号前缀”设置可以定义构件的代号前缀，用户可以按实际需求定义各类构件的代号前缀，在后续的交互布置、构件详图、布置图、构件表中的构件代号为代号前缀+归并号。如未执行“构件代号前缀”，则按照软件内部默认的前缀命名构件，如檩条默认前缀为“LT”。

3. “删除全部”

“删除全部”按钮指删除当前工程中已经布置的所有屋面墙面围护信息，主要用途是当模型发生大的变化，如主刚架跨度或刚架柱距发生变化后，已有围护构件信息与现有模型不匹配，使用该功能可以快速清理所有围护构件信息。

8.5.2 屋面布置

屋面和墙面构件的布置主要采用交互布置和编辑。采用在标准层平面布置支撑、系杆、檩条、隅撑、拉条、斜拉条等构件，相同的标准层只布置一次即可，也提供相应的编辑功能，如修改截面、删除构件等。

1. 选择楼层

选择要操作的楼层或切换标准层，在不同的标准层平面布置构件。软件默认单击屋面构件后进入的是顶层平面。也可以单击“选标准层”按钮，在命令行中输入要编辑的楼层号，单层厂房默认一层。

2. 布置支撑

屋面支撑可以是柔性或刚性交叉支撑，每次支撑只能在图 8-22 所示的单个矩形房间内布置。屋面交叉支撑截面在程序中可以选择圆钢（柔性支撑）或等边角钢（刚性支撑）。本例交叉支撑布置在厂房两端开间内，采用柔性支撑；单击“布置支撑”按钮，定义支撑截面，Φ20 的圆钢；选择布置支撑的矩形房间号 1，选择支撑连系的刚架梁（一侧即可），输入布置支撑组数 2，支撑间距为等间距，按<Enter>键确认，矩形房间号 1 的交叉支撑布置完成，形成 2 组交叉支撑，每组的间距都相等（6m）。相同方法完成矩形房间内支撑的布置。交互布置的屋面支撑信息可以传到三维门式刚架模型中，并参与结构整体分析。

3. 檩条、拉条、隅撑自动布置

“自动布置”通过定义檩条、拉条、隅撑相应参数，由软件自动完成当前标准层檩条、拉条、隅撑的布置。单击图 8-22 所示“自动布置”按钮，檩条和拉条设置的参数如图 8-24a 所示，定义檩条截面、拉条信息、斜拉条设置位置、檩条悬挑信息以及排列方式等。檩条“截面名称”可通过列表框选择，如果列表框中没有需要的截面，则可通过单击列表框边上的按钮，由用户自定义合适的截面名称。“檩条参数设置”标签页面增加了“自动布置钢骨架膨石轻型板”复选按钮，勾选时可布置钢骨架膨石轻型板。本例截面形式选择 2-C 形檩条。

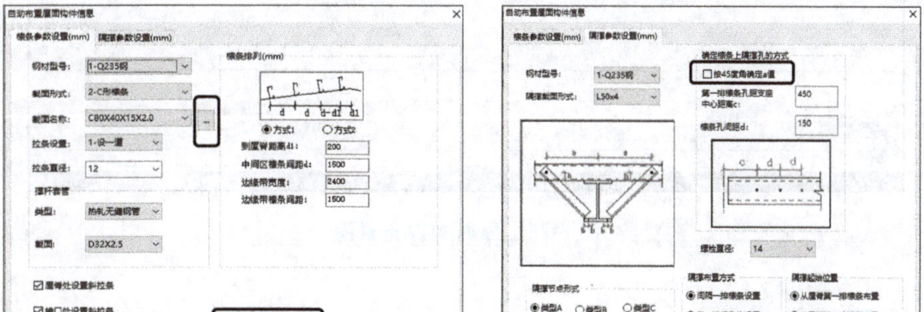

a) b)

图 8-24 自动布置屋面信息

a）“檩条参数设置”标签页面 b）“隅撑参数设置”标签页面

“自动布置”可以同时完成隅撑的设置，勾选“自动设置隅撑”复选按钮，在出现的“隅撑参数设置”标签页面，完成图 8-24b 所示的参数设置。“隅撑节点形式”有三种，“类型 A”是隅撑连在刚架构件下翼缘，“类型 B”是隅撑连在刚架构件下翼缘附近的腹板上，“类型 C”是隅撑连在靠近下翼缘附近的加劲板上。

确定檩条上隅撑 a 值的方法有两种：方法一，按照 45°角确定 a 值，即按照隅撑构件与刚架构件腹板夹角为 45°确定；方法二，通过定义第一排檩条孔距支座中心距离 c 和檩条孔间距 d，确定 a 值，即

$$a=c+n\times d$$

n 值具体根据隅撑和刚架构件信息确定。

方法二适用于檩条构件在加工厂已经预留孔的情况，首先按隅撑构件与刚架构件腹板夹角为 45°计算一个 a 值，然后根据檩条上孔的排列去调整并得到最终的 a 值。本例隅撑节点形式选择“类型 A”，按 45°确定隅撑 a 值，系统自动生成的屋面构件布置如图 8-25 所示。

另外，“交互布置”方式可以较灵活地在任意位置布置檩条、拉条、隅撑，具体操作方法可以参考《STS 用户手册》。

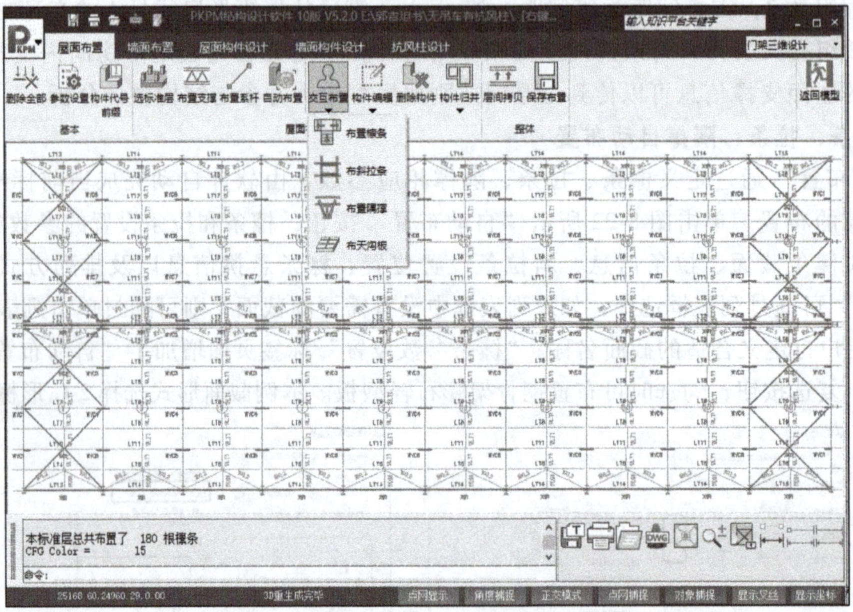

图 8-25 屋面构件布置图

8.5.3 屋面构件设计

屋面构件设计主要包括檩条、隅撑、支撑设计及构件施工图绘制，单击“屋面构件设计”按钮，进入如图 8-26 所示菜单，单击“选标准层”按钮确定要设计的楼层（本例只有一层，默认即可）。

1. 檩条优化

檩条优化就是软件根据屋面檩条布置和厂房平面尺寸，按照《门式刚架规范》的规定，自动确定边缘带和中间区相应的风荷载系数，确定风荷载压力及吸力。优化时可以选择边缘

带和中间区是否采用相同截面，采用不同截面时，是在保证截面高度相同的前提下，采用不同的檩条厚度。单击图 8-26 中的“檩条优化”按钮，打开“檩条优化参数设置”对话框，檩条优化参数设置如图 8-27 所示，优化后檩条的截面形式为卷边槽形冷弯型钢 C250×75×20×2.2。

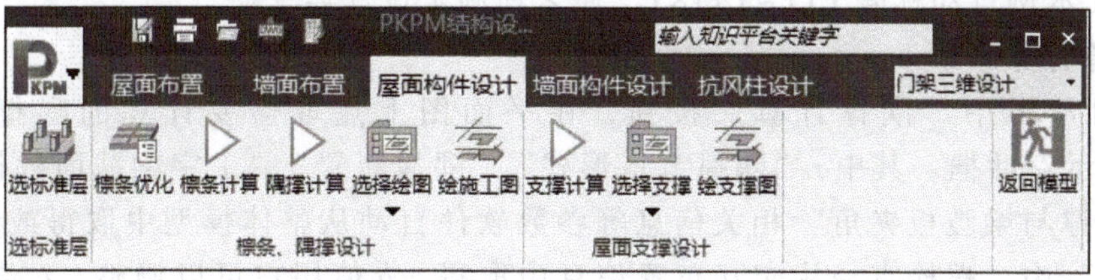

图 8-26 “屋面构件设计”按钮

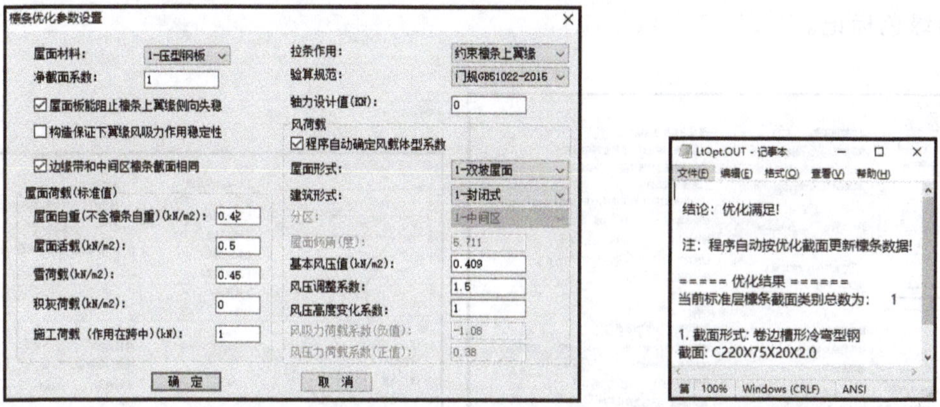

a)　　　　b)

图 8-27 檩条优化参数设置

a)“檩条优化参数设置”对话框　b) 优化结果

优化完成后软件自动使用优化结果更新模型中檩条信息。当优化不能满足时，在结果文件中给出不能满足的截面类型，并使用该类型中的最大截面更新模型中檩条信息，而且会在平面图中显示出优化不能满足的檩条。

2. 檩条计算

单击图 8-26 中的“檩条计算”按钮，在平面图上点取需要计算的檩条，出现如图 8-28a所示对话框，完成简支檩条设计参数的输入及确认。檩条形式包括冷弯薄壁斜卷边 Z 形、冷弯薄壁斜卷边 C 形、直卷边 Z 形、双 C 形背对背组合、双 C 形口对口组合、焊接 H 形钢、H 型钢、槽钢等。其中，“钢材型号”“屋面倾角（度）”“檩条间距”“檩条跨度”“檩条形式”“截面名称”“拉条”“设置”“屋面自重”“屋面活荷载”等参数软件自动从整体模型中取得，屋面荷载接力门式刚架三维建模中的荷载数据；其他参数软件给出默认值，用户可以调整。参数确认后单击“计算”按钮，软件自动计算，计算结果可以通过结果文件查看，文件中给出各种工况的最大荷载组合的内力值及验算结果。计算结果满足设计要求在平面图中用绿色标记，不满足要求的则用红紫色标记。檩条不满足要求时，可回到“自动布置”中修改檩条截面。如 LT17 檩条，采用卷边槽形冷弯型钢 C250×75×20×2.2 的计算结果文件显示，在“1.3 恒载+1.5［活载+0.9 积灰+0.6 风载（压力）］”组合的条件下截面强度稍微不满足要求。将檩条形式改为槽形冷弯型钢 C250×75×20×2.5 卷边，则满足要求。逐一计算需要设计的檩条（本例自动标号 LT1～LT18），使之均满足设计要求。

3. 隅撑计算

单击图 8-26 中“隅撑计算”按钮，在平面图上点取需要计算的隅撑，出现如图 8-28b所示对话框。其中，“隅撑节点形式”“隅撑布置”“工字梁截面数据”“隅撑名称”“隅撑与梁腹板夹角”相关信息等参数软件自动从整体模型中取得或计算得出。“螺栓数据”中，螺栓直径从交互布置信息中取得，*b* 值用户可以调整，*a* 值是软件自动计算的，*h* 取檩条截面高度的一半和 100mm 之间的较小值。参数确认后单击“计算”按钮，软件自动计算。计算结果可从结果文件中查看。计算满足要求的隅撑在平面图中使用绿色标记。

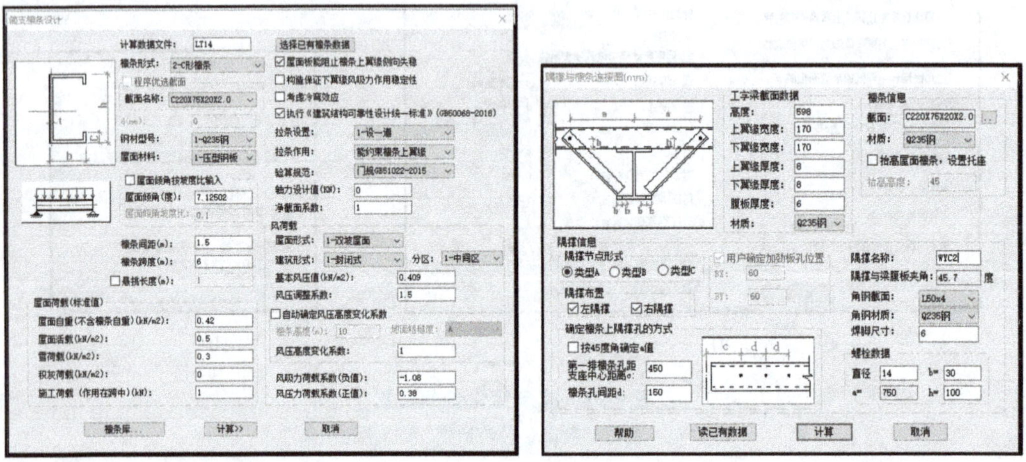

a) b)

图 8-28 檩条和隅撑计算

a）“简支檩条设计”对话框 b）“隅撑与檩条连接图”对话框

逐一计算需要设计的隅撑（本例自动标号 WYC1～WYC8），采用 Q235 钢∠50×4 的等边角钢计算满足要求。

4. 檩条、隅撑、拉条绘制施工图

檩条、隅撑、拉条构件的施工图可以通过选择要出图的构件、绘图方式，生成施工图。“选择绘图”中提供了檩条、拉条、隅撑选择单个或全部两种方式，选定要绘制施工图的构件，选定后，单击图 8-26 中“绘施工图”按钮，绘制出对应的檩条、隅撑、拉条的施工图。以檩条施工图为例，如图 8-29 所示，选中当前层平面中的全部檩条绘制详图，这样避免了用户多次选择。如选择全层檩条绘图，则所有檩条的支座螺栓和跨中螺栓相关信息都是初始对话框中定义的数据，若各檩条这些参数不同，则应采用单个点取方式选择檩条。

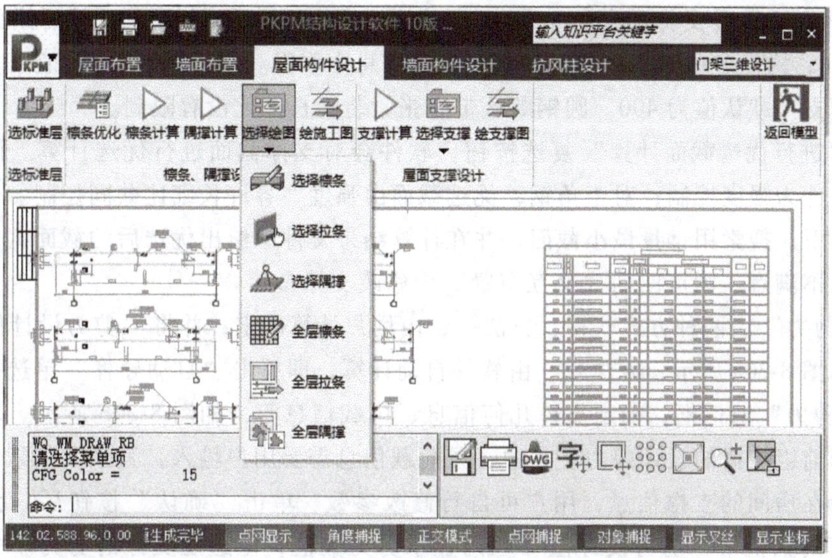

图 8-29 檩条施工图绘制

隅撑、拉条绘制施工图方法与檩条的相同。需要明确的是檩条计算和绘图是独立的，绘制檩条施工图之前需要选择目标，而选中绘图的檩条并不一定要经过前面的檩条计算。同样隅撑、墙梁、支撑、抗风柱等构件的计算和绘图也是相互独立的。

5. 屋面支撑计算

在图 8-29“屋面支撑设计”中单击“支撑计算”按钮，打开图 8-30a 所示“屋面支撑计算”对话框，完成参数设置，在平面图上点选需要计算的屋面支撑（命令行有提示），系统根据支撑设计剪力自动进行支撑的强度验算并生成结果文件。

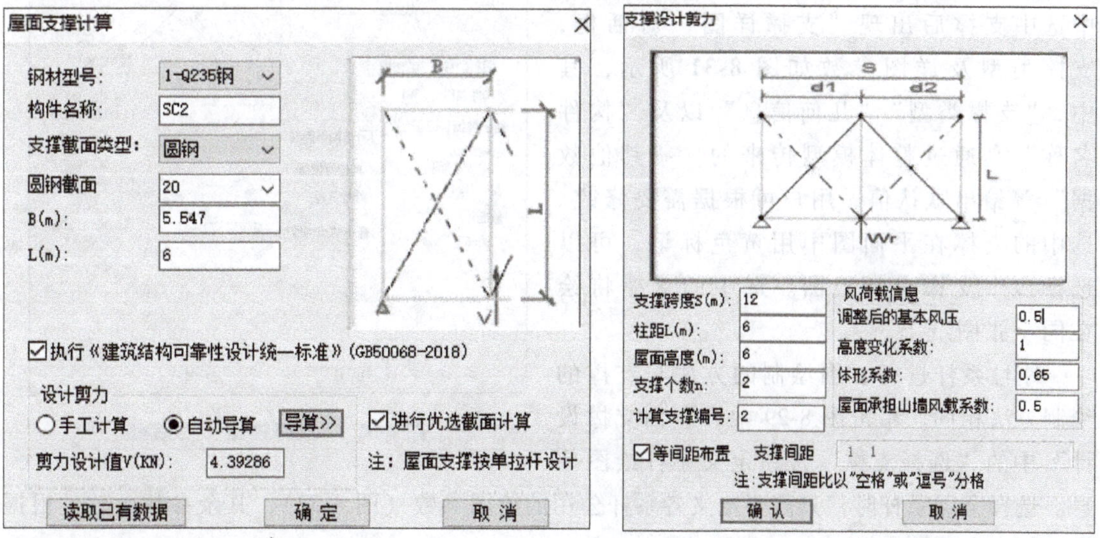

a) b)

图 8-30 屋面支撑计算参数

a）“屋面支撑计算”对话框 b）“支撑设计剪力”对话框

软件中屋面 X 形支撑的截面有圆钢或等边角钢截面。钢材型号、圆钢截面、几何尺寸（B 和 L）、构件名称等参数自动从交互布置信息中取得。“容许长细比限值”只对角钢起作用，屋面支撑默认值为 400。圆钢默认带有张紧装置长细比没有限制。

勾选“进行优选截面计算”复选按钮，软件会对支撑截面进行优选计算。圆钢优选截面的控制条件为强度控制；对于角钢，优选截面由强度、容许长细比共同控制。优化是在满足控制条件下，搜索用钢量最小截面，并在计算结果文件中给出优选后的截面。如用户对软件优选结果不满意，则可回到“交互布置”中修改支撑参数。

“设计剪力”由两种方式获得：方法一，由用户计算确定，并将“剪力设计值”填入文本框中，如图 8-30a 所示；方法二，由软件自动计算，即单击“自动导算”单选按钮，打开“支撑设计剪力”对话框，确定支撑几何信息、风载信息等，如图 8-30b 所示。软件自动计算并返回当前组支撑的设计剪力。其中，风荷载信息需要用户输入，其余参数默认值是所选中的支撑所在房间的支撑信息，用户可自行修改参数。单击“确认”按钮后，会在“屋面支撑”计算对话框中“剪力设计值”栏内显示剪力数值，但选定支撑的剪力不一定是最不利值。

支撑计算参数确定后，软件自动进行支撑的设计计算，计算结果可查看结果文件。支撑计算满足或不满足要求会分别在平面图中用绿色和红紫色标记。如果计算不满足要求，则可回到前面屋面构件“交互布置”中进行支撑截面修改。本项目优化后直径 8mm 的圆钢满足设计要求。

6. 屋面支撑及系杆施工图

支撑施工图绘制前需要选择要绘图的屋面支撑。单击“屋面支撑设计”中的“选择支撑”下拉按钮，在弹出的下拉列表中选中支撑后出现“支撑详图”对话框，支撑类型及详图参数如图 8-31 所示，其中，“支撑类型”“几何信息”以及“构件名称”是通过整体模型传来的，“其他数据”等给出默认值，用户可根据需要修改。选中的支撑在平面图中用黄色标记，可以选择多个支撑进行绘图。选中的支撑将绘在同一张图纸上。

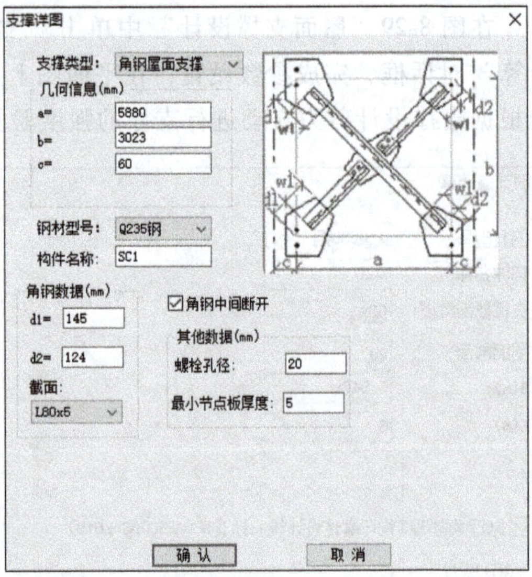

图 8-31 “支撑详图”对话框

刚性系杆进行详图绘制的方法与支撑的绘制方法相同。单击图 8-29 中“屋面支撑设计”中的“选择支撑”按钮定义系杆绘图信息。选择全层系杆时，只需要定义各系杆公用的绘图参数（图 8-32），其余参数由软件根据模型信息自动确定。

绘制选中的屋面支撑、系杆的详图和构件表操作方法同檩条。

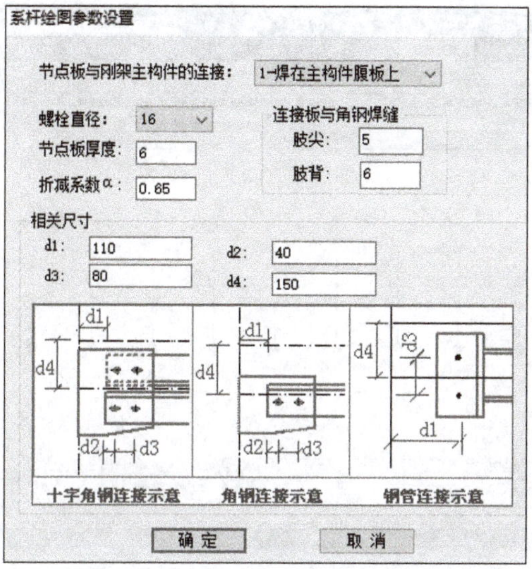

图 8-32　“系杆绘图参数设置”对话框

8.6　墙面设计

墙面设计主要是门窗洞口、墙架梁、墙架柱、隅撑、柱间支撑、拉条、斜拉条等立面上构件的交互布置，并进行设计和施工图绘制。

8.6.1　门窗洞口布置

洞口位置影响所在区域墙面构件的布置，因此首先应确定墙面的门窗位置及尺寸。选择网格线确定要编辑的立面，在选定的立面中布置和编辑洞口、墙架梁、墙架柱、柱间支撑、隅撑、拉条等。如图 8-33 所示厂房的平面网格图，以下侧纵墙布置为例，单击图 8-33 中“墙面布置”中的“选择墙面”按钮，点选下侧纵墙的墙轴线进入下侧纵墙的立面布置，如图 8-34 所示。

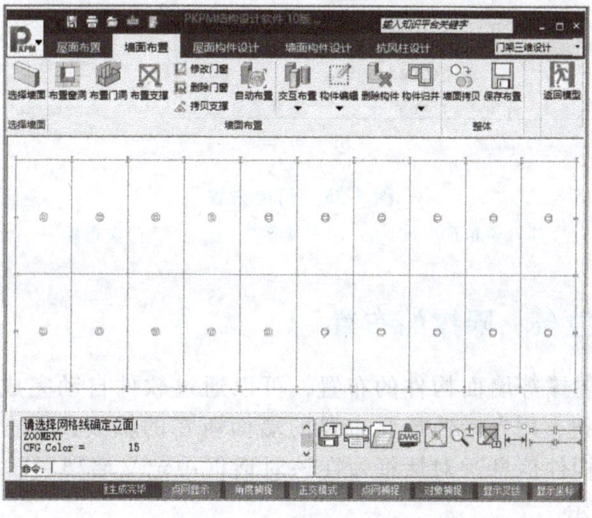

图 8-33　墙面布置网格平面

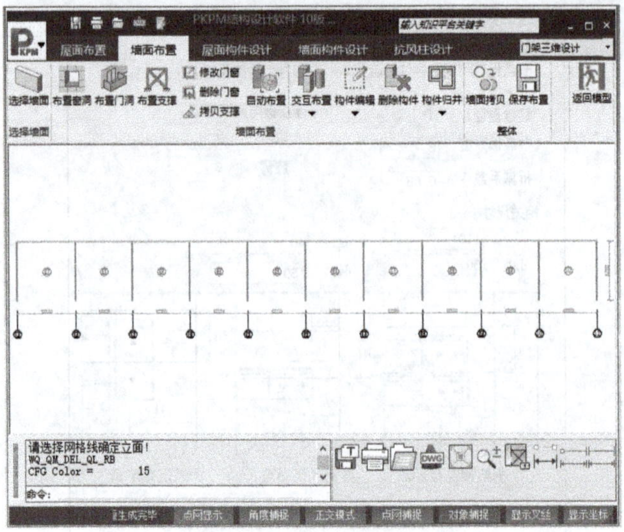

图 8-34　纵墙立面布置

参照平面图 7-23 门窗布置，门宽 4. 2m，窗宽 3. 6m，在网格区域 2、5、6、9 布置窗，网格区域 3、8 布置门。分别单击“布置窗洞”和“布置门洞”按钮，设置参数如图 8-35a、b 所示，参数设置完成后单击区域编号即可布置相应的门窗洞口，如图 8-35c 所示。门窗参数设定时，不仅要确定洞口几何信息，还要确定洞口边框立柱的截面信息。洞口布置完成后，只是在选择区域内划分了一块洞口区域，并没有实际布置墙面构件。另外，洞口是在指定的网格区域内布置，但不限制一个网格区域内洞口数量，即在同一区域内可以布置多个洞口（如双层窗），各洞口几何位置在相应的参数设置时指定。

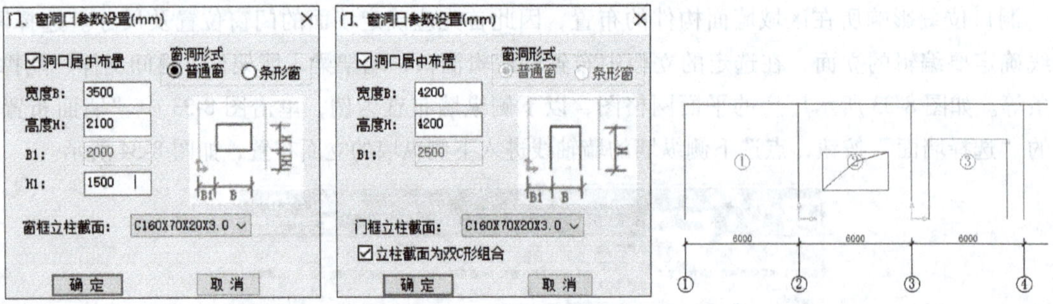

a)　　b)　　c)

图 8-35　门窗布置

a）窗布置参数　b）门布置参数　c）立面门窗布置

8. 6. 2　墙架梁、拉条、隅撑的布置

墙架梁、拉条、隅撑等墙面构件的布置，可以通过软件自动完成。单击“墙面布置”中的“选择墙面”按钮，用光标选择要布置的墙面所在的轴线，单击“自动布置”按钮，打开“自动布置墙面构件信息”对话框，在该对话框中定义墙架梁、拉条、隅撑等构件信息，具体如图 8-36 所示。

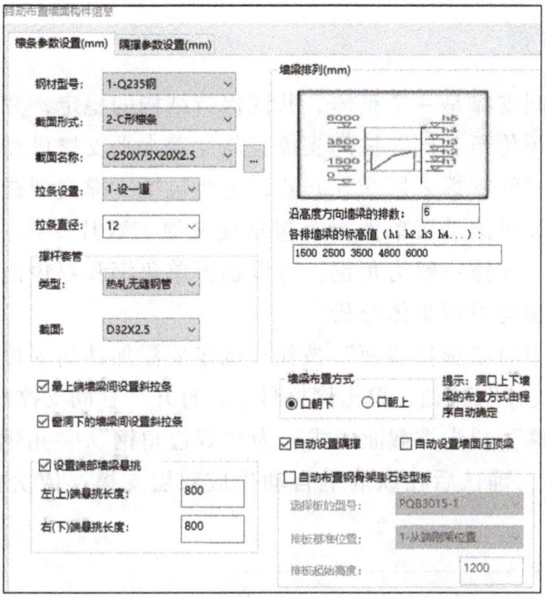

图 8-36　“自动布置墙面构件信息”对话框

勾选“自动设置隅撑”复选按钮后，出现隅撑参数设置页面，可在该页面定义隅撑相关信息（参考屋面构件“自动布置”）。墙面墙架梁、拉条、隅撑的布置结果如图 8-37 所示。同样方法完成其他三面墙的布置，其中默认的墙梁排数和标高是软件根据立面中的外形尺寸、窗洞的布置自动确定的，用户可以修改。软件自动在选择立面的最顶部梁位置布置一道墙梁，即压顶梁，如果不需要布置，则不勾选图 8-36 中的“自动设置墙面压顶梁”复选按钮；“自动布置”时软件自动在门、窗洞口边框位置设置立柱，立柱截面在洞口定义时确定。“自动布置钢骨架膨石轻型板”是完成钢骨架膨石墙面板的布置，如工程需要，可勾选该项。墙架梁、墙架柱、隅撑等构件也可以采用交互布置方式进行布置。

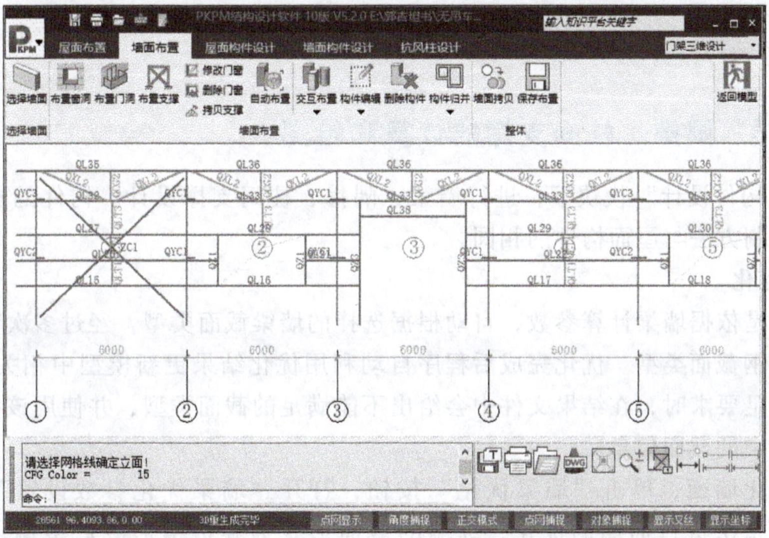

图 8-37　墙架梁、拉条、隅撑的布置结果

8.6.3 柱间支撑布置

屋盖水平支撑和柱间支撑是一个整体，共同保持结构的稳定，并将纵向水平荷载通过屋盖水平支撑，经柱间支撑传至基础。柱间支撑宜与屋盖水平支撑设在相同的开间内。

软件中门式刚架的柱间支撑采用交互布置，主要包括支撑类型选择和支撑截面选择。软件可以布置的支撑类型通过滚动菜单选择，包括交叉撑、双片支撑、门形支撑、双层支撑、多层支撑等具体的形式。支撑一般为角钢，可以选择单角钢和双角钢，布置的支撑可以传到门式刚架三维模型中，参与模型整体分析。

单击“墙面布置”中的“选择墙面”按钮，确定要添加柱间支撑的墙面，进入要添加支撑的立面，单击“布置支撑”按钮，单击网格号①，打开“柱间支撑参数设置”对话框，“支撑类型”选择“交叉支撑”，“支撑截面形式”为“等边角钢”，“角钢截面”为“∠80×10”，具体参数如图 8-38 所示，确认后在纵墙上自动生成双层支撑，依次在两纵墙的①号和⑪号网格布置柱间支撑。

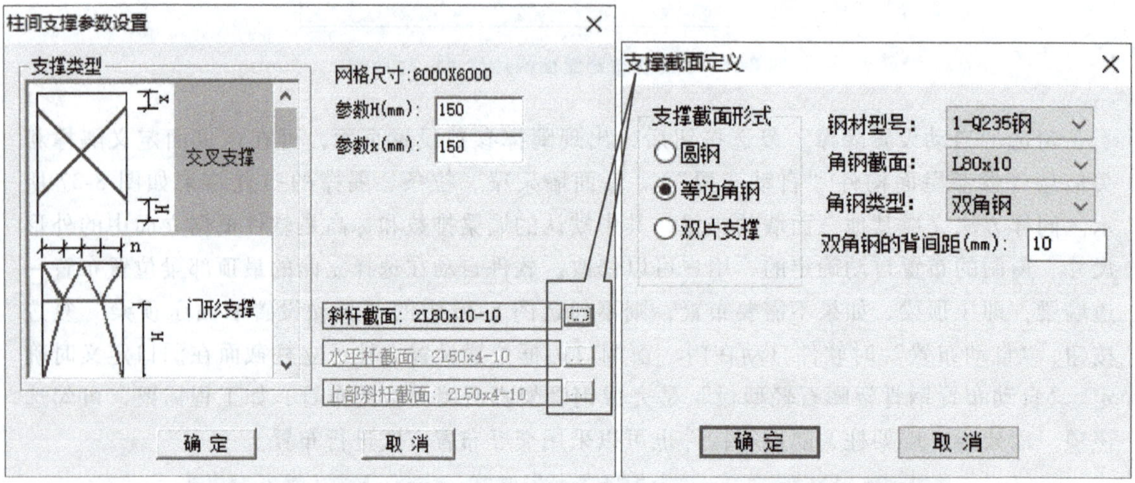

图 8-38 柱间支撑参数选择

8.6.4 墙梁、隅撑、柱间支撑的计算和绘图

在“墙面构件设计”模块下，进行墙梁、隅撑、柱间支撑设计。构件的选择操作方法和施工图的绘制方法与屋面构件的相同。

1. 墙梁优化

墙梁优化是依据墙梁计算参数，自动根据选择的墙梁截面类型，经过多次计算，选择用钢量最少的型钢截面类型。优化完成后程序自动利用优化结果更新模型中相关的截面信息。当优化不能满足要求时，在结果文件中会给出不能满足的截面类型，并使用该类型中的最大截面更新模型中的截面信息。

选择待优化墙面，单击“墙梁优化”按钮，打开“墙梁优化参数设置”对话框，如图 8-39所示，依次进行面墙的优化，纵墙的截面形式为卷边槽形冷弯型钢，截面尺寸为 C250×75×20×2.5；横墙截面形式为卷边槽形冷弯型钢，截面尺寸 C280×80×20×3.0（具体查看优化结果文件)。

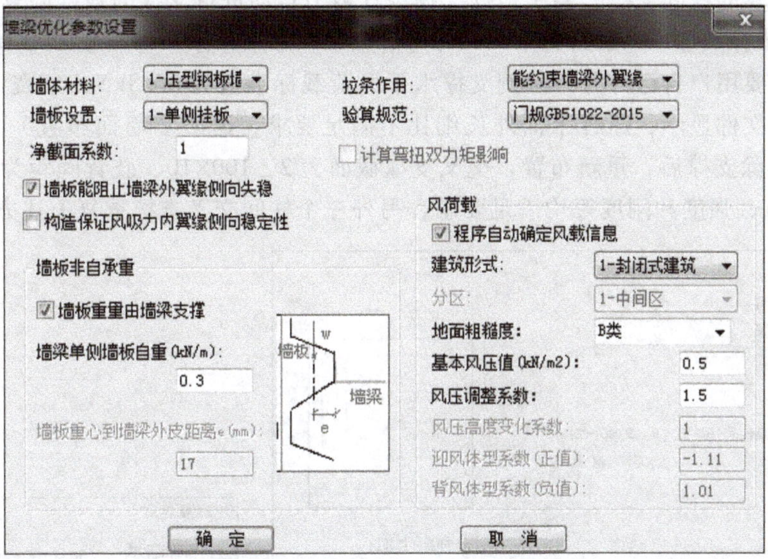

图 8-39　“墙梁优化参数设置”对话框

2. 墙梁及隅撑设计

单击“墙梁计算”按钮，打开“墙梁设计”对话框，参数设置如图 8-40 所示，参数设定完成后，选择需计算的墙梁，计算结果中满足要求的构件用绿色显示，不满足要求的构件用红色显示，可以查看结果文件确定构件哪些方面不满足要求，返回“墙面布置”模块重新布置墙梁。

用同样方法可以完成隅撑的设计，隅撑的截面为∠50×10。

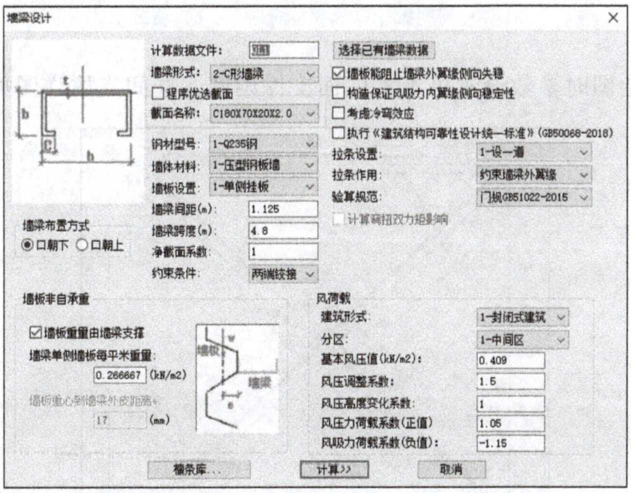

图 8-40　“墙梁设计”对话框

3. 柱间支撑的计算

选择需要验算柱间支撑的墙面，单击“支撑计算”按钮，完成如图 8-41a 所示“柱间支撑计算参数”对话框内的参数设置，选择需要计算的柱间支撑（命令行有提示），在平面图上点取需要计算的柱间支撑，系统根据支撑设计剪力自动进行支撑的强度验算并生成结果文件。其中，“支撑类型”“截面类型”“几何信息”“构件名称”等自动从整体模型中取得，设计剪力值需要用户自己计算。本例支撑水平风荷载标准值为 36.3kN，地震力 19.4kN，计算结果的文本文件显示，压杆平面外长细比不满足要求，返回“墙面布置”中，用“删除构件”按钮删除支撑后，重新布置，交叉支撑截面为 2∠100×10、肢背间距为 10mm 的双角钢（图 8-41b），强度和刚度等均满足要求，另外三个柱间交叉支撑重复上述方法修改。

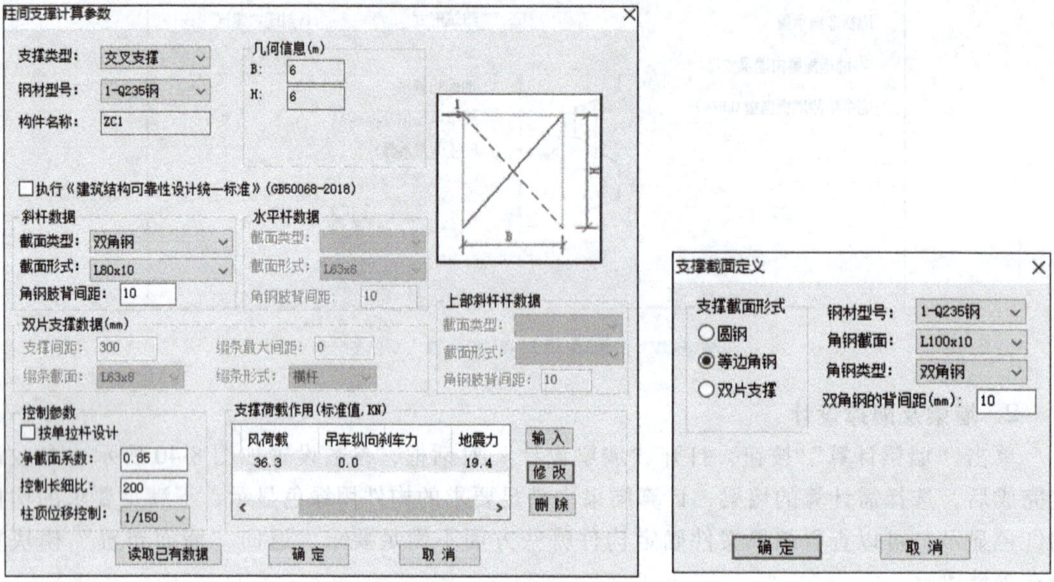

a) b)

图 8-41 柱间支撑计算参数

a)“柱间支撑计算参数”对话框 b) 修改参数

选择柱间支撑绘图时参数设置可参考屋面支撑绘图，柱间支撑详图如图 8-42 所示。

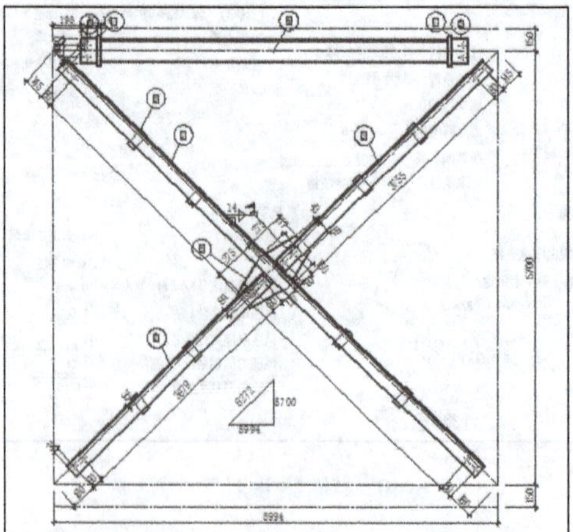

图 8-42 柱间支撑详图

4. 抗风柱设计

单击“抗风柱设计”中的“点取计算”按钮，进入底层平面图。抗风柱在平面图中用黄色的圈标记，用户选择计算和绘图的柱只能是被标记的柱。如果在刚架设计时，已经完成抗风柱计算，则此处不用再计算。本例两根抗风柱（高 7m）在此作为实例进行补充验算，选中平面图中的抗风柱后，打开如图 8-43 所示“抗风柱计算”对话框，完成抗风柱计算参数的设置，其中，“构件名称”“抗风柱高度”“抗风柱间距”“钢材钢号”和相关的墙梁信息是软件自动从整体模型中取得和计算的。用户需要输入“柱顶恒载”和“柱顶活载”值，其余参数给出默认值，可修改。参数确定后单击“计算”按钮，软件自动进行抗风柱计算。计算完成后，可以通过结果文件查看计算结果，还可通过图示的方式查看不同组合下的内力及验算结果，本例抗风柱（截面尺寸 360mm×220mm×220mm×8mm×10mm）强度、刚度和稳定性均满足要求。如果建模过程中有抗风柱验算遗漏且不满足要求的情况，则需要返回有抗风柱的刚架建模重新进行设计。

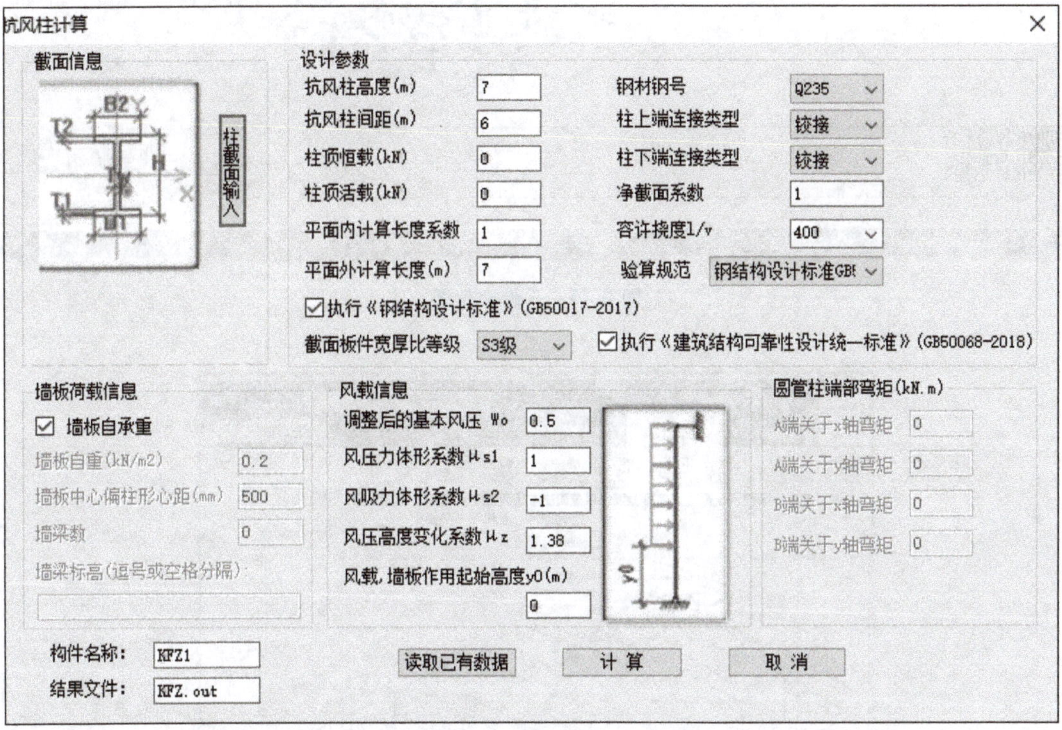

图 8-43 “抗风柱计算”对话框

单击“选择构件”按钮选择需要绘图的抗风柱，选中后高亮显示，单击“绘施工图”按钮，将选中的抗风柱绘制在同一张图纸上，能够保存成“＊.dwg”格式文件，在 Auto CAD 中调整和修改施工图比较快捷。

完成屋面墙面围护构件设计，单击“返回模型”按钮，退出屋面墙面设计，返回门架三维设计主界面。根据门架三维模型数据以及屋面墙面交互布置信息，通过三维实体方式显示整个模型主构件、围护构件等。三维模型可以直观地反映构件的位置、构件间的关联关系等，便于查看整体模型，如图 8-44 所示。

图 8-44　三维模型图

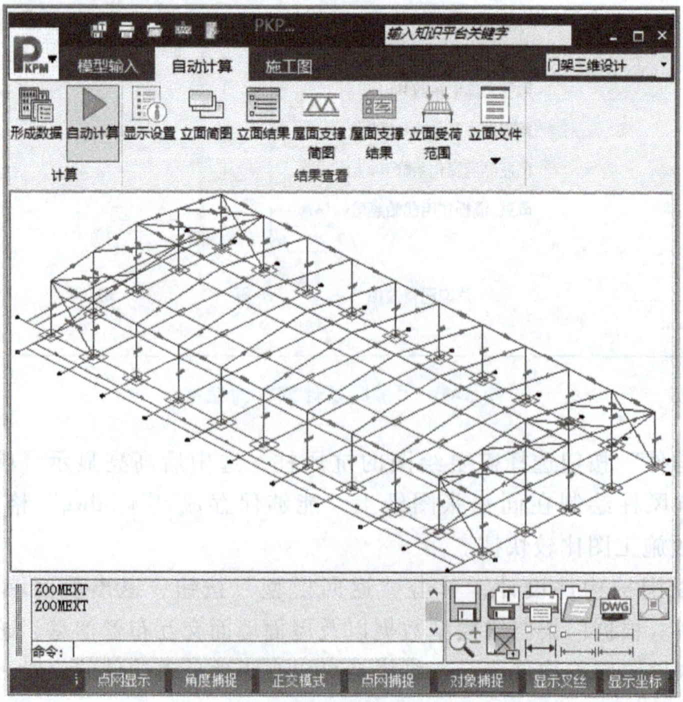

图 8-45　设计结果

8.7 整体计算结果查看及施工图

8.7.1 整体计算结果查看

PKPM 通过三维建模二维计算方法实现整体模型结构分析，通过模型导荷节点和荷载大小反映各立面之间的相互作用，确定计算立面以及计算顺序，依次完成各立面二维分析，本质上与各个构件建模时的优化及设计采用的二维分析方法一样。

横向刚架、屋面系统、墙面系统中的主要杆件分析及设计在 8.3 节、8.5 节和 8.6 节均已介绍，在结构整体计算时，单击“形成数据”按钮，确定纵向受荷立面轴线号，本例轴号为 A、B，单击“自动计算”按钮，程序完成各个二维平面的计算，自动计算完成后，单击“显示设置”按钮，勾选“设计结果”复选按钮，如图 8-45 所示，主要构件满足设计要求（红色标记不满足设计要求）。通过单击“自动计算”下的“立面结果”和“屋面支撑结果”按钮，可分别对纵横立面和屋面支撑计算结果进行查看，包括立面、荷载简图，以及计算详细内力变形等的查看。通过“受荷范围”“受荷简述”“受荷详述”，查看纵向立面的受荷范围及纵向立面荷载计算结果。对于不满足要求的构件，结合荷载简图、内力图、结果文件的内容找出原因，再到相应的模块进行修改，重复上述设计步骤，直到构件都满足设计要求。

虽然工业厂房各个部分采用边建模边设计的方式可以提高构件设计的效率，但是结构整体模型的验算能够全面检查每一个构件的设计结果，比如在柱间支撑单独设计时，布置形式及截面满足设计要求，但在整个 A 轴和 B 轴所有支撑按照压杆校核长细比时却可能不满足要求，此时应返回“墙面布置”中的“布置支撑”菜单进行修改。如交叉支撑设计，在整体计算时将交叉支撑作为压杆进行稳定性验算，原选截面为 2∠100×10 的双等边角钢（肢背间距 10mm），在平面外方向长细比不满足要求，调整为 2∠160×100×10 的不等边角钢短肢相拼（肢背间距 10mm），经验算满足要求。

8.7.2 施工图

“施工图”主要包括“梁节点拼接设置”“左右柱设置”“自动绘图”“屋面墙面布置图绘制”“材料统计”等。各榀刚架模型建立完成后，PKPM 自动在梁连接位置设置拼接，根据各柱在立面中的几何位置设置柱类型（左边柱、中间柱、右边柱）。可以通过“删梁拼接”和“设梁拼接”按钮修改自动设计结果。

1. 自动绘图设计参数

门式刚架三维设计中的绘图，可设置梁拼接、柱类型、节点设计参数等，并且参数设置对模型中全部刚架都适用；自动绘图软件实现一键绘图，能自动生成设计总说明和柱脚锚栓布置图、各榀刚架施工图、吊车梁系统施工图、屋面墙面围护构件施工图等；自动生成全楼钢材统计表；通过图纸查看，可以打开某张施工图查看或修改。

本例仅有门式刚架设计参数、屋面墙面设计参数两大项，单击“自动绘图”按钮，打开“设计参数”对话框，如图 8-46 所示。

(1) 刚架绘图参数说明　选择读取已有设计数据方式，门式刚架绘图时的节点设计包括主刚架构件节点设计、围护构件与刚架构件的连接设计。针对刚架节点设计结果，提供两种选择方式：方式一，重新进行设计，适用于模型初次绘制施工图和刚架模型修改后重新绘图；方式二，读取已有设计结果，适用于模型已经绘制过施工图，而且再次绘图前主刚架模型没有发生变化，绘图时的构件的连接设计不变化。针对围护构件与主构件的连接信息，为避免模型信息与施工图不一致，每次绘图时都是重新设计。

1）门式刚架施工图比例：设置刚架绘图方式、施工图比例、图纸号、材料表信息等。

2）檩托形式和参数：选择檩托板形式，设置檩托板相关参数。

3）连接节点形式：完成门式刚架二维设计需要的参数设置（图 8-46）。选择确定后自动完成选择刚架的节点设计和施工图绘制。

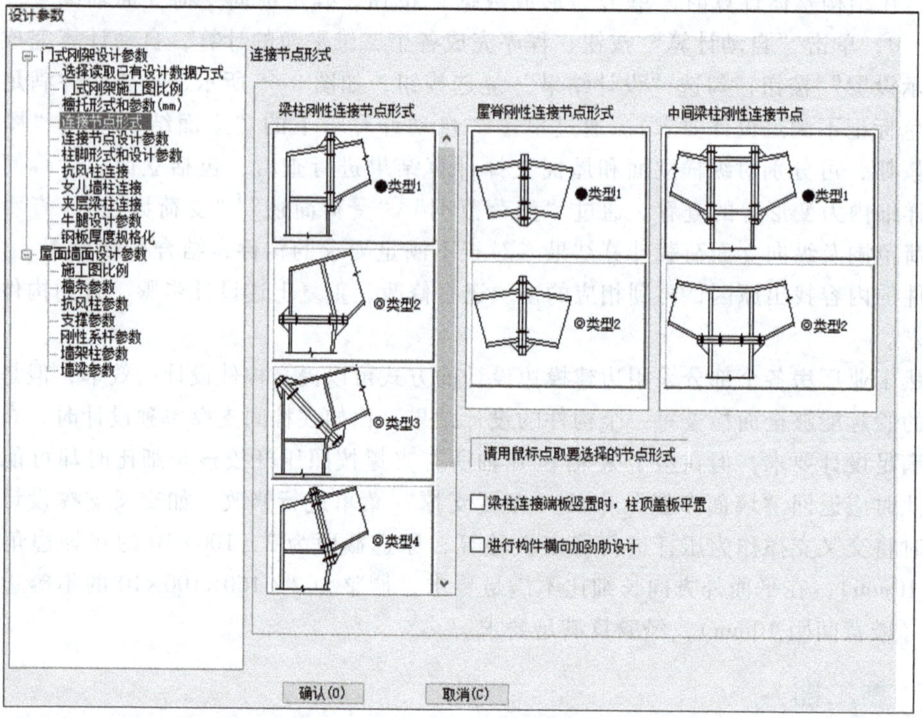

图 8-46　绘图设计参数

4）抗风柱连接：根据模型中是否有第一类抗风柱动态加载，本工程设置了第三类，根据抗风柱柱顶位移确定连接参数。

（2）施工图出图选择　参数设置后，自动弹出“施工图出图选择”对话框，设置图纸存放目录、绘图内容以及修改图纸名称等，单击“确定”按钮后由程序自动完成选中图纸绘制。施工图包括图纸目录、设计总说明、柱脚锚栓布置图、基础布置图和基础详图、各榀刚架施工图等。

2. 屋面墙面布置图

单击“屋面墙面布置图”按钮，首先选择要画布置图的楼层号（1 层），确定后程序显示当前层平面图。选择左侧竖向菜单中的“屋面构件”生成屋面支撑、檩条、拉条等构件添加在平面布置图中；选择“墙面构件”，选择侧立面，将立面图以及所布置的墙面构件添加在当前图形中；选择“画构件表”，统计当前图中的屋面构件和墙面构件，形成构件表。程序提供基本标注功能，如标注尺寸、标注字符、标注轴线、标注中文等可以对图形进行补充标注，通过“移动图块”功能可以对图面进行调整。如图 8-47所示。

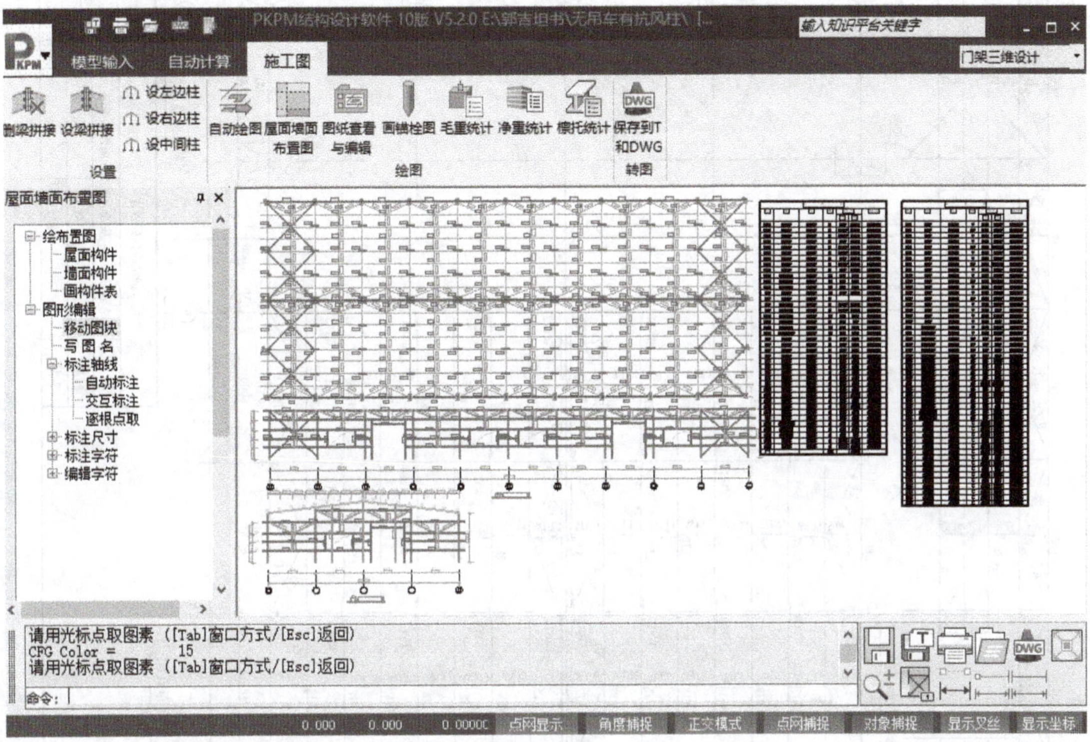

图 8-47　屋面墙面布置图

3. 图纸查看与编辑

单击“图纸查看与编辑”中的“图纸查看”按钮。“图纸查看”可以打开当前目录下已保存的施工图，并可对选择的施工图进行修改编辑；可以补充标注坡度、焊缝、编号、孔径、钢板等；可以查看节点设计文件；可以进行重新设计，重新设置节点设计参数，进行施工详图绘制。

在施工图更新前各标准榀必须经过门式刚架二维计算，如果没有计算则不能进行施工图更新；围护构件必须在屋面墙面设计中绘制详图，否则在相应刚架的详图中因为缺少信息而无法正确体现连接情况。

PKPM 自动生成施工图后，还可在此基础上进行修改。为了节省版面，考虑结构对称性，图 8-48 是经过重新排版绘制的屋面布置、墙面布置及基础布置总图，该图包括自动生成的屋面布置图、纵向面和横向面墙面布置图及基础布置图等四部分。带挡风柱的门式刚架施工图如图 8-49 所示，无挡风柱的门式刚架施工图如图 8-50 所示。

毛重统计、净重统计、檩托统计等不逐一介绍，读者自行完成。有兴趣的读者可设计有起重机及吊车梁系统的轻型工业厂房。

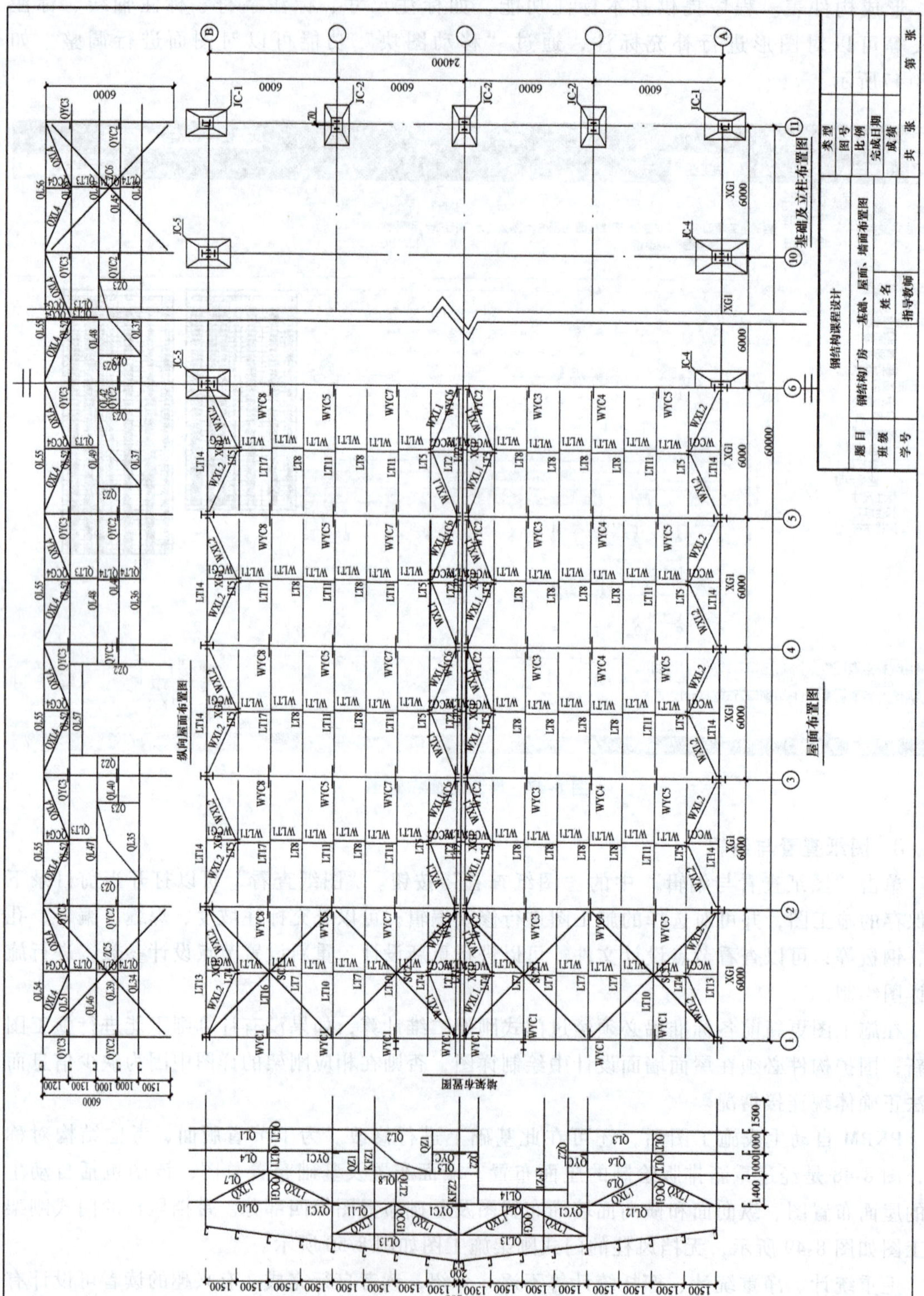

图 8-48 门式刚架屋面布置图、纵向面和横向面墙面布置图及基础布置图

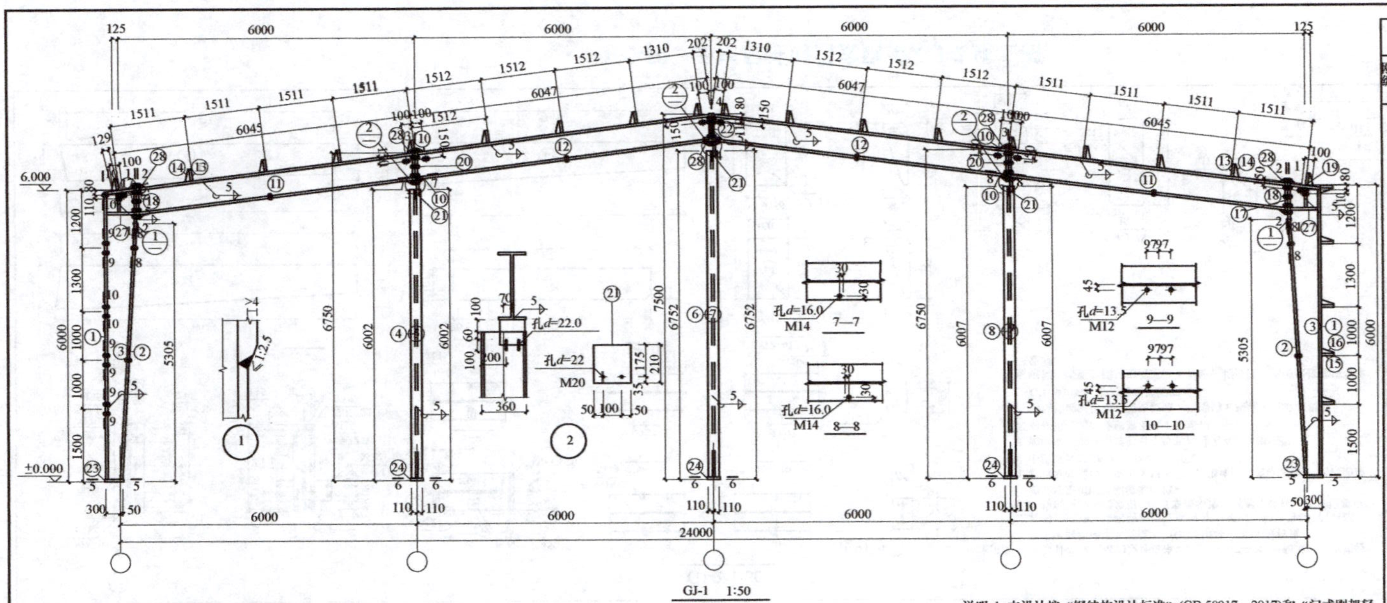

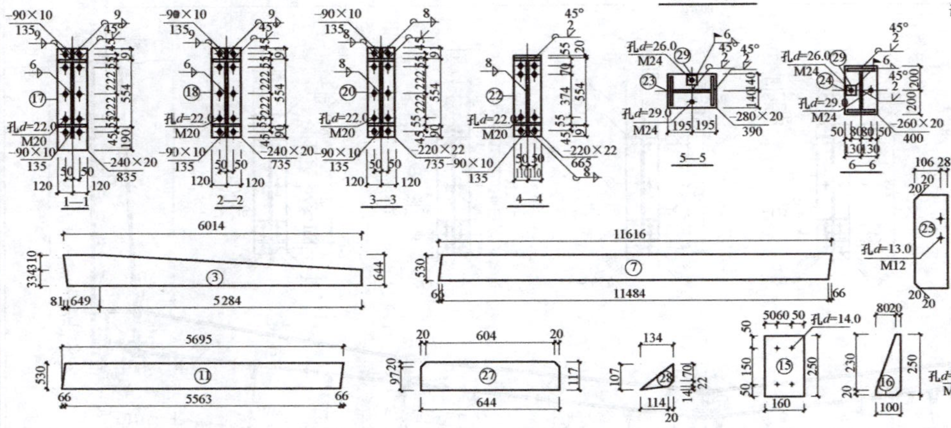

说明：1. 本设计按《钢结构设计标准》(GB 50017—2017)和《门式刚架轻型房屋钢结构技术规范》(GB 51022—2015)进行设计。
2. 材料：未特殊注明的钢板及型钢为Q235钢，焊条为E43系列焊条。
3. 构件的拼接连接采用10.9级摩擦型连接高强度螺栓，连接接触面的处理采用钢丝刷清除浮锈。
4. 柱脚基础混凝土强度等级为C30，锚栓钢号为Q235钢；锚栓的最小锚固长度l_a=18×d(锚栓直径)。
5. 图中未注明的角焊缝最小焊脚尺寸为8，一律满焊。
6. 对接焊缝的焊缝质量不低于二级。
7. 钢结构的制作和安装需按《钢结构工程施工及验收规范》(GB 50205)的有关规定进行施工。
8. 钢构件表面除锈后用两道红丹打底，构件的防火等级按建筑要求处理。

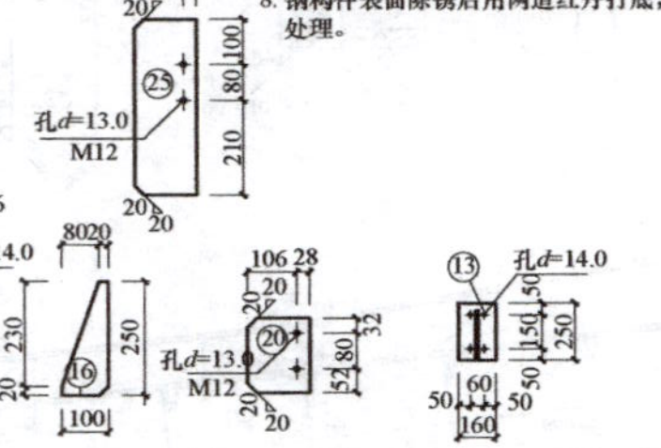

材料表

刚架编号	零件编号	规格	长度/mm	数量	质量/kg 单重	质量/kg 共重
GJ-1	1	–240×8	5933	2	89.4	178.9
	2	–240×8	5294	2	79.8	159.6
	3	–644×6	6014	2	142.7	285.3
	4	–220×10	5982	2	103.3	206.6
	5	–340×8	5982	1	127.7	127.7
	6	–220×10	6732	2	116.3	232.5
	7	–340×8	6732	1	143.7	143.7
	8	–220×10	5987	2	103.4	206.8
	9	–340×8	5987	1	127.8	127.8
	10	–220×10	11676	4	201.6	806.6
	11	–530×8	5695	2	187.4	374.7
	12	–530×8	6069	2	199.8	399.6
	13	–160×6	250	18	1.9	33.9
	14	–100×6	250	18	1.2	21.2
	15	–160×6	250	5	1.9	9.4
	16	–100×6	250	5	1.2	5.9
	17	–240×20	835	2	31.5	62.9
	18	–240×20	735	2	27.7	55.4
	19	–240×10	657	2	12.4	24.8
	20	–220×22	735	4	27.9	111.7
	21	–200×10	210	3	3.3	9.9
	22	–220×22	665	2	25.3	50.5
	23	–280×20	390	2	17.1	34.3
	24	–260×20	400	3	16.3	49.0
	25	–134×8	406	2	3.4	6.8
	26	–134×8	454	1	3.8	3.8
	27	–117×10	644	4	5.9	23.7
	28	–90×10	135	16	1.0	15.3
	29	–80×20	80	10	1.0	10.0
总质量						3778.4

图例

高强度螺栓　永久螺栓
安装螺栓　螺栓孔

钢结构课程设计			类型	
题目	钢结构厂房——门式刚架设计		图号	
			比例	
班级		姓名	完成日期	
			成绩	
学号		指导教师	共 张	第 张

图 8-49　带挡风柱的门式刚架 GJ-1 施工图

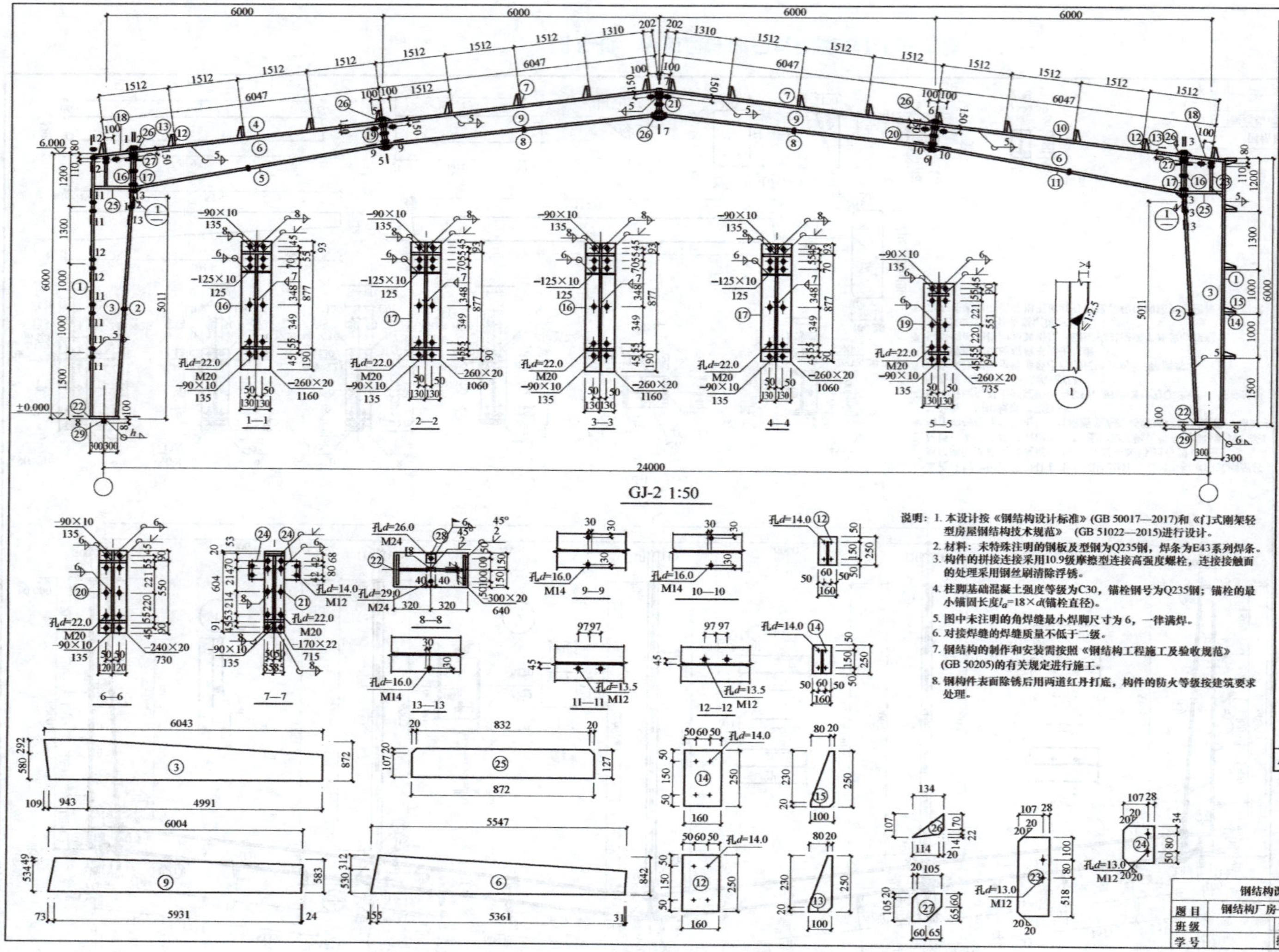

说明：1. 本设计按《钢结构设计标准》(GB 50017—2017)和《门式刚架轻型房屋钢结构技术规范》 (GB 51022—2015)进行设计。
2. 材料：未特殊注明的钢板及型钢为Q235钢，焊条为E43系列焊条。
3. 构件的拼接连接采用10.9级摩擦型连接高强度螺栓，连接接触面的处理采用钢丝刷清除浮锈。
4. 柱脚基础混凝土强度等级为C30，锚栓钢号为Q235钢；锚栓的最小锚固长度l_a=18×d(锚栓直径)。
5. 图中未注明的角焊缝最小焊脚尺寸为6，一律满焊。
6. 对接焊缝的焊缝质量不低于二级。
7. 钢结构的制作和安装需按照《钢结构工程施工及验收规范》(GB 50205)的有关规定进行施工。
8. 钢构件表面除锈后用两道红丹打底，构件的防火等级按建筑要求处理。

材料表

刚架编号	零件编号	规格	长度/mm	数量	质量/kg 单重	质量/kg 共重
GJ-2	1	—260×10	5934	2	121.1	242.2
	2	—260×10	5000	2	102.0	204.1
	3	—872×6	6043	2	211.7	423.3
	4	—260×10	5401	1	110.2	110.2
	5	—260×10	5518	1	112.6	112.6
	6	—842×6	5547	2	177.0	354.0
	7	—170×8	6005	2	64.1	128.2
	8	—170×8	5931	2	63.3	126.6
	9	—583×6	6004	2	157.1	314.1
	10	—240×10	5401	1	101.8	101.8
	11	—240×10	5518	1	103.9	103.9
	12	—160×6	250	18	1.9	33.9
	13	—100×6	250	18	1.2	21.2
	14	—160×6	250	5	1.9	9.4
	15	—100×6	250	5	1.2	5.9
	16	—260×20	1160	2	47.4	94.7
	17	—260×20	1060	2	43.3	86.5
	18	—260×10	889	2	18.1	36.3
	19	—260×20	735	2	30.0	60.0
	20	—240×20	730	2	27.5	55.0
	21	—170×22	715	2	21.0	42.0
	22	—300×20	640	2	30.1	60.3
	23	—135×6	698	4	4.4	17.7
	24	—135×6	164	2	1.0	2.1
	25	—127×10	872	4	8.7	34.8
	26	—90×10	135	16	1.0	15.3
	27	—125×10	125	8	1.2	9.8
	28	—80×20	80	4	1.0	4.0
	29	[8	100	2	0.8	1.6
总质量						2811.7

图例

高强度螺栓　永久螺栓　安装螺栓　螺栓孔

钢结构课程设计			类型	
题目	钢结构厂房——门式刚架设计		图号	
班级		姓名	比例	
学号		指导教师	完成日期	
			成绩	
			共张	第张

图 8-50　无挡风柱的门式刚架 GJ-2 施工图

习题

通过单层门式刚架厂房结构的设计实践，学习钢结构选型、柱网布置、荷载计算、结构分析、构件和节点设计、绘制钢结构施工图等专业知识，能够使用 PKPM 或 Midas 独立完成单层门式刚架课程设计。原则上，每人一个设计任务，设计参数从表 8-1 中随机抽取。

表 8-1 课程设计任务分配表（组别对应的参数）

厂房跨度/m	檐口高度/m	北京		大连		哈尔滨	
		柱间距/m		柱间距/m		柱间距/m	
		6	7.5	6	7.5	6	7.5
21	6	A1	A2	A3	A4	A5	A6
	7	B1	B2	B3	B4	B5	B6
24	6	C1	C2	C3	C4	C5	C6
	7	D1	D2	D3	D4	D5	D6
27	6	E1	E2	E3	E4	E5	E6
	7	F1	F2	F3	F4	F5	F6

1. 设计资料

门式刚架轻型厂房总长度：60~90m。

1）柱网布置：跨度分别为 21m、24m、27m，柱间距分别为 6m 或 7.5m，任务分配按表 8-1 组别设定课程设计的跨度、檐高和间距参数及地域。

2）屋面坡度：1∶12~1∶8（自行确定）。

3）屋面材料：夹芯板屋面（自行选定）。

4）墙面材料：夹芯板墙面（自行选定）。

5）檩条墙梁：薄壁卷边 C 形钢。

6）荷载：根据设计任务书设定的地域和设计参数，按《建筑结构荷载规范》（GB 50009—2012）确定永久荷载及可变荷载，其中风荷载的地面粗糙度为 B 类；设计地震分组为第二组，场地类别为第Ⅱ类，起重机荷载自行考虑。

7）材质：材料选用 Q235 钢，焊条为 E43 型；或选用 Q355 钢，焊条为 E50 型。

8）支撑设置位置及数量，隅撑拉条的位置及数量，门窗留设位置及尺寸等参数自行选定。

2. 训练设计要求

每位学生按表 8-1 选择设计的题目参数。训练期为 1~2 周，要求学生在规定时间内，独立完成单层门式刚架厂房设计，内容包括编写计算书和绘制必要的施工图。

（1）编写门式刚架结构计算书　完成“门式刚架结构计算书”一份，要求步骤清楚、计算正确、书写工整、图文并茂，计算书包括以下内容：

1）荷载统计及计算，要求计算出永久荷载和可变荷载标准值，表达清晰。

2）总结出各个荷载工况下刚架的内力结果、设计内力的结果、变形挠度结果。

3）总结主要构件及节点的设计结果。

4）统计刚架钢材总用量及材料用量指标（即房屋每平方米材料用量）。

5）分析门式刚架结构内力，可以采用 PKPM 钢结构模块或 Midas 相关软件建模分析，进行荷载组合和结构优化计算。

6）必要的插图，在计算书中绘制厂房平面轴网、柱和基础平面布置图、屋顶结构平面及纵向立面支撑布置图示意图。

（2）绘制施工图　图纸总张数根据设计内容和时长自行确定，应包括门式刚架结构平面布置图、立面图、结构详图、材料表、结构设计说明，檩条、屋面支撑、隅撑、系杆等的布置图，柱间支撑、墙檩、隅撑、系杆等的布置图。至少绘制刚架施工图一张（A2 幅面，可加长），包括以下内容：

1）刚架立面图，包括梁、柱、柱与梁、梁节点详图。

2）柱脚详图。

3）设计说明。

施工图应符合《房屋建筑制图统一标准》（GB/T 50001—2017）和《建筑结构制图标准》（GB/T 50105—2010）的要求。绘制时应选择适当的图幅和比例，线型和符号应规范准确，图纸目录和序号完整（电子版施工图选做）。

3. 课设参考文献（下达课设任务时详细列出具体书目）

1）教材及其他资料。

2）相关现行设计规范。

3）PKPM 10 版软件说明书——钢结构设计软件 STS 应用讲解或 Midas 软件使用说明。

附录 A　型钢截面参数表

表 A-1　普通工字钢

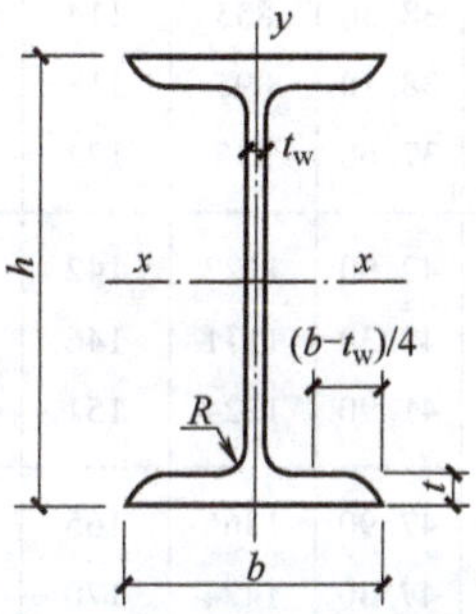

符号：h—高度、b—宽度、t_w—腹板厚度、t—翼缘平均厚度、I-截面惯性矩、W—截面模量、i—回转半径、S_x—半截面的面积矩。

型号		尺寸					截面面积	质量	x-x 轴				y-y 轴		
		h	b	t_w	t	R	A	q	I_x	W_x	i_x	I_x/S_x	I_y	W_y	i_y
		mm					cm^2	kg/m	cm^4	cm^3	cm	cm	cm^4	cm^3	cm
I 10		100	68	4.5	7.6	6.5	14.3	11.2	245	49	4.14	8.69	33	9.6	1.51
I 12.6		126	74	5	8.4	7	18.1	14.2	488	77	5.19	11.00	47	12.7	1.61
I 14		140	80	5.5	9.1	7.5	21.5	16.9	712	102	5.75	12.20	64	16.1	1.73
I 16		160	88	6	9.9	8	26.1	20.5	1127	141	6.57	13.90	93	21.1	1.89
I 18		180	94	6.5	10.7	8.5	30.7	24.1	1699	185	7.37	15.40	123	26.2	2.00
I 20	a	200	100	7	11.4	9	35.5	27.9	2369	237	8.16	17.40	158	31.6	2.11
	b		102	9			39.5	31.1	2502	250	7.95	17.10	169	33.1	2.07
I 22	a	220	110	7.5	12.3	9.5	42.1	33.0	3406	310	8.99	19.20	226	41.1	2.32
	b		112	9.5			46.5	36.5	3583	326	8.78	18.90	240	42.9	2.27
I 25	a	250	116	8	13	10	48.5	38.1	5017	401	10.20	21.70	280	48.4	2.40
	b		118	10			53.5	42.0	5278	422	9.93	21.40	297	50.4	2.36
I 28	a	280	122	8.5	13.7	10.5	55.4	43.5	7115	508	11.30	24.30	344	56.4	2.49
	b		124	10.5			61.0	47.9	7481	534	11.10	24.00	364	58.7	2.44
I 32	a	320	130	9.5	15	11.5	67.1	52.7	11080	692	12.80	27.70	459	70.6	2.62
	b		132	11.5			73.5	57.7	11626	727	12.60	27.30	484	73.3	2.57
	c		134	13.5			79.9	62.7	12173	761	12.30	26.90	510	76.1	2.53

（续）

型号		尺寸					截面面积	质量	x-x 轴				y-y 轴		
		h	b	t_w	t	R	A	q	I_x	W_x	i_x	I_x/S_x	I_y	W_y	i_y
		mm					cm^2	kg/m	cm^4	cm^3	cm	cm	cm^4	cm^3	cm
	a		136	10			76.4	60.0	15796	878	14.40	31.00	555	81.6	2.69
I 36	b	360	138	12	15.8	12	83.6	65.6	16574	921	14.10	30.60	584	84.6	2.64
	c		140	14			90.8	71.3	17351	964	13.80	30.20	614	87.7	2.60
	a		142	10.5			86.1	67.6	21714	1086	15.90	34.40	660	92.9	2.77
I 40	b	400	144	12.5	16.5	12.5	94.1	73.8	22781	1139	15.60	33.90	693	96.2	2.71
	c		146	14.5			102.0	80.1	23847	1192	15.30	33.50	727	99.7	2.67
	a		150	11.5			102.0	80.4	32241	1433	17.70	38.50	855	114	2.89
I 45	b	450	152	13.5	18	13.5	111.0	87.4	33759	1500	17.40	38.10	895	118	2.84
	c		154	15.5			120.0	94.5	35278	1568	17.10	37.60	938	122	2.79
	a		158	158			119.0	93.6	46472	1859	19.70	42.90	1122	142	3.07
I 50	b	500	160	160	20	14	129.0	101.0	48556	1942	19.40	42.30	1171	146	3.01
	c		162	162			139.0	109.0	50639	2026	19.10	41.90	1224	151	2.96
	a		166	12.5			135.0	106.0	65576	2342	22.00	47.90	1366	165	3.18
I 56	b	560	168	14.5	21	14.5	147.0	115.0	68503	2447	21.60	47.30	1424	170	3.12
	c		170	16.5			158.0	124.0	71430	2551	21.30	46.80	1485	175	3.07
	a		176	13			155.0	122.0	94004	2984	24.70	53.80	1702	194	3.32
I 63	b	630	178	15	22	15	167.0	131.0	98171	3117	24.20	53.20	1771	199	3.25
	c		780	17			180.0	141.0	102339	3249	23.90	52.60	1842	205	3.20

表 A-2　H 型钢和 T 型钢

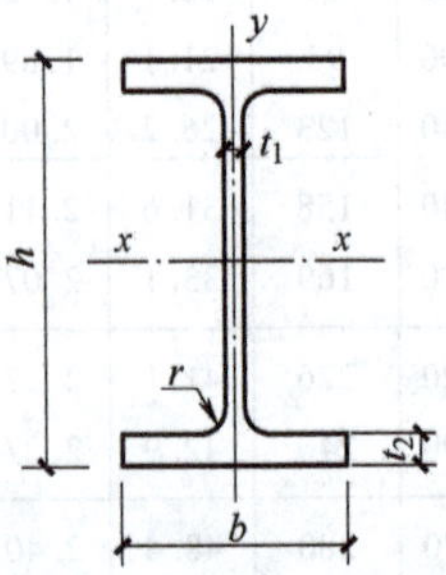

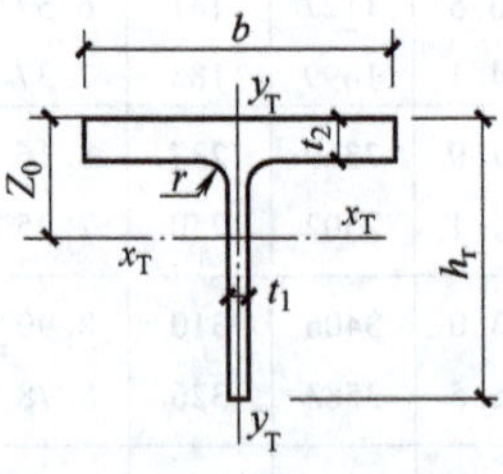

符号：h—H 型钢截面高度、b—翼缘宽度、t_1—腹板厚度、t_2—翼缘厚度、W—截面模量、i—回转半径。

对 T 型钢：截面高度 h_T、面积 A_T、质量 q_T、惯性矩 I_{yT} 等于相应 H 型钢的 1/2。

HW、HM、HN 分别代表宽翼缘、中翼缘、窄翼缘 H 型钢。

TW、TM、TN 分别代表各自 H 型钢部分的 T 型钢。

类别	H 型钢规格 (h/mm×b/mm×t_1/mm×t_2/mm)	截面面积	质量	x-x 轴			y-y 轴			重心距 Z_0	x_T-x_T 轴		T 型钢规格 (h_T/mm×b/mm×t_1/mm×t_2/mm)	类别
		A	q	I_x	W_x	i_x	I_y	W_y	i_y		I_{zT}	i_{xT}		
		cm^2	kg/m	cm^4	cm^3	cm	cm^4	cm^3	cm	cm	cm^4	cm		
HW	100×100×6×8	21.9	17.22	383	76.5	4.18	134	26.7	2.47	1	16.1	1.21	50×100×6×8	TW

（续）

类别	H 型钢规格 (h/mm×b/mm×t_1/mm×t_2/mm)	截面面积	质量	x-x 轴			y-y 轴			重心距Z_0	x_T-x_T 轴		T 型钢规格 (h_T/mm×b/mm×t_1/mm×t_2/mm)	类别
		A	q	I_x	W_x	i_x	I_y	W_y	i_y		I_{xT}	i_{xT}		
		cm^2	kg/m	cm^4	cm^3	cm	cm^4	cm^3	cm	cm	cm^4	cm		
HW	125×125×6.5×9	30.31	23.8	847	136	5.29	294	47	3.11	1.19	35	1.52	62.5×125×6.5×9	TW
	150×150×7×10	40.55	31.9	1660	221	6.39	564	75.1	3.73	1.37	66.4	1.81	75×150×7×10	
	175×175×7.5×11	51.43	40.3	2900	331	7.5	984	112	4.37	1.55	115	211	87.5×175×7.5×11	
	200×200×8×12	64.28	50.5	4770	477	8.61	1600	160	4.99	1.73	185	2.4	100×200×8×12	
	*200×204×12×12	72.28	56.7	5030	503	8.35	1700	167	4.85	2.09	256	2.66	*100×204×12×12	
	250×250×9×14	92.18	72.4	10800	867	10.8	3650	292	6.29	2.08	412	2.99	125×250×9×14	
	*250×255×14×14	104.7	82.2	11500	919	10.5	3880	304	6.09	2.58	589	3.39	*125×255×14×14	
	*294×302×12×12	108.3	85	17000	1160	12.5	5520	365	7.14	2.83	858	3.98	*147×302×12×12	
	300×300×10×15	120.4	94.5	20500	1370	13.1	6760	450	7.49	2.47	798	3.64	150×300×10×15	
	300×305×15×15	135.4	106	21600	1440	12.6	7100	466	7.24	3.02	1110	4.05	150×305×15×15	
	*344×348×10×16	146	115	33300	1940	15.1	11200	646	8.78	2.67	1230	4.11	*172×348×10×15	
	350×350×12×19	173.9	137	40300	2300	15.2	13600	776	8.84	2.86	1520	4.18	175×350×12×19	
	*388×402×15×15	179.2	141	49200	2540	16.6	16300	809	9.52	3.69	2480	5.26	*194×402×15×15	
	*394×398×11×18	187.6	147	56400	2860	17.3	18900	951	10	3.01	2050	4.67	*197×398×11×18	
	400×400×13×21	219.5	172	66900	3340	17.5	22400	1120	10.1	3.21	2480	4.75	200×400×13×21	
	*400×408×21×21	251.5	197	71100	3560	16.8	23800	1170	9.73	4.07	3650	5.39	*200×408×21×21	
	*414×405×18×28	296.2	233	93000	4490	17.7	31000	1530	10.2	3.68	3620	4.95	*207×405×18×28	
	*428×407×20×35	361.4	284	119000	5580	18.2	39400	1930	10.4	3.9	4380	4.92	*214×407×20×35	
HM	148×100×6×9	27.25	21.4	1040	140	6.17	151	30.2	2.35	1.55	51.7	1.95	74×100×6×9	TM
	194×150×6×9	39.76	31.2	2740	283	8.3	508	67.7	3.57	1.78	125	2.5	97×150×6×9	
	244×175×7×11	56.24	44.1	6120	502	10.4	985	113	4.18	2.27	289	3.2	122×175×7×11	
	294×200×8×12	73.03	57.3	11400	779	12.5	1600	160	4.69	2.82	572	3.96	147×200×8×12	
	340×250×9×14	101.5	79.7	21700	1280	14.6	3650	292	6	3.09	1020	4.48	170×250×9×14	
	390×300×10×16	136.7	107	38900	2000	16.9	7210	481	7.26	3.4	1730	5.03	195×300×10×16	
	440×300×11×18	157.4	124	56100	2550	18.9	8110	541	7.18	4.05	2680	5.84	220×300×11×18	
	482×300×11×15	146.4	115	60800	2520	20.4	6770	451	6.8	4.9	3420	6.83	241×300×11×15	
	488×300×11×18	164.4	129	71400	2930	20.8	8120	541	7.03	4.65	3620	6.64	244×300×11×18	
	582×300×12×17	174.5	137	103000	3530	24.3	7670	511	6.63	6.39	6360	8.54	291×300×12×17	
	588×300×12×20	192.5	151	118000	4020	24.8	9020	601	6.85	6.08	6710	8.35	294×300×12×20	
	*594×302×14×23	222.4	175	137000	4620	24.9	10600	701	6.9	6.33	7920	8.44	*297×302×14×23	

（续）

类别	H型钢规格 (h/mm×b/mm×t_1/mm×t_2/mm)	截面面积	质量	x-x轴			y-y轴			重心距Z_0	x_T-x_T轴		T型钢规格 (h_T/mm×b/mm×t_1/mm×t_2/mm)	类别
		A	q	I_x	W_x	i_x	I_y	W_y	i_y		I_{xT}	i_{xT}		
		cm^2	kg/m	cm^4	cm^3	cm	cm^4	cm^3	cm	cm	cm^4	cm		
	100×50×5×7	12.16	9.54	192	38.5	3.98	14.9	5.96	1.11	1.27	11.9	1.4	50×50×5×7	
	125×60×6×8	17.01	13.3	417	66.8	4.95	29.3	9.75	1.31	1.63	27.5	1.8	62.5×60×6×8	
	150×75×5×7	18.16	14.3	679	90.6	6.12	49.6	13.2	1.65	1.78	42.7	2.17	75×75×5×7	
	175×90×5×8	23.21	18.2	1220	140	7.26	97.6	21.7	2.05	1.92	70.7	2.47	87.5×90×5×8	
	198×99×4.5×7	23.59	18.5	1610	163	8.27	114	23	2.2	2.13	94	2.82	99×99×4.5×7	
	200×100×5.5×8	27.57	21.7	1880	188	8.25	134	26.8	2.21	2.27	115	2.88	100×100×5.5×8	
	248×124×5×8	32.89	25.8	3560	287	10.4	255	41.1	2.78	2.62	208	3.56	124×124×5×8	
	250×125×6×9	37.87	29.7	4080	326	10.4	294	47	2.79	2.78	249	3.62	125×125×6×9	
	298×149×5.5×8	41.55	32.6	6460	433	12.4	443	59.4	3.26	3.22	395	4.36	149×149×5.5×8	
	300×150×6.5×9	47.53	37.3	7350	490	12.4	508	67.7	3.27	3.38	465	4.42	150×150×6.5×9	
	346×174×6×9	53.19	41.8	11200	649	14.5	792	91	3.86	3.68	681	5.06	173×174×6×9	
	350×175×7×11	63.66	50	13700	782	14.7	985	113	3.93	3.74	816	5.08	175×175×7×11	
	*400×150×8×13	71.12	55.8	18800	942	16.3	734	97.9	3.21	—	—	—	—	
HN	396×199×7×11	72.16	56.7	20000	1010	16.7	1450	145	4.48	4.17	1190	5.76	196×199×7×11	TN
	400×200×8×13	84.12	66	23700	1190	16.8	1740	174	4.54	4.23	1400	5.76	200×200×8×13	
	*450×150×9×14	83.41	65.5	27100	1200	18	793	106	3.08	—	—	—	—	
	446×199×8×12	84.95	66.7	29000	1300	18.5	1580	159	4.31	5.07	1880	6.65	223×199×8×12	
	450×200×9×14	97.41	76.5	33700	1500	18.6	1870	187	4.38	5.13	2160	6.66	223×200×9×14	
	*500×150×10×16	98.23	77.1	38500	1540	19.8	907	121	3.04	—	—	—	—	
	496×199×9×14	101.3	79.5	41900	1690	20.3	1840	185	4.27	5.9	2840	7.49	248×199×9×14	
	500×200×10×16	114.2	89.6	47800	1910	20.5	2140	214	4.33	5.96	3210	7.5	250×200×10×16	
	*506×201×11×19	131.3	103	56500	2230	20.8	2580	257	4.43	5.95	3670	7.48	*253×201×11×19	
	596×199×10×15	121.2	95.1	69300	2330	23.9	1980	199	4.04	7.76	6200	9.27	298×199×10×15	
	600×200×11×17	135.2	106	78200	2610	24.1	2280	228	4.11	7.81	5820	9.28	300×200×11×17	
	*606×201×12×20	153.3	120	91000	3000	24.4	2720	271	4.21	7.76	6580	9.28	*303×201×12×20	
	*692×300×13×20	211.5	166	172000	4980	28.6	9020	602	6.53	—	—	—	—	
	700×300×13×24	235.5	185	201000	5760	29.3	10800	722	6.78	—	—	—	—	

注："*"表示的规格为非常用规格。

表 A-3 普通钢槽

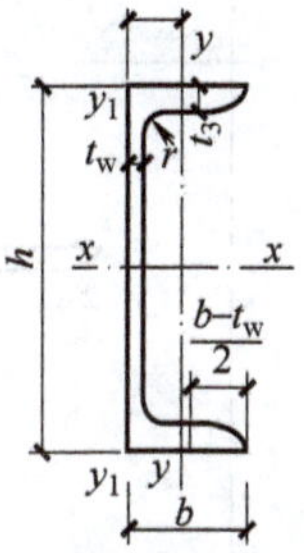

符号：I—截面惯性矩、W—截面模量、i—回转半径。

型号		尺寸				截面面积	质量	x-x 轴			y-y 轴			y_1-y_1 轴	重心距Z_0
		h	b	t_w	t	A	q	I_x	W_x	i_x	I_y	W_y	i_y	I_{y_1}	
		mm				cm^2	kg/m	cm^4	cm^3	cm	cm^4	cm^3	cm	cm^4	cm
[5		50	37	4.5	7.0	6.92	5.44	26	10.4	1.94	8.3	3.5	1.1	20.9	1.35
[6.3		63	40	4.8	7.5	8.45	6.63	51	16.3	2.46	11.9	4.6	1.19	28.3	1.39
[8		80	43	5.0	8.0	10.24	8.04	101	25.3	3.14	16.6	5.8	1.27	37.4	1.42
[10		100	48	5.3	8.5	12.74	10.00	198	39.7	3.94	25.6	7.8	1.42	54.9	1.52
[12.6		126	53	5.5	9.0	15.69	12.31	389	61.7	4.98	38.0	10.3	1.56	77.8	1.59
[14	a	140	58	6.0	9.5	18.51	14.53	564	80.5	5.52	53.2	13	1.7	107.2	1.71
	b		60	8.0		21.31	16.73	609	87.1	5.35	61.2	14.1	1.69	120.6	1.67
[16	a	160	63	6.5	10	21.95	17.23	866	108.3	6.28	73.4	16.3	1.83	144.1	1.79
	b		65	8.5		25.15	19.75	935	116.8	6.10	83.4	17.6	1.82	160.8	1.75
[18	a	180	68	7.0	10.5	25.69	20.17	1273	141.4	7.04	98.6	20	1.96	189.7	1.88
	b		70	9.0		29.29	22.99	1370	152.2	6.84	111	21.5	1.95	210.1	1.84
[20	a	200	73	7.0	11	28.83	22.63	1780	178.0	7.86	128	24.2	2.11	244	2.01
	b		75	9.0		32.83	25.77	1914	191.4	7.64	143.6	25.9	2.09	268.4	1.95
[22	a	220	77	7.0	11.5	31.84	24.99	2394	217.6	8.67	157.8	28.2	2.23	298.2	2.10
	b		79	9.0		36.24	28.45	2571	233.8	8.42	176.5	30.1	2.21	326.3	2.03
[25	a	250	78	7.0	12	34.91	27.40	3359	268.7	9.81	175.9	30.7	2.24	324.8	2.07
	b		80	9.0		39.91	31.33	3619	289.6	9.52	196.4	32.7	2.22	355.1	1.99
	c		82	11.0		44.91	35.25	3880	310.4	9.30	215.9	34.6	2.19	388.6	1.96
[28	a	280	82	7.5	12.5	40.02	31.42	4753	339.5	10.90	217.9	35.7	2.33	393.3	2.09
	b		84	9.5		45.62	35.81	5118	365.6	10.59	241.5	37.9	2.30	428.5	2.02
	c		86	11.5		51.22	40.21	5484	391.7	10.35	264.1	40.0	2.27	467.3	1.99
[32	a	320	88	8.0	14	48.50	38.07	7511	469.4	12.44	304.7	46.4	2.51	547.5	2.24
	b		90	10.0		54.90	43.10	8057	503.5	12.11	335.6	49.1	2.47	592.9	2.16
	c		92	12.0		61.30	48.12	8603	537.7	11.85	365.0	51.6	2.44	642.7	2.13
[36	a	360	96	9.0	16	60.89	47.80	11874	659.7	13.96	455.0	63.6	2.73	818.5	2.44
	b		98	11.0		68.09	53.45	12652	702.9	13.63	496.7	66.9	2.70	880.5	2.37
	c		100	13.0		75.29	59.10	13429	746.1	13.36	536.6	70.0	2.67	948.0	2.34
[40	a	400	100	10.5	18	75.04	58.91	17578	878.9	15.30	592.0	78.8	2.81	1057.9	2.49
	b		102	12.5		83.04	65.19	18644	932.2	14.98	640.6	82.6	2.78	1135.8	2.44
	c		104	14.5		91.04	71.47	19711	985.6	14.71	687.8	86.2	2.75	1220.3	2.42

表 A-4 等边角钢

单角钢

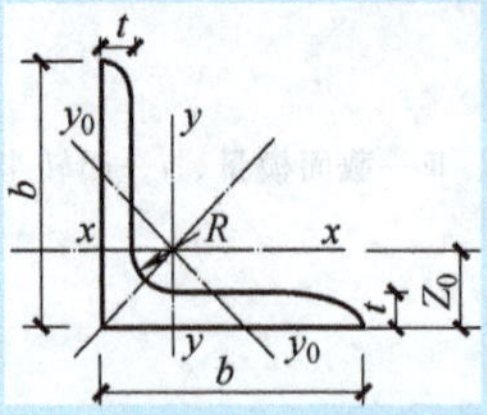

符号：b—肢宽、t—肢厚、R—内圆弧半径。

$W_x^{max}=I_x/Z_0$

$W_x^{min}=I_x/(b-Z_0)$

双角钢

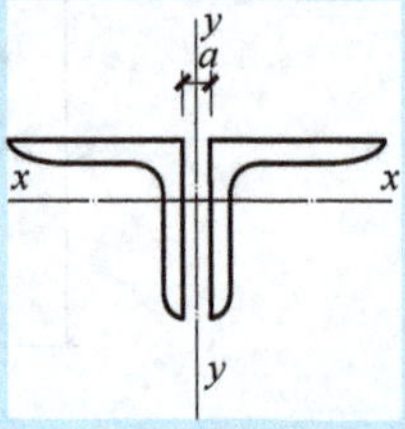

角钢型号 (∟b×t)		圆角 R	重心距 Z_0	截面面积 A	质量 q	惯性矩 I_x	截面模量 W_x^{max}	截面模量 W_x^{min}	回转半径 i_x	回转半径 i_{x0}	回转半径 i_{y0}	当 a 为以下数值时的 i_y 6mm	8mm	10mm	12mm	14mm
		mm	mm	cm^2	kg/m	cm^4	cm^3	cm^3	cm	cm	cm	cm	cm	cm	cm	cm
∟20×	3	3.5	6.0	1.13	0.89	0.40	0.66	0.29	0.59	0.75	0.39	1.08	1.17	1.25	1.34	1.43
	4		6.4	1.46	1.15	0.50	0.78	0.36	0.58	0.73	0.38	1.11	1.19	1.28	1.37	1.46
∟25×	3	3.5	7.3	1.43	1.12	0.82	1.12	0.46	0.76	0.95	0.49	1.27	1.36	1.44	1.53	1.61
	4		7.6	1.86	1.46	1.03	1.34	0.59	0.74	0.93	0.48	1.30	1.38	1.47	1.55	1.64
∟30×	3	4.5	8.5	1.75	1.37	1.46	1.72	0.68	0.91	1.15	0.59	1.47	1.55	1.63	1.71	1.80
	4		8.9	2.28	1.79	1.84	2.08	0.87	0.9	1.13	0.58	1.49	1.57	1.65	1.74	1.82
∟36×	3	4.5	10.0	2.11	1.66	2.58	2.59	0.99	1.11	1.39	0.71	1.70	1.78	1.86	1.94	2.03
	4		10.4	2.76	2.16	3.29	3.18	1.28	1.09	1.38	0.70	1.73	1.80	1.89	1.97	2.05
	5		10.7	2.38	2.65	3.95	3.68	1.56	1.08	1.36	0.70	1.75	1.83	1.91	1.99	2.08
∟40×	3	5	10.9	2.36	1.85	3.59	3.28	1.23	1.23	1.55	0.79	1.86	1.94	2.01	2.09	2.18
	4		11.3	3.09	2.42	4.60	4.05	1.60	1.22	1.54	0.79	1.88	1.96	2.04	2.12	2.20
	5		11.7	3.79	2.98	5.53	4.72	1.96	1.21	1.52	0.78	1.90	1.98	2.06	2.14	2.23
∟45×	3	5	12.2	2.66	2.09	5.17	4.25	1.58	1.39	1.76	0.90	2.06	2.14	2.21	2.29	2.37
	4		12.6	3.49	2.74	6.65	5.29	2.05	1.38	1.74	0.89	2.08	2.16	2.24	2.32	2.40
	5		13.0	4.29	3.37	8.04	6.20	2.51	1.37	1.72	0.88	2.10	2.18	2.26	2.34	2.42
	6		13.3	5.08	3.99	9.33	6.99	2.95	1.36	1.71	0.88	2.12	2.20	2.28	2.36	2.44
∟50×	3	5.5	13.4	2.97	2.33	7.18	5.36	1.96	1.55	1.96	1.00	2.26	2.33	2.41	2.48	2.56
	4		13.8	3.90	3.06	9.26	6.70	2.56	1.54	1.94	0.99	2.28	2.36	2.43	2.51	2.59
	5		14.2	4.80	3.77	11.21	7.90	3.13	1.53	1.92	0.98	2.30	2.38	2.45	2.53	2.61
	6		14.6	5.69	4.46	13.05	8.95	3.68	1.51	1.91	0.98	2.32	2.40	2.48	2.56	2.64
∟56×	3	6	14.8	3.34	2.62	10.19	6.86	2.48	1.75	2.20	1.13	2.50	2.57	2.64	2.72	2.80
	4		15.3	4.39	3.45	13.18	8.63	3.24	1.73	2.18	1.11	2.52	2.59	2.67	2.74	2.82
	5		15.7	5.42	4.25	16.02	10.22	3.97	1.72	2.17	1.10	2.54	2.61	2.69	2.77	2.85
	8		16.8	8.37	6.57	23.63	14.06	6.03	1.68	2.11	1.09	2.60	2.67	2.75	2.83	2.91

（续）

角钢型号（∟ b×t）		单角钢										双角钢				
		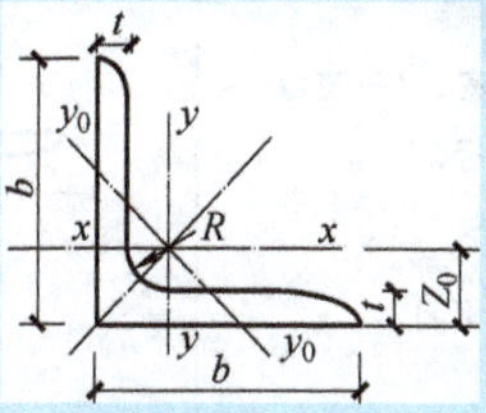 符号：b—肢宽、t—肢厚、R—内圆弧半径。 $W_x^{max}=I_x/Z_0$ $W_x^{min}=I_x/(b-Z_0)$										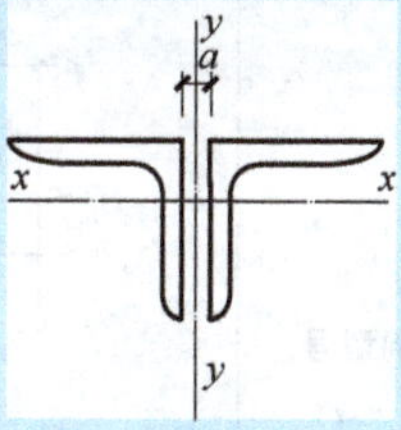				
		圆角	重心距	截面面积	质量	惯性矩	截面模量		回转半径			当 a 为以下数值时的 i_y				
		R	Z_0	A	q	I_x	W_x^{max}	W_x^{min}	i_x	i_{x0}	i_{y0}	6mm	8mm	10mm	12mm	14mm
		mm		cm²	kg/m	cm⁴	cm³		cm			cm				
∟63×	4	7	17.0	4.98	3.91	19.03	11.22	4.13	1.96	2.46	1.26	2.79	2.87	2.94	3.02	3.09
	5		17.4	6.14	4.82	23.17	13.33	5.08	1.94	2.45	1.25	2.82	2.89	2.96	3.04	3.12
	6		17.8	7.29	5.72	27.12	15.26	6.00	1.93	2.43	1.24	2.83	2.91	2.98	3.06	3.14
	8		18.5	9.51	7.47	34.45	18.59	7.75	1.90	2.39	1.23	2.87	2.95	3.03	3.10	3.18
	10		19.3	11.66	9.15	41.09	21.34	9.39	1.88	2.36	1.22	2.91	2.99	3.07	3.15	3.23
∟70×	4	8	18.6	5.57	4.37	26.39	14.16	5.14	2.18	2.74	1.4	3.07	3.14	3.21	3.29	3.36
	5		19.1	6.88	5.4	32.21	16.89	6.32	2.16	2.73	1.39	3.09	3.16	3.24	3.31	3.39
	6		19.5	8.16	6.41	37.77	19.39	7.48	2.15	2.71	1.38	3.11	3.18	3.26	3.33	3.41
	7		19.9	9.42	7.4	43.09	21.68	8.59	2.14	2.69	1.38	3.13	3.20	3.28	3.36	3.43
	8		20.3	10.67	8.37	48.17	23.79	9.68	2.13	2.68	1.37	3.15	3.22	3.30	3.38	3.46
∟75×	5	9	20.3	7.41	5.82	39.96	19.73	7.30	2.32	2.92	1.50	3.29	3.36	3.43	3.50	3.58
	6		20.7	8.8	6.91	46.91	22.69	8.63	2.31	2.91	1.49	3.31	3.38	3.45	3.53	3.6
	7		21.1	10.16	7.98	53.57	25.42	9.93	2.3	2.89	1.48	3.33	3.4	3.47	3.55	3.63
	8		21.5	11.5	9.03	59.96	27.93	11.2	2.28	2.87	1.47	3.35	3.42	3.5	3.57	3.65
	10		22.2	14.13	11.09	71.98	32.4	13.64	2.26	2.84	1.46	3.38	3.46	3.54	3.61	3.69
∟80×	5	9	21.5	7.91	6.21	48.79	22.7	8.34	2.48	3.13	1.6	3.49	3.56	3.63	3.71	3.78
	6		21.9	9.4	7.38	57.35	26.16	9.87	2.47	3.11	1.59	3.51	3.58	3.65	3.73	3.8
	7		22.3	10.86	8.53	65.58	29.38	11.37	2.46	3.10	1.58	3.53	3.6	3.67	3.75	3.83
	8		22.7	12.3	9.66	73.5	32.36	12.83	2.44	3.08	1.57	3.55	3.62	3.70	3.77	3.85
	10		23.5	15.13	11.87	88.43	37.68	15.64	2.42	3.04	1.56	3.58	3.66	3.74	3.81	3.89
∟90×	6	10	24.4	10.64	8.35	82.77	33.99	12.61	2.79	3.51	1.80	3.91	3.98	4.05	4.12	4.20
	7		24.8	12.3	9.66	94.83	38.28	14.54	2.78	3.50	1.78	3.93	4.00	4.07	4.14	4.22
	8		25.2	13.94	10.95	106.5	42.30	16.42	2.76	3.48	1.78	3.95	4.02	4.09	4.17	4.24
	10		25.9	17.17	13.48	128.6	49.57	20.07	2.74	3.45	1.76	3.98	4.06	4.13	4.21	4.28
	12		26.7	20.31	15.94	149.2	55.93	23.57	2.71	3.41	1.75	4.02	4.09	4.17	4.25	4.32

（续）

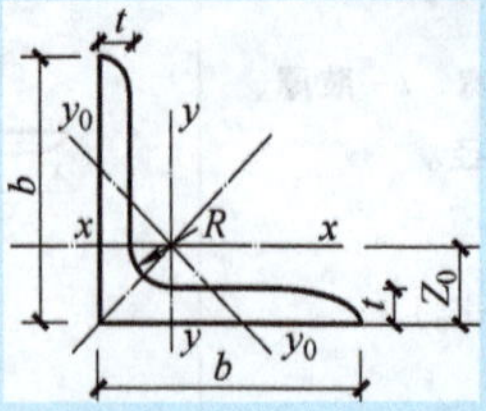

符号：b—肢宽、t—肢厚、R—内圆弧半径。

$W_x^{max}=I_x/Z_0$

$W_x^{min}=I_x/(b-Z_0)$

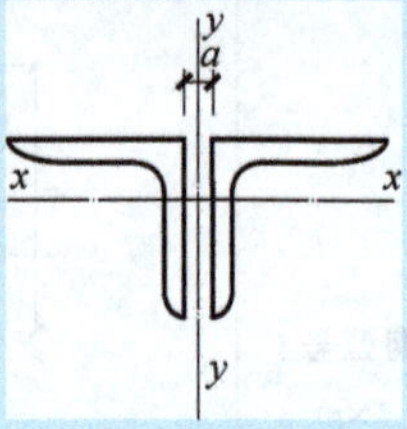

角钢型号（∟ $b\times t$）		单角钢										双角钢				
		圆角	重心距	截面面积	质量	惯性矩	截面模量		回转半径			当 a 为以下数值时的 i_y				
		R	Z_0	A	q	I_x	W_x^{max}	W_x^{min}	i_x	i_{x0}	i_{y0}	6mm	8mm	10mm	12mm	14mm
		mm		cm²	kg/m	cm⁴	cm³		cm			cm				
∟100	6	12	26.7	11.93	9.37	115.0	43.04	15.68	3.1	3.91	2.00	4.3	4.37	4.44	4.51	4.58
	7		27.1	13.8	10.83	131.9	48.57	18.1	3.09	3.89	1.99	4.32	4.39	4.46	4.53	4.61
	8		27.6	15.64	12.28	148.2	53.78	20.47	3.08	3.88	1.98	4.34	4.41	4.48	4.55	4.63
	10		28.4	19.26	15.12	179.5	63.29	25.06	3.05	3.84	1.96	4.38	4.45	4.52	4.60	4.67
	12		29.1	22.80	17.90	208.9	71.72	29.47	3.03	3.81	1.95	4.41	4.49	4.56	4.64	4.71
	14		29.9	26.26	20.61	236.5	79.19	33.73	3.00	3.77	1.94	4.45	4.53	4.60	4.68	4.75
	16		30.6	29.63	23.26	262.5	85.81	37.82	2.98	3.74	1.93	4.49	4.56	4.64	4.72	4.80
∟110×	7	12	29.6	15.20	11.93	177.2	59.78	22.05	3.41	4.30	2.20	4.72	4.79	4.86	4.94	5.01
	8		30.1	17.24	13.53	199.5	66.36	24.95	3.40	4.28	2.19	4.74	4.81	4.88	4.96	5.03
	10		30.9	21.26	16.69	242.2	78.48	30.60	3.38	4.25	2.17	4.78	4.85	4.92	5.00	5.07
	12		31.6	25.20	19.78	282.6	89.34	36.05	3.35	4.22	2.15	4.82	4.89	4.96	5.04	5.11
	14		32.4	29.06	22.81	320.7	99.07	41.31	3.32	4.18	2.14	4.85	4.93	5.00	5.08	5.15
∟125×	8	14	33.7	19.75	15.50	297.0	88.2	32.52	3.88	4.88	2.50	5.34	5.41	5.48	5.55	5.62
	10		34.5	24.37	19.13	361.7	104.8	39.97	3.85	4.85	2.48	5.38	5.45	5.52	5.59	5.66
	12		35.3	28.91	22.70	423.2	119.9	47.17	3.83	4.82	2.46	5.41	5.48	5.56	5.63	5.70
	14		36.1	33.37	26.19	481.7	133.6	54.16	3.80	4.78	2.45	5.45	5.52	5.59	5.67	5.74
∟140×	10	14	38.2	27.37	21.49	514.7	134.6	50.58	4.34	5.46	2.78	5.98	6.05	6.12	6.20	6.27
	12		39.0	32.51	25.52	603.7	154.6	59.80	4.31	5.43	2.77	6.02	6.09	6.16	6.23	6.31
	14		39.8	37.57	29.49	688.8	173.0	68.75	4.28	5.40	2.75	6.06	6.13	6.20	6.27	6.34
	16		40.6	42.54	33.39	770.2	189.9	77.46	4.26	5.36	2.74	6.09	6.16	6.23	6.31	6.38
∟160×	10	16	43.1	31.50	24.73	779.5	180.8	66.70	4.97	6.27	3.20	6.78	6.85	6.92	6.99	7.06
	12		43.9	37.44	29.39	916.6	208.6	78.98	4.95	6.24	3.18	6.82	6.89	6.96	7.03	7.10
	14		44.7	43.30	33.99	1048	234.4	90.95	4.92	6.20	3.16	6.86	6.93	7.00	7.07	7.14
	16		45.5	49.07	38.52	1175	258.3	102.6	4.89	6.17	3.14	6.89	6.96	7.03	7.10	7.18

（续）

角钢型号（∟ b×t）		单角钢										双角钢				
		圆角	重心距	截面面积	质量	惯性矩	截面模量		回转半径			当 a 为以下数值时的 i_y				
		R	Z_0	A	q	I_x	W_x^{max}	W_x^{min}	i_x	i_{x0}	i_{y0}	6mm	8mm	10mm	12mm	14mm
		mm		cm²	kg/m	cm⁴	cm³		cm			cm				
∟180×	12	16	48.9	42.24	33.16	1321	270	100.8	5.59	7.05	3.58	7.63	7.70	7.77	7.84	7.91
	14		49.7	48.90	38.38	1514	304.6	116.3	5.57	7.02	3.57	7.67	7.74	7.81	7.88	7.95
	16		50.5	55.47	43.54	1701	336.9	131.4	5.54	6.98	3.55	7.70	7.77	7.84	7.91	7.98
	18		51.3	61.95	48.63	1881	367.1	146.1	5.51	6.94	3.53	7.73	7.80	7.87	7.95	8.02
∟200×	14	18	54.6	54.64	42.89	2104	385.1	144.7	6.20	7.82	3.98	8.47	8.54	8.61	8.67	8.75
	16		55.4	62.01	48.68	2366	427.0	163.7	6.18	7.79	3.96	8.50	8.57	8.64	8.71	8.78
	18		56.2	69.30	54.40	2621	466.5	182.2	6.15	7.75	3.94	8.53	8.60	8.67	8.75	8.82
	20		56.9	76.50	60.06	2867	503.6	200.4	6.12	7.72	3.93	8.57	8.64	8.71	8.78	8.85
	24		58.4	90.66	71.17	3338	571.5	235.8	6.07	7.64	3.90	8.63	8.71	8.78	8.85	8.92

单角钢：

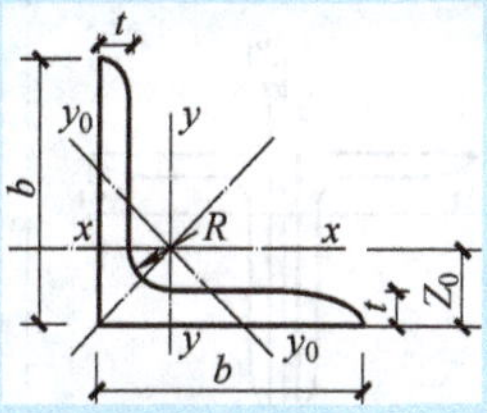

符号：b—肢宽、t—肢厚、R—内圆弧半径。

$W_x^{max}=I_x/Z_0$

$W_x^{min}=I_x/(b-Z_0)$

双角钢：

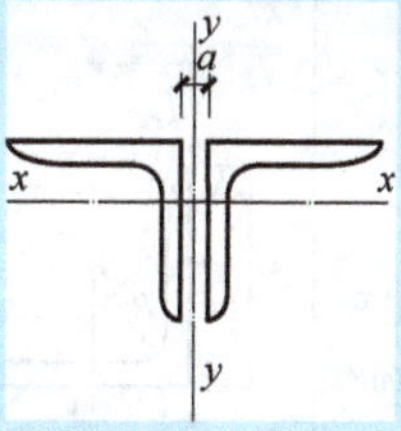

表 A-5 不等边角钢

角钢型号（B/mm×b/mm×t/mm）		单角钢									双角钢							
		圆角	重心距		截面面积	质量	回转半径			当 a 为以下数值时的 i_{y_1}				当 a 为以下数值时的 i_{y_2}			
		R	Z_x	Z_y	A	q	i_x	i_y	i_{y0}	6mm	8mm	10mm	12mm	6mm	8mm	10mm	12mm
		mm			cm²	kg/m	cm			cm				cm			
∟25×16×	3	3.5	4.2	8.6	1.16	0.91	0.44	0.78	0.34	0.84	0.93	1.02	1.11	1.4	1.48	1.57	1.65
	4		4.6	9.0	1.50	1.18	0.43	0.77	0.34	0.87	0.96	1.05	1.14	1.42	1.51	1.6	1.68

单角钢：

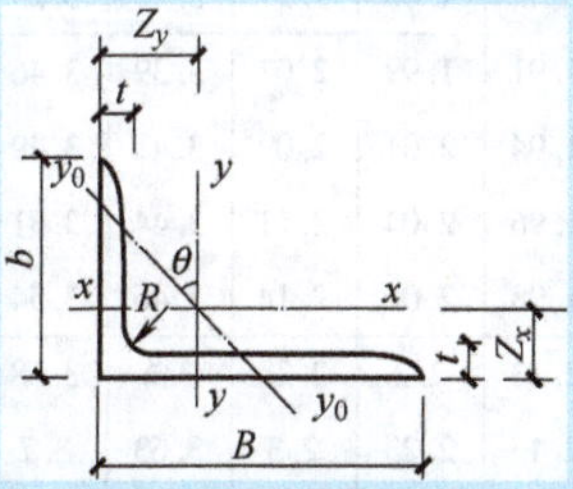

符号：B—长肢宽、b—短肢宽、t—肢厚、R—内圆弧半径。

双角钢：

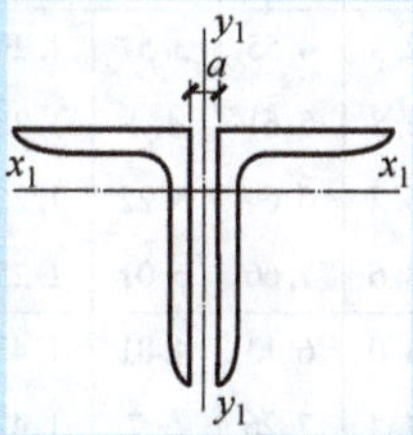

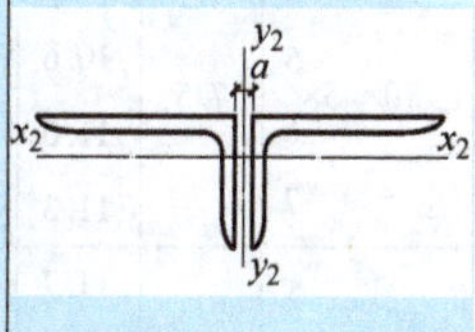

（续）

单角钢

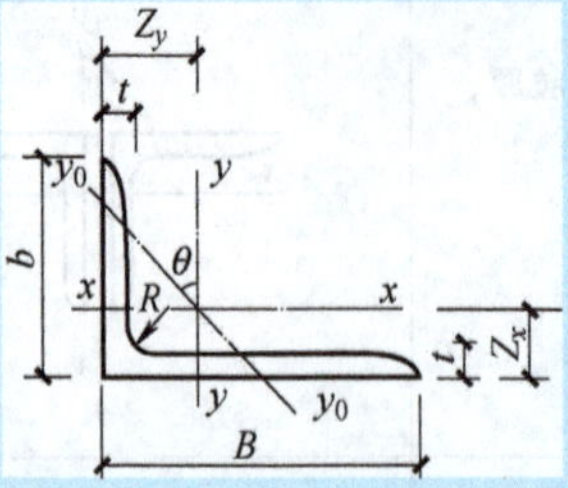

符号：B—长肢宽、b—短肢宽、t—肢厚、R—内圆弧半径。

双角钢

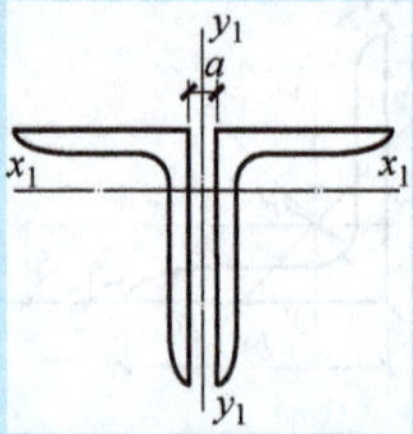

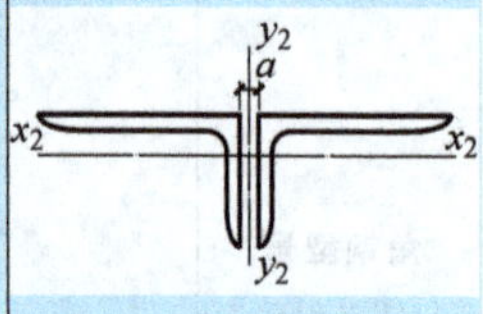

角钢型号（B/mm×b/mm×t/mm）		圆角	重心距		截面面积	质量	回转半径			当 a 为以下数值时的 i_{y_1}				当 a 为以下数值时的 i_{y_2}			
		R	Z_x	Z_y	A	q	i_x	i_y	i_{y0}	6mm	8mm	10mm	12mm	6mm	8mm	10mm	12mm
			mm		cm²	kg/m	cm			cm				cm			
∟32×20×	3	3.5	4.9	10.8	1.49	1.17	0.55	1.01	0.43	0.97	1.05	1.14	1.23	1.71	1.79	1.88	1.96
	4		5.3	11.2	1.94	1.52	0.54	1	0.43	0.99	1.08	1.16	1.25	1.74	1.82	1.9	1.99
∟40×25×	3	4	5.9	13.2	1.89	1.48	0.7	1.28	0.54	1.13	1.21	1.3	1.38	2.07	2.14	2.23	2.31
	4		6.3	13.7	2.47	1.94	0.69	1.26	0.54	1.16	1.24	1.32	1.41	2.09	2.17	2.25	2.34
∟45×28×	3	5	6.4	14.7	2.15	1.69	0.79	1.44	0.61	1.23	1.31	1.39	1.47	2.28	2.36	2.44	2.52
	4		6.8	15.1	2.81	2.2	0.78	1.43	0.6	1.25	1.33	1.41	1.5	2.31	2.39	2.47	2.55
∟50×32×	3	5.5	7.3	16	2.43	1.91	0.91	1.6	0.7	1.38	1.45	1.53	1.61	2.49	2.56	2.64	2.72
	4		7.7	16.5	3.18	2.49	0.9	1.59	0.69	1.4	1.47	1.55	1.64	2.51	2.59	2.67	2.75
∟56×36×	3	6	8.0	17.8	2.74	2.15	1.03	1.8	0.79	1.51	1.59	1.66	1.74	2.75	2.82	2.9	2.98
	4		8.5	18.2	3.59	2.82	1.02	1.79	0.78	1.53	1.61	1.69	1.77	2.77	2.85	2.93	3.01
	5		8.8	18.7	4.42	3.47	1.01	1.77	0.78	1.56	1.63	1.71	1.79	2.8	2.88	2.96	3.04
∟63×40×	4	7	9.2	20.4	4.06	3.19	1.14	2.02	0.88	1.66	1.74	1.81	1.89	3.09	3.16	3.24	3.32
	5		9.5	20.8	4.99	3.92	1.12	2	0.87	1.68	1.76	1.84	1.92	3.11	3.19	3.27	3.35
	6		9.9	21.2	5.91	4.64	1.11	1.99	0.86	1.71	1.78	1.86	1.94	3.13	3.21	3.29	3.37
	7		10.3	21.6	6.8	5.34	1.1	1.96	0.86	1.73	1.8	1.88	1.97	3.15	3.23	3.3	3.39
∟70×45×	4	7.5	10.2	22.3	4.55	3.57	1.29	2.25	0.99	1.84	1.91	1.99	2.07	3.39	3.46	3.54	3.62
	5		10.6	22.8	5.61	4.4	1.28	2.23	0.98	1.86	1.94	2.01	2.09	3.41	3.49	3.57	3.64
	6		11.0	23.2	6.64	5.22	1.26	2.22	0.97	1.88	1.96	2.04	2.11	3.44	3.51	3.59	3.67
	7		11.3	23.6	7.66	6.01	1.25	2.2	0.97	1.9	1.98	2.06	2.14	3.46	3.54	3.61	3.69
∟75×50×	5	8	11.7	24.0	6.13	4.81	1.43	2.39	1.09	2.06	2.13	2.2	2.28	3.6	3.68	3.76	3.83
	6		12.1	24.4	7.26	5.7	1.42	2.38	1.08	2.08	2.15	2.23	2.3	3.63	3.7	3.78	3.86
	8		12.9	25.2	9.47	7.43	1.4	2.35	1.07	2.12	2.19	2.27	2.35	3.67	3.75	3.83	3.91
	10		13.6	26.0	11.6	9.1	1.38	2.33	1.06	2.16	2.24	2.31	2.4	3.71	3.79	3.87	3.96
∟80×50×	5	8	11.4	26.0	6.38	5	1.42	2.57	1.1	2.02	2.09	2.17	2.24	3.88	3.95	4.03	4.1
	6		11.8	26.5	7.56	5.93	1.41	2.55	1.09	2.04	2.11	2.19	2.27	3.9	3.98	4.05	4.13
	7		12.1	26.9	8.72	6.85	1.39	2.54	1.08	2.06	2.13	2.21	2.29	3.92	4	4.08	4.16
	8		12.5	27.3	9.87	7.75	1.38	2.52	1.07	2.08	2.15	2.23	2.31	3.94	4.02	4.1	4.18

（续）

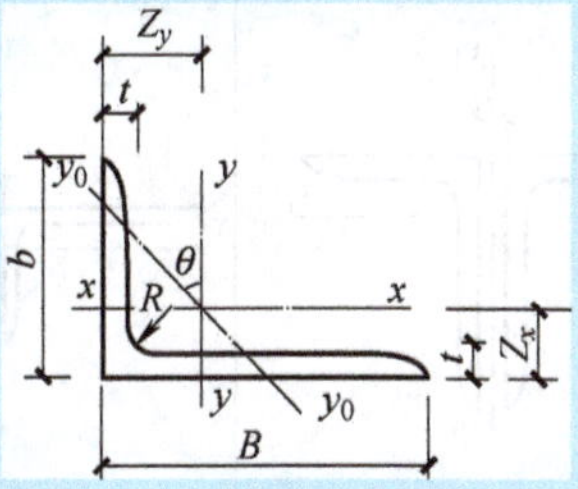

符号：B—长肢宽、b—短肢宽、t—肢厚、R—内圆弧半径。

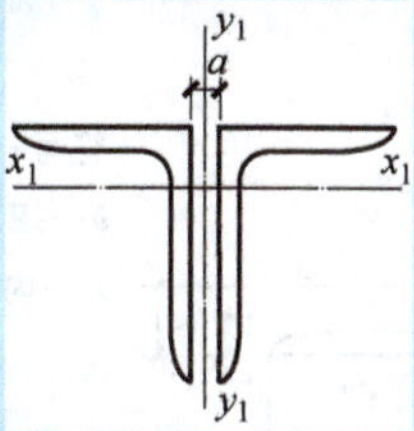

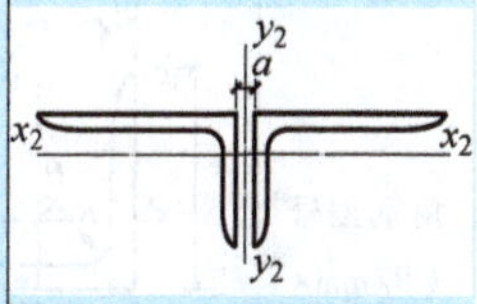

角钢型号（B/mm×b/mm×t/mm）		单角钢 圆角	重心距		截面面积	质量	回转半径			双角钢 当 a 为以下数值时的 i_{y_1}				当 a 为以下数值时的 i_{y_2}			
		R	Z_x	Z_y	A	q	i_x	i_y	i_{y0}	6mm	8mm	10mm	12mm	6mm	8mm	10mm	12mm
		mm			cm^2	kg/m	cm			cm				cm			
∟90×56×	5	9	12.5	29.1	7.21	5.66	1.59	2.9	1.23	2.22	2.29	2.36	2.44	4.32	4.39	4.47	4.55
	6		12.9	29.5	8.56	6.72	1.58	2.88	1.22	2.24	2.31	2.39	2.46	4.34	4.42	4.5	4.57
	7		13.3	30.0	9.88	7.76	1.57	2.87	1.22	2.26	2.33	2.41	2.49	4.37	4.44	4.52	4.6
	8		13.6	30.4	11.2	8.78	1.56	2.85	1.21	2.28	2.35	2.43	2.51	4.39	4.47	4.54	4.62
∟100×63×	6	10	14.3	32.4	9.62	7.55	1.79	3.21	1.38	2.49	2.56	2.63	2.71	4.77	4.85	4.92	5
	7		14.7	32.8	11.1	8.72	1.78	3.2	1.37	2.51	2.58	2.65	2.73	4.8	4.87	4.95	5.03
	8		15	33.2	12.6	9.88	1.77	3.18	1.37	2.53	2.6	2.67	2.75	4.82	4.9	4.97	5.05
	10		15.8	34	15.5	12.1	1.75	3.15	1.35	2.57	2.64	2.72	2.79	4.86	4.94	5.02	5.1
∟100×80×	6	10	19.7	29.5	10.6	8.35	2.4	3.17	1.73	3.31	3.38	3.45	3.52	4.54	4.62	4.69	4.76
	7		20.1	30	12.3	9.66	2.39	3.16	1.71	3.32	3.39	3.47	3.54	4.57	4.64	4.71	4.79
	8		20.5	30.4	13.9	10.9	2.37	3.15	1.71	3.34	3.41	3.49	3.56	4.59	4.66	4.73	4.81
	10		21.3	31.2	17.2	13.5	2.35	3.12	1.69	3.38	3.45	3.53	3.6	4.63	4.7	4.78	4.85
∟110×70×	6	10	15.7	35.3	10.6	8.35	2.01	3.54	1.54	2.74	2.81	2.88	2.96	5.21	5.29	5.36	5.44
	7		16.1	35.7	12.3	9.66	2	3.53	1.53	2.76	2.83	2.9	2.98	5.24	5.31	5.39	5.46
	8		16.5	36.2	13.9	10.9	1.98	3.51	1.53	2.78	2.85	2.92	3	5.26	5.34	5.41	5.49
	10		17.2	37	17.2	13.5	1.96	3.48	1.51	2.82	2.89	2.96	3.04	5.3	5.38	5.46	5.53
∟125×80×	7	11	18	40.1	14.1	11.1	2.3	4.02	1.76	3.11	3.18	3.25	3.33	5.9	5.97	6.04	6.12
	8		18.4	40.6	16	12.6	2.29	4.01	1.75	3.13	3.2	3.27	3.35	5.92	5.99	6.07	6.14
	10		19.2	41.4	19.7	15.5	2.26	3.98	1.74	3.17	3.24	3.31	3.39	5.96	6.04	6.11	6.19
	12		20	42.2	23.4	18.3	2.24	3.95	1.72	3.21	3.28	3.35	3.43	6	6.08	6.16	6.23
∟140×90×	8	12	20.4	45	18	14.2	2.59	4.5	1.98	3.49	3.56	3.63	3.7	6.58	6.65	6.73	6.8
	10		21.2	45.8	22.3	17.5	2.56	4.47	1.96	3.52	3.59	3.66	3.73	6.62	6.7	6.77	6.85
	12		21.9	46.6	26.4	20.7	2.54	4.44	1.95	3.56	3.63	3.7	3.77	6.66	6.74	6.81	6.89
	14		22.7	47.4	30.5	23.9	2.51	4.42	1.94	3.59	3.66	3.74	3.81	6.7	6.78	6.86	6.93
∟160×100×	10	13	22.8	52.4	25.3	19.9	2.85	5.14	2.19	3.84	3.91	3.98	4.05	7.55	7.63	7.7	7.78
	12		23.6	53.2	30.1	23.6	2.82	5.11	2.18	3.87	3.94	4.01	4.09	7.6	7.67	7.75	7.82
	14		24.3	54	34.7	27.2	2.8	5.08	2.16	3.91	3.98	4.05	4.12	7.64	7.71	7.79	7.86
	16		25.1	54.8	39.3	30.8	2.77	5.05	2.15	3.94	4.02	4.09	4.16	7.68	7.75	7.83	7.9

（续）

角钢型号（B/mm×b/mm×t/mm）	单角钢								双角钢							
	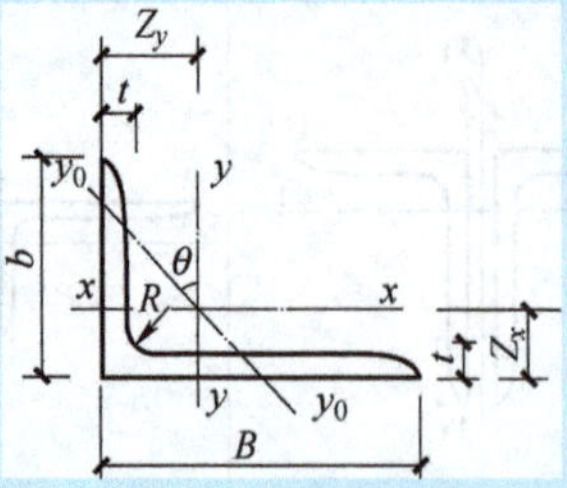 符号：B—长肢宽、b—短肢宽、t—肢厚、R—内圆弧半径。								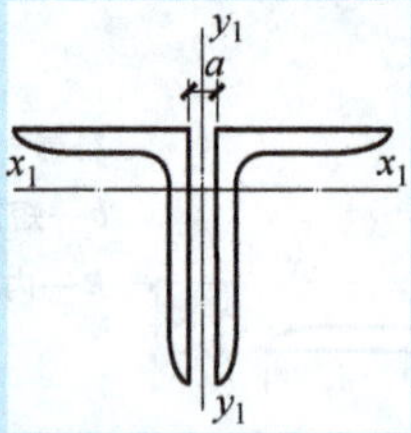				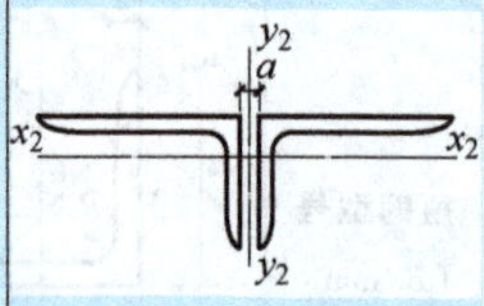			
	圆角	重心距		截面面积	质量	回转半径			当 a 为以下数值时的 i_{y_1}				当 a 为以下数值时的 i_{y_2}			
	R	Z_x	Z_y	A	q	i_x	i_y	i_{y0}	6mm	8mm	10mm	12mm	6mm	8mm	10mm	12mm
	mm			cm²	kg/m	cm			cm				cm			
∟180×110× 10	14	24.4	58.9	28.4	22.3	3.13	8.56	5.78	2.42	4.16	4.23	4.3	4.36	8.49	8.72	8.71
12		25.2	59.8	33.7	26.5	3.1	8.6	5.75	2.4	4.19	4.33	4.33	4.4	8.53	8.76	8.75
14		25.9	60.6	39	30.6	3.08	8.64	5.72	2.39	4.23	4.26	4.37	4.44	8.57	8.63	8.79
16		26.7	61.4	44.1	34.6	3.05	8.68	5.81	2.37	4.26	4.3	4.4	4.47	8.61	8.68	8.84
∟200×125× 12	14	28.3	65.4	37.9	29.8	3.57	6.44	2.75	4.75	4.82	4.88	4.95	9.39	9.47	9.54	9.62
14		29.1	66.2	43.9	34.4	3.54	6.41	2.73	4.78	4.85	4.92	4.99	9.43	9.51	9.58	9.66
16		29.9	67.8	49.7	39	3.52	6.38	2.71	4.81	4.88	4.95	5.02	9.47	9.55	9.62	9.7
18		30.6	67	55.5	43.6	3.49	6.35	2.7	4.85	4.92	4.99	5.06	9.51	9.59	9.66	9.74

注：一个角钢的惯性矩：$I_x=Ai_x^2$，$I_y=Ai_y^2$。一个角钢的截面模量：$W_{x1}=I_x/Z_x$，$W_{x2}=I_x/(b-Z_x)$；$W_{y1}=I_y/Z_y$，$W_{y2}=I_y/(B-Z_y)$。

附录 B 钢材和连接材料的强度设计指标

表 B-1 焊缝的强度指标 （单位：N/mm²）

焊接方法和焊条型号	构件钢材		对接焊缝强度设计值				角焊缝强度设计值	对接焊缝抗拉强度 f_u^w	角焊缝抗拉、抗压和抗剪强度 f_u^f
	牌号	厚度或直径/mm	抗压 f_c^w	焊缝质量为下列等级时，抗拉 f_t^w		抗剪 f_v^w	抗拉、抗压和抗剪 f_f^w		
				一级、二级	三级				
自动焊、半自动焊和 E43 型焊条电弧焊	Q235	≤16	215	215	185	125	160	415	240
		>16，≤40	205	205	175	120			
		>40，≤100	200	200	170	115			

（续）

焊接方法和焊条型号	构件钢材 牌号	构件钢材 厚度或直径/mm	对接焊缝强度设计值 抗压 f_c^w	焊缝质量为下列等级时，抗拉 f_t^w 一级、二级	焊缝质量为下列等级时，抗拉 f_t^w 三级	抗剪 f_v^w	角焊缝强度设计值 抗拉、抗压和抗剪 f_f^w	对接焊缝抗拉强度 f_u^w	角焊缝抗拉、抗压和抗剪强度 f_u^f
自动焊、半自动焊和 E50、E55 型焊条电弧焊	Q355、Q355N	≤16	305	305	260	175	200	480（E50） 540（E55）	280（E50） 315（E55）
		>16，≤40	295	295	250	170			
		>40，≤63	290	290	245	165			
		>63，≤80	280	280	240	160			
		>80，≤100	270	270	230	155			
	Q390、Q390N、Q390M	≤16	345	345	295	200	200（E50） 220（E55）		
		>16，≤40	330	330	280	190			
		>40，≤63	310	310	265	180			
		>63，≤100	295	295	250	170			
自动焊、半自动焊和 E55、E60 型焊条电弧焊	Q420、Q420N	≤16	375	375	320	215	220（E55） 240（E60）	540（E55） 590（E60）	315（E55） 340（E60）
		>16，≤40	355	355	300	205			
		>40，≤63	320	320	270	185			
		>63，≤80	305	305	260	175			
		>80，≤100	300	300	255	175			
自动焊、半自动焊和 E55、E60 型焊条电弧焊	Q460、Q460N、Q460M	≤16	410	410	350	235	220（E55） 240（E60）	540（E55） 590（E60）	315（E55） 340（E60）
		>16，≤40	390	390	330	225			
		>40，≤63	355	355	300	205			
		>63，≤100	340	340	290	195			
自动焊、半自动焊和 E50、E55 型焊条电弧焊	Q355M	>80，≤100	280	280	240	160	200	480（E50） 540（E55）	280（E50） 315（E55）
自动焊、半自动焊和 E55、E60 型焊条电弧焊	Q420M	>63，≤80	310	310	265	180	220（E55） 240（E60）	540（E55） 590（E60）	315（E55） 340（E60）
		>80，≤100	305	305	260	175			
自动焊、半自动焊和 E50、E55 型焊条电弧焊	Q345GJ	>16，≤50	325	325	275	190	200	480（E50） 540（E55）	280（E50） 315（E55）
		>50，≤100	300	300	255	175			
	Q390GJ	>16，≤50	335	335	285	195	200（E50） 220（E55）		
		>50，≤100	320	320	270	185			

（续）

焊接方法和焊条型号	构件钢材		对接焊缝强度设计值				角焊缝强度设计值	对接焊缝抗拉强度 f_u^w	角焊缝抗拉、抗压和抗剪强度 f_u^f
	牌号	厚度或直径/mm	抗压 f_c^w	焊缝质量为下列等级时，抗拉 f_t^w		抗剪 f_v^w	抗拉、抗压和抗剪 f_f^w		
				一级、二级	三级				
自动焊、半自动焊和E55、E60型焊条电弧焊	Q420GJ	>16，≤50	355	355	300	205	220（E55）240（E60）	540（E55）590（E60）	315（E55）340（E60）
		>50，≤100	345	345	295	200			
	Q460GJ	>16，≤50	390	390	330	225			
		>50，≤100	375	375	320	215			

注：1. 表中厚度指计算点的钢材厚度，对轴心受拉和轴心受压构件指截面中较厚板件的厚度。

2. 表中低合金高强度结构钢的牌号不带后缀者为热轧状态交货的钢材，带后缀“N”“M”者分别为正火状态钢材和热机械轧制状态钢材，带后缀钢材的焊缝强度指标未注明时可按不带后缀钢材的焊缝强度指标采用。

表 B-2　螺栓连接的抗拉强度、抗剪强度指标　（单位：N/mm²）

螺栓的性能等级、锚栓钢材的牌号		强度设计值							高强度螺栓的抗拉强度 f_u^b
		普通螺栓				锚栓	网架用高强度螺栓		
		C级螺栓		A级、B级螺栓					
		抗拉 f_t^b	抗剪 f_v^b	抗拉 f_t^b	抗剪 f_v^b	抗拉 f_t^a	抗拉 f_t^b	抗剪 f_v^b	
普通螺栓	4.6级、4.8级	170	140						
	5.6级			210	190				
	8.8级			400	320				
锚栓	Q235					140			
	Q345					180			
	Q390					185			
承压型连接高强度螺栓	8.8级						400	250	830
	10.9级						500	310	1040
螺栓球节点用高强度螺栓	9.8级						385		
	10.9级						430		

注：1. A级螺栓用于 $d \leqslant 24$mm 和 $L \leqslant 10d$ 或 $L \leqslant 150$mm（按较小值）的螺栓；B级螺栓用于 $d>24$mm 和 $L>10d$ 或 $L>150$mm（按较小值）的螺栓。其中 d 为公称直径，L 为螺栓公称长度。

2. A、B级螺栓孔的精度和孔壁表面粗糙度，C级螺栓孔的允许偏差和孔壁表面粗糙度，均应符合现行国家标准《钢结构工程施工质量验收标准》（GB 50205—2020）的要求。

3. 用于螺栓球节点网架的高强度螺栓，M12~M36为10.9级，M39~M85为9.8级。

表 B-3　螺栓连接的承压强度设计值　（单位：N/mm²）

构件钢材		普通螺栓		承压型高强度螺栓 f_c^b
牌号	厚度/mm	C级螺栓 f_c^b	A级、B级螺栓 f_c^b	
Q235	≥6，≤100	305	405	470
Q355、Q355N	≥6，≤100	385	510	590
Q390、Q390N	≥6，≤100	400	530	615

（续）

构件钢材		普通螺栓		承压型高强度
牌号	厚度/mm	C 级螺栓 f_c^b	A 级、B 级螺栓 f_c^b	螺栓 f_c^b
Q420、Q420N	≥6，≤100	425	560	655
Q460、Q460N	≥6，≤100	445	585	680
Q355M	>40，≤63	370	485	565
	>63，≤100	360	475	555
Q390M	>40，≤63	395	520	605
	>63，≤80	385	510	590
	>80，≤100	375	495	580
Q420M	>40，≤63	410	540	630
	>63，≤80	395	520	605
	>80，≤100	385	510	590
Q460M	>40，≤63	435	570	670
	>63，≤80	420	550	645
	>80，≤100	410	540	630
Q345GJ	≥16，≤100	400	530	615
Q390GJ	≥16，≤100	420	550	645
Q420GJ	≥16，≤100	435	570	670
Q460GJ	≥16，≤100	465	615	720

注：1. A 级螺栓用于 $d\leqslant24$mm 和 $L\leqslant10d$ 或 $L\leqslant150$mm（按较小值）的螺栓；B 级螺栓用于 $d>24$mm 和 $L>10d$ 或 $L>150$mm（按较小值）的螺栓。其中 d 为公称直径，L 为螺栓公称长度。

2. A、B 级螺栓孔的精度和孔壁表面粗糙度，C 级螺栓孔的允许偏差和孔壁表面粗糙度，均应符合现行国家标准《钢结构工程施工质量验收标准》（GB 50205—2020）的要求。

3. 用于螺栓球节点网架的高强度螺栓，M12～M36 为 10.9 级，M39～M85 为 9.8 级。

表 B-4　铆钉连接的强度设计值　（单位：N/mm^2）

铆钉钢号和构件钢材牌号		抗拉（钉头拉脱）f_t^r	抗剪 f_v^r		承压 f_c^r	
			Ⅰ类孔	Ⅱ类孔	Ⅰ类孔	Ⅱ类孔
铆钉钢号	BL2 或 BL3	120	185	155	—	—
构件钢材牌号	Q235	—	—	—	450	365
	Q345	—	—	—	565	460
	Q390	—	—	—	590	480

注：1. 属于以下情况者为Ⅰ类孔：

1）在装配好的构件上按设计孔径钻成的孔。

2）在单个零件和构件上按设计孔径分别用钻模钻成的孔。

3）在单个零件上先钻成或冲成较小的孔径，然后在装配好的构件上再扩钻至设计孔径的孔。

2. 在单个零件上一次冲成或不用钻模钻成设计孔径的孔属于Ⅱ类孔。

3. 应按下列规定乘以相应的折减系数，当下列几种情况同时存在时，其折减系数应连乘：

1）施工条件较差的铆钉连接应乘以系数 0.9。

2）沉头和半沉头铆钉连接应乘以系数 0.8。

表 B-5　钢材的设计用强度指标　　（单位：N/mm^2）

钢材牌号		钢材厚度或直径/mm	强度设计值			屈服强度 f_y	抗拉强度 f_u
			抗拉、抗压、抗弯 f	抗剪 f_v	端面承压（刨平顶紧）f_{ce}		
碳素结构钢	Q235	≤16	215	125	320	235	370
		>16，≤40	205	120		225	
		>40，≤100	200	115		215	
低合金高强度结构钢	Q355、Q355N	≤16	305	175	400	355	470
		>16，≤40	295	170		345	
		>40，≤63	290	165		335	
		>63，≤80	280	160		325	
		>80，≤100	270	155		315	
	Q390、Q390N	≤16	345	200	415	390	490
		>16，≤40	330	190		380	
		>40，≤63	310	180		360	
		>63，≤100	295	170		340	
	Q420、Q420N	≤16	375	215	440	420	520
		>16，≤40	355	205		410	
		>40，≤63	320	185		390	
		>63，≤80	305	175		370	
		>80，≤100	300	175		360	
	Q460、Q460N	≤16	410	235	460	460	540
		>16，≤40	390	225		450	
		>40，≤63	355	205		430	
		>63，≤80	340	195		410	
		>63，≤100	340	195		400	
	Q355M	>40，≤63	290	165	380	335	450
		>63，≤100	280	160	375	325	440
	Q390M	>40，≤63	310	180	410	360	480
		>63，≤80	295	170	400	340	470
		>80，≤100	295	170	390	340	460
	Q420M	>40，≤63	320	185	425	390	500
		>63，≤80	310	180	410	380	480
		>80，≤100	305	175	400	370	470
	Q460M	>40，≤63	355	205	450	430	530
		>63，≤80	340	195	435	410	510
		>80，≤100	340	195	425	400	500

注：1. 表中直径指实芯棒材，厚度指计算点的钢材或钢管壁厚度，对轴心受拉和轴心受压构件指截面中较厚板件的厚度。

2. 表中低合金高强度结构钢的牌号不带后缀者为热轧状态交货的钢材，带后缀“N”“M”者分别为正火状态钢材和热机械轧制状态钢材，带后缀钢材的设计用强度指标未注明时可按不带后缀钢材的设计用强度指标采用。

3. 冷成型钢材的强度设计值应按国家现行有关标准的规定采用。

表 B-6 建筑结构用钢板的设计用强度指标 （单位：N/mm^2）

建筑结构用钢板	钢材厚度或直径/mm	强度设计值			钢材强度	
		抗拉、抗压、抗弯 f	抗剪 f_v	端面承压（刨平顶紧）f_{ce}	屈服强度 f_y	抗拉强度 f_u
Q345GJ	>16，≤50	325	190	415	345	490
	>50，≤100	300	175		335	
Q390GJ	>16，≤50	340	195	435	390	510
	>50，≤100	330	190		380	
Q420GJ	>16，≤50	355	205	450	420	530
	>50，≤100	350	200		410	
Q460GJ	>16，≤50	390	225	485	460	570
	>50，≤100	385	220		450	

表 B-7 钢材和铸钢件的物理性能指标

弹性模量 $E/(N/mm^2)$	剪变模量 $G/(N/mm^2)$	线膨胀系数 α/℃	质量密度 $\rho/(kg/m^3)$
206×10^3	79×10^3	12×10^{-6}	7850

附录 C 螺栓和锚栓规格

表 C-1 常用螺栓螺距、有效直径及有效截面面积

公称直径	10	12	（14）	16	（18）	20	（22）	24	（27）	30
螺距 p/mm	1.5	1.75	2	2	2.5	2.5	2.5	3	3	3.5
有效直径 d_e/mm	8.59	10.36	12.12	14.12	15.65	17.65	19.65	21.19	24.19	26.72
有效截面面积 A_e/mm^2	58	84	115	157	192	245	303	352	459	561
公称直径	（33）	36	（39）	42	（45）	48	（52）	56	（60）	64
螺距 p/mm	3.5	4	4	4.5	4.5	5	5	5.5	5.5	6
有效直径 d_e/mm	29.72	32.25	35.25	37.78	40.78	43.31	47.31	50.84	54.84	58.37
有效截面面积 A_e/mm^2	694	817	976	1121	1306	1473	1758	2030	2362	2676

注：公称直径带括号者为非优选的螺纹规格。

表 C-2 锚栓规格

型式	I				Ⅱ			Ⅲ			
	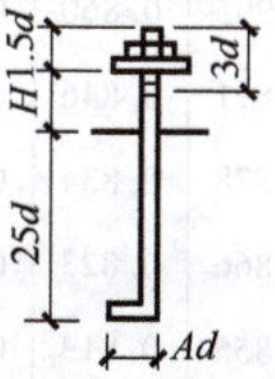				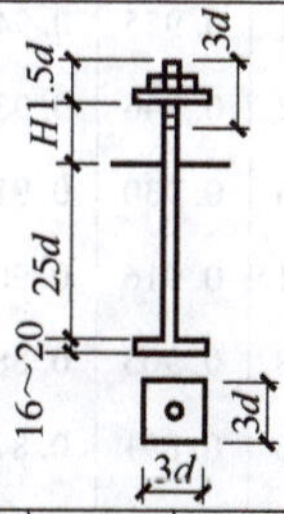			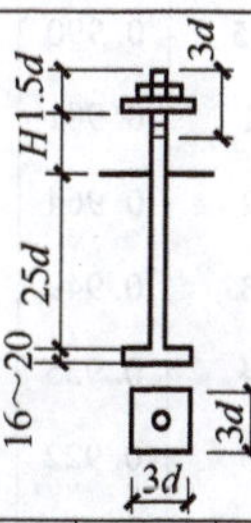			
锚栓直径 d/mm	20	24	30	36	42	48	56	64	72	80	90
锚栓有效截面面积/mm^2	245	353	561	817	1120	1470	2030	2680	3460	4340	5590
锚栓设计拉力（Q235 钢）/kN	34.3	49.4	78.5	114.1	156.9	206.2	284.2	375.2	484.4	608.2	782.7
Ⅲ型锚栓 锚板宽度 c/mm	—	—	—	—	140	200	200	240	280	350	400
Ⅲ型锚栓 锚板厚度 t/mm	—	—	—	—	20	20	20	25	30	40	40

附录 D　框架柱的计算长度系数

表 D-1　有侧移框架柱的计算长度系数 μ

K_2	K_1												
	0	0.05	0.1	0.2	0.3	0.4	0.5	1	2	3	4	5	≥10
0	∞	6.02	4.46	3.42	3.01	2.78	2.64	2.33	2.17	2.11	2.08	2.07	2.03
0.05	6.02	4.16	3.47	2.86	2.58	2.42	2.31	2.07	1.94	1.90	1.87	1.86	1.83
0.1	4.46	3.47	3.01	2.56	2.33	2.20	2.11	1.90	1.79	1.75	1.73	1.72	1.70
0.2	3.42	2.86	2.56	2.23	2.05	1.94	1.87	1.70	1.60	1.57	1.55	1.54	1.52
0.3	3.01	2.58	2.33	2.05	1.90	1.80	1.74	1.58	1.49	1.46	1.45	1.44	1.42
0.4	2.78	2.42	2.20	1.94	1.80	1.71	1.65	1.50	1.42	1.39	1.37	1.37	1.35
0.5	2.64	2.31	2.11	1.87	1.74	1.65	1.59	1.45	1.37	1.34	1.32	1.32	1.30
1	2.33	2.07	1.90	1.70	1.58	1.50	1.45	1.32	1.24	1.21	1.20	1.19	1.17
2	2.17	1.94	1.79	1.60	1.49	1.42	1.37	1.24	1.16	1.14	1.12	1.12	1.10
3	2.11	1.90	1.75	1.57	1.46	1.39	1.34	1.21	1.14	1.11	1.10	1.09	1.07
4	2.08	1.87	1.73	1.55	1.45	1.37	1.32	1.20	1.12	1.10	1.08	1.08	1.06
5	2.07	1.86	1.72	1.54	1.44	1.37	1.32	1.19	1.12	1.09	1.08	1.07	1.05
≥10	2.03	1.83	1.70	1.52	1.42	1.35	1.30	1.17	1.10	1.07	1.06	1.05	1.03

注：1. 表中的计算长度系数 μ 值按下式计算

$$\left[36K_1K_2-\left(\frac{\pi}{\mu}\right)^2\right]\sin\frac{\pi}{\mu}+6(K_1+K_2)\frac{\pi}{\mu}\cdot\cos\frac{\pi}{\mu}=0$$

2. 当横梁远端为铰接时，应将横梁线刚度乘以 0.5；当横梁远端为嵌固时，应将横梁线刚度乘以 2/3。

3. 参见表 D-2 后柱计算长度系数的规定。

表 D-2　无侧移框架柱的计算长度系数 μ

K_2	K_1												
	0	0.05	0.1	0.2	0.3	0.4	0.5	1	2	3	4	5	≥10
0	1.000	0.990	0.981	0.954	0.949	0.935	0.922	0.875	0.820	0.791	0.773	0.760	0.732
0.05	0.990	0.981	0.971	0.955	0.940	0.926	0.914	0.867	0.814	0.784	0.766	0.754	0.726
0.1	0.981	0.971	0.962	0.946	0.931	0.918	0.905	0.860	0.807	0.778	0.760	0.748	0.721
0.2	0.964	0.955	0.946	0.930	0.916	0.903	0.891	0.846	0.795	0.767	0.749	0.737	0.711
0.3	0.949	0.940	0.931	0.916	0.902	0.889	0.878	0.834	0.784	0.756	0.739	0.728	0.701
0.4	0.935	0.926	0.918	0.903	0.889	0.877	0.866	0.823	0.774	0.747	0.730	0.719	0.693
0.5	0.922	0.914	0.906	0.891	0.878	0.866	0.855	0.813	0.765	0.738	0.721	0.710	0.685
1	0.875	0.867	0.860	0.846	0.834	0.823	0.813	0.774	0.729	0.704	0.688	0.677	0.654
2	0.820	0.814	0.807	0.795	0.784	0.774	0.765	0.729	0.686	0.663	0.648	0.638	0.615
3	0.791	0.784	0.778	0.767	0.756	0.747	0.738	0.704	0.663	0.640	0.625	0.616	0.593
4	0.773	0.766	0.750	0.749	0.739	0.730	0.721	0.688	0.648	0.625	0.611	0.601	0.580

（续）

K_2	K_1												
	0	0.05	0.1	0.2	0.3	0.4	0.5	1	2	3	4	5	≥10
5	0.760	0.754	0.748	0.737	0.728	0.719	0.710	0.677	0.638	0.616	0.601	0.592	0.570
≥10	0.732	0.726	0.721	0.711	0.701	0.693	0.685	0.654	0.615	0.593	0.580	0.570	0.549

注：1. 表中的计算长度系数μ值按下式计算。

$$\left[\left(\frac{\pi}{\mu}\right)^2+2(K_1+K_2)-4K_1K_2\right]\frac{\pi}{\mu}\cdot\sin\frac{\pi}{\mu}-2\left[(K_1+K_2)\left(\frac{\pi}{\mu}\right)^2+4K_1K_2\right]\cos\frac{\pi}{\mu}+8K_1K_2=0$$

2. 当横梁远端为铰接时，应将横梁线刚度乘以 1.5；当横梁远端为嵌固时，应将横梁线刚度乘以 2。
3. 参见无侧移框架柱的计算长度系数的其他规定。

有侧移框架柱和无侧移框架柱的计算长度系数，应分别按表 D-1 和表 D-2 取值，同时符合以下规定：

1）K_1、K_2分别为相交于柱上端、柱下端的横梁线刚度之和与柱线刚度之和的比值。当横梁与柱铰接时，取横梁线刚度为零。

2）对于底层框架柱，当柱与基础铰接时，应取 $K_2=0$；当柱与基础刚接时，应取 $K_2=10$；对平板支座可取 $K_2=0.1$。

3）当与柱刚接的横梁所受轴心压力 N_b 较大时，横梁线刚度折减系数 α_N 应按表 D-3 中所列的公式计算。

表 D-3　横梁线刚度折减系数 α_N

	横梁远端与柱刚接时	横梁远端与柱铰接时	横梁远端嵌固时
有侧移框架	$\alpha_N=1-N_b/(4N_{Eb})$	$\alpha_N=1-N_b/N_{Eb}$	$\alpha_N=1-N_b/(2N_{Eb})$
无侧移框架	$\alpha_N=1-N_b/N_{Eb}$		$\alpha_N=1-N_b/(2N_{Eb})$

注：表中，$N_{Eb}=\pi^2EI_b/l^2$，其中 I_b 为横梁截面惯性矩（mm^4），l 为横梁长度（mm）。

附录 E　轴心受压构件的截面分类及稳定系数

轴心受压构件的板厚<40mm 时，按表 E-1 分类；板厚≥40mm 时，按表 E-2 分类。

a~d 类截面轴心受压构件的稳定系数应分别按表 E-3~表 E-6 取值。

当构件的 λ/ε_k 超出表 E-3~表 E-6 范围时，轴心受压构件的稳定系数应按下列公式计算：

$$\lambda_n=\frac{\lambda}{\pi}\sqrt{\frac{f_y}{E}}$$

当 $\lambda_n\leqslant0.215$ 时：

$$\varphi=1-\alpha_1\lambda_n^2$$

当 $\lambda_n>0.215$ 时：

$$\varphi=\frac{1}{2\lambda_n^2}\left[(\alpha_2+\alpha_3\lambda_n+\lambda_n^2)-\sqrt{(\alpha_2+\alpha_3\lambda_n+\lambda_n^2)^2-4\lambda_n^2}\right]$$

式中　α_1、α_2、α_3——系数，应根据表 E-1 或表 E-2 截面分类，按表 E-7 采用。

表 E-1　轴心受压构件的截面分类（板厚 $t<40\text{mm}$）

截面形式		对 x 轴	对 y 轴
 轧制		a 类	a 类
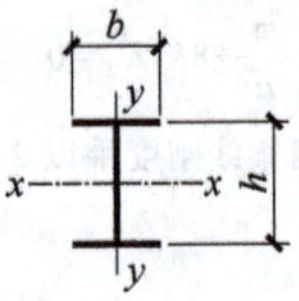 轧制	$b/h\leqslant0.8$	a 类	b 类
	$b/h>0.8$	a* 类	b* 类
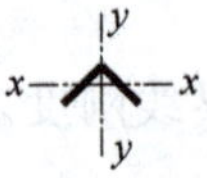 轧制等边角钢		a* 类	a* 类
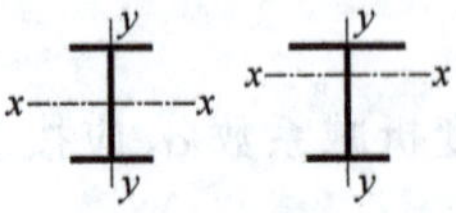 焊接、翼缘为焰切边	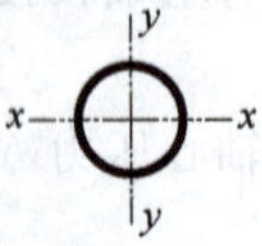 焊接	b 类	b 类
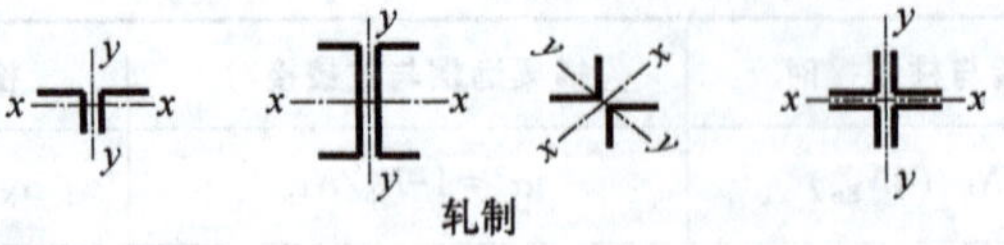 轧制			
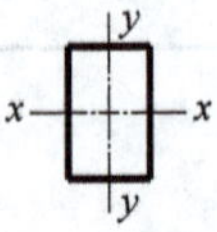 轧制、焊接（板件宽厚比>20）	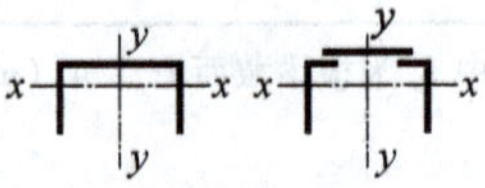 轧制或焊接		
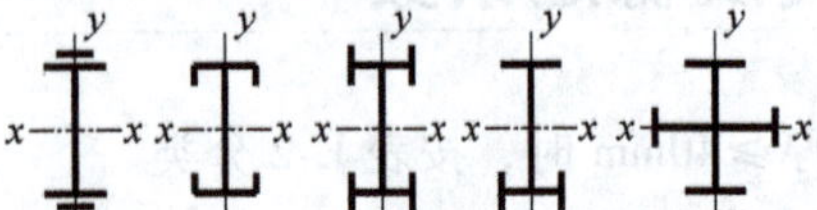 焊接	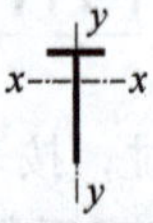 轧制截面和翼缘为焰切边的焊接截面		
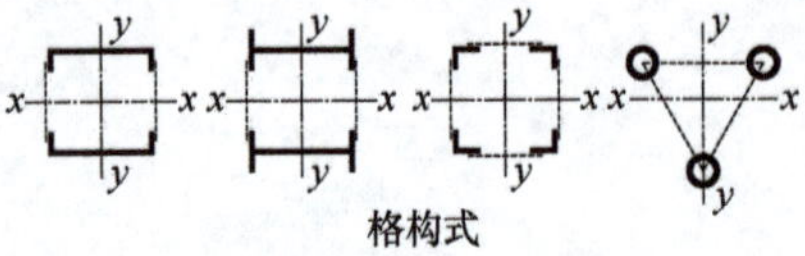 格构式	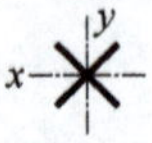 焊接，板件边缘焰切		
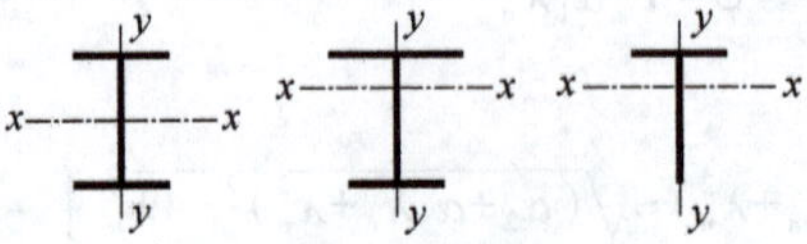 焊接，翼缘为轧制或剪切边		b 类	c 类

（续）

截面形式		对 x 轴	对 y 轴
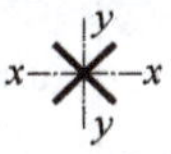 焊接，板件边缘轧制或剪切	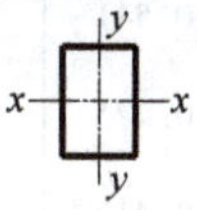 轧制、焊接（板件宽厚比≤20）	c类	c类

注：1. a* 类含义为 Q235 钢取 b 类，Q345、Q355、Q390、Q420 和 Q460 钢取 a 类；b* 类含义为 Q235 钢取 c 类，Q345、Q355、Q390、Q420 和 Q460 钢取 b 类。

2. 无对称轴且剪心和形心不重合的截面，其截面分类可按有对称轴的类似截面确定，如不等边角钢采用等边角钢的类别；当无类似截面时，可取 c 类。

表 E-2 轴心受压构件的截面分类（板厚 $t \geqslant 40$mm）

截面形式		对 x 轴	对 y 轴
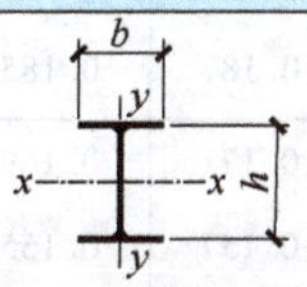 轧制工字形或H形截面	$t<80$mm	b类	c类
	$t \geqslant 80$mm	c类	d类
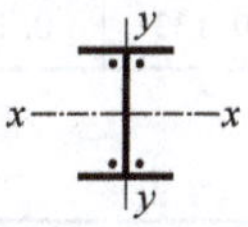 焊接工字形截面	翼缘为焰切边	b类	b类
	翼缘为轧制或剪切边	c类	d类
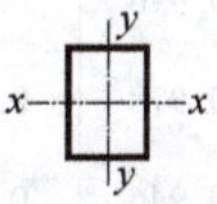 焊接箱形截面	板件宽厚比>20	b类	b类
	板件宽厚比≤20	c类	c类

表 E-3 a 类截面轴心受压构件的稳定系数

λ/ε_k	0	1	2	3	4	5	6	7	8	9
0	1.000	1.000	1.000	1.000	0.999	0.999	0.998	0.998	0.997	0.996
10	0.995	0.994	0.993	0.992	0.991	0.989	0.988	0.986	0.985	0.983
20	0.981	0.979	0.977	0.976	0.974	0.972	0.970	0.968	0.966	0.964
30	0.963	0.961	0.959	0.957	0.954	0.952	0.950	0.948	0.946	0.944
40	0.941	0.939	0.937	0.934	0.932	0.929	0.927	0.924	0.921	0.918
50	0.916	0.913	0.910	0.907	0.903	0.900	0.897	0.893	0.890	0.886
60	0.883	0.879	0.875	0.871	0.867	0.862	0.858	0.854	0.849	0.844
70	0.839	0.834	0.829	0.824	0.818	0.813	0.807	0.801	0.795	0.789
80	0.783	0.776	0.770	0.763	0.756	0.749	0.742	0.735	0.728	0.721
90	0.713	0.706	0.698	0.691	0.683	0.676	0.668	0.660	0.653	0.645
100	0.637	0.630	0.622	0.614	0.607	0.599	0.592	0.584	0.577	0.569

（续）

λ/ε_k	0	1	2	3	4	5	6	7	8	9
110	0.562	0.555	0.548	0.541	0.534	0.527	0.520	0.513	0.507	0.500
120	0.494	0.487	0.481	0.475	0.469	0.463	0.457	0.451	0.445	0.439
130	0.434	0.428	0.423	0.417	0.412	0.407	0.402	0.397	0.392	0.387
140	0.382	0.378	0.373	0.368	0.364	0.360	0.355	0.351	0.347	0.343
150	0.339	0.335	0.331	0.327	0.323	0.319	0.316	0.312	0.308	0.305
160	0.302	0.298	0.295	0.292	0.288	0.285	0.282	0.279	0.276	0.273
170	0.270	0.267	0.264	0.261	0.259	0.256	0.253	0.250	0.248	0.245
180	0.243	0.240	0.238	0.235	0.233	0.231	0.228	0.226	0.224	0.222
190	0.219	0.217	0.215	0.213	0.211	0.209	0.207	0.205	0.203	0.201
200	0.199	0.197	0.196	0.194	0.192	0.190	0.188	0.187	0.185	0.183
210	0.182	0.180	0.178	0.177	0.175	0.174	0.172	0.171	0.169	0.168
220	0.166	0.165	0.163	0.162	0.161	0.159	0.158	0.157	0.155	0.154
230	0.153	0.151	0.150	0.149	0.148	0.147	0.145	0.144	0.143	0.142
240	0.141	0.140	0.139	0.137	0.136	0.135	0.134	0.133	0.132	0.131

表 E-4　b 类截面轴心受压构件的稳定系数

λ/ε_k	0	1	2	3	4	5	6	7	8	9
0	1.000	1.000	1.000	0.999	0.999	0.998	0.997	0.996	0.995	0.994
10	0.992	0.991	0.989	0.987	0.985	0.983	0.981	0.978	0.976	0.973
20	0.970	0.967	0.963	0.960	0.957	0.953	0.950	0.946	0.943	0.939
30	0.936	0.932	0.929	0.925	0.921	0.918	0.914	0.910	0.906	0.903
40	0.899	0.895	0.891	0.886	0.882	0.878	0.874	0.870	0.865	0.861
50	0.856	0.852	0.847	0.842	0.837	0.833	0.828	0.823	0.818	0.812
60	0.807	0.802	0.796	0.791	0.785	0.780	0.774	0.768	0.762	0.757
70	0.751	0.745	0.738	0.732	0.726	0.720	0.713	0.707	0.701	0.694
80	0.687	0.681	0.674	0.668	0.661	0.654	0.648	0.641	0.634	0.628
90	0.621	0.614	0.607	0.601	0.594	0.587	0.581	0.574	0.568	0.561
100	0.555	0.548	0.542	0.535	0.529	0.523	0.517	0.511	0.504	0.498
110	0.492	0.487	0.481	0.475	0.469	0.464	0.458	0.453	0.447	0.442
120	0.436	0.431	0.426	0.421	0.416	0.411	0.406	0.401	0.396	0.392
130	0.387	0.383	0.378	0.374	0.369	0.365	0.361	0.357	0.352	0.348
140	0.344	0.340	0.337	0.333	0.329	0.325	0.322	0.318	0.314	0.311
150	0.308	0.304	0.301	0.297	0.294	0.291	0.288	0.285	0.282	0.279

（续）

λ/εk	0	1	2	3	4	5	6	7	8	9
160	0. 276	0. 273	0. 270	0. 267	0. 264	0. 262	0. 259	0. 256	0. 253	0. 251
170	0. 248	0. 246	0. 243	0. 241	0. 238	0. 236	0. 234	0. 231	0. 229	0. 227
180	0. 225	0. 222	0. 220	0. 218	0. 216	0. 214	0. 212	0. 210	0. 208	0. 206
190	0. 204	0. 202	0. 200	0. 198	0. 196	0. 195	0. 193	0. 191	0. 189	0. 188
200	0. 186	0. 184	0. 183	0. 181	0. 179	0. 178	0. 176	0. 175	0. 173	0. 172
210	0. 170	0. 169	0. 167	0. 166	0. 164	0. 163	0. 162	0. 160	0. 159	0. 158
220	0. 156	0. 155	0. 154	0. 152	0. 151	0. 150	0. 149	0. 147	0. 146	0. 145
230	0. 144	0. 143	0. 142	0. 141	0. 139	0. 138	0. 137	0. 136	0. 135	0. 134
240	0. 133	0. 132	0. 131	0. 130	0. 129	0. 128	0. 127	0. 126	0. 125	0. 124
250	0. 123	—	—	—	—	—	—	—	—	—

表 E-5 c 类截面轴心受压构件的稳定系数

λ/εk	0	1	2	3	4	5	6	7	8	9
0	1. 000	1. 000	1. 000	0. 999	0. 999	0. 998	0. 997	0. 996	0. 995	0. 993
10	0. 992	0. 990	0. 988	0. 986	0. 983	0. 981	0. 978	0. 976	0. 973	0. 970
20	0. 966	0. 959	0. 953	0. 947	0. 940	0. 934	0. 928	0. 921	0. 915	0. 909
30	0. 902	0. 896	0. 890	0. 883	0. 877	0. 871	0. 865	0. 858	0. 852	0. 845
40	0. 839	0. 833	0. 826	0. 820	0. 813	0. 807	0. 800	0. 794	0. 787	0. 781
50	0. 774	0. 768	0. 761	0. 755	0. 748	0. 742	0. 735	0. 728	0. 722	0. 715
60	0. 709	0. 702	0. 695	0. 689	0. 682	0. 675	0. 669	0. 662	0. 656	0. 649
70	0. 642	0. 636	0. 629	0. 623	0. 616	0. 610	0. 603	0. 597	0. 591	0. 584
80	0. 578	0. 572	0. 565	0. 559	0. 553	0. 547	0. 541	0. 535	0. 529	0. 523
90	0. 517	0. 511	0. 505	0. 499	0. 494	0. 488	0. 483	0. 477	0. 471	0. 467
100	0. 462	0. 458	0. 453	0. 449	0. 445	0. 440	0. 436	0. 432	0. 427	0. 423
110	0. 419	0. 415	0. 411	0. 407	0. 402	0. 398	0. 394	0. 390	0. 386	0. 383
120	0. 379	0. 375	0. 371	0. 367	0. 363	0. 360	0. 356	0. 352	0. 349	0. 345
130	0. 342	0. 338	0. 335	0. 332	0. 328	0. 325	0. 322	0. 318	0315	0. 312
140	0. 309	0. 306	0. 303	0. 300	0. 297	0. 294	0. 291	0. 288	0. 285	0. 282
150	0. 279	0. 277	0. 274	0. 271	0. 269	0. 266	0. 263	0. 261	0. 258	0. 256
160	0. 253	0. 251	0. 248	0. 246	0. 244	0. 241	0. 239	0. 237	0. 235	0. 232
170	0. 230	0. 228	0. 226	0. 224	0. 222	0. 220	0. 218	0. 216	0. 214	0. 212

（续）

λ/ε_k	0	1	2	3	4	5	6	7	8	9
180	0.210	0.208	0.206	0.204	0.203	0.201	0.199	0.197	0.195	0.194
190	0.192	0.190	0.189	0.187	0.185	0.184	0.182	0.181	0.179	0.178
200	0.176	0.175	0.173	0.172	0.170	0.169	0.167	0.166	0.165	0.163
210	0.162	0.161	0.159	0.158	0.157	0.155	0.154	0.153	0.152	0.151
220	0.149	0.148	0.147	0.146	0.145	0.144	0.142	0.141	0.140	0.139
230	0.138	0.137	0.136	0.135	0.134	0.133	0.132	0.131	0.130	0.129
240	0.128	0.127	0.126	0.125	0.124	0.123	0.123	0.122	0.121	0.120
250	0.119	—	—	—	—	—	—	—	—	—

表 E-6 d 类截面轴心受压构件的稳定系数

λ/ε_k	0	1	2	3	4	5	6	7	8	9
0	1.000	1000	0.999	0.999	0.998	0.996	0.994	0.992	0.990	0.987
10	0.984	0.981	0.978	0.974	0.969	0.965	0.960	0.955	0.949	0.944
20	0.937	0.927	0.918	0.909	0.900	0.891	0.883	0.874	0.865	0.857
30	0.848	0.840	0.831	0.823	0.815	0.807	0.798	0.790	0.782	0.774
40	0.766	0.758	0.751	0.743	0.735	0.727	0.720	0.712	0.705	0.697
50	0.690	0.682	0.675	0.668	0.660	0.653	0.646	0.639	0.632	0.625
60	0.618	0.611	0.605	0.598	0.591	0.585	0.578	0.571	0.565	0.559
70	0.552	0.546	0.540	0.534	0.528	0.521	0.516	0.510	0.504	0.498
80	0.492	0.487	0.481	0.476	0.470	0.465	0.459	0.454	0.449	0.444
90	0.439	0.434	0.429	0.424	0.419	0.414	0.409	0.405	0.401	0.397
100	0.393	0.390	0.386	0.383	0.380	0.376	0.373	0.369	0.366	0.363
110	0.359	0.356	0.353	0.350	0.346	0.343	0.340	0.337	0.334	0.331
120	0.328	0.325	0.322	0.319	0.316	0.313	0.310	0.307	0.304	0.301
130	0.298	0.296	0.293	0.290	0.288	0.285	0.282	0.280	0.277	0.275
140	0.272	0.270	0.267	0.265	0.262	0.260	0.257	0.255	0.253	0.250
150	0.248	0.246	0.244	0.242	0.239	0.237	0.235	0.233	0.231	0.229
160	0.227	0.225	0.223	0.221	0.219	0.217	0.215	0.213	0.211	0.210
170	0.208	0.206	0.204	0.202	0.201	0.199	0.197	0.196	0.194	0.192
180	0.191	0.189	0.187	0.186	0.184	0.183	0.181	0.180	0.178	0.177
190	0.175	0.174	0.173	0.171	0.170	0.168	0.167	0.166	0.164	0.163
200	0.162	—	—	—	—	—	—	—	—	—

表 E-7 系数 α_1、α_2、α_3 取值

截面类别		α_1	α_2	α_3
a 类		0.41	0.986	0.152
b 类		0.65	0.965	0.300
c 类	$\lambda_n \leqslant 1.05$	0.73	0.906	0.595
	$\lambda_n > 1.05$		1.216	0.302
d 类	$\lambda_n \leqslant 1.05$	1.35	0.868	0.915
	$\lambda_n > 1.05$		1.375	0.432

附录 F 典型截面回转半径的近似值

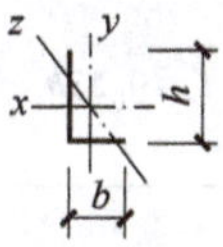 $i_x=0.30h$ $i_y=0.30b$ $i_z=0.195h$	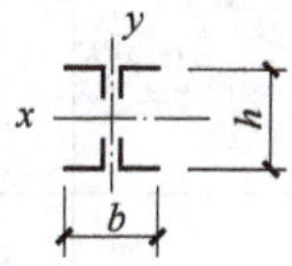 $i_x=0.40h$ $i_y=0.21b$	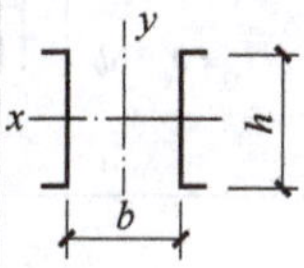 $i_x=0.38h$ $i_y=0.60b$	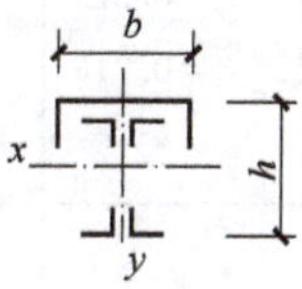 $i_x=0.41h$ $i_y=0.22b$
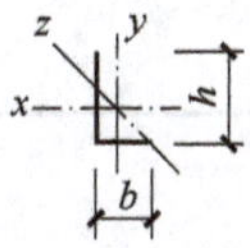 $i_x=0.32h$ $i_y=0.28b$ $i_z=0.18\frac{h+b}{2}$	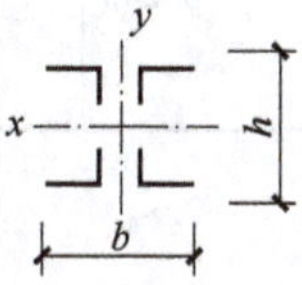 $i_x=0.45h$ $i_y=0.235b$	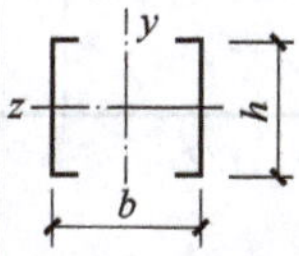 $i_x=0.38h$ $i_y=0.44b$	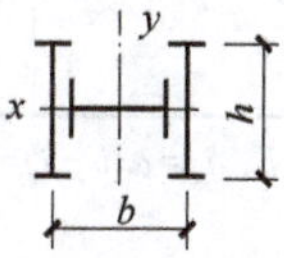 $i_x=0.32h$ $i_y=0.49b$
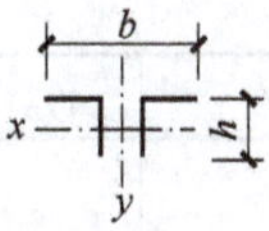 $i_x=0.30h$ $i_y=0.215b$	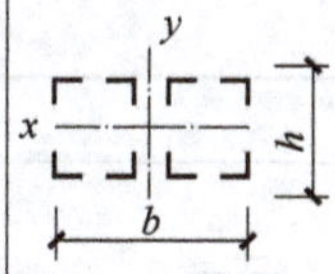 $i_x=0.44h$ $i_y=0.28b$	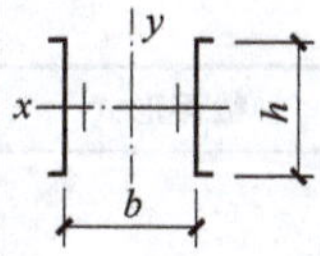 $i_x=0.32h$ $i_y=0.58b$	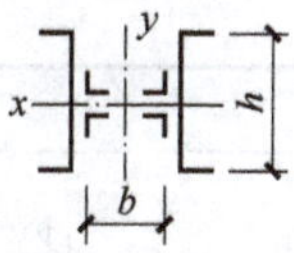 $i_x=0.29h$ $i_y=0.50b$
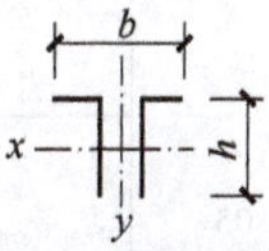 $i_x=0.32h$ $i_y=0.20b$	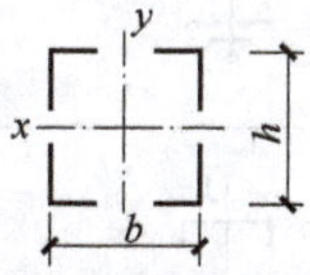 $i_x=0.43h$ $i_y=0.43b$	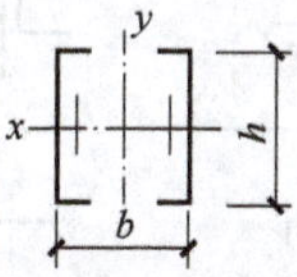 $i_x=0.32h$ $i_y=0.40b$	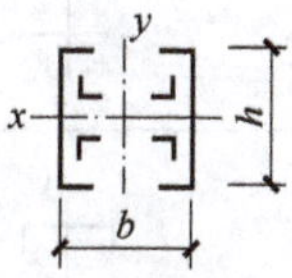 $i_x=0.29h$ $i_y=0.45b$
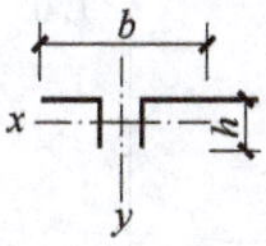 $i_x=0.28h$ $i_y=0.24b$	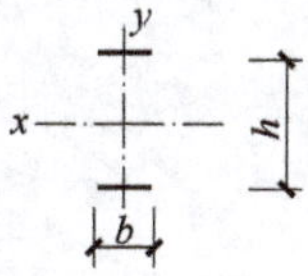 $i_x=0.39h$ $i_y=0.20b$	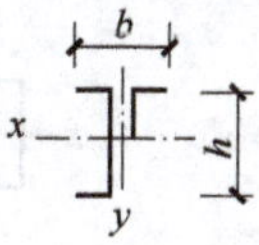 $i_x=0.32h$ $i_y=0.12b$	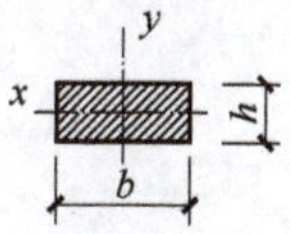 $i_x=0.29h$ $i_y=0.29b$

（续）

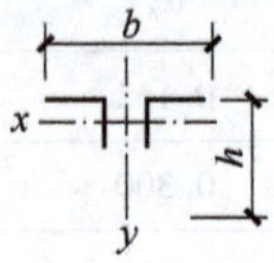 $i_x=0.30h$ $i_y=0.17b$	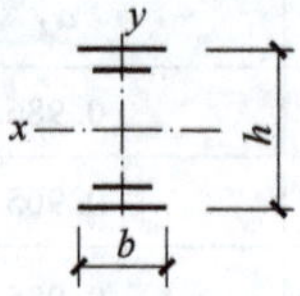 $i_x=0.42h$ $i_y=0.22b$	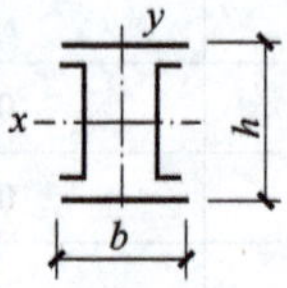 $i_x=0.44h$ $i_y=0.32b$	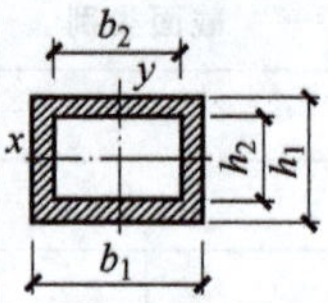 $i_x=0.41\frac{h_1+h_2}{2}$ $i_y=0.41\frac{b_1+b_2}{2}$
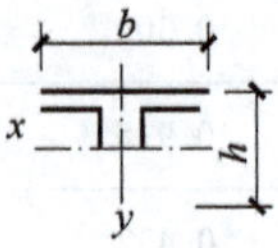 $i_x=0.28h$ $i_y=0.21b$	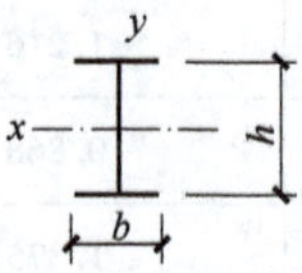 $i_x=0.43h$ $i_y=0.24b$	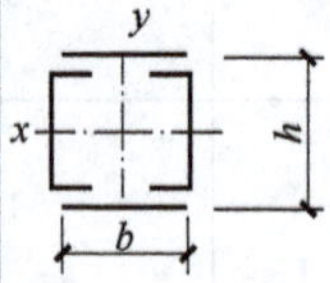 $i_x=0.44h$ $i_y=0.38b$	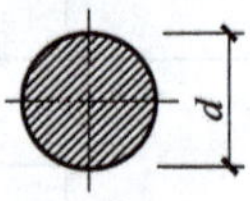 $i=0.25d$
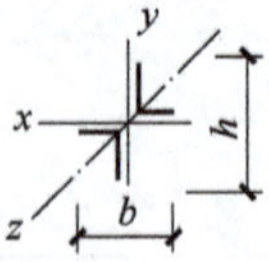 $i_x=0.21h$ $i_y=0.21b$	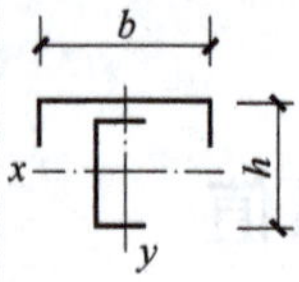 $i_x=0.365h$ $i_y=0.275b$	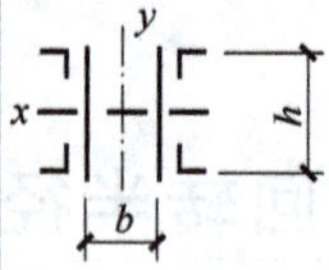 $i_x=0.37h$ $i_y=0.54b$	 $i=0.35\frac{d+D}{2}$
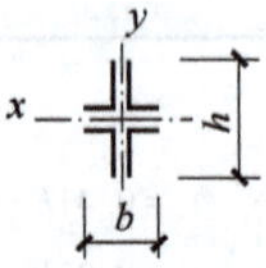 $i_x=0.21h$ $i_y=0.21b$	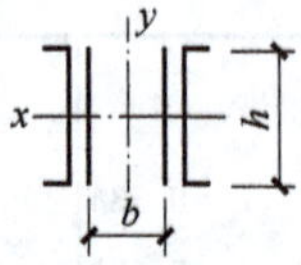 $i_x=0.35h$ $i_y=0.56b$	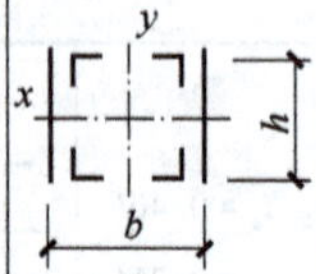 $i_x=0.37h$ $i_y=0.45b$	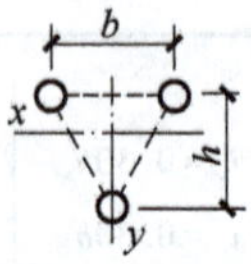 $i_x=0.39h$ $i_y=0.53b$
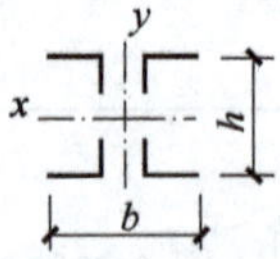 $i_x=0.45h$ $i_y=0.24b$	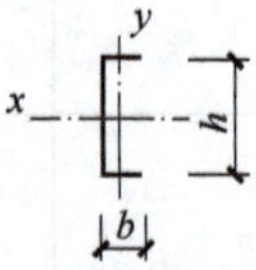 $i_x=0.39h$ $i_y=0.29b$	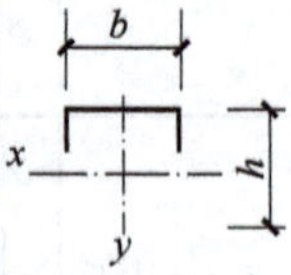 $i_x=0.40h$ $i_y=0.24b$	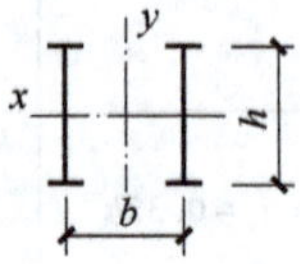 $i_x=0.40h$ $i_y=0.50b$

注：$i_x=\alpha_1 h$，$i_y=\alpha_2 b$，$i_z=\alpha_3 h$ 或 $i_z=\alpha_3(h+b)/2$。

附录 G　截面塑性发展系数

项次	截面形式	γ_x	γ_y
1	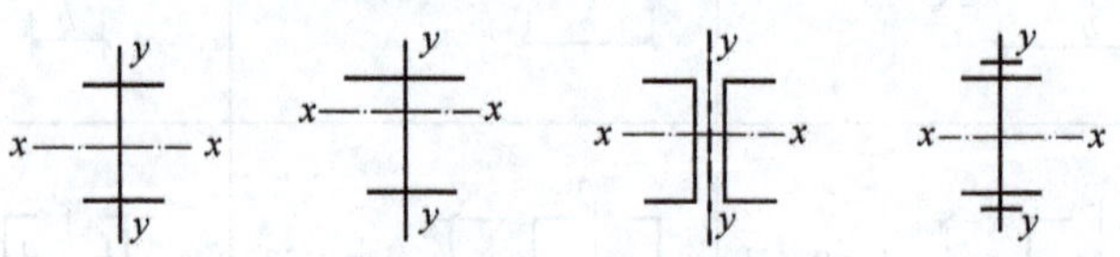	1.05	1.2
2	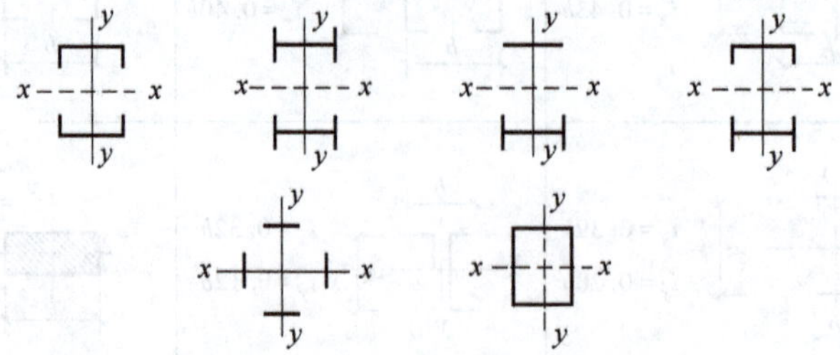	1.05	1.05

（续）

项次	截面形式	γ_x	γ_y
3	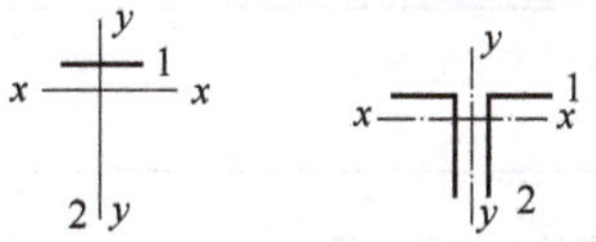	$\gamma_{x1}=1.05$ $\gamma_{x2}=1.2$	1.2
4	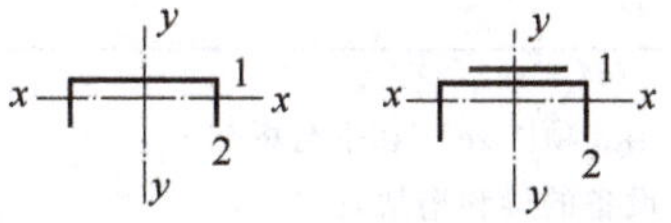		1.05
5	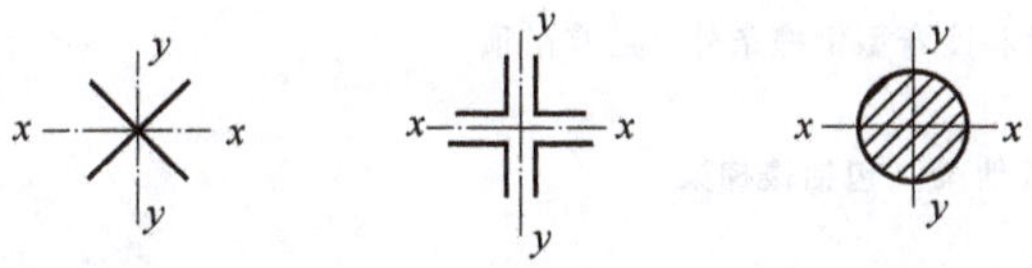	1.2	1.2
6	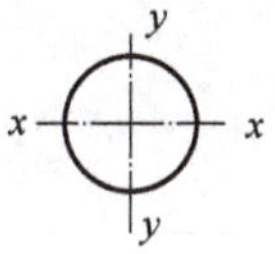	1.15	1.15
7	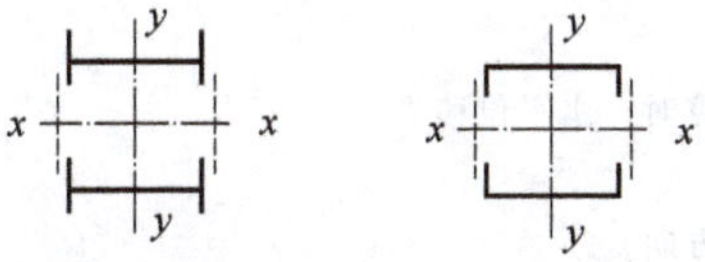	1.0	1.05
8	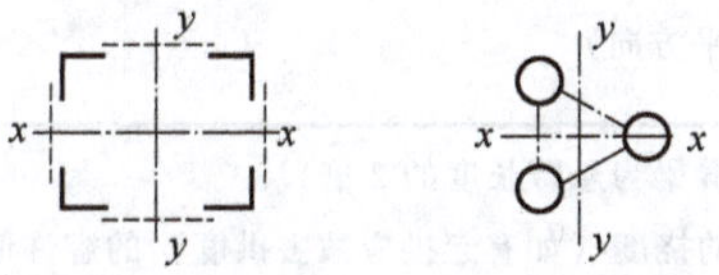		1.0

注：1. 当压弯构件受压翼缘的自由外伸宽度与其厚度之比大于 $13\varepsilon_k$，而不超过 $15\varepsilon_k$ 时，应取 $\gamma_x=1.0$。

2. 需要计算疲劳强度的拉弯和压弯构件，宜取 $\gamma_x=\gamma_y=1.0$。

附录 H　受弯构件的容许挠度值

项次	构件类别	容许挠度值	
		$[\nu_T]$	$[\nu_Q]$
1	吊车梁和吊车桁架（按自重和起重量最大的一台起重机计算挠度） （1）手动起重机和单梁起重机（含悬挂起重机） （2）轻级工作制桥式起重机 （3）中级工作制桥式起重机 （4）重级工作制桥式起重机	 $l/500$ $l/750$ $l/900$ $l/1000$	—

（续）

项次	构件类别	容许挠度值	
		$[v_T]$	$[v_Q]$
2	手动或电动葫芦的轨道梁	$l/400$	—
3	有重轨（质量大于或等于 38kg/m）轨道的工作平台梁 有轻轨（质量小于或等于 24kg/m）轨道的工作平台梁	$l/600$ $l/400$	—
4	楼（屋）盖梁或桁架、工作平台梁（第 3 项除外）和平台板 （1）主梁或桁架（包括设有悬挂起重设备的梁和桁架） （2）仅支撑压型金属板屋面和冷弯型钢檩条 （3）除支撑压型金属板屋面和冷弯型钢檩条外，还有吊顶 （4）抹灰顶棚的次梁 （5）除（1）~（4）款外的其他梁（包括楼梯梁） （6）屋盖檩条 支撑压型金属板屋面者 支撑其他屋面材料者 有吊顶 （7）平台板	 $l/400$ $l/180$ $l/240$ $l/250$ $l/250$ $l/150$ $l/200$ $l/240$ $l/150$	 $l/500$ $l/350$ $l/300$ — — — —
5	墙架构件（风荷载不考虑阵风系数） （1）支柱（水平方向） （2）抗风桁架（作为连续支柱的支撑时，水平位移） （3）砌体墙的横梁（水平方向） （4）支撑压型金属板的横梁（水平方向） （5）支撑其他墙面材料的横梁（水平方向） （6）带有玻璃窗的横梁（竖直和水平方向）	 — — — — — $l/200$	 $l/400$ $l/1000$ $l/300$ $l/100$ $l/200$ $l/200$

注：1. l 为受弯构件的跨度（对悬臂梁和伸臂梁为悬臂长度的 2 倍）。

2. $[v_T]$ 为永久和可变荷载标准值产生的挠度（如有起拱应减去拱度）的容许值，$[v_Q]$ 为可变荷载标准值产生的挠度容许值。

3. 当吊车梁或吊车桁架跨度大于 12m 时，其挠度容许值 $[v_T]$ 应乘以 0.9 的系数。

4. 当墙面采用延性材料或与结构采用柔性连接时，墙架构件的支柱水平位移容许值可采用 $l/300$，抗风桁架（作为连续支柱的支撑时）水平位移容许值可采用 $l/800$。

附录 I　梁的整体稳定系数

附 I.1　轧制普通工字形简支梁的整体稳定系数

轧制普通工字形简支梁的整体稳定系数 φ_b 应按表 I-1 采用，当所得的 $\varphi_b>0.6$ 时，应按式（I-1）算得的 φ_b' 代替 φ_b：

$$\varphi_b' = 1.07 - \frac{0.282}{\varphi_b} \leqslant 1.0 \tag{I-1}$$

表 I-1 轧制普通工字形简支梁的整体稳定系数 φ_b

项次	荷载情况			工字钢型号	自由长度 l_1/m								
					2	3	4	5	6	7	8	9	10
1	跨中无侧向支承点的梁	集中荷载作用于	上翼缘	10~20	2.00	1.30	0.99	0.80	0.68	0.58	0.53	0.48	0.43
				22~32	2.40	1.48	1.09	0.86	0.72	0.62	0.54	0.49	0.45
				36~63	2.80	1.60	1.07	0.83	0.68	0.56	0.50	0.45	0.40
2			下翼缘	10~20	3.10	195	1.34	1.01	0.82	0.69	0.63	0.57	0.52
				22~40	5.50	2.80	1.84	1.37	1.07	0.86	0.73	0.64	0.56
				45~63	7.30	3.60	2.30	1.62	1.20	0.96	0.80	0.69	0.60
3		均布荷载作用于	上翼缘	10~20	1.70	1.12	0.84	0.68	0.57	0.50	0.45	0.41	0.37
				22~40	2.10	1.30	0.93	0.73	0.60	0.51	0.45	0.40	0.36
				45~63	2.60	1.45	0.97	0.73	0.59	0.50	0.44	0.38	0.35
4			下翼缘	10~20	2.50	1.55	1.08	0.83	0.68	0.56	0.52	0.47	0.42
				22~40	4.00	2.20	1.45	1.10	0.85	0.70	0.60	052	0.46
				45~63	5.60	2.80	1.80	1.25	0.95	0.78	0.65	0.55	0.49
5	跨中有侧向支承点的梁（不论荷载作用点在截面高度上的位置）			10~20	2.20	1.39	1.01	0.79	-0.66	0.57	0.52	0.47	0.42
				22~40	3.00	1.80	1.24	0.96	0.76	0.65	0.56	0.49	0.43
				45~63	4.00	2.20	1.38	1.01	0.80	0.66	0.56	0.49	0.43

注：1. 表中项次 1、2 的集中荷载是指一个或者少数几个集中荷载位于跨中附近的情况。

2. 荷载作用在上翼缘指荷载作用点在翼缘表面，方向指向截面形心；荷载作用在下翼缘指荷载作用点在翼缘表面，方向背向截面形心。

3. 表中的 φ_b 适用于 Q235 钢。对其他钢号，表中数值应乘以 ε_k。

4. 若 $\varphi_b>0.6$，则应对 φ_b 按式（I-1）进行修正，用 φ_b' 代替 φ_b。

附 I.2 轧制槽钢简支梁

轧制槽钢简支梁，不论荷载的形式和作用点的位置，整体稳定系数均按式（I-2）计算。

$$\varphi_b=\frac{570bt}{l_1h}\cdot\varepsilon_k^2 \tag{I-2}$$

式中 h、b、t——槽钢截面的高度（mm）、翼缘宽度（mm）和平均厚度（mm）。

当 φ_b 值大于 0.6 时，采用式（I-1）计算的 φ_b' 代替 φ_b 值。

附 I.3 双轴对称工字形等截面悬臂梁

双轴对称工字形等截面悬臂梁的整体稳定系数，可按式（5-29）计算，但式中系数 β_b 按表 I-2 选用，计算长细比 λ_y 时，l_1 为悬臂梁的悬伸长度。当 φ_b 值大于 0.6 时，用 φ_b' 代替 φ_b 值。

表 I-2 双轴对称工字形等截面悬臂梁的系数 β_b

项次	荷载形式		$0.60\leqslant\xi\leqslant1.24$	$1.24<\xi\leqslant1.96$	$1.96<\xi\leqslant3.10$
1	自由端一个集中荷载作用在	上翼缘	$0.21+0.67\xi$	$0.72+0.26\xi$	$1.17+0.03\xi$
2		下翼缘	$2.94-0.65\xi$	$2.64-0.40\xi$	$2.15-0.15\xi$
3	均布荷载作用在上翼缘		$0.62+0.82\xi$	$1.25+0.31\xi$	$1.66+0.10\xi$

注：1. 本表是按支撑端为固定的情况确定的，当用于由邻跨延伸出来的伸臂梁时，应在构造上采取措施加强支撑处的抗扭能力。

2. ξ 为参数，$\xi=\dfrac{l_1t_1}{b_1h}$，其中 b_1 为受压翼缘的宽度，l_1 为悬臂梁的悬伸长度。

附 I.4 整体稳定系数 φ_b 近似计算公式

均匀弯曲的受弯构件，当 $\lambda_y\leqslant120\varepsilon_k$ 时，其整体稳定系数 φ_b 可按以下近似公式计算。

1. 工字形截面

双轴对称：

$$\varphi_b=1.07-\frac{\lambda_y^2}{44000\varepsilon_k^2} \tag{I-3}$$

单轴对称：

$$\varphi_b=1.07-\frac{W_x}{(2\alpha_b+0.1)Ah}\cdot\frac{\lambda_y^2}{14000\varepsilon_k^2} \tag{I-4}$$

2. 弯矩作用在对称轴平面，绕 x 轴的 T 形截面

(1) 弯矩使翼缘受压时

双角钢 T 形截面：

$$\varphi_b=1-0.0017\lambda_y/\varepsilon_k \tag{I-5}$$

剖分 T 型钢和两板组合 T 形截面：

$$\varphi_b=1-0.0022\lambda_y/\varepsilon_k \tag{I-6}$$

(2) 弯矩使翼缘受拉且腹板宽厚比不大于 $18\varepsilon_k$ 时

$$\varphi_b=1-0.0005\lambda_y/\varepsilon_k \tag{I-7}$$

当计算的 $\varphi_b>1.0$ 时，取 $\varphi_b=1.0$。

参考文献

[1] 张耀春. 钢结构设计原理 [M]. 北京：高等教育出版社，2011.

[2] 陈绍蕃，顾强. 钢结构：上册　钢结构基础 [M]. 4版. 北京：中国建筑工业出版社，2018.

[3] 郭吉坦，郭清燕，刘健. 钢结构与设计 [M]. 天津：天津科学技术出版社，2013.

[4] 魏明钟. 钢结构 [M]. 武汉：武汉理工大学出版社，2002.

[5] 陈志华. 钢结构原理与设计 [M]. 天津：天津大学出版社，2011.

[6] 陈骥. 钢结构稳定理论与设计 [M]. 北京：科学出版社，2011.

[7] 王静峰. 钢结构设计与应用范例 [M]. 北京：机械工业出版社，2013.

[8] 赵根田. 钢结构设计原理 [M]. 北京：机械工业出版社，2012.

[9] 刘声扬. 钢结构 [M]. 北京：中国建筑工业出版社，2004.

[10] 中华人民共和国住房和城乡建设部. 钢结构设计标准：GB 50017—2017 [S]. 北京：中国建筑工业出版社，2017.

[11] 中华人民共和国住房和城乡建设部. 门式刚架轻型房屋钢结构技术规范：GB 51022—2015 [S]. 北京：中国建筑工业出版社，2015.

[12] 中华人民共和国住房和城乡建设部. 建筑结构荷载规范：GB 50009—2012 [S]. 北京：中国建筑工业出版社，2012.

[13] 中华人民共和国住房和城乡建设部. 建筑结构可靠性设计统一标准：GB 50068—2018 [S]. 北京：中国建筑工业出版社，2018.

[14] 中华人民共和国住房和城乡建设部. 钢结构焊接规范：GB 50661—2011 [S]. 北京：中国建筑工业出版社，2011.

